2025考研数学这十年

真题分考点深度训练

王志超　编著

清華大學出版社
北　京

内容简介

本书涵盖了2015—2024年考研数学一、数学二、数学三的全部真题，精选了1987—2014年考研各卷种中有一定难度或代表性的真题，并配有详细解析，供考生进行练习. 本书将真题按考点分类，每一节均分为十年真题、考点分析、知识梳理、方法探究、真题精选五个部分. 不但梳理了《全国硕士研究生招生考试数学考试大纲》所要求的每一个知识点，而且通过例题详细讲解了主要的方法，并对每一节内容作了小结，归纳考研近年来的命题趋势，旨在使考生全面准确地了解考研数学.

图书在版编目(CIP)数据

2025考研数学这十年：真题分考点深度训练/王志超编著. —北京：清华大学出版社，2024.5 (2024.11重印)
ISBN 978-7-302-66356-0

Ⅰ. ①2… Ⅱ. ①王… Ⅲ. ①高等数学－研究生－入学考试－自学参考资料 Ⅳ. ①O13

中国国家版本馆CIP数据核字(2024)第107735号

责任编辑：朱晓瑞
封面设计：刘平水
责任校对：王荣静
责任印制：曹婉颖

出版发行：清华大学出版社
网　　址：https://www.tup.com.cn，https://www.wqxuetang.com
地　　址：北京清华大学学研大厦A座　　**邮　　编**：100084
社 总 机：010-83470000　　**邮　　购**：010-62786544
投稿与读者服务：010-62776969，c-service@tup.tsinghua.edu.cn
质量反馈：010-62772015，zhiliang@tup.tsinghua.edu.cn
印 装 者：三河市君旺印务有限公司
经　　销：全国新华书店
开　　本：210mm×285mm　　**印　　张**：24.25　　**字　　数**：956千字
版　　次：2024年6月第1版　　**印　　次**：2024年11月第3次印刷
定　　价：89.00元(全两册)

产品编号：106795-01

前　　言

数学是全国硕士研究生招生考试中极其能拉开分数差距的考试科目，而利用好历年真题又是复习考研数学的重中之重.

关于历年真题的使用，考生常会陷入以下两个误区：

第一，把真题卷当作模拟卷来做.真题之所以不宜用来模拟，主要有三个原因：一是在复习考研数学的前期，大量的真题难免会出现在一些辅导讲义和习题集中，再次遇到这些熟悉的题目，很难检测出真实的水平并预估出合理的分数；二是自2021年以来，试题结构发生了变化，之前的真题卷已较难模拟当前考试的做题节奏和时间把控；三是真题值得反复琢磨，深入研究，如果等到感觉"准备好了"再系统地做真题，恐怕为时已晚，而以3小时为限来做每套真题，更是对真题的一种"浪费".

第二，只做自己所考卷种的真题，或者不做年份较早的真题.实践证明，对于《全国硕士研究生招生考试数学考试大纲》(以下简称《考试大纲》)重合的内容，以往的一些考题稍作变化就会出现在其他卷种中，比如以下两组求积分的填空题：

第一组

1.（2014年数学二真题）$\int_{-\infty}^{1} \frac{1}{x^2+2x+5}\mathrm{d}x =$ ________.

2.（2021年数学一真题）$\int_{0}^{+\infty} \frac{1}{x^2+2x+2}\mathrm{d}x =$ ________.

第二组

1.（2013年数学一、三真题）$\int_{1}^{+\infty} \frac{\ln x}{(1+x)^2}\mathrm{d}x =$ ________.

2.（2017年数学二真题）$\int_{0}^{+\infty} \frac{\ln(1+x)}{(1+x)^2}\mathrm{d}x =$ ________.

再比如，下面两道真题看似不同，但只要掌握了第1题，再遇到第2题就不会有太大障碍了.

1.（1998年数学二真题）设 $x\in(0,1)$，证明：

(1) $(1+x)\ln^2(1+x)<x^2$；

(2) $\frac{1}{\ln 2}-1<\frac{1}{\ln(1+x)}-\frac{1}{x}<\frac{1}{2}$.

2.（2017年数学三真题）已知方程 $\frac{1}{\ln(1+x)}-\frac{1}{x}=k$ 在区间 $(0,1)$ 内有实根，确定常数 k 的取值范围.

另外，近年的某些考题和一些年份较早的考题几乎一模一样，比如：

1.（1997年数学一、二真题）设 $f(x)$ 连续，$\varphi(x)=\int_0^1 f(xt)\mathrm{d}t$，且 $\lim\limits_{x\to 0}\frac{f(x)}{x}=A$（$A$ 为常数），求 $\varphi'(x)$ 并讨论 $\varphi'(x)$ 在 $x=0$ 处的连续性.

2.（2020年数学二真题）已知函数 $f(x)$ 连续且 $\lim\limits_{x\to 0}\frac{f(x)}{x}=1$，$g(x)=\int_0^1 f(xt)\mathrm{d}t$，求 $g'(x)$ 且证明 $g'(x)$ 在 $x=0$ 处连续.

由此可见，做真题要趁早，对大部分考生而言做一遍也是不够的.第一遍做时应该按章节进行，只有这样，才能在练习的过程中系统地研究各考点的考试频率、常考题型、命题特点和解题方法，从而以此为依据开展考研数学的复习，以免复习方向出现偏差. 此外，三个卷种的题都要做，年份较早的题也要做.

然而，市面上大部分真题书都是按卷种进行分类的，仅通过自己所考卷种的真题书，难以全面地去练习其他卷种的考题. 对于年份较早的真题，不少题的类型都是相同的，如果不作筛选地将自 1987 年统考以来各卷种的考题全都做一遍，那着实“工程浩大”. 解决这些问题正是编著本书的初衷.

本书适合有一定基础，或者已经完成了第一轮复习的考生. 本书可以用于系统地练习历年真题，同时能够详细地复习各知识点和解题方法. 本书每章节都将历年真题按考点细致地进行分类（每道真题都标明了年份和卷种，比如“24-1，2”表示 2024 年考研数学一、二的真题），并包含以下五个部分：

十年真题：涵盖了 2015—2024 年考研数学一、二、三的全部真题.

考点分析：摘录了《考试大纲》在 2020 年 9 月最新修订后，对数学一、二、三各考点的要求，并说明了其考试频率、常考题型和命题趋势.

知识梳理：详细梳理了《考试大纲》中数学一、二、三所要求的每一个知识点.

方法探究：通过例题详细讲解了各考点的常见命题方式和解题方法，并给出了一些“变式”供考生练习巩固.

真题精选：精选了 1987—2014 年考研数学一、二、三中有一定难度或代表性的真题，避免练习过多同类型的题，并尽可能涵盖近十年中虽未曾出现，但未来却可能再次出现的考查方式.

本书每道题都配有详细解析，并且每一节后都有小结，指出了一些考题的得分情况、考试的重点，以及许多考生复习中存在的问题.

真题是每位考生复习考研数学的“第一手资料”，并且应当成为复习过程中的“指挥棒”. 真题怎么考，就应当怎么复习；哪里考得多，就应当把主要精力投入哪里. 只有系统地做了真题，才能身临其境，对考研数学有一个“设身处地”的了解. 等到此时，便无须再轻信任何“权威”，自己就能对市面上纷繁错杂的课程、辅导书、习题集和模拟卷有一个合理的评判；也不会在海量的信息中迷失自己，能保持清醒，走好接下来复习的每一步.

感谢各位考生一如既往的信任与支持，感谢我的家人和朋友在写作过程中的帮助与鼓励. 由于水平有限，书中如有不当之处，在此先行致歉，并欢迎广大读者批评指正. 如果在阅读本书的过程中遇到疑问，读者可通过微信公众号“王志超高等数学”、哔哩哔哩（B 站）账号“王志超老师”或个人微信 1246372408 与我联系.

祝各位考生复习顺利，金榜题名！

王志超

2024 年 5 月于北京

目　　录

第一部分　高等数学(微积分)

第一章　极　　限

§1.1　极限的概念与性质

十年真题
2015—2024

答案 P238

考点　极限的概念与性质

1.（24-2） 若数列$\{a_n\}(a_n\neq 0)$发散,则(　　)

(A) $\left\{a_n+\dfrac{1}{a_n}\right\}$发散.　　(B) $\left\{a_n-\dfrac{1}{a_n}\right\}$发散.

(C) $\left\{\mathrm{e}^{a_n}+\dfrac{1}{\mathrm{e}^{a_n}}\right\}$发散.　　(D) $\left\{\mathrm{e}^{a_n}-\dfrac{1}{\mathrm{e}^{a_n}}\right\}$发散.

2.（22-1,2） 设数列$\{x_n\}$满足$-\dfrac{\pi}{2}\leqslant x_n\leqslant\dfrac{\pi}{2}$,则(　　)

(A) 当$\lim\limits_{n\to\infty}\cos(\sin x_n)$存在时,$\lim\limits_{n\to\infty}x_n$存在.

(B) 当$\lim\limits_{n\to\infty}\sin(\cos x_n)$存在时,$\lim\limits_{n\to\infty}x_n$存在.

(C) 当$\lim\limits_{n\to\infty}\cos(\sin x_n)$存在时,$\lim\limits_{n\to\infty}\sin x_n$存在,但$\lim\limits_{n\to\infty}x_n$不一定存在.

(D) 当$\lim\limits_{n\to\infty}\sin(\cos x_n)$存在时,$\lim\limits_{n\to\infty}\cos x_n$存在,但$\lim\limits_{n\to\infty}x_n$不一定存在.

3.（17-2） 设数列$\{x_n\}$收敛,则(　　)

(A) 当$\lim\limits_{n\to\infty}\sin x_n=0$时,$\lim\limits_{n\to\infty}x_n=0$.

(B) 当$\lim\limits_{n\to\infty}x_n(x_n+\sqrt{|x_n|})=0$时,$\lim\limits_{n\to\infty}x_n=0$.

(C) 当$\lim\limits_{n\to\infty}(x_n+x_n^2)=0$时,$\lim\limits_{n\to\infty}x_n=0$.

(D) 当$\lim\limits_{n\to\infty}(x_n+\sin x_n)=0$时,$\lim\limits_{n\to\infty}x_n=0$.

4.（15-3） 设$\{x_n\}$是数列,下列命题中不正确的是(　　)

(A) 若$\lim\limits_{n\to\infty}x_n=a$,则$\lim\limits_{n\to\infty}x_{2n}=\lim\limits_{n\to\infty}x_{2n+1}=a$.

(B) 若$\lim\limits_{n\to\infty}x_{2n}=\lim\limits_{n\to\infty}x_{2n+1}=a$,则$\lim\limits_{n\to\infty}x_n=a$.

(C) 若$\lim\limits_{n\to\infty}x_n=a$,则$\lim\limits_{n\to\infty}x_{3n}=\lim\limits_{n\to\infty}x_{3n+1}=a$.

(D) 若$\lim\limits_{n\to\infty}x_{3n}=\lim\limits_{n\to\infty}x_{3n+1}=a$,则$\lim\limits_{n\to\infty}x_n=a$.

考点分析

考　　点	大 纲 要 求	命 题 特 点
极限的概念与性质	1. 理解极限的概念,理解函数左极限与右极限的概念以及函数极限存在与左极限、右极限之间的关系. 2. 掌握极限的性质及运算法则.	**1. 考试频率:** ★★☆☆☆ **2. 常考题型:** 选择题 **3. 命题趋势:** 在过去的考研中,极限的概念与性质一直以来都较少考查.近年来,虽考试频率略有增加,但考题难度却并不高,一般都能够通过举反例来选出正确选项.

知识梳理

考点　极限的概念与性质

1. 数列极限的概念

$\lim\limits_{n\to\infty}x_n=a\Leftrightarrow$任取$\varepsilon>0$,存在正整数$N$,使得当①________时,有②________.

若$\lim\limits_{n\to\infty}x_n=a$,则称数列$\{x_n\}$收敛于$a$;若$\lim\limits_{n\to\infty}x_n$不存在,则称$\{x_n\}$发散.

2. 函数极限的概念

	图形	定义
$x\to x_0$	$x_0-\delta$　x_0　$x_0+\delta$　x	$\lim\limits_{x\to x_0}f(x)=A\Leftrightarrow$任取$\varepsilon>0$,存在$\delta>0$,使得当③________时,有④________.
$x\to x_0^+$	x_0　$x_0+\delta$　x	$\lim\limits_{x\to x_0^+}f(x)=A\Leftrightarrow$任取$\varepsilon>0$,存在$\delta>0$,使得当⑤________时,有$\lvert f(x)-A\rvert<\varepsilon$.
$x\to x_0^-$	$x_0-\delta$　x_0　x	$\lim\limits_{x\to x_0^-}f(x)=A\Leftrightarrow$任取$\varepsilon>0$,存在$\delta>0$,使得当$x_0-\delta<x<x_0$时,有$\lvert f(x)-A\rvert<\varepsilon$.
$x\to\infty$	$-X$　X　x	$\lim\limits_{x\to\infty}f(x)=A\Leftrightarrow$任取$\varepsilon>0$,存在$X>0$,使得当⑥________时,有$\lvert f(x)-A\rvert<\varepsilon$.

续表

	图形	定义
$x\to+\infty$	X x	$\lim\limits_{x\to+\infty}f(x)=A\Leftrightarrow$任取$\varepsilon>0$,存在$X>0$,使得当$x>X$时,有$\lvert f(x)-A\rvert<\varepsilon$.
$x\to-\infty$	$-X$ x	$\lim\limits_{x\to-\infty}f(x)=A\Leftrightarrow$任取$\varepsilon>0$,存在$X>0$,使得当⑦________时,有$\lvert f(x)-A\rvert<\varepsilon$.

$\lim\limits_{x\to x_0}f(x)=A\Leftrightarrow\lim\limits_{x\to x_0^+}f(x)=\lim\limits_{x\to x_0^-}f(x)=A$;

$\lim\limits_{x\to\infty}f(x)=A\Leftrightarrow$⑧________________.

【注】 $\lim\limits_{x\to x_0^+}f(x)$和$\lim\limits_{x\to x_0^-}f(x)$也可分别记作$f(x_0^+)$和$f(x_0^-)$.

3. 极限的性质

(1) 唯一性:若$\{x_n\}$收敛,则其极限唯一;若$\lim\limits_{x\to\cdot}f(x)$存在,则该极限唯一.

(2) 有界性:若$\{x_n\}$收敛,则$\{x_n\}$有界;若$\lim\limits_{x\to\cdot}f(x)=A$,则存在常数$M>0$,使得当$x\to\cdot$时,$\lvert f(x)\rvert\leqslant M$.

(3) 保号性:若$\lim\limits_{n\to\infty}x_n=a$,且$a>0$(或$a<0$),则当$n\to\infty$时,有$x_n>0$(或$x_n<0$);若$\lim\limits_{x\to\cdot}f(x)=A$,且$A>0$(或$A<0$),则当$x\to\cdot$时,有⑨________(或⑩________).

(4) 收敛数列与其子数列间的关系:在$\{x_n\}$中任意抽取无限多项并保持这些项在$\{x_n\}$中的先后次序,这样得到的一个数列称为$\{x_n\}$的子数列.若$\{x_n\}$收敛于a,则其任一子数列也收敛于a.

(5) 函数极限与数列极限的关系(海涅定理):设$\{x_n\}$为$f(x)$的定义域内任一收敛于a的数列,且$x_n\neq a$(n为正整数),则$\lim\limits_{x\to a}f(x)=A$的充分必要条件是$\lim\limits_{n\to\infty}f(x_n)=$⑪________.

4. 极限的运算法则

(1) 若$\lim\limits_{n\to\infty}x_n=a$,$\lim\limits_{n\to\infty}y_n=b$,则

1) $\lim\limits_{n\to\infty}(k_1x_n\pm k_2y_n)=k_1a\pm k_2b$;

2) $\lim\limits_{n\to\infty}x_n\cdot y_n=$⑫________;

3) $\lim\limits_{n\to\infty}\dfrac{x_n}{y_n}=\dfrac{a}{b}(b\neq0)$.

类似地,若$\lim\limits_{x\to\cdot}f(x)=A$,$\lim\limits_{x\to\cdot}g(x)=B$,则

1) $\lim\limits_{x\to\cdot}[k_1f(x)\pm k_2g(x)]=k_1A\pm k_2B$;

2) $\lim\limits_{x\to\cdot}[f(x)\cdot g(x)]=AB$;

3) $\lim\limits_{x\to\cdot}\dfrac{f(x)}{g(x)}=\dfrac{A}{B}(B\neq0)$.

(2) 设当$x\to\cdot$时,$f[g(x)]$有定义且$g(x)\neq a$,若$\lim\limits_{x\to\cdot}g(x)=a$,$\lim\limits_{u\to a}f(u)=A$,则$\lim\limits_{x\to\cdot}f[g(x)]=$⑬________.

知识梳理·答案

① $n>N$ ② $\lvert x_n-a\rvert<\varepsilon$ ③ $0<\lvert x-x_0\rvert<\delta$
④ $\lvert f(x)-A\rvert<\varepsilon$ ⑤ $x_0<x<x_0+\delta$ ⑥ $\lvert x\rvert>X$
⑦ $x<-X$ ⑧ $\lim\limits_{x\to+\infty}f(x)=\lim\limits_{x\to-\infty}f(x)=A$ ⑨ $f(x)>0$
⑩ $f(x)<0$ ⑪ A ⑫ ab ⑬ A

方法探究

考点 极限的概念与性质

极限的概念与性质问题有以下两个思路:

(1) 正面做:利用极限的定义(ε语言)、性质或运算法则证明结论正确;

(2) 反面做:通过举反例说明结论错误.

【例1】 若$\lim\limits_{x\to x_0}f(x)=A$且$A\geqslant0$,则存在$\delta>0$,使得当$0<\lvert x-x_0\rvert<\delta$时,满足( )

(A) $\lvert f(x)\rvert>A+1$. (B) $\lvert f(x)\rvert<A+1$.

(C) $f(x)>\lvert A-1\rvert$. (D) $f(x)<\lvert A-1\rvert$.

【解】法一(反面做):取$f(x)=1$,则$A=1$,可排除(A)(D).再取$f(x)=0$,则$A=0$,可排除(C),故选(B).

法二(正面做):取$\varepsilon=1$,则存在$\delta>0$,使得当$0<\lvert x-x_0\rvert<\delta$时,有$\lvert f(x)-A\rvert<1$.于是$\lvert f(x)\rvert=\lvert[f(x)-A]+A\rvert\leqslant\lvert f(x)-A\rvert+\lvert A\rvert<1+A$,选(B).

【例2】(03-1,2) 设$\{a_n\}$,$\{b_n\}$,$\{c_n\}$均为非负数列,且$\lim\limits_{n\to\infty}a_n=0$,$\lim\limits_{n\to\infty}b_n=1$,$\lim\limits_{n\to\infty}c_n=\infty$,则必有( )

(A) $a_n<b_n$对任意n成立.

(B) $b_n<c_n$对任意n成立.

(C) 极限$\lim\limits_{n\to\infty}a_nc_n$不存在.

(D) 极限$\lim\limits_{n\to\infty}b_nc_n$不存在.

【解】法一(反面做):取$a_n=\dfrac{1}{n}$,$b_n=1$,$c_n=n$,则当$n=1$时,$a_n=b_n=c_n$,且$\lim\limits_{n\to\infty}a_nc_n=1$,可排除(A)(B)(C),故选(D).

法二(正面做):假设$\lim\limits_{n\to\infty}b_nc_n$存在且等于$A$,则$\lim\limits_{n\to\infty}c_n=\lim\limits_{n\to\infty}\dfrac{b_nc_n}{b_n}=\dfrac{\lim\limits_{n\to\infty}b_nc_n}{\lim\limits_{n\to\infty}b_n}=A$,与$\lim\limits_{n\to\infty}c_n=\infty$矛盾,故$\lim\limits_{n\to\infty}b_nc_n$不存在,选(D).

【注】 其实,若$\lim\limits_{n\to\infty}x_n=a$,$\lim\limits_{n\to\infty}y_n=b$,且$a>b$(或$a<b$),则当$n\to\infty$时,有$x_n>y_n$(或$x_n<y_n$);若$\lim\limits_{x\to\cdot}f(x)=A$,$\lim\limits_{x\to\cdot}g(x)=B$,且$A>B$(或$A<B$),则当$x\to\cdot$时,有$f(x)>g(x)$(或$f(x)<g(x)$).因此,本例中$a_n<b_n$当$n$充分大时才成立.

此外,若$\lim\limits_{n\to\infty}x_n=a$,$\lim\limits_{n\to\infty}y_n=b$,且$x_n>y_n$(或$x_n<y_n$),则$a\geqslant b$(或$a\leqslant b$);若$\lim\limits_{x\to\cdot}f(x)=A$,$\lim\limits_{x\to\cdot}g(x)=B$,且$f(x)>g(x)$(或$f(x)<g(x)$),则$A\geqslant B$(或$A\leqslant B$).

真题精选
1987—2014

答案 P238

考点 极限的概念与性质

1. (14-3) 设 $\lim\limits_{n\to\infty} a_n = a$，且 $a\neq 0$，则当 n 充分大时有( )

(A) $|a_n| > \dfrac{|a|}{2}$. (B) $|a_n| < \dfrac{|a|}{2}$.

(C) $a_n > a - \dfrac{1}{n}$. (D) $a_n < a + \dfrac{1}{n}$.

2. (00-3) 设对任意的 x，总有 $\varphi(x)\leqslant f(x)\leqslant g(x)$，且 $\lim\limits_{x\to\infty}[g(x)-\varphi(x)]=0$，则 $\lim\limits_{x\to\infty} f(x)$( )

(A) 存在且等于零. (B) 存在但不一定为零.

(C) 一定不存在. (D) 不一定存在.

3. (99-2) "对任意给定的 $\varepsilon\in(0,1)$，总存在正整数 N，当 $n\geqslant N$ 时，恒有 $|x_n - a|\leqslant 2\varepsilon$"是数列 $\{x_n\}$ 收敛于 a 的( )

(A) 充分条件但非必要条件.

(B) 必要条件但非充分条件.

(C) 充分必要条件.

(D) 既非充分条件又非必要条件.

小 结

极限的概念与性质的考题往往因为题号较靠前(比如，2014 年和 2015 年数学三都作为了试卷上的第 1 题)、形式较抽象，所以会使一些考生在心理上产生恐惧. 同时，若要利用极限的定义或性质来证明结论正确，则在考场上也确实不太容易有思路. 实际上，除了像 1999 年数学二那样直接考查 ε 语言的考题，其他考题基本上都能够通过举反例来迅速地找到错误的结论，而常值函数或数列是极限存在的常用反例，n、$(-1)^n$、$2^{(-1)^n}$ 是极限不存在的常用反例.

§1.2 极限的计算

十年真题
2015—2024

答案 P238

考点一 函数极限的计算

1. (23-3) $\lim\limits_{x\to\infty} x^2\left(2 - x\sin\dfrac{1}{x} - \cos\dfrac{1}{x}\right) =$________.

2. (22-2,3) $\lim\limits_{x\to 0}\left(\dfrac{1+e^x}{2}\right)^{\cot x} =$________.

3. (20-1) $\lim\limits_{x\to 0}\left[\dfrac{1}{e^x - 1} - \dfrac{1}{\ln(1+x)}\right] =$________.

4. (19-2) $\lim\limits_{x\to 0}(x+2^x)^{\frac{2}{x}} =$________.

5. (18-2) $\lim\limits_{x\to+\infty} x^2[\arctan(x+1) - \arctan x] =$________.

6. (15-1,3) $\lim\limits_{x\to 0}\dfrac{\ln(\cos x)}{x^2} =$________.

7. (16-2,3) 求极限 $\lim\limits_{x\to 0}(\cos 2x + 2x\sin x)^{\frac{1}{x^4}}$.

考点二 数列极限的计算

1. (22-3) 已知 $a_n = \sqrt[n]{n} - \dfrac{(-1)^n}{n}(n=1,2,\cdots)$，则数列 $\{a_n\}$( )

(A) 有最大值和最小值. (B) 有最大值，没有最小值.

(C) 没有最大值，有最小值. (D) 没有最大值和最小值.

2. (19-3) $\lim\limits_{n\to\infty}\left[\dfrac{1}{1\cdot 2} + \dfrac{1}{2\cdot 3} + \cdots + \dfrac{1}{n(n+1)}\right]^n =$________.

3. (16-2,3) 极限 $\lim\limits_{n\to\infty}\dfrac{1}{n^2}\left(\sin\dfrac{1}{n} + 2\sin\dfrac{2}{n} + \cdots + n\sin\dfrac{n}{n}\right) =$________.

4. (19-1,3) 设 $a_n = \int_0^1 x^n\sqrt{1-x^2}\,dx\ (n=0,1,2,\cdots)$.

(1) 证明：数列 $\{a_n\}$ 单调减少，且 $a_n = \dfrac{n-1}{n+2}a_{n-2}\ (n=2,3,\cdots)$；

(2) 求 $\lim\limits_{n\to\infty}\dfrac{a_n}{a_{n-1}}$.

5. (18-1,2,3) 设数列$\{x_n\}$满足：$x_1>0, x_n e^{x_{n+1}}=e^{x_n}-1(n=1,2,\cdots)$. 证明$\{x_n\}$收敛，并求$\lim\limits_{n\to\infty}x_n$.

6. (17-1,2,3) 求$\lim\limits_{n\to\infty}\sum\limits_{k=1}^{n}\frac{k}{n^2}\ln\left(1+\frac{k}{n}\right)$.

考点分析

考　　点	大纲要求	命题特点
一、函数极限的计算	1. 理解无穷小量、无穷大量的概念，会用等价无穷小量求极限. 2. 掌握用洛必达法则和泰勒公式求未定式极限的方法.	**1. 考试频率**：★★★★★ **2. 常考题型**：填空题、解答题 **3. 命题趋势**：极限的计算是考研数学的必考内容，也会在其他考题中有所涉及. 在过去的考研中，以考查函数极限的计算为主. 而近年来，对于数列极限计算的考查明显增加，尤其以解答题的形式进行考查.
二、数列极限的计算	掌握极限存在的两个准则，并会利用它们求极限.	

知识梳理

考点一　函数极限的计算

1. 无穷小与无穷大

(1) 若$\lim\limits_{x\to\cdot}f(x)=$①________，则称$f(x)$为当$x\to\cdot$时的无穷小.

若任取$M>0$，当$x\to\cdot$时都有②________，则称$f(x)$为当$x\to\cdot$时的无穷大，记作$\lim\limits_{x\to\cdot}f(x)=\infty$；若任取$M>0$，当$x\to\cdot$时都有③________，则记作$\lim\limits_{x\to\cdot}f(x)=+\infty$；若任取$M>0$，当$x\to\cdot$时都有$f(x)<-M$，则记作$\lim\limits_{x\to\cdot}f(x)=-\infty$.

若$\lim\limits_{x\to\cdot}f(x)=\infty$，则$\lim\limits_{x\to\cdot}\frac{1}{f(x)}=0$；若$\lim\limits_{x\to\cdot}f(x)=0$，且$f(x)\neq0$，则$\lim\limits_{x\to\cdot}\frac{1}{f(x)}=$④________.

(2) 关于无穷小的结论：

1) $\lim\limits_{x\to\cdot}f(x)=A$的充分必要条件是$f(x)=A+\alpha(x)$，其中$\alpha(x)$为当$x\to\cdot$时的无穷小；

2) 有限个无穷小的和与乘积都是无穷小；

3) 有界函数与无穷小的乘积是无穷小.

(3) 常用于替换的等价无穷小：当$\alpha(x)\to0$时，

1) $\sin\alpha(x)\sim\alpha(x)$；　2) $\tan\alpha(x)\sim\alpha(x)$；

3) $\arcsin\alpha(x)\sim\alpha(x)$；　4) $\arctan\alpha(x)\sim\alpha(x)$；

5) $e^{\alpha(x)}-1\sim\alpha(x)$；

6) $\ln[1+\alpha(x)]\sim$⑤________；

7) $1-\cos\alpha(x)\sim$⑥________；

8) $[1+\alpha(x)]^{\mu}-1\sim$⑦________.

【注】(i) 只有独立的或乘除形式的等价无穷小才可以替换，加减形式的等价无穷小一般不能替换.

(ii) 等价无穷小具有传递性：若$\alpha\sim\beta,\beta\sim\gamma$，则$\alpha\sim\gamma$.

2. 洛必达法则

对于$\lim\limits_{x\to\cdot}\frac{f(x)}{g(x)}$，若

(1) $\lim\limits_{x\to\cdot}f(x)=\lim\limits_{x\to\cdot}g(x)=0\left(\frac{0}{0}\text{型}\right)$或$\lim\limits_{x\to\cdot}f(x)=\lim\limits_{x\to\cdot}g(x)=\infty\left(\frac{\infty}{\infty}\text{型}\right)$；

(2) $f(x),g(x)$在$x\to\cdot$时可导，且$g'(x)\neq0$；

(3) ⑧________________存在(或为无穷大)，

则$\lim\limits_{x\to\cdot}\frac{f(x)}{g(x)}=\lim\limits_{x\to\cdot}\frac{f'(x)}{g'(x)}$.

3. 常用于求极限的泰勒展开式

当$x\to0$时，

(1) $\sin x=x+$⑨________$x^3+o(x^3)$；

(2) $\tan x=x+\frac{1}{3}x^3+o(x^3)$；

(3) $\arcsin x=x+\frac{1}{6}x^3+o(x^3)$;

(4) $\arctan x=x+$⑩________$x^3+o(x^3)$;

(5) $e^x=1+x+\frac{1}{2}x^2+\frac{1}{6}x^3+o(x^3)$;

(6) $\ln(1+x)=x+$⑪________$x^2+\frac{1}{3}x^3+o(x^3)$;

(7) $\cos x=1-\frac{1}{2!}x^2+\frac{1}{4!}x^4+o(x^4)$;

(8) $(1+x)^\mu=1+\mu x+\frac{\mu(\mu-1)}{2}x^2+o(x^2)$.

考点二　数列极限的计算

1. 极限存在的两个准则

(1) 夹逼准则：若

1) 当$n\to\infty$时，$y_n\leqslant x_n\leqslant z_n$；

2) $\lim\limits_{n\to\infty}y_n=\lim\limits_{n\to\infty}z_n=a$，

则$\lim\limits_{n\to\infty}x_n=$⑫________.

类似地，若

1) 当$x\to\cdot$时，$g(x)\leqslant f(x)\leqslant h(x)$；

2) $\lim\limits_{x\to\cdot}g(x)=\lim\limits_{x\to\cdot}h(x)=A$，

则$\lim\limits_{x\to\cdot}f(x)=A$.

【注】准则中的任一“$\leqslant$”都能改写为“$<$”.

(2) 单调有界准则：单调有界数列必有极限.

【注】此处“单调有界”体现为单调递增且有上界或者单调递减且有下界.

2. 用于求数列极限的定积分定义式

$$\lim_{n\to\infty}\frac{1}{n}\sum_{k=1}^{n}f\left(\frac{k}{n}\right)=⑬\text{\_\_\_\_\_\_\_\_}.$$

知识梳理·答案

① 0　② $|f(x)|>M$　③ $f(x)>M$　④ ∞　⑤ $\alpha(x)$　⑥ $\frac{1}{2}\alpha^2(x)$　⑦ $\mu\alpha(x)$　⑧ $\lim\limits_{x\to\cdot}\frac{f'(x)}{g'(x)}$　⑨ $-\frac{1}{6}$　⑩ $-\frac{1}{3}$　⑪ $-\frac{1}{2}$　⑫ a　⑬ $\int_0^1 f(x)\mathrm{d}x$

方法探究

答案 P240

考点一　函数极限的计算

函数极限的计算主要考查$\frac{\infty}{\infty}$型、$\frac{0}{0}$型、$0\cdot\infty$型、$\infty-\infty$型、1^∞型、0^0型和∞^0型这7种未定式的极限.其中，剩余5种未定式的极限都能转化为$\frac{\infty}{\infty}$型或$\frac{0}{0}$型来计算：

1^∞、0^0、∞^0 —取对数→ $0\cdot\infty$ → $\frac{\infty}{\infty}$、$\frac{0}{0}$；$\infty-\infty$ → $\frac{\infty}{\infty}$、$\frac{0}{0}$

1. $\frac{\infty}{\infty}$型和$\frac{0}{0}$型

(1) 对于$\frac{\infty}{\infty}$型极限，可以考虑分子分母同时除以趋于无穷大“速度最快”的项，或利用洛必达法则.

(2) 对于$\frac{0}{0}$型极限，一般先通过无穷小的等价替换、有理化、换元等方法来化简，再利用洛必达法则或泰勒公式.

【例1】(1) $\lim\limits_{x\to+\infty}\frac{x+e^x}{1+e^x}=$________.

(2) $\lim\limits_{x\to0}\frac{\sqrt{1+x}-\sqrt{1+\tan x}}{x\tan^2x}=$________.

【解】(1) **法一**：原式$=\lim\limits_{x\to+\infty}\frac{\frac{x}{e^x}+1}{\frac{1}{e^x}+1}=\frac{0+1}{0+1}=1$.

法二：原式$\overset{\frac{\infty}{\infty}}{\underset{洛}{=}}\lim\limits_{x\to+\infty}\frac{1+e^x}{e^x}\overset{\frac{\infty}{\infty}}{\underset{洛}{=}}\lim\limits_{x\to+\infty}\frac{e^x}{e^x}=1$.

(2) **法一**：原式$=\lim\limits_{x\to0}\frac{\sqrt{1+x}-\sqrt{1+\tan x}}{x\tan^2x}$

$$=\lim_{x\to0}\frac{\sqrt{1+x}-\sqrt{1+\tan x}}{x^3}$$

$$=\lim_{x\to0}\frac{(\sqrt{1+x}-\sqrt{1+\tan x})(\sqrt{1+x}+\sqrt{1+\tan x})}{x^3(\sqrt{1+x}+\sqrt{1+\tan x})}$$

$$=\lim_{x\to0}\frac{x-\tan x}{x^3}\cdot\lim_{x\to0}\frac{1}{\sqrt{1+x}+\sqrt{1+\tan x}}$$

$$=\frac{1}{2}\lim_{x\to0}\frac{x-\tan x}{x^3}$$

$$\overset{\frac{0}{0}}{\underset{洛}{=}}\frac{1}{2}\lim_{x\to0}\frac{1-\sec^2x}{3x^2}$$

$$\overset{\frac{0}{0}}{\underset{洛}{=}}\frac{1}{2}\lim_{x\to0}\frac{-2\sec^2x\tan x}{6x}$$

$$=\frac{1}{2}\lim_{x\to0}\frac{-2\sec^2x}{6}=-\frac{1}{6}.$$

法二：用泰勒公式把$\tan x$展开，

$$\tan x=x+\frac{1}{3}x^3+o(x^3),$$

故

$$x-\tan x=-\frac{1}{3}x^3+o(x^3)\sim-\frac{1}{3}x^3\ (x\to0).$$

于是原式$=\frac{1}{2}\lim\limits_{x\to0}\frac{x-\tan x}{x^3}$

$$=\frac{1}{2}\lim_{x\to0}\frac{-\frac{1}{3}x^3}{x^3}=-\frac{1}{6}.$$

【注】当$x\to+\infty$和$x\to-\infty$时，e^x的极限不同：

$\begin{cases}\lim\limits_{x\to+\infty} e^x=+\infty,\\ \lim\limits_{x\to-\infty} e^x=0.\end{cases}$ 类似地，$\begin{cases}\lim\limits_{x\to+\infty} \arctan x=\dfrac{\pi}{2},\\ \lim\limits_{x\to-\infty} \arctan x=-\dfrac{\pi}{2}.\end{cases}$

变式 1.1(97-2) 求极限 $\lim\limits_{x\to-\infty}\dfrac{\sqrt{4x^2+x-1}+x+1}{\sqrt{x^2+\sin x}}$.

变式 1.2(92-4) 求极限$\lim\limits_{x\to1}\dfrac{\ln\cos(x-1)}{1-\sin\dfrac{\pi}{2}x}$.

2. 0·∞型和∞−∞型

(1) 求 0·∞型极限的思路如下：当 $x\to\cdot$ 时，若 $f(x)\to0$，$g(x)\to\infty$，则

$$\lim_{x\to\cdot}[f(x)\cdot g(x)]=\begin{cases}\lim\limits_{x\to\cdot}\dfrac{f(x)}{\dfrac{1}{g(x)}}\left(\dfrac{0}{0}\text{型}\right),\\ \lim\limits_{x\to\cdot}\dfrac{g(x)}{\dfrac{1}{f(x)}}\left(\dfrac{\infty}{\infty}\text{型}\right).\end{cases}$$

(2) ∞−∞型极限可通过通分[如例 2(2)]、有理化(如变式 2.1)、倒代换(即令 $t=\dfrac{1}{x}$，如变式 2.2)等方法转化为$\dfrac{\infty}{\infty}$型或$\dfrac{0}{0}$型极限.

【例 2】 求下列极限：

(1) **(04-2)** $\lim\limits_{x\to0}\dfrac{1}{x^3}\left[\left(\dfrac{2+\cos x}{3}\right)^x-1\right]$；

(2) **(04-3)** $\lim\limits_{x\to0}\left(\dfrac{1}{\sin^2x}-\dfrac{\cos^2x}{x^2}\right)$.

【解】 (1) 当 $x\to0$ 时，

$$\left(\frac{2+\cos x}{3}\right)^x-1=e^{x\ln\frac{2+\cos x}{3}}-1\sim x\ln\frac{2+\cos x}{3}.$$

$$\text{原式}=\lim_{x\to0}\frac{\ln\dfrac{2+\cos x}{3}}{x^2}=\lim_{x\to0}\frac{\ln\left(1+\dfrac{\cos x-1}{3}\right)}{x^2}$$

$$=\lim_{x\to0}\frac{\cos x-1}{3x^2}=\lim_{x\to0}\frac{-\dfrac{1}{2}x^2}{3x^2}=-\frac{1}{6}.$$

(2) $$\text{原式}=\lim_{x\to0}\frac{x^2-\sin^2x\cos^2x}{x^2\sin^2x}=\lim_{x\to0}\frac{x^2-\dfrac{1}{4}\sin^22x}{x^4}$$

$$\xlongequal[\text{洛}]{\frac{0}{0}}\lim_{x\to0}\frac{2x-\dfrac{1}{2}\sin4x}{4x^3}\xlongequal[\text{洛}]{\frac{0}{0}}\lim_{x\to0}\frac{2-2\cos4x}{12x^2}$$

$$=\lim_{x\to0}\frac{1-\cos4x}{6x^2}=\lim_{x\to0}\frac{8x^2}{6x^2}=\frac{4}{3}.$$

【注】 在求极限时，若局部出现幂指函数，则可局部取对数.

变式 2.1 $\lim\limits_{x\to+\infty}(\sqrt{x^2+x}-\sqrt{x^2-x})=$________.

变式 2.2(94-5) 求极限$\lim\limits_{x\to\infty}\left[x-x^2\ln\left(1+\dfrac{1}{x}\right)\right]$.

3. 1^∞型、0^0型和∞^0型

当 $x\to\cdot$ 时，若 $f(x)\to1$ 且 $g(x)\to\infty$、$f(x)\to0^+$ 且 $g(x)\to0$ 或者 $f(x)\to+\infty$且 $g(x)\to0$，则

$$\lim_{x\to\cdot}f(x)^{g(x)}=e^{\lim\limits_{x\to\cdot}\ln f(x)^{g(x)}}$$

$$=e^{\lim\limits_{x\to\cdot}g(x)\ln f(x)}\quad(0\cdot\infty\text{型}).$$

【例 3】(11-2) $\lim\limits_{x\to0}\left(\dfrac{1+2^x}{2}\right)^{\frac{1}{x}}=$________.

【解】 原式$\xlongequal{1^\infty}e^{\lim\limits_{x\to0}\frac{1}{x}\ln\left(\frac{1+2^x}{2}\right)}$

$$\xlongequal{0\cdot\infty}e^{\lim\limits_{x\to0}\frac{1}{x}\ln\left(1+\frac{2^x-1}{2}\right)}$$

$$=e^{\lim\limits_{x\to0}\frac{2^x-1}{2x}}$$

$$\xlongequal[\text{洛}]{\frac{0}{0}}e^{\lim\limits_{x\to0}\frac{2^x\ln2}{2}}=\sqrt{2}.$$

【注】 对于 1^∞ 型极限，在取对数后可进行无穷小的等价替换，即

$$\lim_{x\to\cdot}f(x)^{g(x)}=e^{\lim\limits_{x\to\cdot}g(x)\ln f(x)}=e^{\lim\limits_{x\to\cdot}g(x)[f(x)-1]}$$

(当 $x\to\cdot$ 时，$f(x)\to1$，$g(x)\to\infty$). 但是对于 0^0 型(如变式 3.2)和∞^0 型(如变式 3.1)极限，切莫如此替换.

变式 3.1(89-5) 求极限 $\lim\limits_{x\to+\infty}(x+e^x)^{\frac{1}{x}}$.

变式 3.2(10-3) 求极限 $\lim\limits_{x\to+\infty}\left(x^{\frac{1}{x}}-1\right)^{\frac{1}{\ln x}}$.

考点二 数列极限的计算

1. 转化为函数的极限

由 $\lim\limits_{x\to+\infty}f(x)=A$ 得 $\lim\limits_{n\to\infty}f(n)=A$.

【例 1】(94-2) 计算 $\lim\limits_{n\to\infty}\tan^n\left(\dfrac{\pi}{4}+\dfrac{2}{n}\right)$.

【解】 $\lim\limits_{x\to+\infty}\tan^x\left(\dfrac{\pi}{4}+\dfrac{2}{x}\right)=e^{\lim\limits_{x\to+\infty}x\ln\tan\left(\frac{\pi}{4}+\frac{2}{x}\right)}$

$$=e^{\lim\limits_{x\to+\infty}x\left[\tan\left(\frac{\pi}{4}+\frac{2}{x}\right)-1\right]}$$

$$\xlongequal{\text{令 } t=\frac{1}{x}}e^{\lim\limits_{t\to0^+}\frac{\tan\left(\frac{\pi}{4}+2t\right)-1}{t}}$$

$$\xlongequal[\text{洛}]{\frac{0}{0}}e^{\lim\limits_{t\to0^+}2\sec^2\left(\frac{\pi}{4}+2t\right)}=e^4.$$

故原式$=e^4$.

变式 1 $\lim\limits_{n\to\infty}n^2\left[\sin\dfrac{1}{n}+\ln\left(1-\dfrac{1}{n}\right)\right]=$________.

2. 利用夹逼准则

在考研中,常根据第(1)问所得的不等式,利用夹逼准则来求第(2)问的极限(如例2).也可利用夹逼准则来求数列 n 项和的极限(如变式2).

【例 2】(10-1,2,3) (1) 比较$\int_0^1|\ln t|[\ln(1+t)]^n\mathrm{d}t$ 与 $\int_0^1t^n|\ln t|\mathrm{d}t(n=1,2,\cdots)$ 的大小,说明理由;

(2) 记 $u_n=\int_0^1|\ln t|[\ln(1+t)]^n\mathrm{d}t(n=1,2,\cdots)$,求极限 $\lim\limits_{n\to\infty}u_n$.

【解】(1) 当 $0\leqslant t\leqslant1$ 时,由于 $0\leqslant\ln(1+t)\leqslant t$,故 $|\ln t|[\ln(1+t)]^n\leqslant t^n|\ln t|$,从而

$$\int_0^1|\ln t|[\ln(1+t)]^n\mathrm{d}t\leqslant\int_0^1t^n|\ln t|\mathrm{d}t.$$

(2) 由(1)可知 $0\leqslant u_n\leqslant\int_0^1t^n|\ln t|\mathrm{d}t$.

因为$\int_0^1t^n|\ln t|\mathrm{d}t=-\int_0^1t^n\ln t\mathrm{d}t=-\left[\dfrac{t^{n+1}}{n+1}\ln t\right]_0^1+\int_0^1\dfrac{t^n}{n+1}\mathrm{d}t=\dfrac{1}{(n+1)^2}$,所以$\lim\limits_{n\to\infty}\int_0^1t^n|\ln t|\mathrm{d}t=0$.

故由夹逼准则可知 $\lim\limits_{n\to\infty}u_n=0$.

【注】 $\ln(1+x)\leqslant x$ 和 $e^x\geqslant x+1$ 是考研常用的不等式.

变式 2(95-2) $\lim\limits_{n\to\infty}\left(\dfrac{1}{n^2+n+1}+\dfrac{2}{n^2+n+2}+\cdots+\dfrac{n}{n^2+n+n}\right)=$________.

3. 利用定积分定义

对于数列 n 项和的极限,若将$\dfrac{1}{n}$提出连加符号后,“$\dfrac{k}{n}$”以整体出现,无孤立的 n 和 k,则可利用定积分定义式

$$\lim_{n\to\infty}\frac{1}{n}\sum_{k=1}^nf\left(\frac{k}{n}\right)=\int_0^1f(x)\mathrm{d}x$$

来求.有时,也可将定积分定义与夹逼准则相结合使用(如变式3).

【例 3】 $\lim\limits_{n\to\infty}\left(\dfrac{1}{n+1}+\dfrac{1}{n+2}+\cdots+\dfrac{1}{n+n}\right)=$________.

【解】原式$=\lim\limits_{n\to\infty}\dfrac{1}{n}\left(\dfrac{1}{1+\frac{1}{n}}+\dfrac{1}{1+\frac{2}{n}}+\cdots+\dfrac{1}{1+\frac{n}{n}}\right)$

$$=\lim_{n\to\infty}\frac{1}{n}\sum_{k=1}^n\frac{1}{1+\frac{k}{n}}=\int_0^1\frac{\mathrm{d}x}{1+x}=\ln2.$$

变式 3(98-1) 求极限

$$\lim_{n\to\infty}\left(\frac{\sin\frac{\pi}{n}}{n+1}+\frac{\sin\frac{2\pi}{n}}{n+\frac{1}{2}}+\cdots+\frac{\sin\pi}{n+\frac{1}{n}}\right).$$

4. 利用单调有界准则

若已知$\{x_n\}$的递推关系式,则常利用单调有界准则来证明 $\lim\limits_{n\to\infty}x_n$ 存在,然后在递推关系式两边同时取极限,并根据 $\lim\limits_{n\to\infty}x_n=\lim\limits_{n\to\infty}x_{n+1}$,便可求出 $\lim\limits_{n\to\infty}x_n$.

在证明数列极限存在时,可利用基本不等式(如例4)、数学归纳法(如变式4.1)、拉格朗日中值定理(如2018年的考题),以及第(1)问的结论(如变式4.2),等等.

【例 4】(02-2) 设 $0<x_1<3,x_{n+1}=\sqrt{x_n(3-x_n)}(n=1,2,\cdots)$.证明数列$\{x_n\}$的极限存在,并求此极限.

【证】因为

$$x_{n+1}=\sqrt{x_n(3-x_n)}\leqslant\frac{1}{2}(x_n+3-x_n)=\frac{3}{2},$$

故$\{x_n\}$有上界.

又由 $x_n\leqslant\dfrac{3}{2}$可知

$$\frac{x_{n+1}}{x_n}=\sqrt{\frac{x_n(3-x_n)}{x_n^2}}=\sqrt{\frac{3}{x_n}-1}\geqslant1,$$

故$\{x_n\}$单调递增,从而$\{x_n\}$极限存在.

设 $\lim\limits_{n\to\infty}x_n=\lim\limits_{n\to\infty}x_{n+1}=a$,对 $x_{n+1}=\sqrt{x_n(3-x_n)}$ 两边同时取极限,有 $a=\sqrt{a(3-a)}$,解得 $a=\dfrac{3}{2}$ 或 $a=0$(由于 $x_n>0$,故舍去).所以 $\lim\limits_{n\to\infty}x_n=\dfrac{3}{2}$.

变式 4.1(96-1) 设 $x_1=10,x_{n+1}=\sqrt{6+x_n}(n=1,2,\cdots)$,试证数列$\{x_n\}$极限存在,并求此极限.

变式 4.2(11-1,2)(1)证明:对任意的正整数 n,都有 $\frac{1}{n+1}<\ln\left(1+\frac{1}{n}\right)<\frac{1}{n}$ 成立;

(2)设 $a_n=1+\frac{1}{2}+\cdots+\frac{1}{n}-\ln n(n=1,2,\cdots)$,证明数列 $\{a_n\}$ 收敛.

真题精选 1987—2014

答案 P241

考点一 函数极限的计算

1.(13-2) $\lim\limits_{x\to0}\left[2-\frac{\ln(1+x)}{x}\right]^{\frac{1}{x}}=$________.

2.(09-3) $\lim\limits_{x\to0}\frac{e-e^{\cos x}}{\sqrt[3]{1+x^2}-1}=$________.

3.(07-2) $\lim\limits_{x\to0}\frac{\arctan x-\sin x}{x^3}=$________.

4.(07-3) $\lim\limits_{x\to+\infty}\frac{x^3+x^2+1}{2^x+x^3}(\sin x+\cos x)=$________.

5.(03-1) $\lim\limits_{x\to0}(\cos x)^{\frac{1}{\ln(1+x^2)}}=$________.

6.(99-1) $\lim\limits_{x\to0}\left(\frac{1}{x^2}-\frac{1}{x\tan x}\right)=$________.

7.(98-1,2) $\lim\limits_{x\to0}\frac{\sqrt{1+x}+\sqrt{1-x}-2}{x^2}=$________.

8.(97-1) $\lim\limits_{x\to0}\frac{3\sin x+x^2\cos\frac{1}{x}}{(1+\cos x)\ln(1+x)}=$________.

9.(96-3) $\lim\limits_{x\to\infty}x\left\{\sin\left[\ln\left(1+\frac{3}{x}\right)\right]-\sin\left[\ln\left(1+\frac{1}{x}\right)\right]\right\}=$________.

10.(91-3) $\lim\limits_{x\to0^+}\frac{1-e^{\frac{1}{x}}}{x+e^{\frac{1}{x}}}=$________.

11.(89-3) $\lim\limits_{x\to0}x\cot 2x=$________.

12.(88-3) $\lim\limits_{x\to0^+}\left(\frac{1}{\sqrt{x}}\right)^{\tan x}=$________.

13.(88-4) $\lim\limits_{x\to1}\frac{x^x-1}{x\ln x}=$________.

14.(12-3) 求极限 $\lim\limits_{x\to0}\frac{e^{x^2}-e^{2-2\cos x}}{x^4}$.

15.(09-2) 求极限 $\lim\limits_{x\to0}\frac{(1-\cos x)[x-\ln(1+\tan x)]}{\sin^4 x}$.

16.(08-1,2) 求极限 $\lim\limits_{x\to0}\frac{[\sin x-\sin(\sin x)]\sin x}{x^4}$.

17.(08-3) 计算 $\lim\limits_{x\to0}\frac{1}{x^2}\ln\frac{\sin x}{x}$.

18.(99-2) 求 $\lim\limits_{x\to0}\frac{\sqrt{1+\tan x}-\sqrt{1+\sin x}}{x\ln(1+x)-x^2}$.

19. (**91-4**) 求极限$\lim\limits_{x\to 0}\left(\dfrac{e^x+e^{2x}+\cdots+e^{nx}}{n}\right)^{\frac{1}{x}}$,其中 n 是给定的自然数.

考点二 数列极限的计算

1. (**12-2**) 设$a_n>0(n=1,2,\cdots)$,$S_n=a_1+a_2+\cdots+a_n$,则数列$\{S_n\}$有界是数列$\{a_n\}$收敛的(　　)

(A) 充分必要条件.

(B) 充分非必要条件.

(C) 必要非充分条件.

(D) 既非充分也非必要条件.

2. (**04-2**) $\lim\limits_{n\to\infty}\ln\sqrt[n]{\left(1+\dfrac{1}{n}\right)^2\left(1+\dfrac{2}{n}\right)^2\cdots\left(1+\dfrac{n}{n}\right)^2}$等于(　　)

(A) $\int_1^2 \ln^2 x\,dx$. (B) $2\int_1^2 \ln x\,dx$.

(C) $2\int_1^2 \ln(1+x)\,dx$. (D) $\int_1^2 \ln^2(1+x)\,dx$.

3. (**12-2**) $\lim\limits_{n\to\infty}n\left(\dfrac{1}{1+n^2}+\dfrac{1}{2^2+n^2}+\cdots+\dfrac{1}{n^2+n^2}\right)=$________.

4. (**02-2**) $\lim\limits_{n\to\infty}\dfrac{1}{n}\left[\sqrt{1+\cos\dfrac{\pi}{n}}+\sqrt{1+\cos\dfrac{2\pi}{n}}+\cdots+\sqrt{1+\cos\dfrac{n\pi}{n}}\right]=$________.

5. (**93-5**) $\lim\limits_{n\to\infty}\left[\sqrt{1+2+\cdots+n}-\sqrt{1+2+\cdots+(n-1)}\right]=$________.

6. (**13-2**) 设函数 $f(x)=\ln x+\dfrac{1}{x}$.

(1) 求 $f(x)$的最小值;

(2) 设数列$\{x_n\}$满足 $\ln x_n+\dfrac{1}{x_{n+1}}<1$. 证明$\lim\limits_{n\to\infty}x_n$ 存在,并求此极限.

7. (**06-1,2**) 设数列$\{x_n\}$满足 $0<x_1<\pi$,$x_{n+1}=\sin x_n(n=1,2,\cdots)$.

(1) 证明$\lim\limits_{n\to\infty}x_n$ 存在,并求该极限;

(2) 计算$\lim\limits_{n\to\infty}\left(\dfrac{x_{n+1}}{x_n}\right)^{\frac{1}{x_n^2}}$.

8. (**99-2**) 设 $f(x)$是区间$[0,+\infty)$上单调减少且非负的连续函数,$a_n=\sum\limits_{k=1}^{n}f(k)-\int_1^n f(x)\,dx\ (n=1,2,\cdots)$,证明数列$\{a_n\}$的极限存在.

小 结

在考研中,函数极限的计算一直以来都重点考查不能等价替换的"无穷小±无穷小",比如2023年数学三的填空题所转化的极限 $\lim\limits_{t\to0}\dfrac{2t-\sin t-t\cos t}{t^3}$、2016年数学二、三的解答题所转化的极限 $\lim\limits_{x\to0}\dfrac{\cos2x+2x\sin x-1}{x^4}$、2012年数学三的解答题所转化的极限 $\lim\limits_{x\to0}\dfrac{x^2+2\cos x-2}{x^4}$、2009年数学二的解答题所转化的极限 $\lim\limits_{x\to0}\dfrac{x-\ln(1+\tan x)}{2x^2}$、2008年数学一、二的解答题所转化的极限 $\lim\limits_{x\to0}\dfrac{\sin x-\sin(\sin x)}{x^3}$ 的分子部分,以及1999年数学二的解答题所转化的极限 $\lim\limits_{x\to0}\dfrac{\tan x-\sin x}{x\ln(1+x)-x^2}$ 的分子和分母部分等等. 利用泰勒公式来处理它们往往会比洛必达法则更方便. 此外,$\dfrac{0}{0}$ 型和 1^∞ 型极限所考查的频率较高.

数列极限的计算近年来经常以难度较高的综合性解答题的形式进行考查,比如2019年数学一、三关于夹逼准则的解答题平均分仅分别为2.46分和2.08分,2018年数学一、二、三关于单调有界准则的解答题平均分仅分别为2.04分、1.66分和1.27分. 这些考题对考生灵活应用所学知识分析、解决问题的能力有较高的要求,不少考生都交了白卷.

§1.3 极限的应用

十年真题 2015—2024

答案 P244

考点一 无穷小的比较

1. (**23-2**) 已知 $\{x_n\}$,$\{y_n\}$ 满足 $x_1=y_1=\dfrac{1}{2}$,$x_{n+1}=\sin x_n$,$y_{n+1}=y_n^2(n=1,2,\cdots)$,则当 $n\to\infty$ 时( )

(A) x_n 是 y_n 的高阶无穷小.

(B) y_n 是 x_n 的高阶无穷小.

(C) x_n 与 y_n 是等价无穷小.

(D) x_n 与 y_n 是同阶但不等价的无穷小.

2. (**22-2,3**) 当 $x\to0$ 时,$\alpha(x)$,$\beta(x)$ 是非零无穷小量,给出以下四个命题:

① 若 $\alpha(x)\sim\beta(x)$,则 $\alpha^2(x)\sim\beta^2(x)$;

② 若 $\alpha^2(x)\sim\beta^2(x)$,则 $\alpha(x)\sim\beta(x)$;

③ 若 $\alpha(x)\sim\beta(x)$,则 $\alpha(x)-\beta(x)=o[\alpha(x)]$;

④ 若 $\alpha(x)-\beta(x)=o[\alpha(x)]$,则 $\alpha(x)\sim\beta(x)$.

其中所有真命题的序号是( )

(A) ①③. (B) ①④.

(C) ①③④. (D) ②③④.

3. (**16-2**) 设 $\alpha_1=x(\cos\sqrt{x}-1)$,$\alpha_2=\sqrt{x}\ln(1+\sqrt[3]{x})$,$\alpha_3=\sqrt[3]{x+1}-1$. 当 $x\to0^+$ 时,以上3个无穷小量按照从低阶到高阶的排序是( )

(A) $\alpha_1,\alpha_2,\alpha_3$. (B) $\alpha_2,\alpha_3,\alpha_1$.

(C) $\alpha_2,\alpha_1,\alpha_3$. (D) $\alpha_3,\alpha_2,\alpha_1$.

考点二 平面曲线的渐近线

1. (**23-1,2**) 曲线 $y=x\ln\left(\mathrm{e}+\dfrac{1}{x-1}\right)$ 的斜渐近线方程为( )

(A) $y=x+\mathrm{e}$. (B) $y=x+\dfrac{1}{\mathrm{e}}$.

(C) $y=x$. (D) $y=x-\dfrac{1}{\mathrm{e}}$.

2. (**17-2**) 曲线 $y=x\left(1+\arcsin\dfrac{2}{x}\right)$ 的斜渐近线方程为________.

3. (**16-2**) 曲线 $y=\dfrac{x^3}{1+x^2}+\arctan(1+x^2)$ 的斜渐近线方程为________.

4. (**20-2**) 求曲线 $y=\dfrac{x^{1+x}}{(1+x)^x}(x>0)$ 的斜渐近线方程.

考点三 函数的连续性与间断点

1. (24-2) 函数 $f(x)=|x|^{\frac{1}{(1-x)(x-2)}}$ 的第一类间断点的个数为( )

(A) 3. (B) 2. (C) 1. (D) 0.

2. (24-3) 设函数 $f(x)=\lim\limits_{n\to\infty}\dfrac{1+x}{1+nx^{2n}}$,则 $f(x)$( )

(A) 在 $x=1,x=-1$ 处都连续.

(B) 在 $x=1$ 处连续,$x=-1$ 处不连续.

(C) 在 $x=1,x=-1$ 处都不连续.

(D) 在 $x=1$ 处不连续,$x=-1$ 处连续.

3. (20-2,3) 函数 $f(x)=\dfrac{e^{\frac{1}{x-1}}\ln|1+x|}{(e^x-1)(x-2)}$ 的第二类间断点的个数为( )

(A) 1. (B) 2. (C) 3. (D) 4.

4. (15-2) 函数 $f(x)=\lim\limits_{t\to0}\left(1+\dfrac{\sin t}{x}\right)^{\frac{x^2}{t}}$ 在 $(-\infty,+\infty)$ 内( )

(A) 连续. (B) 有可去间断点.

(C) 有跳跃间断点. (D) 有无穷间断点.

考点分析

考 点	大纲要求	命题特点
一、无穷小的比较	掌握无穷小量的比较方法.	**1. 考试频率**:★★★★☆ **2. 常考题型**:选择题 **3. 命题趋势**:极限的应用在考研中经常考查.这部分考题一般难度不高,只要掌握了基本的概念和方法,就能够做对.
二、平面曲线的渐近线	会求函数图形的水平、铅直和斜渐近线.	
三、函数的连续性与间断点	理解函数连续性的概念(含左连续与右连续),会判断函数间断点的类型.	

知识梳理

考点一 无穷小的比较

设 $\lim\limits_{x\to\cdot}\alpha(x)=\lim\limits_{\to\cdot}\beta(x)=0$,且 $\alpha(x)\neq0$.

(1) 若 $\lim\limits_{x\to\cdot}\dfrac{\beta(x)}{\alpha(x)}=$①________,则称当 $x\to\cdot$ 时 $\beta(x)$ 是比 $\alpha(x)$ 高阶的无穷小,记作 $\beta(x)=o[\alpha(x)]$;

(2) 若 $\lim\limits_{x\to\cdot}\dfrac{\beta(x)}{\alpha(x)}=\infty$,则称当 $x\to\cdot$ 时 $\beta(x)$ 是比 $\alpha(x)$ 低阶的无穷小;

(3) 若 $\lim\limits_{x\to\cdot}\dfrac{\beta(x)}{\alpha(x)}=c\neq0$,则称当 $x\to\cdot$ 时 $\beta(x)$ 与 $\alpha(x)$ 是同阶无穷小;

(4) 若 $\lim\limits_{x\to\cdot}\dfrac{\beta(x)}{\alpha^k(x)}=c\neq0(k>0)$,则称当 $x\to\cdot$ 时 $\beta(x)$ 是关于 $\alpha(x)$ 的 k 阶无穷小;

(5) 若 $\lim\limits_{x\to\cdot}\dfrac{\beta(x)}{\alpha(x)}=$②________,则称当 $x\to\cdot$ 时 $\beta(x)$ 与 $\alpha(x)$ 是等价无穷小,记作 $\alpha(x)\sim\beta(x)$.

【注】 $\alpha(x)\sim\beta(x)\Leftrightarrow\beta(x)=\alpha(x)+o[\alpha(x)]$.

考点二 平面曲线的渐近线

(1) 若 $\lim\limits_{\substack{x\to x_0^+\\(x\to x_0^-)}}f(x)=\infty$(或 $+\infty$, $-\infty$),则直线③________是曲线 $y=f(x)$ 的铅直渐近线.

(2) 若 $\lim\limits_{\substack{x\to+\infty\\(x\to-\infty)}}f(x)=A$,则直线 $y=A$ 是曲线 $y=f(x)$ 的水平渐近线.

(3) 若 $\lim\limits_{\substack{x\to+\infty\\(x\to-\infty)}}\dfrac{f(x)}{x}=a\neq0$,④________________$=b$,则直线 $y=ax+b$ 是曲线 $y=f(x)$ 的斜渐近线.

考点三 函数的连续性与间断点

1. 函数的连续性

若⑤________________,则称 $f(x)$ 在 $x=x_0$ 处连续;若 $\lim\limits_{x\to x_0^-}f(x)=f(x_0)$,则称 $f(x)$ 在 $x=x_0$ 处左连续;若 $\lim\limits_{x\to x_0^+}f(x)=f(x_0)$,则称 $f(x)$ 在 $x=x_0$ 处右连续.

【注】 (i) 若 $f(x)$ 在 (a,b) 内的每点处都连续,则称 $f(x)$ 在 (a,b) 内连续;若 $f(x)$ 在 (a,b) 内连续,且在 $x=a$ 处右连续,在 $x=b$ 处左连续,则称 $f(x)$ 在 $[a,b]$ 上连续.

(ii) 由常数和基本初等函数(幂函数、指数函数、对数函数、三角函数、反三角函数)经有限次四则运算或复合构成的用一个式子表示的函数称为初等函数.一切初等函数在其定义区间内都是连续的.

2. 函数的间断点

(1) 设 $f(x)$ 在 $x\to x_0$ 时有定义,若 $f(x)$ 有以下三种情况之一:

1) $f(x)$ 在 $x=x_0$ 处无定义;

2) 虽 $f(x)$ 在 $x=x_0$ 处有定义,但 $\lim\limits_{x\to x_0}f(x)$ 不存在;

3) 虽 $f(x)$ 在 $x=x_0$ 处有定义,且 $\lim\limits_{x\to x_0}f(x)$ 存在,但 $\lim\limits_{x\to x_0}f(x)\neq f(x_0)$,

则称 $x=x_0$ 为 $f(x)$ 的间断点.

(2) 间断点的类型:

间断点的类型		小类特性	大类共性
第一类间断点	可去间断点	$f(x_0^+)=f(x_0^-)$	$f(x_0^+),f(x_0^-)$都存在
	跳跃间断点	⑥________	
第二类间断点	无穷间断点	$f(x_0^+),f(x_0^-)$至少有一个为∞或$+\infty,-\infty$	$f(x_0^+),f(x_0^-)$至少有一个不存在
	振荡间断点	$f(x)$的图形在$x\to x_0$时产生振荡现象	

3. 常见的左右极限不相等的函数

(1) 指数函数与反正切函数. 如 $\lim\limits_{x\to0^+}e^{\frac{1}{x}}=+\infty$, $\lim\limits_{x\to0^-}e^{\frac{1}{x}}=0$; $\lim\limits_{x\to0^+}\arctan\frac{1}{x}=$⑦________, $\lim\limits_{x\to0^-}\arctan\frac{1}{x}=$⑧________.

(2) 分段函数,包括绝对值函数和取整函数. 如 $\lim\limits_{x\to0^+}\frac{\sin x}{|x|}=1$, $\lim\limits_{x\to0^-}\frac{\sin x}{|x|}=-1$; $\lim\limits_{x\to0^+}[x]=$⑨________, $\lim\limits_{x\to0^-}[x]=$⑩________($[x]$表示不大于 x 的最大整数).

知识梳理·答案

① 0 ② 1 ③ $x=x_0$ ④ $\lim\limits_{\substack{x\to+\infty\\(x\to-\infty)}}[f(x)-ax]$

⑤ $\lim\limits_{x\to x_0}f(x)=f(x_0)$ ⑥ $f(x_0^+)\neq f(x_0^-)$ ⑦ $\frac{\pi}{2}$

⑧ $-\frac{\pi}{2}$ ⑨ 0 ⑩ -1

方法探究

答案 P245

考点一 无穷小的比较

无穷小的比较问题有以下两个方法:

(1) 等价替换法. 主要用于比较方便等价替换的多个无穷小;

(2) 极限法(定义法). 主要用于比较不便等价替换的两个无穷小.

【例】(07-1,2) 当 $x\to0^+$ 时,与 $\sqrt{x}$ 等价的无穷小量是( )

(A) $1-e^{\sqrt{x}}$. (B) $\ln\frac{1+x}{1-\sqrt{x}}$.

(C) $\sqrt{1+\sqrt{x}}-1$. (D) $1-\cos\sqrt{x}$.

【解】 由于 $1-e^{\sqrt{x}}\sim-\sqrt{x}$, $(1+\sqrt{x})^{\frac{1}{2}}-1\sim\frac{1}{2}\sqrt{x}$, $1-\cos\sqrt{x}\sim\frac{1}{2}x$,故排除(A)(C)(D),选(B).

而 $\lim\limits_{x\to0^+}\frac{\ln\frac{1+x}{1-\sqrt{x}}}{\sqrt{x}}=\lim\limits_{x\to0^+}\frac{\ln\left(1+\frac{x+\sqrt{x}}{1-\sqrt{x}}\right)}{\sqrt{x}}=\lim\limits_{x\to0^+}\frac{\frac{x+\sqrt{x}}{1-\sqrt{x}}}{\sqrt{x}}=\lim\limits_{x\to0^+}\frac{\sqrt{x}+1}{1-\sqrt{x}}=1$.

变式(89-3) 设 $f(x)=2^x+3^x-2$,则当 $x\to0$ 时( )

(A) $f(x)$是 x 的等价无穷小.

(B) $f(x)$与 x 是同阶但非等价无穷小.

(C) $f(x)$是比 x 更高阶的无穷小.

(D) $f(x)$是比 x 较低阶的无穷小.

考点二 平面曲线的渐近线

求 $y=f(x)$的渐近线可遵循如下步骤:

(1) 找到$f(x)$的无定义点 x_0,并考察 $\lim\limits_{\substack{x\to x_0^+\\(x\to x_0^-)}}f(x)$是否为$\infty$或$+\infty,-\infty$,从而判断 $y=f(x)$是否有铅直渐近线. 一条曲线的铅直渐近线可以有无数条.

(2) 分别考察 $\lim\limits_{\substack{x\to+\infty\\(x\to-\infty)}}f(x)$和 $\lim\limits_{\substack{x\to+\infty\\(x\to-\infty)}}\frac{f(x)}{x}$是否存在,从而判断 $y=f(x)$是否有水平渐近线和斜渐近线. 应注意当 $\lim\limits_{\substack{x\to+\infty\\(x\to-\infty)}}\frac{f(x)}{x}=a\neq0$ 时,只有 $\lim\limits_{\substack{x\to+\infty\\x\to-\infty}}[f(x)-ax]$也存在,才能断定 $y=f(x)$有一条斜渐近线. 一条曲线的水平渐近线和斜渐近线总共至多两条,并且在 $x\to+\infty$和 $x\to-\infty$这两个方向上每个方向总共至多一条.

【例】(94-3) 曲线 $y=e^{\frac{1}{x^2}}\arctan\frac{x^2+x+1}{(x+1)(x-2)}$的渐近线有( )

(A) 1 条. (B) 2 条. (C) 3 条. (D) 4 条.

【解】 由于$\lim\limits_{x\to0}e^{\frac{1}{x^2}}\arctan\frac{x^2+x+1}{(x+1)(x-2)}=-\infty$,故有铅直渐近线 $x=0$.

由于 $\lim\limits_{x\to\infty}e^{\frac{1}{x^2}}\arctan\frac{x^2+x+1}{(x+1)(x-2)}=\frac{\pi}{4}$,故有水平渐近线 $y=\frac{\pi}{4}$. 选(B).

变式(00-2) 曲线 $y=(2x-1)e^{\frac{1}{x}}$ 的斜渐近线方程为________.

考点三 函数的连续性与间断点

判断 $f(x)$的间断点类型可遵循如下步骤:

(1) 找出 $f(x)$可能的间断点 x_0. 初等函数的间断点只可能是其无定义点;分段函数的间断点既可能是其无定义点,又可能是其分段点.

(2) 分别求 $\lim\limits_{x\to x_0^-}f(x)$和 $\lim\limits_{x\to x_0^+}f(x)$,从而判断间断点的类型.

【例】(05-2) 设函数 $f(x)=\frac{1}{e^{\frac{x}{x-1}}-1}$,则( )

(A) $x=0,x=1$ 都是 $f(x)$的第一类间断点.

(B) $x=0,x=1$ 都是 $f(x)$的第二类间断点.

(C) $x=0$ 是 $f(x)$的第一类间断点,$x=1$ 是 $f(x)$的第二

类间断点.

(D) $x=0$ 是 $f(x)$ 的第二类间断点，$x=1$ 是 $f(x)$ 的第一类间断点.

【解】 由 $\lim\limits_{x\to0}f(x)=\infty$ 可知 $x=0$ 为 $f(x)$ 的无穷间断点.

当 $x\to1^+$ 时，$\frac{x}{x-1}\to+\infty$，从而 $e^{\frac{x}{x-1}}\to+\infty$，即 $\lim\limits_{x\to1^+}f(x)=0$；当 $x\to1^-$ 时，$\frac{x}{x-1}\to-\infty$，从而 $e^{\frac{x}{x-1}}\to0^+$，即 $\lim\limits_{x\to1^-}f(x)=-1$. 故 $x=1$ 为 $f(x)$ 的跳跃间断点. 选(D).

变式 1(09-2,3) 函数 $f(x)=\frac{x-x^3}{\sin\pi x}$ 的可去间断点的个数为(　　)

(A) 1.　(B) 2.　(C) 3.　(D) 无穷多个.

变式 2(98-3) 设函数 $f(x)=\lim\limits_{n\to\infty}\frac{1+x}{1+x^{2n}}$，讨论函数 $f(x)$ 的间断点，其结论为(　　)

(A) 不存在间断点.　(B) 存在间断点 $x=1$.

(C) 存在间断点 $x=0$.　(D) 存在间断点 $x=-1$.

真题精选 1987—2014

答案 P245

考点一　无穷小的比较

1. (13-3) 当 $x\to0$ 时，用 $o(x)$ 表示比 x 的高阶无穷小，则下列式子中错误的是(　　)

(A) $x\cdot o(x^2)=o(x^3)$.　(B) $o(x)\cdot o(x^2)=o(x^3)$.

(C) $o(x^2)+o(x^2)=o(x^2)$.　(D) $o(x)+o(x^2)=o(x^2)$.

2. (01-2) 设当 $x\to0$ 时，$(1-\cos x)\ln(1+x^2)$ 是比 $x\sin x^n$ 高阶的无穷小，$x\sin x^n$ 是比 $(e^{x^2}-1)$ 高阶的无穷小，则正整数 n 等于(　　)

(A) 1.　(B) 2.　(C) 3.　(D) 4.

3. (92-3) 当 $x\to0$ 时，下列四个无穷小量中，哪一个是比其他三个更高阶的无穷小量？(　　)

(A) x^2.　(B) $1-\cos x$.

(C) $\sqrt{1-x^2}-1$.　(D) $x-\tan x$.

考点二　平面曲线的渐近线

1. (14-1,2,3) 下列曲线中有渐近线的是(　　)

(A) $y=x+\sin x$.　(B) $y=x^2+\sin x$.

(C) $y=x+\sin\frac{1}{x}$.　(D) $y=x^2+\sin\frac{1}{x}$.

2. (12-1,2,3) 曲线 $y=\frac{x^2+x}{x^2-1}$ 渐近线的条数为(　　)

(A) 0.　(B) 1.　(C) 2.　(D) 3.

3. (07-1,3) 曲线 $y=\frac{1}{x}+\ln(1+e^x)$ 渐近线的条数为(　　)

(A) 0.　(B) 1.　(C) 2.　(D) 3.

4. (91-1) 曲线 $y=\frac{1+e^{-x^2}}{1-e^{-x^2}}$(　　)

(A) 没有渐近线.

(B) 仅有水平渐近线.

(C) 仅有铅直渐近线.

(D) 既有水平渐近线又有铅直渐近线.

5. (89-1,2) 设 $x>0$ 时，曲线 $y=x\sin\frac{1}{x}$(　　)

(A) 有且仅有水平渐近线.

(B) 有且仅有铅直渐近线.

(C) 既有水平渐近线，也有铅直渐近线.

(D) 既无水平渐近线，也无铅直渐近线.

6. (06-2) 曲线 $y=\frac{x+4\sin x}{5x-2\cos x}$ 的水平渐近线方程为________.

7. (05-2) 曲线 $y=\frac{(1+x)^{\frac{3}{2}}}{\sqrt{x}}$ 的斜渐近线方程为________.

8. (95-2) 曲线 $y=x^2e^{-x^2}$ 的渐近线方程为________.

9. (00-3) 求函数 $f(x)=(x-1)e^{\frac{\pi}{2}+\arctan x}$ 图形的渐近线.

考点三　函数的连续性与间断点

1. (13-3) 设函数 $f(x)=\frac{|x|^x-1}{x(x+1)\ln|x|}$ 的可去间断点个数为(　　)

(A) 0.　(B) 1.　(C) 2.　(D) 3.

2. (10-2) 函数 $f(x)=\frac{x^2-x}{x^2-1}\sqrt{1+\frac{1}{x^2}}$ 的无穷间断点的个数为(　　)

(A) 0.　(B) 1.　(C) 2.　(D) 3.

3. (07-2) 函数 $f(x)=\frac{(e^{\frac{1}{x}}+e)\tan x}{x(e^{\frac{1}{x}}-e)}$ 在区间 $[-\pi,\pi]$ 上的第一类间断点是 $x=$(　　)

(A) 0.　(B) 1.　(C) $-\frac{\pi}{2}$.　(D) $\frac{\pi}{2}$.

4. (04-3) 设 $f(x)$ 在 $(-\infty,+\infty)$ 内有定义，且 $\lim\limits_{x\to\infty}f(x)=a$，$g(x)=\begin{cases}f\left(\frac{1}{x}\right), & x\neq0,\\ 0, & x=0,\end{cases}$ 则(　　)

(A) $x=0$ 必是 $g(x)$ 的第一类间断点.

(B) $x=0$ 必是 $g(x)$ 的第二类间断点.

(C) $x=0$ 必是 $g(x)$ 的连续点.

(D) $g(x)$在点 $x=0$ 处的连续性与 a 的取值有关.

5. **(95-2)** 设 $f(x)$和 $\varphi(x)$在$(-\infty,+\infty)$上有定义,$f(x)$为连续函数,且 $f(x)\neq0$,$\varphi(x)$有间断点,则(　　)

(A) $\varphi[f(x)]$必有间断点.

(B) $[\varphi(x)]^2$ 必有间断点.

(C) $f[\varphi(x)]$必有间断点.

(D) $\dfrac{\varphi(x)}{f(x)}$必有间断点.

6. **(04-2)** 设 $f(x)=\lim\limits_{n\to\infty}\dfrac{(n-1)x}{nx^2+1}$,则 $f(x)$的间断点为 $x=$________.

7. **(03-3)** 设 $f(x)=\dfrac{1}{\pi x}+\dfrac{1}{\sin\pi x}-\dfrac{1}{\pi(1-x)},x\in\left[\dfrac{1}{2},1\right)$.

试补充定义 $f(1)$使得 $f(x)$在$\left[\dfrac{1}{2},1\right]$上连续.

8. **(01-2)** 求极限$\lim\limits_{t\to x}\left(\dfrac{\sin t}{\sin x}\right)^{\frac{x}{\sin t-\sin x}}$,记此极限为 $f(x)$,求函数 $f(x)$的间断点并指出其类型.

小　结

对于无穷小比较的考题,常用方法是等价替换法,偶尔用到极限法(定义法).

平面曲线的渐近线,以及函数的连续性与间断点问题,主要考查的是函数极限的计算:

在求斜渐近线时,形如 $\lim\limits_{\substack{x\to+\infty\\(x\to-\infty)}}[f(x)-ax]$的极限的计算有时会比较灵活,比如 2020 年数学二的解答题中所涉及的 $\lim\limits_{x\to+\infty}\left[\dfrac{x^{1+x}}{(1+x)^x}-\dfrac{x}{\mathrm{e}}\right]$、2007 年数学一、三的选择题中所涉及的 $\lim\limits_{x\to+\infty}\left[\dfrac{1}{x}+\ln(1+\mathrm{e}^x)-x\right]$、2005 年数学二的填空题中所涉及的 $\lim\limits_{x\to+\infty}\left[\dfrac{(1+x)^{\frac{3}{2}}}{\sqrt{x}}-x\right]$,以及 2000 年数学三的解答题中所涉及的 $\lim\limits_{x\to+\infty}[(x-1)\mathrm{e}^{\frac{\pi}{2}+\arctan x}-\mathrm{e}^{\pi}x]$等等.

在考查函数的连续性与间断点时,经常用一个极限来定义函数 $f(x)$. 这时,应先将 $f(x)$的表达式求出来,并且在求表达式的过程中,要把 x 看作常量,而把 t 或 n 看作变量,比如 2024 年数学三、2015 年数学二和 1998 年数学三的选择题、2004 年数学二的填空题,以及 2001 年数学二的解答题.

§1.4　已知极限问题

十年真题 2015—2024

答案 P247

考点一　已知极限求另一极限

1. **(20-3)** 设$\lim\limits_{x\to a}\dfrac{f(x)-a}{x-a}=b$,则$\lim\limits_{x\to a}\dfrac{\sin f(x)-\sin a}{x-a}=$(　　)

(A) $b\sin a$.　　(B) $b\cos a$.

(C) $b\sin f(a)$.　　(D) $b\cos f(a)$

2. **(16-3)** 已知函数 $f(x)$满足$\lim\limits_{x\to0}\dfrac{\sqrt{1+f(x)\sin2x}-1}{\mathrm{e}^{3x}-1}=2$,则$\lim\limits_{x\to0}f(x)=$________

考点二　已知极限求参数的值

1. **(19-1,2,3)** 当 $x\to0$ 时,若 $x-\tan x$ 与 x^k 是同阶无穷小

量，则 $k=$（　　）

(A) 1.　　(B) 2.　　(C) 3.　　(D) 4.

2. （**18-2**）若 $\lim\limits_{x\to0}(e^x+ax^2+bx)^{\frac{1}{x^2}}=1$，则（　　）

(A) $a=\frac{1}{2},b=-1$.　　(B) $a=-\frac{1}{2},b=-1$.

(C) $a=\frac{1}{2},b=1$.　　(D) $a=-\frac{1}{2},b=1$.

3. （**18-2**）设函数

$$f(x)=\begin{cases}-1, & x<0,\\ 1, & x\geqslant0,\end{cases}$$

$$g(x)=\begin{cases}2-ax, & x\leqslant-1,\\ x, & -1<x<0,\\ x-b, & x\geqslant0.\end{cases}$$

若 $f(x)+g(x)$ 在 $\mathbf{R}$ 上连续，则（　　）

(A) $a=3,b=1$.　　(B) $a=3,b=2$.

(C) $a=-3,b=1$.　　(D) $a=-3,b=2$.

4. （**17-1,2,3**）若函数 $f(x)=\begin{cases}\dfrac{1-\cos\sqrt{x}}{ax}, & x>0,\\ b, & x\leqslant0\end{cases}$ 在 $x=0$ 处连续，则（　　）

(A) $ab=\frac{1}{2}$.　　(B) $ab=-\frac{1}{2}$.

(C) $ab=0$.　　(D) $ab=2$.

5. （**24-1**）若 $\lim\limits_{x\to0}\dfrac{(1+ax^2)^{\sin x}-1}{x^3}=6$，则 $a=$________.

6. （**23-1,2**）当 $x\to0$ 时，函数 $f(x)=ax+bx^2+\ln(1+x)$ 与 $g(x)=e^{x^2}-\cos x$ 是等价无穷小，则 $ab=$________

7. （**18-1**）若 $\lim\limits_{x\to0}\left(\dfrac{1-\tan x}{1+\tan x}\right)^{\frac{1}{\sin kx}}=e$，则 $k=$________

8. （**21-3**）已知 $\lim\limits_{x\to0}\left[a\arctan\dfrac{1}{x}+(1+|x|)^{\frac{1}{x}}\right]$ 存在，求 a 的值.

9. （**20-3**）已知 a,b 为常数，若 $\left(1+\dfrac{1}{n}\right)^n-e$ 与 $\dfrac{b}{n^a}$ 在 $n\to\infty$ 时是等价无穷小，求 a,b.

10. （**18-3**）已知实数 a,b 满足

$$\lim_{x\to+\infty}\left[(ax+b)e^{\frac{1}{x}}-x\right]=2,$$

求 a,b.

11. （**15-1,2,3**）设函数

$$f(x)=x+a\ln(1+x)+bx\sin x,\ g(x)=kx^3.$$

若 $f(x)$ 与 $g(x)$ 在 $x\to0$ 时是等价无穷小，求 a,b,k 的取值.

考点分析

考　　点	命题特点
一、已知极限求另一极限	**1. 考试频率**：★★★★★ **2. 常考题型**：选择题、填空题、解答题 **3. 命题趋势**：已知极限问题是近年来考研的重点，也是难点. 其中，已知极限求另一极限考得较少，而已知极限求参数的值却频繁地考查.
二、已知极限求参数的值	

方法探究

答案 P248

考点一 已知极限求另一极限

若已知某极限,要求另一极限,则可通过极限的运算法则、无穷小的等价替换、泰勒公式等方法将已知极限与所求极限进行相互转化.

【例】 已知函数 $f(x)$ 满足 $\lim\limits_{x\to 0}\dfrac{e^{xf(x)}-1}{\ln(1+x^2)}=1$,则 $\lim\limits_{x\to 0}\dfrac{f(2x)}{\sin x}=$________.

【解】 由

$$\lim_{x\to 0}\frac{e^{xf(x)}-1}{\ln(1+x^2)}=\lim_{x\to 0}\frac{xf(x)}{x^2}=\lim_{x\to 0}\frac{f(x)}{x}=1$$

知

$$\lim_{x\to 0}\frac{f(2x)}{\sin x}=\lim_{x\to 0}\frac{f(2x)}{x}\xlongequal{令 t=2x}2\lim_{t\to 0}\frac{f(t)}{t}=2.$$

考点二 已知极限求参数的值

已知极限求参数的值常用泰勒公式.有时也会以无穷小的比较(如变式1)或函数的连续性与间断点(如变式2)的形式来出题.

【例】(94-3) 设 $\lim\limits_{x\to 0}\dfrac{\ln(1+x)-(ax+bx^2)}{x^2}=2$,则( )

(A) $a=1,b=-\dfrac{5}{2}$. (B) $a=0,b=-2$.

(C) $a=0,b=-\dfrac{5}{2}$. (D) $a=1,b=-2$.

【解】 当 $x\to 0$ 时,用泰勒公式把 $\ln(1+x)$ 展开,$\ln(1+x)=x-\dfrac{1}{2}x^2+o(x^2)$,故 $\ln(1+x)-(ax+bx^2)=(1-a)x-\left(b+\dfrac{1}{2}\right)x^2+o(x^2)$,从而由 $\begin{cases}1-a=0,\\ -\left(b+\dfrac{1}{2}\right)=2\end{cases}$ 得 $\begin{cases}a=1,\\ b=-\dfrac{5}{2}.\end{cases}$ 选(A).

变式1(09-1,2,3) 当 $x\to 0$ 时,$f(x)=x-\sin ax$ 与 $g(x)=x^2\ln(1-bx)$ 是等价无穷小,则( )

(A) $a=1,b=-\dfrac{1}{6}$. (B) $a=1,b=\dfrac{1}{6}$.

(C) $a=-1,b=-\dfrac{1}{6}$. (D) $a=-1,b=\dfrac{1}{6}$.

变式2(03-2) 设函数

$$f(x)=\begin{cases}\dfrac{\ln(1+ax^3)}{x-\arcsin x}, & x<0,\\ 6, & x=0,\\ \dfrac{e^{ax}+x^2-ax-1}{x\sin\dfrac{x}{4}}, & x>0,\end{cases}$$

问 a 为何值时,$f(x)$ 在 $x=0$ 处连续;a 为何值时,$x=0$ 是 $f(x)$ 的可去间断点?

真题精选 1987—2014

答案 P248

考点一 已知极限求另一极限

(00-2) 若 $\lim\limits_{x\to 0}\dfrac{\sin 6x+xf(x)}{x^3}=0$,则 $\lim\limits_{x\to 0}\dfrac{6+f(x)}{x^2}$ 为( )

(A) 0. (B) 6. (C) 36. (D) ∞.

考点二 已知极限求参数的值

1. (11-2,3) 已知当 $x\to 0$ 时,函数 $f(x)=3\sin x-\sin 3x$ 与 cx^k 是等价无穷小量,则( )

(A) $k=1,c=4$. (B) $k=1,c=-4$.

(C) $k=3,c=4$. (D) $k=3,c=-4$.

2. (10-3) 若 $\lim\limits_{x\to 0}\left[\dfrac{1}{x}-\left(\dfrac{1}{x}-a\right)e^x\right]=1$,则 a 等于( )

(A) 0. (B) 1. (C) 2. (D) 3.

3. (94-1) 设 $\lim\limits_{x\to 0}\dfrac{a\tan x+b(1-\cos x)}{c\ln(1-2x)+d(1-e^{-x^2})}=2$,其中 $a^2+c^2\neq 0$,则必有( )

(A) $b=4d$. (B) $b=-4d$.

(C) $a=4c$. (D) $a=-4c$.

4. (08-3) 设函数 $f(x)=\begin{cases}x^2+1, & |x|\leqslant c,\\ \dfrac{2}{|x|}, & |x|>c\end{cases}$ 在 $(-\infty,+\infty)$ 内连续,则 $c=$________.

5. (05-2) 当 $x\to 0$ 时,$\alpha(x)=kx^2$ 与 $\beta(x)=\sqrt{1+x\arcsin x}-\sqrt{\cos x}$ 是等价无穷小量,则 $k=$________.

6. (04-3) 若 $\lim\limits_{x\to 0}\dfrac{\sin x}{e^x-a}(\cos x-b)=5$,则 $a=$________,$b=$________.

7. **(97-2)** 已知函数 $f(x)=\begin{cases}(\cos x)^{x^{-2}}, & x\neq 0,\\ a, & x=0\end{cases}$ 在 $x=0$ 处连续，则 $a=$________.

8. **(96-1)** 设 $\lim\limits_{x\to\infty}\left(\dfrac{x+2a}{x-a}\right)^{x}=8$，则 $a=$________.

9. **(13-2,3)** 当 $x\to 0$ 时，$1-\cos x\cdot\cos 2x\cdot\cos 3x$ 与 ax^{n} 为等价无穷小，求 n 与 a 的值.

10. **(02-1)** 设函数 $f(x)$ 在 $x=0$ 的某邻域内具有一阶连续导数，且 $f(0)\neq 0$，$f'(0)\neq 0$，若 $af(h)+bf(2h)-f(0)$ 在 $h\to 0$ 时是比 h 高阶的无穷小，试确定 a，b 的值.

小　结

已知极限问题其实是函数极限计算的另一种考查形式.

已知极限求另一极限，所考查的是如何正确地使用求函数极限的方法，对抽象函数的极限进行恒等变形，比如 2000 年数学二的选择题切莫误 $\lim\limits_{x\to 0}\dfrac{\sin 6x+xf(x)}{x^{3}}$ 中的 $\sin 6x$ 等价替换为 $6x$.

已知极限求参数的值依然重点考查不能等价替换的"无穷小±无穷小"，如果能够有使用泰勒公式的意识，那么许多考题都能方便地解决.

第二章　一元函数微分学

§2.1　导数与微分的概念

十年真题 2015—2024　　答案 P249

考点　导数与微分的概念

1. **(24-1)** 设函数 $f(x)$ 在区间 $(-1,1)$ 内有定义，且 $\lim\limits_{x\to 0}f(x)=0$，则(　　)

(A) 当 $\lim\limits_{x\to 0}\dfrac{f(x)}{x}=m$ 时，$f'(0)=m$.

(B) 当 $f'(0)=m$ 时，$\lim\limits_{x\to 0}\dfrac{f(x)}{x}=m$.

(C) 当 $\lim\limits_{x\to 0}f'(x)=m$ 时，$f'(0)=m$.

(D) 当 $f'(0)=m$ 时，$\lim\limits_{x\to 0}f'(x)=m$.

2. **(23-1，2-仅数学一、二)** 设函数 $y=f(x)$ 由 $\begin{cases}x=2t+|t|,\\ y=|t|\sin t\end{cases}$ 确定，则(　　)

(A) $f(x)$ 连续，$f'(0)$ 不存在.

(B) $f'(0)$ 存在，$f'(x)$ 在 $x=0$ 处不连续.

(C) $f'(x)$ 连续，$f''(0)$ 不存在.

(D) $f''(0)$ 存在，$f''(x)$ 在 $x=0$ 处不连续.

3. **(22-1)** 设函数 $f(x)$ 满足 $\lim\limits_{x\to 1}\dfrac{f(x)}{\ln x}=1$，则(　　)

(A) $f(1)=0$.　　(B) $\lim\limits_{x\to 1}f(x)=0$.

(C) $f'(1)=1$.　　(D) $\lim\limits_{x\to 1}f'(x)=1$.

4. **(20-1)** 设函数 $f(x)$ 在区间 $(-1,1)$ 内有定义，且 $\lim\limits_{x\to 0}f(x)=0$，则(　　)

(A) 当 $\lim\limits_{x\to 0}\dfrac{f(x)}{\sqrt{|x|}}=0$ 时，$f(x)$ 在 $x=0$ 处可导.

(B) 当 $\lim\limits_{x\to 0}\dfrac{f(x)}{x^2}=0$ 时，$f(x)$ 在 $x=0$ 处可导.

(C) 当 $f(x)$ 在 $x=0$ 处可导时，$\lim\limits_{x\to 0}\dfrac{f(x)}{\sqrt{|x|}}=0$.

(D) 当 $f(x)$ 在 $x=0$ 处可导时，$\lim\limits_{x\to 0}\dfrac{f(x)}{x^2}=0$.

5. **(18-1,2,3)** 下列函数中，在 $x=0$ 处不可导是(　　)

(A) $f(x)=|x|\sin|x|$.　　(B) $f(x)=|x|\sin\sqrt{|x|}$.

(C) $f(x)=\cos|x|$.　　(D) $f(x)=\cos\sqrt{|x|}$.

6. **(16-1)** 已知函数

$$f(x)=\begin{cases}x, & x\leqslant 0,\\ \dfrac{1}{n}, & \dfrac{1}{n+1}<x\leqslant\dfrac{1}{n},n=1,2,\cdots,\end{cases}$$

则(　　)

(A) $x=0$ 是 $f(x)$ 的第一类间断点.

(B) $x=0$ 是 $f(x)$ 的第二类间断点.

(C) $f(x)$ 在 $x=0$ 处连续但不可导.

(D) $f(x)$ 在 $x=0$ 处可导.

7. **(15-2)** 设函数 $f(x)=\begin{cases}x^{\alpha}\cos\dfrac{1}{x^{\beta}}, & x>0,\\ 0, & x\leqslant 0\end{cases}$ $(\alpha>0,\beta>0)$. 若 $f'(x)$ 在 $x=0$ 处连续，则(　　)

(A) $\alpha-\beta>1$.　　(B) $0<\alpha-\beta\leqslant 1$.

(C) $\alpha-\beta>2$.　　(D) $0<\alpha-\beta\leqslant 2$.

8. **(22-2)** 已知函数 $f(x)$ 在 $x=1$ 处可导，且

$$\lim_{x\to 0}\frac{f(e^{x^2})-3f(1+\sin^2x)}{x^2}=2,$$

求 $f'(1)$.

9. **(15-1,3)** (1) 设函数 $u(x),v(x)$ 可导，利用导数定义证明 $[u(x)v(x)]'=u'(x)v(x)+u(x)v'(x)$；

(2) 设函数 $u_1(x),u_2(x),\cdots,u_n(x)$ 可导，$f(x)=u_1(x)u_2(x)\cdots u_n(x)$，写出 $f(x)$ 的求导公式.

考点分析

考　　点	大纲要求	命题特点
导数与微分的概念	理解导数与微分的概念,理解导数与微分的关系,理解函数的可导性与连续性之间的关系.	**1. 考试频率**:★★★☆☆ **2. 常考题型**:选择题 **3. 命题趋势**:导数的概念是考研一直以来的难点,一旦考查,往往得分率不高,而微分的概念考查得较少,其考题难度也不高.

知识梳理

考点　导数与微分的概念

1. 导数的概念

若 $\lim\limits_{x\to x_0}\dfrac{f(x)-f(x_0)}{x-x_0}$ 存在,则称 $y=f(x)$ 在 x_0 处可导,该极限称为 $y=f(x)$ 在 x_0 处的导数. 记作

$$f'(x_0)=\lim_{x\to x_0}\frac{f(x)-f(x_0)}{x-x_0} \tag{2-1}$$

$$\xlongequal{\text{令 } x=x_0+\Delta x} ①\_\_\_\_\_\_\_\_\_\_, \tag{2-2}$$

也可记作 $y'\big|_{x=x_0}$, $\dfrac{dy}{dx}\Big|_{x=x_0}$ 或 $\dfrac{d}{dx}f(x)\Big|_{x=x_0}$.

$\lim\limits_{x\to x_0^-}\dfrac{f(x)-f(x_0)}{x-x_0}$ 称为 $f(x)$ 在 x_0 处的左导数,记作 $f'_-(x_0)$;②__________称为 $f(x)$ 在 x_0 处的右导数,记作 $f'_+(x_0)$.

$$f'(x_0)=A\Leftrightarrow f'_-(x_0)=f'_+(x_0)=A.$$

【注】(i) 若 $f(x)$ 在 (a,b) 内的每点处都可导,则称 $f(x)$ 在 (a,b) 内可导;若 $f(x)$ 在 (a,b) 内可导,且 $f'_+(a)$ 及 $f'_-(b)$ 都存在,则称 $f(x)$ 在 $[a,b]$ 上可导.

(ii) 若 $f(x)$ 在 (a,b) 内可导,则对于任一 $x\in(a,b)$, $f(x)$ 所对应的导数值构成了一个新的函数,称为导函数,简称导数,记作 y', $f'(x)$, $\dfrac{dy}{dx}$ 或 $\dfrac{d}{dx}f(x)$.

(iii) $f'(x)$ 的导数称为 $f(x)$ 的二阶导数,记作 $y''=(y')'$ 或 $\dfrac{d^2y}{dx^2}=\dfrac{d}{dx}\left(\dfrac{dy}{dx}\right)$. 类似地,二阶导数的导数称为三阶导数,三阶导数的导数称为四阶导数,……,一般地,$(n-1)$ 阶导数的导数称为 n 阶导数,分别记作 y''', $y^{(4)}$, …, $y^{(n)}$ 或 $\dfrac{d^3y}{dx^3}$, $\dfrac{d^4y}{dx^4}$, …, $\dfrac{d^ny}{dx^n}$.

2. 微分的概念

若 $\Delta y=f(x+\Delta x)-f(x)$ 可表示为

$$\Delta y=③\_\_\_\_\_\_,$$

其中 A 与 Δx 无关而仅与 x 有关,则称 $y=f(x)$ 在 x 处可微,$A\Delta x$ 称为 $y=f(x)$ 在 x 处的微分,记作 $dy=A\Delta x$.

$A=f'(x)$. 记 $\Delta x=dx$,则 $dy=$④______.

【注】若 $f'(x)\neq 0$,则称 dy 为 Δy 的线性主部.

3. 函数的可导性与连续性之间的关系

$\lim\limits_{x\to x_0}f(x)$ 存在 $\overset{\nRightarrow}{\Leftarrow}$ $f(x)$ 在 x_0 处连续

⑤______ $f(x)$ 在 x_0 处可导

$\Leftrightarrow f(x)$ 在 x_0 处可微

⑥______ $f'(x)$ 在 x_0 处连续.

(填"$\overset{\Rightarrow}{\nLeftarrow}$""$\overset{\nRightarrow}{\Leftarrow}$""$\Leftrightarrow$"或"$\overset{\nRightarrow}{\nLeftarrow}$")

知识梳理·答案

① $\lim\limits_{\Delta x\to 0}\dfrac{f(x_0+\Delta x)-f(x_0)}{\Delta x}$　② $\lim\limits_{x\to x_0^+}\dfrac{f(x)-f(x_0)}{x-x_0}$

③ $A\Delta x+o(\Delta x)$　④ $f'(x)dx$　⑤ $\overset{\nRightarrow}{\Leftarrow}$　⑥ $\overset{\nRightarrow}{\Leftarrow}$

方法探究

答案 P250

考点　导数与微分的概念

1. 导数的概念

对于导数的概念,大体上有以下两种考查方式:

(1) 利用式(2-1)(有时要分左、右导数讨论),判断函数的可导性(如例1);

(2) 考查如何把极限凑成式(2-2)(如例2). 此时,应注意在 $\Delta x\to 0$ 的条件下,式(2-2)中的三个 Δx 可以是任何形式,但必须一致.

【例1】(99-1,2) 设 $f(x)=\begin{cases}\dfrac{1-\cos x}{\sqrt{x}}, & x>0,\\ x^2g(x), & x\leqslant 0,\end{cases}$ 其中 $g(x)$ 是有界函数,则 $f(x)$ 在 $x=0$ 处(　　)

(A) 极限不存在.

(B) 极限存在,但不连续.

(C) 连续,但不可导.

(D) 可导.

【解】由 $f(0^+)=\lim\limits_{x\to 0^+}\dfrac{1-\cos x}{\sqrt{x}}=\lim\limits_{x\to 0^+}\dfrac{\frac{1}{2}x^2}{\sqrt{x}}=0$, $f(0^-)=\lim\limits_{x\to 0^-}x^2g(x)=0$ 知 $\lim\limits_{x\to 0}f(x)=f(0)=0$,故 $f(x)$ 在 $x=0$ 处极限存在且连续.

又由 $\lim\limits_{x\to0^+}\dfrac{f(x)-f(0)}{x-0}=\lim\limits_{x\to0^+}\dfrac{1-\cos x}{x\sqrt{x}}=\lim\limits_{x\to0^+}\dfrac{\frac{1}{2}x^2}{x\sqrt{x}}=0$，$\lim\limits_{x\to0^-}\dfrac{f(x)-f(0)}{x-0}=\lim\limits_{x\to0^-}xg(x)=0$ 知 $f'(0)=0$，故选(D).

变式 1.1(95-1) 设 $f(x)$ 可导，

$$F(x)=f(x)(1+|\sin x|),$$

则 $f(0)=0$ 是 $F(x)$ 在 $x=0$ 处可导的(　　)

(A) 充分必要条件.

(B) 充分条件但非必要条件.

(C) 必要条件但非充分条件.

(D) 既非充分条件又非必要条件.

变式 1.2(98-1,2) 函数 $f(x)=(x^2-x-2)|x^3-x|$ 的不可导点的个数为(　　)

(A) 0.　　(B) 1.　　(C) 2.　　(D) 3.

【例 2】(01-1) 设 $f(0)=0$，则 $f(x)$ 在点 $x=0$ 可导的充要条件为(　　)

(A) $\lim\limits_{h\to0}\dfrac{1}{h^2}f(1-\cos h)$ 存在.

(B) $\lim\limits_{h\to0}\dfrac{1}{h}f(1-e^h)$ 存在.

(C) $\lim\limits_{h\to0}\dfrac{1}{h^2}f(h-\sin h)$ 存在.

(D) $\lim\limits_{h\to0}\dfrac{1}{h}[f(2h)-f(h)]$ 存在.

【解】 对于(A)，由

$$\lim_{h\to0}\frac{1}{h^2}f(1-\cos h)=\lim_{h\to0}\frac{f(1-\cos h)}{1-\cos h}\cdot\frac{1-\cos h}{h^2}=\frac{1}{2}\lim_{1-\cos h\to0^+}\frac{f(0+1-\cos h)-f(0)}{1-\cos h}$$

存在仅知 $f'_+(0)$ 存在，故错误；

对于(B)，由于

$$\lim_{h\to0}\frac{1}{h}f(1-e^h)=\lim_{h\to0}\frac{f(1-e^h)}{1-e^h}\cdot\frac{1-e^h}{h}=-\lim_{1-e^h\to0}\frac{f(0+1-e^h)-f(0)}{1-e^h}=-f'(0),$$

故正确；

对于(C)，由于

$$\lim_{h\to0}\frac{1}{h^2}f(h-\sin h)=\lim_{h\to0}\frac{f(h-\sin h)}{h-\sin h}\cdot\frac{h-\sin h}{h^2},$$

而 $\lim\limits_{h\to0}\dfrac{h-\sin h}{h^2}=0$，故当 $\lim\limits_{h\to0}\dfrac{1}{h^2}f(h-\sin h)$ 存在时，$\lim\limits_{h\to0}\dfrac{f(h-\sin h)}{h-\sin h}=\lim\limits_{h-\sin h\to0}\dfrac{f(0+h-\sin h)-f(0)}{h-\sin h}$ 不一定存在，即 $f(x)$ 在 $x=0$ 处不一定可导. 比如，取 $f(x)=|x|$，则 $\lim\limits_{h\to0}\dfrac{1}{h^2}f(h-\sin h)=\lim\limits_{h\to0}\dfrac{|h-\sin h|}{h^2}=0$，但 $f(x)$ 在 $x=0$ 处却不可导；

对于(D)，取 $f(x)=\begin{cases}1, & x\neq0,\\ 0, & x=0,\end{cases}$ 则

$$\lim_{h\to0}\frac{1}{h}[f(2h)-f(h)]=\lim_{h\to0}\frac{1-1}{h}=0,$$

但 $f(x)$ 在 $x=0$ 处却不可导.

综上所述，本题选(B).

变式 2(11-2,3) 设函数 $f(x)$ 在 $x=0$ 处可导，且 $f(0)=0$，则 $\lim\limits_{x\to0}\dfrac{x^2f(x)-2f(x^3)}{x^3}=$(　　)

(A) $-2f'(0)$.　　(B) $-f'(0)$.

(C) $f'(0)$.　　(D) 0.

2. 微分的概念

对于微分的概念的考题，主要根据微分的定义以及导数与微分之间的关系来解决.

【例 3】(02-2) 设函数 $f(u)$ 可导，$y=f(x^2)$，当自变量 x 在 $x=-1$ 处取得增量 $\Delta x=-0.1$ 时，相应的函数增量 Δy 的线性主部为 0.1，则 $f'(1)=$(　　)

(A) -1.　　(B) 0.1.　　(C) 1.　　(D) 0.5.

【解】 由于 Δy 的线性主部 $dy=2xf'(x^2)\Delta x$，故当 $x=-1$，$\Delta x=-0.1$ 时，由 $0.1=-2f'(1)\cdot(-0.1)$ 知 $f'(1)=0.5$. 选(D).

真题精选

1987—2014

答案 P250

考点　导数与微分的概念

1. **(07-1,2,3)** 设函数 $f(x)$ 在 $x=0$ 处连续，下列命题**错误**的是(　　)

(A) 若 $\lim\limits_{x\to0}\dfrac{f(x)}{x}$ 存在，则 $f(0)=0$.

(B) 若 $\lim\limits_{x\to0}\dfrac{f(x)+f(-x)}{x}$ 存在，则 $f(0)=0$.

(C) 若 $\lim\limits_{x\to0}\dfrac{f(x)}{x}$ 存在，则 $f'(0)$ 存在.

(D) 若 $\lim\limits_{x\to0}\dfrac{f(x)-f(-x)}{x}$ 存在，则 $f'(0)$ 存在.

2. **(06-3)** 设函数 $f(x)$ 在 $x=0$ 处连续，且 $\lim\limits_{h\to0}\dfrac{f(h^2)}{h^2}=1$，则(　　)

(A) $f(0)=0$ 且 $f'_-(0)$ 存在.

(B) $f(0)=1$ 且 $f'_-(0)$ 存在.

(C) $f(0)=0$ 且 $f'_+(0)$ 存在.

(D) $f(0)=1$ 且 $f'_+(0)$ 存在.

3. **(05-1,2)** 设函数 $f(x)=\lim\limits_{n\to\infty}\sqrt[n]{1+|x|^{3n}}$，则 $f(x)$ 在 $(-\infty,+\infty)$ 内(　　)

(A) 处处可导.　　(B) 恰有一个不可导点.

(C) 恰有两个不可导点.　　(D) 至少有三个不可导点.

4. (00-3) 设函数 $f(x)$ 在 $x=a$ 处可导,则函数 $|f(x)|$ 在 $x=a$ 处不可导的充分条件是(　　)

(A) $f(a)=0$ 且 $f'(a)=0$. (B) $f(a)=0$ 且 $f'(a)\neq 0$.
(C) $f(a)>0$ 且 $f'(a)>0$. (D) $f(a)<0$ 且 $f'(a)<0$.

5. (96-3) 设函数 $f(x)$ 在区间 $(-\delta,\delta)$ 内有定义,若当 $x\in(-\delta,\delta)$ 时,恒有 $|f(x)|\leqslant x^2$,则 $x=0$ 必是 $f(x)$ 的(　　)

(A) 间断点. (B) 连续而不可导的点.
(C) 可导的点,且 $f'(0)=0$. (D) 可导的点,且 $f'(0)\neq 0$.

6. (93-4) 设函数 $f(x)=\begin{cases}\sqrt{|x|}\sin\dfrac{1}{x^2}, & x\neq 0,\\ 0, & x=0,\end{cases}$ 则 $f(x)$ 在 $x=0$ 处(　　)

(A) 极限不存在. (B) 极限存在,但不连续.
(C) 连续,但不可导. (D) 可导.

7. (92-1) 设 $f(x)=3x^3+x^2|x|$,则使 $f^{(n)}(0)$ 存在的最高阶数 n 为(　　)

(A) 0. (B) 1. (C) 2. (D) 3.

8. (89-2) 设 $f(x)$ 在点 $x=a$ 的某个邻域内有定义,则 $f(x)$ 在 $x=a$ 处可导的一个充分条件是(　　)

(A) $\lim\limits_{h\to+\infty} h\left[f\left(a+\dfrac{1}{h}\right)-f(a)\right]$ 存在.
(B) $\lim\limits_{h\to 0}\dfrac{f(a+2h)-f(a+h)}{h}$ 存在.
(C) $\lim\limits_{h\to 0}\dfrac{f(a+h)-f(a-h)}{2h}$ 存在.
(D) $\lim\limits_{h\to 0}\dfrac{f(a)-f(a-h)}{h}$ 存在.

9. (88-1) 设 $f(x)$ 可导且 $f'(x_0)=\dfrac{1}{2}$,则 $\Delta x\to 0$ 时,$f(x)$ 在 x_0 处的微分 $\mathrm{d}y$ 是(　　)

(A) 与 Δx 等价的无穷小. (B) 与 Δx 同阶的无穷小.
(C) 比 Δx 低阶的无穷小. (D) 比 Δx 高阶的无穷小.

10. (03-3) 设 $f(x)=\begin{cases}x^{\lambda}\cos\dfrac{1}{x}, & x\neq 0,\\ 0, & x=0,\end{cases}$ 其导函数在 $x=0$ 处连续,则 λ 的取值范围是________

11. (94-4) 已知 $f'(x_0)=-1$,$\lim\limits_{x\to 0}\dfrac{x}{f(x_0-2x)-f(x_0-x)}=$________.

12. (88-4) 设函数 $f(x)=\begin{cases}ax+b, & x>1,\\ x^2, & x\leqslant 1\end{cases}$ 处处可导,则 $a=$________,$b=$________.

小　结

近几年,考查导数概念的选择题基本上都有一半以上的考生做错. 其中,利用式(2-1)来判断函数的可导性考查得较多. 这时,一方面,积累一些常用结论有助于快速地选出正确选项,比如2000年数学三,1998年数学一、二,1995年数学一,以及1992年数学一的选择题;另一方面,有些考题对于求极限有较高的要求,比如2016年数学一和1996年数学三的选择题都需要利用夹逼准则来求极限,而2016年的这道考题只有17.4%的考生做对. 此外,针对抽象函数,举反例也是一个常见的思路,比如2007年数学一、二、三,2001年数学一,2000年数学三,1996年数学三,以及1989年数学二的选择题.

微分的概念虽然考查得较少,但也是《考试大纲》所要求的,切莫忽视对它的复习.

§2.2　导数与微分的计算

十年真题 2015—2024

答案 P252

考点一　函数的求导与微分法则

1. (24-2-仅数学一、二) 设函数 $y=f(x)$ 由参数方程 $\begin{cases}x=1+t^3,\\ y=e^{t^2}\end{cases}$ 确定,则 $\lim\limits_{x\to+\infty} x\left[f\left(2+\dfrac{2}{x}\right)-f(2)\right]=$(　　)

(A) $2e$. (B) $\dfrac{4}{3}e$. (C) $\dfrac{2}{3}e$. (D) $\dfrac{e}{3}$.

2. (22-2) 已知函数 $y=y(x)$ 由方程
$$x^2+xy+y^3=3$$
确定,则 $y''(1)=$________.

3. (21-1,2-仅数学一、二) 设函数 $y=y(x)$ 由参数方程 $\begin{cases}x=2e^t+t+1,\\ y=4(t-1)e^t+t^2\end{cases}$ 确定,则 $\left.\dfrac{\mathrm{d}^2y}{\mathrm{d}x^2}\right|_{t=0}=$________.

4. (21-3) 若 $y=\cos(e^{-\sqrt{x}})$,则 $\left.\dfrac{\mathrm{d}y}{\mathrm{d}x}\right|_{x=1}=$________.

5. (20-1,2-仅数学一、二) 设 $\begin{cases}x=\sqrt{t^2+1},\\ y=\ln(t+\sqrt{t^2+1}),\end{cases}$ 则 $\left.\dfrac{\mathrm{d}^2y}{\mathrm{d}x^2}\right|_{t=1}=$________.

6. (17-2-仅数学一、二) 设函数 $y=y(x)$ 由参数方程 $\begin{cases}x=t+e^t,\\ y=\sin t\end{cases}$ 确定,则 $\left.\dfrac{\mathrm{d}^2y}{\mathrm{d}x^2}\right|_{t=0}=$________.

7. (15-2-仅数学一、二) 设 $\begin{cases}x=\arctan t,\\ y=3t+t^3,\end{cases}$ 则 $\left.\dfrac{\mathrm{d}^2y}{\mathrm{d}x^2}\right|_{t=1}=$________.

考点二 高阶导数的计算

1. **(21-1)** 设函数 $f(x)=\dfrac{\sin x}{1+x^2}$ 在 $x=0$ 处的 3 次泰勒多项式为 $ax+bx^2+cx^3$，则(　　)

(A) $a=1,b=0,c=-\dfrac{7}{6}$.

(B) $a=1,b=0,c=\dfrac{7}{6}$.

(C) $a=-1,b=-1,c=-\dfrac{7}{6}$.

(D) $a=-1,b=-1,c=\dfrac{7}{6}$.

2. **(21-2)** 设函数 $f(x)=\sec x$ 在 $x=0$ 处的 2 次泰勒多项式为 $1+ax+bx^2$，则(　　)

(A) $a=1,b=-\dfrac{1}{2}$.　　(B) $a=1,b=\dfrac{1}{2}$.

(C) $a=0,b=-\dfrac{1}{2}$.　　(D) $a=0,b=\dfrac{1}{2}$.

3. **(20-2)** 已知函数 $f(x)=x^2\ln(1-x)$. 当 $n\geqslant 3$ 时，$f^{(n)}(0)=$(　　)

(A) $-\dfrac{n!}{n-2}$.　　(B) $\dfrac{n!}{n-2}$.

(C) $-\dfrac{(n-2)!}{n}$.　　(D) $\dfrac{(n-2)!}{n}$.

4. **(24-2)** 已知函数 $f(x)=(e^x+1)x^2$，则 $f^{(5)}(1)=$________.

5. **(22-3)** 已知函数 $f(x)=e^{\sin x}+e^{-\sin x}$，则 $f'''(2\pi)=$________.

6. **(17-1)** 已知函数 $f(x)=\dfrac{1}{1+x^2}$，则 $f^{(3)}(0)=$________.

7. **(16-1)** 设函数 $f(x)=\arctan x-\dfrac{x}{1+ax^2}$，且 $f'''(0)=1$，则 $a=$________.

8. **(15-2)** 函数 $f(x)=x^2 2^x$ 在 $x=0$ 处的 n 阶导数 $f^{(n)}(0)=$________.

考点分析

考　　点	大 纲 要 求	命 题 特 点
一、函数的求导与微分法则	1. 掌握基本初等函数的求导公式、导数的四则运算法则及复合函数的求导法则，会求分段函数的导数，会求反函数与隐函数的导数. 2. 了解一阶微分形式的不变性，会求函数的微分. 3.（仅数学一、二）会求由参数方程所确定的函数的导数.	**1. 考试频率：**★★★★☆ **2. 常考题型：**填空题 **3. 命题趋势：**导数的计算是考研数学的基本功，也会在其他诸多考题中有所涉及. 其中，高阶导数的计算是考研的一个难点.
二、高阶导数的计算	会求简单函数的高阶导数.	

知识梳理

考点一 函数的求导与微分法则

1. 常数和基本初等函数的求导公式

(1) $(C)'=0$；

(2) $(x^\mu)'=\mu x^{\mu-1}$；

(3) $(a^x)'=$①________；

(4) $(e^x)'=e^x$；

(5) $(\log_a x)'=\dfrac{1}{x\ln a}$；

(6) $(\ln x)'=\dfrac{1}{x}$；

(7) $(\sin x)'=\cos x$；

(8) $(\cos x)'=-\sin x$；

(9) $(\tan x)'=\sec^2 x$；

(10) $(\cot x)'=$②________；

(11) $(\sec x)'=$③________；

(12) $(\csc x)'=-\csc x\cot x$；

(13) $(\arcsin x)'=$④________；

(14) $(\arccos x)'=-\dfrac{1}{\sqrt{1-x^2}}$；

(15) $(\arctan x)'=$⑤________；

(16) $(\text{arccot}\, x)'=-\dfrac{1}{1+x^2}$.

2. 导数的四则运算法则

设 $u=u(x),v=v(x)$ 可导，则

(1) $(u\pm v)'=u'\pm v'$；

(2) $(Cu)'=Cu'$(C 为常数)；

(3) $(uv)'=$⑥________；

(4) $\left(\dfrac{u}{v}\right)'=$⑦________$(v\neq 0)$.

3. 复合函数的求导法则及一阶微分形式的不变性

设 $y=f(u)$ 二阶可导，$u=g(x)$ 可导，则

(1) $\{f[g(x)]\}'=f'[g(x)]\cdot g'(x)$；　　(2-3)

(2) $\{f'[g(x)]\}'=$⑧________；　　(2-4)

(3) $df[g(x)]=f'[g(x)]d[g(x)]$
$=f'[g(x)]\cdot g'(x)dx$.

4. 反函数的求导公式

设 $y=y(x)$ 的反函数为 $x=x(y)$，且 $y=y(x)$ 二阶可导，$y'\neq 0$，则

(1) $\dfrac{\mathrm{d}x}{\mathrm{d}y}=\dfrac{1}{\dfrac{\mathrm{d}y}{\mathrm{d}x}}=\dfrac{1}{y'}$；(2-5)

(2) $\dfrac{\mathrm{d}^2x}{\mathrm{d}y^2}=\dfrac{\mathrm{d}\left(\dfrac{1}{y'}\right)}{\mathrm{d}y}=\dfrac{\mathrm{d}\left(\dfrac{1}{y'}\right)}{\mathrm{d}x}\cdot\dfrac{\mathrm{d}x}{\mathrm{d}y}=$⑨________. (2-6)

5. 由参数方程所确定的函数的求导公式（仅数学一、二）

设 $y=y(x)$ 由参数方程 $\begin{cases}x=\varphi(t),\\ y=\psi(t)\end{cases}$ 确定，且 $\varphi(t),\psi(t)$ 二阶可导，$\varphi'(t)\neq 0$，则

(1) $\dfrac{\mathrm{d}y}{\mathrm{d}x}=\dfrac{\dfrac{\mathrm{d}y}{\mathrm{d}t}}{\dfrac{\mathrm{d}x}{\mathrm{d}t}}=$⑩________； (2-7)

(2) $\dfrac{\mathrm{d}^2y}{\mathrm{d}x^2}=\dfrac{\mathrm{d}\left(\dfrac{\mathrm{d}y}{\mathrm{d}x}\right)}{\mathrm{d}x}=\dfrac{\dfrac{\mathrm{d}\left(\dfrac{\mathrm{d}y}{\mathrm{d}x}\right)}{\mathrm{d}t}}{\dfrac{\mathrm{d}x}{\mathrm{d}t}}=\dfrac{\psi''(t)\varphi'(t)-\psi'(t)\varphi''(t)}{[\varphi'(t)]^3}$. (2-8)

考点二　高阶导数的计算

1. 高阶导数的运算法则

设 $u=u(x),v=v(x)$ n 阶可导，则

(1) $(u\pm v)^{(n)}=u^{(n)}\pm v^{(n)}$；

(2) $(uv)^{(n)}=$⑪________.

2. 函数的泰勒展开式

(1) 设 $f(x)$ 具有各阶导数，则 $f(x)$ 在 x_0 处的 n 次泰勒多项式为 $f(x_0)+f'(x_0)(x-x_0)+\dfrac{f''(x_0)}{2!}(x-x_0)^2+\cdots+$⑫________.

若当 $n\to\infty$ 时，$f(x)-\sum\limits_{k=0}^{n}\dfrac{f^{(k)}(x_0)}{k!}(x-x_0)^k\to 0$，则 $f(x)=\sum\limits_{n=0}^{\infty}\dfrac{f^{(n)}(x_0)}{n!}(x-x_0)^n$.

(2) 常用于求高阶导数的泰勒展开式：

1) $\dfrac{1}{1-x}=1+x+x^2+\cdots+x^n+\cdots(|x|<1)$；

2) $\dfrac{1}{1+x}=1-x+x^2+\cdots+$⑬________$+\cdots(|x|<1)$；

3) $\sin x=x-\dfrac{x^3}{3!}+\dfrac{x^5}{5!}+\cdots+$⑭________$+\cdots$；

4) $\cos x=1-\dfrac{x^2}{2!}+\dfrac{x^4}{4!}+\cdots+(-1)^n\dfrac{x^{2n}}{(2n)!}+\cdots$；

5) $\mathrm{e}^x=1+x+\dfrac{x^2}{2!}+\cdots+\dfrac{x^n}{n!}+\cdots$；

6) $\ln(1+x)=x-\dfrac{x^2}{2}+\dfrac{x^3}{3}+\cdots+(-1)^{n-1}\dfrac{x^n}{n}+\cdots(-1<x\leqslant 1)$.

知识梳理 · 答案

① $a^x\ln a$　② $-\csc^2x$　③ $\sec x\tan x$　④ $\dfrac{1}{\sqrt{1-x^2}}$

⑤ $\dfrac{1}{1+x^2}$　⑥ $u'v+uv'$　⑦ $\dfrac{u'v-uv'}{v^2}$

⑧ $f'[g(x)]\cdot g'(x)$　⑨ $-\dfrac{y''}{(y')^3}$　⑩ $\dfrac{\psi'(t)}{\varphi'(t)}$

⑪ $\sum\limits_{k=0}^{n}C_n^ku^{(n-k)}v^{(k)}$　⑫ $\dfrac{f^{(n)}(x_0)}{n!}(x-x_0)^n$

⑬ $(-1)^nx^n$　⑭ $\dfrac{(-1)^nx^{2n+1}}{(2n+1)!}$

方法探究

考点一　函数的求导与微分法则

1. 分段函数的求导

分段函数由于在分段点处可能不可导，故其在分段点处的导数应用式(2-1)单独求（有时要分左、右导数讨论）.

【例1】 设函数 $f(x)=\begin{cases}\dfrac{2}{3}x^2, & x\leqslant 1,\\ x^2-\dfrac{1}{3}, & x>1,\end{cases}$ 则 $f'(x)=$________.

【解】 当 $x<1$ 时，$f'(x)=\dfrac{4}{3}x$；当 $x>1$ 时，$f'(x)=2x$.

当 $x=1$ 时，

$$f'_-(1)=\lim_{x\to 1^-}\frac{f(x)-f(1)}{x-1}=\lim_{x\to 1^-}\frac{\frac{2}{3}x^2-\frac{2}{3}}{x-1}=\frac{4}{3},$$

$$f'_+(1)=\lim_{x\to 1^+}\frac{f(x)-f(1)}{x-1}=\lim_{x\to 1^+}\frac{x^2-\frac{1}{3}-\frac{2}{3}}{x-1}=2,$$

由 $f'_-(1)\neq f'_+(1)$ 知 $f(x)$ 在 $x=1$ 处不可导，故

$$f'(x)=\begin{cases}\dfrac{4}{3}x, & x<1,\\ 2x, & x>1.\end{cases}$$

2. 复合函数、隐函数及幂指函数的求导

(1) 求复合函数的导数可利用式(2-3)和式(2-4).

(2) 对于由方程 $F(x,y)=0$ 确定的隐函数 $y=y(x)$，在 $F(x,y)=0$ 两边同时对 x 求导，得到形如 $G(x,y,y')=0$ 的方程，再解出 $y'=g(x,y)$.

在 $y'=g(x,y)$ 两边再同时对 x 求导，便能得到 y''.

(3) 对于幂指函数 $y=f(x)^{g(x)}(f(x)>0)$，两边取对数得 $\ln y=g(x)\ln f(x)$，便能用隐函数的求导方法来求导，或者也可按如下方法求导：

$$
\begin{aligned}
y' &= [e^{g(x)\ln f(x)}]' \\
&= e^{g(x)\ln f(x)}\left[g'(x)\ln f(x)+g(x)\frac{f'(x)}{f(x)}\right] \\
&= f(x)^{g(x)}\left[g'(x)\ln f(x)+g(x)\frac{f'(x)}{f(x)}\right].
\end{aligned}
$$

【例 2】(1) 设函数 $y=xf(e^x)$,其中 f 具有二阶导数,且 $f'(e)=f''(e)=1$,则 $\left.\frac{d^2y}{dx^2}\right|_{x=1}=$________.

(2) (**09-2**) 设 $y=y(x)$是由方程

$$xy+e^y=x+1$$

确定的隐函数,则 $\left.\frac{d^2y}{dx^2}\right|_{x=0}=$________.

(3) (**05-2**) 设 $y=(1+\sin x)^x$,则 $\left.dy\right|_{x=\pi}=$________.

【解】(1) 由 $\frac{dy}{dx}=f(e^x)+xe^xf'(e^x)$,$\frac{d^2y}{dx^2}=2e^xf'(e^x)+xe^xf'(e^x)+xe^{2x}f''(e^x)$ 知 $\left.\frac{d^2y}{dx^2}\right|_{x=1}=e^2+3e$.

(2) 在 $xy+e^y=x+1$ 两边对 x 求导,

$$y+xy'+e^yy'=1,$$

故 $y'=\frac{1-y}{x+e^y}$. 两边再对 x 求导,

$$y''=\frac{-y'(x+e^y)-(1-y)(1+y'e^y)}{(x+e^y)^2}.$$

由于 $y(0)=0,y'(0)=1$,故 $\left.\frac{d^2y}{dx^2}\right|_{x=0}=-3$.

(3) **法一**:在 $y=(1+\sin x)^x$ 两边取对数,$\ln y=x\ln(1+\sin x)$. 两边对 x 求导,

$$\frac{1}{y}y'=\ln(1+\sin x)+x\frac{\cos x}{1+\sin x},$$

故 $y'=\left[\ln(1+\sin x)+x\frac{\cos x}{1+\sin x}\right](1+\sin x)^x$,从而 $\left.y'\right|_{x=\pi}=-\pi$,即 $\left.dy\right|_{x=\pi}=-\pi dx$.

法二:由

$$y'=[e^{x\ln(1+\sin x)}]'=e^{x\ln(1+\sin x)}\left[\ln(1+\sin x)+x\frac{\cos x}{1+\sin x}\right]$$

知 $\left.y'\right|_{x=\pi}=-\pi$,故 $\left.dy\right|_{x=\pi}=-\pi dx$.

【注】设 $y=f(x)$,则 $\left.dy\right|_{x=x_0}=f'(x_0)dx$.

3. 反函数的求导

求反函数的导数可利用式(2-5)和式(2-6).

【例 3】设函数 $y=f(x)$二阶可导,且 $f'(x)\neq0$,$f(0)=1$,$f'(0)=f''(0)=2$,则 $y=f(x)$的反函数 $x=f^{-1}(y)$在 $y=1$ 处的二阶导数 $\left.\frac{d^2x}{dy^2}\right|_{y=1}=$________.

【解】 $\left.\frac{d^2x}{dy^2}\right|_{y=1}=\left.\frac{d^2x}{dy^2}\right|_{x=0}=-\frac{f''(0)}{[f'(0)]^3}=-\frac{1}{4}$.

4. 由参数方程所确定的函数的求导(仅数学一、二)

求由参数方程所确定的函数的导数可利用式(2-7)和式(2-8).

【例 4】设 $\begin{cases}x=\ln(1+t^2),\\ y=\arctan t,\end{cases}$ 则 $\left.\frac{d^2y}{dx^2}\right|_{t=1}=$________.

【解】 $\frac{dy}{dx}=\frac{\frac{dy}{dt}}{\frac{dx}{dt}}=\frac{\frac{1}{1+t^2}}{\frac{2t}{1+t^2}}=\frac{1}{2t}$.

$$\frac{d^2y}{dx^2}=\frac{d\left(\frac{dy}{dx}\right)\Big/dt}{dx/dt}=\frac{-\frac{1}{2t^2}}{\frac{2t}{1+t^2}}=-\frac{1+t^2}{4t^3}$$

故 $\left.\frac{d^2y}{dx^2}\right|_{t=1}=-\frac{1}{2}$.

考点二 高阶导数的计算

求高阶导数主要有以下三个方法:

(1) 归纳法.

(2) 公式法. 主要利用 $(uv)^{(n)}=\sum_{k=0}^{n}C_n^ku^{(n-k)}v^{(k)}$.

(3) 泰勒展开法. 若能利用常用泰勒展开式将 $f(x)$展开成 $\sum_{n=0}^{\infty}a_n(x-x_0)^n$ 的形式,则由 $f(x)=\sum_{n=0}^{\infty}\frac{f^{(n)}(x_0)}{n!}(x-x_0)^n=\sum_{n=0}^{\infty}a_n(x-x_0)^n$ 知 $f^{(n)}(x_0)=a_n\cdot n!$.

【例】(1) (**07-2,3**) 设函数 $y=\frac{1}{2x+3}$,则 $y^{(n)}(0)=$________.

(2) 设函数 $y=x^2\sin2x$,则 $y^{(5)}(0)=$________.

【解】(1) **法一(归纳法)**:根据 $y'=-\frac{2}{(2x+3)^2}$,$y''=\frac{2\cdot2^2}{(2x+3)^3}$,$y'''=-\frac{6\cdot2^3}{(2x+3)^4}$,$y^{(4)}=\frac{24\cdot2^4}{(2x+3)^5}$,…,显然 $y^{(n)}=\frac{(-1)^nn!\,2^n}{(2x+3)^{n+1}}$,故 $y^{(n)}(0)=\frac{(-1)^nn!\,2^n}{3^{n+1}}$.

法二(泰勒展开法):由于

$$
\begin{aligned}
y&=\frac{1}{3}\frac{1}{1+\frac{2}{3}x}=\frac{1}{3}\sum_{n=0}^{\infty}(-1)^n\left(\frac{2}{3}x\right)^n \\
&=\sum_{n=0}^{\infty}(-1)^n\frac{2^n}{3^{n+1}}x^n,
\end{aligned}
$$

故 $y^{(n)}(0)=(-1)^n\frac{2^n\cdot n!}{3^{n+1}}$.

(2) **法一(泰勒展开法)**:由于

$$y=x^2\left[2x-\frac{1}{6}(2x)^3+\cdots\right]=2x^3-\frac{4}{3}x^5+\cdots,$$

故 $y^{(5)}(0)=-\frac{4}{3}\cdot5!=-160$.

法二(公式法):

$$
\begin{aligned}
y^{(5)}(0)&=\left.\sum_{k=0}^{5}C_5^k(x^2)^{(k)}(\sin2x)^{(5-k)}\right|_{x=0} \\
&=\left.C_5^2(x^2)''(\sin2x)'''\right|_{x=0} \\
&=10\cdot2\cdot(-8)=-160.
\end{aligned}
$$

真题精选 1987—2014

答案 P253

考点一 函数的求导与微分法则

1. (12-1,2,3) 设函数
$$f(x)=(e^x-1)(e^{2x}-2)\cdots(e^{nx}-n),$$
其中 n 为正整数,则 $f'(0)=(\quad)$
(A) $(-1)^{n-1}(n-1)!$. (B) $(-1)^n(n-1)!$.
(C) $(-1)^{n-1}n!$. (D) $(-1)^n n!$.

2. (13-1) 设函数 $y=f(x)$ 由方程 $y-x=e^{x(1-y)}$ 确定,则 $\lim\limits_{n\to\infty}n\left[f\left(\frac{1}{n}\right)-1\right]=$_______.

3. (12-3) 设函数 $f(x)=\begin{cases}\ln\sqrt{x}, & x\geqslant1,\\ 2x-1, & x<1,\end{cases}$ $y=f(f(x))$,则 $\left.\frac{dy}{dx}\right|_{x=e}=$_______.

4. (10-3) 设 $f(x)=\lim\limits_{t\to0}x(1+3t)^{\frac{x}{t}}$,则 $f'(x)=$_______.

5. (02-1) 已知函数 $y=y(x)$ 由方程
$$e^y+6xy+x^2-1=0$$
确定,则 $y''(0)=$_______.

6. (97-2-仅数学一、二) 设函数 $y=y(x)$ 由
$$\begin{cases}x=\arctan t\\ 2y-ty^2+e^t=5\end{cases}$$
所确定,则 $\frac{dy}{dx}=$_______.

7. (97-3) 设 $y=f(\ln x)e^{f(x)}$,其中 f 可微,则 $dy=$_______.

8. (96-4) 设方程 $x=y^y$ 确定 y 是 x 的函数,则 $dy=$_______.

9. (92-2-仅数学一、二) 设 $\begin{cases}x=f(t)-\pi,\\ y=f(e^{3t}-1),\end{cases}$ 其中 f 可导,且 $f'(0)\neq0$,则 $\left.\frac{dy}{dx}\right|_{t=0}=$_______.

10. (03-1,2-局部) 设函数 $y=y(x)$ 在 $(-\infty,+\infty)$ 内具有二阶导数,且 $y'\neq0$,$x=x(y)$ 是 $y=y(x)$ 的反函数. 试将 $x=x(y)$ 所满足的微分方程 $\frac{d^2x}{dy^2}+(y+\sin x)\left(\frac{dx}{dy}\right)^3=0$ 变换为 $y=y(x)$ 满足的微分方程.

11. (96-4) 设 $f(x)=\begin{cases}\frac{g(x)-e^{-x}}{x}, & x\neq0,\\ 0, & x=0,\end{cases}$ 其中 $g(x)$ 具有二阶连续导数,且 $g(0)=1$,$g'(0)=-1$.
(1) 求 $f'(x)$;
(2) 讨论 $f'(x)$ 在 $(-\infty,+\infty)$ 上的连续性.

考点二 高阶导数的计算

1. (90-1) 已知函数 $f(x)$ 具有任意阶导数,且 $f'(x)=[f(x)]^2$,则当 n 为大于 2 的正整数时,$f(x)$ 的 n 阶导数 $f^{(n)}(x)$ 为(　　)
(A) $n![f(x)]^{n+1}$. (B) $n[f(x)]^{n+1}$.
(C) $[f(x)]^{2n}$. (D) $n![f(x)]^{2n}$.

2. (10-2) 函数 $y=\ln(1-2x)$ 在 $x=0$ 处的 n 阶导数 $y^{(n)}(0)=$_______.

3. (03-2) $y=2^x$ 在 $x=0$ 处的泰勒公式中 x^n 项的系数是_______.

4. (95-4) 设 $f(x)=\frac{1-x}{1+x}$,则 $f^{(n)}(x)=$_______.

小　结

对函数的求导与微分法则的考查,一般都在基础题中,得分率也较高. 其中,反函数的求导考查得较少,致使一些考生感到陌生. 还有的考生并没有建立要用导数定义去单独讨论分段函数在分段点处的导数的意识.

高阶导数近年来被考查频率有所上升,尤其注重泰勒展开法的运用,这其实涉及把函数展开成幂级数的思想. 虽然数学二对无穷级数不作要求,但依然要熟练掌握本节所提及的思想方法,否则不少考题难以方便地解答.

§2.3 导数的应用

十年真题 2015—2024

答案 P254

考点一 平面曲线的切线与法线

1. (23-2) 曲线 $3x^3=y^5+2y^3$ 在 $x=1$ 对应点处的法线斜率为________.

2. (20-3) 曲线 $x+y+e^{2xy}=0$ 在点$(0,-1)$处的切线方程为________.

3. (19-2-仅数学一、二) 曲线 $\begin{cases}x=t-\sin t,\\ y=1-\cos t\end{cases}$ 在 $t=\frac{3\pi}{2}$ 对应点处的切线在 y 轴上的截距为________.

考点二 利用导数判断函数的性质

1. (23-2) 设函数 $f(x)=(x^2+a)e^x$. 若 $f(x)$没有极值点,但曲线 $y=f(x)$有拐点,则 a 的取值范围是( )
(A) $[0,1)$. (B) $[1,+\infty)$.
(C) $[1,2)$ (D) $[2,+\infty)$.

2. (22-2) 设函数 $f(x)$在 $x=x_0$ 处具有 2 阶导数,则( )
(A) 当 $f(x)$在 x_0 的某邻域内单调增加时, $f'(x_0)>0$.
(B) 当 $f'(x_0)>0$ 时, $f(x)$在 x_0 的某邻域内单调增加.
(C) 当 $f(x)$在 x_0 的某邻域内是凹函数时, $f''(x_0)>0$.
(D) 当 $f''(x_0)>0$ 时, $f(x)$在 x_0 的某邻域内是凹函数.

3. (21-1,2,3) 函数 $f(x)=\begin{cases}\frac{e^x-1}{x}, & x\neq 0,\\ 1, & x=0\end{cases}$ 在 $x=0$ 处( )
(A) 连续且取得极大值. (B) 连续且取得极小值.
(C) 可导且导数等于零. (D) 可导且导数不为零.

4. (19-1) 设函数 $f(x)=\begin{cases}x|x|, & x\leqslant 0,\\ x\ln x, & x>0,\end{cases}$ 则 $x=0$ 是 $f(x)$的( )
(A) 可导点,极值点.
(B) 不可导点,极值点.
(C) 可导点,非极值点.
(D) 不可导点,非极值点.

5. (16-2,3) 设函数 $f(x)$在$(-\infty,+\infty)$内连续,其导函数的图形如下图所示,则( )

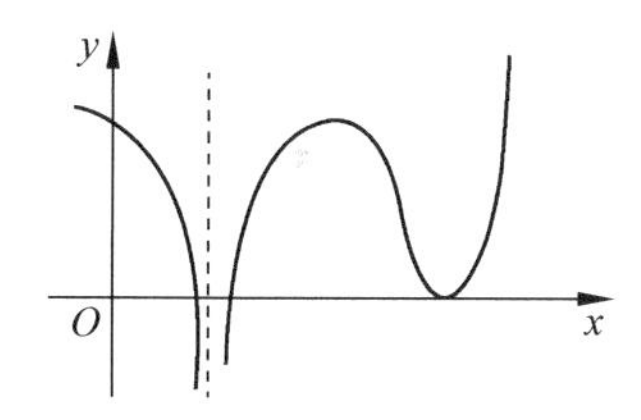

(A) 函数 $f(x)$有 2 个极值点,曲线 $y=f(x)$有 2 个拐点.
(B) 函数 $f(x)$有 2 个极值点,曲线 $y=f(x)$有 3 个拐点.
(C) 函数 $f(x)$有 3 个极值点,曲线 $y=f(x)$有 1 个拐点.
(D) 函数 $f(x)$有 3 个极值点,曲线 $y=f(x)$有 2 个拐点.

6. (15-1,2,3) 设函数 $f(x)$在$(-\infty,+\infty)$内连续,其 2 阶导函数 $f''(x)$的图形如下图所示,则曲线 $y=f(x)$的拐点个数为( )

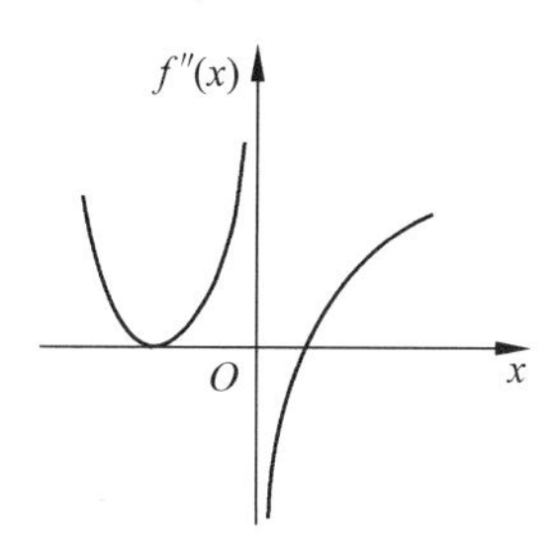

(A) 0. (B) 1. (C) 2. (D) 3.

7. (19-2,3) 曲线 $y=x\sin x+2\cos x\left(-\frac{\pi}{2}<x<\frac{3\pi}{2}\right)$的拐点坐标为________.

8. (18-2,3) 曲线 $y=x^2+2\ln x$ 在其拐点处的切线方程是________.

9. (23-3) 已知可导函数 $y=y(x)$满足
$$ae^x+y^2+y-\ln(1+x)\cos y+b=0,$$
且 $y(0)=0, y'(0)=0$.
(1) 求 a,b 的值;
(2) 判断 $x=0$ 是否为 $y(x)$的极值点.

10. (21-2) 已知函数 $f(x)=\frac{x|x|}{1+x}$,求曲线 $y=f(x)$的凹凸区间及渐近线.

11. **(19-2,3)** 已知函数 $f(x)=\begin{cases}x^{2x}, & x>0,\\ xe^x+1, & x\leqslant 0,\end{cases}$ 求 $f'(x)$，并求函数 $f(x)$ 的极值.

12. **(17-1,2)** 已知函数 $y(x)$ 由方程

$$x^3+y^3-3x+3y-2=0$$

确定，求 $y(x)$ 的极值.

考点三 曲率(仅数学一、二)

1. **(19-2)** 设函数 $f(x)$，$g(x)$ 的 2 阶导函数在 $x=a$ 处连续，则 $\lim\limits_{x\to a}\dfrac{f(x)-g(x)}{(x-a)^2}=0$ 是两条曲线 $y=f(x)$，$y=g(x)$ 在 $x=a$ 对应的点处相切及曲率相等的(　　)

(A) 充分不必要条件.

(B) 充分必要条件.

(C) 必要不充分条件.

(D) 既不充分又不必要条件.

2. **(16-2)** 设函数 $f_i(x)(i=1,2)$ 具有二阶连续导数，且 $f_i''(x_0)<0(i=1,2)$. 若两条曲线 $y=f_i(x)(i=1,2)$ 在点 (x_0,y_0) 处具有公切线 $y=g(x)$，且在该点处曲线 $y=f_1(x)$ 的曲率大于曲线 $y=f_2(x)$ 的曲率，则在 x_0 的某个领域内，有(　　)

(A) $f_1(x)\leqslant f_2(x)\leqslant g(x)$.

(B) $f_2(x)\leqslant f_1(x)\leqslant g(x)$.

(C) $f_1(x)\leqslant g(x)\leqslant f_2(x)$.

(D) $f_2(x)\leqslant g(x)\leqslant f_1(x)$.

3. **(24-2)** 曲线 $y^2=x$ 在点 $(0,0)$ 处的曲率圆方程为________.

4. **(18-2)** 曲线 $\begin{cases}x=\cos^3 t,\\ y=\sin^3 t\end{cases}$ 在 $t=\dfrac{\pi}{4}$ 对应点处的曲率为________.

考点四 导数的物理应用(仅数学一、二)

1. **(21-2)** 有一圆柱体底面半径与高随时间变化的速率分别为 2 cm/s，−3 cm/s. 当底面半径为 10 cm，高为 5 cm 时，圆柱体的体积与表面积随时间变化的速率分别为(　　)

(A) $125\pi\ \text{cm}^3/\text{s}$，$40\pi\ \text{cm}^2/\text{s}$.

(B) $125\pi\ \text{cm}^3/\text{s}$，$-40\pi\ \text{cm}^2/\text{s}$.

(C) $-100\pi\ \text{cm}^3/\text{s}$，$40\pi\ \text{cm}^2/\text{s}$.

(D) $-100\pi\ \text{cm}^3/\text{s}$，$-40\pi\ \text{cm}^2/\text{s}$.

2. **(16-2)** 已知动点 P 在曲线 $y=x^3$ 上运动，记坐标原点与点 P 间的距离为 l. 若点 P 的横坐标对时间的变化率为常数 v_0，则当点 P 运动到点 $(1,1)$ 时，l 对时间的变化率是________.

考点五 导数的经济应用(仅数学三)

1. **(18-3)** 设某产品的成本函数 $C(Q)$ 可导，其中 Q 为产量. 若产量为 Q_0 时平均成本最小，则(　　)

(A) $C'(Q_0)=0$.　　(B) $C'(Q_0)=C(Q_0)$.

(C) $C'(Q_0)=Q_0C(Q_0)$.　　(D) $Q_0C'(Q_0)=C(Q_0)$.

2. **(24-3)** 设某产品的价格函数为 $p=\begin{cases}25-0.25Q, & Q\leqslant 20,\\ 35-0.75Q, & Q>20\end{cases}$ (p 为单价，单位：万元；Q 为产量，单位：件)，总成本函数为 $C=150+5Q+0.25Q^2$(万元)，则经营该产品可获得的最大利润为________(万元).

3. **(20-3)** 设某厂家生产某产品的产量为 Q，成本 $C(Q)=100+13Q$，该产品的单价为 p，需求量 $q(p)=\dfrac{800}{p+3}-2$，则该厂家获得最大利润时的产量为________.

4. **(19-3)** 以 p_A，p_B 分别表示 A，B 两种商品的价格，设商品 A 的需求函数为

$$Q_A=500-p_A^2-p_Ap_B+2p_B^2,$$

则当 $p_A=10$，$p_B=20$ 时，商品 A 的需求量对自身价格的弹性 $\eta_{AA}(\eta_{AA}>0)$ 为________.

5. **(17-3)** 设生产某产品的平均成本 $\overline{C}(Q)=1+e^{-Q}$，其中 Q 为产量，则边际成本为________.

6. **(15-3)** 为了实现利润的最大化，厂商需要对某商品确定其定价模型. 设 Q 为该商品的需求量，p 为价格，MC 为边际成本，η 为需求弹性($\eta>0$).

(1) 证明定价模型为 $p=\dfrac{MC}{1-\dfrac{1}{\eta}}$；

(2) 若该商品的成本函数为 $C(Q)=1600+Q^2$，需求函数为 $Q=40-p$，试由(1)中的定价模型确定此商品的价格.

考点分析

考　　点	大纲要求	命题特点
一、平面曲线的切线与法线	理解导数的几何意义，会求平面曲线的切线方程和法线方程.	**1. 考试频率**：★★★★★ **2. 常考题型**：选择题、填空题、解答题 **3. 命题趋势**：导数的应用是考研数学的重点：平面曲线的切线与法线以及利用导数判断函数的性质，数学一、二、三都经常考查，其中前者以填空题为主，而后者既可能以选择、填空题的形式，又可能以解答题的形式进行考查；曲率、导数的物理应用是近年来数学二在选择、填空题中经常考查的考点；导数的经济应用在数学三中经常考查. 关于导数的应用的考题一般难度都不高，只要掌握了基本的概念和方法，就能够完成得较为理想.
二、利用导数判断函数的性质	1. 理解函数的极值概念，掌握用导数判断函数的单调性和求函数极值的方法，掌握函数最大值和最小值的求法及其应用. 2. 会用导数判断函数图形的凹凸性，会求函数图形的拐点，会描绘函数的图形.	
三、曲率(仅数学一、二)	会计算曲率和曲率半径.	
四、导数的物理应用(仅数学一、二)	了解导数的物理意义，会用导数描述一些物理量.	
五、导数的经济应用(仅数学三)	了解导数的经济意义(含边际与弹性的概念).	

知识梳理

考点一　平面曲线的切线与法线

曲线 $y=f(x)$ 在点 $(x_0,f(x_0))$ 处的切线斜率为①____________，则 $y=f(x)$ 在 $(x_0,f(x_0))$ 处的切线方程为 $y-f(x_0)=f'(x_0)(x-x_0)$，法线方程为②____________ $(f'(x_0)\neq 0)$.

考点二　利用导数判断函数的性质

1. 函数的单调性与曲线的凹凸性

单调性	凹凸性
$f'(x)>0$(或 $f'(x)<0$)$\Rightarrow$ $f(x)$ 单调递增(或递减).	$f''(x)>0$(或 $f''(x)<0$)$\Rightarrow y=f(x)$ 是③____的(或④____的). (填"凹"或"凸")

【注】 设 $f(x)$ 在 I 上连续，任取 $x_1,x_2\in I$，若恒有 $f\left(\frac{x_1+x_2}{2}\right)<\frac{f(x_1)+f(x_2)}{2}$，则称曲线 $y=f(x)$ 在 I 上是凹的；若恒有 $f\left(\frac{x_1+x_2}{2}\right)>\frac{f(x_1)+f(x_2)}{2}$，则称 $y=f(x)$ 在 I 上是凸的.

2. 函数的极值点与曲线的拐点

(1) 设 $f(x)$ 在 x_0 处及其邻近两侧有定义，若当 $x\to x_0$ 时(即在 x_0 邻近两侧)，有⑤________(或⑥________)，则称 $f(x_0)$ 为 $f(x)$ 的一个极大值(或极小值)，$x=x_0$ 称为 $f(x)$ 的极大值点(或极小值点).

(2) 设 $y=f(x)$ 在区间 I 上连续，x_0 是 I 内部的点. 若曲线 $y=f(x)$ 在经过点 $(x_0,f(x_0))$ 时，曲线的凹凸性改变了，则称 $(x_0,f(x_0))$ 为 $y=f(x)$ 的拐点.

(3) 极值点与拐点的判定：

	极值点	拐点
必要条件	$f(x)$ 在 x_0 处可导且取得极值 $\Rightarrow f'(x_0)=0$.	$f(x)$ 在 x_0 处二阶可导且 $(x_0,f(x_0))$ 为 $y=f(x)$ 的拐点 $\Rightarrow$ ⑦______.
第一充分条件	设 $f(x)$ 在 x_0 处连续， 1) $f'(x_0)$ 在 x_0 左侧邻近为正(或负)，右侧邻近为负(或正) $\Rightarrow x_0$ 是 $f(x)$ 的极大值点(或极小值点)； 2) $f'(x_0)$ 在 x_0 邻近两侧同号 $\Rightarrow x_0$ 不是 $f(x)$ 的极值点.	设 $f(x)$ 在 x_0 处连续， 1) $f''(x)$ 在 x_0 邻近两侧异号 $\Rightarrow(x_0,f(x_0))$ 是 $y=f(x)$ 的拐点； 2) $f''(x)$ 在 x_0 邻近两侧同号 $\Rightarrow(x_0,f(x_0))$ 不是 $y=f(x)$ 的拐点.
第二充分条件	$\begin{cases}f'(x_0)=0,\\ f''(x_0)>0(\text{或 } f''(x_0)<0)\end{cases}$ $\Rightarrow x_0$ 是 $f(x)$ 的极⑧______值点(或极⑨______值点). (填"大"或"小")	$\begin{cases}f''(x_0)=0,\\ f'''(x_0)\neq 0\end{cases}\Rightarrow(x_0,f(x_0))$ 是 $y=f(x)$ 的拐点.

【注】 (i) 不管一阶导数为零还是不存在的点，都既可能是极值点(或单调区间的分界点)，也可能不是；不管二阶导数为零还是不存在的点，都既可能是函数图形拐点的横坐标，也可能不是.

(ii) 判定极值点和拐点的第二充分条件可推广为：

$$\begin{cases}f'(x_0)=f''(x_0)=\cdots=f^{(n-1)}(x_0)=0,\\ f^{(n)}(x_0)>0(\text{或 } f^{(n)}(x_0)<0),\\ n \text{ 为正偶数}\end{cases}$$

$\Rightarrow\begin{cases}x_0\text{ 是 }f(x)\text{ 的极小值点(或极大值点)},\\(x_0,f(x_0))\text{ 不是 }y=f(x)\text{ 的拐点};\end{cases}$

$\begin{cases}f''(x_0)=f'''(x_0)=\cdots=f^{(n-1)}(x_0)=0,\\f^{(n)}(x_0)\neq 0,\\n\text{ 为大于 1 的奇数}\end{cases}$

$\Rightarrow\begin{cases}(x_0,f(x_0))\text{ 是 }y=f(x)\text{ 的拐点},\\x_0\text{ 不是 }f(x)\text{ 的极值点}.\end{cases}$

3. 函数的最值

若 $f(x)$在$[a,b]$上连续,且在(a,b)内有导数为零的点 $x_1,x_2,\cdots,x_m$ 和不可导点 $x_1',x_2',\cdots,x_n'$,则 $f(x)$在$[a,b]$上的最大值为 $M=\max\{f(x_1),\cdots,f(x_m),f(x_1'),\cdots,f(x_n'),f(a),f(b)\}$,最小值为 $m=\min\{f(x_1),\cdots,f(x_m),f(x_1'),\cdots,f(x_n'),f(a),f(b)\}$.

【注】 极值点不一定是最值点,最值点也不一定是极值点,但区间内部(即不是区间端点)的最值点一定是极值点.

考点三　曲率(仅数学一、二)

设 $y(x)$二阶可导,则曲线 $y=y(x)$在点$(x,y(x))$处的曲率为 $K=$⑩________,曲率半径为$\frac{1}{K}$.

【注】 (i) 曲率用于描述曲线的弯曲程度,曲率越大,曲线弯曲得越厉害.

(ii) 设 $y=y(x)$在点 $M(x,y(x))$处的曲率为 $K(K\neq 0)$. 在点 M 处的 $y=y(x)$ 的法线上,在凹的一侧取一点 C,使 $|CM|=\frac{1}{K}$. 以 C 为圆心,$\frac{1}{K}$为半径所作的圆称为 $y=y(x)$在点 M 处的曲率圆. 曲率圆与 $y=y(x)$在点 M 处有相同的切线和曲率,且在点 M 邻近有相同的凹向.

考点四　导数的物理应用(仅数学一、二)

$\frac{dx}{dt}$表示 x 对 t 的变化率. 若 t 表示时间,则⑪________可表示某变量 x 变化的速度(或速率),$\frac{d^2x}{dt^2}$可表示其加速度.

设 $x=x(t)$,$y=y(t)$,$y=f(x)$可导,则变化率$\frac{dx}{dt}$与$\frac{dy}{dt}$称为相关变化率,且$\frac{dy}{dt}=\frac{dy}{dx}\cdot\frac{dx}{dt}$.

考点五　导数的经济应用(仅数学三)

1. 经济学中的常用函数

(1) 需求函数:$Q=Q(p)$,其中 Q 为需求量,p 为价格. 该函数一般单调递减.

(2) 供给函数:$S=S(p)$,其中 S 为需求量,p 为价格. 该函数一般单调递增.

(3) 成本函数:$C=C(Q)=C_0+C_1(Q)$,其中 C_0 为固定成本,$C_1(Q)$为可变成本,Q 为产量. 边际成本为 $MC=\frac{dC}{dQ}$. 平均成本为 $\overline{C}(Q)=$⑫________.

(4) 收益函数:$R=R(Q)=pQ$,其中 Q 为销售量,p 为价格. 边际收益为 $MR=$⑬________.

(5) 利润函数:$L=L(Q)=R(Q)-C(Q)$. 边际利润为 $ML=\frac{dL}{dQ}$.

2. 弹性

需求量 Q 对价格 p 的弹性为 $\eta=$⑭________.

【注】 一般地,设 $y=f(x)$可导,则 y 对 x 的弹性为 $\left|\frac{x}{y}\frac{dy}{dx}\right|$.

3. 复利与连续复利

(1) 若年利率为 r,依年复利计息,则当初始存款为 A 时,第 t 年末本利和为 $A_t=A(1+r)^t$;当第 t 年末本利和为 A_t 时,现值为 $A=A_t(1+r)^{-t}$.

(2) 若年利率为 r,依连续复利计息,则当初始存款为 A 时,第 t 年末本利和为 $A_t=Ae^{rt}$;当第 t 年末本利和为 A_t 时,现值为 $A=$⑮________.

知识梳理·答案

① $f'(x_0)$　② $y-f(x_0)=-\frac{1}{f'(x_0)}(x-x_0)$　③ 凹

④ 凸　⑤ $f(x)<f(x_0)$　⑥ $f(x)>f(x_0)$　⑦ $f''(x_0)=0$

⑧ 小　⑨ 大　⑩ $\frac{|y''|}{(1+y'^2)^{\frac{3}{2}}}$　⑪ $\frac{dx}{dt}$　⑫ $\frac{C(Q)}{Q}$　⑬ $\frac{dR}{dQ}$

⑭ $-\frac{p}{Q}\frac{dQ}{dp}$　⑮ A_te^{-rt}

方法探究

答案 P257

考点一　平面曲线的切线与法线

若已知一条曲线的切点,则能求出在该点处切线的斜率,并写出切线或法线方程;若切点未知,则应先设切点坐标(如变式 1). 此外,数学一、二的考生还要会求极坐标系下的曲线的切线或法线的直角坐标方程(如变式 2).

【例】(00-2) 已知 $f(x)$是周期为 5 的连续函数,它在 $x=0$ 的某个邻域内满足关系式

$$f(1+\sin x)-3f(1-\sin x)=8x+\alpha(x),$$

其中 $\alpha(x)$是当 $x\to 0$ 时比 x 高阶的无穷小,且 $f(x)$在 $x=1$ 处可导,求曲线 $y=f(x)$在点$(6,f(6))$处的切线方程.

【解】 由

$$\lim_{x\to 0}[f(1+\sin x)-3f(1-\sin x)]=\lim_{x\to 0}[8x+\alpha(x)]$$

知 $f(1)-3f(1)=0$,故 $f(1)=0$.

又由

$$\lim_{x\to0}\frac{f(1+\sin x)-3f(1-\sin x)}{x}=\lim_{x\to0}\frac{8x+\alpha(x)}{x}=8$$

知

$$\begin{aligned}&\lim_{x\to0}\frac{f(1+\sin x)-3f(1-\sin x)}{x}\\=&\lim_{x\to0}\frac{f(1+\sin x)-3f(1-\sin x)}{\sin x}\\=&\lim_{x\to0}\frac{f(1+\sin x)-f(1)}{\sin x}+3\lim_{x\to0}\frac{f(1-\sin x)-f(1)}{-\sin x}\\=&4f'(1)=8,\end{aligned}$$

故 $f'(1)=2$.

由于 $f(x+5)=f(x)$，故 $f'(x+5)=f'(x)$，从而 $f(6)=f(1)=0,f'(6)=f'(1)=2$.

因此，所求切线方程为 $y=2(x-6)$.

变式 1(10-2) 曲线 $y=x^2$ 与曲线 $y=a\ln x(a\neq0)$ 相切，则 $a=($　　$)$

(A) 4e.　(B) 3e.　(C) 2e.　(D) e.

变式 2(97-1-仅数学一、二) 对数螺线 $\rho=e^{\theta}$ 在点 $(\rho,\theta)=\left(e^{\frac{\pi}{2}},\frac{\pi}{2}\right)$ 处的切线的直角坐标方程为________.

考点二　利用导数判断函数的性质

该考点主要考查函数的单调性、极值与最值，以及曲线的凹凸性与拐点的判定.

在判定极值与拐点时，应先根据一阶导数(或二阶导数)为零或不存在找出所有可能的极值点(或拐点)，再根据充分条件逐一判定其是否为极值点(或拐点)，并且合理地进行选择究竟是利用第一充分条件还是第二充分条件来判定.

1. 判断具体函数的性质

【例 1】 设函数 $f(x)=\begin{cases}-x\ln x, & x>0,\\ x^3+3x^2, & x\leqslant0,\end{cases}$ 求函数 $f(x)$ 的极值和曲线 $y=f(x)$ 的拐点.

【解】 由 $f'_+(0)=\lim\limits_{x\to0^+}\dfrac{f(x)-f(0)}{x-0}=-\lim\limits_{x\to0^+}\ln x=+\infty$ 知 $f(x)$ 在 $x=0$ 处不可导，故

$$f'(x)=\begin{cases}-\ln x-1, & x>0,\\ 3x^2+6x, & x<0\end{cases}$$

令 $f'(x)=0$，则 $x=-2$ 或 $x=\dfrac{1}{e}$.

x	$(-\infty,-2)$	-2	$(-2,0)$	0	$\left(0,\frac{1}{e}\right)$	$\frac{1}{e}$	$\left(\frac{1}{e},+\infty\right)$
$f'(x)$	+	0	−	不存在	+	0	−
$f(x)$	↗	4	↘	0	↗	$\frac{1}{e}$	↘

如上表所列，$f(x)$ 极小值为 $f(0)=0$，极大值为 $f(-2)=4,f\left(\dfrac{1}{e}\right)=\dfrac{1}{e}$.

$$f''(x)=\begin{cases}-\dfrac{1}{x}, & x>0\\ 6x+6, & x<0.\end{cases}$$

令 $f''(x)=0$，则 $x=-1$.

x	$(-\infty,-1)$	-1	$(-1,0)$	0	$(0,+\infty)$
y''	−	0	+	不存在	−
y	凸	2	凹	0	凸

如上表所列，$y=f(x)$ 的拐点为 $(-1,2),(0,0)$.

【注】 本例也可根据判定极值的第二充分条件，分别通过 $f''(-2)=-6<0,f''\left(\dfrac{1}{e}\right)=-e<0$ 来判定 $f(x)$ 的极大值 $f(-2)=4,f\left(\dfrac{1}{e}\right)=\dfrac{1}{e}$，并且根据判定拐点的第二充分条件，通过 $f'''(-1)=6\neq0$ 来判定 $y=f(x)$ 的拐点 $(-1,2)$，但却只能分别根据判定极值和拐点的第一充分条件来判定 $f(x)$ 的极小值 $f(0)=0$ 和 $y=f(x)$ 的拐点 $(0,0)$.

2. 判断抽象函数的性质

判断抽象函数的性质是一个难点，经常与函数极限的保号性(如例 2)、微分方程(如变式)相结合进行考查.

【例 2】(96-1) 设 $f(x)$ 具有二阶连续导数，且 $f'(0)=0$，$\lim\limits_{x\to0}\dfrac{f''(x)}{|x|}=1$，则(　　)

(A) $f(0)$ 是 $f(x)$ 的极大值.

(B) $f(0)$ 是 $f(x)$ 的极小值.

(C) $(0,f(0))$ 是曲线 $y=f(x)$ 的拐点.

(D) $f(0)$ 不是 $f(x)$ 的极值，$(0,f(0))$ 也不是曲线 $y=f(x)$ 的拐点.

【解】 由于 $\lim\limits_{x\to0}\dfrac{f''(x)}{|x|}=1>0$，故根据函数极限的保号性，当 $x\to0$ 时(即在 $x=0$ 的邻近两侧)，$f''(x)>0$，从而 $f'(x)$ 单调递增，且 $(0,f(0))$ 不是 $y=f(x)$ 的拐点.

又由于在 $x=0$ 的左侧邻近，$f'(x)<f'(0)=0$；在 $x=0$ 的右侧邻近，$f'(x)>f'(0)=0$，故 $f(0)$ 是 $f(x)$ 的极小值，选(B).

变式(00-2) 设函数 $f(x)$ 满足关系式 $f''(x)+[f'(x)]^2=x$，且 $f'(0)=0$，则(　　)

(A) $f(0)$ 是 $f(x)$ 的极大值.

(B) $f(0)$ 是 $f(x)$ 的极小值.

(C) 点 $(0,f(0))$ 是曲线 $y=f(x)$ 的拐点.

(D) $f(0)$ 不是 $f(x)$ 的极值，点 $(0,f(0))$ 也不是曲线 $y=f(x)$ 的拐点.

3. 已知函数图形判断性质

【例 3】(03-1,2) 设函数 $f(x)$ 在 $(-\infty,+\infty)$ 内连续，其导函数的图形如下图所示，则 $f(x)$ 有(　　)

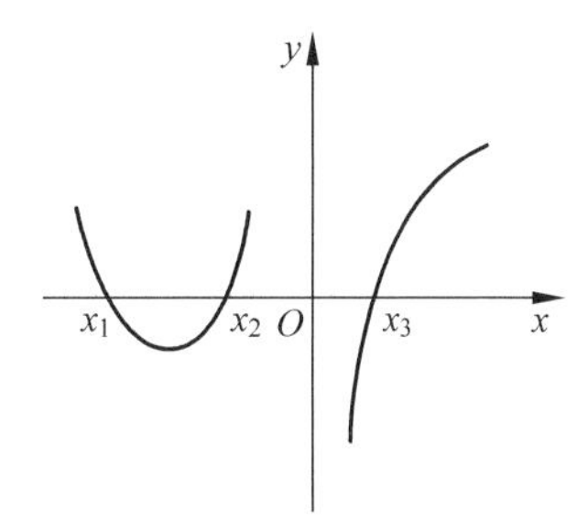

(A) 一个极小值点和两个极大值点.

(B) 两个极小值点和一个极大值点.

(C) 两个极小值点和两个极大值点.

(D) 三个极小值点和一个极大值点.

【解】由于在 $x=x_1,x_2,x_3$ 处 $f'(x)=0$，而 $f'(x)$ 在 $x=0$ 处不存在，故 $x=x_1,x_2,x_3,0$ 为可能的极值点. 又由于 $f'(x)$ 在 $x=x_1,0$ 左侧邻近为正，右侧邻近为负，故 $x=x_1,0$ 为 $f(x)$ 的极大值点；而 $f'(x)$ 在 $x=x_2,x_3$ 左侧邻近为负，右侧邻近为正，故 $x=x_2,x_3$ 为 $f(x)$ 的极小值点. 选(C).

考点三　曲率(仅数学一、二)

曲率的相关问题主要借助曲率和曲率半径的计算公式来解决.

【例】曲线 $xe^y=y-1$ 在点 $(-1,0)$ 处的曲率半径为________.

【解】在 $xe^y=y-1$ 两边对 x 求导，

$$e^y+xe^yy'=y',$$

故 $y'=\dfrac{e^y}{1-xe^y}$，从而 $y'\Big|_{(-1,0)}=\dfrac{1}{2}$.

又由 $y''=\dfrac{e^yy'(1-xe^y)-e^y(-e^y-xe^yy')}{(1-xe^y)^2}$ 知 $y''\Big|_{(-1,0)}=\dfrac{3}{8}$.

故 $K=\dfrac{|y''|}{[1+(y')^2]^{\frac{3}{2}}}\Bigg|_{(-1,0)}=\dfrac{3}{25}\sqrt{5}$，从而曲率半径为 $\dfrac{1}{K}=\dfrac{5}{3}\sqrt{5}$.

考点四　导数的物理应用(仅数学一、二)

导数的物理应用主要围绕着相关变化率问题，有以下两种情形：

(1) 已知 x 对 t 的变化率 $\dfrac{dx}{dt}$，通过 y 与 x 之间的关系，求 y 对 t 的变化率 $\dfrac{dy}{dt}$(如2016年数学二的考题和下例)；

(2) 分别已知 u,v 对 t 的变化率 $\dfrac{du}{dt},\dfrac{dv}{dt}$，通过 y 与 u,v 之间的关系，求 y 对 t 的变化率 $\dfrac{dy}{dt}$(如2021年和2010年数学二的考题).

【例】已知一个圆的周长 l 增加的速率为2，则当 $l=4$ 时，该圆的面积增加的速率为________.

【解】由于该圆的面积 $S=\pi\left(\dfrac{l}{2\pi}\right)^2=\dfrac{l^2}{4\pi}$，故

$$\frac{dS}{dt}=\frac{dS}{dl}\cdot\frac{dl}{dt}=\frac{l}{2\pi}\cdot 2=\frac{l}{\pi},$$

从而所求速率为 $\dfrac{dS}{dt}\Big|_{l=4}=\dfrac{4}{\pi}$.

考点五　导数的经济应用(仅数学三)

导数的经济应用主要基于经济学中的常用函数，考查弹性、边际或最值问题.

【例】设生产某商品的平均成本为 $10+\dfrac{50}{Q}$，需求函数为 $Q=20-p$，其中 Q 为销量，p 为单价. 若产销平衡，则当利润最大时，该商品的定价为________.

【解】由于成本函数为 $C(Q)=10Q+50$，收益函数为 $R(Q)=pQ=(20-Q)Q$，故利润函数为 $L(Q)=R(Q)-C(Q)=-Q^2+10Q-50$.

由 $\dfrac{dL}{dQ}=-2Q+10=0$ 得 $Q=5$，而 $\dfrac{d^2L}{dQ^2}\Big|_{Q=5}<0$，故当 $Q=5$ 时利润最大，此时该商品的定价为15.

真题精选
1987—2014

答案 P257

考点一　平面曲线的切线与法线

1. (14-2-仅数学一、二) 曲线 L 的极坐标方程是 $r=\theta$，则 L 在点 $(r,\theta)=\left(\dfrac{\pi}{2},\dfrac{\pi}{2}\right)$ 处的切线的直角坐标方程是________.

2. (13-3) 设曲线 $y=f(x)$ 和 $y=x^2-x$ 在点 $(1,0)$ 处有公共切线，则 $\lim\limits_{n\to\infty}nf\left(\dfrac{n}{n+2}\right)=$________.

3. (04-1) 曲线 $y=\ln x$ 上与直线 $x+y=1$ 垂直的切线方程为________.

4. (98-3) 设曲线 $f(x)=x^n$ 在点 $(1,1)$ 处的切线与 x 轴的交点为 $(\xi_n,0)$，则 $\lim\limits_{n\to\infty}f(\xi_n)=$________

考点二　利用导数判断函数的性质

1. (11-1) 曲线 $y=(x-1)(x-2)^2(x-3)^3(x-4)^4$ 的拐点是(　　)

(A) $(1,0)$.　(B) $(2,0)$.　(C) $(3,0)$.　(D) $(4,0)$.

2. (10-3) 设函数 $f(x),g(x)$ 具有二阶导数，且 $g''(x)<0$. 若 $g(x_0)=a$ 是 $g(x)$ 的极值，则 $f[g(x)]$ 在 x_0 取极大值的一个充分条件是(　　)

(A) $f'(a)<0$.　(B) $f'(a)>0$.

(C) $f''(a)<0$.　(D) $f''(a)>0$.

3. (06-1,2,3) 设函数 $y=f(x)$ 具有二阶导数，且 $f'(x)>0$，$f''(x)>0$，Δx 为自变量 x 在点 x_0 处的增量，Δy 与 dy 分别为 $f(x)$ 在点 x_0 处对应的增量与微分，若 $\Delta x>0$，则(　　)

(A) $0<dy<\Delta y$.　(B) $0<\Delta y<dy$.

(C) $\Delta y<dy<0$.　(D) $dy<\Delta y<0$.

4. (01-1,2) 设函数 $f(x)$ 在定义域内可导，$y=f(x)$ 的图形如下图所示，

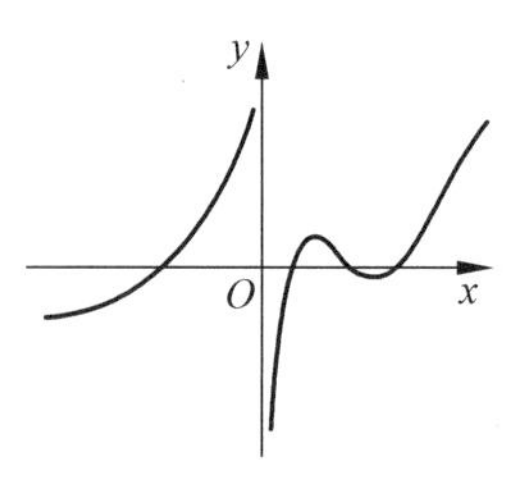

则导函数 $y=f'(x)$ 的图形为(　　)

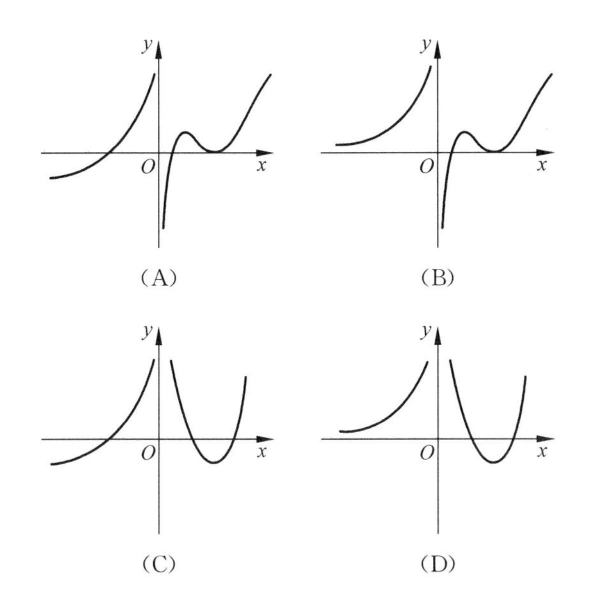

5. **(01-3)** 设 $f(x)$ 的导数在 $x=a$ 处连续,又 $\lim\limits_{x\to a}\dfrac{f'(x)}{x-a}=-1$,则( )

(A) $x=a$ 是 $f(x)$ 的极小值点.

(B) $x=a$ 是 $f(x)$ 的极大值点.

(C) 点 $(a,f(a))$ 是曲线 $y=f(x)$ 的拐点.

(D) $f(a)$ 不是 $f(x)$ 的极值,点 $(a,f(a))$ 也不是曲线 $y=f(x)$ 的拐点.

6. **(98-2)** 设函数 $f(x)$ 在 $x=a$ 的某个邻域内连续,且 $f(a)$ 为其极大值,则存在 $\delta>0$,当 $x\in(a-\delta,a+\delta)$ 时,必有( )

(A) $(x-a)[f(x)-f(a)]\geqslant 0$.

(B) $(x-a)[f(x)-f(a)]\leqslant 0$.

(C) $\lim\limits_{t\to a}\dfrac{f(t)-f(x)}{(t-x)^2}\geqslant 0(x\neq a)$.

(D) $\lim\limits_{t\to a}\dfrac{f(t)-f(x)}{(t-x)^2}\leqslant 0(x\neq a)$.

7. **(94-2)** 设 $y=f(x)$ 是满足微分方程

$$y''+y'-e^{\sin x}=0$$

的解,且 $f'(x_0)=0$,则 $f(x)$ 在( )

(A) x_0 某邻域内单调增加.

(B) x_0 某邻域内单调减少.

(C) x_0 处取得极小值.

(D) x_0 处取得极大值.

8. **(90-1,2)** 已知 $f(x)$ 在 $x=0$ 的某个邻域内连续,且 $\lim\limits_{x\to 0}\dfrac{f(x)}{1-\cos x}=2$,则在点 $x=0$ 处 $f(x)$( )

(A) 不可导. (B) 可导且 $f'(0)\neq 0$.

(C) 取得极大值. (D) 取得极小值.

9. **(89-2)** 设两函数 $f(x)$ 和 $g(x)$ 都在 $x=a$ 处取得极大值,则函数 $F(x)=f(x)g(x)$ 在 $x=a$ 处( )

(A) 必取极大值. (B) 必取极小值.

(C) 不可能取极值. (D) 是否取极值不能确定.

10. **(10-3)** 若曲线 $y=x^3+ax^2+bx+1$ 有拐点 $(-1,0)$,则 $b=$________.

11. **(09-2)** 函数 $y=x^{2x}$ 在区间 $(0,1]$ 上的最小值为________.

12. **(08-2)** 曲线 $y=(x-5)x^{\frac{2}{3}}$ 的拐点坐标为________.

13. **(91-4)** 设 $f(x)=xe^x$,则 $f^{(n)}(x)$ 在点 $x=$________处取极小值________.

14. **(14-1)** 设函数 $y=f(x)$ 由方程

$$y^3+xy^2+x^2y+6=0$$

确定,求 $f(x)$ 的极值.

15. **(11-2-仅数学一、二)** 设函数 $y=y(x)$ 由参数方程 $\begin{cases}x=\dfrac{1}{3}t^3+t+\dfrac{1}{3},\\ y=\dfrac{1}{3}t^3-t+\dfrac{1}{3}\end{cases}$ 确定,求函数 $y=y(x)$ 的极值和曲线 $y=y(x)$ 的凹凸区间及拐点.

考点三 曲率(仅数学一、二)

(12-2) 曲线 $y=x^2+x(x<0)$ 上曲率为 $\dfrac{\sqrt{2}}{2}$ 的点的坐标是________.

考点四 导数的物理应用(仅数学一、二)

(10-2) 已知一个长方形的长 l 以 2 cm/s 的速率增加,宽 w 以 3 cm/s 的速率增加.则当 $l=12$ cm,$w=5$ cm 时,它的对角线增加的速率为________.

考点五 导数的经济应用(仅数学三)

1. **(14-3)** 设某商品的需求函数为 $Q=40-2P$(P 为商品的价格),则该商品的边际收益为________.

2. **(09-3)** 设某产品的需求函数为 $Q=Q(p)$,其对应价格 p 的弹性 $\varepsilon_p=0.2$,则当需求量为 10 000 件时,价格增加 1 元会使产品收益增加________元.

3. **(01-3)** 设生产函数为 $Q=AL^{\alpha}K^{\beta}$,其中 Q 是产出量,L 是劳动投入量,K 是资本投入量,而 A,α,β 均为大于零的参数,则当 $Q=1$ 时 K 关于 L 的弹性为________.

4. **(92-3)** 设商品的需求函数为 $Q=100-5p$,其中 Q,p 分别表示需求量和价格,如果商品需求弹性的绝对值大于1,则商品价格的取值范围是________.

5. **(13-3)** 设生产某产品的固定成本为60 000元,可变成本为20元/件,价格函数为 $p=60-\frac{Q}{1\,000}$(p 是单价,单位:元;Q 是销量,单位:件).已知产销平衡,求:
(1)该商品的边际利润;
(2)当 $p=50$ 时的边际利润,并解释其经济意义;
(3)使得利润最大的定价 p.

6. **(98-3)** 设某酒厂有一批新酿的好酒,如果现在(假定 $t=0$)就售出,总收入为 R_0(元).如果窖藏起来待来日按陈酒价格出售,t 年末总收入为 $R=R_0e^{\frac{2}{5}\sqrt{t}}$.假定银行的年利率为 r,并以连续复利计息,试求窖藏多少年售出可使总收入的现值最大.并求 $r=0.06$ 时的 t 值.

小结

平面曲线的切线与法线问题是导数计算的另一种考查形式,只要掌握了各类函数的求导法则,就不难做对.然而,数学一、二的考生需要关注极坐标系下的曲线的切线与法线问题,比如2014年数学二的填空题,这道题只有32%的考生做对.

关于函数性质的判断,过去经常考查抽象函数,而近几年更多地考查具体函数,包括分段函数、隐函数、由参数方程所确定的函数(仅数学一、二要求),以及幂指函数的性质的判断.其实,不论考查哪种类型的函数,所用的方法都是类似的.

曲率的考查频率在数学二中近年明显攀升.不但要会计算曲率和曲率半径,而且还要理解曲率在几何上的直观含义(比如2016年数学二的选择题),以及解决一些更具综合性的问题(比如2019年数学二的选择题,这道题只有27.3%的考生做对).此外,要会求曲率圆方程(比如2024年数学二的填空题).

导数的物理应用的考题往往得分率不高,比如2016年数学二的填空题只有32.2%的考生做对.许多考生不会处理相关变化率问题,数学二的考生需要引起足够重视.

导数的经济应用虽然在数学三中考查频率较高,但是很少出现难度太高的考题,一般都是针对基本概念直接进行考查.其中,切莫遗漏复利与连续复利问题的复习.

第三章　一元函数积分学

§3.1　不定积分、定积分与反常积分的概念

十年真题 2015—2024　　答案 P259

考点一　不定积分与原函数的概念

1. **(23-2,3)** 函数 $f(x)=\begin{cases}\dfrac{1}{\sqrt{1+x^2}}, & x\leqslant 0,\\ (x+1)\cos x, & x>0\end{cases}$ 的一个原函数为(　　)

(A) $F(x)=\begin{cases}\ln(\sqrt{1+x^2}-x), & x\leqslant 0,\\ (x+1)\cos x-\sin x, & x>0.\end{cases}$

(B) $F(x)=\begin{cases}\ln(\sqrt{1+x^2}-x)+1, & x\leqslant 0,\\ (x+1)\cos x-\sin x, & x>0.\end{cases}$

(C) $F(x)=\begin{cases}\ln(\sqrt{1+x^2}+x), & x\leqslant 0,\\ (x+1)\sin x+\cos x, & x>0.\end{cases}$

(D) $F(x)=\begin{cases}\ln(\sqrt{1+x^2}+x)+1, & x\leqslant 0,\\ (x+1)\sin x+\cos x, & x>0.\end{cases}$

2. **(16-1,2)** 已知函数 $f(x)=\begin{cases}2(x-1), & x<1,\\ \ln x, & x\geqslant 1,\end{cases}$ 则 $f(x)$ 的一个原函数是(　　)

(A) $F(x)=\begin{cases}(x-1)^2, & x<1,\\ x(\ln x-1), & x\geqslant 1.\end{cases}$

(B) $F(x)=\begin{cases}(x-1)^2, & x<1,\\ x(\ln x+1)-1, & x\geqslant 1.\end{cases}$

(C) $F(x)=\begin{cases}(x-1)^2, & x<1,\\ x(\ln x+1)+1, & x\geqslant 1.\end{cases}$

(D) $F(x)=\begin{cases}(x-1)^2, & x<1,\\ x(\ln x-1)+1, & x\geqslant 1.\end{cases}$

考点二　定积分的概念与性质

1. **(22-1,2,3)** 设 $I_1=\int_0^1\dfrac{x}{2(1+\cos x)}\mathrm{d}x$，$I_2=\int_0^1\dfrac{\ln(1+x)}{1+\cos x}\mathrm{d}x$，$I_3=\int_0^1\dfrac{2x}{1+\sin x}\mathrm{d}x$，则(　　)

(A) $I_1<I_2<I_3$.　　(B) $I_2<I_1<I_3$.

(C) $I_1<I_3<I_2$.　　(D) $I_3<I_2<I_1$.

2. **(21-1,2)** 设函数 $f(x)$ 在区间 $[0,1]$ 上连续，则 $\int_0^1 f(x)\mathrm{d}x=$(　　)

(A) $\lim\limits_{n\to\infty}\sum\limits_{k=1}^{n}f\left(\dfrac{2k-1}{2n}\right)\dfrac{1}{2n}$.

(B) $\lim\limits_{n\to\infty}\sum\limits_{k=1}^{n}f\left(\dfrac{2k-1}{2n}\right)\dfrac{1}{n}$.

(C) $\lim\limits_{n\to\infty}\sum\limits_{k=1}^{2n}f\left(\dfrac{k-1}{2n}\right)\dfrac{1}{n}$.

(D) $\lim\limits_{n\to\infty}\sum\limits_{k=1}^{2n}f\left(\dfrac{k}{2n}\right)\dfrac{2}{n}$.

3. **(18-1,2,3)** 设 $M=\int_{-\frac{\pi}{2}}^{\frac{\pi}{2}}\dfrac{(1+x)^2}{1+x^2}\mathrm{d}x$，$N=\int_{-\frac{\pi}{2}}^{\frac{\pi}{2}}\dfrac{1+x}{\mathrm{e}^x}\mathrm{d}x$，$K=\int_{-\frac{\pi}{2}}^{\frac{\pi}{2}}(1+\sqrt{\cos x})\mathrm{d}x$，则(　　)

(A) $M>N>K$.　　(B) $M>K>N$.

(C) $K>M>N$.　　(D) $K>N>M$.

4. **(17-2)** 设二阶可导函数 $f(x)$ 满足 $f(1)=f(-1)=1$，$f(0)=-1$ 且 $f''(x)>0$，则(　　)

(A) $\int_{-1}^{1}f(x)\mathrm{d}x>0$.

(B) $\int_{-1}^{1}f(x)\mathrm{d}x<0$.

(C) $\int_{-1}^{0}f(x)\mathrm{d}x>\int_0^1 f(x)\mathrm{d}x$.

(D) $\int_{-1}^{0}f(x)\mathrm{d}x<\int_0^1 f(x)\mathrm{d}x$.

考点三　反常积分的收敛性

1. **(24-2)** 设非负函数 $f(x)$ 在 $[0,+\infty)$ 上连续，给出以下三个命题：

① 若 $\int_0^{+\infty}f^2(x)\mathrm{d}x$ 收敛，则 $\int_0^{+\infty}f(x)\mathrm{d}x$ 收敛；

② 若存在 $p>1$，使得 $\lim\limits_{x\to+\infty}x^p f(x)$ 存在，则 $\int_0^{+\infty}f(x)\mathrm{d}x$ 收敛；

③ 若 $\int_0^{+\infty}f(x)\mathrm{d}x$ 收敛，则存在 $p>1$，使得 $\lim\limits_{x\to+\infty}x^p f(x)$ 存在.

其中真命题的个数为(　　)

(A) 0.　　(B) 1.　　(C) 2.　　(D) 3.

2. **(23-2)** 若函数 $f(\alpha)=\int_2^{+\infty}\dfrac{\mathrm{d}x}{x(\ln x)^{\alpha+1}}$ 在 $\alpha=\alpha_0$ 处取得最小值，则 $\alpha_0=$(　　)

(A) $-\dfrac{1}{\ln(\ln 2)}$.　　(B) $-\ln(\ln 2)$.

(C) $\dfrac{1}{\ln 2}$.　　(D) $\ln 2$.

3. **(22-2)** 设 p 为常数，若反常积分 $\int_0^1\dfrac{\ln x}{x^p(1-x)^{1-p}}\mathrm{d}x$ 收敛，

则 p 的取值范围是(　　)

(A) $(-1,1)$.　　(B) $(-1,2)$.

(C) $(-\infty,1)$.　　(D) $(-\infty,2)$.

4. **(19-2)** 下列反常积分发散的是(　　)

(A) $\int_0^{+\infty} x\mathrm{e}^{-x}\mathrm{d}x$.　　(B) $\int_0^{+\infty} x\mathrm{e}^{-x^2}\mathrm{d}x$.

(C) $\int_0^{+\infty} \frac{\arctan x}{1+x^2}\mathrm{d}x$.　　(D) $\int_0^{+\infty} \frac{x}{1+x^2}\mathrm{d}x$.

5. **(16-1)** 若反常积分 $\int_0^{+\infty} \frac{1}{x^a(1+x)^b}\mathrm{d}x$ 收敛,则(　　)

(A) $a<1$ 且 $b>1$.　　(B) $a>1$ 且 $b>1$.

(C) $a<1$ 且 $a+b>1$.　　(D) $a>1$ 且 $a+b>1$.

6. **(16-2)** 反常积分①$\int_{-\infty}^{0} \frac{1}{x^2}\mathrm{e}^{\frac{1}{x}}\mathrm{d}x$,②$\int_0^{+\infty} \frac{1}{x^2}\mathrm{e}^{\frac{1}{x}}\mathrm{d}x$ 的敛散性为(　　)

(A) ①收敛,②收敛.　　(B) ①收敛,②发散.

(C) ①发散,②收敛.　　(D) ①发散,②发散.

7. **(15-2)** 下列反常积分中收敛的是(　　)

(A) $\int_2^{+\infty} \frac{1}{\sqrt{x}}\mathrm{d}x$.　　(B) $\int_2^{+\infty} \frac{\ln x}{x}\mathrm{d}x$.

(C) $\int_2^{+\infty} \frac{1}{x\ln x}\mathrm{d}x$.　　(D) $\int_2^{+\infty} \frac{x}{\mathrm{e}^x}\mathrm{d}x$.

考点分析

考　　点	大纲要求	命题特点
一、不定积分与原函数的概念	理解原函数和不定积分的概念.	**1. 考试频率**:★★★★☆ **2. 常考题型**:选择题 **3. 命题趋势**:一元函数积分学中的概念问题虽然近几年考查的频率略有增加,但是大部分考题难度并不高,一半以上的考生都能做对,有时会出现稍有难度的题.
二、定积分的概念与性质	理解定积分的概念,掌握定积分的性质.	
三、反常积分的收敛性	理解反常积分的概念,了解反常积分收敛的比较判别法.	

知识梳理

考点一　不定积分与原函数的概念

若对任一 $x\in I$ 都有①________,则 $F(x)$ 称为 $f(x)$ 在区间 I 上的原函数.

$f(x)$ 在 I 上带有任意常数项的原函数称为 $f(x)$ 在 I 上的不定积分,记作 $\int f(x)\mathrm{d}x = F(x)+C$.

【注】(i) 设 $F(x)$ 为 $f(x)$ 的原函数,则

① $F(x)$ 为偶函数 $\Leftrightarrow f(x)$ 为奇函数;

② $F(x)$ 为奇函数 $\underset{\not\Leftarrow}{\Rightarrow} f(x)$ 为偶函数;

③ $F(x)$ 是周期为 T 的函数 $\underset{\not\Leftarrow}{\Rightarrow} f(x)$ 是周期为 T 的函数.

(ii) $f(x)$ 在 I 上连续 $\underset{\not\Leftarrow}{\Rightarrow} f(x)$ 在 I 上有原函数 $\underset{\not\Leftarrow}{\Rightarrow} f(x)$ 在 I 内无第一类间断点和无穷间断点.

考点二　定积分的概念与性质

1. 定积分的概念

设 $f(x)$ 在 $[a,b]$ 上有界,在 $[a,b]$ 中任意插入若干个分点 $a=x_0<x_1<x_2<\cdots<x_n=b$,将 $[a,b]$ 分成 n 个区间 $[x_{i-1},x_i]$ $(i=1,2,\cdots,n)$. 如下图所示,令 $\Delta x_i=x_i-x_{i-1}$,若任取 $\xi_i\in[x_{i-1},x_i]$,当 $\lambda=\max\limits_{1\leqslant i\leqslant n}\{\Delta x_i\}\to 0$ 时,$\sum\limits_{i=1}^{n} f(\xi_i)\Delta x_i$ 总趋于确定的极限 I,则称 $f(x)$ 在 $[a,b]$ 上可积,I 称为 $f(x)$ 在 $[a,b]$ 上的定积分,记作 $\int_a^b f(x)\mathrm{d}x=$②________________.

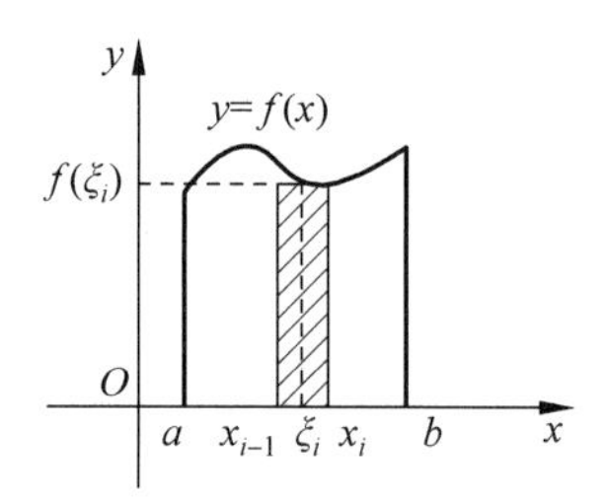

【注】(i) $\int_b^a f(x)\mathrm{d}x=-\int_a^b f(x)\mathrm{d}x$,$\int_a^a f(x)\mathrm{d}x=0$.

(ii) 设 $f(x)$ 在 $[a,b]$ 上与 x 轴围成的曲边梯形面积为 A,若 $f(x)\geqslant 0$,则 $\int_a^b f(x)\mathrm{d}x=A$;若 $f(x)<0$,则 $\int_a^b f(x)\mathrm{d}x=-A$.

(iii) 关于函数的可积性(即定积分的存在性),有如下结论:

$f(x)$ 在 $[a,b]$ 上连续
$\Uparrow\!\!\!\!/\ \Downarrow$
$f(x)$ 在 $[a,b]$ 上只有有限个第一类间断点 $\underset{\not\Leftarrow}{\Rightarrow}$ $f(x)$ 在 $[a,b]$ 上可积 $\underset{\not\Leftarrow}{\Rightarrow}$ $f(x)$ 在 $[a,b]$ 上有界
$\Uparrow\ \Downarrow\!\!\!\!/$
$f(x)$ 在 $[a,b]$ 上有界,且只有有限个间断点

2. 定积分的性质

设下列积分均存在.

(1) 线性性:设 k_1,k_2 为常数,则

$$\int_a^b [k_1f(x)\pm k_2g(x)]\mathrm{d}x=k_1\int_a^b f(x)\mathrm{d}x\pm k_2\int_a^b g(x)\mathrm{d}x.$$

【注】$\int[k_1f(x)\pm k_2g(x)]\mathrm{d}x=k_1\int f(x)\mathrm{d}x\pm k_2\int g(x)\mathrm{d}x$.

(2) 可加性:$\int_a^b f(x)\mathrm{d}x=$ ③ ________ $+\int_c^b f(x)\mathrm{d}x$.

【注】不论 a,b,c 相对大小如何都成立.

(3) 对称性:当 $f(x)$ 为奇函数时,$\int_{-a}^{a}f(x)\mathrm{d}x=$ ④ ________;当 $f(x)$ 为偶函数时,$\int_{-a}^{a}f(x)\mathrm{d}x=2\int_0^a f(x)\mathrm{d}x$.

(4) 保号性:在 $[a,b]$ 上 ⑤ ________ $\underset{\nLeftarrow}{\Rightarrow}\int_a^b f(x)\mathrm{d}x\leqslant\int_a^b g(x)\mathrm{d}x\ (a<b)$.

【注】(i) 在 $[a,b]$ 上 $f(x)\leqslant g(x)$ 且 $f(x)\not\equiv g(x)$ $\underset{\nLeftarrow}{\Rightarrow}$ $\int_a^b f(x)\mathrm{d}x<\int_a^b g(x)\mathrm{d}x\ (a<b)$.

(ii) 由 $-|f(x)|\leqslant f(x)\leqslant|f(x)|$ 知 $\left|\int_a^b f(x)\mathrm{d}x\right|\leqslant\int_a^b|f(x)|\mathrm{d}x\ (a<b)$.

(iii) 设 M,m 分别是 $f(x)$ 在 $[a,b]$ 上的最大、最小值,则 $m(b-a)\leqslant\int_a^b f(x)\mathrm{d}x\leqslant M(b-a)\ (a<b)$.

考点三 反常积分的收敛性

1. 反常积分的概念

(1) 无穷限的反常积分:

1) 设 $f(x)$ 在 $[a,+\infty)$(或 $(-\infty,b]$)上连续,取 $t>a$(或 $t<b$),若 $\lim\limits_{t\to+\infty}\int_a^t f(x)\mathrm{d}x$(或 ⑥ ________)存在,则称此极限为 $f(x)$ 在 $[a,+\infty)$(或 $(-\infty,b]$)上的反常积分,记作 $\int_a^{+\infty}f(x)\mathrm{d}x\left(\text{或}\int_{-\infty}^{b}f(x)\mathrm{d}x\right)$,这时也称该反常积分收敛;若上述极限不存在,则称其发散.

2) 设 $f(x)$ 在 $(-\infty,+\infty)$ 上连续,若 $\int_0^{+\infty}f(x)\mathrm{d}x$ 和 $\int_{-\infty}^{0}f(x)\mathrm{d}x$ 都收敛,则称上述两反常积分之和为 $f(x)$ 在 $(-\infty,+\infty)$ 上的反常积分,记作 $\int_{-\infty}^{+\infty}f(x)\mathrm{d}x$.

(2) 无界函数的反常积分:

1) 设 $f(x)$ 在 $(a,b]$(或 $[a,b)$)上连续,点 a(或点 b)为 $f(x)$ 的瑕点(即无界点).取 $t>a$(或 $t<b$),若 ⑦ ________ $\left(\text{或}\lim\limits_{t\to b^-}\int_a^t f(x)\mathrm{d}x\right)$ 存在,则称此极限为 $f(x)$ 在 $(a,b]$(或 $[a,b)$)上的反常积分,仍记作 $\int_a^b f(x)\mathrm{d}x$,这时也称该反常积分收敛;若上述极限不存在,则称其发散.

2) 设 $f(x)$ 在 $[a,b]$ 上除点 $c\ (a<c<b)$ 外连续,点 c 为 $f(x)$ 的瑕点.若 $\int_a^c f(x)\mathrm{d}x$ 和 $\int_c^b f(x)\mathrm{d}x$ 都收敛,则称上述两反常积分之和为 $f(x)$ 在 $[a,b]$ 上的反常积分,仍记作 $\int_a^b f(x)\mathrm{d}x$.

2. 常见反常积分的收敛性

(1) $\int_a^{+\infty}\frac{\mathrm{d}x}{x^p}\ (a>0)$ 当 ⑧ ________ 时收敛,当 ⑨ ________ 时发散.

(2) $\int_a^{+\infty}\frac{\mathrm{d}x}{x\ln^p x}\ (a>1)$ 当 $p>1$ 时收敛,当 $p\leqslant1$ 时发散.

(3) $\int_a^b\frac{\mathrm{d}x}{(x-a)^p}$ 当 ⑩ ________ 时收敛,当 ⑪ ________ 时发散.

(4) $\int_0^{+\infty}x^n\mathrm{e}^{-x}\mathrm{d}x=n!$($n$ 为正整数),$\int_{-\infty}^{+\infty}\mathrm{e}^{-x^2}\mathrm{d}x=$ ⑫ ________.

3. 反常积分收敛的比较判别法

(1) 无穷限的反常积分:

设 $f(x)$ 在 $[a,+\infty)$ 上连续,且 $f(x)\geqslant0$.

1) 若 ⑬ ________ $=A$,且 $0\leqslant A<+\infty$,$p>1$,则 $\int_a^{+\infty}f(x)\mathrm{d}x$ 收敛;若 $\lim\limits_{x\to+\infty}xf(x)=A$,且 $0<A\leqslant+\infty$,则 $\int_a^{+\infty}f(x)\mathrm{d}x$ 发散.

2) 若当 $x\to+\infty$ 时,$f(x)\leqslant\frac{1}{x^p}$,且 $p>1$,则 $\int_a^{+\infty}f(x)\mathrm{d}x$ 收敛;若当 $x\to+\infty$ 时,$f(x)\geqslant\frac{1}{x}$,则 $\int_a^{+\infty}f(x)\mathrm{d}x$ 发散.

【注】一般地,设 $f(x),g(x)$ 在 $[a,+\infty)$ 上非负连续,则

① $\begin{cases}\text{当 } x\to+\infty \text{ 时}, f(x)\leqslant g(x),\\ \int_a^{+\infty}g(x)\mathrm{d}x \text{ 收敛}.\end{cases}\Rightarrow\int_a^{+\infty}f(x)\mathrm{d}x$ 收敛;

② $\begin{cases}\text{当 } x\to+\infty \text{ 时}, f(x)\geqslant g(x),\\ \int_a^{+\infty}g(x)\mathrm{d}x \text{ 发散}.\end{cases}\Rightarrow\int_a^{+\infty}f(x)\mathrm{d}x$ 发散.

(2) 无界函数的反常积分:

设 $f(x)$ 在 $(a,b]$ 上连续,且 $f(x)\geqslant0$,点 a 为 $f(x)$ 的瑕点.

1) 若 ⑭ ________ $=A$,且 $0\leqslant A<+\infty$,$0<p<1$,则 $\int_a^b f(x)\mathrm{d}x$ 收敛;若 $\lim\limits_{x\to a^+}(x-a)f(x)=A$,且 $0<A\leqslant+\infty$,则 $\int_a^b f(x)\mathrm{d}x$ 发散.

2) 若当 $x\to a^+$ 时,$f(x)\leqslant\frac{1}{(x-a)^p}$,且 $p<1$,则 $\int_a^b f(x)\mathrm{d}x$ 收敛;若当 $x\to a^+$ 时,$f(x)\geqslant\frac{1}{x-a}$,则 $\int_a^b f(x)\mathrm{d}x$ 发散.

知识梳理·答案

① $F'(x)=f(x)$ ② $\lim\limits_{\lambda\to0}\sum\limits_{i=1}^{n}f(\xi_i)\Delta x_i$ ③ $\int_a^c f(x)\mathrm{d}x$

④ 0 ⑤ $f(x)\leqslant g(x)$ ⑥ $\lim\limits_{t\to-\infty}\int_t^b f(x)\mathrm{d}x$

⑦ $\lim\limits_{t\to a^+}\int_t^b f(x)\mathrm{d}x$ ⑧ $p>1$ ⑨ $p\leqslant1$ ⑩ $p<1$

⑪ $p\geqslant1$ ⑫ $\sqrt{\pi}$ ⑬ $\lim\limits_{x\to+\infty}x^pf(x)$

⑭ $\lim\limits_{x\to a^+}(x-a)^pf(x)$

方法探究

答案 P261

考点一 不定积分与原函数的概念

对于原函数与不定积分的概念问题,主要利用导数与不定积分的互逆运算关系来解决.

【例】(92-2) 若 $f(x)$的导函数是 $\sin x$,则 $f(x)$有一个原函数为( )

(A) $1+\sin x$. (B) $1-\sin x$.

(C) $1+\cos x$. (D) $1-\cos x$.

【解】 由 $f'(x)=\sin x$ 知

$$f(x)=\int \sin x\mathrm{d}x=-\cos x+C_1.$$

故 $f(x)$的原函数

$$F(x)=\int(-\cos x+C_1)\mathrm{d}x=-\sin x+C_1x+C_2.$$

令 $C_1=0,C_2=1$,则知选(B).

考点二 定积分的概念与性质

对于定积分的概念与性质问题,主要利用定积分的几何意义,以及保号性与对称性来解决.

【例】(97-1,2) 设在区间$[a,b]$上 $f(x)>0,f'(x)<0,f''(x)>0$. 令 $S_1=\int_a^b f(x)\mathrm{d}x,S_2=f(b)(b-a),S_3=\frac{1}{2}[f(a)+f(b)](b-a)$,则( )

(A) $S_1<S_2<S_3$. (B) $S_2<S_1<S_3$.

(C) $S_3<S_1<S_2$. (D) $S_2<S_3<S_1$.

【解】 由题意,在$[a,b]$上 $f(x)$单调递减且其图形是凹的.

根据 $f(x)$在$[a,b]$上图形的示意图(如下图所示),S_1 表示曲边梯形 $ABCD$ 的面积,S_2 表示矩形 $ABCE$ 的面积,S_3 表示梯形 $ABCD$ 的面积. 显然,$S_2<S_1<S_3$,故选(B).

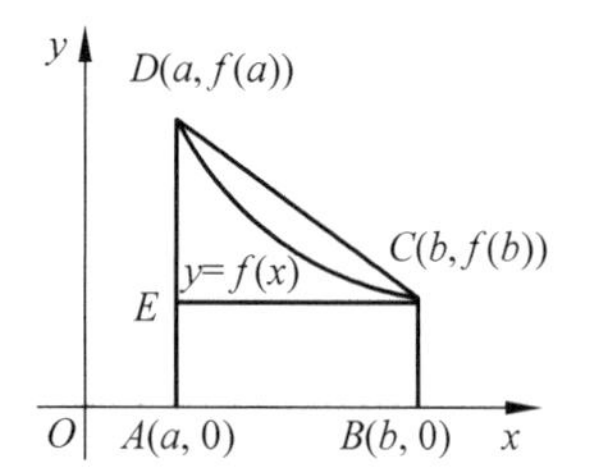

变式(11-1,2,3) 设 $I=\int_0^{\frac{\pi}{4}}\ln(\sin x)\mathrm{d}x,J=\int_0^{\frac{\pi}{4}}\ln(\cot x)\mathrm{d}x,K=\int_0^{\frac{\pi}{4}}\ln(\cos x)\mathrm{d}x$,则 I,J,K 的大小关系是( )

(A) $I<J<K$. (B) $I<K<J$.

(C) $J<I<K$. (D) $K<J<I$.

考点三 反常积分的收敛性

判断反常积分的收敛性主要有以下三个方法:

(1) 牛顿-莱布尼茨公式法. 比如,设 $F(x)$为 $f(x)$的一个原函数,则根据

$$\int_a^{+\infty}f(x)\mathrm{d}x=\lim_{x\to+\infty}F(x)-F(a), \tag{3-1}$$

当 $\lim\limits_{x\to+\infty}F(x)$存在时,$\int_a^{+\infty}f(x)\mathrm{d}x$ 收敛;否则,$\int_a^{+\infty}f(x)\mathrm{d}x$ 发散. 类似地,设点 a 为 $f(x)$ 的瑕点,则根据

$$\int_a^b f(x)\mathrm{d}x=F(b)-\lim_{x\to a^+}F(x), \tag{3-2}$$

当 $\lim\limits_{x\to a^+}F(x)$存在时,$\int_a^b f(x)\mathrm{d}x$ 收敛;否则,$\int_a^b f(x)\mathrm{d}x$发散.

(2) 等价替换法. 转化为形如$\int_a^{+\infty}\frac{\mathrm{d}x}{x^p}$ 或$\int_0^a\frac{\mathrm{d}x}{x^p}(a>0)$,且与原积分同敛散的反常积分.

(3) 比较判别法.

【例】 下列反常积分发散的是( )

(A) $\int_2^{+\infty}\frac{\mathrm{d}x}{(x-1)^2}$. (B) $\int_0^2\frac{\mathrm{d}x}{(x-1)^2}$.

(C) $\int_1^{+\infty}\arctan\frac{1}{x^3}\mathrm{d}x$. (D) $\int_1^{+\infty}\frac{\arctan x}{1+x^3}\mathrm{d}x$.

【解】 对于(A),由

$$\int_2^{+\infty}\frac{\mathrm{d}x}{(x-1)^2}=\left[\frac{1}{1-x}\right]_2^{+\infty}=\lim_{x\to+\infty}\frac{1}{1-x}+1=1$$

知原积分收敛;

对于(B),$x=1$ 为瑕点,且

$$\int_0^2\frac{\mathrm{d}x}{(x-1)^2}=\int_0^1\frac{\mathrm{d}x}{(x-1)^2}+\int_1^2\frac{\mathrm{d}x}{(x-1)^2}.$$

由于$\int_0^1\frac{\mathrm{d}x}{(x-1)^2}=\left[\frac{1}{1-x}\right]_0^{1^-}=\lim\limits_{x\to1^-}\frac{1}{1-x}-1=+\infty$,故$\int_0^1\frac{\mathrm{d}x}{(x-1)^2}$ 发散,从而原积分发散.

对于(C),由于当 $x\to+\infty$时,$\arctan\frac{1}{x^3}\sim\frac{1}{x^3}$,故原积分与$\int_1^{+\infty}\frac{\mathrm{d}x}{x^3}$ 同敛散,从而收敛.

对于(D),根据比较判别法,由 $\lim\limits_{x\to+\infty}x^3\frac{\arctan x}{1+x^3}=\frac{\pi}{2}$知原积分收敛.

综上所述,本题选(B).

【注】 本题切莫由$\int_0^2\frac{\mathrm{d}x}{(x-1)^2}=\left[\frac{1}{1-x}\right]_0^2=-2$得到积分收敛. 事实上,由于$\frac{1}{(x-1)^2}>0$,故积分值不可能小于零.

真题精选
1987—2014

答案 P261

考点一 不定积分与原函数的概念

1. (96-4) 设 $\int xf(x)\mathrm{d}x=\arcsin x+C$，则 $\int\frac{1}{f(x)}\mathrm{d}x=$ ________.

2. (94-1) 设 $f'(\mathrm{e}^x)=x\mathrm{e}^{-x}$，且 $f(1)=0$，则 $f(x)=$ ________.

考点二 定积分的概念与性质

1. (12-1,2) 设 $I_k=\int_0^{k\pi}\mathrm{e}^{x^2}\sin x\,\mathrm{d}x\,(k=1,2,3)$，则有( )

(A) $I_1<I_2<I_3$. (B) $I_3<I_2<I_1$.

(C) $I_2<I_3<I_1$. (D) $I_2<I_1<I_3$.

2. (07-1,2,3) 如下图所示，连续函数 $y=f(x)$ 在区间 $[-3,-2]$，$[2,3]$ 上的图形分别是直径为 1 的上、下半圆周，在区间 $[-2,0]$，$[0,2]$ 上图形分别是直径为 2 的上、下半圆周，设 $F(x)=\int_0^x f(t)\mathrm{d}t$，则下列结论正确的是( )

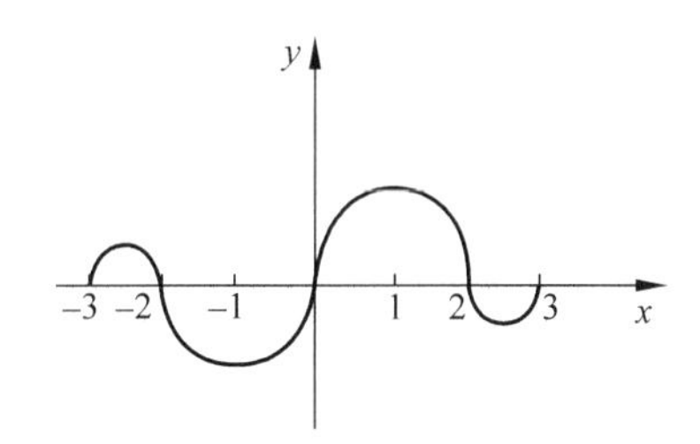

(A) $F(3)=-\frac{3}{4}F(-2)$.

(B) $F(3)=\frac{5}{4}F(2)$.

(C) $F(-3)=\frac{3}{4}F(2)$.

(D) $F(-3)=-\frac{5}{4}F(-2)$.

3. (88-2) 设 $f(x)$ 与 $g(x)$ 在 $(-\infty,+\infty)$ 上皆可导，且 $f(x)<g(x)$，则必有( )

(A) $f(-x)>g(-x)$.

(B) $f'(x)<g'(x)$.

(C) $\lim\limits_{x\to x_0}f(x)<\lim\limits_{x\to x_0}g(x)$.

(D) $\int_0^x f(t)\mathrm{d}t<\int_0^x g(t)\mathrm{d}t$.

4. (89-1,2) 设 $f(x)$ 是连续函数，且 $f(x)=x+2\int_0^1 f(t)\mathrm{d}t$，则 $f(x)=$ ________.

考点三 反常积分的收敛性

1. (13-2) 设函数

$$f(x)=\begin{cases}\dfrac{1}{(x-1)^{\alpha-1}}, & 1<x<\mathrm{e},\\[2mm] \dfrac{1}{x\ln^{\alpha+1}x}, & x\geqslant \mathrm{e}.\end{cases}$$

若反常积分 $\int_1^{+\infty}f(x)\mathrm{d}x$ 收敛，则( )

(A) $\alpha<-2$. (B) $\alpha>2$.

(C) $-2<\alpha<0$. (D) $0<\alpha<2$.

2. (10-1,2) 设 m,n 均是正整数，则反常积分 $\int_0^1\frac{\sqrt[m]{\ln^2(1-x)}}{\sqrt[n]{x}}\mathrm{d}x$ 的敛散性( )

(A) 仅与 m 的取值有关.

(B) 仅与 n 的取值有关.

(C) 与 m,n 的取值都有关.

(D) 与 m,n 的取值都无关.

3. (95-4) 下列广义积分发散的是( )

(A) $\int_{-1}^1\frac{\mathrm{d}x}{\sin x}$. (B) $\int_{-1}^1\frac{\mathrm{d}x}{\sqrt{1-x^2}}$.

(C) $\int_0^{+\infty}\mathrm{e}^{-x^2}\mathrm{d}x$. (D) $\int_2^{+\infty}\frac{\mathrm{d}x}{x\ln^2 x}$.

小 结

不定积分与定积分的概念性问题以考查基础题为主. 其中对于后者，数形结合是常用的思路(比如1997年和2012年数学一、二，以及2017年数学二的选择题)，而利用保号性来比较积分的大小是常见的命题形式.

关于反常积分的收敛性问题，大部分考题通过牛顿-莱布尼茨公式法就能够解决，但有的考题有一定难度，需要利用等价替换法或比较判别法才能完成(比如2022年数学二，2016年数学一和2010年数学一、二的选择题). 此外，应注意瑕点在积分区间内部的情形(比如1995年数学四的选择题).

§3.2 不定积分、定积分与反常积分的计算

十年真题 2015—2024

答案 P262

考点一 利用凑微分法、换元积分法与分部积分法求积分

1. (20-2) $\int_0^1 \frac{\arcsin\sqrt{x}}{\sqrt{x(1-x)}}dx=$ ( )

(A) $\frac{\pi^2}{4}$. (B) $\frac{\pi^2}{8}$. (C) $\frac{\pi}{4}$. (D) $\frac{\pi}{8}$.

2. (24-3) $\int_2^{+\infty}\frac{5}{x^4+3x^2-4}dx=$ ________.

3. (22-1) $\int_1^{e^2}\frac{\ln x}{\sqrt{x}}dx=$ ________.

4. (22-2) $\int_0^1\frac{2x+3}{x^2-x+1}dx=$ ________.

5. (22-3) $\int_0^2\frac{2x-4}{x^2+2x+4}dx=$ ________.

6. (21-1) $\int_0^{+\infty}\frac{1}{x^2+2x+2}dx=$ ________.

7. (18-1) 设函数 $f(x)$ 具有 2 阶连续导数,若曲线 $y=f(x)$ 过点 $(0,0)$ 且与曲线 $y=2^x$ 在点 $(1,2)$ 处相切,则 $\int_0^1 xf''(x)dx=$ ________.

8. (18-2) $\int_5^{+\infty}\frac{1}{x^2-4x+3}dx=$ ________.

9. (18-3) $\int e^x\arcsin\sqrt{1-e^{2x}}\,dx=$ ________.

10. (17-2) $\int_0^{+\infty}\frac{\ln(1+x)}{(1+x)^2}dx=$ ________.

11. (19-2) 求不定积分 $\int\frac{3x+6}{(x-1)^2(x^2+x+1)}dx$.

12. (18-1,2) 求不定积分 $\int e^{2x}\arctan\sqrt{e^x-1}\,dx$.

考点二 利用可加性、对称性与几何意义求积分

1. (24-3) 设 $I=\int_a^{a+k\pi}|\sin x|dx$, k 为整数,则 I 的值( )

(A) 只与 a 有关. (B) 只与 k 有关.

(C) 与 a,k 均有关. (D) 与 a,k 均无关.

2. (23-1,2) 设连续函数 $f(x)$ 满足: $f(x+2)-f(x)=x$, $\int_0^2 f(x)dx=0$,则 $\int_1^3 f(x)dx=$ ________.

3. (21-2) $\int_{-\infty}^{+\infty}|x|3^{-x^2}dx=$ ________.

4. (21-3) $\int_{\sqrt{5}}^5\frac{x}{\sqrt{|x^2-9|}}dx=$ ________.

5. (17-3) $\int_{-\pi}^{\pi}(\sin^3x+\sqrt{\pi^2-x^2})dx=$ ________.

6. (15-1) $\int_{-\frac{\pi}{2}}^{\frac{\pi}{2}}\left(\frac{\sin x}{1+\cos x}+|x|\right)dx=$ ________.

考点分析

考 点	大 纲 要 求	命 题 特 点
一、利用凑微分法、换元积分法与分部积分法求积分 二、利用可加性、对称性与几何意义求积分	1. 掌握基本积分公式,掌握换元积分法与分部积分法. 2. 会求有理函数、三角函数有理式和简单无理函数的积分. 3. 掌握牛顿-莱布尼茨公式.	**1. 考试频率:** ★★★★★ **2. 常考题型:** 填空题、解答题 **3. 命题趋势:** 一元函数积分的计算是考研数学的基本功,也是计算多元函数积分的基础,还会在微分方程、无穷级数的一些问题中有所涉及.而它方法较多,有一定的灵活性和计算量,是需要考生充分重视的一个考点.

知识梳理

1. 基本积分公式

(1) $\int k\,\mathrm{d}x=kx+C$(k 为常数);

(2) $\int x^{\mu}\,\mathrm{d}x=\dfrac{x^{\mu+1}}{\mu+1}+C(\mu\neq-1)$;

(3) $\int\dfrac{\mathrm{d}x}{x}=$ ① ______ $+C$;

(4) $\int\dfrac{\mathrm{d}x}{1+x^2}=\arctan x+C$;

(5) $\int\dfrac{\mathrm{d}x}{\sqrt{1-x^2}}=$ ② ______ $+C$;

(6) $\int\cos x\,\mathrm{d}x=\sin x+C$;

(7) $\int\sin x\,\mathrm{d}x=$ ③ ______ $+C$;

(8) $\int\sec^2x\,\mathrm{d}x=\tan x+C$;

(9) $\int\csc^2x\,\mathrm{d}x=$ ④ ______ $+C$;

(10) $\int\sec x\tan x\,\mathrm{d}x=\sec x+C$;

(11) $\int\csc x\cot x\,\mathrm{d}x=-\csc x+C$;

(12) $\int a^x\,\mathrm{d}x=$ ⑤ ______ $+C$;

(13) $\int \mathrm{e}^x\,\mathrm{d}x=\mathrm{e}^x+C$;

(14) $\int\sec x\,\mathrm{d}x=$ ⑥ ______ $+C$;

(15) $\int\csc x\,\mathrm{d}x=\ln|\csc x-\cot x|+C$.

2. 牛顿-莱布尼茨公式

若 $F(x)$是连续函数 $f(x)$在$[a,b]$上的一个原函数,则 $\int_a^b f(x)\mathrm{d}x=$ ⑦ ______.

【注】 牛顿-莱布尼茨公式可推广为式(3-1)、式(3-2),等等,用于计算反常积分.

3. 换元积分公式

设 $f(x)$在$[a,b]$上连续,$x=g(t)$在$[\alpha,\beta]$(或$[\beta,\alpha]$)上具有连续导数,且 $g(\alpha)=a,g(\beta)=b,a\leqslant g(t)\leqslant b$,则

$$\int_a^b f(x)\mathrm{d}x\xlongequal{令x=g(t)} ⑧ \underline{\qquad\qquad}.$$

4. 分部积分公式

设 $u=u(x),v=v(x)$在$[a,b]$上具有连续导数,则

$$\int_a^b uv'\mathrm{d}x= ⑨ \underline{\qquad\qquad}. \tag{3-3}$$

【注】 不定积分也有类似的换元积分公式和分部积分公式.

知识梳理·答案

① $\ln|x|$ ② $\arcsin x$ ③ $-\cos x$ ④ $-\cot x$

⑤ $\dfrac{a^x}{\ln a}$ ⑥ $\ln|\sec x+\tan x|$ ⑦ $F(b)-F(a)$

⑧ $\int_\alpha^\beta f[g(t)]g'(t)\mathrm{d}t$ ⑨ $[uv]_a^b-\int_a^b u'v\mathrm{d}x$

方法探究

答案 P263

考点一 利用凑微分法、换元积分法与分部积分法求积分

在考研中,不定积分,以及大部分定积分和反常积分都是通过求原函数来计算的.凑微分法(又称第一类换元法)、换元积分法(又称第二类换元法)和分部积分法是求原函数的三个常用方法.此外,求有理函数的积分有专门的方法.

1. 凑微分法

设 $F(x)$为 $f(x)$的一个原函数,则

$$\int f[g(x)]g'(x)\mathrm{d}x=\int f[g(x)]\mathrm{d}[g(x)]=F[g(x)]+C.$$

【例 1】 $\int\dfrac{\tan^3x}{\sqrt{\cos x}}\mathrm{d}x=$ ______.

【解】 原式 $=\int\dfrac{\sin^3x}{\cos^3x\sqrt{\cos x}}\mathrm{d}x$

$=-\int\dfrac{\sin^2x}{\cos^{\frac{7}{2}}x}\mathrm{d}(\cos x)$

$=-\int\dfrac{1-\cos^2x}{\cos^{\frac{7}{2}}x}\mathrm{d}(\cos x)$

$=\int(\cos^{-\frac{3}{2}}x-\cos^{-\frac{7}{2}}x)\mathrm{d}(\cos x)$

$=-2\cos^{-\frac{1}{2}}x+\dfrac{2}{5}\cos^{-\frac{5}{2}}x+C.$

变式 1(96-2) $\int\dfrac{\mathrm{d}x}{1+\sin x}=$ ______.

2. 换元积分法

换元积分法主要用于被积函数中含有根式时,以达到去根号的目的.有以下两种基本情形:

(1) 根式代换.若所含根式单调,则可整体将根式代换.

(2) 三角代换.若所含根式形如$\sqrt{a^2-\varphi_1^2(x)}$、$\sqrt{a^2+\varphi_2^2(x)}$、$\sqrt{\varphi_3^2(x)-a^2}$ ($\varphi_1(x),\varphi_2(x),\varphi_3(x)$单调,$a>0$),则可分别令 $\varphi_1(x)=a\sin t\left(-\dfrac{\pi}{2}\leqslant t\leqslant\dfrac{\pi}{2}\right)$、$\varphi_2(x)=a\tan t\left(-\dfrac{\pi}{2}<t<\dfrac{\pi}{2}\right)$. $\varphi_3(x)=a\sec t\left(0<t<\dfrac{\pi}{2}\right)$.

【例 2】 (1) **(00-2)** $\int_2^{+\infty}\dfrac{\mathrm{d}x}{(x+7)\sqrt{x-2}}=$ ______.

(2) **(01-2)** $\int\dfrac{\mathrm{d}x}{(2x^2+1)\sqrt{x^2+1}}=$ ______.

【解】(1) 原式$\xlongequal{令 t=\sqrt{x-2}}\int_0^{+\infty}\frac{2t\,\mathrm{d}t}{(t^2+9)t}$

$$=\frac{2}{3}\int_0^{+\infty}\frac{\mathrm{d}\left(\frac{t}{3}\right)}{1+\left(\frac{t}{3}\right)^2}$$

$$=\frac{2}{3}\left[\arctan\frac{t}{3}\right]_0^{+\infty}$$

$$=\frac{2}{3}\lim_{t\to+\infty}\arctan\frac{t}{3}=\frac{\pi}{3}.$$

(2) 原式$\xlongequal{令 x=\tan t}\int\frac{\sec^2 t\,\mathrm{d}t}{(2\tan^2 t+1)\sec t}$

$$=\int\frac{\cos t\,\mathrm{d}t}{2\sin^2 t+\cos^2 t}=\int\frac{\mathrm{d}(\sin t)}{1+\sin^2 t}$$

$$=\arctan(\sin t)+C$$

$$=\arctan\frac{x}{\sqrt{1+x^2}}+C.$$

【注】定积分与反常积分在换元的同时应更换积分限；不定积分若经历换元，则在求出结果后应将变量代换回原变量.

变式 2(91-2) $\int_3^{+\infty}\frac{\mathrm{d}x}{(x-1)^4\sqrt{x^2-2x}}=$______.

3. 分部积分法

若被积函数为两种不同类型的函数之积，或为对数、反三角函数，则一般可利用分部积分法.

在式(3-3)中，以下从前至后是这五种函数被选作为 v' 的优先次序(从后至前是被选作为 u 的优先次序)：

指数函数、三角函数、幂函数、对数函数、反三角函数.

此外，换元积分法和分部积分法经常在求积分时结合使用(如变式 3.1). 而当被积函数中含有抽象函数的各阶导数时，也能利用分部积分法(如变式 3.2).

【例 3】(99-2) $\int_1^{+\infty}\frac{\arctan x}{x^2}\mathrm{d}x=$______.

【解】原式$=-\int_1^{+\infty}\arctan x\,\mathrm{d}\left(\frac{1}{x}\right)$

$$=-\left[\frac{1}{x}\arctan x\right]_1^{+\infty}+\int_1^{+\infty}\frac{1}{x(1+x^2)}\mathrm{d}x$$

$$=\frac{\pi}{4}+\int_1^{+\infty}\frac{1+x^2-x^2}{x(1+x^2)}\mathrm{d}x$$

$$=\frac{\pi}{4}+\int_1^{+\infty}\left(\frac{1}{x}-\frac{x}{1+x^2}\right)\mathrm{d}x$$

$$=\frac{\pi}{4}+\left[\ln|x|-\frac{1}{2}\ln(1+x^2)\right]_1^{+\infty}$$

$$=\frac{\pi}{4}+\lim_{x\to+\infty}\left[\ln x-\frac{1}{2}\ln(1+x^2)\right]+\frac{1}{2}\ln 2$$

$$=\frac{\pi}{4}+\frac{1}{2}\ln 2+\lim_{x\to+\infty}\ln\frac{x}{\sqrt{1+x^2}}$$

$$=\frac{\pi}{4}+\frac{1}{2}\ln 2.$$

变式 3.1(03-2) 计算不定积分$\int\frac{x\mathrm{e}^{\arctan x}}{(1+x^2)^{\frac{3}{2}}}\mathrm{d}x$.

变式 3.2(05-1,2) 如下图所示，曲线 C 的方程为 $y=f(x)$，点 $(3,2)$ 是它的一个拐点，直线 l_1 与 l_2 分别是曲线 C 在点 $(0,0)$ 与 $(3,2)$ 处的切线，其交点为 $(2,4)$. 设函数 $f(x)$ 具有三阶连续导数，计算定积分$\int_0^3(x^2+x)f'''(x)\mathrm{d}x$.

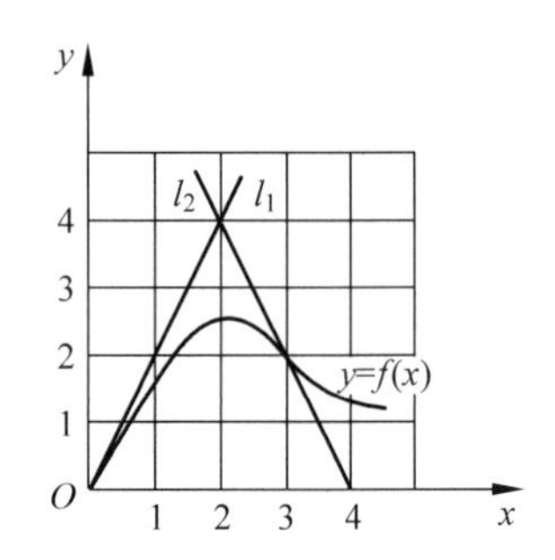

4. 有理函数的积分方法

两个多项式的商称为有理函数. 若分子次数小于分母次数，则称该有理函数为真分式；否则，称其为假分式.

求有理函数积分的思路如下图所示：

假分式⟶多项式+[真分式]

↓

部分分式之和

其中，在把真分式拆分成部分分式之和时，应先将该真分式的分母分解成形如 $(x-a)^s$，$(x^2+bx+c)^t$ $(b^2-4c<0)$ 的因式之积.

(1) 若分母中有一个因式 $(x-a)^s$，则部分分式中有 s 项 $\frac{A_1}{x-a}+\frac{A_2}{(x-a)^2}+\cdots+\frac{A_s}{(x-a)^s}$；

(2) 若分母中有一个因式 $(x^2+bx+c)^t$，则部分分式中有 t 项 $\frac{B_1x+C_1}{x^2+bx+c}+\frac{B_2x+C_2}{(x^2+bx+c)^2}+\cdots+\frac{B_tx+C_t}{(x^2+bx+c)^t}$.

【例 4】(09-2,3) 计算不定积分

$$\int\ln\left(1+\sqrt{\frac{1+x}{x}}\right)\mathrm{d}x\,(x>0).$$

【解】原式$\xlongequal{令 t=\sqrt{\frac{1+x}{x}}}\int\ln(1+t)\mathrm{d}\left(\frac{1}{t^2-1}\right)$

$$=\frac{1}{t^2-1}\ln(1+t)-\int\frac{1}{(t+1)(t^2-1)}\mathrm{d}t.$$

设$\frac{1}{(t+1)(t^2-1)}=\frac{A}{t+1}+\frac{B}{(t+1)^2}+\frac{C}{t-1}$，则

$$(A+C)t^2+(B+2C)t-A-B+C=1.$$

解方程组$\begin{cases}A+C=0,\\B+2C=0,\\-A-B+C=1,\end{cases}$ 得$\begin{cases}A=-\frac{1}{4},\\B=-\frac{1}{2},\\C=\frac{1}{4}.\end{cases}$

于是原式 $=\dfrac{\ln(1+t)}{t^2-1}-\dfrac{1}{4}\int\left[\dfrac{1}{t-1}-\dfrac{1}{t+1}-\dfrac{2}{(t+1)^2}\right]\mathrm{d}t$

$=\dfrac{\ln(1+t)}{t^2-1}-\dfrac{1}{4}\ln\left|\dfrac{t-1}{t+1}\right|-\dfrac{1}{2(t+1)}+C$

$=x\ln\left(1+\sqrt{\dfrac{1+x}{x}}\right)+\dfrac{1}{2}\ln(\sqrt{1+x}+\sqrt{x})-\dfrac{\sqrt{x}}{2(\sqrt{1+x}+\sqrt{x})}+C.$

考点二 利用可加性、对称性与几何意义求积分

计算一些特殊的定积分(或反常积分),还有以下三个思路:

(1) 若被积函数为分段函数(包括含有绝对值时),则可考虑利用可加性;

(2) 若积分区间关于原点对称,且被积函数(或其中某项)为奇函数或偶函数,则可考虑利用对称性;

(3) 若某定积分表示规则图形(通常为圆或圆的部分)的面积,则可考虑通过求面积来求积分.

【例】 设 $f(x)=\begin{cases}x^2\sin x, & x\leqslant 1,\\ \sqrt{2x-x^2}, & 1<x\leqslant 2,\end{cases}$ 则 $\int_0^3 f(x-1)\mathrm{d}x=$ ________.

【解】 $\int_0^3 f(x-1)\mathrm{d}x \xlongequal{令 t=x-1} \int_{-1}^2 f(t)\mathrm{d}t$

$=\int_{-1}^1 t^2\sin t\,\mathrm{d}t+\int_1^2\sqrt{2t-t^2}\,\mathrm{d}t.$

由于 $t^2\sin t$ 为奇函数,故根据定积分的对称性,

$$\int_{-1}^1 t^2\sin t\,\mathrm{d}t=0.$$

根据定积分的几何意义,

$$\int_1^2\sqrt{2t-t^2}\,\mathrm{d}t=\int_1^2\sqrt{1-(t-1)^2}\,\mathrm{d}t$$

表示圆心在点(1,0),半径为1的上半圆中右侧一半的面积,故 $\int_1^2\sqrt{2t-t^2}\,\mathrm{d}t=\dfrac{\pi}{4}$,从而 $\int_0^3 f(x-1)\mathrm{d}x=\dfrac{\pi}{4}$.

真题精选 1987—2014

答案 P264

考点一 利用凑微分法、换元积分法与分部积分法求积分

1. (03-2) 设 $a_n=\dfrac{3}{2}\int_0^{\frac{n}{n+1}}x^{n-1}\sqrt{1+x^n}\,\mathrm{d}x$,则极限 $\lim\limits_{n\to\infty}na_n$ 等于( )

(A) $(1+\mathrm{e})^{\frac{3}{2}}+1$. (B) $(1+\mathrm{e}^{-1})^{\frac{3}{2}}-1$.

(C) $(1+\mathrm{e}^{-1})^{\frac{3}{2}}+1$. (D) $(1+\mathrm{e})^{\frac{3}{2}}-1$.

2. (14-2) $\int_{-\infty}^1\dfrac{1}{x^2+2x+5}\mathrm{d}x=$ ________.

3. (13-1,3) $\int_1^{+\infty}\dfrac{\ln x}{(1+x)^2}\mathrm{d}x=$ ________.

4. (10-1) $\int_0^{\pi^2}\sqrt{x}\cos\sqrt{x}\,\mathrm{d}x=$ ________.

5. (09-2) $\lim\limits_{n\to\infty}\int_0^1\mathrm{e}^{-x}\sin nx\,\mathrm{d}x=$ ________.

6. (05-2) $\int_0^1\dfrac{x\,\mathrm{d}x}{(2-x^2)\sqrt{1-x^2}}=$ ________.

7. (04-2) $\int_1^{+\infty}\dfrac{\mathrm{d}x}{x\sqrt{x^2-1}}=$ ________.

8. (99-2) $\int\dfrac{x+5}{x^2-6x+13}\mathrm{d}x=$ ________.

9. (99-3) 设 $f(x)$ 有一个原函数 $\dfrac{\sin x}{x}$,则 $\int_{\frac{\pi}{2}}^{\pi}xf'(x)\mathrm{d}x=$ ________.

10. (98-2) $\int\dfrac{\ln(\sin x)}{\sin^2 x}\mathrm{d}x=$ ________.

11. (97-2) $\int\mathrm{e}^{2x}(\tan x+1)^2\mathrm{d}x=$ ________.

12. (96-2) $\int\dfrac{\arctan x}{x^2(1+x^2)}\mathrm{d}x=$ ________.

13. (96-2) $\int_0^{\ln 2}\sqrt{1-\mathrm{e}^{-2x}}\,\mathrm{d}x=$ ________.

14. (96-4) $\int_0^{+\infty}\dfrac{x\mathrm{e}^{-x}}{(1+\mathrm{e}^{-x})^2}\mathrm{d}x=$ ________.

15. (94-1,2) $\int\dfrac{\mathrm{d}x}{\sin 2x+2\sin x}=$ ________.

16. (93-2) $\int_0^{\frac{\pi}{4}}\dfrac{x}{1+\cos 2x}\mathrm{d}x=$ ________.

17. (92-2) $\int\dfrac{x^3}{\sqrt{1+x^2}}\mathrm{d}x=$ ________.

18. (92-3) $\int\dfrac{\operatorname{arccot}\mathrm{e}^x}{\mathrm{e}^x}\mathrm{d}x=$ ________.

19. (90-3) $\int\dfrac{x\cos^4\dfrac{x}{2}}{\sin^3 x}\mathrm{d}x=$ ________.

20. (89-3) $\int\dfrac{x+\ln(1-x)}{x^2}\mathrm{d}x=$ ________.

21. (89-3) 已知 $f(2)=\dfrac{1}{2}$,$f'(2)=0$ 及 $\int_0^2 f(x)\mathrm{d}x=1$,则 $\int_0^1 x^2f''(2x)\mathrm{d}x=$ ________.

22. (11-3) 求不定积分 $\int\dfrac{\arcsin\sqrt{x}+\ln x}{\sqrt{x}}\mathrm{d}x$.

23.（**08-2**）计算$\int_0^1 \frac{x^2\arcsin x}{\sqrt{1-x^2}}\mathrm{d}x$.

24.（**06-2**）求$\int \frac{\arcsin \mathrm{e}^x}{\mathrm{e}^x}\mathrm{d}x$.

25.（**02-3**）设$f(\sin^2 x)=\frac{x}{\sin x}$，求$\int \frac{\sqrt{x}}{\sqrt{1-x}}f(x)\mathrm{d}x$.

26.（**95-3**）求不定积分$\int (\arcsin x)^2\mathrm{d}x$.

27.（**93-1**）求$\int \frac{x\mathrm{e}^x}{\sqrt{\mathrm{e}^x-1}}\mathrm{d}x$.

考点二　利用可加性、对称性与几何意义求积分

1.（**12-1**）$\int_0^2 x\sqrt{2x-x^2}\,\mathrm{d}x=$________.

2.（**04-3**）设$f(x)=\begin{cases} x\mathrm{e}^{x^2}, & -\frac{1}{2}\leqslant x<\frac{1}{2}, \\ -1, & x\geqslant \frac{1}{2}, \end{cases}$ 则$\int_{\frac{1}{2}}^2 f(x-1)\mathrm{d}x=$________.

3.（**01-2**）$\int_{-\frac{\pi}{2}}^{\frac{\pi}{2}}(x^3+\sin^2 x)\cos^2 x\,\mathrm{d}x=$________.

4.（**00-1**）$\int_0^1 \sqrt{2x-x^2}\,\mathrm{d}x=$________.

5.（**98-2**）$\int_{\frac{1}{2}}^{\frac{3}{2}}\frac{\mathrm{d}x}{\sqrt{|x-x^2|}}=$________.

6.（**92-2**）$\int_0^{\pi}\sqrt{1-\sin x}\,\mathrm{d}x=$________.

7.（**91-2**）设函数$f(x)$在$(-\infty,+\infty)$上满足$f(x)=f(x-\pi)+\sin x$，且$f(x)=x$，$x\in[0,\pi)$，计算$\int_{\pi}^{3\pi}f(x)\mathrm{d}x$.

小　结

在考研中，不定积分、定积分与反常积分的计算以考查典型形式为主，基本不会出现技巧性过强的考题.

对于凑微分法的使用，重在考查有理函数（比如2022年数学二、2022年数学三、2021年数学一、2019年数学二、2018年数学二的考题等）和三角函数（比如1996年数学二和1994年数学一、二的考题）的恒等变形.

对于换元积分法的使用，主要考查根式代换与三角代换的掌握情况，比如2005年、2004年和2001年数学二的考题代表了三角代换的三种最典型的形式，而1996年和1991年数学二的考题代表了三角代换更进一步所适用的形式.

对于分部积分法的使用,一方面频繁考查两种不同类型函数相乘的情形(比如 2022 年数学一、2018 年数学三、2017 年数学二、2009 年数学二、1998 年数学二、1996 年数学四、1993 年数学二、1992 年数学三的考题等);另一方面经常考查换元积分法与分部积分法的结合使用(尤其会以解答题的形式),比如 2018 年数学一、二,2011 年数学三,2010 年数学一,2009 年数学二、三,以及 1993 年数学一的考题考查了根式代换与分部积分法的结合使用,而 2008 年、2006 年、2003 年数学二和 1995 年数学三的考题考查了三角代换与分部积分法的结合使用.

有理函数的积分方法近年来考查频率有所增加,比如 2024 年数学三和 2018 年数学二的填空题,以及 2019 年数学二的解答题.

此外,可加性、对称性与几何意义在求定积分(或反常积分)时的使用也是填空题所经常考查的.尤其利用定积分的几何意义能很大程度上简化计算(比如 2017 年数学三以及 2012 年和 2000 年数学一的考题),但这却是不少考生忽视的方法.

§3.3 定积分的应用

十年真题 2015—2024

答案 P267

考点一 函数的平均值

(无)

考点二 平面图形的面积与旋转体的体积

1. **(22-2)** 设曲线 L 的极坐标方程为 $r=\sin 3\theta\left(0\leqslant\theta\leqslant\frac{\pi}{3}\right)$,则 L 围成的有界区域的面积是________.

2. **(21-3)** 设平面区域 D 由曲线 $y=\sqrt{x}\sin\pi x(0\leqslant x\leqslant 1)$ 与 x 轴围成,则 D 绕 x 轴旋转所成旋转体的体积为________.

3. **(20-3)** 设平面区域

$$D=\left\{(x,y)\left|\frac{x}{2}\leqslant y\leqslant\frac{1}{1+x^2},0\leqslant x\leqslant 1\right.\right\},$$

则 D 绕 y 轴旋转所成的旋转体的体积为________.

4. **(23-2,3)** 已知平面区域 $D=\left\{(x,y)\left|0\leqslant y\leqslant\frac{1}{x\sqrt{1+x^2}},x\geqslant 1\right.\right\}$.

(1) 求 D 的面积;

(2) 求 D 绕 x 轴旋转所成旋转体的体积.

5. **(20-2)** 设函数 $f(x)$ 的定义域为 $(0,+\infty)$ 且满足 $2f(x)+x^2f\left(\frac{1}{x}\right)=\frac{x^2+2x}{\sqrt{1+x^2}}$.求 $f(x)$,并求曲线 $y=f(x)$,$y=\frac{1}{2}$,$y=\frac{\sqrt{3}}{2}$ 及 y 轴所围图形绕 x 轴旋转所成旋转体的体积.

6. **(19-1,3-仅数学一、三)** 求曲线 $y=\mathrm{e}^{-x}\sin x(x\geqslant 0)$ 与 x 轴之间图形的面积.

7. **(19-2-仅数学二)** 设 n 是正整数,记 S_n 为曲线 $y=\mathrm{e}^{-x}\sin x(0\leqslant x\leqslant n\pi)$ 与 x 轴所围图形的面积.求 S_n,并求 $\lim\limits_{n\to\infty}S_n$.

8.（**18-2-仅数学一、二**）已知曲线 L：$y=\frac{4}{9}x^2(x\geqslant 0)$，点 $O(0,0)$，点 $A(0,1)$. 设 P 是 L 上的动点，S 是直线 OA 与直线 AP 及曲线 L 所围图形的面积. 若 P 运动到点 $(3,4)$ 时沿 x 轴正向的速度是 4，求此时 S 关于时间 t 的变化率.

9.（**15-2**）设 $A>0$，D 是由曲线段 $y=A\sin x\left(0\leqslant x\leqslant\frac{\pi}{2}\right)$ 及直线 $y=0,x=\frac{\pi}{2}$ 所围成的平面区域，V_1,V_2 分别表示 D 绕 x 轴与绕 y 轴旋转所成旋转体的体积. 若 $V_1=V_2$，求 A 的值.

考点三　平面曲线的弧长与旋转体的侧面积（仅数学一、二）

1.（**19-2**）曲线 $y=\ln\cos x\left(0\leqslant x\leqslant\frac{\pi}{6}\right)$ 的弧长为________.

2.（**21-2**）设函数 $f(x)$ 满足 $\int\frac{f(x)}{\sqrt{x}}\mathrm{d}x=\frac{1}{6}x^2-x+C$，$L$ 为曲线 $y=f(x)(4\leqslant x\leqslant 9)$. 记 L 的弧长为 s，L 绕 x 轴旋转所成旋转曲面的面积为 A，求 s 和 A.

3.（**16-2**）设 D 是由曲线 $y=\sqrt{1-x^2}\ (0\leqslant x\leqslant 1)$ 与 $\begin{cases}x=\cos^3 t\\y=\sin^3 t\end{cases}\left(0\leqslant t\leqslant\frac{\pi}{2}\right)$ 围成的平面区域，求 D 绕 x 轴旋转一周所得旋转体的体积和表面积.

考点四　定积分的物理应用（仅数学一、二）

1.（**17-1,2**）甲、乙两人赛跑，计时开始时，甲在乙前方 10（单位：m）处. 如下图中，实线表示甲的速度曲线 $v=v_1(t)$（单位：m/s），虚线表示乙的速度曲线 $v=v_2(t)$，三块阴影部分面积的数值依次为 10，20，3. 计时开始后乙追上甲的时刻记为 t_0（单位：s），则（　　）

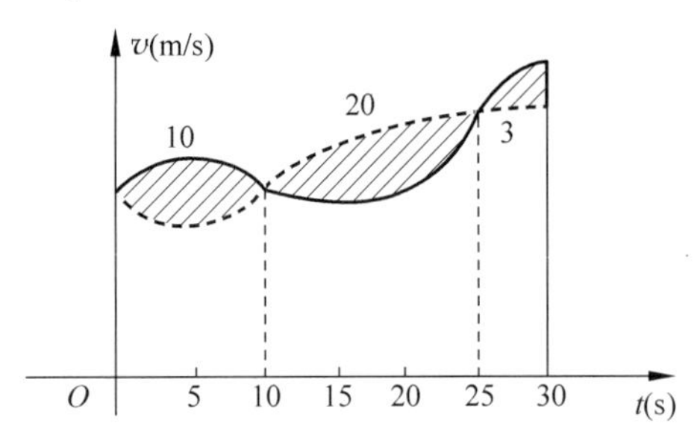

(A) $t_0=10$.　　(B) $15<t_0<20$.

(C) $t_0=25$.　　(D) $t_0>25$.

2.（**24-2**）某物体以速度 $v(t)=t+k\sin\pi t$ 做直线运动. 若它从 $t=0$ 到 $t=3$ 的时间段内平均速度是 $\frac{5}{2}$，则 $k=$________.

3.（**20-2**）斜边长为 $2a$ 的等腰直角三角形平板铅直地沉没在水中，且斜边与水面相齐. 记重力加速度为 g，水的密度为 ρ，则该平板一侧所受的水压力为________.

考点分析

考　　点	大纲要求	命题特点
一、函数的平均值 二、平面图形的面积与旋转体的体积 三、平面曲线的弧长与旋转体的侧面积(仅数学一、二) 四、定积分的物理应用(仅数学一、二)	1. 掌握用定积分表达和计算平面图形的面积、旋转体的体积和函数的平均值. 2.(仅数学一、二)掌握用定积分表达和计算平面曲线的弧长、旋转体的侧面积、功、引力、压力、质心、形心等.	**1. 考试频率:**★★★★★ **2. 常考题型:**填空题、解答题 **3. 命题趋势:**定积分的应用是考研经常命制解答题的考点.有些考题具有一定的综合性和计算量,需要将各考点进行串联.

知识梳理

考点一　函数的平均值

设 $f(x)$ 在 $[a,b]$ 上连续,则 $f(x)$ 在 $[a,b]$ 上的平均值为 $\bar{f}=$①________.

考点二　平面图形的面积与旋转体的体积

1. 平面图形的面积

(1) 曲线 $y=y_1(x)$ 和 $y=y_2(x)$ 及 $x=a, x=b(a<b)$ 所围成的平面图形的面积为 $A=\int_a^b |y_1(x)-y_2(x)|\,dx$;曲线 $x=x_1(y)$ 和 $x=x_2(y)$ 及 $y=c, y=d(c<d)$ 所围成的平面图形的面积为 $A=\int_c^d |x_1(y)-x_2(y)|\,dy$.

(2) 曲线 $\begin{cases}x=x(t),\\y=y(t)\end{cases}(\alpha\leqslant t\leqslant\beta)$ 和 $x=x(\alpha), x=x(\beta)$ 及 x 轴所围成的平面图形的面积为 $A=\int_\alpha^\beta |y(t)x'(t)|\,dt$.

(3) 曲线 $r=r_1(\theta)$ 和 $r=r_2(\theta)$ 及 $\theta=\alpha, \theta=\beta(0<\beta-\alpha\leqslant 2\pi)$ 所围成的平面图形的面积为 $A=$②________.

2. 旋转体的体积

(1) 曲线 $y=y(x)$ 和 $x=a, x=b(a<b)$ 及 x 轴所围成的平面图形绕 x 轴旋转一周所得的旋转体的体积为 $V=$③________;曲线 $x=x(y)$ 和 $y=c, y=d(c<d)$ 及 y 轴所围成的平面图形绕 y 轴旋转一周所得的旋转体的体积为 $V=\pi\int_c^d x^2(y)\,dy$.

【注】(i) 曲线 $y=y_1(x)$ 和 $y=y_2(x)$ 及 $x=a, x=b(a<b)$ 所围成的平面图形绕 x 轴旋转一周所得的旋转体的体积为 $V=\pi\int_a^b |y_1^2(x)-y_2^2(x)|\,dx$.

(ii) 在 $[a,b]$ 上,若垂直于 x 轴的平面截立体 Ω 所得的截面面积为关于 x 的连续函数 $A(x)$,则 Ω 的体积为 $V=\int_a^b A(x)\,dx$.

(2) 曲线 $y=y(x)$ 和 $x=a, x=b(0\leqslant a<b)$ 及 x 轴所围成的平面图形绕 y 轴旋转一周所得的旋转体的体积为 $V=2\pi\int_a^b x|y(x)|\,dx$;曲线 $x=x(y)$ 和 $y=c, y=d(0\leqslant c<d)$ 及 y 轴所围成的平面图形绕 x 轴旋转一周所得的旋转体的体积为 $V=$④________.

(3) 曲线 $\begin{cases}x=x(t),\\y=y(t)\end{cases}(\alpha\leqslant t\leqslant\beta)$ 和 $x=x(\alpha), x=x(\beta)$ 及 x 轴所围成的平面图形绕 x 轴旋转一周所得的旋转体的体积为 $V=$⑤________.

(4) 曲线 $r=r(\theta)$ 及 $\theta=\alpha, \theta=\beta(0<\beta-\alpha<\pi)$ 所围成的在极轴一侧的平面图形绕极轴旋转一周所得的旋转体的体积为 $V=\frac{2}{3}\pi\int_\alpha^\beta |r^3(\theta)\sin\theta|\,d\theta$.

考点三　平面曲线的弧长与旋转体的侧面积(仅数学一、二)

1. 平面曲线的弧长

(1) 曲线 $y=y(x)(a\leqslant x\leqslant b)$ 的弧长为 $L=$⑥________;曲线 $x=x(y)(c\leqslant y\leqslant d)$ 的弧长为 $L=\int_c^d \sqrt{[x'(y)]^2+1}\,dy$.

(2) 曲线 $\begin{cases}x=x(t),\\y=y(t)\end{cases}(\alpha\leqslant t\leqslant\beta)$ 的弧长为 $L=\int_\alpha^\beta \sqrt{[x'(t)]^2+[y'(t)]^2}\,dt$.

(3) 曲线 $r=r(\theta)(\alpha\leqslant\theta\leqslant\beta)$ 的弧长为 $L=$⑦________.

2. 旋转体的侧面积

(1) 曲线 $y=y(x)$ 和 $x=a, x=b(a<b)$ 及 x 轴所围成的平面图形绕 x 轴旋转一周所得的旋转体的侧面积为 $S=$⑧________________;曲线 $x=x(y)$ 和 $y=c, y=d(c<d)$ 及 y 轴所围成的平面图形绕 y 轴旋转一周所得的旋转体的侧面积为 $S=2\pi\int_c^d |x(y)|\sqrt{[x'(y)]^2+1}\,dy$.

(2) 曲线 $\begin{cases}x=x(t),\\y=y(t)\end{cases}(\alpha\leqslant t\leqslant\beta)$ 和 $x=x(\alpha), x=x(\beta)$ 及 x 轴所围成的平面图形绕 x 轴旋转一周所得的旋转体的侧面积为 $S=$⑨________________.

(3) 曲线 $r=r(\theta)$ 及 $\theta=\alpha, \theta=\beta(0<\beta-\alpha<\pi)$ 所围成的在极轴一侧的平面图形绕极轴旋转一周所得的旋转体的侧面积为 $S=2\pi\int_\alpha^\beta |r(\theta)\sin\theta|\sqrt{r^2(\theta)+[r'(\theta)]^2}\,d\theta$.

考点四 定积分的物理应用(仅数学一、二)

1. 变速直线运动

设质点以 $v(t)$ 为速度作直线运动，则从时刻 t_1 到 t_2 内所经过的路程为 $S=$⑩________.

2. 变力沿直线做功

物体沿 x 轴从点 a 移动到点 b 时，变力 $F(x)$ 所做的功为 $W=\int_a^b F(x)\mathrm{d}x$.

3. 抽水做功

设有一容器，如下图所示，其顶部所在平面与 Ox 轴(铅直向下)相交于原点，液体表面与 Ox 轴相截于 $x=a$，底面与 Ox 轴相截于 $x=b$，垂直于 Ox 轴的平面截容器所得的截面面积为 $A(x)$，则将容器中的液体全部抽出所做的功为 $W=$⑪________，其中 ρ 为液体密度，g 为重力加速度.

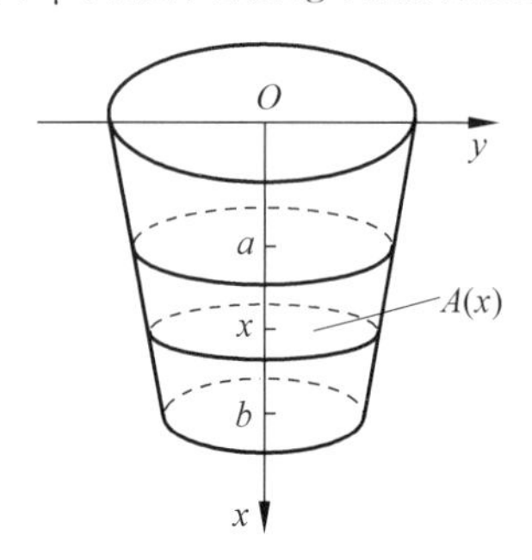

4. 水压力

设浸没在水中的垂直平板在水深 x 处的宽度为 $f(x)-h(x)$(如下图所示)，则它的一侧受到的水压力为 $P=\rho g\int_a^b x[f(x)-h(x)]\mathrm{d}x$，其中 ρ 为水的密度，g 为重力加速度.

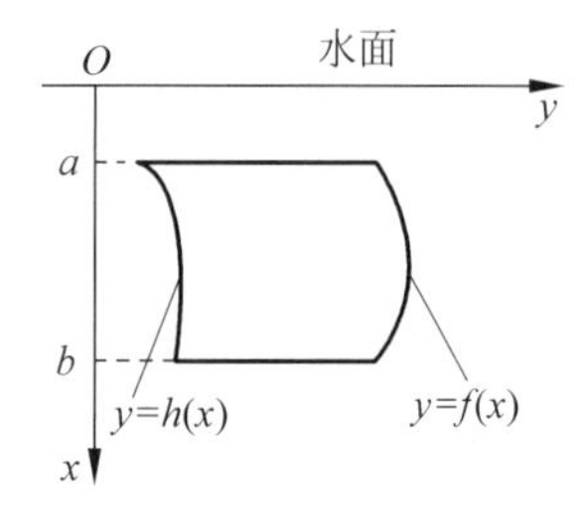

5. 引力

设 x 轴上的一线密度为 ρ，长度为 l 的细杆，有一质量为 m 的质点到杆右端的距离为 a(如下图所示)，已知引力系数为 G，则质点和细杆之间的引力大小为 $F=\int_{-l}^{0}\frac{Gm\rho}{(a-x)^2}\mathrm{d}x$.

6. 质心与形心

(1) 一根长度为 l，线密度为 $\rho(x)$，位于 x 轴 $[0,l]$ 上的细杆的质心坐标为 $\bar{x}=\frac{\int_0^l x\rho(x)\mathrm{d}x}{\int_0^l \rho(x)\mathrm{d}x}$.

(2) 曲线 $y=y_1(x)$ 和 $y=y_2(x)(y_1(x)\geqslant y_2(x))$ 及 $x=a,x=b(a<b)$ 所围成的平面图形的形心坐标为 $\bar{x}=\frac{\int_a^b x[y_1(x)-y_2(x)]\mathrm{d}x}{\int_a^b [y_1(x)-y_2(x)]\mathrm{d}x}$，$\bar{y}=$⑫______________.

知识梳理·答案

① $\frac{1}{b-a}\int_a^b f(x)\mathrm{d}x$ ② $\frac{1}{2}\int_\alpha^\beta |r_1^2(\theta)-r_2^2(\theta)|\mathrm{d}\theta$

③ $\pi\int_a^b y^2(x)\mathrm{d}x$ ④ $2\pi\int_c^d y|x(y)|\mathrm{d}y$

⑤ $\pi\int_\alpha^\beta y^2(t)|x'(t)|\mathrm{d}t$ ⑥ $\int_a^b\sqrt{1+[y'(x)]^2}\mathrm{d}x$

⑦ $\int_\alpha^\beta\sqrt{[r'(\theta)]^2+r^2(\theta)}\mathrm{d}\theta$

⑧ $2\pi\int_a^b |y(x)|\sqrt{1+[y'(x)]^2}\mathrm{d}x$

⑨ $2\pi\int_\alpha^\beta |y(t)|\sqrt{[x'(t)]^2+[y'(t)]^2}\mathrm{d}t$

⑩ $\int_{t_1}^{t_2} v(t)\mathrm{d}t$ ⑪ $\rho g\int_a^b xA(x)\mathrm{d}x$

⑫ $\frac{\frac{1}{2}\int_a^b [y_1^2(x)-y_2^2(x)]\mathrm{d}x}{\int_a^b [y_1(x)-y_2(x)]\mathrm{d}x}$

方法探究

答案 P269

考点一 函数的平均值

函数的平均值问题主要利用其计算公式来解决.

【例】 设连续函数 $f(x)=ax+\int_0^2 f(t)\mathrm{d}t$ 在区间 $[0,2]$ 上的平均值为 1，则 $a=$________.

【解】 由于 $f(x)$ 在 $[0,2]$ 上的平均值为 1，故由 $\frac{1}{2}\int_0^2 f(x)\mathrm{d}x=1$ 知 $\int_0^2 f(x)\mathrm{d}x=2$，从而 $f(x)=ax+2$.

又由 $2=\int_0^2 f(x)\mathrm{d}x=\int_0^2(ax+2)\mathrm{d}x=2a+4$ 得 $a=-1$.

考点二 平面图形的面积与旋转体的体积

解决平面图形的面积与旋转体的体积问题，应合理地选用其计算公式. 此外，它常与平面曲线的切线，以及函数的最值等相结合进行考查.

【例】(03-1) 过坐标原点作曲线 $y=\ln x$ 的切线，该切线与曲线 $y=\ln x$ 及 x 轴围成平面图形 D.

(1) 求 D 的面积 A；

(2) 求 D 绕直线 $x=\mathrm{e}$ 旋转一周所得旋转体的体积 V.

【解】(1) 设切点为$(x_0,\ln x_0)$,则切线方程为$y-\ln x_0=\frac{1}{x_0}(x-x_0)$.由于切线过原点,故$x_0=e$,从而切点为$(e,1)$,切线方程为$y=\frac{x}{e}$.

如下图所示,$A=\int_0^1(e^y-ey)dy=\frac{e}{2}-1$.

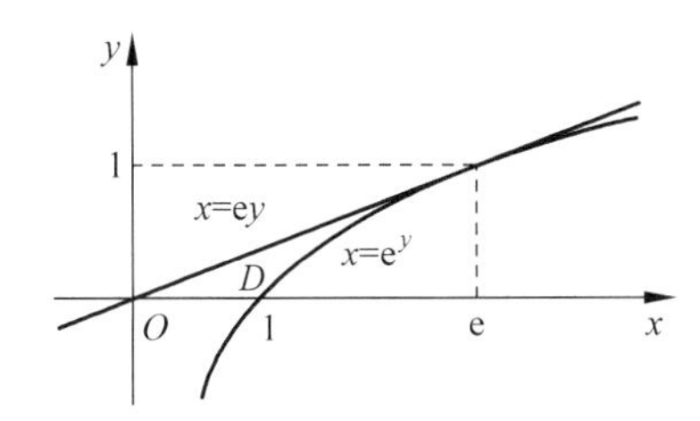

(2) 由于V等于曲线$x=ey-e$与$x=e^y-e$及x轴围成的平面图形绕y轴旋转一周所得旋转体的体积,故

$$V=\pi\int_0^1(ey-e)^2dy-\pi\int_0^1(e^y-e)^2dy$$

$$=\frac{\pi}{6}(5e^2-12e+3).$$

【注】平面图形绕与坐标轴平行的直线旋转所得旋转体的体积能转化为绕坐标轴旋转所得旋转体的体积来求.

变式(07-2) 设D是位于曲线$y=\sqrt{x}a^{-\frac{x}{2a}}$ $(a>1,0\leqslant x<+\infty)$下方、$x$轴上方的无界区域.

(1) 求区域D绕x轴旋转一周所成旋转体的体积$V(a)$;

(2) 当a为何值时,$V(a)$最小?并求此最小值.

考点三 平面曲线的弧长与旋转体的侧面积(仅数学一、二)

平面曲线的弧长与旋转体的侧面积问题主要利用其计算公式来解决.

【例】设函数$f(x)=\int_1^x\sqrt{\frac{1}{t}-1}\,dt$,$L$为曲线$y=f(x)(0\leqslant x\leqslant 1)$,求$L$的弧长$s$和$L$绕$x$轴旋转一周所成的旋转曲面的面积$A$.

【解】$s=\int_0^1\sqrt{1+[f'(x)]^2}\,dx=\int_0^1\sqrt{1+\frac{1}{x}-1}\,dx=2.$

$$A=2\pi\int_0^1|f(x)|\sqrt{1+[f'(x)]^2}\,dx=-2\pi\int_0^1\frac{f(x)}{\sqrt{x}}dx$$

$$=-4\pi\int_0^1 f(x)d(\sqrt{x})$$

$$=-4\pi[\sqrt{x}f(x)]_0^1+4\pi\int_0^1\sqrt{x}\sqrt{\frac{1}{x}-1}\,dx$$

$$=-4\pi\int_0^1\sqrt{1-x}\,d(1-x)=\frac{8}{3}\pi.$$

【注】读者可在读完§3.4后再读本题.

考点四 定积分的物理应用(仅数学一、二)

定积分的物理应用主要考查利用定积分来解决直线运动、压力、引力、功、质心、形心等问题.

【例】(11-2) 一容器的内侧是由下图中曲线绕y轴旋转一周而成的曲面,该曲线是由$x^2+y^2=2y\left(y\geqslant\frac{1}{2}\right)$与$x^2+y^2=1\left(y\leqslant\frac{1}{2}\right)$连接而成的.

(1) 求容器的容积;

(2) 若将容器内盛满的水从容器顶部全部抽出,至少需要做多少功?(长度单位为m,重力加速度为g m/s^2,水的密度为10^3 kg/m^3.)

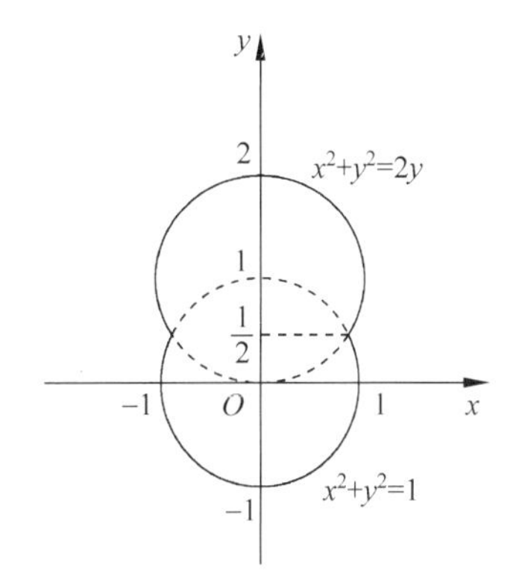

【解】(1) 所求容积为

$$V=2\pi\int_{-1}^{\frac{1}{2}}x^2dy=2\pi\int_{-1}^{\frac{1}{2}}(1-y^2)dy$$

$$=\frac{9}{4}\pi(m^3).$$

(2) 由于在水深$2-y$处,容器的截面面积为$\pi x^2=\begin{cases}\pi(1-y^2), & -1\leqslant y\leqslant\frac{1}{2},\\ \pi(2y-y^2), & \frac{1}{2}<y\leqslant 2,\end{cases}$故所求的功为

$$W=10^3g\int_{-1}^{\frac{1}{2}}\pi(1-y^2)(2-y)dy+10^3g\int_{\frac{1}{2}}^{2}\pi(2y-y^2)(2-y)dy$$

$$=10^3\pi g\left[\int_{-1}^{\frac{1}{2}}(2-y-2y^2+y^3)dy+\int_{\frac{1}{2}}^{2}(4y-4y^2+y^3)dy\right]$$

$$=\frac{27\times10^3}{8}\pi g(J).$$

真题精选
1987—2014

答案 P269

考点一 函数的平均值

(99-2) 函数 $y=\dfrac{x^2}{\sqrt{1-x^2}}$ 在区间 $\left[\dfrac{1}{2},\dfrac{\sqrt{3}}{2}\right]$ 上的平均值为________.

考点二 平面图形的面积与旋转体的体积

1. **(96-2)** 设 $f(x),g(x)$ 在 $[a,b]$ 上连续，且 $g(x)<f(x)<m$（m 为常数），则曲线 $y=g(x),y=f(x),x=a$ 及 $x=b$ 所围成平面图形绕直线 $y=m$ 旋转而成的旋转体体积为（　　）

(A) $\int_a^b\pi[2m-f(x)+g(x)][f(x)-g(x)]\mathrm{d}x$.

(B) $\int_a^b\pi[2m-f(x)-g(x)][f(x)-g(x)]\mathrm{d}x$.

(C) $\int_a^b\pi[m-f(x)+g(x)][f(x)-g(x)]\mathrm{d}x$.

(D) $\int_a^b\pi[m-f(x)-g(x)][f(x)-g(x)]\mathrm{d}x$.

2. **(93-1)** 双纽线 $(x^2+y^2)^2=x^2-y^2$ 所围成的区域面积可用定积分表示为（　　）

(A) $2\int_0^{\frac{\pi}{4}}\cos2\theta\mathrm{d}\theta$.　　(B) $4\int_0^{\frac{\pi}{4}}\cos2\theta\mathrm{d}\theta$.

(C) $2\int_0^{\frac{\pi}{4}}\sqrt{\cos2\theta}\mathrm{d}\theta$.　　(D) $\dfrac{1}{2}\int_0^{\frac{\pi}{4}}(\cos2\theta)^2\mathrm{d}\theta$.

3. **(03-2)** 设曲线的极坐标方程为 $\rho=\mathrm{e}^{a\theta}(a>0)$，则该曲线上相应于 θ 从 0 变到 2π 的一段弧与极轴所围成的图形的面积为________.

4. **(98-2)** 曲线 $y=-x^3+x^2+2x$ 与 x 轴所围成的图形的面积 $A=$________.

5. **(14-2)** 设函数 $f(x)=\dfrac{x}{1+x},x\in[0,1]$. 定义函数列：$f_1(x)=f(x),f_2(x)=f(f_1(x)),\cdots,f_n(x)=f(f_{n-1}(x)),\cdots$. 设 S_n 是由曲线 $y=f_n(x)$，直线 $x=1$ 及 x 轴所围平面图形的面积，求极限 $\lim\limits_{n\to\infty}nS_n$.

6. **(12-1-仅数学一、二)** 已知曲线 L：$\begin{cases}x=f(t),\\y=\cos t\end{cases}\left(0\leqslant t<\dfrac{\pi}{2}\right)$，其中函数 $f(t)$ 具有连续导数，且 $f(0)=0,f'(t)>0\left(0<t<\dfrac{\pi}{2}\right)$. 若曲线 L 的切线与 x 轴的交点到切点的距离恒为 1，求函数 $f(t)$ 的表达式，并求以曲线 L 及 x 轴和 y 轴为边界的区域的面积.

7. **(94-2)** 求曲线 $y=3-|x^2-1|$ 与 x 轴所围成的封闭图形绕直线 $y=3$ 旋转所得的旋转体体积.

8. **(94-3)** 已知曲线 $y=a\sqrt{x}(a>0)$ 与曲线 $y=\ln\sqrt{x}$ 在点 (x_0,y_0) 处有公共切线. 求：

(1) 常数 a 及切点 (x_0,y_0)；

(2) 两曲线与 x 轴围成的平面图形绕 x 轴旋转所得旋转体的体积 V_x.

9. **(92-3)** 设曲线方程为 $y=\mathrm{e}^{-x}(x\geqslant0)$.

(1) 把曲线 $y=\mathrm{e}^{-x}$，x 轴，y 轴和直线 $x=\xi(\xi>0)$ 所围平面图形绕 x 轴旋转一周，得一旋转体，求此旋转体体积 $V(\xi)$；求满足 $V(a)=\dfrac{1}{2}\lim\limits_{\xi\to+\infty}V(\xi)$ 的 a.

(2) 在此曲线上找一点，使过该点的切线与两个坐标轴所夹平面图形的面积最大，并求出该面积.

考点三　平面曲线的弧长与旋转体的侧面积(仅数学一、二)

1. (10-2) 当 $0\leqslant\theta\leqslant\pi$ 时,对数螺线 $r=e^{\theta}$ 的弧长为________.

2. (95-2) 摆线 $\begin{cases}x=1-\cos t,\\ y=t-\sin t\end{cases}$ 一拱($0\leqslant t\leqslant 2\pi$)的弧长 $S=$________.

3. (04-2) 曲线 $y=\dfrac{e^{x}+e^{-x}}{2}$ 与直线 $x=0,x=t(t>0)$ 及 $y=0$ 围成一曲边梯形. 该曲边梯形绕 x 轴旋转一周得一旋转体,其体积为 $V(t)$,侧面积为 $S(t)$,在 $x=t$ 处的底面积为 $F(t)$.

(1) 求 $\dfrac{S(t)}{V(t)}$ 的值;

(2) 计算极限 $\lim\limits_{t\to+\infty}\dfrac{S(t)}{F(t)}$.

4. (01-2) 设 $\rho=\rho(x)$ 是抛物线 $y=\sqrt{x}$ 上任一点 $M(x,y)$ $(x\geqslant 1)$ 处的曲率半径,$s=s(x)$ 是该抛物线上介于点 $A(1,1)$ 与 M 之间的弧长,计算 $3\rho\dfrac{d^2\rho}{ds^2}-\left(\dfrac{d\rho}{ds}\right)^2$ 的值.

5. (98-2) 设有曲线 $y=\sqrt{x-1}$,过原点作其切线,求由此曲线、切线及 x 轴围成的平面图形绕 x 轴旋转一周所得到的旋转体的表面积.

考点四　定积分的物理应用(仅数学一、二)

1. (14-2) 一根长度为 1 的细棒位于 x 轴的区间 $[0,1]$ 上,若其线密度 $\rho(x)=-x^2+2x+1$,则该细棒的质心坐标 $\bar{x}=$________.

2. (13-2) 设曲线 L 的方程为

$$y=\frac{1}{4}x^2-\frac{1}{2}\ln x\,(1\leqslant x\leqslant e).$$

(1) 求 L 的弧长;

(2) 设 D 是由曲线 L,直线 $x=1,x=e$ 及 x 轴所围平面图形,求 D 的形心的横坐标.

3. (10-2) 一个高为 l 的柱体形贮油罐,底面是长轴为 $2a$,短轴为 $2b$ 的椭圆. 现将贮油罐平放,当油罐中油面高度为 $\dfrac{3}{2}b$ 时(如下图所示),计算油的质量.(长度单位为 m,质量单位为 kg,油的密度为常量 ρ,单位为 kg/m^3)

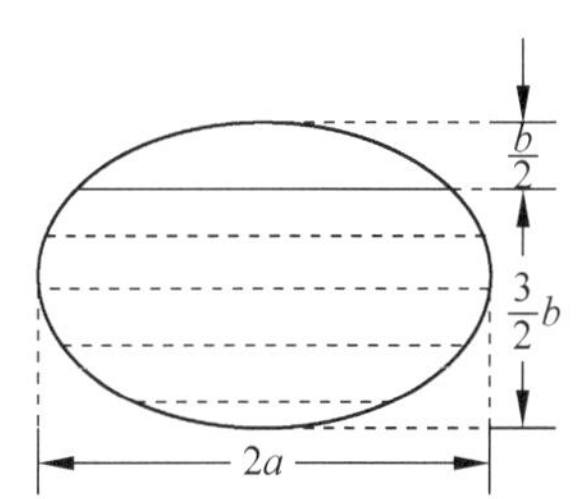

4. (99-1,2) 为清除井底的淤泥,用缆绳将抓斗放入井底,抓起污泥后提出井口(如下图所示). 已知井深 30 m,抓斗自重 400 N,缆绳每米重 50 N,抓斗抓起的污泥重 2 000 N,提升速度为 3 m/s. 在提升过程中,污泥以 20 N/s 的速率从抓斗缝隙中漏掉. 现将抓起污泥的抓斗提升至井口,问克服重力需作多少焦耳的功?

(说明:(1) 1 N×1 m=1 J; m,N,s,J 分别表示米,牛顿,秒,焦耳.(2)抓斗的高度及位于井口上方的缆绳长度忽略不计.)

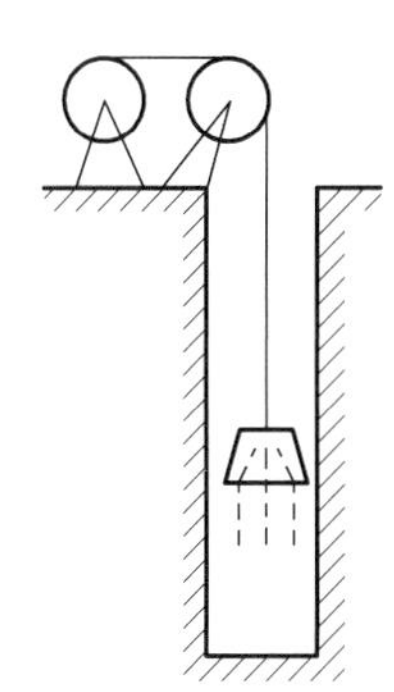

小 结

利用定积分求几何量是考研数学的一个重点.其中,求平面图形的面积与旋转体的体积是数学一、二、三都要求的,而求平面曲线的弧长与旋转体的侧面积是仅数学一、二要求的.

一方面,考生应全面地掌握这些几何量的计算公式并合理地进行选用. $V=2\pi\int_a^b x\mid y(x)\mid \mathrm{d}x$ 及 $V=2\pi\int_c^d y\mid x(y)\mid \mathrm{d}y$ 是不少考生未能熟练使用的两个公式(可参看2020年数学二的解答题、2020年数学三的填空题,以及2015年数学二的解答题).而曲线由极坐标方程(比如2022年、2010年和2003年数学二的填空题)和参数方程(比如2016年数学二的解答题,这道考题满分11分,而平均分仅为2.43分)给出也是值得关注的情形,这时记忆一些常用曲线(比如摆线、星形线、心形线、双纽线)的方程和图形会对解题有所帮助.此外,切莫忽视平面图形绕与坐标轴平行的直线旋转所得的旋转体体积的求法(比如1996年数学二的选择题和1994年数学二的解答题).

另一方面,此处经常命制具有综合性的解答题.比如,2019年数学一、三和2014年数学二的解答题分别将平面图形的面积与级数求和、数列极限结合了起来.而平面曲线的切线、函数的最值,考研一直以来都经常与利用定积分求几何量相结合进行考查,比如2012年数学一、2007年数学二、2003年数学一、1998年数学二、1994年数学三的解答题等等.

此外,考生切莫遗漏复习利用定积分求函数的平均值(数学一、二、三都要求)和一些物理量(仅数学一、二要求).尤其关于后者的考题往往得分率不高,比如2014年数学二的填空题虽然只需直接使用质心计算公式,但却只有31.4%的考生做对.

§3.4 变限积分问题

十年真题
2015—2024

答案P271

考点一 变限积分的导数问题

1. (16-2) 已知函数 $f(x)$ 在 $(-\infty,+\infty)$ 上连续,且

$$f(x)=(x+1)^2+2\int_0^x f(t)\mathrm{d}t,$$

则当 $n\geqslant 2$ 时, $f^{(n)}(0)=$ ________.

2. (15-2,3) 设函数 $f(x)$ 连续, $\varphi(x)=\int_0^{x^2} xf(t)\mathrm{d}t$. 若 $\varphi(1)=1,\varphi'(1)=5$,则 $f(1)=$ ________.

考点二 含变限积分的函数的极限问题

1. (21-2,3) 当 $x\to 0$ 时, $\int_0^{x^2}(\mathrm{e}^{t^3}-1)\mathrm{d}t$ 是 x^7 的( )

(A) 低阶无穷小. (B) 等价无穷小.

(C) 高阶无穷小. (D) 同阶但非等价无穷小.

2. (20-1,2) 当 $x\to 0^+$ 时,下列无穷小量中最高阶的是( )

(A) $\int_0^x(\mathrm{e}^{t^2}-1)\mathrm{d}t$. (B) $\int_0^x\ln(1+\sqrt{t^3})\mathrm{d}t$.

(C) $\int_0^{\sin x}\sin t^2\mathrm{d}t$. (D) $\int_0^{1-\cos x}\sqrt{\sin^3 t}\,\mathrm{d}t$.

3. (24-3) 当 $x\to 0$ 时, $\int_0^x \frac{(1+t^2)\sin t^2}{1+\cos t^2}\mathrm{d}t$ 与 x^k 是同阶无穷小,则 $k=$ ________.

4. (16-1) $\lim\limits_{x\to 0}\frac{\int_0^x t\ln(1+t\sin t)\mathrm{d}t}{1-\cos x^2}=$ ________.

5. (21-1,2) 求极限 $\lim\limits_{x\to 0}\left(\frac{1+\int_0^x \mathrm{e}^{t^2}\mathrm{d}t}{\mathrm{e}^x-1}-\frac{1}{\sin x}\right)$.

6. (17-2,3) 求 $\lim\limits_{x\to 0^+}\frac{\int_0^x\sqrt{x-t}\,\mathrm{e}^t\mathrm{d}t}{\sqrt{x^3}}$.

考点三 变限积分与其他问题的综合

1. (24-1) 已知函数 $f(x)=\int_0^x e^{\cos t}dt$, $g(x)=\int_0^{\sin x} e^{t^2}dt$, 则( )

(A) $f(x)$是奇函数, $g(x)$是偶函数.

(B) $f(x)$是偶函数, $g(x)$是奇函数.

(C) $f(x)$与$g(x)$均为奇函数.

(D) $f(x)$与$g(x)$均为周期函数.

2. (24-2) 已知函数 $f(x)=\int_0^{\sin x}\sin t^3 dt$, $g(x)=\int_0^x f(t)dt$, 则( )

(A) $f(x)$是奇函数, $g(x)$是奇函数.

(B) $f(x)$是奇函数, $g(x)$是偶函数.

(C) $f(x)$是偶函数, $g(x)$是偶函数.

(D) $f(x)$是偶函数, $g(x)$是奇函数.

3. (20-3) 设奇函数 $f(x)$在$(-\infty,+\infty)$上具有连续导数, 则( )

(A) $\int_0^x[\cos f(t)+f'(t)]dt$ 是奇函数.

(B) $\int_0^x[\cos f(t)+f'(t)]dt$ 是偶函数.

(C) $\int_0^x[\cos f'(t)+f(t)]dt$ 是奇函数.

(D) $\int_0^x[\cos f'(t)+f(t)]dt$ 是偶函数.

4. (23-2-仅数学一、二) 曲线 $y=\int_{-\sqrt{3}}^x\sqrt{3-t^2}\,dt$ 的弧长为________.

5. (19-2) 已知函数 $f(x)=x\int_1^x\frac{\sin t^2}{t}dt$, 则$\int_0^1 f(x)dx=$________.

6. (19-3) 已知函数 $f(x)=\int_1^x\sqrt{1+t^4}\,dt$, 则$\int_0^1 x^2 f(x)dx=$________.

7. (24-2) 设 $t>0$, 平面有界区域 D 由曲线 $y=\sqrt{x}e^{-x}$ 与直线 $x=t$, $x=2t$ 及 x 轴围成, D 绕 x 轴旋转一周所得旋转体的体积为 $V(t)$, 求 $V(t)$的最大值.

8. (24-3) 设 $t>0$, 平面有界区域 D 由曲线 $y=xe^{-2x}$ 与直线 $x=t$, $x=2t$ 及 x 轴围成, D 的面积为 $S(t)$, 求 $S(t)$的最大值.

9. (20-2) 已知函数 $f(x)$ 连续且 $\lim\limits_{x\to0}\frac{f(x)}{x}=1$, $g(x)=\int_0^1 f(xt)dt$, 求 $g'(x)$ 且证明 $g'(x)$ 在 $x=0$ 处连续.

10. (16-2,3) 设函数 $f(x)=\int_0^1|t^2-x^2|dt\ (x>0)$, 求 $f'(x)$, 并求 $f(x)$ 的最小值.

考点分析

考　点	大纲要求	命题特点
一、变限积分的导数问题 二、含变限积分的函数的极限问题 三、变限积分与其他问题的综合	理解积分上限的函数并会求它的导数.	**1. 考试频率:** ★★★★☆ **2. 常考题型:** 选择题、填空题、解答题 **3. 命题趋势:** 变限积分问题在考研中经常考查,不少考题与其他各章节联系紧密.

知识梳理

1. 变限积分的性质

(1) 若 $f(x)$ 在 $[a,b]$ 上可积，则 $\Phi(x)=\int_a^x f(t)\mathrm{d}t$ 在 $[a,b]$ 上连续.

(2) 若 $f(x)$ 在 $[a,b]$ 上连续，则 $\Phi(x)=\int_a^x f(t)\mathrm{d}t$ 在 $[a,b]$ 上可导，且为 $f(x)$ 在 $[a,b]$ 上的一个原函数.

2. 变限积分的求导公式

设 $f(x)$ 连续，则

(1) $\frac{\mathrm{d}}{\mathrm{d}x}\int_a^x f(t)\mathrm{d}t=$ ① ________；

(2) $\frac{\mathrm{d}}{\mathrm{d}x}\int_a^{\varphi(x)} f(t)\mathrm{d}t=f[\varphi(x)]\varphi'(x)$；

(3) $\frac{\mathrm{d}}{\mathrm{d}x}\int_{\psi(x)}^{\varphi(x)} f(t)\mathrm{d}t=$ ② ________________.

知识梳理·答案

① $f(x)$　② $f[\varphi(x)]\varphi'(x)-f[\psi(x)]\psi'(x)$

方法探究

答案 P273

考点一　变限积分的导数问题

在求变限积分的导数时，若被积函数仅含积分变量，与积分限无关，则可直接利用求导公式；否则，可先分离变量、换元或交换二次变限积分的积分次序(详见§6.1)后再利用求导公式.

【例】 设函数 $f(x)$ 连续，则 $\frac{\mathrm{d}}{\mathrm{d}x}\int_0^x txf(x^2-t^2)\mathrm{d}t=$ ________.

【解】 由于 $\int_0^x txf(x^2-t^2)\mathrm{d}t\xlongequal{令u=x^2-t^2}-\frac{1}{2}\int_{x^2}^0 xf(u)\mathrm{d}u=\frac{1}{2}x\int_0^{x^2}f(u)\mathrm{d}u$，故

$$\frac{\mathrm{d}}{\mathrm{d}x}\int_0^x txf(x^2-t^2)\mathrm{d}t=\frac{1}{2}\int_0^{x^2}f(u)\mathrm{d}u+\frac{1}{2}x\frac{\mathrm{d}}{\mathrm{d}x}\int_0^{x^2}f(u)\mathrm{d}u$$
$$=\frac{1}{2}\int_0^{x^2}f(u)\mathrm{d}u+x^2f(x^2).$$

变式(95-1) $\frac{\mathrm{d}}{\mathrm{d}x}\int_{x^2}^0 x\cos t^2\mathrm{d}t=$ ________.

考点二　含变限积分的函数的极限问题

含变限积分的函数的极限问题一般都利用洛必达法则来解决.

【例】 $\lim\limits_{x\to0}\frac{\int_0^x(\mathrm{e}^t-t)^{\frac{1}{t^2}}\mathrm{d}t}{\ln(1+\sin x)}=$ ________.

【解】 原式 $=\lim\limits_{x\to0}\frac{\int_0^x(\mathrm{e}^t-t)^{\frac{1}{t^2}}\mathrm{d}t}{x}\xlongequal[洛]{\frac{0}{0}}\lim\limits_{x\to0}(\mathrm{e}^x-x)^{\frac{1}{x^2}}$

$$\xlongequal{1^\infty}\mathrm{e}^{\lim\limits_{x\to0}\frac{1}{x^2}\ln(\mathrm{e}^x-x)}\xlongequal{0\cdot\infty}\mathrm{e}^{\lim\limits_{x\to0}\frac{\mathrm{e}^x-x-1}{x^2}}$$
$$\xlongequal[洛]{\frac{0}{0}}\mathrm{e}^{\lim\limits_{x\to0}\frac{\mathrm{e}^x-1}{2x}}=\mathrm{e}^{\frac{1}{2}}.$$

变式1(05-2) 设函数 $f(x)$ 连续，且 $f(0)\neq0$，求极限 $\lim\limits_{x\to0}\frac{\int_0^x(x-t)f(t)\mathrm{d}t}{x\int_0^x f(x-t)\mathrm{d}t}$.

变式2(02-3) 求极限 $\lim\limits_{x\to0}\frac{\int_0^x\left[\int_0^{u^2}\arctan(1+t)\mathrm{d}t\right]\mathrm{d}u}{x(1-\cos x)}$.

考点三　变限积分与其他问题的综合

关于变限积分，以下几个问题也在考研中经常考查.

1. 求变限积分的表达式

【例1】(93-2) 已知 $f(x)=\begin{cases}x^2, & 0\leqslant x<1,\\ 1, & 1\leqslant x\leqslant2,\end{cases}$ 设 $F(x)=\int_1^x f(t)\mathrm{d}t\ (0\leqslant x\leqslant2)$，则 $F(x)$ 为(　　)

(A) $\begin{cases}\frac{1}{3}x^3, & 0\leqslant x<1,\\ x, & 1\leqslant x\leqslant2.\end{cases}$

(B) $\begin{cases}\frac{1}{3}x^3-\frac{1}{3}, & 0\leqslant x<1,\\ x, & 1\leqslant x\leqslant2.\end{cases}$

(C) $\begin{cases}\frac{1}{3}x^3, & 0\leqslant x<1,\\ x-1, & 1\leqslant x\leqslant2.\end{cases}$

(D) $\begin{cases}\frac{1}{3}x^3-\frac{1}{3}, & 0\leqslant x<1,\\ x-1, & 1\leqslant x\leqslant2.\end{cases}$

【解】法一(反面做)：由 $f(x)$ 在 $[0,2]$ 上可积知 $F(x)$ 在 $x=1$ 处连续，故排除(A)、(B)、(C)，选(D).

法二(正面做)：当 $0\leqslant x<1$ 时，

$$F(x)=\int_1^x t^2\mathrm{d}t=\frac{1}{3}x^3-\frac{1}{3};$$

当 $1\leqslant x<2$ 时，$F(x)=\int_1^x 1\mathrm{d}t=x-1$.

故 $F(x)=\begin{cases}\frac{1}{3}x^3-\frac{1}{3}, & 0\leqslant x<1,\\ x-1, & 1\leqslant x\leqslant 2.\end{cases}$ 选(D).

2. 判断变限积分的性质

在考研中，经常通过求变限积分的导数来判断其单调性、极值(或最值)，以及通过求它的二阶导数来判断其对应曲线的凹凸性、拐点(如例 2)；也可通过证明变限积分等式来判断变限积分的奇偶性、周期性(如例 3).

【例 2】(10-1,2) 求函数 $f(x)=\int_1^{x^2}(x^2-t)\mathrm{e}^{-t^2}\mathrm{d}t$ 的单调区间与极值.

【解】 由 $f(x)=x^2\int_1^{x^2}\mathrm{e}^{-t^2}\mathrm{d}t-\int_1^{x^2}t\mathrm{e}^{-t^2}\mathrm{d}t$ 知 $f'(x)=2x\int_1^{x^2}\mathrm{e}^{-t^2}\mathrm{d}t+x^2\mathrm{e}^{-x^4}\cdot 2x-x^2\mathrm{e}^{-x^4}\cdot 2x=2x\int_1^{x^2}\mathrm{e}^{-t^2}\mathrm{d}t$.

令 $f'(x)=0$，则 $x_1=-1, x_2=0, x_3=1$.

x	$(-\infty,-1)$	-1	$(-1,0)$	0	$(0,1)$	1	$(1,+\infty)$
$f'(x)$	$-$	0	$+$	0	$-$	0	$+$
$f(x)$	↘	极小	↗	极大	↘	极小	↗

如上表所列，$f(x)$在$(-\infty,-1)$和$(0,1)$内单调递减，在$(-1,0)$和$(1,+\infty)$内单调递增；在 $x=\pm1$ 处取得极小值 0，在 $x=0$ 处取得极大值

$$f(0)=-\int_1^0 t\mathrm{e}^{-t^2}\mathrm{d}t=-\frac{1}{2}\int_0^1\mathrm{e}^{-t^2}\mathrm{d}(-t^2)$$

$$=-\frac{1}{2}(\mathrm{e}^{-1}-1).$$

【例 3】(08-3) 设 $f(x)$是周期为 2 的连续函数.

(1) 证明对任意的实数 t，有$\int_t^{t+2}f(x)\mathrm{d}x=\int_0^2 f(x)\mathrm{d}x$；

(2) 证明$G(x)=\int_0^x\left[2f(t)-\int_t^{t+2}f(s)\mathrm{d}s\right]\mathrm{d}t$ 是周期为 2 的周期函数.

【证】 (1) $\int_t^{t+2}f(x)\mathrm{d}x=\int_0^2 f(x)\mathrm{d}x+\int_t^0 f(x)\mathrm{d}x+\int_2^{t+2}f(x)\mathrm{d}x$.

由$\int_2^{t+2}f(x)\mathrm{d}x\xlongequal{令 u=x-2}\int_0^t f(u+2)\mathrm{d}u=\int_0^t f(u)\mathrm{d}u$ 知 $\int_t^0 f(x)\mathrm{d}x+\int_2^{t+2}f(x)\mathrm{d}x=0$，故 $\int_t^{t+2}f(x)\mathrm{d}x=\int_0^2 f(x)\mathrm{d}x$.

(2) 由(1)可知

$$G(x)=\int_0^x\left[2f(t)-\int_0^2 f(s)\mathrm{d}s\right]\mathrm{d}t$$

$$=2\int_0^x f(t)\mathrm{d}t-x\int_0^2 f(s)\mathrm{d}s.$$

由于

$$G(x+2)-G(x)=2\int_0^{x+2}f(t)\mathrm{d}t-2\int_0^2 f(s)\mathrm{d}s-2\int_0^x f(t)\mathrm{d}t$$

$$=2\int_x^{x+2}f(t)\mathrm{d}t-2\int_0^2 f(s)\mathrm{d}s$$

$$=2\int_0^2 f(t)\mathrm{d}t-2\int_0^2 f(s)\mathrm{d}s=0,$$

故 $G(x)$是周期为 2 的周期函数.

【注】 证明积分等式的常用方法有换元、利用可加性等.

3. 变限积分等式问题

若已知某变限积分等式，则可通过在它两边求导来求函数表达式(如变式)或某定积分的值(如例 4). 其解题思路如下图所示：

变限积分等式
两边求导
含x, $f'(x)$的等式 —两边积分→ $f(x)$
↑两边求导
含x, $f(x)$, $\int_a^x f(t)\mathrm{d}t$的等式 —赋值→ $\int_a^b f(x)\mathrm{d}x$
↓两边求导
含x, $f(x)$, $f'(x)$的等式 —解微分方程→ $f(x)$

【例 4】(99-3) 设函数 $f(x)$连续，且

$$\int_0^x tf(2x-t)\mathrm{d}t=\frac{1}{2}\arctan x^2.$$

已知 $f(1)=1$，求$\int_1^2 f(x)\mathrm{d}x$ 的值.

【解】 由

$$\int_0^x tf(2x-t)\mathrm{d}t\xlongequal{令 u=2x-t}-\int_{2x}^x(2x-u)f(u)\mathrm{d}u$$

$$=2x\int_x^{2x}f(u)\mathrm{d}u-\int_x^{2x}uf(u)\mathrm{d}u$$

知 $2x\int_x^{2x}f(u)\mathrm{d}u-\int_x^{2x}uf(u)\mathrm{d}u=\frac{1}{2}\arctan x^2$.

两边求导，得

$$2\int_x^{2x}f(u)\mathrm{d}u+2x[2f(2x)-f(x)]-[4xf(2x)-xf(x)]=\frac{x}{1+x^4},$$

即 $2\int_x^{2x}f(u)\mathrm{d}u-xf(x)=\frac{x}{1+x^4}$.

令 $x=1$，则 $2\int_1^2 f(u)\mathrm{d}u-f(1)=\frac{1}{2}$，即$\int_1^2 f(x)\mathrm{d}x=\frac{3}{4}$.

变式(92-3) 求连续函数 $f(x)$，使它满足$\int_0^1 f(tx)\mathrm{d}t=f(x)+x\sin x$.

4. 求二次积分

对于形如$\int_a^b g(x)\left[\int_{\varphi_1(x)}^{\varphi_2(x)} h(y)\mathrm{d}y\right]\mathrm{d}x$的二次积分,可通过分部积分法或交换积分次序(详见§6.1)来计算.

【例5】(95-2) 设$f(x)=\int_0^x \frac{\sin t}{\pi-t}\mathrm{d}t$,计算$\int_0^\pi f(x)\mathrm{d}x$.

【解】法一:
$$\int_0^\pi f(x)\mathrm{d}x=[xf(x)]_0^\pi-\int_0^\pi xf'(x)\mathrm{d}x$$
$$=\pi\int_0^\pi \frac{\sin t}{\pi-t}\mathrm{d}t-\int_0^\pi x\frac{\sin x}{\pi-x}\mathrm{d}x$$
$$=\int_0^\pi(\pi-x)\frac{\sin x}{\pi-x}\mathrm{d}x$$
$$=\int_0^\pi \sin x\,\mathrm{d}x=2.$$

法二:
$$\int_0^\pi f(x)\mathrm{d}x=\int_0^\pi \mathrm{d}x\int_0^x\frac{\sin t}{\pi-t}\mathrm{d}t\xlongequal{\text{交换积分次序}}\int_0^\pi \mathrm{d}t\int_t^\pi\frac{\sin t}{\pi-t}\mathrm{d}x$$
$$=\int_0^\pi \sin t\,\mathrm{d}t=2.$$

【注】 读者可在读完§6.1后再读本题的"法二".

真题精选 1987—2014

答案P273

考点一 变限积分的导数问题

1. (93-3) 设$f(x)$为连续函数,且$F(x)=\int_{\frac{1}{x}}^{\ln x} f(t)\mathrm{d}t$,则$F'(x)$等于( )

(A) $\frac{1}{x}f(\ln x)+\frac{1}{x^2}f\left(\frac{1}{x}\right)$. (B) $\frac{1}{x}f(\ln x)+f\left(\frac{1}{x}\right)$.

(C) $\frac{1}{x}f(\ln x)-\frac{1}{x^2}f\left(\frac{1}{x}\right)$. (D) $f(\ln x)-f\left(\frac{1}{x}\right)$.

2. (13-2) 设函数$f(x)=\int_{-1}^x\sqrt{1-\mathrm{e}^t}\,\mathrm{d}t$,则$y=f(x)$的反函数$x=f^{-1}(y)$在$y=0$处的导数$\left.\frac{\mathrm{d}x}{\mathrm{d}y}\right|_{y=0}=$________.

3. (10-1-仅数学一、二) 设$\begin{cases}x=\mathrm{e}^{-t},\\ y=\int_0^t\ln(1+u^2)\mathrm{d}u,\end{cases}$则$\left.\frac{\mathrm{d}^2y}{\mathrm{d}x^2}\right|_{t=0}=$________.

4. (99-1) $\frac{\mathrm{d}}{\mathrm{d}x}\int_0^x\sin(x-t)^2\mathrm{d}t=$________.

5. (02-1) 已知两曲线$y=f(x)$与$y=\int_0^{\arctan x}\mathrm{e}^{-t^2}\mathrm{d}t$在点(0,0)处的切线相同,写出此切线方程,并求极限$\lim\limits_{n\to\infty}nf\left(\frac{2}{n}\right)$.

考点二 含变限积分的函数的极限问题

1. (96-1) 设$f(x)$有连续的导数,$f(0)=0$,$f'(0)\neq0$,$F(x)=\int_0^x(x^2-t^2)f(t)\mathrm{d}t$,且当$x\to0$时,$F'(x)$与$x^k$是同阶无穷小,则$k$等于( )

(A) 1. (B) 2. (C) 3. (D) 4.

2. (14-1,2,3) 求极限$\lim\limits_{x\to+\infty}\frac{\int_1^x\left[t^2\left(\mathrm{e}^{\frac{1}{t}}-1\right)-t\right]\mathrm{d}t}{x^2\ln\left(1+\frac{1}{x}\right)}$.

3. (11-2) 已知函数$F(x)=\frac{\int_0^x\ln(1+t^2)\mathrm{d}t}{x^\alpha}$.设$\lim\limits_{x\to+\infty}F(x)=\lim\limits_{x\to0^+}F(x)=0$,试求$\alpha$的取值范围.

4. (98-2) 确定常数a,b,c的值,使
$$\lim_{x\to0}\frac{ax-\sin x}{\int_b^x\frac{\ln(1+t^3)}{t}\mathrm{d}t}=c\quad(c\neq0).$$

5. **(94-3)** 设函数 $f(x)$ 可导,且 $f(0)=0$,

$$F(x)=\int_0^x t^{n-1}f(x^n-t^n)\mathrm{d}t,$$

求 $\lim\limits_{x\to0}\dfrac{F(x)}{x^{2n}}$.

考点三 变限积分与其他问题的综合

1. **(09-1,2,3)** 设函数 $y=f(x)$ 在区间 $[-1,3]$ 上的图形如下图所示,则函数 $F(x)=\int_0^x f(t)\mathrm{d}t$ 的图形为(　　)

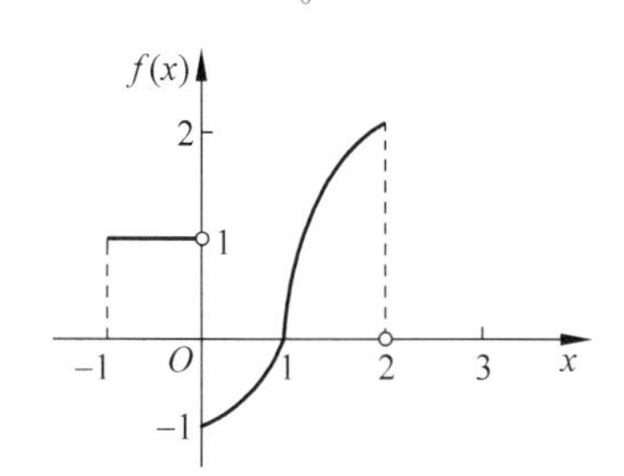

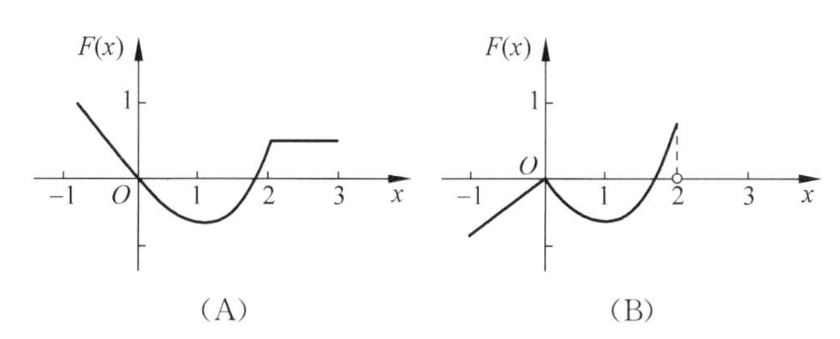

(A)　　　　(B)

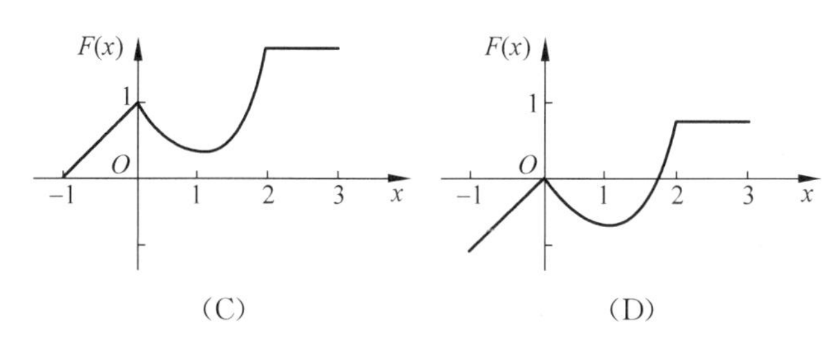

(C)　　　　(D)

2. **(02-2)** 设函数 $f(x)$ 连续,则下列函数中,必为偶函数的是(　　)

(A) $\int_0^x f(t^2)\mathrm{d}t$.

(B) $\int_0^x f^2(t)\mathrm{d}t$.

(C) $\int_0^x t[f(t)-f(-t)]\mathrm{d}t$.

(D) $\int_0^x t[f(t)+f(-t)]\mathrm{d}t$.

3. **(97-1,2)** 设 $F(x)=\int_x^{x+2\pi}\mathrm{e}^{\sin t}\sin t\,\mathrm{d}t$,则 $F(x)$(　　)

(A) 为正常数.　　(B) 为负常数.

(C) 恒为零.　　(D) 不为常数.

4. **(90-2)** 设 $f(x)=\int_1^x\dfrac{\ln t}{1+t}\mathrm{d}t$,其中 $x>0$,则 $f(x)+f\left(\dfrac{1}{x}\right)=$ ________.

5. **(13-1)** 计算 $\int_0^1\dfrac{f(x)}{\sqrt{x}}\mathrm{d}x$,其中 $f(x)=\int_1^x\dfrac{\ln(t+1)}{t}\mathrm{d}t$.

6. **(07-2)** 设 $f(x)$ 是区间 $\left[0,\dfrac{\pi}{4}\right]$ 上单调、可导函数,且满足 $\int_0^{f(x)}f^{-1}(t)\mathrm{d}t=\int_0^x t\dfrac{\cos t-\sin t}{\sin t+\cos t}\mathrm{d}t$,其中 f^{-1} 是 f 的反函数,求 $f(x)$.

7. **(04-2)** 设 $f(x)=\int_x^{x+\frac{\pi}{2}}|\sin t|\,\mathrm{d}t$,

(1) 证明 $f(x)$ 是以 π 为周期的周期函数;

(2) 求 $f(x)$ 的值域.

8. **(00-2)** 设函数 $S(x)=\int_0^x|\cos t|\,\mathrm{d}t$.

(1) 当 n 为正整数,且 $n\pi\leqslant x<(n+1)\pi$ 时,证明 $2n\leqslant S(x)<2(n+1)$;

(2) 求 $\lim\limits_{x\to+\infty}\dfrac{S(x)}{x}$.

9. **(00-2)** 设 xOy 平面上有正方形

$$D=\{(x,y)\mid 0\leqslant x\leqslant 1,0\leqslant y\leqslant 1\}$$

及直线 $l:x+y=t(t\geqslant 0)$. 若 $S(t)$ 表示正方形 D 位于直线 l 左下方部分的面积(如下图所示), 试求 $\int_0^x S(t)\mathrm{d}t(x\geqslant 0)$.

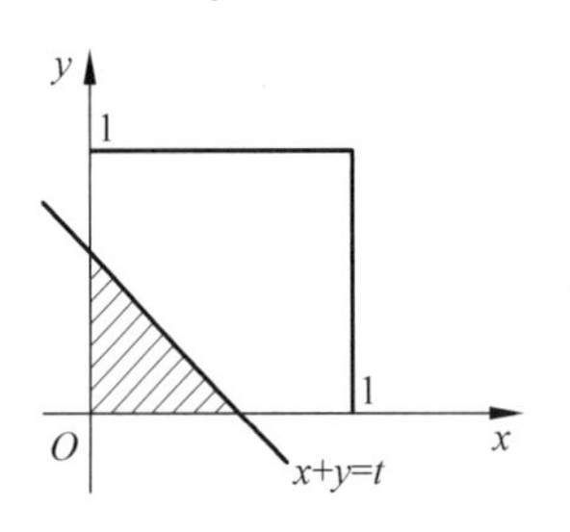

10. **(97-1,2)** 设 $f(x)$ 连续, $\varphi(x)=\int_0^1 f(xt)\mathrm{d}t$, 且 $\lim\limits_{x\to 0}\dfrac{f(x)}{x}=A$ (A 为常数), 求 $\varphi'(x)$ 并讨论 $\varphi'(x)$ 在 $x=0$ 处的连续性.

小　结

有关变限积分的问题几乎贯穿了整个高等数学，考生应关注它与之前及之后各章节之间的联系. 其中，最重要的是变限积分的求导，它是完成许多解答题的第一步，尤其要掌握换元法在求导中的运用，比如2020年数学二，2017年数学二、三，以及1999年和1994年数学三的解答题.

另外，变限积分也能作为载体来命制具有综合性的解答题，比如2008年数学三以及2004年和2000年数学二的解答题，它们都可以利用第(1)问的结论去完成第(2)问. 事实上，即使考生未能正确地完成第(1)问，而直接利用其结论去解答第(2)问，则也不会影响第(2)问的得分.

§3.5　中值定理及方程、不等式问题

十年真题
2015—2024

答案 P275

考点一　证明含中值的等式

(20-2) 设函数 $f(x)=\int_1^x \mathrm{e}^{t^2}\mathrm{d}t$.

(1) 证明：存在 $\xi\in(1,2)$, 使得 $f(\xi)=(2-\xi)\mathrm{e}^{\xi^2}$;

(2) 证明：存在 $\eta\in(1,2)$, 使得 $f(2)=\ln 2\cdot\eta\mathrm{e}^{\eta^2}$.

考点二　函数的零点与方程的根

1. **(21-2,3)** 设函数 $f(x)=ax-b\ln x(a>0)$ 有2个零点，则 $\dfrac{b}{a}$ 的取值范围是(　　)

(A) $(\mathrm{e},+\infty)$.　　(B) $(0,\mathrm{e})$.

(C) $\left(0,\dfrac{1}{\mathrm{e}}\right)$.　　(D) $\left(\dfrac{1}{\mathrm{e}},+\infty\right)$.

2. **(19-3)** 已知方程 $x^5-5x+k=0$ 有3个不同的实根，则 k 的取值范围是(　　)

(A) $(-\infty,-4)$.　　(B) $(4,+\infty)$.

(C) $\{-4,4\}$.　　(D) $(-4,4)$.

3. **(17-1,2)** 设函数 $f(x)$ 在区间 $[0,1]$ 上具有2阶导数，且 $f(1)>0$, $\lim\limits_{x\to 0^+}\dfrac{f(x)}{x}<0$. 证明：

(1) 方程 $f(x)=0$ 在 $(0,1)$ 内至少存在一个实根；

(2) 方程 $f(x)f''(x)+[f'(x)]^2=0$ 在 $(0,1)$ 内至少存在两个不同实根.

4. (**17-3**) 已知方程 $\frac{1}{\ln(1+x)}-\frac{1}{x}=k$ 在区间 $(0,1)$ 内有实根,确定常数 k 的取值范围.

5. (**15-2**) 已知函数

$$f(x)=\int_x^1\sqrt{1+t^2}\,dt+\int_1^{x^2}\sqrt{1+t}\,dt,$$

求 $f(x)$ 零点的个数.

考点三 不等式问题

1. (**20-2**) 设函数 $f(x)$ 在 $[-2,2]$ 上可导,且 $f'(x)>f(x)>0$,则( )

(A) $\frac{f(-2)}{f(-1)}>1$. (B) $\frac{f(0)}{f(-1)}>e$.

(C) $\frac{f(1)}{f(-1)}<e^2$. (D) $\frac{f(2)}{f(-1)}<e^3$.

2. (**18-2,3**) 设函数 $f(x)$ 在 $[0,1]$ 上二阶可导,且 $\int_0^1 f(x)dx=0$,则( )

(A) 当 $f'(x)<0$ 时,$f\left(\frac{1}{2}\right)<0$.

(B) 当 $f''(x)<0$ 时,$f\left(\frac{1}{2}\right)<0$.

(C) 当 $f'(x)>0$ 时,$f\left(\frac{1}{2}\right)<0$.

(D) 当 $f''(x)>0$ 时,$f\left(\frac{1}{2}\right)<0$.

3. (**17-1,3**) 设函数 $f(x)$ 可导,且 $f(x)f'(x)>0$,则( )

(A) $f(1)>f(-1)$. (B) $f(1)<f(-1)$.

(C) $|f(1)|>|f(-1)|$. (D) $|f(1)|<|f(-1)|$.

4. (**24-1,2,3**) 设函数 $f(x)$ 具有 2 阶导数,且 $f'(0)=f'(1)$,$|f''(x)|\leqslant 1$. 证明:

(1) 当 $x\in(0,1)$ 时,

$$|f(x)-f(0)(1-x)-f(1)x|\leqslant\frac{x(1-x)}{2};$$

(2) $\left|\int_0^1 f(x)dx-\frac{f(0)+f(1)}{2}\right|\leqslant\frac{1}{12}$.

5. (**23-1,2,3**) 设函数 $f(x)$ 在 $[-a,a]$ 上具有 2 阶连续导数. 证明:

(1) 若 $f(0)=0$,则存在 $\xi\in(-a,a)$,使得

$$f''(\xi)=\frac{1}{a^2}[f(a)+f(-a)];$$

(2) 若 $f(x)$ 在 $(-a,a)$ 内取得极值,则存在 $\eta\in(-a,a)$,使得

$$|f''(\eta)|\geqslant\frac{1}{2a^2}|f(a)-f(-a)|.$$

6. (**22-1,2**) 设函数 $f(x)$ 在 $(-\infty,+\infty)$ 内具有2阶连续导数,证明:$f''(x)\geqslant 0$ 的充分必要条件是对不同实数 a,b,$f\left(\frac{a+b}{2}\right)\leqslant\frac{1}{b-a}\int_a^b f(x)\mathrm{d}x$.

7. (**20-1,3**) 设函数 $f(x)$ 在区间 $[0,2]$ 上具有连续导数,$f(0)=f(2)=0$,$M=\max\limits_{x\in[0,2]}\{|f(x)|\}$. 证明:

(1) 存在 $\xi\in(0,2)$,使得 $|f'(\xi)|\geqslant M$;

(2) 若对任意的 $x\in(0,2)$,有 $|f'(x)|\leqslant M$,则 $M=0$.

8. (**19-2**) 已知函数 $f(x)$ 在 $[0,1]$ 上具有2阶导数,且 $f(0)=0,f(1)=1,\int_0^1 f(x)\mathrm{d}x=1$. 证明:

(1) 存在 $\xi\in(0,1)$,使得 $f'(\xi)=0$;

(2) 存在 $\eta\in(0,1)$,使得 $f''(\eta)<-2$.

9. (**18-2**) 已知常数 $k\geqslant\ln 2-1$. 证明

$$(x-1)(x-\ln^2 x+2k\ln x-1)\geqslant 0.$$

10. (**15-2**) 已知函数 $f(x)$ 在区间 $[a,+\infty)$ 上具有2阶导数,$f(a)=0,f'(x)>0,f''(x)>0$. 设 $b>a$,曲线 $y=f(x)$ 在点 $(b,f(b))$ 处的切线与 x 轴的交点是 $(x_0,0)$,证明:$a<x_0<b$.

考点分析

考　　点	大纲要求	命题特点
一、证明含中值的等式 二、函数的零点与方程的根 三、不等式问题	1. 理解闭区间上连续函数的性质,并会应用这些性质. 2. 理解并会用罗尔定理、拉格朗日中值定理和泰勒定理,了解并会用柯西中值定理. 3. 掌握积分中值定理.	**1. 考试频率**:★★★★★ **2. 常考题型**:选择题、解答题 **3. 命题趋势**:中值定理及方程、不等式问题是考研一直以来的难点,对逻辑推理能力和综合应用能力有较高要求.

知识梳理

1. 闭区间上连续函数的性质

定理	条件	结论
最值定理	$f(x)$在$[a,b]$上连续	$f(x)$在$[a,b]$上一定能取得最大值和最小值
介值定理	$f(x)$在$[a,b]$上连续，且M和m分别为$f(x)$在$[a,b]$上的最大值和最小值	任取$\mu\in[m,M]$，存在$\xi\in[a,b]$，使得①______
零点定理	$f(x)$在$[a,b]$上连续，且②______	存在$\xi\in(a,b)$，使得$f(\xi)=0$

2. 微分中值定理

(1) 罗尔定理、拉格朗日中值定理和柯西中值定理：

定理	条件	结论
罗尔定理	$f(x)$在$[a,b]$上连续、在(a,b)内可导，且③______	存在$\xi\in(a,b)$，使得$f'(\xi)=0$
拉格朗日中值定理	$f(x)$在$[a,b]$上连续，在(a,b)内可导	存在$\xi\in(a,b)$，使得④______
柯西中值定理	$f(x)$、$g(x)$在$[a,b]$上连续，在(a,b)内可导，且$g'(x)\neq0$	存在$\xi\in(a,b)$，使得$\dfrac{f(b)-f(a)}{g(b)-g(a)}=\dfrac{f'(\xi)}{g'(\xi)}$

【注】 记$\xi=a+(b-a)\theta(0<\theta<1)$，则拉格朗日中值定理结论的另一个形式为

$$f(b)-f(a)=f'[a+(b-a)\theta](b-a).$$

(2) 泰勒定理：若$f(x)$在含有x_0的区间(a,b)内具有$(n+1)$阶导数，则对任一$x\in(a,b)$，有

$$f(x)=f(x_0)+f'(x_0)(x-x_0)+\frac{f''(x_0)}{2!}(x-x_0)^2+\cdots+\frac{f^{(n)}(x_0)}{n!}(x-x_0)^n+\frac{f^{(n+1)}(\xi)}{(n+1)!}(x-x_0)^{n+1} \quad (3\text{-}4)$$

(ξ介于x_0与x之间)或

$$f(x)=f(x_0)+f'(x_0)(x-x_0)+\frac{f''(x_0)}{2!}(x-x_0)^2+\cdots+\frac{f^{(n)}(x_0)}{n!}(x-x_0)^n+o[(x-x_0)^n]. \quad (3\text{-}5)$$

【注】 (i) 式(3-4)和式(3-5)分别称为带有拉格朗日型余项和佩亚诺型余项的n阶泰勒公式. $x_0=0$时的泰勒公式称为麦克劳林公式.

(ii) 四个中值定理之间的关系如下：

$$f'(\xi)=0 \xleftrightarrow[f(a)=f(b)]{\text{推广}} f'(\xi)=\frac{f(b)-f(a)}{b-a} \xleftrightarrow[g(x)=x]{\text{推广}} \frac{f(b)-f(a)}{g(b)-g(a)}=\frac{f'(\xi)}{g'(\xi)}$$

推广 $\Updownarrow$ $n=0$, $x=b$, $x_0=a$

$$f(x)=f(x_0)+f'(x_0)(x-x_0)+\frac{f''(x_0)}{2!}(x-x_0)^2+\cdots+\frac{f^{(n)}(x_0)}{n!}(x-x_0)^n+\frac{f^{(n+1)}(\xi)}{(n+1)!}(x-x_0)^{n+1}$$

3. 积分中值定理

若$f(x)$在$[a,b]$上连续，则存在$\xi\in[a,b]$，使得$\int_a^b f(x)\mathrm{d}x=$⑤______.

【注】 事实上，若$f(x)$在$[a,b]$上连续，则存在$\xi\in(a,b)$，使得$\int_a^b f(x)\mathrm{d}x=f(\xi)(b-a)$. 但这个定理不能称之为“积分中值定理”，应先利用拉格朗日中值定理证明后再用(可参看2010年数学三的考题). 而积分中值定理中的ξ在闭区间$[a,b]$上.

知识梳理·答案

① $f(\xi)=\mu$ ② $f(a)\cdot f(b)<0$ ③ $f(a)=f(b)$
④ $f(b)-f(a)=f'(\xi)(b-a)$ ⑤ $f(\xi)(b-a)$

方法探究

答案 P278

考点一 证明含中值的等式

1. 证明含一个中值的等式

证明含一个中值的等式常利用罗尔定理. 一方面，要根据所证结论构造辅助函数；另一方面，要根据已知条件，通过利用其他定理(或两次利用罗尔定理)，找到在两个端点处辅助函数值相等的区间，从而能在该区间上利用罗尔定理以证得等式.

【例1】 设偶函数$f(x)$在$[-1,1]$上具有2阶导数，且$f(0)=0,f\left(\frac{1}{2}\right)=1,f(1)=-1$. 证明：

(1) 存在$\xi\in(0,1)$，使得$f(\xi)=-\xi f'(\xi)$；

(2) 存在$\eta\in(-1,1)$，使得$f''(\eta)=0$.

(1) **【分析】** $f(\xi)=-\xi f'(\xi)\Leftrightarrow f(\xi)+\xi f'(\xi)=0$

$$\Leftrightarrow[xf(x)]'\Big|_{x=\xi}=0.$$

【证】 记$F(x)=xf(x)$.

由于$f\left(\frac{1}{2}\right)\cdot f(1)<0$，故根据零点定理，存在$\xi_1\in\left(\frac{1}{2},1\right)$，使得$f(\xi_1)=0$，即$F(\xi_1)=0$.

又由于$F(0)=F(\xi_1)=0$，故根据罗尔定理，存在$\xi\in(0,\xi_1)\subset(0,1)$，使得$F'(\xi)=0$，即$f(\xi)=-\xi f'(\xi)$.

(2) **【证】** 由于$f(x)$为偶函数，故由(1)可知存在$\xi_2\in\left(-1,-\frac{1}{2}\right)$，使得

$$f(\xi_2)=f(\xi_1)=f(0)=0.$$

对 $f(x)$ 分别在 $[\xi_2,0]$，$[0,\xi_1]$ 上用罗尔定理，存在 $\eta_1\in(\xi_2,0)$，$\eta_2\in(0,\xi_1)$，使得 $f'(\eta_1)=f'(\eta_2)=0$.

再对 $f'(x)$ 在 $[\eta_1,\eta_2]$ 上用罗尔定理，存在 $\eta\in(\eta_1,\eta_2)\subset(-1,1)$，使得 $f''(\eta)=0$.

变式 1.1(03-3) 设函数 $f(x)$ 在 $[0,3]$ 上连续，在 $(0,3)$ 内可导，且 $f(0)+f(1)+f(2)=3$，$f(3)=1$. 试证必存在 $\xi\in(0,3)$，使 $f'(\xi)=0$.

变式 1.2(10-3) 设函数 $f(x)$ 在 $[0,3]$ 上连续，在 $(0,3)$ 内存在二阶导数，且

$$2f(0)=\int_0^2 f(x)\mathrm{d}x=f(2)+f(3).$$

(1) 证明存在 $\eta\in(0,2)$，使 $f(\eta)=f(0)$；

(2) 证明存在 $\xi\in(0,3)$，使 $f''(\xi)=0$.

2. 证明含两个中值的等式

证明含两个中值的等式主要利用拉格朗日中值定理或柯西中值定理. 可以先将所证结论中含任一中值(一般选择出现次数较多的中值)的形式独立地置于等式一边，从而判断所应使用的定理及辅助函数.

此外，若要求两个中值不同，则应在两个不同的区间上使用中值定理.

【例 2】(10-2) 设函数 $f(x)$ 在 $[0,1]$ 上连续，在 $(0,1)$ 内可导，且 $f(0)=0$，$f(1)=\frac{1}{3}$，证明存在 $\xi\in\left(0,\frac{1}{2}\right)$，$\eta\in\left(\frac{1}{2},1\right)$，使得 $f'(\xi)+f'(\eta)=\xi^2+\eta^2$.

【分析】 $f'(\xi)+f'(\eta)=\xi^2+\eta^2$

$$\Leftrightarrow f'(\xi)-\xi^2=-[f'(\eta)-\eta^2]$$

$$\Leftrightarrow \left[f(x)-\frac{1}{3}x^3\right]'\Big|_{x=\xi}=-\left[f(x)-\frac{1}{3}x^3\right]'\Big|_{x=\eta}$$

【证】 记 $F(x)=f(x)-\frac{1}{3}x^3$.

对 $F(x)$ 分别在 $\left[0,\frac{1}{2}\right]$，$\left[\frac{1}{2},1\right]$ 上用拉格朗日中值定理，存在 $\xi\in\left(0,\frac{1}{2}\right)$，$\eta\in\left(\frac{1}{2},1\right)$，使得

$$F\left(\frac{1}{2}\right)=F\left(\frac{1}{2}\right)-F(0)=\frac{1}{2}[f'(\xi)-\xi^2],$$

$$-F\left(\frac{1}{2}\right)=F(1)-F\left(\frac{1}{2}\right)=\frac{1}{2}[f'(\eta)-\eta^2].$$

两式相加，得 $0=\frac{1}{2}[f'(\xi)-\xi^2+f'(\eta)-\eta^2]$，即 $f'(\xi)+f'(\eta)=\xi^2+\eta^2$.

变式 2.1(98-3) 设函数 $f(x)$ 在 $[a,b]$ 上连续，在 (a,b) 内可导，且 $f'(x)\neq 0$，试证存在 $\xi,\eta\in(a,b)$，使得 $\frac{f'(\xi)}{f'(\eta)}=\frac{\mathrm{e}^b-\mathrm{e}^a}{b-a}\cdot\mathrm{e}^{-\eta}$.

变式 2.2(05-1,2) 已知函数 $f(x)$ 在 $[0,1]$ 上连续，在 $(0,1)$ 内可导，且 $f(0)=0$，$f(1)=1$. 证明：

(1) 存在 $\xi\in(0,1)$，使得 $f(\xi)=1-\xi$；

(2) 存在两个不同的点 $\eta,\zeta\in(0,1)$，使得 $f'(\eta)f'(\zeta)=1$.

考点二 函数的零点与方程的根

1. 证明函数零点的存在性与唯一性

证明函数零点的存在性可利用零点定理(如变式 1)或罗尔定理(如例 1).

证明函数零点的唯一性主要利用其单调性：若在 (a,b) 内 $f(x)$ 单调(即 $f'(x)\neq 0$)，则 $f(x)$ 在 (a,b) 内至多有一个零点.

【例 1】(98-1,2) 设 $y=f(x)$ 是区间 $[0,1]$ 上的任一非负连续函数.

(1) 试证存在 $x_0\in(0,1)$ 使得在区间 $[0,x_0]$ 上以 $f(x_0)$ 为高的矩形面积，等于在区间 $[x_0,1]$ 上以 $y=f(x)$ 为曲边的曲边梯形面积.

(2) 又设 $f(x)$ 在区间 $(0,1)$ 内可导，且 $f'(x)>-\frac{2f(x)}{x}$，证明(1)中的 x_0 是唯一的.

(1)【分析】$\int_{x_0}^{1} f(t)\mathrm{d}t = x_0 f(x_0)$

$$\Leftrightarrow x_0 f(x_0) + \int_{1}^{x_0} f(t)\mathrm{d}t = 0$$

$$\Leftrightarrow \left[x\int_{1}^{x} f(t)\mathrm{d}t\right]'\Big|_{x=x_0} = 0.$$

【证】记 $F(x) = x\int_{1}^{x} f(t)\mathrm{d}t$,则 $F(0) = F(1) = 0$.

根据罗尔定理,存在 $x_0 \in (0,1)$,使得 $F'(x_0) = 0$,即 $\int_{x_0}^{1} f(t)\mathrm{d}t = x_0 f(x_0)$.

(2)【证】由 $F'(x) = xf(x) + \int_{1}^{x} f(t)\mathrm{d}t$,

$$F''(x) = 2f(x) + xf'(x) > 0$$

可知 $F'(x)$ 在(0,1)内单调递增,故(1)中的 x_0 是唯一的.

【注】本题若记 $G(x) = xf(x) + \int_{1}^{x} f(t)\mathrm{d}t$,则无法判断出 $G(0)\cdot G(1)$ 是否小于零,故第(1)问不能利用零点定理.

变式 1(88-1) 设函数 $f(x)$ 在区间 $[a,b]$ 上连续,且在 (a,b) 内有 $f'(x)>0$,证明:在 (a,b) 内存在唯一的 ξ,使曲线 $y=f(x)$ 与两直线 $y=f(\xi)$,$x=a$ 所围平面图形面积 S_1 是曲线 $y=f(x)$ 与两直线 $y=f(\xi)$,$x=b$ 所围平面图形面积 S_2 的 3 倍.

2. 讨论函数零点的个数

设 $f(x)$ 在 $[a,b]$ 上连续且单调,则 $f(a)\cdot f(b)<0$ 的充分必要条件是 $f(x)$ 在 (a,b) 内有唯一零点.

因此,讨论 $f(x)$ 零点的个数可遵循如下步骤:

(1) 求 $f(x)$ 的单调区间.

(2) 对于每个单调区间,通过 $f(x)$ 在其两个端点处的函数值(有时也可用极限值来代替函数值)是否异号,来逐一判断 $f(x)$ 在其内部究竟是有唯一零点,还是没有零点. 另外,应注意 $f(x)$ 的零点还可能是其单调区间的端点.

【例 2】(11-1) 求方程 $k\arctan x - x = 0$ 不同实根的个数,其中 k 为参数.

【解】记 $f(x)=k\arctan x - x$,则

$$f'(x) = \frac{k}{1+x^2} - 1 = \frac{k-1-x^2}{1+x^2}.$$

1°当 $k\leqslant 1$ 时,$f'(x)<0(x\neq 0)$,故 $f(x)$ 单调递减. 显然,$f(0)=0$,故 $f(x)$ 有唯一零点 $x=0$.

2°当 $k>1$ 时,令 $f'(x)=0$,则 $x=\pm\sqrt{k-1}$.

x	$(-\infty,-\sqrt{k-1})$	$-(\sqrt{k-1})$	$(-\sqrt{k-1},\sqrt{k-1})$	$\sqrt{k-1}$	$(\sqrt{k-1},+\infty)$
$f'(x)$	−	0	+	0	−
$f(x)$	↘	$f(-\sqrt{k-1})$	↗	$f(\sqrt{k-1})$	↘

如上表所列,$f(x)$ 在 $(-\infty,-\sqrt{k-1})$ 和 $(\sqrt{k-1},+\infty)$ 内单调递减,在 $(-\sqrt{k-1},\sqrt{k-1})$ 内单调递增.

① 当 $x\in(-\infty,-\sqrt{k-1})$ 时,由于

$$\lim_{x\to-\infty} f(x) = +\infty > 0, f(-\sqrt{k-1}) < 0,$$

故 $f(x)$ 在 $(-\infty,-\sqrt{k-1})$ 内有唯一零点.

② 当 $x\in(-\sqrt{k-1},\sqrt{k-1})$ 时,显然 $f(0)=0$,故 $f(x)$ 在 $(-\sqrt{k-1},\sqrt{k-1})$ 内有唯一零点.

③ 当 $x\in(\sqrt{k-1},+\infty)$ 时,由于

$$\lim_{x\to+\infty} f(x) = -\infty < 0, f(\sqrt{k-1}) > 0,$$

故 $f(x)$ 在 $(\sqrt{k-1},+\infty)$ 内有唯一零点.

综上所述,当 $k\leqslant 1$ 时,原方程有唯一实根;当 $k>1$ 时,原方程恰有三个不同的实根.

变式 2(03-2) 讨论曲线 $y=4\ln x+k$ 与 $y=4x+\ln^4 x$ 的交点个数.

考点三 不等式问题

以下三种不等式的证明在考研中经常考查.

1. 含一个中值的不等式

证明含一个中值的不等式的常用思路如下:

根据拉格朗日中值定理,$f'(\xi)=\dfrac{f(b)-f(a)}{b-a}(a<\xi<b)$. 若 $f(b)>f(a)$,则 $f'(\xi)>0$.

【例 1】(08-2) 若函数 $\varphi(x)$ 具有二阶导数,且满足 $\varphi(2)>\varphi(1)$,$\varphi(2)>\int_2^3\varphi(x)\mathrm{d}x$,证明至少存在一点 $\xi\in(1,3)$,使得 $\varphi''(\xi)<0$.

【证】根据积分中值定理,存在 $\eta\in(2,3]$,使得 $\int_2^3\varphi(x)\mathrm{d}x = \varphi(\eta)<\varphi(2)$.

对 $\varphi(x)$ 分别在 $[1,2]$,$[2,\eta]$ 上用拉格朗日中值定理,存在 $\xi_1\in(1,2)$,$\xi_2\in(2,\eta)$,使得

$$\varphi'(\xi_1) = \frac{\varphi(2)-\varphi(1)}{2-1} > 0,$$

$$\varphi'(\xi_2) = \frac{\varphi(\eta)-\varphi(2)}{\eta-2} < 0.$$

再对 $\varphi'(x)$ 在 $[\xi_1,\xi_2]$ 上用拉格朗日中值定理,存在 $\xi\in(\xi_1,\xi_2)\subset(1,3)$,使得

$$\varphi''(\xi) = \frac{\varphi'(\xi_2)-\varphi'(\xi_1)}{\xi_2-\xi_1} < 0.$$

变式 1(90-1) 设不恒为常数的函数 $f(x)$ 在闭区间 $[a,b]$ 上连续,在开区间 (a,b) 内可导,且 $f(a)=f(b)$,证明在区间

(a,b)内至少存在一点ξ,使得$f'(\xi)>0$.

2. 含一个变量的不等式

证明含一个变量x的不等式主要有以下两个思路:

(1) 若$f(x)$在$(x_0,+\infty)$内单调递增,则$f(x)>f(x_0)$ $(x>x_0)$;

(2) 若$f(x)$在x_0处取得I上的最小值,则$f(x)\geqslant f(x_0)(x\in I)$.

【例2】(05-3) 设$f(x)$,$g(x)$在$[0,1]$上的导数连续,且$f(0)=0$,$f'(x)\geqslant 0$,$g'(x)\geqslant 0$. 证明:对任何$a\in[0,1]$,有$\int_0^a g(x)f'(x)\mathrm{d}x+\int_0^1 f(x)g'(x)\mathrm{d}x\geqslant f(a)g(1)$.

【证】 记$F(a)=\int_0^a g(x)f'(x)\mathrm{d}x+\int_0^1 f(x)g'(x)\mathrm{d}x-f(a)g(1)(0\leqslant a\leqslant 1)$,则

$$F'(a)=g(a)f'(a)-f'(a)g(1)=f'(a)[g(a)-g(1)].$$

由$g'(x)\geqslant 0$可知$g(a)\leqslant g(1)$,即$F'(a)\leqslant 0$,故$F(a)$在$[0,1]$上单调非增,从而

$$\begin{aligned}F(a)\geqslant F(1)&=\int_0^1 g(x)f'(x)\mathrm{d}x+\int_0^1 f(x)g'(x)\mathrm{d}x-f(1)g(1)\\&=\int_0^1[f(x)g(x)]'\mathrm{d}x-f(1)g(1)=0,\end{aligned}$$

即$\int_0^a g(x)f'(x)\mathrm{d}x+\int_0^1 f(x)g'(x)\mathrm{d}x\geqslant f(a)g(1)$.

变式2(99-1) 试证:当$x>0$时,

$$(x^2-1)\ln x\geqslant(x-1)^2.$$

3. 含两个常量的不等式

证明含两个常量a,b的不等式主要有以下三个思路:

(1) 若$f(x)$在(a,b)内单调递增,则

$$f(a)<f(b);$$

(2) 根据拉格朗日中值定理,$f(b)-f(a)=f'(\xi)(b-a)$ $(a<\xi<b)$. 若$f'(x)$在(a,b)内单调递增,则

$$f'(a)(b-a)<f(b)-f(a)<f'(b)(b-a);$$

(3) 若能证得含一个变量x的不等式$F(a,x)>0$,则只要令$x=b$,不等式$F(a,b)>0$就能得证.

【例3】(04-1,2) 设$\mathrm{e}<a<b<\mathrm{e}^2$,证明$\ln^2 b-\ln^2 a>\frac{4}{\mathrm{e}^2}(b-a)$.

【证】法一: 记$f(x)=\ln^2 x(\mathrm{e}<x<\mathrm{e}^2)$,则$f'(x)=\frac{2\ln x}{x}$,$f''(x)=2\frac{1-\ln x}{x^2}<0$,故$f'(x)$在$(\mathrm{e},\mathrm{e}^2)$内单调递减.

根据拉格朗日中值定理,存在$\xi\in(a,b)$,使得$\ln^2 b-\ln^2 a=\frac{2\ln\xi}{\xi}(b-a)>\frac{2\ln\mathrm{e}^2}{\mathrm{e}^2}(b-a)=\frac{4}{\mathrm{e}^2}(b-a)$.

法二: 记$g(x)=\ln^2 x-\frac{4}{\mathrm{e}^2}x(\mathrm{e}<x<\mathrm{e}^2)$,则$g'(x)=\frac{2\ln x}{x}-\frac{4}{\mathrm{e}^2}$,$g''(x)=2\frac{1-\ln x}{x^2}<0$,故$g'(x)$在$(\mathrm{e},\mathrm{e}^2)$内单调递减,则由$g'(x)>g'(\mathrm{e}^2)=0$可知$g(x)$在$(\mathrm{e},\mathrm{e}^2)$内单调递增,从而$g(b)>g(a)$,即原不等式得证.

法三: 记$h(x)=\ln^2 x-\ln^2 a-\frac{4}{\mathrm{e}^2}(x-a)(\mathrm{e}<a<x<\mathrm{e}^2)$,则$h'(x)=\frac{2\ln x}{x}-\frac{4}{\mathrm{e}^2}$,$h''(x)=2\frac{1-\ln x}{x^2}<0$,故$h'(x)$在$(a,\mathrm{e}^2)$内单调递减,则由$h'(x)>h'(\mathrm{e}^2)=0$可知$h(x)$在$(a,\mathrm{e}^2)$内单调递增,从而$h(x)>h(a)=0$.

令$x=b$,则原不等式得证.

变式3(06-2,3) 证明:当$0<a<b<\pi$时,

$$b\sin b+2\cos b+\pi b>a\sin a+2\cos a+\pi a.$$

真题精选 1987—2014

答案 P279

考点一 证明含中值的等式

1. **(13-1,2)** 设奇函数$f(x)$在$[-1,1]$上具有2阶导数,且$f(1)=1$. 证明:

(1) 存在$\xi\in(0,1)$,使得$f'(\xi)=1$;

(2) 存在$\eta\in(-1,1)$,使得$f''(\eta)+f'(\eta)=1$.

2. **(07-1,2)** 设函数 $f(x)$,$g(x)$在$[a,b]$上连续,在(a,b)内具有二阶导数且存在相等的最大值,$f(a)=g(a)$,$f(b)=g(b)$. 证明:存在 $\xi\in(a,b)$,使得 $f''(\xi)=g''(\xi)$.

3. **(03-2)** 设函数 $f(x)$在闭区间$[a,b]$上连续,在开区间(a,b)内可导,且 $f'(x)>0$. 若极限 $\lim\limits_{x\to a^+}\dfrac{f(2x-a)}{x-a}$存在,证明:

(1) 在(a,b)内 $f(x)>0$;

(2) 在(a,b) 内存在点 ξ,使$\dfrac{b^2-a^2}{\int_a^b f(x)\mathrm{d}x}=\dfrac{2\xi}{f(\xi)}$;

(3) 在(a,b)内存在与(2)中ξ相异的点η,使$f'(\eta)(b^2-a^2)=\dfrac{2\xi}{\xi-a}\int_a^b f(x)\mathrm{d}x$.

4. **(01-2)** 设 $f(x)$在$[-a,a]$$(a>0)$上具有二阶连续导数,且 $f(0)=0$.

(1) 写出 $f(x)$的带拉格朗日余项的一阶麦克劳林公式;

(2) 证明:在$[-a,a]$ 上至少存在一点 η,使 $a^3 f''(\eta)=3\int_{-a}^{a}f(x)\mathrm{d}x$.

5. **(01-3)** 设 $f(x)$ 在$[0,1]$ 上连续,在$(0,1)$ 内可导,且满足 $f(1)=k\int_0^{\frac{1}{k}}x\mathrm{e}^{1-x}f(x)\mathrm{d}x\ (k>1)$,证明至少存在一点$\xi\in(0,1)$,使得 $f'(\xi)=(1-\xi^{-1})f(\xi)$.

6. **(00-1,2,3)** 设函数 $f(x)$ 在$[0,\pi]$上连续,且$\int_0^{\pi}f(x)\mathrm{d}x=0$,$\int_0^{\pi}f(x)\cos x\mathrm{d}x=0$,试证明:在$(0,\pi)$ 内至少存在两个不同的点 ξ_1,ξ_2,使 $f(\xi_1)=f(\xi_2)=0$.

7. **(99-2)** 设函数 $f(x)$在闭区间$[-1,1]$上具有三阶连续导数,且 $f(-1)=0$,$f(1)=1$,$f'(0)=0$,证明:在开区间$(-1,1)$内至少存在一点 ξ,使 $f'''(\xi)=3$.

8. **(99-3)** 设函数 $f(x)$在$[0,1]$上连续,在$(0,1)$内可导,且 $f(0)=f(1)=0$,$f\left(\dfrac{1}{2}\right)=1$. 试证:

(1) 存在 $\eta\in\left(\dfrac{1}{2},1\right)$,使 $f(\eta)=\eta$;

(2) 对任意实数 λ，必存在 $\xi \in (0,\eta)$，使得 $f'(\xi)-\lambda[f(\xi)-\xi]=1$.

9. **(95-1)** 假设函数 $f(x)$ 和 $g(x)$ 在 $[a,b]$ 上存在二阶导数，并且 $g''(x)\neq 0$，$f(a)=f(b)=g(a)=g(b)=0$，试证：

(1) 在开区间 (a,b) 内 $g(x)\neq 0$；

(2) 在开区间 (a,b) 内至少存在一点 ξ，使

$$\frac{f(\xi)}{g(\xi)}=\frac{f''(\xi)}{g''(\xi)}.$$

考点二　函数的零点与方程的根

1. **(09-2-仅数学一、二)** 若 $f''(x)$ 不变号，且曲线 $y=f(x)$ 在点 $(1,1)$ 处的曲率圆为 $x^2+y^2=2$，则函数 $f(x)$ 在区间 $(1,2)$ 内(　　)

(A) 有极值点，无零点.　(B) 无极值点，有零点.

(C) 有极值点，有零点.　(D) 无极值点，无零点.

2. **(08-2)** 设 $f(x)=x^2(x-1)(x-2)$，则 $f'(x)$ 的零点个数为(　　)

(A) 0.　(B) 1.　(C) 2.　(D) 3.

3. **(96-3)** 在区间 $(-\infty,+\infty)$ 内，方程 $|x|^{\frac{1}{4}}+|x|^{\frac{1}{2}}-\cos x=0$ (　　)

(A) 无实根.　(B) 有且仅有一个实根.

(C) 有且仅有两个实根.　(D) 有无穷多个实根.

4. **(94-4)** 设函数 $f(x)$ 在闭区间 $[a,b]$ 上连续，且 $f(x)>0$，则方程 $\int_a^x f(t)\mathrm{d}t+\int_b^x \frac{1}{f(t)}\mathrm{d}t=0$ 在开区间 (a,b) 内的根有(　　)

(A) 0 个.　(B) 1 个.

(C) 2 个.　(D) 无穷多个.

5. **(12-2)** (1) 证明方程 $x^n+x^{n-1}+\cdots+x=1$ (n 为大于 1 的整数) 在区间 $\left(\frac{1}{2},1\right)$ 内有且仅有一个实根；

(2) 记(1)中的实根为 x_n，证明 $\lim\limits_{n\to\infty}x_n$ 存在，并求此极限.

6. **(01-1)** 设 $y=f(x)$ 在 $(-1,1)$ 内具有二阶连续导数且 $f''(x)\neq 0$，试证：

(1) 对于 $(-1,1)$ 内的任一 $x\neq 0$，存在唯一的 $\theta(x)\in(0,1)$，使 $f(x)=f(0)+xf'[\theta(x)x]$ 成立；

(2) $\lim\limits_{x\to 0}\theta(x)=\frac{1}{2}$.

7. **(94-2)** 设当 $x>0$ 时，方程 $kx+\frac{1}{x^2}=1$ 有且仅有一个解，求 k 的取值范围.

8. **(89-1,2)** 证明方程 $\ln x=\frac{x}{\mathrm{e}}-\int_0^{\pi}\sqrt{1-\cos 2x}\,\mathrm{d}x$ 在区间 $(0,+\infty)$ 内有且仅有两个不同实根.

考点三　不等式问题

1. (**14-1,2,3**) 设函数 $f(x)$ 具有 2 阶导数，$g(x)=f(0)(1-x)+f(1)x$，则在区间$[0,1]$上(　　)

(A) 当 $f'(x)\geqslant 0$ 时，$f(x)\geqslant g(x)$.

(B) 当 $f'(x)\geqslant 0$ 时，$f(x)\leqslant g(x)$.

(C) 当 $f''(x)\geqslant 0$ 时，$f(x)\geqslant g(x)$.

(D) 当 $f''(x)\geqslant 0$ 时，$f(x)\leqslant g(x)$.

2. (**09-3**) 使不等式$\int_1^x \frac{\sin t}{t}\mathrm{d}t>\ln x$ 成立的x 的范围是(　　)

(A) $(0,1)$.　　(B) $\left(1,\frac{\pi}{2}\right)$.

(C) $\left(\frac{\pi}{2},\pi\right)$.　　(D) $(\pi,+\infty)$.

3. (**07-1,2**) 设函数 $f(x)$ 在$(0,+\infty)$内具有二阶导数，且 $f''(x)>0$，令 $u_n=f(n)(n=1,2,\cdots)$，则下列结论正确的是(　　)

(A) 若 $u_1>u_2$，则$\{u_n\}$必收敛.

(B) 若 $u_1>u_2$，则$\{u_n\}$必发散.

(C) 若 $u_1<u_2$，则$\{u_n\}$必收敛.

(D) 若 $u_1<u_2$，则$\{u_n\}$必发散.

4. (**01-2**) 已知函数 $f(x)$在区间$(1-\delta,1+\delta)$内具有二阶导数，$f'(x)$严格单调减少，且 $f(1)=f'(1)=1$，则(　　)

(A) 在$(1-\delta,1)$和$(1,1+\delta)$内均有 $f(x)<x$.

(B) 在$(1-\delta,1)$和$(1,1+\delta)$内均有 $f(x)>x$.

(C) 在$(1-\delta,1)$内 $f(x)<x$，在$(1,1+\delta)$内 $f(x)>x$.

(D) 在$(1-\delta,1)$内 $f(x)>x$，在$(1,1+\delta)$内 $f(x)<x$.

5. (**95-1,2**) 设在$[0,1]$上 $f''(x)>0$，则 $f'(0),f'(1),f(1)-f(0)$或 $f(0)-f(1)$的大小顺序是(　　)

(A) $f'(1)>f'(0)>f(1)-f(0)$.

(B) $f'(1)>f(1)-f(0)>f'(0)$.

(C) $f(1)-f(0)>f'(1)>f'(0)$.

(D) $f'(1)>f(0)-f(1)>f'(0)$.

6. (**14-2,3**) 设函数 $f(x),g(x)$在区间$[a,b]$上连续，且 $f(x)$单调增加，$0\leqslant g(x)\leqslant 1$. 证明：

(1) $0\leqslant\int_a^x g(t)\mathrm{d}t\leqslant x-a,x\in[a,b]$；

(2) $\int_a^{a+\int_a^b g(t)\mathrm{d}t} f(x)\mathrm{d}x\leqslant\int_a^b f(x)g(x)\mathrm{d}x$.

7. (**04-3**) 设 $f(x),g(x)$在$[a,b]$上连续，且满足

$$\int_a^x f(t)\mathrm{d}t\geqslant\int_a^x g(t)\mathrm{d}t,x\in[a,b),$$

$$\int_a^b f(t)\mathrm{d}t=\int_a^b g(t)\mathrm{d}t.$$

证明：$\int_a^b xf(x)\mathrm{d}x\leqslant\int_a^b xg(x)\mathrm{d}x$.

8. (**98-2**) 设 $x\in(0,1)$，证明：

(1) $(1+x)\ln^2(1+x)<x^2$；

(2) $\frac{1}{\ln 2}-1<\frac{1}{\ln(1+x)}-\frac{1}{x}<\frac{1}{2}$.

9. (**96-1**) 设 $f(x)$在$[0,1]$上具有二阶导数，且满足条件$|f(x)|\leqslant a,|f''(x)|\leqslant b$，其中 a,b 都是非负常数，c 是$(0,1)$内任意一点. 证明$|f'(c)|\leqslant 2a+\frac{b}{2}$.

10. (**95-2**) 设$\lim\limits_{x\to 0}\frac{f(x)}{x}=1$，且 $f''(x)>0$，证明：$f(x)\geqslant x$.

11. **(92-1,2)** 设 $f''(x)<0$，$f(0)=0$，证明：对任何 $x_1>0$，$x_2>0$，有 $f(x_1+x_2)<f(x_1)+f(x_2)$.

小　结

中值定理的应用是考研的重点，也是难点. 可按在开区间内还是闭区间上存在中值以及结论中是否含有导数将它们进行分类：

分类	开 区 间	闭 区 间
无导数	零点定理	介值定理、积分中值定理
有导数	罗尔定理、拉格朗日中值定理、柯西中值定理、泰勒定理	无

对于罗尔定理，主要考查两个方面：一是辅助函数的构造，其中"$u'v+uv'=(uv)'$"是常见的思路[比如2020年数学二考题的第(1)问，2017年数学一、二考题的第(2)问，1998年数学一、二考题的第(1)问]，而有时还需要先在等式两边同时乘以或加上某形式后再构造辅助函数[比如1999年数学三考题的第(2)问和1995年数学一考题的第(2)问]；二是区间的选择，这比前者考查得更深入[比如2017年数学一、二考题的第(2)问，2010年数学三考题的第(2)问，2007年数学一、二的考题等]. 罗尔定理主要用于证明含一个中值的等式，以及函数零点(或方程根)的存在性.

拉格朗日中值定理是在证明含两个中值的等式[比如2010年数学二的考题，2005年数学一、二考题的第(2)问，2003年数学二考题的第(3)问]，以及证明不等式[比如2020年数学一、三考题的第(1)问，2019年数学二考题的第(2)问，2015年数学二的考题等]时常用的定理. 此外，还应注意它含θ的形式(比如2001年数学一的考题).

柯西中值定理在证明含一个中值[比如2020年和2003年数学二考题的第(2)问]和含两个中值(比如1998年数学三的考题)的等式时都可能用到，而使用定理的两个函数往往一个是具体函数，另一个是抽象函数.

泰勒定理主要用于连接函数及其各阶导数，既能用它来证明含一个中值的等式[比如2023年数学一、二、三考题的第(1)问和1999年数学二的考题]，又能用它来证明不等式[比如2024年数学一、二、三考题的第(1)问，2023年数学一、二、三考题的第(2)问和1996年数学一的考题].

介值定理(比如2023年数学一、二、三，2003年数学三，2001年数学二和1999年数学二的考题)、零点定理[比如2005年数学一、二和1999年数学三考题的第(1)问，以及2007年数学一、二的考题]和积分中值定理(比如2008年数学二和2001年数学三的考题)经常与微分中值定理相结合进行考查，要积累使用它们的典型情况. 此外，零点定理还常用于证明函数零点(或方程根)的存在性[比如2012年数学二考题的第(1)问].

破解关于中值定理及方程、不等式问题的考题往往是考研数学能否取得高分的关键. 对数学成绩有较高要求的考生应思考各历年真题之间的联系，从而积累一些常用的解题思路.

第四章　常微分方程

§4.1　微分方程的求解

十年真题 2015—2024　　答案 P282

考点一　一阶微分方程的求解

1.（**24-1,2**）微分方程 $y'=\dfrac{1}{(x+y)^2}$ 满足条件 $y(1)=0$ 的解为________.

2.（**19-1**）微分方程 $2yy'-y^2-2=0$ 满足条件 $y(0)=1$ 的特解 $y=$________.

考点二　高阶微分方程的求解

1.（**17-2**）微分方程 $y''-4y'+8y=e^{2x}(1+\cos 2x)$ 的特解可设为 $y^*=$(　　)

(A) $Ae^{2x}+e^{2x}(B\cos 2x+C\sin 2x)$.

(B) $Axe^{2x}+e^{2x}(B\cos 2x+C\sin 2x)$.

(C) $Ae^{2x}+xe^{2x}(B\cos 2x+C\sin 2x)$.

(D) $Axe^{2x}+xe^{2x}(B\cos 2x+C\sin 2x)$.

2.（**22-2**）微分方程 $y'''-2y''+5y'=0$ 的通解 $y(x)=$________.

3.（**21-1-仅数学一**）欧拉方程 $x^2y''+xy'-4y=0$ 满足条件 $y(1)=1,y'(1)=2$ 的解为 $y=$________.

4.（**21-2**）微分方程 $y'''-y=0$ 的通解为 $y=$________.

5.（**17-1**）微分方程 $y''+2y'+3y=0$ 的通解为 $y=$________.

6.（**15-2,3**）设函数 $y=y(x)$ 是微分方程 $y''+y'-2y=0$ 的解，且在 $x=0$ 处 $y(x)$ 取得极值 3，则 $y(x)=$________.

7.（**24-2**）设函数 $y(x)$ 为微分方程 $x^2y''+xy'-9y=0$ 满足条件 $y\big|_{x=1}=2,y'\big|_{x=1}=6$ 的解.

(1) 利用变换 $x=e^t$ 将上述方程化为常系数线性微分方程，并求 $y(x)$；

(2) 计算 $\int_1^2 y(x)\sqrt{4-x^2}\,dx$.

考点分析

考　　点	大纲要求	命题特点
一、一阶微分方程的求解	1. 了解微分方程及其阶、解、通解、初始条件和特解等概念. 2. 掌握可分离变量的微分方程、齐次微分方程和一阶线性微分方程的求解方法. 3.（仅数学一）会解伯努利方程.	**1. 考试频率**：★★★★☆ **2. 常考题型**：填空题 **3. 命题趋势**：微分方程的求解在考研中经常考查，同时它也是解答不少综合题的基础. 数学一、二、三的考生应按照各自《考试大纲》的要求，全面地掌握各种微分方程的解法.
二、高阶微分方程的求解	1. 理解线性微分方程解的性质及解的结构. 2. 掌握二阶常系数齐次线性微分方程的解法，并会解某些高于二阶的常系数齐次线性微分方程. 3. 会解自由项为多项式、指数函数、正弦函数、余弦函数以及它们的和与积的二阶常系数非齐次线性微分方程. 4.（仅数学一、二）会用降阶法解下列形式的微分方程：$y^{(n)}=f(x)$，$y''=f(x,y')$，$y''=f(y,y')$. 5.（仅数学一）会解欧拉方程.	

知识梳理

考点一 一阶微分方程的求解

1. 微分方程的基本概念

表示未知函数、未知函数的导数与自变量之间的关系的方程称为微分方程. 未知函数是一元函数的微分方程称为常微分方程. 微分方程中所出现的未知函数的最高阶导数的阶数称为微分方程的阶.

满足微分方程的函数称为该方程的解. 若微分方程的解中所含的相互独立的任意常数个数与其阶数相同，则称该解为该方程的通解；若微分方程通解中的任意常数的值都得以确定，则称该解为该方程的特解. 确定通解中任意常数的条件称为初始条件.

2. 一阶线性微分方程的通解公式

方程$\frac{dy}{dx}+P(x)y=Q(x)$的通解为

$$y=①\_\_\_\_\_\_\_\_. \tag{4-1}$$

考点二 高阶微分方程的求解

1. 线性微分方程的解的结构及性质

$$y''+P(x)y'+Q(x)y=0 \tag{4-2}$$

和

$$y''+P(x)y'+Q(x)y=f(x)(f(x)\neq 0) \tag{4-3}$$

分别称为二阶齐次和非齐次线性微分方程.

(1) 若y_1,y_2是方程(4-2)的两个解，则$y=C_1y_1+C_2y_2$ (C_1,C_2为任意常数)也是方程(4-2)的解. 若y_1,y_2是方程(4-2)的两个线性无关(即它们之比不为常数)的特解，则$y=C_1y_1+C_2y_2$就是方程(4-2)的通解.

(2) 若Y是方程(4-2)的通解，y^*是方程(4-3)的一个特解，则$y=$②________是方程(4-3)的通解.

(3) 若y_1,y_2是方程(4-3)的两个解，则$y=y_1-y_2$是方程(4-2)的一个解.

(4) 叠加原理：若y_1^*和y_2^*分别为$y''+P(x)y'+Q(x)y=f_1(x)$和$y''+P(x)y'+Q(x)y=f_2(x)$的特解，则③________是$y''+P(x)y'+Q(x)y=f_1(x)+f_2(x)$的一个特解.

【注】以上结论都可推广至一阶及高于二阶的线性微分方程.

2. 高阶常系数齐次线性微分方程的通解公式

(1) 方程$y''+py'+qy=0$(p,q为常数，下同)的通解如下表所列.

$r^2+pr+q=0$的根	$y''+py'+qy=0$的通解
两个单实根r_1,r_2	$y=C_1e^{r_1x}+C_2e^{r_2x}$
二重实根r	$y=(C_1+C_2x)e^{rx}$
一对共轭复根$r_{1,2}=\alpha\pm i\beta$	$y=$④________

(2) 方程$y^{(n)}+p_1y^{(n-1)}+p_2y^{(n-2)}+\cdots+p_{n-1}y'+p_ny=0$($p_1,p_2,\cdots,p_n$为常数，下同)的通解如下表所列.

$r^n+p_1r^{n-1}+p_2r^{n-2}+\cdots+p_{n-1}r+p_n=0$的根	$y^{(n)}+p_1y^{(n-1)}+p_2y^{(n-2)}+\cdots+p_{n-1}y'+p_ny=0$的通解
有k个单实根$r_1,r_2,\cdots,r_k$	对应含有k项：$C_1e^{r_1x}+C_2e^{r_2x}+\cdots+C_ke^{r_kx}$
有k重实根r	对应含有k项：⑤________
有一对k重复根$r_{1,2}=\alpha\pm i\beta$	对应含有$2k$项：$e^{\alpha x}[(C_1+C_2x+\cdots+C_kx^{k-1})\cos\beta x+(D_1+D_2x+\cdots+D_kx^{k-1})\sin\beta x]$

知识梳理·答案

① $e^{-\int P(x)dx}\left[\int Q(x)e^{\int P(x)dx}dx+C\right]$ ② $Y+y^*$

③ $y_1^*+y_2^*$ ④ $e^{\alpha x}(C_1\cos\beta x+C_2\sin\beta x)$

⑤ $(C_1+C_2x+\cdots+C_kx^{k-1})e^{rx}$

方法探究

答案P283

考点一 一阶微分方程的求解

在解一阶微分方程前，可先将$\frac{dy}{dx}$独立地置于等式一边，从而判断所解方程是以下哪种方程，并按相应的方法求解：

(1) 可分离变量的方程.

$$\frac{dy}{dx}=\frac{f(x)}{g(y)}\Rightarrow\int g(y)dy=\int f(x)dx;$$

(2) 齐次方程.

$$\frac{dy}{dx}=\varphi\left(\frac{y}{x}\right)\overset{令u=\frac{y}{x}}{\Rightarrow}u+x\frac{du}{dx}=\varphi(u)\Rightarrow\int\frac{du}{\varphi(u)-u}=\int\frac{dx}{x};$$

(3) 一阶线性方程. 对于$\frac{dy}{dx}=-P(x)y+Q(x)$，可利用式(4-1)来求解；对于$\frac{dx}{dy}=-P(y)x+Q(y)$，类似可得相应的通解公式(如2012年数学二的填空题)；

(4) 伯努利方程(**仅数学一要求**).

$$\frac{dy}{dx}=-P(x)y+Q(x)y^n(n\neq 0,1)$$

$$\Rightarrow y^{-n}\frac{dy}{dx}=-P(x)y^{1-n}+Q(x)$$

$$\overset{令z=y^{1-n}}{\Rightarrow}\frac{1}{(1-n)}\frac{dz}{dx}=-P(x)z+Q(x)$$

(一阶线性方程).

【例】(1)(08-1,3)微分方程 $xy'+y=0$ 满足条件 $y(1)=1$ 的解是 $y=$________.

(2)(07-3)微分方程 $\frac{dy}{dx}=\frac{y}{x}-\frac{1}{2}\left(\frac{y}{x}\right)^3$ 满足 $y|_{x=1}=1$ 的特解为 $y=$________.

(3)(90-2)微分方程 $x\ln x dy+(y-\ln x)dx=0$ 满足条件 $y|_{x=e}=1$ 的特解是 $y=$________.

(4)(仅数学一)微分方程 $xdy+y(1-x^2y\sin x)dx=0$ 满足条件 $y\Big|_{x=\frac{\pi}{2}}=\frac{2}{\pi}$ 的特解是 $y=$________.

【解】(1) **法一**:由 $xy'+y=0$ 知 $\frac{dy}{dx}=-\frac{y}{x}$,从而 $\int\frac{dy}{y}=-\int\frac{dx}{x}$,解得 $\ln y=-\ln x+\ln C$,即 $y=\frac{C}{x}$.

由 $y(1)=1$ 知 $C=1$,故 $y=\frac{1}{x}$.

法二:由 $xy'+y=0$ 知 $(xy)'=0$,从而 $xy=C$,即 $y=\frac{C}{x}$.

以下同"法一".

(2) 令 $u=\frac{y}{x}$,则 $y=ux$,$\frac{dy}{dx}=u+x\frac{du}{dx}$.

于是 $u+x\frac{du}{dx}=u-\frac{1}{2}u^3$,从而 $-\int\frac{2}{u^3}du=\int\frac{dx}{x}$,解得 $\frac{1}{u^2}=\ln x+C$,即 $\frac{x^2}{y^2}=\ln x+C$.

由 $y|_{x=1}=1$ 得 $C=1$,故 $y=\frac{x}{\sqrt{\ln x+1}}$.

(3) 由 $x\ln x dy+(y-\ln x)dx=0$ 知

$$\frac{dy}{dx}=-\frac{1}{x\ln x}y+\frac{1}{x}.$$

$$y=e^{-\int\frac{1}{x\ln x}dx}\left(\int\frac{1}{x}e^{\int\frac{1}{x\ln x}dx}dx+C\right)$$

$$=\frac{1}{\ln x}\left(\int\frac{\ln x}{x}dx+C\right)=\frac{1}{\ln x}\left(\frac{1}{2}\ln^2x+C\right).$$

由 $y|_{x=e}=1$ 得 $C=\frac{1}{2}$,故 $y=\frac{1}{2}\left(\ln x+\frac{1}{\ln x}\right)$.

(4) 由 $xdy+y(1-x^2y\sin x)dx=0$ 知

$$\frac{dy}{dx}=-\frac{y}{x}+(x\sin x)y^2,$$

从而 $y^{-2}\frac{dy}{dx}=-\frac{1}{xy}+x\sin x$.

令 $z=\frac{1}{y}$,则 $\frac{dz}{dx}=-y^{-2}\frac{dy}{dx}$,于是 $\frac{dz}{dx}=\frac{1}{x}z-x\sin x$.

由于

$$z=e^{\int\frac{1}{x}dx}\left[-\int(x\sin x)e^{-\int\frac{1}{x}dx}dx+C\right]$$

$$=x\left(-\int\sin x dx+C\right)=x(\cos x+C),$$

故 $y=\frac{1}{x(\cos x+C)}$.

由 $y\Big|_{x=\frac{\pi}{2}}=\frac{2}{\pi}$ 知 $C=1$,故 $y=\frac{1}{x(\cos x+1)}$.

考点二 高阶微分方程的求解

1. 高阶常系数线性方程的求解

(1) 对于

$$y''+py'+qy=0 \tag{4-4}$$

或 $y^{(n)}+p_1y^{(n-1)}+p_2y^{(n-2)}+\cdots+p_{n-1}y'+p_ny=0$,可先求其特征方程 $r^2+pr+q=0$ 或 $r^n+p_1r^{n-1}+p_2r^{n-2}+\cdots+p_{n-1}r+p_n=0$ 的根,再根据相应的通解公式(见"知识梳理")写出通解.

(2) 对于

$$y''+py'+qy=f(x)(f(x)\not\equiv 0), \tag{4-5}$$

可先求方程(4-4)的通解 Y,再求方程(4-5)的一个特解 y^*,从而得到方程(4-5)的通解 $y=Y+y^*$.

在求 y^* 时,可先按以下两种方式来设 y^*,再将所设 y^* 代入方程(4-5)以求出各系数:

1) 当 $f(x)=e^{\lambda x}P_m(x)$(λ 为常数,$P_m(x)$ 为 x 的一个 m 次多项式)时,可设

$$y^*=x^ke^{\lambda x}(b_0+b_1x+\cdots+b_mx^m)$$

(待定系数 $b_0,b_1,\cdots,b_m$),其中 k 按 λ 不是特征方程 $r^2+pr+q=0$ 的根、是其单根或是其二重根依次取为 0、1 或 2;

2) 当 $f(x)=e^{\lambda x}[P_l(x)\cos\omega x+Q_n(x)\sin\omega x]$($\lambda,\omega$ 为常数,$P_l(x)$ 和 $Q_n(x)$ 分别为 x 的一个 l 和 n 次多项式)时,可设

$$y^*=x^ke^{\lambda x}[(b_0+b_1x+\cdots+b_mx^m)\cos\omega x+(c_0+c_1x+\cdots+c_mx^m)\sin\omega x]$$

(待定系数 $b_0,b_1,\cdots,b_m$ 及 $c_0,c_1,\cdots,c_m$),其中 k 按 $\lambda+i\omega$ 不是特征方程 $r^2+pr+q=0$ 的根或是其根依次取为 0 或 1,且 $m=\max\{l,n\}$.

此外,若 $f(x)$ 不符合以上两种形式,则还可根据叠加原理来设 y^*(如变式).

【例 1】(1) 微分方程 $y'''+2y''+y'=0$ 的通解为 $y=$________.

(2) 微分方程 $y''-y=e^{-x}\sin x$ 的通解为 $y=$________.

【解】(1) 由 $r^3+2r^2+r=0$ 得 $r_1=0,r_2=r_3=-1$. 故所求通解为 $y=C_1+(C_2+C_3x)e^{-x}$.

(2) 由 $r^2-1=0$ 得 $r_1=1,r_2=-1$. 故 $y''-y=0$ 的通解为 $Y=C_1e^x+C_2e^{-x}$.

由于 $-1+i$ 不是 $r^2-1=0$ 的根,故设 $y^*=e^{-x}(A\cos x+B\sin x)$. 代入原方程得

$$e^{-x}(2A\sin x-2B\cos x)-e^{-x}(A\cos x+B\sin x)=e^{-x}\sin x,$$

解方程组 $\begin{cases}2A-B=1,\\A+2B=0\end{cases}$ 得 $A=\frac{2}{5}$,$B=-\frac{1}{5}$,从而

$$y^*=\frac{1}{5}e^{-x}(2\cos x-\sin x).$$

故所求通解为 $y=C_1e^x+C_2e^{-x}+\frac{1}{5}e^{-x}(2\cos x-\sin x)$.

变式(04-2) 微分方程 $y''+y=x^2+1+\sin x$ 的特解形式可设为( )

(A) $y^*=ax^2+bx+c+x(A\sin x+B\cos x)$.

(B) $y^*=x(ax^2+bx+c+A\sin x+B\cos x)$.

(C) $y^*=ax^2+bx+c+A\sin x$.

(D) $y^*=ax^2+bx+c+A\cos x$.

2. 可降阶的方程的求解（仅数学一、二）

以下三种微分方程可通过降阶来求解：

(1) 对于 $y^{(n)}=f(x)$，接连两边积分 n 次便能得其通解；

(2) $y''=f(x,y')\overset{令y'=p(x)}{\Rightarrow}\dfrac{\mathrm{d}p}{\mathrm{d}x}=f(x,p)$；

(3) $y''=f(y,y')\overset{令y'=p(y)}{\Rightarrow}p\dfrac{\mathrm{d}p}{\mathrm{d}y}=f(y,p)$.

【例 2】(1)（**00-1**）微分方程 $xy''+3y'=0$ 的通解为________.

(2)（**02-1,2**）$yy''+(y')^2=0$ 满足初始条件 $y|_{x=0}=1$，$y'|_{x=0}=\dfrac{1}{2}$ 的特解是________.

【解】(1) 令 $y'=p(x)$，则 $y''=\dfrac{\mathrm{d}p}{\mathrm{d}x}$，于是 $x\dfrac{\mathrm{d}p}{\mathrm{d}x}+3p=0$，从而 $\displaystyle\int\frac{\mathrm{d}p}{p}=-3\int\frac{\mathrm{d}x}{x}$，解得 $p=\dfrac{C}{x^3}$.

故 $y=\displaystyle\int\frac{C}{x^3}\mathrm{d}x=\frac{C_1}{x^2}+C_2\left(C_1=-\frac{C}{2}\right)$.

(2) **法一**：令 $y'=p(y)$，则

$$y''=\frac{\mathrm{d}p}{\mathrm{d}x}=\frac{\mathrm{d}p}{\mathrm{d}y}\cdot\frac{\mathrm{d}y}{\mathrm{d}x}=p\frac{\mathrm{d}p}{\mathrm{d}y},$$

于是 $yp\dfrac{\mathrm{d}p}{\mathrm{d}y}+p^2=0$，从而 $\displaystyle\int\frac{\mathrm{d}p}{p}=-\int\frac{\mathrm{d}y}{y}$，解得 $y'=p=\dfrac{C_1}{y}$.

由 $y|_{x=0}=1,y'|_{x=0}=\dfrac{1}{2}$ 得 $C_1=\dfrac{1}{2}$，故 $\dfrac{\mathrm{d}y}{\mathrm{d}x}=\dfrac{1}{2y}$，从而 $\displaystyle\int 2y\mathrm{d}y=\int\mathrm{d}x$，解得 $y^2=x+C_2$.

由 $y|_{x=0}=1$ 得 $C_2=1$，故 $y=\sqrt{x+1}$.

法二：由 $yy''+(y')^2=0$ 知 $(yy')'=0$，从而 $yy'=C_1$，即 $y'=\dfrac{C_1}{y}$.

以下同“法一”.

3. 欧拉方程的求解（仅数学一）

$x^2y''+pxy'+qy=f(x)(x>0,p,q$ 为常数)

$$\overset{令x=e^t}{\Rightarrow}x^2\cdot\frac{1}{x^2}\left(\frac{\mathrm{d}^2y}{\mathrm{d}t^2}-\frac{\mathrm{d}y}{\mathrm{d}t}\right)+px\cdot\frac{1}{x}\frac{\mathrm{d}y}{\mathrm{d}t}+qy=f(\mathrm{e}^t)$$

$\Rightarrow\dfrac{\mathrm{d}^2y}{\mathrm{d}t^2}+(p-1)\dfrac{\mathrm{d}y}{\mathrm{d}t}+qy=f(\mathrm{e}^t)$（常系数线性方程）.

【例 3】欧拉方程 $x^2y''-xy'+y=x(x>0)$ 的通解为 $y=$________.

【解】令 $x=\mathrm{e}^t$，则 $t=\ln x$，$y'=\dfrac{\mathrm{d}y}{\mathrm{d}t}\cdot\dfrac{\mathrm{d}t}{\mathrm{d}x}=\dfrac{1}{x}\cdot\dfrac{\mathrm{d}y}{\mathrm{d}t}$，

$$y''=\frac{\mathrm{d}\left(\frac{1}{x}\cdot\frac{\mathrm{d}y}{\mathrm{d}t}\right)}{\mathrm{d}x}=\frac{\mathrm{d}\left(\frac{1}{x}\cdot\frac{\mathrm{d}y}{\mathrm{d}t}\right)}{\mathrm{d}t}\cdot\frac{\mathrm{d}t}{\mathrm{d}x}$$

$$=\frac{1}{x}\left(\frac{1}{x}\cdot\frac{\mathrm{d}^2y}{\mathrm{d}t^2}-\frac{1}{x^2}\cdot\frac{\mathrm{d}x}{\mathrm{d}t}\cdot\frac{\mathrm{d}y}{\mathrm{d}t}\right)=\frac{1}{x^2}\left(\frac{\mathrm{d}^2y}{\mathrm{d}t^2}-\frac{\mathrm{d}y}{\mathrm{d}t}\right),$$

于是 $\dfrac{\mathrm{d}^2y}{\mathrm{d}t^2}-2\dfrac{\mathrm{d}y}{\mathrm{d}t}+y=\mathrm{e}^t$.

由 $r^2-2r+1=0$ 得 $r_1=r_2=1$. 故 $\dfrac{\mathrm{d}^2y}{\mathrm{d}t^2}-2\dfrac{\mathrm{d}y}{\mathrm{d}t}+y=0$ 的通解为 $Y=(C_1+C_2t)\mathrm{e}^t$.

设 $y^*=At^2\mathrm{e}^t$，代入 $\dfrac{\mathrm{d}^2y}{\mathrm{d}t^2}-2\dfrac{\mathrm{d}y}{\mathrm{d}t}+y=\mathrm{e}^t$ 得

$$A(t^2+4t+2)\mathrm{e}^t-2A(t^2+2t)\mathrm{e}^t+At^2\mathrm{e}^t=\mathrm{e}^t,$$

解得 $A=\dfrac{1}{2}$，从而 $y^*=\dfrac{t^2}{2}\mathrm{e}^t$.

故 $y=\left(C_1+C_2t+\dfrac{t^2}{2}\right)\mathrm{e}^t=x\left(C_1+C_2\ln x+\dfrac{\ln^2x}{2}\right)$.

真题精选 1987—2014

答案 P283

考点一 一阶微分方程的求解

1.（**14-1**）微分方程 $xy'+y(\ln x-\ln y)=0$ 满足条件 $y(1)=\mathrm{e}^3$ 的解为 $y=$________.

2.（**12-2**）微分方程 $y\mathrm{d}x+(x-3y^2)\mathrm{d}y=0$ 满足条件 $y|_{x=1}=1$ 的解为 $y=$________.

3.（**06-1,2**）微分方程 $y'=\dfrac{y(1-x)}{x}$ 的通解是________.

4.（**05-1,2**）微分方程 $xy'+2y=x\ln x$ 满足 $y(1)=-\dfrac{1}{9}$ 的解为________.

5.（**01-2**）过点 $\left(\dfrac{1}{2},0\right)$ 且满足关系式 $y'\arcsin x+\dfrac{y}{\sqrt{1-x^2}}=1$ 的曲线方程为________.

6.（**97-2**）微分方程 $(3x^2+2xy-y^2)\mathrm{d}x+(x^2-2xy)\mathrm{d}y=0$ 的通解为________.

7.（**99-2**）求初值问题 $\begin{cases}(y+\sqrt{x^2+y^2})\mathrm{d}x-x\mathrm{d}y=0(x>0),\\ y|_{x=1}=0\end{cases}$ 的解.

8.（**99-3**）设有微分方程 $y'-2y=\varphi(x)$，其中 $\varphi(x)=\begin{cases}2, & x<1,\\ 0, & x>1,\end{cases}$ 试求在 $(-\infty,+\infty)$ 内的连续函数 $y=y(x)$，使之在 $(-\infty,1)$ 和 $(1,+\infty)$ 内都满足所给方程，且满足条件 $y(0)=0$.

考点二 高阶微分方程的求解

1. (11-2) 微分方程 $y''-\lambda^2 y=e^{\lambda x}+e^{-\lambda x}(\lambda>0)$ 的特解形式为( )

(A) $a(e^{\lambda x}+e^{-\lambda x})$. (B) $ax(e^{\lambda x}+e^{-\lambda x})$.

(C) $x(ae^{\lambda x}+be^{-\lambda x})$. (D) $x^2(ae^{\lambda x}+be^{-\lambda x})$.

2. (04-1-仅数学一) 欧拉方程 $x^2\dfrac{d^2y}{dx^2}+4x\dfrac{dy}{dx}+2y=0(x>0)$ 的通解为________.

3. (96-2) 微分方程 $y''+2y'+5y=0$ 的通解为________.

4. (10-1) 求微分方程 $y''-3y'+2y=2xe^x$ 的通解.

5. (07-2-仅数学一、二) 求微分方程 $y''(x+y'^2)=y'$ 满足初始条件 $y(1)=y'(1)=1$ 的特解.

6. (05-2) 用变量代换 $x=\cos t(0<t<\pi)$ 化简微分方程 $(1-x^2)y''-xy'+y=0$,并求其满足 $y|_{x=0}=1$, $y'|_{x=0}=2$ 的特解.

7. (94-2) 求微分方程 $y''+a^2y=\sin x$ 的通解,其中常数 $a>0$.

小 结

微分方程的求解虽然方法较为固定,并没有太强的灵活性和综合性,但仍有不少考题得分率偏低(比如2014年数学一以填空题考查了齐次微分方程的求解,这是一道基本计算题,却仅有19.2%的考生做对),这需要考生充分重视细节并加强计算的准确性.

还有三种特殊的情形值得关注:一是有时能直接将方程的左边凑成某形式的导数,从而简化计算(比如2008年数学一、三、2002年数学一、二,以及2001年数学二的填空题);二是要注意以 x 为因变量的一阶线性方程(比如2012年数学二的填空题和2007年数学二的解答题);三是要会用简单的变量代换解某些微分方程(比如2024年数学一、二的填空题).

此外,数学一的考生切莫遗漏复习伯努利方程和欧拉方程的解法.而经过2020年9月《考试大纲》的再次修订,关于高阶常系数线性微分方程的求解,数学三的要求已与数学一、二完全一致,数学三的考生应按新的要求进行复习.

§4.2 已知微分方程的解的相关问题

十年真题 2015—2024

答案 P284

考点 已知微分方程的解的相关问题

1. (19-2,3) 已知微分方程 $y''+ay'+by=ce^x$ 的通解为 $y=(C_1+C_2x)e^{-x}+e^x$,则 a,b,c 依次为( )

(A) 1,0,1. (B) 1,0,2.

(C) 2,1,3. (D) 2,1,4.

2. (16-1) 若 $y=(1+x^2)^2-\sqrt{1+x^2}$, $y=(1+x^2)^2+\sqrt{1+x^2}$ 是微分方程 $y'+p(x)y=q(x)$ 的两个解，则 $q(x)=$(　　)

(A) $3x(1+x^2)$.　　(B) $-3x(1+x^2)$.

(C) $\dfrac{x}{1+x^2}$.　　(D) $-\dfrac{x}{1+x^2}$.

3. (15-1) 设 $y=\dfrac{1}{2}e^{2x}+\left(x-\dfrac{1}{3}\right)e^x$ 是二阶常系数非齐次线性微分方程 $y''+ay'+by=ce^x$ 的一个特解，则(　　)

(A) $a=-3,b=2,c=-1$.　(B) $a=3,b=2,c=-1$.

(C) $a=-3,b=2,c=1$.　(D) $a=3,b=2,c=1$.

4. (16-2) 以 $y=x^2-e^x$ 和 $y=x^2$ 为特解的一阶非齐次线性微分方程为________.

5. (16-2-仅数学一、二) 已知 $y_1(x)=e^x$, $y_2(x)=u(x)e^x$ 是二阶微分方程 $(2x-1)y''-(2x+1)y'+2y=0$ 的两个解. 若 $u(-1)=e$, $u(0)=-1$，求 $u(x)$，并写出该微分方程的通解.

考点分析

考　点	命题特点
已知微分方程的解的相关问题	**1. 考试频率**：★★☆☆☆ **2. 常考题型**：选择题、填空题 **3. 命题趋势**：本考点以考查基础题为主，偶尔出现难度较高的考题.

方法探究

答案 P285

考点　已知微分方程的解的相关问题

若已知某线性微分方程的解，则一般有以下两个思路：

(1) 把已知解代入方程(如例1)；

(2) 利用线性方程的解的结构或性质(如例2).

【例1】(10-2,3) 设 y_1,y_2 是一阶线性非齐次微分方程 $y'+p(x)y=q(x)$ 的两个特解，若常数 λ,μ 使 $\lambda y_1+\mu y_2$ 是该方程的解，$\lambda y_1-\mu y_2$ 是该方程对应的齐次方程的解，则(　　)

(A) $\lambda=\dfrac{1}{2},\mu=\dfrac{1}{2}$.　　(B) $\lambda=-\dfrac{1}{2},\mu=-\dfrac{1}{2}$.

(C) $\lambda=\dfrac{2}{3},\mu=\dfrac{1}{3}$.　　(D) $\lambda=\dfrac{2}{3},\mu=\dfrac{2}{3}$.

【解】 由题意知

$$(\lambda y_1'+\mu y_2')+p(x)(\lambda y_1+\mu y_2)=q(x),$$

$$(\lambda y_1'-\mu y_2')+p(x)(\lambda y_1-\mu y_2)=0.$$

两式相加，则 $2\lambda[y_1'+p(x)y_1]=q(x)$，从而由 $y_1'+p(x)y_1=q(x)$ 得 $\lambda=\dfrac{1}{2}$.

两式相减，则 $2\mu[y_2'+p(x)y_2]=q(x)$，从而由 $y_2'+p(x)y_2=q(x)$ 得 $\mu=\dfrac{1}{2}$. 故选(A).

【注】 设 $y_1,y_2,\cdots,y_s$ 是 $y'+p(x)y=q(x)$ 的解，则

(i) $k_1y_1+k_2y_2+\cdots+k_sy_s$ 是 $y'+p(x)y=q(x)$ 的解 $\Leftrightarrow k_1+k_2+\cdots+k_s=1$；

(ii) $k_1y_1+k_2y_2+\cdots+k_sy_s$ 是 $y'+p(x)y=0$ 的解 $\Leftrightarrow k_1+k_2+\cdots+k_s=0$.

以上结论可推广至高阶线性方程.

【例2】(97-2) 已知 $y_1=xe^x+e^{2x}$, $y_2=xe^x+e^{-x}$, $y_3=xe^x+e^{2x}-e^{-x}$ 是某二阶非齐次线性微分方程的三个解，则此微分方程为________.

【解】 设该微分方程为 $y''+P(x)y'+Q(x)y=f(x)$.

根据线性方程的解的性质，$y_1-y_2=e^{2x}-e^{-x}$, $y_1-y_3=e^{-x}$ 都是 $y''+P(x)y'+Q(x)y=0$ 的解，从而 $(y_1-y_2)+(y_1-y_3)=e^{2x}$ 也是 $y''+P(x)y'+Q(x)y=0$ 的解，$y_2-(y_1-y_3)=xe^x$ 是 $y''+P(x)y'+Q(x)y=f(x)$ 的解.

把 e^{-x}, e^{2x} 代入 $y''+P(x)y'+Q(x)y=0$，分别得 $e^{-x}-P(x)e^{-x}+Q(x)e^{-x}=0$, $4e^{2x}+2P(x)e^{2x}+Q(x)e^{2x}=0$，解得 $P(x)=-1$, $Q(x)=-2$.

把 xe^x 代入 $y''-y'-2y=f(x)$，得 $f(x)=(1-2x)e^x$.

故所求方程为 $y''-y'-2y=(1-2x)e^x$.

【注】 (i) 本题若已知所求方程为二阶常系数非齐次线性方程，则可由 e^{-x}, e^{2x} 是其对应齐次线性方程的两个线性无关的解，得到特征方程 $(r+1)(r-2)=0$，从而知其对应的齐次线性方程为 $y''-y'-2y=0$(与2015年数学一的选择题相类似).

(ii) 本题无须先求出方程，在仅知 y_1,y_2,y_3 是该方程的三个解的前提下，就能直接得到其通解 $y=C_1e^{-x}+C_2e^{2x}+xe^x$(与2013年数学一的填空题相类似).

变式(08-1,2) 在下列微分方程中,以

$$y=C_1e^x+C_2\cos 2x+C_3\sin 2x$$

(C_1,C_2,C_3 为任意常数)为通解的是( )

(A) $y'''+y''-4y'-4y=0$. (B) $y'''+y''+4y'+4y=0$.
(C) $y'''-y''-4y'+4y=0$. (D) $y'''-y''+4y'-4y=0$.

真题精选 1987—2014

答案 P285

考点 已知微分方程的解的相关问题

1. **(06-3)** 设非齐次线性微分方程 $y'+P(x)y=Q(x)$ 有两个不同的解 $y_1(x),y_2(x)$,C 为任意常数,则该方程的通解是( )
(A) $C[y_1(x)-y_2(x)]$.
(B) $y_1(x)+C[y_1(x)-y_2(x)]$.
(C) $C[y_1(x)+y_2(x)]$.
(D) $y_1(x)+C[y_1(x)+y_2(x)]$.

2. **(03-2)** 已知 $y=\dfrac{x}{\ln x}$ 是微分方程 $y'=\dfrac{y}{x}+\varphi\left(\dfrac{x}{y}\right)$ 的解,则 $\varphi\left(\dfrac{x}{y}\right)$ 的表达式为( )
(A) $-\dfrac{y^2}{x^2}$. (B) $\dfrac{y^2}{x^2}$. (C) $-\dfrac{x^2}{y^2}$. (D) $\dfrac{x^2}{y^2}$.

3. **(00-2)** 具有特解 $y_1=e^{-x},y_2=2xe^{-x},y_3=3e^x$ 的三阶常系数齐次线性微分方程是( )
(A) $y'''-y''-y'+y=0$.
(B) $y'''+y''-y'-y=0$.
(C) $y'''-6y''+11y'-6y=0$.
(D) $y'''-2y''-y'+2y=0$.

4. **(13-1)** 已知 $y_1=e^{3x}-xe^{2x},y_2=e^x-xe^{2x},y_3=-xe^{2x}$ 是某二阶常系数非齐次线性微分方程的 3 个解,则该方程的通解为 $y=$________.

5. **(09-1)** 若二阶常系数齐次线性微分方程 $y''+ay'+by=0$ 的通解为 $y=(C_1+C_2x)e^x$,则非齐次方程 $y''+ay'+by=x$ 满足条件 $y(0)=2,y'(0)=0$ 的解为 $y=$________.

6. **(95-2)** 设 $y=e^x$ 是微分方程 $xy'+p(x)y=x$ 的一个解,则此微分方程满足条件 $y|_{x=\ln 2}=0$ 的特解为________.

小 结

本考点主要针对线性微分方程,考查其解的结构及性质.在考研中既考查过已知解求方程(比如 2016 年和 2015 年数学一以及 2000 年数学二的选择题),又考查过已知特解求通解(比如 2013 年数学一的填空题以及 2006 年数学三的选择题),还考查过需要先求方程才能求通解的情形(比如 2009 年数学一和 1995 年数学二的考题).

另外,要有把解代入方程(比如 2016 年数学二的解答题、2003 年数学二的选择题和 1995 年数学二的考题),或者先利用解的性质,再把解代入方程(比如 2016 年数学一的选择题和数学二的填空题)的意识.

§4.3 微分方程的应用

十年真题 2015—2024

答案 P285

考点 微分方程的应用

1. **(23-1,2,3)** 若微分方程 $y''+ay'+by=0$ 的解在 $(-\infty,+\infty)$ 上有界,则( )
(A) $a<0,b>0$. (B) $a>0,b>0$.
(C) $a=0,b>0$. (D) $a=0,b<0$.

2. **(23-3-仅数学三)** 设某公司在 t 时刻的资产为 $f(t)$,从 0 时刻到 t 时刻的平均资产等于 $\dfrac{f(t)}{t}-t$.假设 $f(t)$ 连续且 $f(0)=0$,则 $f(t)=$________.

3. **(20-1)** 设函数 $f(x)$ 满足 $f''(x)+af'(x)+f(x)=0$ $(a>0)$,且 $f(0)=m,f'(0)=n$,则 $\int_0^{+\infty}f(x)\mathrm{d}x=$________.

4. **(20-2)** 设 $y=y(x)$ 满足 $y''+2y'+y=0$,且 $y(0)=0$,$y'(0)=1$,则 $\int_0^{+\infty}y(x)\mathrm{d}x=$________.

5. **(18-3)** 函数 $f(x)$ 满足
$$f(x+\Delta x)-f(x)=2xf(x)\Delta x+o(\Delta x)(\Delta x\to 0),$$
且 $f(0)=2$,则 $f(1)=$________.

6. **(23-1)** 设曲线 $y=y(x)(x>0)$ 经过点 $(1,2)$,该曲线上任一点 $P(x,y)$ 到 y 轴的距离等于该点处的切线在 y 轴上的截距.
(1) 求 $y(x)$;
(2) 求函数 $f(x)=\int_1^x y(t)\mathrm{d}t$ 在 $(0,+\infty)$ 上的最大值.

7. **(23-2)** 设曲线 L：$y=y(x)(x>\mathrm{e})$经过点$(\mathrm{e}^2,0)$，L 上任一点$P(x,y)$到 y 轴的距离等于该点处的切线在 y 轴上的截距.

(1) 求 $y(x)$；

(2) 在 L 上求一点，使该点处的切线与两坐标轴所围三角形的面积最小，并求此最小面积.

8. **(22-1,3)** 设函数 $y(x)$是微分方程 $y'+\frac{1}{2\sqrt{x}}y=2+\sqrt{x}$ 满足条件 $y(1)=3$ 的解. 求曲线 $y=y(x)$的渐近线.

9. **(22-2-仅数学一、二)** 设函数 $y(x)$是微分方程 $2xy'-4y=2\ln x-1$ 满足条件 $y(1)=\frac{1}{4}$ 的解. 求曲线 $y=y(x)(1\leqslant x\leqslant \mathrm{e})$的弧长.

10. **(21-2)** 设 $y=y(x)(x>0)$是微分方程 $xy'-6y=-6$ 满足条件 $y(\sqrt{3})=10$ 的解.

(1) 求 $y(x)$；

(2) 设 P 为曲线 $y=y(x)$上一点，记曲线 $y=y(x)$在点 P 处的法线在 y 轴上的截距为 I_P. 当 I_P 最小时，求点 P 的坐标.

11. **(20-2-仅数学一、二)** 设函数 $f(x)$可导，且 $f'(x)>0$. 曲线 $y=f(x)(x\geqslant 0)$经过坐标原点 O，其上任意一点 M 处的切线与 x 轴交于 T，又 MP 垂直于 x 轴于点 P. 已知曲线 $y=f(x)$，直线 MP 以及 x 轴所围图形的面积与 ΔMTP 的面积之比恒为 $3:2$，求满足上述条件的曲线的方程.

12. **(20-3)** 设函数 $y=f(x)$)满足

$$y''+2y'+5y=0, f(0)=1, f'(0)=-1.$$

(1) 求 $f(x)$的表达式；

(2) 设 $a_n=\int_{n\pi}^{+\infty} f(x)\mathrm{d}x$，求 $\sum_{n=1}^{\infty} a_n$.

13. (**19-1**) 设函数 $y(x)$是微分方程 $y'+xy=e^{-\frac{x^2}{2}}$ 满足条件 $y(0)=0$ 的特解.

(1) 求 $y(x)$;

(2) 求曲线 $y=y(x)$的凹凸区间及拐点.

14. (**19-2,3**) 设函数 $y(x)$是微分方程 $y'-xy=\frac{1}{2\sqrt{x}}e^{\frac{x^2}{2}}$ 满足条件 $y(1)=\sqrt{e}$的特解.

(1) 求 $y(x)$;

(2) 设平面区域

$D=\{(x,y)\mid 1\leqslant x\leqslant 2,0\leqslant y\leqslant y(x)\}$,

求 D 绕 x 轴旋转所得旋转体的体积.

15. (**18-1**) 已知微分方程 $y'+y=f(x)$,其中 $f(x)$是 $\mathbf{R}$ 上的连续函数.

(1) 若 $f(x)=x$,求方程的通解;

(2) 若 $f(x)$是周期为 T 的函数,证明:方程存在唯一的以 T 为周期的解.

16. (**18-2**) 已知连续函数 $f(x)$满足

$$\int_0^x f(t)\mathrm{d}t+\int_0^x tf(x-t)\mathrm{d}t=ax^2.$$

(1) 求 $f(x)$;

(2) 若 $f(x)$在区间$[0,1]$上的平均值为 1,求 a 的值.

17. (**17-2**) 设 $y(x)$是区间$\left(0,\frac{3}{2}\right)$内的可导函数,且 $y(1)=0$. 点 P 是曲线 l : $y=y(x)$上的任意一点,l 在点 P 处的切线与 y 轴相交于点$(0,Y_P)$,法线与 x 轴相交于点$(X_P,0)$. 若 $X_P=Y_P$,求 l 上点的坐标(x,y)满足的方程.

18. (**16-1**) 设函数 $y(x)$满足方程 $y''+2y'+ky=0$,其中 $0<k<1$.

(1) 证明:反常积分$\int_0^{+\infty}y(x)\mathrm{d}x$ 收敛;

(2) 若 $y(0)=1,y'(0)=1$,求$\int_0^{+\infty}y(x)\mathrm{d}x$ 的值.

19. (**16-3**) 设函数 $f(x)$连续,且满足

$$\int_0^x f(x-t)\mathrm{d}t=\int_0^x (x-t)f(t)\mathrm{d}t+e^{-x}-1,$$

求 $f(x)$.

20. (**16-3-仅数学三**) 设某商品的最大需求量为 1 200 件,该商品的需求函数 $Q=Q(p)$,需求弹性

$$\eta=\frac{p}{120-p}\quad(\eta>0),$$

p 为单价(万元).

(1) 求需求函数的表达式;

(2) 求 $p=100$ 万元时的边际收益,并说明其经济意义.

21. (**15-1,3**) 设函数 $f(x)$在定义域 I 上的导数大于零,若对任意的 $x_0\in I$,曲线 $y=f(x)$在点$(x_0,f(x_0))$处的切线与直线 $x=x_0$ 及 x 轴所围成区域的面积恒为 4,且 $f(0)=2$. 求 $f(x)$的表达式.

22. (**15-2-仅数学一、二**) 已知高温物体置于低温介质中,任一时刻该物体温度对时间的变化率与该时刻物体和介质的温差成正比. 现将一初始温度为 120℃ 的物体在 20℃ 恒温介质中冷却,30 min 后该物体的温度降到 30℃,若要将该物体的温度继续降至 21℃,还需冷却多长时间?

考点分析

考　　点	大 纲 要 求	命 题 特 点
微分方程的应用	会用微分方程解决一些简单的应用问题	**1. 考试频率**:★★★★★ **2. 常考题型**:解答题 **3. 命题趋势**:微分方程的应用是考研一直以来的重点,经常命制具有综合性的解答题.

方法探究

答案 P288

考点　微分方程的应用

在考研中,关于微分方程的应用,主要分为以下两类考题:

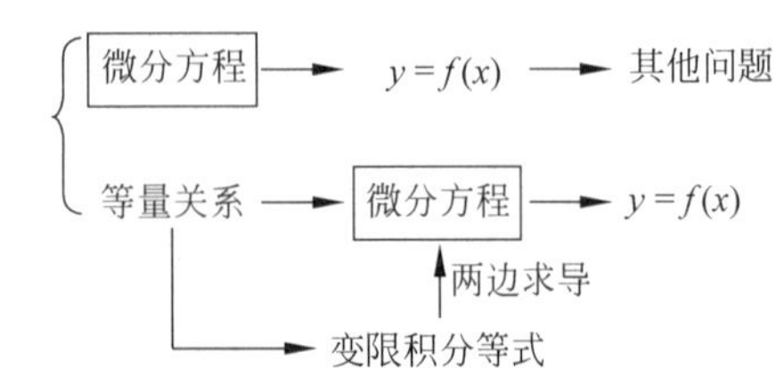

1. 微分方程的求解与其他问题的综合

若已知某微分方程,则能通过求解该方程得到相应的函数表达式,并且能针对所得函数(或其对应的平面曲线),进一步重点考查以下问题:

(1) 判断函数或曲线的性质,包括求凹凸区间、拐点、极值、渐近线等(比如 2022 年数学一、三和 2019 年数学一的解答题);

(2) 利用定积分求平面图形的面积、旋转体的体积、平面曲线的弧长(**仅数学一、二要求**)、旋转体的侧面积(**仅数学一、二要求**)等(比如 2022 年数学二和 2019 年数学二、三的解答题);

(3) 求反常积分,主要针对形如 $y''+py'+qy=0$ 的方程的解(比如 2020 年数学一和数学二的填空题,以及 2016 年数学一的解答题);

(4) 证明积分等式或不等式,主要针对形如$\frac{\mathrm{d}y}{\mathrm{d}x}+P(x)y=Q(x)$的方程的解(比如 2018 年数学一的解答题).

【例 1】(**02-2**) 求微分方程 $x\mathrm{d}y+(x-2y)\mathrm{d}x=0$ 的一个解 $y=y(x)$,使得由曲线 $y=y(x)$,与直线 $x=1,x=2$ 以及

x 轴所围成的平面图形绕 x 轴旋转一周的旋转体体积最小.

【解】 由 $x\mathrm{d}y+(x-2y)\mathrm{d}x=0$ 知 $\frac{\mathrm{d}y}{\mathrm{d}x}=\frac{2y}{x}-1$.

$$y=\mathrm{e}^{\int\frac{2}{x}\mathrm{d}x}\left(-\int\mathrm{e}^{-\int\frac{2}{x}\mathrm{d}x}\mathrm{d}x+C\right)$$

$$=x^2\left(-\int\frac{1}{x^2}\mathrm{d}x+C\right)=x+Cx^2.$$

$$V(C)=\pi\int_1^2(x+Cx^2)^2\mathrm{d}x=\pi\left(\frac{31}{5}C^2+\frac{15}{2}C+\frac{7}{3}\right).$$

令 $V'(C)=\pi\left(\frac{62}{5}C+\frac{15}{2}\right)=0$，则 $C=-\frac{75}{124}$.

由 $V''(C)=\frac{62}{5}\pi>0$ 知 $C=-\frac{75}{124}$ 为唯一极小值点，即最小值点，故 $y=x-\frac{75}{124}x^2$.

2. 列微分方程求函数表达式

这类考题需要根据题中所阐述的等量关系列出微分方程，并且通过求解该方程来进一步求出函数表达式(或平面曲线方程). 而这些等量关系经常来源于以下几个方面：

(1) 在变限积分等式两边求导(比如 2018 年数学二和 2016 年数学三的解答题)；

(2) 根据平面图形的面积、旋转体的体积、平面曲线的弧长(**仅数学一、二要求**)、旋转体的侧面积(**仅数学一、二要求**)等几何量之间的关系，先得到一个变限积分等式，再两边求导得到微分方程(比如 2020 年数学二的解答题)；

(3) 切线、法线的截距及两点间距离之间的关系(比如 2023 年数学一、数学二，2017 年数学二和 2015 年数学一、三的解答题)；

(4) 微分定义(比如 2018 年数学三的填空题)；

(5) 某个量的变化率与另一个量成正比(**仅数学一、二要求**，比如 2015 年数学二的解答题)；

(6) 弹性与价格之间的关系(**仅数学三要求**，比如 2016 年数学三的解答题).

【例 2】(09-3) 设曲线 $y=f(x)$，其中 $f(x)$ 是可导函数，且 $f(x)>0$. 已知曲线 $y=f(x)$ 与直线 $y=0,x=1$ 及 $x=t(t>1)$ 所围成的曲边梯形绕 x 轴旋转一周所得的立体体积值是该曲边梯形面积值的 πt 倍，求该曲线的方程.

【解】 由题意知 $\pi\int_1^t f^2(x)\mathrm{d}x=\pi t\int_1^t f(x)\mathrm{d}x$.

两边对 t 求导，得 $f^2(t)=\int_1^t f(x)\mathrm{d}x+tf(t)$.

两边再对 t 求导，得 $2f(t)f'(t)=2f(t)+tf'(t)$.

记 $y=f(t)$，则 $\frac{\mathrm{d}t}{\mathrm{d}y}=-\frac{t}{2y}+1$.

$$t=\mathrm{e}^{-\int\frac{1}{2y}\mathrm{d}y}\left(\int\mathrm{e}^{\int\frac{1}{2y}\mathrm{d}y}\mathrm{d}y+C\right)$$

$$=\frac{1}{\sqrt{y}}\left(\int\sqrt{y}\,\mathrm{d}y+C\right)=\frac{2}{3}y+\frac{C}{\sqrt{y}}.$$

对 $f^2(t)=\int_1^t f(x)\mathrm{d}x+tf(t)$ 令 $t=1$，得 $f(1)=1$，从而 $C=\frac{1}{3}$，故所求曲线方程为 $x=\frac{2}{3}y+\frac{1}{3\sqrt{y}}$.

变式 2.1(01-2) 设 L 是一条平面曲线，其上任意一点 $P(x,y)(x>0)$ 到坐标原点的距离，恒等于该点处的切线在 y 轴上的截距，且 L 经过点 $\left(\frac{1}{2},0\right)$. 试求曲线 L 的方程.

变式 2.2(03-2-仅数学一、二) 有一平底容器，其内侧壁是由曲线 $x=\varphi(y)(y\geqslant 0)$ 绕 y 轴旋转而成的旋转曲面(如下图所示)，容器的底面圆的半径为 2 m. 根据设计要求，当以 3 m^3/min 的速率向容器内注入液体时，液面的面积将以 π m^2/min 的速率均匀扩大(假设注入液体前，容器内无液体).

(1) 根据 t 时刻液面的面积，写出 t 与 $\varphi(y)$ 之间的关系式；

(2) 求曲线 $x=\varphi(y)$ 的方程.

(注：m 表示长度单位米，min 表示时间单位分.)

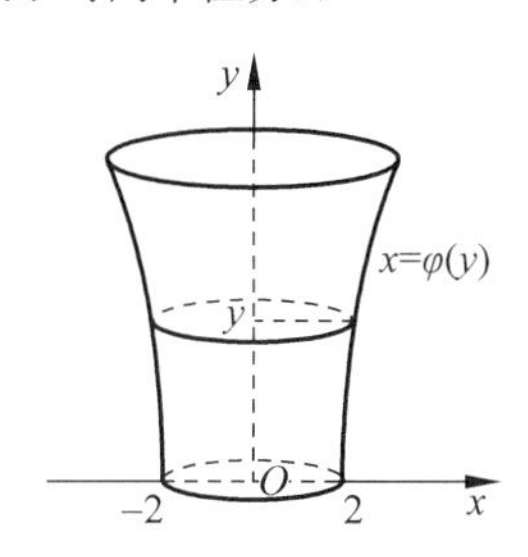

真题精选 1987—2014

答案 P288

考点 微分方程的应用

1. (98-1,2) 已知函数 $y=y(x)$ 在任意点 x 处的增量 $\Delta y=\frac{y\Delta x}{1+x^2}+\alpha$，且当 $\Delta x\to 0$ 时，α 是 Δx 的高阶无穷小，$y(0)=\pi$，则 $y(1)$ 等于(　　)

(A) 2π　　(B) π.　　(C) $\mathrm{e}^{\frac{\pi}{4}}$.　　(D) $\pi\mathrm{e}^{\frac{\pi}{4}}$.

2. (10-3-仅数学三) 设某商品的收益函数为 $R(p)$，收益弹性为 $1+p^3$，其中 p 为价格，且 $R(1)=1$，则 $R(p)=$________.

3.（**12-2,3**）已知函数 $f(x)$ 满足方程 $f''(x)+f'(x)-2f(x)=0$ 及 $f''(x)+f(x)=2e^x$.

(1) 求 $f(x)$ 的表达式；

(2) 求曲线 $y=f(x^2)\int_0^x f(-t^2)dt$ 的拐点.

4.（**11-2-仅数学一、二**）设函数 $y(x)$ 具有二阶导数，且曲线 $l: y=y(x)$ 与直线 $y=x$ 相切于原点，记 α 为曲线 l 在点 (x,y) 处切线的倾角，若 $\frac{d\alpha}{dx}=\frac{dy}{dx}$，求 $y(x)$ 的表达式.

5.（**10-2-仅数学一、二**）设函数 $y=f(x)$ 由参数方程 $\begin{cases}x=2t+t^2,\\ y=\psi(t)\end{cases}$ $(t>-1)$ 所确定，其中 $\psi(t)$ 具有 2 阶导数，且 $\psi(1)=\frac{5}{2}$，$\psi'(1)=6$. 已知 $\frac{d^2y}{dx^2}=\frac{3}{4(1+t)}$，求函数 $\psi(t)$.

6.（**09-2-仅数学一、二**）设非负函数 $y=y(x)(x\geqslant 0)$ 满足微分方程 $xy''-y'+2=0$，当曲线 $y=y(x)$ 过原点时，其与直线 $x=1$ 及 $y=0$ 围成平面区域 D 的面积为 2，求 D 绕 y 轴旋转所得旋转体体积.

7.（**06-3**）在 xOy 坐标平面上，连续曲线 L 过点 $M(1,0)$，其上任意点 $P(x,y)(x\neq 0)$ 处的切线斜率与直线 OP 的斜率之差等于 ax（常数 $a>0$）.

(1) 求 L 的方程；

(2) 当 L 与直线 $y=ax$ 所围成平面图形的面积为 $\frac{8}{3}$ 时，确定 a 的值.

8.（**04-1,2-仅数学一、二**）某种飞机在机场降落时，为了减少滑行距离，在触地的瞬间，飞机尾部张开减速伞，以增大阻力，使飞机迅速减速并停下. 现有一质量为 9 000 kg 的飞机，着陆时的水平速度为 700 km/h. 经测试，减速伞打开后，飞机所受的总阻力与飞机的速度成正比（比例系数为 $k=6.0\times 10^6$）问从着陆点算起，飞机滑行的最长距离是多少？

9.（**02-2**）已知函数 $f(x)$ 在 $(0,+\infty)$ 内可导，$f(x)>0$，$\lim\limits_{x\to+\infty}f(x)=1$，且满足 $\lim\limits_{h\to 0}\left[\frac{f(x+hx)}{f(x)}\right]^{\frac{1}{h}}=e^{\frac{1}{x}}$，求 $f(x)$.

10.（**01-2**）设函数 $f(x)$，$g(x)$ 满足

$$f'(x)=g(x),\ g'(x)=2e^x-f(x),$$

且 $f(0)=0$，$g(0)=2$，求 $\int_0^{\pi}\left[\frac{g(x)}{1+x}-\frac{f(x)}{(1+x)^2}\right]dx$.

11. **(01-2-仅数学一、二)** 一个半球体状的雪堆,其体积融化的速率与半球面面积 S 成正比,比例常数 $K>0$. 假设在融化过程中雪堆始终保持半球体状,已知半径为 r_0 的雪堆在开始融化的 3 小时内,融化了其体积的 $\frac{7}{8}$,问雪堆全部融化需要多少小时?

12. **(99-1,2-仅数学一、二)** 设函数 $y(x)(x\geqslant 0)$二阶可导,且 $y'(x)>0$,$y(0)=1$. 过曲线 $y=y(x)$上任意一点 $P(x,y)$ 作该曲线的切线及 x 轴的垂线,上述两直线与 x 轴所围成的三角形的面积记为 S_1,区间$[0,x]$上以 $y=y(x)$为曲边的曲边梯形面积记为 S_2,并设 $2S_1-S_2$ 恒为 1,求此曲线 $y=y(x)$的方程.

13. **(97-2-仅数学一、二)** 设曲线 L 的极坐标方程为 $r=r(\theta)$,$M(r,\theta)$为 L 上任一点,$M_0(2,0)$为 L 上一定点. 若极径 OM_0,OM 与曲线 L 所围成的曲边扇形面积值等于 L 上 M_0,M 两点间弧长值的一半,求曲线 L 的方程.

14. **(96-3)** 设 $f(x)$为连续函数.

(1) 求初值问题 $\begin{cases} y'+ay=f(x), \\ y|_{x=0}=0 \end{cases}$ 的解 $y(x)$,其中 a 是正常数;

(2) 若 $|f(x)|\leqslant k$(k 为常数),证明当 $x\geqslant 0$ 时,有 $|y(x)|\leqslant\frac{k}{a}(1-e^{-ax})$.

15. **(94-3)** 设函数 $y=y(x)$满足条件 $\begin{cases} y''+4y'+4y=0, \\ y(0)=2, y'(0)=-4, \end{cases}$ 求广义积分 $\int_0^{+\infty} y(x)\mathrm{d}x$.

16. **(91-1-仅数学一、二)** 在上半平面求一条向上凹的曲线,其上任一点 $P(x,y)$处的曲率等于此曲线在该点的法线段 PQ 长度的倒数(Q 是法线与 x 轴的交点),且曲线在点 $(1,1)$处的切线与 x 轴平行.

17. **(89-1,2)** 设 $f(x)=\sin x-\int_0^x (x-t)f(t)\mathrm{d}t$,其中 $f(x)$为连续函数,求 $f(x)$.

小 结

微分方程的应用在考研中经常考查，同时它也是许多考生较薄弱的考点．考生应在完成历年真题的过程中，积累以下两个方面：

第一，能与微分方程的求解相结合考查的常见问题．比如，针对方程 $y''+py'+qy=0$ 的解 $y(x)$，若 $\lim\limits_{x\to+\infty}y(x)=\lim\limits_{x\to+\infty}y'(x)=0$，则 $\int_a^{+\infty}y(x)\mathrm{d}x=\frac{1}{q}[y'(a)+py(a)](q\neq 0)$（可参看2020年数学一的填空题和2016年数学一的解答题）．再比如，式(4-1)能转化为变限积分表示的形式 $y=\mathrm{e}^{-\int_0^x P(t)\mathrm{d}t}\left[\int_0^x Q(t)\mathrm{e}^{\int_0^t P(s)\mathrm{d}s}\mathrm{d}t+C\right]$，以用于证明积分等式或不等式（可参看2018年数学一和1996年数学三的解答题）．这些都是不少考生较为陌生的．

第二，能用于列微分方程的常见等量关系．在“方法探究”中所总结的6种等量关系，都是既在近10年内考查过，又在考研的历史上不止一次考查过的．其中，通过“某个量的变化率与另一个量成正比”来列微分方程的物理应用问题，是数学一、二的考生需要重视的，而它的一种特殊情况——“阻力与速度成正比”，会涉及牛顿第二定律的使用（可参看2004年数学一、二的解答题）．另外，利用曲率（仅数学一、二要求，可参看1991年数学一的解答题）、切线或法线的斜率（可参看2006年数学三的解答题）、导数定义（可参看2002年数学二的解答题）也都能列微分方程，还能直接根据考题所给出的等式来列微分方程（可参看2011年和2010年数学二的解答题）．

§4.4 差分方程的求解（仅数学三）

十年真题 2015—2024

答案P290

考点 差分方程的求解

1. (21-3) 差分方程 $\Delta y_t=t$ 的通解为 $y_t=$________.

2. (18-3) 差分方程 $\Delta^2 y_x-y_x=5$ 的通解为________.

3. (17-3) 差分方程 $y_{t+1}-2y_t=2^t$ 的通解为 $y_t=$________.

考点分析

考　点	大纲要求	命题特点
差分方程的求解	1. 了解差分与差分方程及其通解与特解等概念. 2. 了解一阶常系数线性差分方程的求解方法.	**1. 考试频率**：★★☆☆☆ **2. 常考题型**：填空题 **3. 命题趋势**：差分方程的求解在过去的考研中极少考查，但近年来考查频率略有增加.

知识梳理

考点 差分方程的求解

1. 差分及差分方程的概念

设 $y_t=f(t)$ 为 t 的函数，则称

$$\Delta y_t=y_{t+1}-y_t=f(t+1)-f(t)$$

为 $f(t)$ 的一阶差分，称

$$\Delta^2 y_t=\Delta(\Delta y_t)=\Delta y_{t+1}-\Delta y_t=\text{①}\_\_\_\_\_\_\_\_$$

为 $f(t)$ 的二阶差分.

含有自变量、未知函数及未知函数的差分的方程称为差分方程.

【注】差分方程的阶、解、通解和特解的概念都与微分方程相类似.

2. 一阶常系数线性差分方程的通解公式

$$y_{t+1}+ay_t=0 \tag{4-6}$$

（常数 $a\neq 0$，下同）和

$$y_{t+1}+ay_t=f(t)\,(f(t)\neq 0) \tag{4-7}$$

分别称为一阶常系数齐次和非齐次线性差分方程.

(1) 方程(4-6)的通解为 $y_t=C(-a)^t$.

(2) 若 y_t^* 是方程(4-7)的一个特解,则

$$y_t = ② \underline{\qquad\qquad} \tag{4-8}$$

是方程(4-7)的通解.

知识梳理·答案

① $y_{t+2}-2y_{t+1}+y_t$ ② $C(-a)^t+y_t^*$

方法探究

考点 差分方程的求解

考研主要考查形如 $y_{t+1}+ay_t=\lambda^t P_m(t)$($\lambda$ 为常数,$P_m(t)$为 t 的一个 m 阶多项式)的差分方程的求解,可利用式(4-8)来求其通解.

在求 y_t^* 时,可先设

$$y_t^* = t^k\lambda^t(b_0+b_1t+b_2t^2+\cdots+b_mt^m),$$

其中 k 按 $\lambda\neq -a$ 或 $\lambda=-a$ 依次取为 0 或 1. 再将所设 y_t^* 代入原方程以求出系数 $b_0,b_1,\cdots,b_m$.

此外,还可通过 $\Delta^2 y_t=y_{t+2}-2y_{t+1}+y_t$,将二阶差分方程转化为一阶差分方程来求解.

【例】(**97-3**) 差分方程 $y_{t+1}-y_t=t2^t$ 的通解为________.

【解】设 $y_t^*=2^t(A+Bt)$,代入原方程得 $2^{t+1}(A+B+Bt)-2^t(A+Bt)=t2^t$,解得 $A=-2,B=1$,从而 $y_t^*=2^t(t-2)$.

故所求通解为 $y_t=C+2^t(t-2)$.

真题精选 1987—2014

答案 P290

考点 差分方程的求解

(**98-3**) 差分方程 $2y_{t+1}+10y_t-5t=0$ 的通解为________.

小 结

数学三的考生切莫遗漏对于差分方程的复习. 不但要会解典型的一阶常系数线性差分方程,而且还要了解差分的概念,并会将二阶差分方程向一阶差分方程进行转化(比如 2018 年数学三的填空题,这道考题只有 2.6%的考生做对).

第五章　多元函数微分学

§5.1　多元函数微分学的基本概念

十年真题 2015—2024

答案 P291

考点　多元函数微分学的基本概念

1.（24-2） 已知函数 $f(x,y)=\begin{cases}(x^2+y^2)\sin\dfrac{1}{xy}, & xy\neq 0,\\ 0, & xy=0,\end{cases}$ 则在点(0,0)处（　　）

(A) $\dfrac{\partial f(x,y)}{\partial x}$连续，$f(x,y)$可微.

(B) $\dfrac{\partial f(x,y)}{\partial x}$连续，$f(x,y)$不可微.

(C) $\dfrac{\partial f(x,y)}{\partial x}$不连续，$f(x,y)$可微.

(D) $\dfrac{\partial f(x,y)}{\partial x}$不连续，$f(x,y)$不可微.

2.（23-3） 已知函数 $f(x,y)=\ln(y+|x\sin y|)$，则（　　）

(A) $\left.\dfrac{\partial f}{\partial x}\right|_{(0,1)}$不存在，$\left.\dfrac{\partial f}{\partial y}\right|_{(0,1)}$存在.

(B) $\left.\dfrac{\partial f}{\partial x}\right|_{(0,1)}$存在，$\left.\dfrac{\partial f}{\partial y}\right|_{(0,1)}$不存在.

(C) $\left.\dfrac{\partial f}{\partial x}\right|_{(0,1)}$，$\left.\dfrac{\partial f}{\partial y}\right|_{(0,1)}$均存在.

(D) $\left.\dfrac{\partial f}{\partial x}\right|_{(0,1)}$，$\left.\dfrac{\partial f}{\partial y}\right|_{(0,1)}$均不存在.

3.（20-1-仅数学一） 设函数 $f(x,y)$ 在点(0,0)处可微，$f(0,0)=0$，$\boldsymbol{n}=\left.\left(\dfrac{\partial f}{\partial x},\dfrac{\partial f}{\partial y},-1\right)\right|_{(0,0)}$，非零向量$\boldsymbol{\alpha}$与$\boldsymbol{n}$垂直，则（　　）

(A) $\lim\limits_{(x,y)\to(0,0)}\dfrac{|\boldsymbol{n}\cdot(x,y,f(x,y))|}{\sqrt{x^2+y^2}}$存在.

(B) $\lim\limits_{(x,y)\to(0,0)}\dfrac{|\boldsymbol{n}\times(x,y,f(x,y))|}{\sqrt{x^2+y^2}}$存在.

(C) $\lim\limits_{(x,y)\to(0,0)}\dfrac{|\boldsymbol{\alpha}\cdot(x,y,f(x,y))|}{\sqrt{x^2+y^2}}$存在.

(D) $\lim\limits_{(x,y)\to(0,0)}\dfrac{|\boldsymbol{\alpha}\times(x,y,f(x,y))|}{\sqrt{x^2+y^2}}$存在.

4.（20-2） 关于函数

$$f(x,y)=\begin{cases}xy, & xy\neq 0,\\ x, & y=0,\\ y & x=0,\end{cases}$$

给出以下结论：

① $\left.\dfrac{\partial f}{\partial x}\right|_{(0,0)}=1$；

② $\left.\dfrac{\partial^2 f}{\partial x\partial y}\right|_{(0,0)}=1$；

③ $\lim\limits_{(x,y)\to(0,0)}f(x,y)=0$；

④ $\lim\limits_{y\to 0}\lim\limits_{x\to 0}f(x,y)=0$.

其中正确的个数为（　　）

(A) 4.　　(B) 3.　　(C) 2.　　(D) 1.

5.（17-2） 设 $f(x,y)$ 具有一阶偏导数，且对任意的(x,y)都有$\dfrac{\partial f(x,y)}{\partial x}>0$，$\dfrac{\partial f(x,y)}{\partial y}<0$，则（　　）

(A) $f(0,0)>f(1,1)$.　　(B) $f(0,0)<f(1,1)$.

(C) $f(0,1)>f(1,0)$.　　(D) $f(0,1)<f(1,0)$.

考点分析

考　点	大 纲 要 求	命 题 特 点
多元函数微分学的基本概念	1. 了解二元函数的极限与连续的概念. 2. 理解多元函数偏导数和全微分的概念，了解全微分存在的必要条件和充分条件. 3.（仅数学一）了解二元函数的二阶泰勒公式.	**1. 考试频率**：★★☆☆☆ **2. 常考题型**：选择题 **3. 命题趋势**：对于多元函数微分学的基本概念，虽然考查得不多，但有时考题难度却不低，是考研的一个难点.

知识梳理

考点　多元函数微分学的基本概念

1. 二元函数极限的概念

$\lim\limits_{\substack{x\to x_0\\y\to y_0}} f(x,y)=A\Leftrightarrow$任取 $\varepsilon>0$,存在 $\delta>0$,使得当 $0<\sqrt{(x-x_0)^2+(y-y_0)^2}<\delta$ 时,有$|f(x,y)-A|<\varepsilon$.

【注】只有当(x,y)以任何方式趋于(x_0,y_0)时,$f(x,y)$都无限接近于 A,$\lim\limits_{\substack{x\to x_0\\y\to y_0}} f(x,y)$才存在.

2. 二元函数连续的概念

若

① ______________,　　(5-1)

则称 $f(x,y)$在(x_0,y_0)处连续.

【注】有界闭区域上的多元连续函数在该区域上必有界,且能取得其最大、最小值,也必取得介于最大值和最小值之间的任何值.

3. 偏导数的概念

若

② ______________　　(5-2)

存在,则该极限称为 $z=f(x,y)$在(x_0,y_0)处对 x 的偏导数,记作 $\left.\dfrac{\partial z}{\partial x}\right|_{(x_0,y_0)}$, $\left.\dfrac{\partial f}{\partial x}\right|_{(x_0,y_0)}$, $z'_x\big|_{(x_0,y_0)}$, $f'_x(x_0,y_0)$ 或 $f'_1(x_0,y_0)$.

类似地,$z=f(x,y)$在(x_0,y_0)处对 y 的偏导数定义为

③ ______________,　　(5-3)

记作 $\left.\dfrac{\partial z}{\partial y}\right|_{(x_0,y_0)}$, $\left.\dfrac{\partial f}{\partial y}\right|_{(x_0,y_0)}$, $z'_y\big|_{(x_0,y_0)}$, $f'_y(x_0,y_0)$ 或 $f'_2(x_0,y_0)$.

【注】偏导数的偏导数称为二阶偏导数,记作

$$\frac{\partial}{\partial x}\left(\frac{\partial z}{\partial x}\right)=\frac{\partial^2 z}{\partial x^2}=f''_{xx}(x,y)=f''_{11}(x,y),$$

$$\frac{\partial}{\partial y}\left(\frac{\partial z}{\partial x}\right)=\frac{\partial^2 z}{\partial x\partial y}=f''_{xy}(x,y)=f''_{12}(x,y),$$

$$\frac{\partial}{\partial x}\left(\frac{\partial z}{\partial y}\right)=\frac{\partial^2 z}{\partial y\partial x}=f''_{yx}(x,y)=f''_{21}(x,y),$$

$$\frac{\partial}{\partial y}\left(\frac{\partial z}{\partial y}\right)=\frac{\partial^2 z}{\partial y^2}=f''_{yy}(x,y)=f''_{22}(x,y).$$

若 $f''_{12}(x,y)$,$f''_{21}(x,y)$在某区域内连续,则在该区域内 $f''_{12}(x,y)=f''_{21}(x,y)$.

4. 全微分的概念

若 $\Delta z=f(x+\Delta x,y+\Delta y)-f(x,y)$可表示为

$\Delta z=$ ④ ______________,

其中 A,B 与 Δx,Δy 无关而仅与 x,y 有关,则称 $z=f(x,y)$在(x,y)处可微,$A\Delta x+B\Delta y$ 称为 $z=f(x,y)$在(x,y)处的全微分,记作 $dz=A\Delta x+B\Delta y$.

$A=\dfrac{\partial z}{\partial x}$, $B=\dfrac{\partial z}{\partial y}$. 记 $\Delta x=dx$, $\Delta y=dy$, 则 $dz=$ ⑤________.

5. 二元函数可微的充分条件和必要条件

(1) $f'_x(x,y)$,$f'_y(x,y)$在(x_0,y_0)处连续

$\underset{\not\Leftarrow}{\Rightarrow}$ $f(x,y)$在(x_0,y_0)处可微

⑥________ $f(x,y)$在(x_0,y_0)处偏导数存在

⑦________ $f(x,y)$在(x_0,y_0)处连续.

(填"$\underset{\not\Leftarrow}{\Rightarrow}$""$\underset{\Leftarrow}{\not\Rightarrow}$""$\Leftrightarrow$"或"$\underset{\not\Leftarrow}{\not\Rightarrow}$")

(2) $f(x,y)$在(x_0,y_0)处可微

$\underset{\not\Leftarrow}{\Rightarrow}$ $f(x,y)$在(x_0,y_0)处连续.

【注】应分清与一元函数中相应结论的异同.

6. 二元函数的二阶泰勒公式(仅数学一)

若 $f(x,y)$在含有(x_0,y_0)的区域 D 内具有 3 阶连续偏导数,则对任一$(x_0+\Delta x,y_0+\Delta y)\in D$,有

$$\begin{aligned}&f(x_0+\Delta x,y_0+\Delta y)\\=&f(x_0,y_0)+f'_x(x_0,y_0)\Delta x+f'_y(x_0,y_0)\Delta y+\\&\frac{1}{2}[f''_{xx}(x_0,y_0)(\Delta x)^2+2f''_{xy}(x_0,y_0)\Delta x\Delta y+\\&f''_{yy}(x_0,y_0)(\Delta y)^2]+R,\end{aligned}$$

其中 $R=\dfrac{1}{3!}\left(\Delta x\dfrac{\partial}{\partial x}+\Delta y\dfrac{\partial}{\partial y}\right)^3 f(x_0+\theta\Delta x,y_0+\theta\Delta y)$ $(0<\theta<1)$.

知识梳理·答案

① $\lim\limits_{\substack{x\to x_0\\y\to y_0}} f(x,y)=f(x_0,y_0)$

② $\lim\limits_{\Delta x\to 0}\dfrac{f(x_0+\Delta x,y_0)-f(x_0,y_0)}{\Delta x}$

③ $\lim\limits_{\Delta y\to 0}\dfrac{f(x_0,y_0+\Delta y)-f(x_0,y_0)}{\Delta y}$

④ $A\Delta x+B\Delta y+o[\sqrt{(\Delta x)^2+(\Delta y)^2}]$

⑤ $\dfrac{\partial z}{\partial x}dx+\dfrac{\partial z}{\partial y}dy$　⑥ $\underset{\not\Leftarrow}{\Rightarrow}$　⑦ $\underset{\not\Leftarrow}{\not\Rightarrow}$

方法探究

考点　多元函数微分学的基本概念

判断二元函数极限的存在性、连续性、偏导数的存在性、偏导数的连续性,以及是否可微的常用方法如下:

(1) 求二元函数极限仍然可利用夹逼准则、无穷小的等价替换、极限的运算法则等求一元函数极限的方法;一般通过当

(x,y)以不同方式趋于(x_0,y_0)时，$f(x,y)$趋于不同的值，来证明$\lim\limits_{\substack{x\to x_0\\y\to y_0}}f(x,y)$不存在.

(2) 可通过式(5-1)来判断$f(x,y)$在(x_0,y_0)处是否连续.

(3) 可分别通过极限(5-2)、(5-3)是否存在来判断$f'_x(x_0,y_0)$、$f'_y(x_0,y_0)$是否存在.

(4) 可分别通过$\lim\limits_{\substack{x\to x_0\\y\to y_0}}f'_x(x,y)=f'_x(x_0,y_0)$、$\lim\limits_{\substack{x\to x_0\\y\to y_0}}f'_y(x,y)=f'_y(x_0,y_0)$来判断$f'_x(x,y)$、$f'_y(x,y)$在$(x_0,y_0)$处是否连续.

(5) $f(x,y)$在(x_0,y_0)处可微$\Leftrightarrow$

$$\lim_{\substack{\Delta x\to 0\\\Delta y\to 0}}\frac{f(x_0+\Delta x,y_0+\Delta y)-f(x_0,y_0)-f'_x(x_0,y_0)\Delta x-f'_y(x_0,y_0)\Delta y}{\sqrt{(\Delta x)^2+(\Delta y)^2}}=0. \tag{5-4}$$

【例】二元函数$f(x,y)=\begin{cases}\dfrac{xy}{\sqrt{x^2+y^2}}, & x^2+y^2\neq 0,\\ 0, & x^2+y^2=0\end{cases}$在点(0,0)处(　　)

(A) 连续，偏导数不存在.

(B) 不连续，偏导数不存在.

(C) 可微，偏导数存在.

(D) 不可微，偏导数存在.

【解】由于$0\leqslant\left|\dfrac{xy}{\sqrt{x^2+y^2}}\right|\leqslant\dfrac{1}{2}\sqrt{x^2+y^2}$，故根据夹逼准则，$\lim\limits_{\substack{x\to 0\\y\to 0}}\left|\dfrac{xy}{\sqrt{x^2+y^2}}\right|=\lim\limits_{\substack{x\to 0\\y\to 0}}\dfrac{1}{2}\sqrt{x^2+y^2}=0$，即$\lim\limits_{\substack{x\to 0\\y\to 0}}\dfrac{xy}{\sqrt{x^2+y^2}}=f(0,0)=0$，从而$f(x,y)$在(0,0)处连续.

由

$$\lim_{\Delta x\to 0}\frac{f(\Delta x,0)-f(0,0)}{\Delta x}=\lim_{\Delta x\to 0}\frac{0-0}{\Delta x}=0,$$

$$\lim_{\Delta y\to 0}\frac{f(0,\Delta y)-f(0,0)}{\Delta y}=\lim_{\Delta y\to 0}\frac{0-0}{\Delta y}=0$$

知$f'_x(0,0)=f'_y(0,0)=0$.

对于$\lim\limits_{\substack{\Delta x\to 0\\\Delta y\to 0}}\dfrac{f(\Delta x,\Delta y)-f(0,0)-f'_x(0,0)\Delta x-f'_y(0,0)\Delta y}{\sqrt{(\Delta x)^2+(\Delta y)^2}}=\lim\limits_{\substack{\Delta x\to 0\\\Delta y\to 0}}\dfrac{\Delta x\Delta y}{(\Delta x)^2+(\Delta y)^2}$，取$\Delta y=k\Delta x$，则$\lim\limits_{\substack{\Delta x\to 0\\\Delta y=k\Delta x}}\dfrac{\Delta x\Delta y}{(\Delta x)^2+(\Delta y)^2}=\lim\limits_{\Delta x\to 0}\dfrac{k(\Delta x)^2}{(\Delta x)^2+k^2(\Delta x)^2}=\dfrac{k}{1+k^2}$，极限值随着$k$的变化而变化，故极限不存在，从而$f(x,y)$在(0,0)处不可微. 选(D).

真题精选 1987—2014

答案P291

考点　多元函数微分学的基本概念

1. **(12-1)** 如果函数$f(x,y)$在点(0,0)处连续，那么下列命题正确的是(　　)

(A) 若极限$\lim\limits_{\substack{x\to 0\\y\to 0}}\dfrac{f(x,y)}{|x|+|y|}$存在，则$f(x,y)$在点(0,0)处可微.

(B) 若极限$\lim\limits_{\substack{x\to 0\\y\to 0}}\dfrac{f(x,y)}{x^2+y^2}$存在，则$f(x,y)$在点(0,0)处可微.

(C) 若$f(x,y)$在点(0,0)处可微，则极限$\lim\limits_{\substack{x\to 0\\y\to 0}}\dfrac{f(x,y)}{|x|+|y|}$存在.

(D) 若$f(x,y)$在点(0,0)处可微，则极限$\lim\limits_{\substack{x\to 0\\y\to 0}}\dfrac{f(x,y)}{x^2+y^2}$存在.

2. **(12-2)** 设函数$f(x,y)$可微，且对任意的x,y都有$\dfrac{\partial(x,y)}{\partial x}>0$，$\dfrac{\partial(x,y)}{\partial y}<0$，则使不等式$f(x_1,y_1)<f(x_2,y_2)$成立的一个充分条件是(　　)

(A) $x_1>x_2,y_1<y_2$.　　(B) $x_1>x_2,y_1>y_2$.

(C) $x_1<x_2,y_1<y_2$.　　(D) $x_1<x_2,y_1>y_2$.

3. **(08-3)** 已知$f(x,y)=e^{\sqrt{x^2+y^4}}$，则(　　)

(A) $f'_x(0,0)$，$f'_y(0,0)$都存在.

(B) $f'_x(0,0)$不存在，$f'_y(0,0)$存在.

(C) $f'_x(0,0)$存在，$f'_y(0,0)$不存在.

(D) $f'_x(0,0)$，$f'_y(0,0)$都不存在.

4. **(07-2)** 二元函数$f(x,y)$在点(0,0)处可微的一个充分条件是(　　)

(A) $\lim\limits_{(x,y)\to(0,0)}[f(x,y)-f(0,0)]=0$.

(B) $\lim\limits_{x\to 0}\dfrac{f(x,0)-f(0,0)}{x}=0$，且$\lim\limits_{y\to 0}\dfrac{f(0,y)-f(0,0)}{y}=0$.

(C) $\lim\limits_{(x,y)\to(0,0)}\dfrac{f(x,y)-f(0,0)}{\sqrt{x^2+y^2}}=0$.

(D) $\lim\limits_{x\to 0}[f'_x(x,0)-f'_x(0,0)]=0$，且$\lim\limits_{y\to 0}[f'_y(0,y)-f'_y(0,0)]=0$.

5. **(97-1)** 二元函数$f(x,y)=\begin{cases}\dfrac{xy}{x^2+y^2}, & (x,y)\neq(0,0),\\ 0, & (x,y)=(0,0)\end{cases}$在点(0,0)处(　　)

(A) 连续，偏导数存在.

(B) 连续，偏导数不存在.

(C) 不连续，偏导数存在.

(D) 不连续，偏导数不存在.

6. **(12-3)** 设连续函数$z=f(x,y)$满足

$$\lim_{\substack{x\to 0\\y\to 1}}\frac{f(x,y)-2x+y-2}{\sqrt{x^2+(y-1)^2}}=0,$$

则$dz|_{(0,1)}=$________.

小　结

考生应理解清楚二元函数的极限、连续、偏导数、可微、偏导数连续这几个概念，并明确它们之间的联系. 其中，可微的充分必要条件式(5-4)在考研中频繁考查，比如2020年数学一、2012年数学一和数学三，以及2007年数学二的考题.

§5.2　偏导数与全微分的计算

十年真题 2015—2024

答案P292

考点一　多元复合函数的偏导数与全微分的计算

1. (22-2,3) 设函数 $f(t)$ 连续，令

$$F(x,y)=\int_0^{x-y}(x-y-t)f(t)\mathrm{d}t,$$

则(　　)

(A) $\frac{\partial F}{\partial x}=\frac{\partial F}{\partial y},\frac{\partial^2 F}{\partial x^2}=\frac{\partial^2 F}{\partial y^2}$.

(B) $\frac{\partial F}{\partial x}=\frac{\partial F}{\partial y},\frac{\partial^2 F}{\partial x^2}=-\frac{\partial^2 F}{\partial y^2}$.

(C) $\frac{\partial F}{\partial x}=-\frac{\partial F}{\partial y},\frac{\partial^2 F}{\partial x^2}=\frac{\partial^2 F}{\partial y^2}$.

(D) $\frac{\partial F}{\partial x}=-\frac{\partial F}{\partial y},\frac{\partial^2 F}{\partial x^2}=-\frac{\partial^2 F}{\partial y^2}$.

2. (21-1,2,3) 设函数 $f(x,y)$ 可微，且 $f(x+1,\mathrm{e}^x)=x(x+1)^2$，$f(x,x^2)=2x^2\ln x$，则 $\mathrm{d}f(1,1)=$(　　)

(A) $\mathrm{d}x+\mathrm{d}y$.　　(B) $\mathrm{d}x-\mathrm{d}y$.

(C) $\mathrm{d}y$.　　(D) $-\mathrm{d}y$.

3. (16-2,3) 已知函数 $f(x,y)=\frac{\mathrm{e}^x}{x-y}$，则(　　)

(A) $f'_x-f'_y=0$.　　(B) $f'_x+f'_y=0$.

(C) $f'_x-f'_y=f$.　　(D) $f'_x+f'_y=f$.

4. (15-2) 设函数 $f(u,v)$ 满足 $f\left(x+y,\frac{y}{x}\right)=x^2-y^2$，则 $\left.\frac{\partial f}{\partial u}\right|_{\substack{u=1\\v=1}}$ 与 $\left.\frac{\partial f}{\partial v}\right|_{\substack{u=1\\v=1}}$ 依次是(　　)

(A) $\frac{1}{2},0$.　　(B) $0,\frac{1}{2}$.

(C) $-\frac{1}{2},0$　　(D) $0,-\frac{1}{2}$.

5. (24-1) 设函数 $f(u,v)$ 具有2阶连续偏导数，且

$$\mathrm{d}f(1,1)=3\mathrm{d}u+4\mathrm{d}v.$$

若 $y=f(\cos x,1+x^2)$，则 $\left.\frac{\mathrm{d}^2 y}{\mathrm{d}x^2}\right|_{x=0}=$________.

6. (20-1) 设函数 $f(x,y)=\int_0^{xy}\mathrm{e}^{xt^2}\mathrm{d}t$，则 $\left.\frac{\partial^2 f}{\partial x\partial y}\right|_{(1,1)}=$________.

7. (20-2,3) 设 $z=\arctan[xy+\sin(x+y)]$，则 $\mathrm{d}z|_{(0,\pi)}=$________.

8. (19-1) 设函数 $f(u)$ 可导，

$$z=f(\sin y-\sin x)+xy,$$

则 $\frac{1}{\cos x}\cdot\frac{\partial z}{\partial x}+\frac{1}{\cos y}\cdot\frac{\partial z}{\partial y}=$________.

9. (19-2) 设函数 $f(u)$ 可导，$z=yf\left(\frac{y^2}{x}\right)$，则 $2x\frac{\partial z}{\partial x}+y\frac{\partial z}{\partial y}=$________.

10. (19-3) 设函数 $f(u,v)$ 具有2阶连续偏导数，函数 $g(x,y)=xy-f(x+y,x-y)$，求 $\frac{\partial^2 g}{\partial x^2}+\frac{\partial^2 g}{\partial x\partial y}+\frac{\partial^2 g}{\partial y^2}$.

11. (17-1,2) 设函数 $f(u,v)$ 具有2阶连续偏导数，$y=f(\mathrm{e}^x,\cos x)$，求 $\left.\frac{\mathrm{d}y}{\mathrm{d}x}\right|_{x=0}$，$\left.\frac{\mathrm{d}^2 y}{\mathrm{d}x^2}\right|_{x=0}$.

考点二　多元隐函数的偏导数与全微分的计算

1. (23-2) 设函数 $z=z(x,y)$ 由方程 $\mathrm{e}^z+xz=2x-y$ 确定，则 $\left.\frac{\partial^2 z}{\partial x^2}\right|_{(1,1)}=$________.

2. (21-2) 设函数 $z=z(x,y)$ 由方程 $(x+1)z+y\ln z-\arctan(2xy)=1$ 确定，则 $\left.\frac{\partial z}{\partial x}\right|_{(0,2)}=$________.

3. (18-2) 设函数 $z=z(x,y)$ 由方程 $\ln z+\mathrm{e}^{z-1}=xy$ 确定，则 $\left.\frac{\partial z}{\partial x}\right|_{(2,\frac{1}{2})}=$________.

4. (16-1,3) 设函数 $f(u,v)$ 可微,$z=z(x,y)$ 由方程 $(x+1)z-y^2=x^2f(x-z,y)$ 确定,则 $\mathrm{d}z\big|_{(0,1)}=$________.

5. (15-1) 若函数 $z=z(x,y)$ 由方程 $\mathrm{e}^z+xyz+x+\cos x=2$ 确定,则 $\mathrm{d}z\big|_{(0,1)}=$________.

6. (15-2) 若函数 $z=z(x,y)$ 由方程 $\mathrm{e}^{x+2y+3z}+xyz=1$ 确定,则 $\mathrm{d}z\big|_{(0,0)}=$________.

7. (24-3) 设函数 $z=z(x,y)$ 由方程 $z+\mathrm{e}^x-y\ln(1+z^2)=0$ 确定,求 $\left(\dfrac{\partial^2 z}{\partial x^2}+\dfrac{\partial^2 z}{\partial y^2}\right)\Bigg|_{(0,0)}$.

考点分析

考　　点	大纲要求	命题特点
一、多元复合函数的偏导数与全微分的计算	掌握多元复合函数一阶、二阶偏导数的求法.	**1. 考试频率**:★★★★★ **2. 常考题型**:填空题、解答题 **3. 命题趋势**:偏导数与全微分的计算几乎每年都会考查.其考题难度往往不高,只要掌握了基本的方法,就能够做对.
二、多元隐函数的偏导数与全微分的计算	了解隐函数存在定理,会求多元隐函数的偏导数.	

知识梳理

考点一　多元复合函数的偏导数与全微分的计算

(1) 设 $z=f(u,v)$ 具有连续偏导数,$u=\varphi(x)$,$v=\psi(x)$ 可导,则

$$\frac{\mathrm{d}z}{\mathrm{d}x}=\text{①}\underline{\qquad\qquad};$$

(2) 设 $z=f(u,v)$ 具有连续偏导数,$u=\varphi(x,y)$,$v=\psi(x,y)$ 偏导数存在,则 $\dfrac{\partial z}{\partial x}=\dfrac{\partial z}{\partial u}\cdot\dfrac{\partial u}{\partial x}+\dfrac{\partial z}{\partial v}\cdot\dfrac{\partial v}{\partial x}$,

$$\frac{\partial z}{\partial y}=\text{②}\underline{\qquad\qquad}.$$

考点二　多元隐函数的偏导数与全微分的计算

设 $F(x,y,z)$ 在 (x_0,y_0,z_0) 处及其邻近具有连续偏导数,且 $F(x_0,y_0,z_0)=0$,$F_z'(x_0,y_0,z_0)\neq0$,则方程 $F(x,y,z)=0$ 在 (x_0,y_0,z_0) 处及其邻近能唯一确定一个具有连续偏导数的函数 $z=z(x,y)$,且

$$\frac{\partial z}{\partial x}=\text{③}\underline{\qquad\qquad},\quad \frac{\partial z}{\partial y}=\text{④}\underline{\qquad\qquad}.\qquad(5\text{-}5)$$

知识梳理·答案

① $\dfrac{\partial z}{\partial u}\cdot\dfrac{\mathrm{d}u}{\mathrm{d}x}+\dfrac{\partial z}{\partial v}\cdot\dfrac{\mathrm{d}v}{\mathrm{d}x}$　② $\dfrac{\partial z}{\partial u}\cdot\dfrac{\partial u}{\partial y}+\dfrac{\partial z}{\partial v}\cdot\dfrac{\partial v}{\partial y}$

③ $-\dfrac{F_x'}{F_z'}$　④ $-\dfrac{F_y'}{F_z'}$

方法探究

答案 P293

考点一　多元复合函数的偏导数与全微分的计算

在求多元复合函数的偏导数时,应厘清其复合结构.而在求二阶偏导数时,应注意 $f_1',f_2',\cdots$ 都与 f 有着完全相同的复合结构.

【例】 设 $z=2yf\left(\dfrac{x^2}{y},3y\right)$,其中 f 具有二阶连续偏导数,求 $\dfrac{\partial^2 z}{\partial x^2}$ 与 $\dfrac{\partial^2 z}{\partial x\partial y}$.

【解】 令 $u=\dfrac{x^2}{y}$,$v=3y$.

$$\frac{\partial z}{\partial x}=2y\frac{\partial f}{\partial u}\cdot\frac{\partial u}{\partial x}=2yf_1'\cdot\frac{2x}{y}=4xf_1'.$$

$$\frac{\partial^2 z}{\partial x^2}=4f_1'+4x\frac{\partial f_1'}{\partial u}\cdot\frac{\partial u}{\partial x}$$

$$=4f_1'+4xf_{11}''\cdot\frac{2x}{y}=4f_1'+\frac{8x^2}{y}f_{11}''.$$

$$\frac{\partial^2 z}{\partial x\partial y}=4x\left(\frac{\partial f_1'}{\partial u}\cdot\frac{\partial u}{\partial y}+\frac{\partial f_1'}{\partial v}\cdot\frac{\mathrm{d}v}{\mathrm{d}y}\right)$$
$$=4x\left[f_{11}''\cdot\left(-\frac{x^2}{y^2}\right)+f_{12}''\cdot 3\right]$$
$$=-\frac{4x^3}{y^2}f_{11}''+12xf_{12}''.$$

变式(11-1,2) 设函数 $z=f[xy,yg(x)]$,其中 f 具有二阶连续的偏导数,函数 $g(x)$ 可导且在 $x=1$ 处取得极值 $g(1)=1$. 求 $\left.\frac{\partial^2 z}{\partial x\partial y}\right|_{\substack{x=1\\y=1}}$.

考点二　多元隐函数的偏导数与全微分的计算

对于由一个方程确定的隐函数,往往利用式(5-5)来求其一阶偏导数,有时也能通过在方程两边同时对自变量求导来求;而其二阶偏导数只能通过两边同时对自变量求导来求(如变式 1).

对于由方程组确定的隐函数,可先在各方程两边同时对自变量求导,再求解关于各偏导数(或导数)的线性方程组(如变式 2).

【例】(02-3) 设函数 $u=f(x,y,z)$ 有连续的偏导数,且 $z=z(x,y)$ 由方程 $xe^x-ye^y=ze^z$ 所确定,求 $\mathrm{d}u$.

【解】 记 $F(x,y,z)=xe^x-ye^y-ze^z$,则

$$F_x'=(x+1)e^x,F_y'=-(y+1)e^y,F_z'=-(z+1)e^z.$$

于是 $\frac{\partial z}{\partial x}=-\frac{F_x'}{F_z'}=\frac{x+1}{z+1}e^{x-z}$,$\frac{\partial z}{\partial y}=-\frac{F_y'}{F_z'}=-\frac{y+1}{z+1}e^{y-z}$,

从而 $\frac{\partial u}{\partial x}=f_1'+f_3'\frac{x+1}{z+1}e^{x-z}$,$\frac{\partial u}{\partial y}=f_2'-f_3'\frac{y+1}{z+1}e^{y-z}$.

故 $\mathrm{d}u=\left(f_1'+f_3'\frac{x+1}{z+1}e^{x-z}\right)\mathrm{d}x+\left(f_2'-f_3'\frac{y+1}{z+1}e^{y-z}\right)\mathrm{d}y$.

【注】 本题也可通过在 $xe^x-ye^y=ze^z$ 两边对 x 求导,得 $(x+1)e^x=(z+1)e^z\frac{\partial z}{\partial x}$,从而得 $\frac{\partial z}{\partial x}=\frac{x+1}{z+1}e^{x-z}$. 类似也可得 $\frac{\partial z}{\partial y}$.

变式 1(88-3) 已知 $u+e^u=xy$,则 $\frac{\partial^2 u}{\partial x\partial y}=$________.

变式 2(99-1) 设 $y=y(x)$,$z=z(x)$是由方程 $z=xf(x+y)$ 和 $F(x,y,z)=0$ 所确定的函数,其中 f 和 F 分别具有一阶连续导数和一阶连续偏导数,求 $\frac{\mathrm{d}z}{\mathrm{d}x}$.

真题精选 1987—2014

答案 P294

考点一　多元复合函数的偏导数与全微分的计算

1. **(05-1,2)** 设函数 $u(x,y)=\varphi(x+y)+\varphi(x-y)+\int_{x-y}^{x+y}\psi(t)\mathrm{d}t$,其中函数 φ 具有二阶导数,ψ 具有一阶导数,则必有(　　)

(A) $\frac{\partial^2 u}{\partial x^2}=-\frac{\partial^2 u}{\partial y^2}$.　　(B) $\frac{\partial^2 u}{\partial x^2}=\frac{\partial^2 u}{\partial y^2}$.

(C) $\frac{\partial^2 u}{\partial x\partial y}=\frac{\partial^2 u}{\partial y^2}$.　　(D) $\frac{\partial^2 u}{\partial x\partial y}=\frac{\partial^2 u}{\partial x^2}$.

2. **(11-3)** 设函数 $z=\left(1+\frac{x}{y}\right)^{\frac{x}{y}}$,则 $\mathrm{d}z|_{(1,1)}=$________.

3. **(04-3)** 函数 $f(u,v)$ 由关系式 $f[xg(y),y]=x+g(y)$ 确定,其中函数 $g(y)$ 可微,且 $g(y)\neq 0$,则 $\frac{\partial^2 f}{\partial u\partial v}=$________.

4. **(01-1)** 设函数 $z=f(x,y)$ 在点$(1,1)$处可微,且 $f(1,1)=1$,$\left.\frac{\partial f}{\partial x}\right|_{(1,1)}=2$,$\left.\frac{\partial f}{\partial y}\right|_{(1,1)}=3$,$\varphi(x)=f(x,f(x,x))$,则 $\left.\frac{\mathrm{d}}{\mathrm{d}x}\varphi^3(x)\right|_{x=1}=$________.

5. **(11-3)** 已知函数 $f(u,v)$ 具有二阶连续偏导数,$f(1,1)=2$ 是 $f(u,v)$ 的极值,$z=f[x+y,f(x,y)]$,求 $\left.\frac{\partial^2 z}{\partial x\partial y}\right|_{(1,1)}$.

6. **(09-2)** 设 $z=f(x+y,x-y,xy)$,其中 f 具有二阶连续偏导数,求 $\mathrm{d}z$ 与 $\frac{\partial^2 z}{\partial x\partial y}$.

7. **(03-3)** 设 $f(u,v)$ 具有二阶连续偏导数，且满足 $\frac{\partial^2 f}{\partial u^2}+\frac{\partial^2 f}{\partial v^2}=1$，又 $g(x,y)=f\left[xy,\frac{1}{2}(x^2-y^2)\right]$，求 $\frac{\partial^2 g}{\partial x^2}+\frac{\partial^2 g}{\partial y^2}$.

8. **(01-3)** 设 $u=f(x,y,z)$ 有连续的一阶偏导数，又函数 $y=y(x)$ 及 $z=z(x)$ 分别由下列两式确定：

$$e^{xy}-xy=2 \text{ 和 } e^x=\int_0^{x-z}\frac{\sin t}{t}dt,$$

求 $\frac{du}{dx}$.

9. **(00-1)** 设 $z=f\left(xy,\frac{x}{y}\right)+g\left(\frac{y}{x}\right)$，其中 f 具有二阶连续偏导数，g 具有二阶连续导数，求 $\frac{\partial^2 z}{\partial x\partial y}$.

10. **(95-1)** 设 $u=f(x,y,z)$，$\varphi(x^2,e^y,z)=0$，$y=\sin x$，其中 f,φ 都具有一阶连续偏导数，且 $\frac{\partial\varphi}{\partial z}\neq 0$，求 $\frac{du}{dx}$.

考点二 多元隐函数的偏导数与全微分的计算

1. **(10-1,2)** 设函数 $z=z(x,y)$ 由方程 $F\left(\frac{y}{x},\frac{z}{x}\right)=0$ 确定，其中 F 为可微函数，且 $F'_2\neq 0$，则 $x\frac{\partial z}{\partial x}+y\frac{\partial z}{\partial y}=$（　　）

(A) x.　　(B) z.　　(C) $-x$.　　(D) $-z$.

2. **(05-1)** 设有三元方程 $xy-z\ln y+e^{xz}=1$，根据隐函数存在定理，存在点 $(0,1,1)$ 的一个邻域，在此邻域内该方程（　　）

(A) 只能确定一个具有连续偏导数的隐函数 $z=z(x,y)$.

(B) 可确定两个具有连续偏导数的隐函数 $y=y(x,z)$ 和 $z=z(x,y)$.

(C) 可确定两个具有连续偏导数的隐函数 $x=x(y,z)$ 和 $z=z(x,y)$.

(D) 可确定两个具有连续偏导数的隐函数 $x=x(y,z)$ 和 $y=y(x,z)$.

3. **(08-3)** 设 $z=z(x,y)$ 是由方程

$$x^2+y^2-z=\varphi(x+y+z)$$

所确定的函数，其中 φ 具有2阶导数且 $\varphi'\neq -1$.

(1) 求 dz；

(2) 记 $u(x,y)=\frac{1}{x-y}\left(\frac{\partial z}{\partial x}-\frac{\partial z}{\partial y}\right)$，求 $\frac{\partial u}{\partial x}$.

4. **(96-4)** 设函数 $z=f(u)$，方程 $u=\varphi(u)+\int_y^x P(t)dt$ 确定 u 是 x,y 的函数，其中 $f(u),\varphi(u)$ 可导；$P(t),\varphi'(u)$ 连续，且 $\varphi'(u)\neq 1$，求 $P(y)\frac{\partial z}{\partial x}+P(x)\frac{\partial z}{\partial y}$.

小　结

偏导数与全微分的计算并没有过多的技巧,往往侧重于考查考生的耐心和细致程度.

关于多元复合函数,一直以来都以考查抽象函数为主,需要考生理清其复合结构,尤其要注意当复合结构较为复杂时的情形(比如 2011 年数学三和 2001 年数学一的考题).

关于多元隐函数,不但要会求一阶偏导数与全微分,而且要会求二阶偏导数(比如 2024 年数学三的解答题和 2023 年数学二的填空题).虽然近几年以考查具体函数为主,但仍然要会求抽象隐函数的偏导数(比如 2010 年数学一、二的选择题).

此外,还可能将复合函数与隐函数相结合进行考查,包括复合函数与一元隐函数的结合(比如 2001 年数学三和 1995 年数学一的解答题),以及与二元隐函数的结合(比如 2002 年数学三和 1996 年数学四的解答题).

§5.3　已知偏导数问题

十年真题 2015—2024

答案 P295

考点　已知偏导数问题

1. **(22-1)** 设函数 $z=xyf\left(\frac{y}{x}\right)$,其中 $f(u)$ 可导.若 $x\frac{\partial z}{\partial x}+y\frac{\partial z}{\partial y}=y^2(\ln y-\ln x)$,则(　　)

(A) $f(1)=\frac{1}{2},f'(1)=0$.　(B) $f(1)=0,f'(1)=\frac{1}{2}$.

(C) $f(1)=\frac{1}{2},f'(1)=1$.　(D) $f(1)=0,f'(1)=1$.

2. **(23-3)** 已知函数 $f(x,y)$ 满足 $\mathrm{d}f(x,y)=\frac{x\mathrm{d}y-y\mathrm{d}x}{x^2+y^2}$,$f(1,1)=\frac{\pi}{4}$,$f(\sqrt{3},3)=$________.

3. **(17-2,3)** 设函数 $f(x,y)$ 具有一阶连续偏导数,且 $\mathrm{d}f(x,y)=ye^y\mathrm{d}x+x(1+y)e^y\mathrm{d}y$,$f(0,0)=0$,则 $f(x,y)=$________.

4. **(24-2)** 设函数 $f(u,v)$ 具有 2 阶连续偏导数,且函数

$$g(x,y)=f(2x+y,3x-y)$$

满足 $\frac{\partial^2 g}{\partial x^2}+\frac{\partial^2 g}{\partial x\partial y}-6\frac{\partial^2 g}{\partial y^2}=1$.

(1) 求 $\frac{\partial^2 f}{\partial u\partial v}$;

(2) 若 $\frac{\partial f(u,0)}{\partial u}=ue^{-u}$,$f(0,v)=\frac{1}{50}v^2-1$,求 $f(u,v)$ 的表达式.

5. **(19-2)** 已知函数 $u(x,y)$ 满足

$$2\frac{\partial^2 u}{\partial x^2}-2\frac{\partial^2 u}{\partial y^2}+3\frac{\partial u}{\partial x}+3\frac{\partial u}{\partial y}=0,$$

求 a,b 的值使得在变换 $u(x,y)=v(x,y)e^{ax+by}$ 之下,上述等式可化为函数 $v(x,y)$ 的不含一阶偏导数的等式.

考点分析

考　点	命题特点
已知偏导数问题	**1. 考试频率**:★★★☆☆ **2. 常考题型**:解答题 **3. 命题趋势**:已知偏导数问题近年来考查频率明显上升,值得考生引起重视.

方法探究

考点 已知偏导数问题

已知偏导数问题主要有以下两种情形：

(1) 若已知偏导数表达式，则可通过两边积分来求函数表达式(如例1).

(2) 若已知含偏导数的等式，则可先求出等式中所含的各偏导数并代入等式，再通过解所得的微分方程来求函数表达式(如例2)，或根据已知条件来求参数的值(如2019年数学二的解答题).

【例1】 设函数 $f(x,y)$ 可微，且 $f'_x(x,y)=y$，$f'_y(0,y)=f(0,y)$，$f(0,0)=2$，则 $f(x,y)=$________.

【解】 在 $f'_x(x,y)=y$ 两边对 x 积分，得

$$f(x,y)=xy+\varphi(y).$$

记 $z=f(0,y)$，则由 $f'_y(0,y)=f(0,y)$ 知 $\frac{\mathrm{d}z}{\mathrm{d}y}=z$，从而 $\int\frac{\mathrm{d}z}{z}=\int\mathrm{d}y$，解得 $z=f(0,y)=C\mathrm{e}^y$.

又由 $f(0,0)=2$ 得 $C=2$，则 $f(0,y)=2\mathrm{e}^y$，从而知 $\varphi(y)=2\mathrm{e}^y$，故 $f(x,y)=xy+2\mathrm{e}^y$.

【例2】 设函数 $f(u)$ 具有连续导数，且 $z=f(x^2+y^2)$ 满足 $x\frac{\partial z}{\partial x}+y\frac{\partial z}{\partial y}=z(x^2+y^2)^2$. 若 $f(0)=1$，则 $f(u)=$________.

【解】 由于 $\frac{\partial z}{\partial x}=2xf'(x^2+y^2)$，$\frac{\partial z}{\partial y}=2yf'(x^2+y^2)$，故由 $x\frac{\partial z}{\partial x}+y\frac{\partial z}{\partial y}=z(x^2+y^2)^2$ 知

$$2(x^2+y^2)f'(x^2+y^2)=(x^2+y^2)^2f(x^2+y^2),$$

即 $2f'(u)=uf(u)$. 解此微分方程，得 $f(u)=C\mathrm{e}^{\frac{1}{4}u^2}$.

由 $f(0)=1$ 得 $C=1$，故 $f(u)=\mathrm{e}^{\frac{1}{4}u^2}$.

真题精选 1987—2014

答案 P295

考点 已知偏导数问题

1. **(14-1,2)** 设函数 $f(u)$ 具有2阶连续导数，$z=f(\mathrm{e}^x\cos y)$ 满足

$$\frac{\partial^2 z}{\partial x^2}+\frac{\partial^2 z}{\partial y^2}=(4z+\mathrm{e}^x\cos y)\mathrm{e}^{2x}.$$

若 $f(0)=0$，$f'(0)=0$，求 $f(u)$ 的表达式.

2. **(14-2)** 已知函数 $f(x,y)$ 满足 $\frac{\partial f}{\partial y}=2(y+1)$，且 $f(y,y)=(y+1)^2-(2-y)\ln y$，求曲线 $f(x,y)=0$ 所围图形绕直线 $y=-1$ 旋转所成旋转体的体积.

3. **(10-2)** 设函数 $u=f(x,y)$ 具有二阶连续偏导数，且满足等式 $4\frac{\partial^2 u}{\partial x^2}+12\frac{\partial^2 u}{\partial x\partial y}+5\frac{\partial^2 u}{\partial y^2}=0$，确定 a,b 的值，使等式在变换 $\zeta=x+ay$，$\eta=x+by$ 下简化为 $\frac{\partial^2 u}{\partial\zeta\partial\eta}=0$.

小 结

已知偏导数问题是有些考生不太熟悉的命题形式，要了解它的两种常见情形(见“方法探究”). 而有的考题会有一定的计算量，在求偏导数时应耐心、细致(比如2019年数学二和2014年数学一、二的解答题).

§5.4 多元函数的极值与最值

十年真题 2015—2024 答案 P296

考点一 多元函数的无条件极值

1. (17-3) 二元函数 $z=xy(3-x-y)$的极值点是( )

(A) (0,0). (B) (0,3). (C) (3,0). (D) (1,1).

2. (24-2,3) 函数 $f(x,y)=2x^3-9x^2-6y^4+12x+24y$ 的极值点是________.

3. (23-1) 求函数 $f(x,y)=(y-x^2)(y-x^3)$的极值.

4. (23-2) 求函数 $f(x,y)=xe^{\cos y}+\dfrac{x^2}{2}$的极值.

5. (22-2) 已知可微函数 $f(u,v)$满足

$$\frac{\partial f(u,v)}{\partial u}-\frac{\partial f(u,v)}{\partial v}=2(u-v)e^{-(u+v)},$$

且 $f(u,0)=u^2e^{-u}$.

(1) 记 $g(x,y)=f(x,y-x)$,求$\dfrac{\partial g(x,y)}{\partial x}$;

(2) 求 $f(u,v)$的表达式和极值.

6. (22-3-仅数学三) 设某产品的产量 Q 由资本投入量 x 和劳动投入量 y 决定,生产函数为 $Q=12x^{\frac{1}{2}}y^{\frac{1}{6}}$. 该产品的销售单价 p 与 Q 的关系为 $p=1\,160-1.5Q$. 若单位资本投入和单位劳动投入的价格分别为 6 和 8,求利润最大时的产量.

7. (21-3) 求函数 $f(x,y)=2\ln|x|+\dfrac{(x-1)^2+y^2}{2x^2}$的极值.

8. (20-1,2,3) 求函数 $f(x,y)=x^3+8y^3-xy$ 的极值.

9. (16-2) 已知函数 $z=z(x,y)$由方程

$$(x^2+y^2)z+\ln z+2(x+y+1)=0$$

确定,求 $z=z(x,y)$的极值.

10. (15-2) 已知 $f(x,y)$ 满足 $f''_{xy}(x,y)=2(y+1)e^x$，$f'_x(x,0)=(x+1)e^x$，$f(0,y)=y^2+2y$，求 $f(x,y)$ 的极值.

2. (18-1,2,3) 将长为 2m 的铁丝分成三段，依次围成圆、正方形与正三角形，三个图形的面积之和是否存在最小值？若存在，求出最小值.

考点二 多元函数的条件极值

1. (21-1-仅数学一) 已知曲线 C：$\begin{cases}x^2+2y^2-z=6,\\4x+2y+z=30,\end{cases}$求 C 上的点到 xOy 坐标面距离的最大值.

考点三 多元函数在闭区域上的最值

(22-1) 若当 $x\geqslant0, y\geqslant0$ 时，$x^2+y^2\leqslant ke^{x+y}$ 恒成立，则 k 的取值范围是________.

考点分析

考　　点	大纲要求	命题特点
一、多元函数的无条件极值 二、多元函数的条件极值 三、多元函数在闭区域上的最值	理解多元函数极值和条件极值的概念，掌握多元函数极值存在的必要条件，了解二元函数极值存在的充分条件，会求二元函数的极值，会用拉格朗日乘数法求条件极值，会求简单多元函数的最大值和最小值，并会解决一些简单的应用问题.	**1. 考试频率**：★★★★★ **2. 常考题型**：解答题 **3. 命题趋势**：多元函数的极值与最值是考研近年来经常命制解答题的考点.

知识梳理

1. 二元函数极值的概念

设 $f(x,y)$ 在 (x_0,y_0) 处及其邻近有定义，若当 $(x,y)\to(x_0,y_0)$ 时(即在 (x_0,y_0) 邻近)，有①________(或②________)，则称 $f(x_0,y_0)$ 为 $f(x,y)$ 的一个极大值(或极小值)，(x_0,y_0) 称为 $f(x,y)$ 的极大值点(或极小值点).

2. 二元函数极值存在的必要条件和充分条件

(1) 设 $f(x,y)$ 在 (x_0,y_0) 处一阶偏导数存在，且在 (x_0,y_0) 处取得极值，则③________.

(2) 设 $f(x,y)$ 在 (x_0,y_0) 处及其邻近具有二阶连续偏导数，又 $f'_x(x_0,y_0)=f'_y(x_0,y_0)=0$，令 $A=f''_{xx}(x_0,y_0)$，$B=$④________，$C=$⑤________，则 $f(x,y)$ 在 (x_0,y_0) 处是否取得极值的条件如下：

1) $AC-B^2>0$ 时有极值，且当⑥________时有极大值，当⑦________时有极小值；

2) $AC-B^2<0$ 时无极值；

3) $AC-B^2=0$ 时可能有极值，也可能无极值.

3. 拉格朗日乘数法

(1) 记 $L(x,y,\lambda)=f(x,y)+\lambda\varphi(x,y)$，则解方程组

$\begin{cases} L'_x=0, \\ L'_y=0, \\ L'_\lambda=0 \end{cases}$ 所得(x,y)为$f(x,y)$在条件$\varphi(x,y)=0$下的可能极值点.

(2) 记$L(x,y,\lambda,\mu)=$⑧______________,则解方程组 $\begin{cases} L'_x=0, \\ L'_y=0, \\ L'_\lambda=0, \\ L'_\mu=0 \end{cases}$ 所得(x,y)为$f(x,y)$在条件$\varphi(x,y)=0,\psi(x,y)=0$下的可能极值点.

【注】 该方法能推广到自变量多于两个的情形.

知识梳理·答案

① $f(x,y)<f(x_0,y_0)$ ② $f(x,y)>f(x_0,y_0)$
③ $f'_x(x_0,y_0)=f'_y(x_0,y_0)=0$ ④ $f''_{xy}(x_0,y_0)$
⑤ $f''_{yy}(x_0,y_0)$ ⑥ $A<0$ ⑦ $A>0$
⑧ $f(x,y)+\lambda\varphi(x,y)+\mu\psi(x,y)$

方法探究

答案 P298

考点一 多元函数的无条件极值

在求二元函数的无条件极值时,应先根据两个一阶偏导数为零(或不存在)找出所有可能的极值点,再根据充分条件逐一判定其是否为极值点,并求出极值.

【例】(09-1,3) 求二元函数$f(x,y)=x^2(2+y^2)+y\ln y$的极值.

【解】 由$\begin{cases} f'_x(x,y)=2x(2+y^2)=0, \\ f'_y(x,y)=2x^2y+\ln y+1=0 \end{cases}$ 得驻点$\left(0,\dfrac{1}{e}\right)$.

$$A=f''_{xx}(x,y)=2(2+y^2),B=f''_{xy}(x,y)=4xy,$$
$$C=f''_{yy}(x,y)=2x^2+\frac{1}{y}.$$

在点$\left(0,\dfrac{1}{e}\right)$处,由于$AC-B^2=2e\left(2+\dfrac{1}{e^2}\right)>0$且$A>0$,故$f(x,y)$有极小值$f\left(0,\dfrac{1}{e}\right)=-\dfrac{1}{e}$.

变式(04-1) 设$z=z(x,y)$是由
$$x^2-6xy+10y^2-2yz-z^2+18=0$$
确定的函数,求$z=z(x,y)$的极值点和极值.

考点二 多元函数的条件极值

求多元函数的条件极值有以下两个方法:

(1) 把条件等式代入函数,从而转化为求无条件极值;

(2) 拉格朗日乘数法.

若要求条件最值,则可求出所有可能的条件极值点及端点处的函数值,并通过比较各函数值的大小得到最值.

【例】(10-3) 求函数$u=xy+2yz$在约束条件$x^2+y^2+z^2=10$下的最大值和最小值.

【解】 记$L(x,y,z,\lambda)=xy+2yz+\lambda(x^2+y^2+z^2-10)$.令

$$L'_x=y+2x\lambda=0, \tag{5-6}$$
$$L'_y=x+2z+2y\lambda=0, \tag{5-7}$$
$$L'_z=2y+2z\lambda=0, \tag{5-8}$$
$$L'_\lambda=x^2+y^2+z^2-10=0. \tag{5-9}$$

当$x\neq0,y\neq0,z\neq0$时,由式(5-6)、(5-7)、(5-8)得$\lambda=\dfrac{-y}{2x}=\dfrac{-x-2z}{2y}=\dfrac{-2y}{2z}$,即$\dfrac{y}{x}=\dfrac{x+2z}{y}=\dfrac{2y}{z}$,从而$\begin{cases} z=2x, \\ y^2=5x^2. \end{cases}$ 代入式(5-9)得可能的极值点$(1,\sqrt5,2),(1,-\sqrt5,2),(-1,\sqrt5,-2),(-1,-\sqrt5,-2)$.

当$x=0$时,由式(5-6)知$y=0$,又由式(5-7)知$z=0$,不满足式(5-9),故$x\neq0$.类似可知$z\neq0$.当$y=0$时,由式(5-7)知$x=-2z$,代入式(5-9)得可能的极值点$(-2\sqrt2,0,\sqrt2),(2\sqrt2,0,-\sqrt2)$.

由$u(1,\sqrt5,2)=u(-1,-\sqrt5,-2)=5\sqrt5,u(1,-\sqrt5,2)=u(-1,\sqrt5,-2)=-5\sqrt5,u(-2\sqrt2,0,\sqrt2)=u(2\sqrt2,0,-\sqrt2)=0$知所求最大值为$5\sqrt5$,最小值为$-5\sqrt5$.

变式(08-2) 求函数$u=x^2+y^2+z^2$在约束条件$z=x^2+y^2$和$x+y+z=4$下的最大值与最小值.

考点三 多元函数在闭区域上的最值

求$f(x,y)$在闭区域D上的最值可遵循如下步骤:

(1) 求$f(x,y)$在D内部的所有可能极值点(此为无条件

极值问题)；

(2) 求 $f(x,y)$ 在 D 各边界曲线上的所有可能最值点(包含各边界曲线的端点,此为条件最值问题)；

(3) 求出 $f(x,y)$ 在(1)和(2)所得全部点处函数值,并通过比较各函数值的大小得到其在 D 上的最值.

【例】(07-1) 求函数 $f(x,y)=x^2+2y^2-x^2y^2$ 在区域 $D=\{(x,y)\mid x^2+y^2\leqslant 4,y\geqslant 0\}$ 上的最大值和最小值.

【解】 1°在 D 的内部,由 $\begin{cases} f'_x(x,y)=2x-2xy^2=0, \\ f'_y(x,y)=4y-2x^2y=0 \end{cases}$ 得驻点 $(\pm\sqrt{2},1)$,且 $f(\pm\sqrt{2},1)=2$.

2°在 D 的边界 $y=\sqrt{4-x^2}$ 上,对于

$$\begin{aligned} z&=f(x,\sqrt{4-x^2})=x^2+2(4-x^2)-x^2(4-x^2) \\ &=x^4-5x^2+8 \quad (-2\leqslant x\leqslant 2), \end{aligned}$$

由 $z'=4x^3-10x=0$ 得 $x=0$ 或 $x=\pm\sqrt{\dfrac{5}{2}}$,且

$$z\big|_{x=0}=8, z\Big|_{x=\pm\sqrt{\frac{5}{2}}}=\frac{7}{4}, z\big|_{x=\pm 2}=4.$$

3°在 D 的边界 $y=0(-2<x<2)$ 上,$z=f(x,0)=x^2$ 在 $x=0$ 处取得最小值0.

综上所述,所求最大值为8,最小值为0.

真题精选

1987 — 2014

答案 P298

考点一 多元函数的无条件极值

1. **(11-1)** 设函数 $f(x)$ 具有二阶连续的导数,且 $f(x)>0$, $f'(0)=0$,则函数 $z=f(x)\ln f(y)$ 在点$(0,0)$处取得极小值的一个充分条件是( )

(A) $f(0)>1,f''(0)>0$. (B) $f(0)>1,f''(0)<0$.

(C) $f(0)<1,f''(0)>0$. (D) $f(0)<1,f''(0)<0$.

2. **(09-2)** 设函数 $z=f(x,y)$ 的全微分为 $\mathrm{d}z=x\mathrm{d}x+y\mathrm{d}y$,则点$(0,0)$( )

(A) 不是 $f(x,y)$ 的连续点.

(B) 不是 $f(x,y)$ 的极值点.

(C) 是 $f(x,y)$ 的极大值点.

(D) 是 $f(x,y)$ 的极小值点.

3. **(03-1)** 已知函数 $f(x,y)$ 在点$(0,0)$的某个邻域内连续,且 $\lim\limits_{\substack{x\to 0\\ y\to 0}}\dfrac{f(x,y)-xy}{(x^2+y^2)^2}=1$,则( )

(A) 点$(0,0)$不是 $f(x,y)$ 的极值点.

(B) 点$(0,0)$是 $f(x,y)$ 的极大值点.

(C) 点$(0,0)$是 $f(x,y)$ 的极小值点.

(D) 根据所给条件无法判别点$(0,0)$是否为 $f(x,y)$ 的极值点.

4. **(03-3)** 设可微函数 $f(x,y)$ 在点(x_0,y_0)取得极小值,则下列结论正确的是( )

(A) $f(x_0,y)$ 在 $y=y_0$ 处的导数等于零.

(B) $f(x_0,y)$ 在 $y=y_0$ 处的导数大于零.

(C) $f(x_0,y)$ 在 $y=y_0$ 处的导数小于零.

(D) $f(x_0,y)$ 在 $y=y_0$ 处的导数不存在.

考点二 多元函数的条件极值

1. **(06-1,2,3)** 设 $f(x,y)$ 与 $\varphi(x,y)$ 均为可微函数,且 $\varphi'_y(x,y)\neq 0$,已知(x_0,y_0)是 $f(x,y)$ 在约束条件 $\varphi(x,y)=0$ 下的一个极值点,下列选项正确的是( )

(A) 若 $f'_x(x_0,y_0)=0$,则 $f'_y(x_0,y_0)=0$.

(B) 若 $f'_x(x_0,y_0)=0$,则 $f'_y(x_0,y_0)\neq 0$.

(C) 若 $f'_x(x_0,y_0)\neq 0$,则 $f'_y(x_0,y_0)=0$.

(D) 若 $f'_x(x_0,y_0)\neq 0$,则 $f'_y(x_0,y_0)\neq 0$.

2. **(13-2)** 求曲线 $x^3-xy+y^3=1(x\geqslant 0,y\geqslant 0)$ 上的点到坐标原点的最长距离与最短距离.

3. **(12-3-仅数学三)** 某企业为生产甲、乙两种型号的产品投入的固定成本为10 000(万元).设该企业生产甲、乙两种产品的产量分别为 x(件)和 y(件),且这两种产品的边际成本分别为 $20+\dfrac{x}{2}$(万元/件)与 $6+y$(万元/件).

(1) 求生产甲、乙两种产品的总成本函数 $C(x,y)$(万元)；

(2) 当总产量为50件时,甲、乙两种产品的产量各为多少时可使总成本最小?求最小总成本；

(3) 求总产量为50件且总成本最小时甲产品的边际成本,并解释其经济意义.

4.（08-1-仅数学一） 已知曲线 C：$\begin{cases}x^2+y^2-2z^2=0,\\x+y+3z=5,\end{cases}$ 求曲线 C 上距离 xOy 面最远的点和最近的点.

5.（00-3-仅数学三） 假设某企业在两个相互分割的市场上出售同一种产品，两个市场的需求函数分别是 $p_1=18-2Q_1$，$p_2=12-Q_2$，其中 p_1 和 p_2 分别表示该产品在两个市场的价格（单位：万元/吨），Q_1 和 Q_2 分别表示该产品在两个市场的销售量（即需求量，单位：吨），并且该企业生产这种产品的总成本函数是 $C=2Q+5$，其中 Q 表示该产品在两个市场的销售总量，即 $Q=Q_1+Q_2$.

（1）如果该企业实行价格差别策略，试确定两个市场该产品的销售量和价格，使该企业获得最大利润；

（2）如果该企业实行价格无差别策略，试确定两个市场上该产品的销售量及其统一的价格，使该企业的总利润最大化；并比较两种策略下的总利润大小.

考点三　多元函数在闭区域上的最值

1.（14-2） 设函数 $u(x,y)$ 在有界闭区域 D 上连续，在 D 的内部具有 2 阶连续偏导数，且满足 $\frac{\partial^2 u}{\partial x\partial y}\neq 0$ 及 $\frac{\partial^2 u}{\partial x^2}+\frac{\partial^2 u}{\partial y^2}=0$，则（　　）

(A) $u(x,y)$ 的最大值和最小值都在 D 的边界上取得

(B) $u(x,y)$ 的最大值和最小值都在 D 的内部取得.

(C) $u(x,y)$ 的最大值在 D 的内部取得，最小值在 D 的边界上取得.

(D) $u(x,y)$ 的最小值在 D 的内部取得，最大值在 D 的边界上取得.

2.（05-2） 已知函数 $z=f(x,y)$ 的全微分 $dz=2xdx-2ydy$，并且 $f(1,1)=2$. 求 $f(x,y)$ 在椭圆域 $D=\left\{(x,y)\mid x^2+\frac{y^2}{4}\leqslant 1\right\}$ 上的最大值和最小值.

3.（95-4） 求二元函数 $z=f(x,y)=x^2y(4-x-y)$ 在由直线 $x+y=6$，x 轴和 y 轴所围成的闭区域 D 上的极值、最大值与最小值.

小　结

关于多元函数极值与最值的考题，要分清无条件极值、条件极值和闭区域上的最值这三类不同的问题.

对于无条件极值，若给出的是隐函数，则计算量会偏大，要注意它在利用极值存在的必要条件和充分条件时与显函数的不同之处，以减少运算（可参看 2016 年数学二和 2004 年数学一的考题）. 近几年，部分考生在求驻点时计算失误（比如 2023 年数学一和 2022 年数学三的考题）. 此外，要注意当 $AC-B^2=0$ 时，可根据极值定义来判断是否为极值点（比如 2023 年数学一的考题）.

条件极值经常在实际问题中进行考查. 若利用拉格朗日乘数法，则考生普遍的问题在于方程组的求解，要能够分别发现在给出一个条件等式(比如2013年数学二和2010年数学三的考题)和两个条件等式(比如2008年数学一和数学二以及2021年数学一的考题)时解方程组的一般思路. 此外，有时还能通过把条件等式代入函数来求条件极值，尤其在求闭区域边界上的最值时(比如2007年数学一、2005年数学二和1995年数学四的考题).

在求闭区域上的最值时，切莫遗漏区域内部和边界上可能的最值点，也不要把它和条件极值问题相混淆.

多元函数的极值与最值还能与已知偏导数问题相结合进行考查(可参看2022年数学二、2015年数学二、2012年数学三和2005年数学二的考题).

§5.5 多元函数微分学的应用(仅数学一)

十年真题 2015—2024

答案 P299

考点一 向量代数与空间解析几何

(17-1-局部) 设薄片型物体 S 是圆锥面 $z=\sqrt{x^2+y^2}$ 被柱面 $z^2=2x$ 割下的有限部分，记圆锥与柱面的交线为 C. 求 C 在 xOy 平面上的投影曲线的方程.

考点二 曲面的切平面和法线及空间曲线的切线和法平面

1. **(18-1)** 过点 $(1,0,0)$ 与 $(0,1,0)$，且与曲面 $z=x^2+y^2$ 相切的平面为(　　)

   (A) $z=0$ 与 $x+y-z=1$.

   (B) $z=0$ 与 $2x+2y-z=2$.

   (C) $x=y$ 与 $x+y-z=1$.

   (D) $x=y$ 与 $2x+2y-z=2$.

2. **(23-1)** 曲面 $z=x+2y+\ln(1+x^2+y^2)$ 在点 $(0,0,0)$ 处的切平面方程为________.

3. **(24-1)** 已知函数 $f(x,y)=x^3+y^3-(x+y)^2+3$，设 T 是曲面 $z=f(x,y)$ 在点 $(1,1,1)$ 处的切平面，D 是 T 与坐标平面所围成的有界区域在 xOy 面上的投影.

   (1) 求 T 的方程;

   (2) 求 $f(x,y)$ 在区域 D 上的最大值和最小值.

考点三 方向导数与梯度

1. **(17-1)** 函数 $f(x,y,z)=x^2y+z^2$ 在点 $(1,2,0)$ 处沿向量 $\boldsymbol{n}=(1,2,2)$ 的方向导数为(　　)

   (A) 12.　　(B) 6.　　(C) 4.　　(D) 2.

2. **(22-1)** 函数 $f(x,y)=x^2+2y^2$ 在点 $(0,1)$ 处的最大方向导数为________.

3. **(19-1-局部)** 设 a,b 为实数，函数 $z=2+ax^2+by^2$ 在点 $(3,4)$ 处的方向导数中，沿方向 $\boldsymbol{l}=-3\boldsymbol{i}-4\boldsymbol{j}$ 的方向导数最大，最大值为10. 求 a,b.

4. **(15-1)** 已知函数 $f(x,y)=x+y+xy$，曲线 C: $x^2+y^2+xy=3$，求 $f(x,y)$ 在曲线 C 上的最大方向导数.

考点分析

考点	大纲要求	命题特点
一、向量代数与空间解析几何	1. 理解向量的概念及其表示,掌握向量的运算(线性运算、数量积、向量积、混合积),了解两个向量垂直、平行的条件,理解单位向量、方向角与方向余弦、向量的坐标表达式,掌握用坐标表达式进行向量运算的方法. 2. 掌握平面方程和直线方程及其求法,会求平面与平面、平面与直线、直线与直线之间的夹角,并会利用平面、直线的相互关系(平行、垂直、相交等)解决有关问题. 3. 了解曲面方程和空间曲线方程的概念,了解常用二次曲面的方程及其图形,会求简单的柱面和旋转曲面的方程,了解空间曲线的参数方程和一般方程,了解空间曲线在坐标平面上的投影,并会求该投影曲线的方程.	**1. 考试频率**:★★★★☆ **2. 常考题型**:选择题、填空题、解答题 **3. 命题趋势**:近年来,关于向量代数与空间解析几何,往往都与其他考点相结合进行考查,几乎不单独命制考题;而关于考点二和考点三,考查的频率却有所上升.
二、曲面的切平面和法线及空间曲线的切线和法平面	了解空间曲线的切线和法平面及曲面的切平面和法线的概念,会求它们的方程.	
三、方向导数与梯度	理解方向导数与梯度的概念,并掌握其计算方法.	

知识梳理

考点一　向量代数与空间解析几何

1. 向量

(1) 向量的运算:设

$$\boldsymbol{a}=(a_1,a_2,a_3),\quad \boldsymbol{b}=(b_1,b_2,b_3),\quad \boldsymbol{c}=(c_1,c_2,c_3).$$

1) $|\boldsymbol{a}||\boldsymbol{b}|\cos(\widehat{\boldsymbol{a},\boldsymbol{b}})$称为 $\boldsymbol{a}$ 与 $\boldsymbol{b}$ 的数量积,记作 $\boldsymbol{a}\cdot\boldsymbol{b}$,且 $\boldsymbol{a}\cdot\boldsymbol{b}=a_1b_1+a_2b_2+a_3b_3$.

2) 若$\begin{cases}\boldsymbol{c}\perp\boldsymbol{a},\boldsymbol{c}\perp\boldsymbol{b},\text{且符合右手法则},\\ |\boldsymbol{c}|=|\boldsymbol{a}||\boldsymbol{b}|\sin(\widehat{\boldsymbol{a},\boldsymbol{b}}),\end{cases}$ 则称 $\boldsymbol{c}$ 为 $\boldsymbol{a}$ 与 $\boldsymbol{b}$ 的向量积,记作 $\boldsymbol{a}\times\boldsymbol{b}$,且 $\boldsymbol{a}\times\boldsymbol{b}=$①____________.

3) $(\boldsymbol{a}\times\boldsymbol{b})\cdot\boldsymbol{c}$ 称为 $\boldsymbol{a},\boldsymbol{b},\boldsymbol{c}$ 的混合积,记作$[\boldsymbol{abc}]$,且

$$[\boldsymbol{abc}]=\begin{vmatrix}a_1&a_2&a_3\\b_1&b_2&b_3\\c_1&c_2&c_3\end{vmatrix}.$$

【注】 $|\boldsymbol{a}\times\boldsymbol{b}|$表示以 $\boldsymbol{a},\boldsymbol{b}$ 为邻边的平行四边形的面积,$|[\boldsymbol{abc}]|$表示以 $\boldsymbol{a},\boldsymbol{b},\boldsymbol{c}$ 为棱的平行六面体的体积.

(2) 两个向量的位置关系与夹角:设

$$\boldsymbol{a}=(a_1,a_2,a_3),\quad \boldsymbol{b}=(b_1,b_2,b_3).$$

1) $\boldsymbol{a}\perp\boldsymbol{b}\Leftrightarrow$②____________.

2) $\boldsymbol{a}/\!/\boldsymbol{b}\Leftrightarrow\dfrac{a_1}{b_1}=\dfrac{a_2}{b_2}=\dfrac{a_3}{b_3}(b_1b_2b_3\neq0)$.

3) $\cos(\widehat{\boldsymbol{a},\boldsymbol{b}})=\dfrac{\boldsymbol{a}\cdot\boldsymbol{b}}{|\boldsymbol{a}||\boldsymbol{b}|}$.

(3) 方向角与方向余弦:非零向量 $\boldsymbol{a}=(a_1,a_2,a_3)$与 x,y,z 轴的夹角α,β,γ 称为 $\boldsymbol{a}$ 的方向角,$\cos\alpha,\cos\beta,\cos\gamma$ 称为 $\boldsymbol{a}$ 的方向余弦,且 $\cos\alpha=\dfrac{a_1}{|\boldsymbol{a}|}$,$\cos\beta=$③________,$\cos\gamma=\dfrac{a_3}{|\boldsymbol{a}|}$.

【注】 $(\cos\alpha,\cos\beta,\cos\gamma)$为与 $\boldsymbol{a}$ 同方向的单位向量.

2. 平面与空间直线

(1) 平面方程:过点(x_0,y_0,z_0)且法向量(垂直于平面的非零向量)为 $\boldsymbol{n}=(A,B,C)$的平面方程为

④____________.　　(5-10)

【注】 平面的一般方程为 $Ax+By+Cz+D=0$,且 $\boldsymbol{n}=(A,B,C)$是该平面的法向量.

(2) 直线方程:过点(x_0,y_0,z_0)且方向向量(平行于直线的非零向量)为 $\boldsymbol{s}=(m,n,p)$的直线方程为

⑤____________.　　(5-11)

【注】 令式(5-11)为 t,则能得到直线的参数方程 $\begin{cases}x=x_0+mt,\\y=y_0+nt,\\z=z_0+pt.\end{cases}$ 直线的一般方程为

$$\begin{cases}A_1x+B_1y+C_1z+D_1=0,\\A_2x+B_2y+C_2z+D_2=0,\end{cases}$$

且 $\boldsymbol{s}=(A_1,B_1,C_1)\times(A_2,B_2,C_2)$是该直线的方向向量.

(3) 平面与直线的夹角和位置关系:设平面 Π_1,Π_2 的法向量分别为 $\boldsymbol{n}_1,\boldsymbol{n}_2$,直线 L_1,L_2 的方向向量分别为 $\boldsymbol{s}_1,\boldsymbol{s}_2$.

	夹角	垂直	平行
平面 Π_1,Π_2	$\arccos\dfrac{\lvert\boldsymbol{n}_1\cdot\boldsymbol{n}_2\rvert}{\lvert\boldsymbol{n}_1\rvert\lvert\boldsymbol{n}_2\rvert}$	$\boldsymbol{n}_1\perp\boldsymbol{n}_2$	$\boldsymbol{n}_1/\!/\boldsymbol{n}_2$
直线 L_1,L_2	$\arccos\dfrac{\lvert\boldsymbol{s}_1\cdot\boldsymbol{s}_2\rvert}{\lvert\boldsymbol{s}_1\rvert\lvert\boldsymbol{s}_2\rvert}$	$\boldsymbol{s}_1\perp\boldsymbol{s}_2$	$\boldsymbol{s}_1/\!/\boldsymbol{s}_2$
直线 L_1 与平面 Π_1	⑥________	⑦______	⑧______

(4) 点到平面的距离：平面 $Ax+By+Cz+D=0$ 外一点 $P_0(x_0,y_0,z_0)$ 到该平面的距离为 $d=\frac{|Ax_0+By_0+Cz_0+D|}{\sqrt{A^2+B^2+C^2}}$.

3. 曲面与空间曲线

(1) 曲面方程：

1) 曲线 $\begin{cases}f(y,z)=0,\\x=0\end{cases}$ 绕 z 轴旋转一周所得的旋转曲面方程为

$$⑨ \underline{\qquad\qquad\qquad}. \tag{5-12}$$

2) $f(x,y)=0$ 表示平行于 z 轴的母线沿准线 $\begin{cases}f(x,y)=0,\\z=0\end{cases}$ 平行移动而成的柱面.

3) 常用二次曲面的方程及图形如下表所列.

名称	标准方程	图形
椭球面	$\frac{x^2}{a^2}+\frac{y^2}{b^2}+\frac{z^2}{c^2}=1$	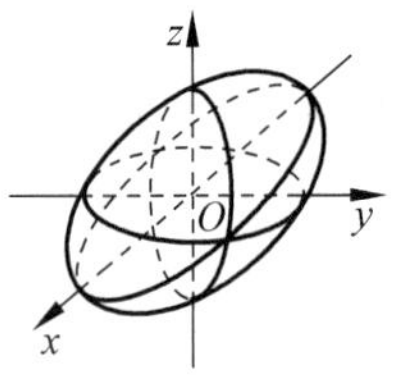
单叶双曲面	$\frac{x^2}{a^2}+\frac{y^2}{b^2}-\frac{z^2}{c^2}=1$	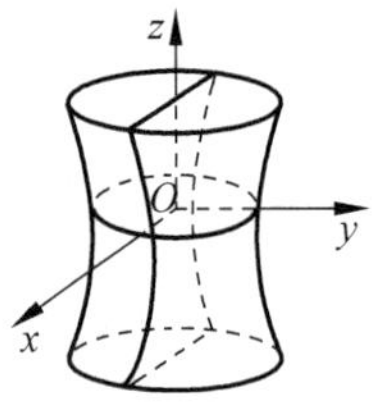
双叶双曲面	$-\frac{x^2}{a^2}-\frac{y^2}{b^2}+\frac{z^2}{c^2}=1$	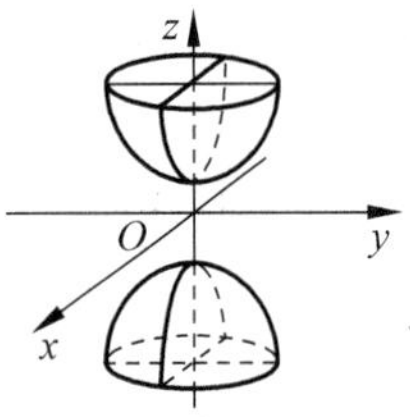
椭圆柱面	$\frac{x^2}{a^2}+\frac{y^2}{b^2}=1$	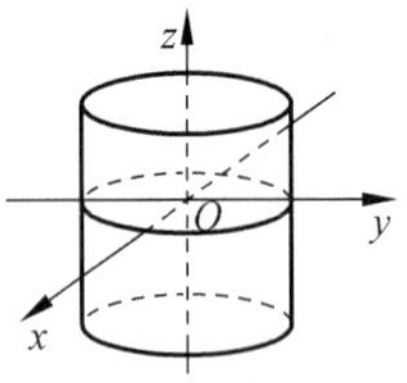
双曲柱面	$-\frac{x^2}{a^2}+\frac{y^2}{b^2}=1$	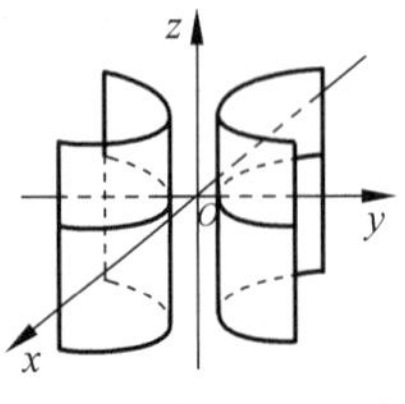

【注】这常在线性代数中与二次型相结合进行考查.

(2) 空间曲线方程：空间曲线的一般方程为 $\begin{cases}F(x,y,z)=0,\\G(x,y,z)=0,\end{cases}$ 参数方程为 $\begin{cases}x=\varphi(t),\\y=\psi(t),\\z=\omega(t).\end{cases}$

考点二 曲面的切平面和法线及空间曲线的切线和法平面

1. 曲面的法向量

设 $F(x,y,z)$ 的偏导数在点 (x_0,y_0,z_0) 处连续且不全为零，则曲面 $F(x,y,z)=0$ 在点 (x_0,y_0,z_0) 处的法向量为 $\boldsymbol{n}=$ ⑩________________.

2. 空间曲线的切向量

(1) 当曲线由 $\begin{cases}x=\varphi(t),\\y=\psi(t),\\z=\omega(t)\end{cases}$ 表示时，设 $t=t_0$ 对应于点 (x_0,y_0,z_0)，$\varphi'(t_0),\psi'(t_0),\omega'(t_0)$ 不全为零，则该曲线在点 (x_0,y_0,z_0) 处的切向量为 $\boldsymbol{T}=(\varphi'(t_0),\psi'(t_0),\omega'(t_0))$.

(2) 当曲线由 $\begin{cases}F(x,y,z)=0,\\G(x,y,z)=0\end{cases}$ 表示时，设曲面 $F(x,y,z)=0$ 与 $G(x,y,z)=0$ 在点 (x_0,y_0,z_0) 处的法向量分别为 $\boldsymbol{n}_1$ 与 $\boldsymbol{n}_2$，则该曲线在点 (x_0,y_0,z_0) 处的切向量为 $\boldsymbol{T}=\boldsymbol{n}_1\times\boldsymbol{n}_2$.

考点三 方向导数与梯度

1. 方向导数

设 $f(x,y,z)$ 在点 (x_0,y_0,z_0) 处可微，则 $f(x,y,z)$ 在点 (x_0,y_0,z_0) 处沿向量 $\boldsymbol{l}$ 的方向导数为

$$\left.\frac{\partial f}{\partial \boldsymbol{l}}\right|_{(x_0,y_0,z_0)}= ⑪ \underline{\qquad\qquad}, \tag{5-13}$$

其中 $\cos\alpha,\cos\beta,\cos\gamma$ 为 $\boldsymbol{l}$ 的方向余弦.

2. 梯度

(1) 设 $f(x,y,z)$ 在 Ω 上具有一阶连续偏导数，则对于每一点 $(x_0,y_0,z_0)\in\Omega$，都可以定义一个向量

$$\begin{aligned}\mathbf{grad}f(x_0,y_0,z_0)=(&f'_x(x_0,y_0,z_0),\\&f'_y(x_0,y_0,z_0),f'_z(x_0,y_0,z_0)),\end{aligned} \tag{5-14}$$

该向量称为 $f(x,y,z)$ 在点 (x_0,y_0,z_0) 处的梯度.

(2) $f(x,y,z)$ 在点 (x_0,y_0,z_0) 处的方向导数的最大值为⑫________，且该方向导数取得最大值的方向就是 $\mathbf{grad}f(x_0,y_0,z_0)$ 的方向.

知识梳理·答案

① $\begin{vmatrix}\boldsymbol{i}&\boldsymbol{j}&\boldsymbol{k}\\a_1&a_2&a_3\\b_1&b_2&b_3\end{vmatrix}$ ② $a_1b_1+a_2b_2+a_3b_3=0$ ③ $\frac{a_2}{|\boldsymbol{a}|}$

④ $A(x-x_0)+B(y-y_0)+C(z-z_0)=0$

⑤ $\frac{x-x_0}{m}=\frac{y-y_0}{n}=\frac{z-z_0}{p}$ ⑥ $\arcsin\frac{|\boldsymbol{n}_1\cdot\boldsymbol{s}_1|}{|\boldsymbol{n}_1||\boldsymbol{s}_1|}$

⑦ $\boldsymbol{n}_1/\!/\boldsymbol{s}_1$ ⑧ $\boldsymbol{n}_1\perp\boldsymbol{s}_1$ ⑨ $f(\pm\sqrt{x^2+y^2},z)=0$

⑩ $(F'_x(x_0,y_0,z_0),F'_y(x_0,y_0,z_0),F'_z(x_0,y_0,z_0))$

⑪ $f'_x(x_0,y_0,z_0)\cos\alpha+f'_y(x_0,y_0,z_0)\cos\beta+f'_z(x_0,y_0,z_0)\cos\gamma$ ⑫ $|\mathbf{grad}f(x_0,y_0,z_0)|$

方法探究

答案 P300

考点一　向量代数与空间解析几何

1. 求旋转曲面方程

曲线$\begin{cases}F(x,y,z)=0,\\G(x,y,z)=0\end{cases}$绕 z 轴旋转一周所成旋转曲面的方程可由

$$\begin{cases}x^2+y^2=x_1^2+y_1^2,\\F(x_1,y_1,z)=0,\\G(x_1,y_1,z)=0\end{cases}$$

消去 x_1,y_1 得到(式(5-12)其实是它的一种特殊情况). 类似可得其绕 x 轴和 y 轴旋转所成的旋转曲面方程.

【例 1】直线$\dfrac{x}{1}=\dfrac{y-1}{-1}=\dfrac{z}{2}$绕 x 轴旋转一周所成曲面的方程为________.

【解】由$\begin{cases}y^2+z^2=y_1^2+z_1^2,\\\dfrac{x}{1}=\dfrac{y_1-1}{-1}=\dfrac{z_1}{2}\end{cases}$得$\begin{cases}y^2+z^2=y_1^2+z_1^2,\\y_1=1-x,\\z_1=2x,\end{cases}$从而所求方程为 $y^2+z^2=(1-x)^2+4x^2$,即

$$5x^2-y^2-z^2-2x+1=0.$$

2. 求投影曲线方程

若要求曲线 C:$\begin{cases}F(x,y,z)=0,\\G(x,y,z)=0\end{cases}$在平面 $Ax+By+Cz+D=0$ 上的投影曲线 L 的方程,则只要求出其投影柱面(平行于法向量(A,B,C)的母线沿准线 C 平行移动而成的柱面)方程 $H(x,y,z)=0$,就能得到 L 的方程$\begin{cases}H(x,y,z)=0,\\Ax+By+Cz+D=0.\end{cases}$

【例 2】设 C 是曲面 $y=1-x^2-z^2$ 与 $z^2=y$ 的交线,则 C 在 zOx 平面上的投影曲线方程为________.

【解】由 C 的方程$\begin{cases}y=1-x^2-z^2,\\z^2=y\end{cases}$消去 y 得投影柱面 $x^2+2z^2=1$,故所求投影曲线方程为$\begin{cases}x^2+2z^2=1,\\y=0.\end{cases}$

变式(98-1) 求直线 l:$\dfrac{x-1}{1}=\dfrac{y}{1}=\dfrac{z-1}{-1}$在平面 π:$x-y+2z-1=0$ 上的投影直线 l_0 的方程,并求 l_0 绕 y 轴旋转一周所成曲面的方程.

考点二　曲面的切平面和法线及空间曲线的切线和法平面

求曲面的切平面和法线的关键是求该曲面的法向量 $\boldsymbol{n}$,它既是其切平面的法向量,又是其法线的方向向量;求空间曲线的切线和法平面的关键是求该曲线的切向量 $\boldsymbol{T}$,它既是其切线的方向向量,又是其法平面的法向量.

若切点已知,则一旦求出了 $\boldsymbol{n}$ 或 $\boldsymbol{T}$,就能根据式(5-10)或式(5-11)写出所求方程了;若切点未知,则应先设切点坐标,再根据已知条件(通常为平面和直线的位置关系)求出切点.

【例】(1) **(03-1)** 曲面 $z=x^2+y^2$ 与平面 $2x+4y-z=0$ 平行的切平面的方程是________.

(2) 曲线$\begin{cases}x^2+2y^2-z^2=2,\\x-y+z=1\end{cases}$在点$(1,1,1)$处的法平面方程为________.

【解】(1) 记 $F(x,y,z)=x^2+y^2-z$,则

$$F_x'=2x,\quad F_y'=2y,\quad F_z'=-1.$$

设切点为$(x_0,y_0,x_0^2+y_0^2)$,则曲面的法向量 $\boldsymbol{n}=(2x_0,2y_0,-1)$.

由题意知 $\boldsymbol{n}$ 与 $2x+4y-z=0$ 的法向量 $\boldsymbol{n}_1=(2,4,-1)$ 平行,故由$\dfrac{2x_0}{2}=\dfrac{2y_0}{4}=\dfrac{-1}{-1}$得 $x_0=1,y_0=2$.

所以,切点为$(1,2,5)$,$\boldsymbol{n}=(2,4,-1)$,从而所求切平面方程为 $2(x-1)+4(y-2)-(z-5)=0$,即 $2x+4y-z-5=0$.

(2) 由于曲面 $x^2+2y^2-z^2=2$ 在点$(1,1,1)$处的法向量为 $\boldsymbol{n}_1=(2x,4y,-2z)\big|_{(1,1,1)}=(2,4,-2)$,又平面 $x-y+z=1$ 的法向量为 $\boldsymbol{n}_2=(1,-1,1)$,故曲线的切向量 $\boldsymbol{T}=\boldsymbol{n}_1\times\boldsymbol{n}_2=\begin{vmatrix}\boldsymbol{i}&\boldsymbol{j}&\boldsymbol{k}\\2&4&-2\\1&-1&1\end{vmatrix}=2(1,-2,-3)$,从而所求法平面方程为$(x-1)-2(y-1)-3(z-1)=0$,即 $x-2y-3z+4=0$.

变式(92-1) 在曲线 $x=t,y=-t^2,z=t^3$ 的所有切线中,与平面 $x+2y+z=4$ 平行的切线(　　)

(A) 只有 1 条.　　(B) 只有 2 条.

(C) 至少有 3 条.　　(D) 不存在.

考点三　方向导数与梯度

方向导数和梯度可分别根据式(5-13)和式(5-14)来计算(类似可得针对二元函数的计算公式). 此外,方向导数的最大值问题也是经常考查的.

【例】设 $z=z(x,y)$是由 $e^z+xy+z=3$ 确定的函数,则 $z=z(x,y)$在点$(1,2)$处的最大方向导数为________.

【解】记 $F(x,y,z)=e^z+xy+z-3$,则

$$F_x'(1,2,0)=2,\quad F_y'(1,2,0)=1,\quad F_z'(1,2,0)=2,$$

故$\left.\frac{\partial z}{\partial x}\right|_{(1,2)}=-\frac{F_x'(1,2,0)}{F_z'(1,2,0)}=-1$，$\left.\frac{\partial z}{\partial y}\right|_{(1,2)}=-\frac{F_y'(1,2,0)}{F_z'(1,2,0)}=-\frac{1}{2}$.

于是 $\mathbf{grad}z(1,2)=\left(-1,-\frac{1}{2}\right)$，从而所求最大方向导数为$|\mathbf{grad}z(1,2)|=\frac{\sqrt{5}}{2}$.

真题精选 1987—2014

答案 P300

考点一 向量代数与空间解析几何

1. (93-1) 设有直线 L_1：$\frac{x-1}{1}=\frac{y-5}{-2}=\frac{z+8}{1}$ 与 L_2：$\begin{cases}x-y=6,\\2y+z=3,\end{cases}$ 则 L_1 与 L_2 的夹角为(　　)

(A) $\frac{\pi}{6}$.　(B) $\frac{\pi}{4}$.　(C) $\frac{\pi}{3}$.　(D) $\frac{\pi}{2}$.

2. (06-1) 点$(2,1,0)$到平面$3x+4y+5z=0$的距离$d=$________.

3. (96-1) 设一平面经过原点及点$(6,-3,2)$且与平面$4x-y+2z=8$垂直，则此平面方程为________.

4. (95-1) 设$(\boldsymbol{a}\times\boldsymbol{b})\cdot\boldsymbol{c}=2$，则$[(\boldsymbol{a}+\boldsymbol{b})\times(\boldsymbol{b}+\boldsymbol{c})]\cdot(\boldsymbol{c}+\boldsymbol{a})=$________.

5. (87-1) 与两直线$\begin{cases}x=1,\\y=-1+t,\\z=2+t\end{cases}$及$\frac{x+1}{1}=\frac{y+2}{2}=\frac{z-1}{1}$都平行，且过原点的平面方程为________.

6. (09-1) 椭球面S_1是椭圆$\frac{x^2}{4}+\frac{y^2}{3}=1$绕$x$轴旋转而成，圆锥面$S_2$是过点$(4,0)$且与椭圆$\frac{x^2}{4}+\frac{y^2}{3}=1$相切的直线绕$x$轴旋转而成.

(1) 求S_1及S_2的方程；

(2) 求S_1与S_2之间的立体的体积.

考点二 曲面的切平面和法线及空间曲线的切线和法平面

1. (01-1) 设函数$f(x,y)$在点$(0,0)$附近有定义，且$f_x'(0,0)=3$，$f_y'(0,0)=1$，则(　　)

(A) $\mathrm{d}z|_{(0,0)}=3\mathrm{d}x+\mathrm{d}y$.

(B) 曲面$z=f(x,y)$在点$(0,0,f(0,0))$的法向量为$(3,1,1)$.

(C) 曲线$\begin{cases}z=f(x,y),\\y=0\end{cases}$在点$(0,0,f(0,0))$的切向量为$(1,0,3)$.

(D) 曲线$\begin{cases}z=f(x,y)\\y=0\end{cases}$，在点$(0,0,f(0,0))$的切向量为$(3,0,1)$.

2. (00-1) 曲面$x^2+2y^2+3z^2=21$在点$(1,-2,2)$的法线方程为________.

3. (93-1) 由曲线$\begin{cases}3x^2+2y^2=12,\\z=0\end{cases}$绕$y$轴旋转一周得到的旋转面在点$(0,\sqrt{3},\sqrt{2})$处的指向外侧的单位法向量为________.

考点三 方向导数与梯度

1. (12-1) $\left.\mathbf{grad}\left(xy+\frac{z}{y}\right)\right|_{(2,1,1)}=$________.

2. (91-1) 设$\boldsymbol{n}$是曲面$2x^2+3y^2+z^2=6$在点$P(1,1,1)$处的指向外侧的法向量，则函数$u=\frac{\sqrt{6x^2+8y^2}}{z}$在点$P$处沿方向$\boldsymbol{n}$的方向导数为________.

3. (02-1) 设有一小山，取它的底面所在的平面为xOy坐标面，其底部所占的区域为

$$D=\{(x,y)\mid x^2+y^2-xy\leqslant 75\},$$

小山的高度函数为$h(x,y)=75-x^2-y^2+xy$.

(1) 设$M(x_0,y_0)$为区域D上一点，问$h(x,y)$在该点沿平面上什么方向的方向导数最大？若此方向导数的最大值为$g(x_0,y_0)$，试写出$g(x_0,y_0)$的表达式；

(2) 现欲利用此小山开展攀岩活动，为此需要在山脚寻找上山坡度最大的点作为攀登的起点，也就是说，要在D的边界线$x^2+y^2-xy=75$上找出使(1)中$g(x,y)$达到最大值的点. 试确定攀登起点的位置.

小 结

数学一的考生要注意多元函数微分学的应用与其他考点之间的联系.就空间解析几何而言,求旋转曲面和投影曲线方程都能与多元函数积分学相结合进行考查;平面和空间直线的方程、位置关系既能与曲面的切平面和法线、空间曲线的切线和法平面相结合进行考查,又能与线性代数中的向量、线性方程组相结合进行考查;常用二次曲面还能与线性代数中的二次型相结合进行考查.此外,曲面的切平面、方向导数和梯度也能与多元函数的极值和最值相结合进行考查(比如 2024 年、2015 年和 2002 年的解答题).

第六章　多元函数积分学

§6.1　二重积分

十年真题
2015—2024

答案 P301

考点一　二重积分的概念与性质

1.（**19-2**）已知平面区域 $D=\left\{(x,y)\,\middle|\,|x|+|y|\leqslant\frac{\pi}{2}\right\}$，记 $I_1=\iint\limits_D\sqrt{x^2+y^2}\,\mathrm{d}x\,\mathrm{d}y$，$I_2=\iint\limits_D\sin\sqrt{x^2+y^2}\,\mathrm{d}x\,\mathrm{d}y$，$I_3=\iint\limits_D(1-\cos\sqrt{x^2+y^2})\,\mathrm{d}x\,\mathrm{d}y$，则（　　）

(A) $I_3<I_2<I_1$.　　(B) $I_2<I_1<I_3$.

(C) $I_1<I_2<I_3$.　　(D) $I_2<I_3<I_1$.

2.（**18-2**）$\int_{-1}^{0}\mathrm{d}x\int_{-x}^{2-x^2}(1-xy)\mathrm{d}y+\int_0^1\mathrm{d}x\int_x^{2-x^2}(1-xy)\mathrm{d}y=$（　　）

(A) $\frac{5}{3}$.　(B) $\frac{5}{6}$.　(C) $\frac{7}{3}$.　(D) $\frac{7}{6}$.

3.（**16-3**）设 $J_i=\iint\limits_{D_i}\sqrt[3]{x-y}\,\mathrm{d}x\,\mathrm{d}y\ (i=1,2,3)$，其中

$D_1=\{(x,y)\mid 0\leqslant x\leqslant 1,0\leqslant y\leqslant 1\}$，

$D_2=\{(x,y)\mid 0\leqslant x\leqslant 1,0\leqslant y\leqslant\sqrt{x}\}$，

$D_3=\{(x,y)\mid 0\leqslant x\leqslant 1,x^2\leqslant y\leqslant 1\}$，

则（　　）

(A) $J_1<J_2<J_3$.　　(B) $J_3<J_1<J_2$.

(C) $J_2<J_3<J_1$.　　(D) $J_2<J_1<J_3$.

考点二　二重积分的计算

1.（**15-1,2**）设 D 是第一象限中由曲线 $2xy=1$，$4xy=1$ 与直线 $y=x$，$y=\sqrt{3}x$ 围成的平面区域，函数 $f(x,y)$ 在 D 上连续，则 $\iint\limits_D f(x,y)\mathrm{d}x\,\mathrm{d}y=$（　　）

(A) $\int_{\frac{\pi}{4}}^{\frac{\pi}{3}}\mathrm{d}\theta\int_{\frac{1}{2\sin2\theta}}^{\frac{1}{\sin2\theta}}f(r\cos\theta,r\sin\theta)r\,\mathrm{d}r$.

(B) $\int_{\frac{\pi}{4}}^{\frac{\pi}{3}}\mathrm{d}\theta\int_{\frac{1}{\sqrt{2\sin2\theta}}}^{\frac{1}{\sqrt{\sin2\theta}}}f(r\cos\theta,r\sin\theta)r\,\mathrm{d}r$.

(C) $\int_{\frac{\pi}{4}}^{\frac{\pi}{3}}\mathrm{d}\theta\int_{\frac{1}{2\sin2\theta}}^{\frac{1}{\sin2\theta}}f(r\cos\theta,r\sin\theta)\mathrm{d}r$.

(D) $\int_{\frac{\pi}{4}}^{\frac{\pi}{3}}\mathrm{d}\theta\int_{\frac{1}{\sqrt{2\sin2\theta}}}^{\frac{1}{\sqrt{\sin2\theta}}}f(r\cos\theta,r\sin\theta)\mathrm{d}r$.

2.（**15-3**）设 $D=\{(x,y)\mid x^2+y^2\leqslant 2x,x^2+y^2\leqslant 2y\}$，函数 $f(x,y)$ 在 D 上连续，则 $\iint\limits_D f(x,y)\mathrm{d}x\,\mathrm{d}y=$（　　）

(A) $\int_0^{\frac{\pi}{4}}\mathrm{d}\theta\int_0^{2\cos\theta}f(r\cos\theta,r\sin\theta)r\,\mathrm{d}r+\int_{\frac{\pi}{4}}^{\frac{\pi}{2}}\mathrm{d}\theta\int_0^{2\sin\theta}f(r\cos\theta,r\sin\theta)r\,\mathrm{d}r$.

(B) $\int_0^{\frac{\pi}{4}}\mathrm{d}\theta\int_0^{2\sin\theta}f(r\cos\theta,r\sin\theta)r\,\mathrm{d}r+\int_{\frac{\pi}{4}}^{\frac{\pi}{2}}\mathrm{d}\theta\int_0^{2\cos\theta}f(r\cos\theta,r\sin\theta)r\,\mathrm{d}r$.

(C) $2\int_0^1\mathrm{d}x\int_{1-\sqrt{1-x^2}}^{x}f(x,y)\mathrm{d}y$.

(D) $2\int_0^1\mathrm{d}x\int_x^{\sqrt{2x-x^2}}f(x,y)\mathrm{d}y$.

3.（**22-3**）已知函数 $f(x)=\begin{cases}\mathrm{e}^x, & 0\leqslant x\leqslant 1,\\ 0, & \text{其他},\end{cases}$ 则 $\int_{-\infty}^{+\infty}\mathrm{d}x\int_{-\infty}^{+\infty}f(x)f(y-x)\mathrm{d}y=$ ________.

4.（**24-1**）已知平面区域

$$D=\{(x,y)\mid\sqrt{1-y^2}\leqslant x\leqslant 1,-1\leqslant y\leqslant 1\},$$

计算二重积分 $\iint\limits_D\frac{x}{\sqrt{x^2+y^2}}\mathrm{d}x\,\mathrm{d}y$.

5.（**24-2,3**）设平面有界区域 D 位于第一象限，由曲线 $xy=\frac{1}{3}$，$xy=3$ 与直线 $y=\frac{x}{3}$，$y=3x$ 围成，计算 $\iint\limits_D(1+x-y)\mathrm{d}x\,\mathrm{d}y$.

6.（**23-2**）设平面有界区域 D 位于第一象限，由曲线 $x^2+y^2-xy=1$，$x^2+y^2-xy=2$ 与直线 $y=\sqrt{3}x$，$y=0$ 围成，计算 $\iint\limits_D\frac{1}{3x^2+y^2}\mathrm{d}x\,\mathrm{d}y$.

7.（23-3）已知平面区域 $D=\{(x,y)\mid(x-1)^2+y^2\leqslant 1\}$，计算二重积分 $\iint\limits_D \left|\sqrt{x^2+y^2}-1\right|\mathrm{d}x\,\mathrm{d}y$.

8.（22-1,2,3）已知平面区域

$$D=\{(x,y)\mid y-2\leqslant x\leqslant\sqrt{4-y^2},0\leqslant y\leqslant 2\},$$

计算 $I=\iint\limits_D \frac{(x-y)^2}{x^2+y^2}\mathrm{d}x\,\mathrm{d}y$.

9.（21-2）设平面区域 D 由曲线

$$(x^2+y^2)^2=x^2-y^2\quad(x\geqslant 0,y\geqslant 0)$$

与 x 轴围成，计算二重积分 $\iint\limits_D xy\,\mathrm{d}x\,\mathrm{d}y$.

10.（21-3）设有界区域 D 是圆 $x^2+y^2=1$ 和直线 $y=x$ 以及 x 轴在第一象限围成的部分，计算二重积分 $\iint\limits_D \mathrm{e}^{(x+y)^2}(x^2-y^2)\mathrm{d}x\,\mathrm{d}y$.

11.（20-2）设平面区域 D 由 $x=1,x=2,y=x$ 与 x 轴围成，计算 $\iint\limits_D \frac{\sqrt{x^2+y^2}}{x}\mathrm{d}x\,\mathrm{d}y$.

12.（20-3）设 $D=\{(x,y)\mid x^2+y^2\leqslant 1,y\geqslant 0\}$，连续函数 $f(x,y)$ 满足 $f(x,y)=y\sqrt{1-x^2}+x\iint\limits_D f(x,y)\mathrm{d}x\,\mathrm{d}y$，求 $\iint\limits_D xf(x,y)\mathrm{d}x\,\mathrm{d}y$.

13.（19-2）已知平面区域 $D=\{(x,y)\mid |x|\leqslant y,(x^2+y^2)^3\leqslant y^4\}$，计算二重积分 $\iint\limits_D \frac{x+y}{\sqrt{x^2+y^2}}\mathrm{d}x\,\mathrm{d}y$.

14.（18-2）设平面区域 D 由曲线 $\begin{cases}x=t-\sin t,\\ y=1-\cos t\end{cases}(0\leqslant t\leqslant 2\pi)$ 与 x 轴围成，计算二重积分 $\iint\limits_D (x+2y)\mathrm{d}x\,\mathrm{d}y$.

15.（18-3）设平面区域 D 由曲线 $y=\sqrt{3(1-x^2)}$ 与直线 $y=\sqrt{3}x$ 及 y 轴围成，计算二重积分 $\iint\limits_D x^2\mathrm{d}x\mathrm{d}y$.

16.（17-2）已知平面区域 $D=\{(x,y)\mid x^2+y^2\leqslant 2y\}$，计算二重积分 $\iint\limits_D (x+1)^2\mathrm{d}x\mathrm{d}y$.

17.（17-3）计算 $\iint\limits_D \dfrac{y^3}{(1+x^2+y^4)^2}\mathrm{d}x\mathrm{d}y$，其中 D 是第一象限中以曲线 $y=\sqrt{x}$ 与 x 轴为边界的无界区域.

18.（16-1）已知平面区域

$$D=\left\{(r,\theta)\,\middle|\,2\leqslant r\leqslant 2(1+\cos\theta),-\frac{\pi}{2}\leqslant\theta\leqslant\frac{\pi}{2}\right\},$$

计算二重积分 $\iint\limits_D x\mathrm{d}x\mathrm{d}y$.

19.（16-2）设 D 是由直线 $y=1,y=x,y=-x$ 围成的有界区域，计算二重积分 $\iint\limits_D \dfrac{x^2-xy-y^2}{x^2+y^2}\mathrm{d}x\mathrm{d}y$.

20.（15-2,3）计算二重积分 $\iint\limits_D x(x+y)\mathrm{d}x\mathrm{d}y$，其中 $D=\{(x,y)\mid x^2+y^2\leqslant 2,y\geqslant x^2\}$.

考点三　二次积分的积分次序与坐标系的转换

1.（24-2,3）设 $f(x,y)$ 是连续函数，则 $\int_{\frac{\pi}{6}}^{\frac{\pi}{2}}\mathrm{d}x\int_{\sin x}^{1}f(x,y)\mathrm{d}y=$（　　）

(A) $\int_{\frac{1}{2}}^{1}\mathrm{d}y\int_{\frac{\pi}{6}}^{\arcsin y}f(x,y)\mathrm{d}x$.

(B) $\int_{\frac{1}{2}}^{1}\mathrm{d}y\int_{\arcsin y}^{\frac{\pi}{2}}f(x,y)\mathrm{d}x$.

(C) $\int_{0}^{\frac{1}{2}}\mathrm{d}y\int_{\frac{\pi}{6}}^{\arcsin y}f(x,y)\mathrm{d}x$.

(D) $\int_{0}^{\frac{1}{2}}\mathrm{d}y\int_{\arcsin y}^{\frac{\pi}{2}}f(x,y)\mathrm{d}x$.

2.（22-2）$\int_0^2\mathrm{d}y\int_y^2\dfrac{y}{\sqrt{1+x^3}}\mathrm{d}x=$（　　）

(A) $\dfrac{\sqrt{2}}{6}$.　(B) $\dfrac{1}{3}$.　(C) $\dfrac{\sqrt{2}}{3}$.　(D) $\dfrac{2}{3}$.

3.（21-2）已知函数 $f(t)=\int_1^{t^2}\mathrm{d}x\int_{\sqrt{x}}^{t}\sin\dfrac{x}{y}\mathrm{d}y$，则 $f'\left(\dfrac{\pi}{2}\right)=$ ________.

4.（20-2）$\int_0^1\mathrm{d}y\int_{\sqrt{y}}^{1}\sqrt{x^3+1}\,\mathrm{d}x=$ ________.

5.（17-2）$\int_0^1\mathrm{d}y\int_y^1\dfrac{\tan x}{x}\mathrm{d}x=$ ________.

6. **(16-2)** 已知函数 $f(x)$在 $\left[0,\frac{3\pi}{2}\right]$上连续,在 $\left(0,\frac{3\pi}{2}\right)$内是函数$\frac{\cos x}{2x-3\pi}$的一个原函数,且 $f(0)=0$.

(1) 求 $f(x)$在区间 $\left[0,\frac{3\pi}{2}\right]$上的平均值;

(2) 证明 $f(x)$在区间 $\left(0,\frac{3\pi}{2}\right)$内存在唯一零点.

考点分析

考　　点	大 纲 要 求	命 题 特 点
一、二重积分的概念与性质 二、二重积分的计算 三、二次积分的积分次序与坐标系的转换	1. 理解二重积分的概念,了解二重积分的性质,了解二重积分中值定理. 2. 掌握二重积分的计算方法(直角坐标、极坐标).	**1. 考试频率:** ★★★★★ **2. 常考题型:** 选择题、填空题、解答题 **3. 命题趋势:** 二重积分是考研数学的重点,数学二、三几乎每年都会考查关于二重积分计算的解答题;而在数学一中,曲线积分和曲面积分也经常转化为二重积分来计算.

知识梳理

1. 二重积分的概念

设 $f(x,y)$ 在有界闭区域 D 上有界,将 D 任意分成 n 个小闭区域 $\Delta\sigma_1,\Delta\sigma_2,\cdots,\Delta\sigma_n$,其中 $\Delta\sigma_i(i=1,2,\cdots,n)$ 表示第 i 个小闭区域,也表示它的面积.若在每个 $\Delta\sigma_i$ 上任取一点(ξ_i,η_i),当各小闭区域的直径中的最大值 λ 趋于零时,$\sum\limits_{i=1}^{n}f(\xi_i,\eta_i)\Delta\sigma_i$ 总趋于确定的极限 I,则 I 称为 $f(x,y)$ 在 D 上的二重积分,记作 $\iint\limits_D f(x,y)\mathrm{d}\sigma=$ ① ________________.

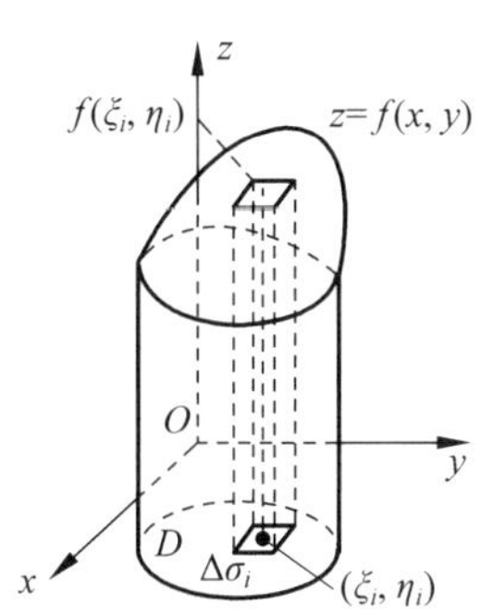

【注】$\lim\limits_{n\to\infty}\frac{1}{n^2}\sum\limits_{i=1}^{n}\sum\limits_{j=1}^{n}f\left(\frac{i}{n},\frac{j}{n}\right)=\int_0^1\mathrm{d}x\int_0^1 f(x,y)\mathrm{d}y$.

2. 二重积分的性质

设下列二重积分均存在.

(1) 线性性:设 k_1,k_2 为常数,则

$$\iint\limits_D[k_1f(x,y)+k_2g(x,y)]\mathrm{d}\sigma=k_1\iint\limits_D f(x,y)\mathrm{d}\sigma+k_2\iint\limits_D g(x,y)\mathrm{d}\sigma.$$

(2) 可加性:设 $D_1\cup D_2=D,D_1\cap D_2=\varnothing$,则

$$\iint\limits_D f(x,y)\mathrm{d}\sigma=\iint\limits_{D_1}f(x,y)\mathrm{d}\sigma+\iint\limits_{D_2}f(x,y)\mathrm{d}\sigma.$$

(3) 保号性:在 D 上 ② ________ $\overset{\Rightarrow}{\not\Leftarrow}\iint\limits_D f(x,y)\mathrm{d}\sigma\leqslant\iint\limits_D g(x,y)\mathrm{d}\sigma$.

【注】(i) 在 D 上 $f(x,y)\leqslant g(x,y)$ 且 $f(x,y)\not\equiv g(x,y)\overset{\Rightarrow}{\not\Leftarrow}\iint\limits_D f(x,y)\mathrm{d}\sigma<\iint\limits_D g(x,y)\mathrm{d}\sigma$.

(ii) $\left|\iint\limits_D f(x,y)\mathrm{d}\sigma\right|\leqslant\iint\limits_D|f(x,y)|\mathrm{d}\sigma$.

(iii) 设 M,m 分别是 $f(x,y)$ 在闭区域 D 上的最大、最小值,σ 为 D 的面积,则 $m\sigma\leqslant\iint\limits_D f(x,y)\mathrm{d}\sigma\leqslant M\sigma$.

(4) 被积函数为 1 的二重积分:设 σ 为 D 的面积,则 $\iint\limits_D\mathrm{d}\sigma=$ ③ ________.

(5) 二重积分中值定理:若 $f(x,y)$ 在有界闭区域 D 上连续,σ 为 D 的面积,则存在$(\xi,\eta)\in D$,使得 $\iint\limits_D f(x,y)\mathrm{d}\sigma=$ ④ ________.

(6) 普通对称性:若 D 关于 y 轴(或 x 轴)对称,则当 $f(-x,y)=-f(x,y)$(或 $f(x,-y)=-f(x,y)$)时,$\iint\limits_D f(x,y)\mathrm{d}\sigma=$ ⑤ ________;当 ⑥ ________(或 $f(x,-y)=f(x,y)$)时,$\iint\limits_D f(x,y)\mathrm{d}\sigma=2\iint\limits_{D_1}f(x,y)\mathrm{d}\sigma$,其中 D_1 为 D 在 y 轴(或 x 轴)一侧的部分.

(7) 轮换对称性:若 D 关于 ⑦ ________ 对称,则

$$\iint\limits_D f(x,y)\mathrm{d}\sigma=\iint\limits_D f(y,x)\mathrm{d}\sigma=\frac{1}{2}\iint\limits_D[f(x,y)+f(y,x)]\mathrm{d}\sigma.$$

3. 二重积分的计算

(1) 二重积分的计算法:

1) 若 $D=\{(x,y)\mid a\leqslant x\leqslant b,\varphi_1(x)\leqslant y\leqslant\varphi_2(x)\}$,则

$$\iint\limits_D f(x,y)\mathrm{d}\sigma=\int_a^b\mathrm{d}x\int_{\varphi_1(x)}^{\varphi_2(x)}f(x,y)\mathrm{d}y.\tag{6-1}$$

2) 若 $D=\{(x,y)\mid c\leqslant y\leqslant d,\psi_1(y)\leqslant x\leqslant\psi_2(y)\}$,则

$$\iint\limits_D f(x,y)\mathrm{d}\sigma=⑧\underline{\qquad\qquad}.\tag{6-2}$$

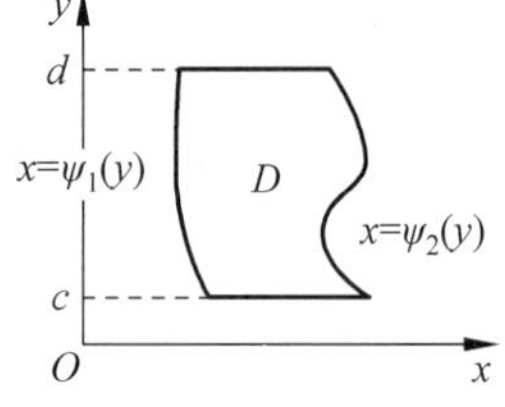

3) 若 $D=\{(r,\theta)\mid\alpha\leqslant\theta\leqslant\beta,\varphi_1(\theta)\leqslant r\leqslant\varphi_2(\theta)\}$,则

$$\iint\limits_D f(x,y)\mathrm{d}\sigma=⑨\underline{\qquad\qquad}.\tag{6-3}$$

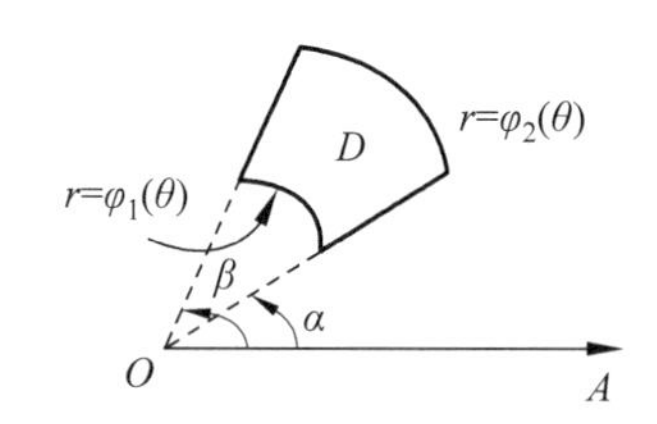

(2) 二重积分的换元公式:设 $f(x,y)$ 在 D_{xy} 上连续,$x=x(u,v),y=y(u,v)$ 在 D'_{uv} 上具有一阶连续偏导数,且在 D'_{uv} 上 $J=\begin{vmatrix}\frac{\partial x}{\partial u}&\frac{\partial x}{\partial v}\\\frac{\partial y}{\partial u}&\frac{\partial y}{\partial v}\end{vmatrix}\neq0$,若 $x=x(u,v),y=y(u,v)$ 将 D'_{uv} 一对一地变为 D_{xy},则

$$\iint\limits_{D_{xy}}f(x,y)\mathrm{d}x\mathrm{d}y\xlongequal[y=y(u,v)]{x=x(u,v)}\iint\limits_{D'_{uv}}f[x(u,v),y(u,v)]\mid J\mid\mathrm{d}u\mathrm{d}v.\tag{6-4}$$

知识梳理·答案

① $\lim\limits_{\lambda\to0}\sum\limits_{i=1}^{n}f(\xi_i,\eta_i)\Delta\sigma_i$ ② $f(x,y)\leqslant g(x,y)$

③ σ ④ $f(\xi,\eta)\cdot\sigma$ ⑤ 0 ⑥ $f(-x,y)=f(x,y)$

⑦ $y=x$ ⑧ $\int_c^d\mathrm{d}y\int_{\psi_1(y)}^{\psi_2(y)}f(x,y)\mathrm{d}x$

⑨ $\int_\alpha^\beta\mathrm{d}\theta\int_{\varphi_1(\theta)}^{\varphi_2(\theta)}f(r\cos\theta,r\sin\theta)r\mathrm{d}r$

方法探究

答案 P306

考点一 二重积分的概念与性质

对于二重积分的概念与性质问题,主要利用二重积分的对称性和保号性来解决.

【例】(09-1) 如下图所示,正方形 $\{(x,y)\mid |x|\leqslant1,|y|\leqslant1\}$ 被其对角线划分为四个区域 $D_k(k=1,2,3,4)$,$I_k=\iint\limits_{D_k}y\cos x\,\mathrm{d}x\mathrm{d}y$,则 $\max\limits_{1\leqslant k\leqslant4}\{I_k\}=($ $)$.

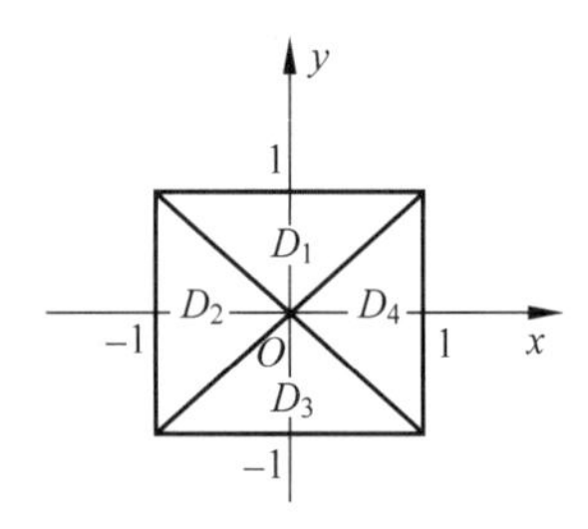

(A) I_1. (B) I_2. (C) I_3. (D) I_4.

【解】 记 $f(x,y)=y\cos x$,由于 $f(x,-y)=-f(x,y)$,且 D_2,D_4 关于 x 轴对称,故 $I_2=I_4=0$.

又由于在 D_1 上 $y\cos x\geqslant0$,在 D_3 上 $y\cos x\leqslant0$,且 $y\cos x\neq0$,故 $I_1>0,I_3<0$,从而选(A).

变式(05-2) 设区域 $D=\{(x,y)\mid x^2+y^2\leqslant4,x\geqslant0,y\geqslant0\}$,$f(x)$ 是正值连续函数,a,b 为常数,则 $\iint\limits_D\frac{a\sqrt{f(x)}+b\sqrt{f(y)}}{\sqrt{f(x)}+\sqrt{f(y)}}\mathrm{d}\sigma=($ $)$

(A) $ab\pi$. (B) $\frac{ab}{2}\pi$.

(C) $(a+b)\pi$. (D) $\frac{a+b}{2}\pi$.

考点二 二重积分的计算

二重积分可利用式(6-1)、式(6-2)和式(6-3)来计算:

(1) 当被积函数含 x^2+y^2,或积分区域为圆、圆的部分时,优先考虑式(6-3);

(2) 当对 y(或对 x)求积分较容易,或作垂直于 x 轴(或 y 轴)的直线穿过积分区域内部,与之相交的上、下(或左、右)两条区域边界都不变时,优先考虑式(6-1)(或式(6-2)).

在计算二重积分前,可先考虑能否利用对称性来化简被积函数.

有时,利用式(6-4)来换元能简化计算(如变式 1).此外,若被积函数为分段函数,则应根据其分段情况来分割积分区域(如变式 2).

【例】(1) (10-3) 计算二重积分 $\iint\limits_D(x+y)^3\mathrm{d}x\mathrm{d}y$,其中 D 由曲线 $x=\sqrt{1+y^2}$ 与直线 $x+\sqrt{2}y=0$ 及 $x-\sqrt{2}y=0$ 围成.

(2)(**04-3**)求$\iint\limits_D(\sqrt{x^2+y^2}+y)\mathrm{d}\sigma$,其中$D$是由圆$x^2+y^2=4$和$(x+1)^2+y^2=1$所围成的平面区域.

【解】(1) 原式$=\iint\limits_D(x^3+3x^2y+3xy^2+y^3)\mathrm{d}x\mathrm{d}y$

$$=\iint\limits_D(x^3+3xy^2)\mathrm{d}x\mathrm{d}y$$

$$=2\int_0^1\mathrm{d}y\int_{\sqrt{2}y}^{\sqrt{1+y^2}}(x^3+3xy^2)\mathrm{d}x$$

$$=\frac{1}{2}\int_0^1(1+2y^2-3y^4)\mathrm{d}y+3\int_0^1(y^2-y^4)\mathrm{d}y$$

$$=\frac{14}{15}.$$

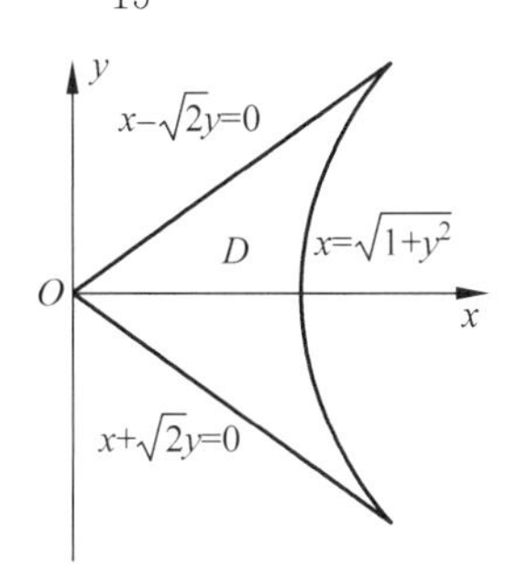

(2) 记$D_1=\{(x,y)\mid x^2+y^2\leqslant 4\}$,$D_2=\{(x,y)\mid (x+1)^2+y^2\leqslant 1\}$,则

原式$=\iint\limits_D\sqrt{x^2+y^2}\,\mathrm{d}\sigma=\iint\limits_{D_1}\sqrt{x^2+y^2}\,\mathrm{d}\sigma-\iint\limits_{D_2}\sqrt{x^2+y^2}\,\mathrm{d}\sigma$.

$$\iint\limits_{D_1}\sqrt{x^2+y^2}\,\mathrm{d}\sigma=\int_0^{2\pi}\mathrm{d}\theta\int_0^2 r^2\mathrm{d}r=\frac{16}{3}\pi.$$

$$\iint\limits_{D_2}\sqrt{x^2+y^2}\,\mathrm{d}\sigma=\int_{\frac{\pi}{2}}^{\frac{3\pi}{2}}\mathrm{d}\theta\int_0^{-2\cos\theta}r^2\mathrm{d}r$$

$$=-\frac{8}{3}\int_{\frac{\pi}{2}}^{\frac{3\pi}{2}}\cos^3\theta\,\mathrm{d}\theta=\frac{32}{9}.$$

故原式$=\frac{16}{9}(3\pi-2)$.

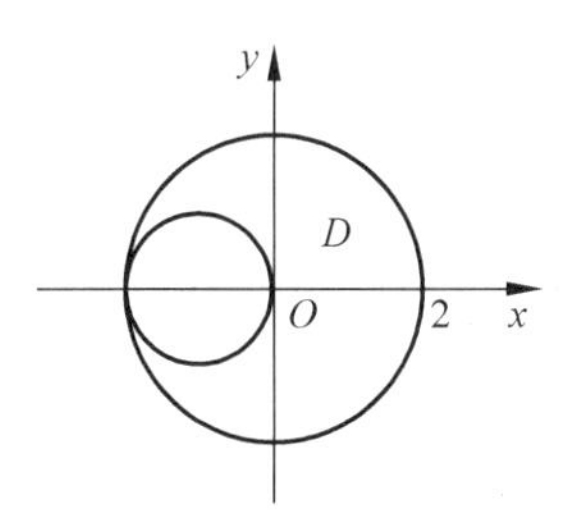

变式1(09-2,3) 计算二重积分$\iint\limits_D(x-y)\mathrm{d}x\mathrm{d}y$,其中$D=\{(x,y)\mid (x-1)^2+(y-1)^2\leqslant 2, y\geqslant x\}$.

变式2(08-2,3) 计算$\iint\limits_D\max\{xy,1\}\mathrm{d}x\mathrm{d}y$,其中$D=\{(x,y)\mid 0\leqslant x\leqslant 2, 0\leqslant y\leqslant 2\}$.

考点三　二次积分的积分次序与坐标系的转换

若在给出的积分次序(或坐标系)下难以求积分,则可交换积分次序(或改变坐标系).而对于二次变限积分,若无法直接利用求导公式来求导,则可交换积分次序后再求导.

【例1】(92-2) $\int_{\frac{1}{4}}^{\frac{1}{2}}\mathrm{d}y\int_{\frac{1}{2}}^{\sqrt{y}}\mathrm{e}^{\frac{y}{x}}\mathrm{d}x+\int_{\frac{1}{2}}^{1}\mathrm{d}y\int_{y}^{\sqrt{y}}\mathrm{e}^{\frac{y}{x}}\mathrm{d}x=$________.

【解】原式$\xlongequal{\text{交换积分次序}}\int_{\frac{1}{2}}^{1}\mathrm{d}x\int_{x^2}^{x}\mathrm{e}^{\frac{y}{x}}\mathrm{d}y$

$$=\int_{\frac{1}{2}}^{1}x(\mathrm{e}-\mathrm{e}^x)\mathrm{d}x=\frac{3}{8}\mathrm{e}-\frac{1}{2}\sqrt{\mathrm{e}}.$$

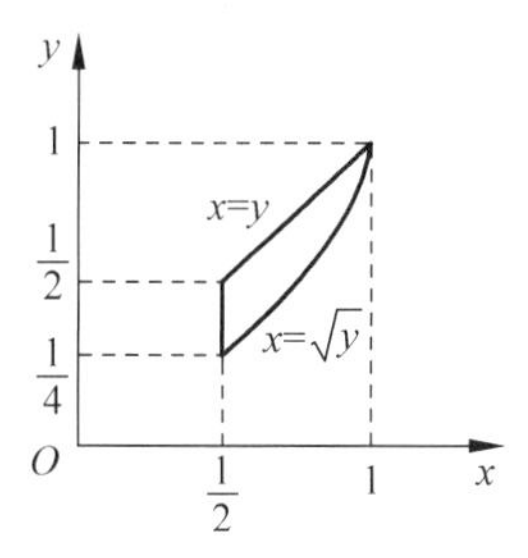

变式(10-2) 计算二重积分

$$I=\iint\limits_D r^2\sin\theta\sqrt{1-r^2\cos 2\theta}\,\mathrm{d}r\mathrm{d}\theta,$$

其中$D=\left\{(r,\theta)\,\middle|\,0\leqslant r\leqslant\sec\theta, 0\leqslant\theta\leqslant\frac{\pi}{4}\right\}$.

【例2】(04-1) 设$f(x)$为连续函数,

$$F(t)=\int_1^t\mathrm{d}y\int_y^t f(x)\mathrm{d}x,$$

则$F'(2)$等于(　　)

(A) $2f(2)$.　　(B) $f(2)$.

(C) $-f(2)$.　　(D) 0.

【解】由于

$$F(t)\xlongequal{\text{交换积分次序}}\int_1^t dx\int_1^x f(x)dy=\int_1^t(x-1)f(x)dx,$$

故 $F'(t)=(t-1)f(t)$，从而 $F'(2)=f(2)$，选(B).

真题精选 1987—2014

答案 P306

考点一 二重积分的概念与性质

1. **(13-2,3)** 设 D_k 是圆域 $D=\{(x,y)\mid x^2+y^2\leqslant 1\}$ 在第 k 象限的部分，记 $I_k=\iint\limits_{D_k}(y-x)dxdy(k=1,2,3,4)$，则( )

(A) $I_1>0$. (B) $I_2>0$.

(C) $I_3>0$. (D) $I_4>0$.

2. **(12-2)** 设区域 D 由曲线 $y=\sin x, x=\pm\frac{\pi}{2}, y=1$ 围成，则 $\iint\limits_D(x^5y-1)dxdy=$( )

(A) π. (B) 2. (C) -2. (D) $-\pi$.

3. **(10-1,2)** $\lim\limits_{n\to\infty}\sum\limits_{i=1}^n\sum\limits_{j=1}^n\frac{n}{(n+i)(n^2+j^2)}=$( ).

(A) $\int_0^1dx\int_0^x\frac{1}{(1+x)(1+y^2)}dy$.

(B) $\int_0^1dx\int_0^x\frac{1}{(1+x)(1+y)}dy$.

(C) $\int_0^1dx\int_0^1\frac{1}{(1+x)(1+y)}dy$.

(D) $\int_0^1dx\int_0^1\frac{1}{(1+x)(1+y^2)}dy$.

4. **(05-3)** 设 $I_1=\iint\limits_D\cos\sqrt{x^2+y^2}d\sigma, I_2=\iint\limits_D\cos(x^2+y^2)d\sigma$，$I_3=\iint\limits_D\cos(x^2+y^2)^2d\sigma$，其中 $D=\{(x,y)\mid x^2+y^2\leqslant 1\}$，则( )

(A) $I_3>I_2>I_1$. (B) $I_1>I_2>I_3$.

(C) $I_2>I_1>I_3$. (D) $I_3>I_1>I_2$.

5. **(91-1,2)** 设 D 是 xOy 平面上以 $(1,1),(-1,1)$ 和 $(-1,-1)$ 为顶点的三角形区域，D_1 是 D 在第一象限的部分，则 $\iint\limits_D(xy+\cos x\sin y)dxdy$ 等于( )

(A) $2\iint\limits_{D_1}\cos x\sin y\,dxdy$. (B) $2\iint\limits_{D_1}xy\,dxdy$.

(C) $4\iint\limits_{D_1}(xy+\cos x\sin y)dxdy$. (D) 0.

考点二 二重积分的计算

1. **(99-3)** 设 $f(x,y)$ 连续，且 $f(x,y)=xy+\iint\limits_D f(u,v)dudv$，其中 D 是由 $y=0, y=x^2, x=1$ 所围区域，则 $f(x,y)$ 等于( )

(A) xy. (B) $2xy$. (C) $xy+\frac{1}{8}$. (D) $xy+1$.

2. **(03-3)** 设 $a>0, f(x)=g(x)=\begin{cases}a, & 0\leqslant x\leqslant 1\\0, & \text{其他}\end{cases}$ 而 D 表示全平面，则 $I=\iint\limits_D f(x)g(y-x)dxdy=$ ________.

3. **(14-2,3)** 设平面区域

$$D=\{(x,y)\mid 1\leqslant x^2+y^2\leqslant 4, x\geqslant 0, y\geqslant 0\}.$$

计算 $\iint\limits_D\frac{x\sin(\pi\sqrt{x^2+y^2})}{x+y}dxdy$.

4. **(11-1,2)** 已知函数 $f(x,y)$ 具有二阶连续偏导数，且 $f(1,y)=f(x,1)=0, \iint\limits_D f(x,y)dxdy=a$，其中 $D=\{(x,y)\mid 0\leqslant x\leqslant 1, 0\leqslant y\leqslant 1\}$，计算二重积分 $I=\iint\limits_D xyf''_{xy}(x,y)dxdy$.

5. **(11-3)** 设函数 $f(x)$ 在区间 $[0,1]$ 上具有连续导数，$f(0)=1$，且满足 $\iint\limits_{D_t}f'(x+y)dxdy=\iint\limits_{D_t}f(t)dxdy$，其中 $D_t=\{(x,y)\mid 0\leqslant y\leqslant t-x, 0\leqslant x\leqslant t\}(0<t\leqslant 1)$，求 $f(x)$ 的表达式.

6. (**07-2,3**) 设二元函数

$$f(x,y)=\begin{cases}x^2, & |x|+|y|\leqslant 1,\\ \dfrac{1}{\sqrt{x^2+y^2}}, & 1<|x|+|y|\leqslant 2.\end{cases}$$

计算二重积分$\iint\limits_D f(x,y)\mathrm{d}\sigma$,其中 $D=\{(x,y)\mid |x|+|y|\leqslant 2\}$.

7. (**06-3**) 计算二重积分$\iint\limits_D\sqrt{y^2-xy}\,\mathrm{d}x\,\mathrm{d}y$,其中 D 是由直线 $y=x,y=1,x=0$ 所围成的平面区域.

8. (**05-1**) 设 $D=\{(x,y)\mid x^2+y^2\leqslant\sqrt{2},x\geqslant 0,y\geqslant 0\}$,$[1+x^2+y^2]$ 表示不超过 $1+x^2+y^2$ 的最大整数. 计算二重积分$\iint\limits_D xy[1+x^2+y^2]\mathrm{d}x\,\mathrm{d}y$.

9. (**01-3**) 求二重积分$\iint\limits_D y[1+x\mathrm{e}^{\frac{1}{2}(x^2+y^2)}]\mathrm{d}x\,\mathrm{d}y$ 的值,其中 D 是由直线 $y=x,y=-1$ 及 $x=1$ 围成的平面区域.

10. (**99-3**) 计算二重积分$\iint\limits_D y\,\mathrm{d}x\,\mathrm{d}y$,其中 D 是由直线 $x=-2$,$y=0,y=2$ 以及曲线 $x=-\sqrt{2y-y^2}$ 所围成的平面区域.

11. (**97-3**) 设函数 $f(t)$ 在 $[0,+\infty)$ 上连续,且满足方程 $f(t)=\mathrm{e}^{4\pi t^2}+\iint\limits_{x^2+y^2\leqslant 4t^2}f\left(\frac{1}{2}\sqrt{x^2+y^2}\right)\mathrm{d}x\,\mathrm{d}y$,求 $f(t)$.

12. (**95-3**) 计算 $I=\int_{-\infty}^{+\infty}\int_{-\infty}^{+\infty}\min\{x,y\}\mathrm{e}^{-(x^2+y^2)}\mathrm{d}x\,\mathrm{d}y$.

13. (**94-3**) 计算二重积分 $\iint\limits_D (x+y)\mathrm{d}x\mathrm{d}y$，其中 $D=\{(x,y)\mid x^2+y^2\leqslant x+y+1\}$.

考点三 二次积分的积分次序与坐标系的转换

1. (**12-3**) 设函数 $f(t)$ 连续，则二次积分 $\int_0^{\frac{\pi}{2}}\mathrm{d}\theta\int_{2\cos\theta}^{2}f(r^2)r\mathrm{d}r=$ (　　).

(A) $\int_0^2\mathrm{d}x\int_{\sqrt{2x-x^2}}^{\sqrt{4-x^2}}\sqrt{x^2+y^2}f(x^2+y^2)\mathrm{d}y$.

(B) $\int_0^2\mathrm{d}x\int_{\sqrt{2x-x^2}}^{\sqrt{4-x^2}}f(x^2+y^2)\mathrm{d}y$.

(C) $\int_0^2\mathrm{d}x\int_{1+\sqrt{2x-x^2}}^{\sqrt{4-x^2}}\sqrt{x^2+y^2}f(x^2+y^2)\mathrm{d}y$.

(D) $\int_0^2\mathrm{d}x\int_{1+\sqrt{2x-x^2}}^{\sqrt{4-x^2}}f(x^2+y^2)\mathrm{d}y$.

2. (**07-2,3**) 设函数 $f(x,y)$ 连续，则二次积分 $\int_{\frac{\pi}{2}}^{\pi}\mathrm{d}x\int_{\sin x}^{1}f(x,y)\mathrm{d}y$ 等于(　　)

(A) $\int_0^1\mathrm{d}y\int_{\pi+\arcsin y}^{\pi}f(x,y)\mathrm{d}x$

(B) $\int_0^1\mathrm{d}y\int_{\pi-\arcsin y}^{\pi}f(x,y)\mathrm{d}x$.

(C) $\int_0^1\mathrm{d}y\int_{\frac{\pi}{2}}^{\pi+\arcsin y}f(x,y)\mathrm{d}x$.

(D) $\int_0^1\mathrm{d}y\int_{\frac{\pi}{2}}^{\pi-\arcsin y}f(x,y)\mathrm{d}x$.

3. (**14-3**) 二次积分 $\int_0^1\mathrm{d}y\int_y^1\left(\frac{\mathrm{e}^{x^2}}{x}-\mathrm{e}^{y^2}\right)\mathrm{d}x=$ ________.

4. (**95-1**) 设函数 $f(x)$ 在区间 $[0,1]$ 上连续，并设 $\int_0^1 f(x)\mathrm{d}x=A$，求 $\int_0^1\mathrm{d}x\int_x^1 f(x)f(y)\mathrm{d}y$.

小　结

二重积分的解答题往往围绕着它的计算，主要考查以下两个方面：

一是积分限的确定. 对于近几年的一些考题，不少考生难以画出积分区域的图形. 这时，记忆一些常用曲线(如摆线、星形线、心形线、双纽线)的方程和图形会对解题有所帮助，比如对于2018年数学二的解答题(这道题平均分仅为0.98分，不少考生一字未写)，以及2021年数学二的解答题. 而有时即使未能画出积分区域的图形，其实也可确定积分限，比如2019年数学二的解答题. 此外，要注意积分区域的分割，尤其当被积函数为分段函数时(比如2023年数学三、2005年数学一以及2007年和2008年数学二、三的解答题).

二是求积分. 有些考题计算量较大，使不少考生难以算出正确结果(比如2021年数学三和2020年数学二的解答题). 此外，以下公式能在近几年的多道考题(比如2020年数学三、2017年数学二、2016年数学一的解答题)中使用：

$$\int_0^{\frac{\pi}{2}}\sin^n x\,\mathrm{d}x=\int_0^{\frac{\pi}{2}}\cos^n x\,\mathrm{d}x=\begin{cases}\dfrac{n-1}{n}\cdot\dfrac{n-3}{n-2}\cdot\cdots\cdot\dfrac{1}{2}\cdot\dfrac{\pi}{2}, & n\text{ 为正偶数},\\ \dfrac{n-1}{n}\cdot\dfrac{n-3}{n-2}\cdot\cdots\cdot\dfrac{2}{3}, & n\text{ 为大于 1 的奇数}.\end{cases}$$

二重积分的普通对称性和轮换对称性也是一个重点，不但能在选择题中考查(比如2016年数学三和2013年数学二、三的选择题)，而且经常在解答题中用于简化计算(比如2020年数学三、2019年数学二、2016年数学二，以及2024年、2015年和2014年数学二、三的解答题，等等).

交换积分次序是在求二次积分(比如2020年和2017年数学二的填空题等)和求二次变限积分导数(比如2021年数学二的填空题)时的常用思路.

此外，关于二重积分，还能考查具有综合性的解答题，比如2011年和1997年数学三的考题.

§6.2 三重积分(仅数学一)

十年真题 2015—2024

答案 P309

考点 三重积分

(15-1) 设 Ω 是由平面 $x+y+z=1$ 与三个坐标平面所围成的空间区域,则 $\iiint\limits_{\Omega}(x+2y+3z)\mathrm{d}x\mathrm{d}y\mathrm{d}z=$ ________.

考点分析

考　　点	大 纲 要 求	命 题 特 点
三重积分	1. 理解三重积分的概念,了解三重积分的性质. 2. 会计算三重积分(直角坐标、柱面坐标、球面坐标).	**1. 考试频率:**★★☆☆☆ **2. 常考题型:**填空题、解答题 **3. 命题趋势:**近几年,虽然三重积分较少直接考查,但在计算第二类曲面积分、求形心坐标等问题中也会涉及三重积分的计算.

知识梳理

考点 三重积分

1. 三重积分的概念

设 $f(x,y,z)$ 在空间有界闭区域 Ω 上有界,将 Ω 任意分成 n 个小闭区域 $\Delta v_1,\Delta v_2,\cdots,\Delta v_n$,其中 $\Delta v_i(i=1,2,\cdots,n)$ 表示第 i 个小闭区域,也表示它的体积. 若在每个 Δv_i 上任取一点 (ξ_i,η_i,ζ_i),当各小闭区域的直径中的最大值 λ 趋于零时,$\sum\limits_{i=1}^{n}f(\xi_i,\eta_i,\zeta_i)\Delta v_i$ 总趋于确定的极限 I,则 I 称为 $f(x,y,z)$ 在 Ω 上的三重积分,记作 $\iiint\limits_{\Omega}f(x,y,z)\mathrm{d}v=$ ① ________________.

【注】 $\lim\limits_{n\to\infty}\dfrac{1}{n^3}\sum\limits_{i=1}^{n}\sum\limits_{j=1}^{n}\sum\limits_{k=1}^{n}f\left(\dfrac{i}{n},\dfrac{j}{n},\dfrac{k}{n}\right)$

$$=\int_0^1\mathrm{d}x\int_0^1\mathrm{d}y\int_0^1 f(x,y,z)\mathrm{d}z.$$

2. 三重积分的性质

(1) 被积函数为 1 的三重积分:设 v 为 Ω 的体积,则 $\iiint\limits_{\Omega}\mathrm{d}v=$ ② ________.

(2) 普通对称性:若 Ω 关于 xOy 面(或 yOz 面、zOx 面)对称,则当 $f(x,y,-z)=-f(x,y,z)$(或 $f(-x,y,z)=-f(x,y,z)$、$f(x,-y,z)=-f(x,y,z)$)时,$\iiint\limits_{\Omega}f(x,y,z)\mathrm{d}v=$ ③ ________;当 ④ ________(或 $f(-x,y,z)=f(x,y,z)$、$f(x,-y,z)=f(x,y,z)$)时,$\iiint\limits_{\Omega}f(x,y,z)\mathrm{d}v=2\iiint\limits_{\Omega_1}f(x,y,z)\mathrm{d}v$,其中 Ω_1 为 Ω 在 xOy 面(或 yOz 面、zOx 面)一侧的部分.

(3) 轮换对称性:若对调 x,y 后 Ω 不变,则 $\iiint\limits_{\Omega}f(x,y,z)\mathrm{d}v=$ ⑤ ________;若对调 y,z 后 Ω 不变,则 $\iiint\limits_{\Omega}f(x,y,z)\mathrm{d}v=\iiint\limits_{\Omega}f(x,z,y)\mathrm{d}v$;若对调 x,z 后 Ω 不变,则 $\iiint\limits_{\Omega}f(x,y,z)\mathrm{d}v=$ ⑥ ________.

【注】 若任意对调 x,y,z 后 Ω 均不变,则

$$\iiint\limits_{\Omega}f(x,y,z)\mathrm{d}v=\frac{1}{3}\iiint\limits_{\Omega}[f(x,y,z)+f(y,x,z)+f(z,y,x)]\mathrm{d}v.$$

此外,三重积分与二重积分有类似的线性性、可加性和保号性.

3. 三重积分的计算

(1) 三重积分的计算法:

1) 若 $\Omega=\{(x,y,z)\mid(x,y)\in D_{xy},z_1(x,y)\leqslant z\leqslant z_2(x,y)\}$,其中 D_{xy} 是 Ω 在 xOy 面上的投影区域,则

$$\iiint\limits_{\Omega}f(x,y,z)\mathrm{d}v=\iint\limits_{D_{xy}}\mathrm{d}x\mathrm{d}y\int_{z_1(x,y)}^{z_2(x,y)}f(x,y,z)\mathrm{d}z. \quad (6\text{-}5)$$

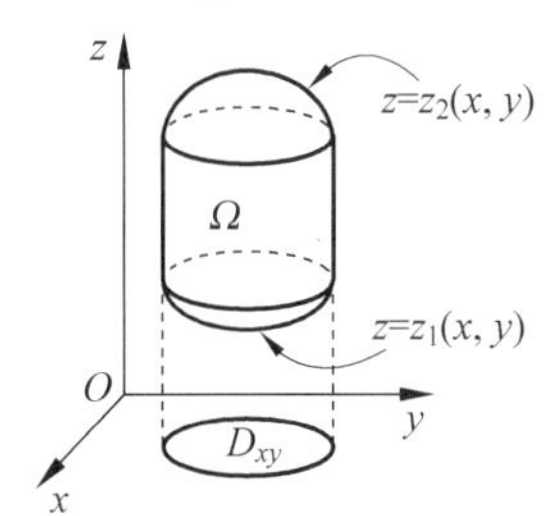

2) 若 $\Omega=\{(x,y,z)\mid c_1\leqslant z\leqslant c_2,(x,y)\in D_z\}$,其中 D_z 是竖坐标为 z 的平面截 Ω 所得的区域,则

$$\iiint\limits_{\Omega}f(x,y,z)\mathrm{d}v=⑦\ \underline{\qquad\qquad\qquad}. \quad (6\text{-}6)$$

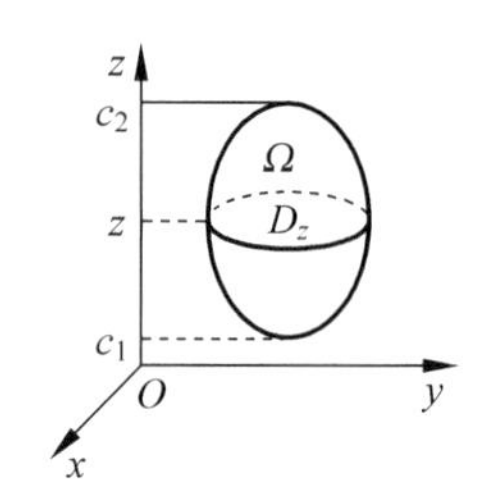

3) 若 $\Omega=\{(r,\varphi,\theta)\mid\theta_1\leqslant\theta\leqslant\theta_2,\varphi_1(\theta)\leqslant\varphi\leqslant\varphi_2(\theta),r_1(\varphi,\theta)\leqslant r\leqslant r_2(\varphi,\theta)\}$,则

$$\iiint\limits_{\Omega}f(x,y,z)\mathrm{d}v=\int_{\theta_1}^{\theta_2}\mathrm{d}\theta\int_{\varphi_1(\theta)}^{\varphi_2(\theta)}\mathrm{d}\varphi\int_{r_1(\varphi,\theta)}^{r_2(\varphi,\theta)}f(r\sin\varphi\cos\theta,r\sin\varphi\sin\theta,r\cos\varphi)r^2\sin\varphi\mathrm{d}r.\tag{6-7}$$

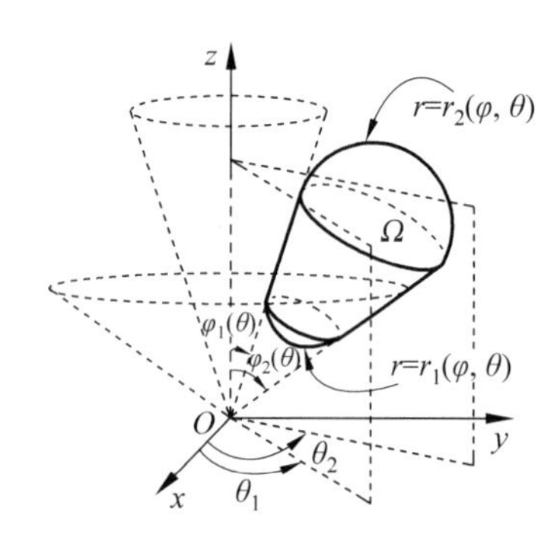

(2) 三重积分的换元公式:设 $f(x,y,z)$ 在 Ω_{xyz} 上连续,$x=x(u,v,w),y=y(u,v,w),z=z(u,v,w)$ 在 Ω'_{uvw} 上具有一阶连续偏导数,且在 Ω'_{uvw} 上

$$J=\begin{vmatrix}\dfrac{\partial x}{\partial u}&\dfrac{\partial x}{\partial v}&\dfrac{\partial x}{\partial w}\\\dfrac{\partial y}{\partial u}&\dfrac{\partial y}{\partial v}&\dfrac{\partial y}{\partial w}\\\dfrac{\partial z}{\partial u}&\dfrac{\partial z}{\partial v}&\dfrac{\partial z}{\partial w}\end{vmatrix}\neq 0,$$

若 $x=x(u,v,w),y=y(u,v,w),z=z(u,v,w)$ 将 Ω'_{uvw} 一对一地变为 Ω_{xyz},则

$$\iiint\limits_{\Omega_{xyz}}f(x,y,z)\mathrm{d}x\mathrm{d}y\mathrm{d}z\xlongequal[z=y(u,v,w)]{\substack{x=x(u,v,w)\\y=y(u,v,w)}}\iiint\limits_{\Omega'_{uvw}}f[x(u,v,w),y(u,v,w),z(u,v,w)]\,|J|\,\mathrm{d}u\mathrm{d}v\mathrm{d}w.\tag{6-8}$$

知识梳理·答案

① $\lim\limits_{\lambda\to0}\sum\limits_{i=1}^{n}f(\xi_i,\eta_i,\zeta_i)\Delta v_i$ ② v ③ 0

④ $f(x,y,-z)=f(x,y,z)$ ⑤ $\iiint\limits_{\Omega}f(y,x,z)\mathrm{d}v$

⑥ $\iiint\limits_{\Omega}f(z,y,x)\mathrm{d}v$ ⑦ $\int_{c_1}^{c_2}\mathrm{d}z\iint\limits_{D_z}f(x,y,z)\mathrm{d}x\mathrm{d}y$

方法探究

考点 三重积分

三重积分可利用式(6-5)、式(6-6)和式(6-7)来计算:

(1) 当积分区域为球体、球体的部分,且被积函数含 $x^2+y^2+z^2$、x^2+y^2 时,优先考虑式(6-7);

(2) 当竖坐标为 z 的平面截积分区域所得的平面区域为圆、三角形,且被积函数仅含 z 时,优先考虑式(6-6);

(3) 当上述两种情况都不满足时,可考虑式(6-5).

在计算三重积分前,可先考虑能否利用对称性来化简被积函数.

【例】(1) 设 Ω 是由曲面 $z=1-x^2-y^2$ 与平面 $z=0$ 所围成的区域,则 $\iiint\limits_{\Omega}(x+y+z)\mathrm{d}v=$________.

(2) (**09-1**) 设 $\Omega=\{(x,y,z)\mid x^2+y^2+z^2\leqslant1\}$,则 $\iiint\limits_{\Omega}z^2\mathrm{d}x\mathrm{d}y\mathrm{d}z=$________.

【解】(1) 根据普通对称性,$\iiint\limits_{\Omega}(x+y+z)\mathrm{d}v=\iiint\limits_{\Omega}z\mathrm{d}v.$

法一:由于 $D_z=\{(x,y)\mid x^2+y^2\leqslant1-z\}(0\leqslant z\leqslant1)$ 的面积为 $\pi(1-z)$,故

$$原式=\int_0^1\mathrm{d}z\iint\limits_{D_z}z\mathrm{d}x\mathrm{d}y=\int_0^1z\cdot\pi(1-z)\mathrm{d}z=\frac{\pi}{6}.$$

法二:
$$\begin{aligned}原式&=\iint\limits_{x^2+y^2\leqslant1}\mathrm{d}x\mathrm{d}y\int_0^{1-x^2-y^2}z\mathrm{d}z\\&=\int_0^{2\pi}\mathrm{d}\theta\int_0^1r\mathrm{d}r\int_0^{1-r^2}z\mathrm{d}z\\&=2\pi\int_0^1\frac{r}{2}(1-r^2)^2\mathrm{d}r=\frac{\pi}{6}.\end{aligned}$$

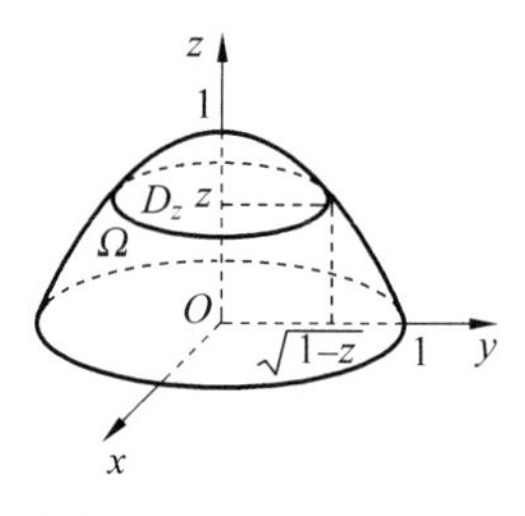

(2)根据轮换对称性,

$$\iiint\limits_{\Omega}z^2\mathrm{d}x\mathrm{d}y\mathrm{d}z=\iiint\limits_{\Omega}y^2\mathrm{d}x\mathrm{d}y\mathrm{d}z=\iiint\limits_{\Omega}x^2\mathrm{d}x\mathrm{d}y\mathrm{d}z.$$

$$\begin{aligned}故原式&=\frac{1}{3}\iiint\limits_{\Omega}(x^2+y^2+z^2)\mathrm{d}x\mathrm{d}y\mathrm{d}z\\&=\frac{1}{3}\int_0^{2\pi}\mathrm{d}\theta\int_0^{\pi}\mathrm{d}\varphi\int_0^1r^2\cdot r^2\sin\varphi\mathrm{d}r\\&=\frac{2}{3}\pi\int_0^{\pi}\sin\varphi\mathrm{d}\varphi\int_0^1r^4\mathrm{d}r=\frac{4}{15}\pi.\end{aligned}$$

真题精选 1987—2014

答案 P309

考点　三重积分

1. **(88-1)** 设有空间区域 $\Omega_1: x^2+y^2+z^2\leqslant R^2, z\geqslant 0$ 及 $\Omega_2: x^2+y^2+z^2\leqslant R^2, x\geqslant 0, y\geqslant 0, z\geqslant 0$,则(　　)

(A) $\iiint\limits_{\Omega_1} x\,\mathrm{d}v = 4\iiint\limits_{\Omega_2} x\,\mathrm{d}v$.

(B) $\iiint\limits_{\Omega_1} y\,\mathrm{d}v = 4\iiint\limits_{\Omega_2} y\,\mathrm{d}v$.

(C) $\iiint\limits_{\Omega_1} z\,\mathrm{d}v = 4\iiint\limits_{\Omega_2} z\,\mathrm{d}v$.

(D) $\iiint\limits_{\Omega_1} xyz\,\mathrm{d}v = 4\iiint\limits_{\Omega_2} xyz\,\mathrm{d}v$.

2. **(97-1)** 计算 $I = \iiint\limits_{\Omega}(x^2+y^2)\mathrm{d}v$,其中 Ω 为平面曲线 $\begin{cases} y^2=2z, \\ x=0 \end{cases}$ 绕 z 轴旋转一周形成的曲面与平面 $z=8$ 所围成的区域.

3. **(89-1)** 计算三重积分 $\iiint\limits_{\Omega}(x+z)\mathrm{d}v$,其中 Ω 是由曲面 $z=\sqrt{x^2+y^2}$ 与 $z=\sqrt{1-x^2-y^2}$ 所围成的区域.

小　结

在计算三重积分时,一方面,要能够合理地选用式(6-5)、式(6-6)和式(6-7)来确定积分限;另一方面,要建立利用普通、轮换对称性来简化计算的意识.而有时,利用式(6-8)来换元也能简化计算(可参看§6.5中2019年求形心的解答题).

§6.3　第一类曲线、曲面积分(仅数学一)

十年真题 2015—2024

答案 P310

考点　第一类曲线、曲面积分

(18-1) 设 L 为球面 $x^2+y^2+z^2=1$ 与平面 $x+y+z=0$ 的交线,则 $\oint_L xy\,\mathrm{d}s =$ ______.

考点分析

考　点	大纲要求	命题特点
第一类曲线、曲面积分	1. 理解第一类曲线积分的概念,了解它的性质.了解第一类曲面积分的概念、性质. 2. 掌握计算第一类曲线、曲面积分的方法.	1. **考试频率**:★★☆☆☆ 2. **常考题型**:填空题、解答题 3. **命题趋势**:相比第二类曲线、曲面积分,第一类曲线、曲面积分一直以来都考查得较少.然而,在第二类曲线、曲面积分的计算,以及一些几何和物理应用中也会涉及到第一类曲线、曲面积分的计算.

知识梳理

考点 第一类曲线、曲面积分

1. 第一类曲线、曲面积分的概念

(1) 设 L 为 xOy 面内的光滑曲线，$f(x,y)$ 在 L 上有界. 将 L 任意分成 n 个小段，$\Delta s_i(i=1,2,\cdots,n)$ 表示第 i 个小段的长度. 若在第 i 个小段上任取一点 (ξ_i,η_i)，当 $\lambda=\max\{\Delta s_i\}\to 0$ 时，$\sum\limits_{i=1}^{n}f(\xi_i,\eta_i)\Delta s_i$ 总趋于确定的极限 I，则 I 称为 $f(x,y)$ 在 L 上的第一类曲线积分(或对弧长的曲线积分)，记作

$$\int_L f(x,y)\mathrm{d}s=\lim_{\lambda\to 0}\sum_{i=1}^{n}f(\xi_i,\eta_i)\Delta s_i.$$

类似可以定义 $f(x,y,z)$ 在空间曲线 L 上的第一类曲线积分

$$\int_L f(x,y,z)\mathrm{d}s=\lim_{\lambda\to 0}\sum_{i=1}^{n}f(\xi_i,\eta_i,\zeta_i)\Delta s_i.$$

(2) 设 Σ 为光滑曲面，$f(x,y,z)$ 在 Σ 上有界. 将 Σ 任意分成 n 个小块，$\Delta S_i(i=1,2,\cdots,n)$ 表示第 i 个小块的面积. 若在第 i 个小块上任取一点 (ξ_i,η_i,ζ_i)，当各小块曲面的直径中的最大值 λ 趋于零时，$\sum\limits_{i=1}^{n}f(\xi_i,\eta_i,\zeta_i)\Delta S_i$ 总趋于确定的极限 I，则 I 称为 $f(x,y,z)$ 在 Σ 上的第一类曲面积分(或对面积的曲面积分)，记作

$$\iint_\Sigma f(x,y,z)\mathrm{d}S=\lim_{\lambda\to 0}\sum_{i=1}^{n}f(\xi_i,\eta_i,\zeta_i)\Delta S_i.$$

2. 第一类曲线、曲面积分的性质

性质	第一类曲线积分	第一类曲面积分
被积函数为1的积分	设 s 为 L 的长度，则 $\int_L \mathrm{d}s=$ ① ______.	设 S 为 Σ 的面积，则 $\iint_\Sigma \mathrm{d}S=$ ② ______.
普通对称性	若 L 关于 yOz 面对称，则当 ③ ______ 时，$\int_L f(x,y,z)\mathrm{d}s=0$；当 ④ ______ 时，$\int_L f(x,y,z)\mathrm{d}s=2\int_{L_1}f(x,y,z)\mathrm{d}s$，其中 L_1 为 L 在 yOz 面一侧的部分. 类似可得另外两种情况.	若 Σ 关于 zOx 面对称，则当 ⑤ ______ 时，$\iint_\Sigma f(x,y,z)\mathrm{d}S=0$；当 ⑥ ______ 时，$\iint_\Sigma f(x,y,z)\mathrm{d}S=2\iint_{\Sigma_1}f(x,y,z)\mathrm{d}S$，其中 Σ_1 为 Σ 在 zOx 面一侧的部分. 类似可得另外两种情况.

续表

性质	第一类曲线积分	第一类曲面积分
轮换对称性	若对调 y,z 后 L 不变，则 $\int_L f(x,y,z)\mathrm{d}s=$ ⑦ ______. 类似可得另外两种情况.	若对调 x,z 后 Σ 不变，则 $\iint_\Sigma f(x,y,z)\mathrm{d}S=$ ⑧ ______. 类似可得另外两种情况.

【注】 第一类平面曲线积分与二重积分有类似的普通对称性和轮换对称性. 而第一类曲线、曲面积分都与二重积分有类似的线性性、可加性和保号性.

3. 第一类曲线、曲面积分的计算

第一类曲线积分	第一类曲面积分
若 L 由 $y=y(x)(a\leqslant x\leqslant b)$ 表示，则 $\int_L f(x,y)\mathrm{d}s=\int_a^b f[x,y(x)]\sqrt{1+[y'(x)]^2}\mathrm{d}x$.	若 Σ 由 $z=z(x,y)$ 表示，D_{xy} 为 Σ 在 xOy 面上的投影区域，则 $\iint_\Sigma f(x,y,z)\mathrm{d}S=$ ⑨ ______.

【注】 (i) 若 L 由 $\begin{cases}x=\varphi(t),\\ y=\psi(t)\end{cases}(\alpha\leqslant t\leqslant\beta)$ 表示，则 $\int_L f(x,y)\mathrm{d}s=\int_\alpha^\beta f[\varphi(t),\psi(t)]\sqrt{[\varphi'(t)]^2+[\psi'(t)]^2}\mathrm{d}t$；

(ii) 若 L 由 $r=r(\theta)(\alpha\leqslant\theta\leqslant\beta)$ 表示，则 $\int_L f(x,y)\mathrm{d}s=\int_\alpha^\beta f[r(\theta)\cos\theta,r(\theta)\sin\theta]\sqrt{r^2(\theta)+[r'(\theta)]^2}\mathrm{d}\theta$；

(iii) 若 L 由 $\begin{cases}x=x(t),\\ y=y(t),\\ z=z(t)\end{cases}(\alpha\leqslant t\leqslant\beta)$ 表示，则 $\int_L f(x,y,z)\mathrm{d}s=\int_\alpha^\beta f[x(t),y(t),z(t)]\sqrt{[x'(t)]^2+[y'(t)]^2+[z'(t)]^2}\mathrm{d}t$.

知识梳理 · 答案

① s ② S ③ $f(-x,y,z)=-f(x,y,z)$

④ $f(-x,y,z)=f(x,y,z)$

⑤ $f(x,-y,z)=-f(x,y,z)$

⑥ $f(x,-y,z)=f(x,y,z)$

⑦ $\int_L f(x,z,y)\mathrm{d}s$

⑧ $\iint_\Sigma f(z,y,x)\mathrm{d}S$

⑨ $\iint_{D_{xy}} f[x,y,z(x,y)]\sqrt{1+[z'_x(x,y)]^2+[z'_y(x,y)]^2}\mathrm{d}\sigma$

方法探究

答案 P310

考点 第一类曲线、曲面积分

在考研中,关于第一类曲线、曲面积分的计算,经常侧重于考查以下两个方面:

(1) 普通对称性与轮换对称性的使用;

(2) 将积分曲线或曲面方程代入被积函数.

此外,第一类曲面积分的计算还能与多元函数微分学的应用相结合进行考查(如变式).

【例】(1)(**98-1**)设 l 为椭圆 $\frac{x^2}{4}+\frac{y^2}{3}=1$,其周长为 a,则 $\oint_l(2xy+3x^2+4y^2)ds=$ ________.

(2)(**07-1**)设曲面 Σ: $|x|+|y|+|z|=1$,则 $\oiint_\Sigma(x+|y|)dS=$ ________.

【解】(1) 根据普通对称性,原式 $=\oint_l(3x^2+4y^2)ds$.

把 l 的方程代入,则原式 $=\oint_l 12ds=12a$.

(2) 根据普通对称性,原式 $=\oiint_\Sigma|y|dS$.

根据轮换对称性,

$$\oiint_\Sigma|y|dS=\oiint_\Sigma|x|dS=\oiint_\Sigma|z|dS.$$

把 Σ 的方程代入,则

$$原式=\frac{1}{3}\oiint_\Sigma(|x|+|y|+|z|)dS=\frac{1}{3}\oiint_\Sigma dS$$

$$=\frac{1}{3}\times8\times\frac{1}{2}\times(\sqrt{2})^2\times\sin\frac{\pi}{3}=\frac{4}{3}\sqrt{3}.$$

变式(10-1) 设 P 为椭球面 S: $x^2+y^2+z^2-yz=1$ 上的动点,若 S 在点 P 处的切平面与 xOy 面垂直,求点 P 的轨迹 C,并计算曲面积分 $I=\iint_\Sigma\frac{(x+\sqrt{3})|y-2z|}{\sqrt{4+y^2+z^2-4yz}}dS$,其中 Σ 是椭球面 S 位于曲线 C 上方的部分.

真题精选

1987 — 2014

答案 P310

考点 第一类曲线、曲面积分

1. (**12-1**)设 $\Sigma=\{(x,y,z)\mid x+y+z=1,x\geqslant0,y\geqslant0,z\geqslant0\}$,则 $\iint_\Sigma y^2dS=$ ________.

2. (**09-1**)已知曲线 L: $y=x^2(0\leqslant x\leqslant\sqrt{2})$,则 $\int_L x\,ds=$ ________.

3. (**89-1**)设平面曲线 L 为下半圆 $y=-\sqrt{1-x^2}$,则曲线积分 $\int_L(x^2+y^2)ds=$ ________.

4. (**99-1**)设 S 为椭球面 $\frac{x^2}{2}+\frac{y^2}{2}+z^2=1$ 的上半部分,点 $P(x,y,z)\in S$,π 为 S 在点 P 处的切平面,$\rho(x,y,z)$ 为点 $O(0,0,0)$ 到平面 π 的距离,求 $\iint_S\frac{z}{\rho(x,y,z)}dS$.

5. (**95-1**)计算曲面积分 $\iint_\Sigma z\,dS$,其中 Σ 为锥面 $z=\sqrt{x^2+y^2}$ 在柱体 $x^2+y^2\leqslant2x$ 内的部分.

小 结

对于第一类曲线、曲面积分,不但要会将其分别转化为定积分、二重积分来计算(比如2012年和2009年的填空题),而且也要会先利用普通或轮换对称性,再将积分曲线、曲面方程代入被积函数来计算(比如2018年、2007年、1998年和1989年的填空题). 此外,在将第一类曲面积分转化为二重积分时,若难以画出积分曲面的图形,则要能通过相应的空间曲线在 xOy 面上的投影曲线方程,来确定积分曲面在 xOy 面上的投影区域(可参看2010年的解答题,以及 §6.5 中2017年求质量的解答题).

§6.4 第二类曲线、曲面积分(仅数学一)

十年真题 2015—2024

答案P310

考点一 第二类平面曲线积分

1. **(19-1)** 设函数 $Q(x,y)=\dfrac{x}{y^2}$. 如果对上半平面($y>0$)内的任意有向光滑封闭曲线 C 都有 $\oint_C P(x,y)\mathrm{d}x+Q(x,y)\mathrm{d}y=0$,那么函数 $P(x,y)$ 可取为( )

(A) $y-\dfrac{x^2}{y^3}$. (B) $\dfrac{1}{y}-\dfrac{x^2}{y^3}$.

(C) $\dfrac{1}{x}-\dfrac{1}{y}$. (D) $x-\dfrac{1}{y}$.

2. **(17-1)** 若曲线积分 $\int_L \dfrac{x\mathrm{d}x-ay\mathrm{d}y}{x^2+y^2-1}$ 在区域 $D=\{(x,y)\mid x^2+y^2<1\}$ 内与路径无关,则 $a=$ ________.

3. **(21-1)** 设 $D\subset\mathbf{R}^2$ 是有界单连通闭区域,$I(D)=\iint\limits_D(4-x^2-y^2)\mathrm{d}x\mathrm{d}y$ 取得最大值的积分区域记为 D_1.

(1) 求 $I(D_1)$的值;

(2) 计算 $\int_{\partial D_1}\dfrac{(x\mathrm{e}^{x^2+4y^2}+y)\mathrm{d}x+(4y\mathrm{e}^{x^2+4y^2}-x)\mathrm{d}y}{x^2+4y^2}$,其中 ∂D_1 是 D_1 的正向边界.

4. **(20-1)** 计算曲线积分 $I=\oint_L\dfrac{4x-y}{4x^2+y^2}\mathrm{d}x+\dfrac{x+y}{4x^2+y^2}\mathrm{d}y$,其中 L 是 $x^2+y^2=2$,方向为逆时针方向.

5. **(16-1)** 设函数 $f(x,y)$满足 $\dfrac{\partial f(x,y)}{\partial x}=(2x+1)\mathrm{e}^{2x-y}$,且 $f(0,y)=y+1$,L_t 是从点(0,0)到点$(1,t)$的光滑曲线. 计算曲线积分

$$I(t)=\int_{L_t}\frac{\partial f(x,y)}{\partial x}\mathrm{d}x+\frac{\partial f(x,y)}{\partial y}\mathrm{d}y,$$

并求 $I(t)$的最小值.

考点二 第二类曲面积分

1. **(24-1)** 设 $P=P(x,y,z)$,$Q=Q(x,y,z)$ 均为连续函数,Σ 为曲面 $z=\sqrt{1-x^2-y^2}$ $(x\leqslant0,y\geqslant0)$ 的上侧,则 $\iint\limits_\Sigma P\mathrm{d}y\mathrm{d}z+Q\mathrm{d}z\mathrm{d}x=$( )

(A) $\iint\limits_\Sigma\left(\dfrac{x}{z}P+\dfrac{y}{z}Q\right)\mathrm{d}x\mathrm{d}y$.

(B) $\iint\limits_{\Sigma}\left(-\frac{x}{z}P+\frac{y}{z}Q\right)\mathrm{d}x\mathrm{d}y$.

(C) $\iint\limits_{\Sigma}\left(\frac{x}{z}P-\frac{y}{z}Q\right)\mathrm{d}x\mathrm{d}y$.

(D) $\iint\limits_{\Sigma}\left(-\frac{x}{z}P-\frac{y}{z}Q\right)\mathrm{d}x\mathrm{d}y$.

2. (**21-1**) 设Σ为空间区域$\{(x,y,z)\mid x^2+4y^2\leqslant 4,0\leqslant z\leqslant 2\}$表面的外侧,则曲面积分$\iint\limits_{\Sigma}x^2\mathrm{d}y\mathrm{d}z+y^2\mathrm{d}z\mathrm{d}x+z\mathrm{d}x\mathrm{d}y=$________.

3. (**19-1**) 设Σ为曲面$x^2+y^2+4z^2=4(z\geqslant 0)$的上侧,则$\iint\limits_{\Sigma}\sqrt{4-x^2-4z^2}\,\mathrm{d}x\mathrm{d}y=$________.

4. (**23-1**) 设空间有界区域Ω由柱面$x^2+y^2=1$与平面$z=0$和$x+z=1$围成,Σ为Ω边界面的外侧,计算曲面积分

$$I=\oiint\limits_{\Sigma}2xz\mathrm{d}y\mathrm{d}z+xz\cos y\mathrm{d}z\mathrm{d}x+3yz\sin x\mathrm{d}x\mathrm{d}y.$$

5. (**20-1**) 设Σ为曲面$z=\sqrt{x^2+y^2}\,(1\leqslant x^2+y^2\leqslant 4)$的下侧,$f(x)$为连续函数,计算

$$I=\iint\limits_{\Sigma}[xf(xy)+2x-y]\mathrm{d}y\mathrm{d}z+[yf(xy)+2y+x]\mathrm{d}z\mathrm{d}x+[zf(xy)+z]\mathrm{d}x\mathrm{d}y.$$

6. (**18-1**) 设Σ是曲面$x=\sqrt{1-3y^2-3z^2}$的前侧,计算曲面积分$I=\iint\limits_{\Sigma}x\mathrm{d}y\mathrm{d}z+(y^3+2)\mathrm{d}x\mathrm{d}z+z^3\mathrm{d}x\mathrm{d}y$.

7. (**16-1**) 设有界区域Ω由平面$2x+y+2z=2$与三个坐标平面围成,Σ为Ω整个表面的外侧,计算曲面积分

$$I=\iint\limits_{\Sigma}(x^2+1)\mathrm{d}y\mathrm{d}z-2y\mathrm{d}z\mathrm{d}x+3z\mathrm{d}x\mathrm{d}y.$$

考点三　第二类空间曲线积分

1. (**24-1**) 已知有向曲线L是球面$x^2+y^2+z^2=2x$与平面$2x-z-1=0$的交线,从z轴正向往z轴负向看为逆时针方向,计算曲线积分

$$I=\int_L(6xyz-yz^2)\mathrm{d}x+2x^2z\mathrm{d}y+xyz\mathrm{d}z.$$

2. (**22-1**) 已知Σ为曲面$4x^2+y^2+z^2=1(x\geqslant 0,y\geqslant 0,z\geqslant 0)$的上侧,$L$为$\Sigma$的边界曲线,其正向与$\Sigma$的正法向量满足右手法则,计算曲线积分

$$I=\int_L(yz^2-\cos z)\mathrm{d}x+2xz^2\mathrm{d}y+(2xyz+x\sin z)\mathrm{d}z.$$

3. (15-1) 已知曲线 L 的方程为 $\begin{cases} z=\sqrt{2-x^2-y^2} \\ z=x, \end{cases}$ 起点为 $A(0,\sqrt{2},0)$，终点为 $B(0,-\sqrt{2},0)$，计算曲线积分 $I=\int_L (y+z)\mathrm{d}x+(z^2-x^2+y)\mathrm{d}y+x^2y^2\mathrm{d}z$.

考点分析

考　　点	大 纲 要 求	命 题 特 点
一、第二类平面曲线积分	1. 理解第二类曲线积分的概念，了解它的性质及两类曲线积分的关系. 2. 掌握计算第二类平面曲线积分的方法，掌握格林公式. 3. 会运用第二类平面曲线积分与路径无关的条件，会求二元函数全微分的原函数，会解全微分方程.	**1. 考试频率：**★★★★★ **2. 常考题型：**填空题、解答题 **3. 命题趋势：**第二类曲线、曲面积分是数学一几乎每年都要考查的，近几年有时甚至会考查不止一道解答题.而其解答题往往计算量较大，不少考生难以顺利地算出结果.
二、第二类曲面积分	1. 了解第二类曲面积分的概念、性质及两类曲面积分的关系. 2. 掌握计算第二类曲面积分的方法，掌握高斯公式.	
三、第二类空间曲线积分	掌握计算第二类空间曲线积分的方法，会用斯托克斯公式.	

知识梳理

考点一　第二类平面曲线积分

1. 第二类平面曲线积分的概念

设 L 为 xOy 面内从点 A 到点 B 的有向光滑曲线，$P(x,y)$，$Q(x,y)$ 在 L 上有界. 在 L 上沿 L 的方向任意插入点 $M_1(x_1,y_1),M_2(x_2,y_2),\cdots,M_{n-1}(x_{n-1},y_{n-1})$ 将 L 分成 n 个有向小弧段 $\overset{\frown}{M_{i-1}M_i}(i=1,2,\cdots,n;\ M_0=A,M_n=B)$. 令 $\Delta x_i=x_i-x_{i-1},\Delta y_i=y_i-y_{i-1}$，若在 $\overset{\frown}{M_{i-1}M_i}$ 上任取一点 (ξ_i,η_i)，当各小弧段长度的最大值 $\lambda\to 0$ 时，$\sum\limits_{i=1}^{n}P(\xi_i,\eta_i)\Delta x_i$、$\sum\limits_{i=1}^{n}Q(\xi_i,\eta_i)\Delta y_i$ 的极限分别总存在，则分别称这两个极限为 $P(x,y)$、$Q(x,y)$ 在 L 上的第二类曲线积分(或对坐标的曲线积分)，分别记作

$$\int_L P(x,y)\mathrm{d}x=\lim_{\lambda\to 0}\sum_{i=1}^{n}P(\xi_i,\eta_i)\Delta x_i、$$

$$\int_L Q(x,y)\mathrm{d}y=\lim_{\lambda\to 0}\sum_{i=1}^{n}Q(\xi_i,\eta_i)\Delta y_i,$$

且 $\int_L P\mathrm{d}x+Q\mathrm{d}y=\int_L P\mathrm{d}x+\int_L Q\mathrm{d}y$.

【注】(i) 第二类曲线积分与二重积分有类似的线性性和可加性.

(ii) 若 L^- 是 L 的反向曲线弧，则

$$\int_{L^-}P\mathrm{d}x+Q\mathrm{d}y=-\int_L P\mathrm{d}x+Q\mathrm{d}y.$$

(iii) $\int_L P\mathrm{d}x+Q\mathrm{d}y=\int_L (P\cos\alpha+Q\cos\beta)\mathrm{d}s$，其中 $\cos\alpha$，$\cos\beta$ 是 L 在点 (x,y) 处的切向量的方向余弦.

2. 第二类平面曲线积分的计算

(1) 转化为定积分：

1) 若 L 由 $y=y(x)$ 表示，且 x 由 a 变到 b，则

$$\int_L P(x,y)\mathrm{d}x+Q(x,y)\mathrm{d}y=\int_a^b\{P[x,y(x)]+Q[x,y(x)]y'(x)\}\mathrm{d}x;$$

2) 若 L 由 $\begin{cases} x=\varphi(t), \\ y=\psi(t) \end{cases}$ 表示，且 t 由 α 变到 β，则

$\int_L P(x,y)\mathrm{d}x+Q(x,y)\mathrm{d}y=$ ①________________.

(2) 转化为二重积分(格林公式)：

$\begin{cases} 1)\ L\text{ 封闭，且为 }D\text{ 的正向边界曲线}, \\ 2)\ P,Q\text{ 在 }D\text{ 上具有一阶连续偏导数} \end{cases}$

$\Rightarrow\oint_L P\mathrm{d}x+Q\mathrm{d}y=$ ②________________.

【注】L 的正向规定如下：当观察者沿 L 的这个方向行走时，D 内在他近处的那一部分总在他的左边.

3. 第二类平面曲线积分与路径无关的条件

(1) 设 D 为单连通域，且 P,Q 在 D 内具有一阶连续偏导数，则在 D 内有：

$\int_L P\mathrm{d}x+Q\mathrm{d}y$ 与路径无关

$\Leftrightarrow$ 对于任意闭曲线 C，$\oint_C P\mathrm{d}x+Q\mathrm{d}y=0$

$\Leftrightarrow\dfrac{\partial P}{\partial y}=$ ③________

$\Leftrightarrow$ 存在 $u(x,y)$，使得 $\mathrm{d}u=P\mathrm{d}x+Q\mathrm{d}y$

$\Leftrightarrow P\mathrm{d}x+Q\mathrm{d}y=0$ 为全微分方程.

(2) 曲线积分的牛顿-莱布尼茨公式：若 P,Q 在 D 内连续，且存在 $u(x,y)$，使得 $\mathrm{d}u=P\mathrm{d}x+Q\mathrm{d}y$，则对于 D 内任一

起点为(x_1,y_1)、终点为(x_2,y_2)的曲线L,

$$\int_L P\mathrm{d}x+Q\mathrm{d}y=④\underline{\qquad\qquad\qquad}. \tag{6-9}$$

考点二　第二类曲面积分

1. 第二类曲面积分的概念

设Σ为光滑有向曲面,$P(x,y,z)$,$Q(x,y,z)$,$R(x,y,z)$在Σ上有界. 将Σ任意分成n块小曲面ΔS_i(ΔS_i也表示第i块小曲面的面积),ΔS_i在yOz面、zOx面、xOy面上的投影分别为$(\Delta S_i)_{yz}$、$(\Delta S_i)_{zx}$、$(\Delta S_i)_{xy}(i=1,2,\cdots,n)$. 若在$\Delta S_i$上任取一点$(\xi_i,\eta_i,\zeta_i)$,当各块小曲面的直径中的最大值$\lambda\to 0$时,$\sum\limits_{i=1}^{n}P(\xi_i,\eta_i,\zeta_i)(\Delta S_i)_{yz}$、$\sum\limits_{i=1}^{n}Q(\xi_i,\eta_i,\zeta_i)(\Delta S_i)_{zx}$、$\sum\limits_{i=1}^{n}R(\xi_i,\eta_i,\zeta_i)(\Delta S_i)_{xy}$的极限分别总存在,则分别称这三个极限为$P(x,y,z)$、$Q(x,y,z)$、$R(x,y,z)$在$\Sigma$上的第二类曲面积分(或对坐标的曲面积分),分别记作

$$\iint_\Sigma P(x,y,z)\mathrm{d}y\mathrm{d}z=\lim_{\lambda\to 0}\sum_{i=1}^{n}P(\xi_i,\eta_i,\zeta_i)(\Delta S_i)_{yz}、$$

$$\iint_\Sigma Q(x,y,z)\mathrm{d}z\mathrm{d}x=\lim_{\lambda\to 0}\sum_{i=1}^{n}Q(\xi_i,\eta_i,\zeta_i)(\Delta S_i)_{zx}、$$

$$\iint_\Sigma R(x,y,z)\mathrm{d}x\mathrm{d}y=\lim_{\lambda\to 0}\sum_{i=1}^{n}R(\xi_i,\eta_i,\zeta_i)(\Delta S_i)_{xy},$$

且$\iint\limits_\Sigma P\mathrm{d}y\mathrm{d}z+Q\mathrm{d}z\mathrm{d}x+R\mathrm{d}x\mathrm{d}y=\iint\limits_\Sigma P\mathrm{d}y\mathrm{d}z+\iint\limits_\Sigma Q\mathrm{d}z\mathrm{d}x+\iint\limits_\Sigma R\mathrm{d}x\mathrm{d}y$.

【注】(i) 第二类曲面积分与二重积分有类似的线性性和可加性.

(ii) 若Σ^-是与Σ取相反侧的有向曲面,则$\iint\limits_{\Sigma^-}P\mathrm{d}y\mathrm{d}z+Q\mathrm{d}z\mathrm{d}x+R\mathrm{d}x\mathrm{d}y=-\iint\limits_\Sigma P\mathrm{d}y\mathrm{d}z+Q\mathrm{d}z\mathrm{d}x+R\mathrm{d}x\mathrm{d}y$.

(iii) $\iint\limits_\Sigma P\mathrm{d}y\mathrm{d}z+Q\mathrm{d}z\mathrm{d}x+R\mathrm{d}x\mathrm{d}y=\iint\limits_\Sigma(P\cos\alpha+Q\cos\beta+R\cos\gamma)\mathrm{d}S$,其中$\cos\alpha,\cos\beta,\cos\gamma$是$\Sigma$在点$(x,y,z)$处的法向量的方向余弦.

2. 第二类曲面积分的计算

(1) 转化为二重积分:

1) 若Σ由$z=z(x,y)$表示,D_{xy}为Σ在xOy面上的投影区域,则$\iint\limits_\Sigma R(x,y,z)\mathrm{d}x\mathrm{d}y=\pm\iint\limits_{D_{xy}}R[x,y,z(x,y)]\mathrm{d}\sigma$,且$\Sigma$取上侧为正,下侧为负;若$\Sigma$由$x=x(y,z)$表示,$D_{yz}$为$\Sigma$在$yOz$面上的投影区域,则$\iint\limits_\Sigma P(x,y,z)\mathrm{d}y\mathrm{d}z=$⑤____________,且$\Sigma$取前侧为正,后侧为负;若$\Sigma$由$y=y(z,x)$表示,$D_{zx}$为$\Sigma$在$zOx$面上的投影区域,则$\iint\limits_\Sigma Q(x,y,z)\mathrm{d}z\mathrm{d}x=\pm\iint\limits_{D_{zx}}Q[x,y(z,x),z]\mathrm{d}\sigma$,且$\Sigma$取⑥______侧为正,⑦______侧为负(填“左”或“右”).

2) 若Σ由$z=z(x,y)$表示,D_{xy}为Σ在xOy面上的投影区域,则

$$\iint_\Sigma P(x,y,z)\mathrm{d}y\mathrm{d}z+Q(x,y,z)\mathrm{d}z\mathrm{d}x+R(x,y,z)\mathrm{d}x\mathrm{d}y$$

$$=⑧\underline{\qquad\qquad\qquad\qquad},\tag{6-10}$$

且Σ取上侧为正,下侧为负.

(2) 转化为三重积分(高斯公式):

$$\begin{cases}1)\Sigma\text{ 封闭,且为 }\Omega\text{ 边界曲面的外侧},\\2)P,Q,R\text{ 在 }\Omega\text{ 上具有一阶连续偏导数}\end{cases}$$

$$\Rightarrow\oint\!\!\!\oint_\Sigma P\mathrm{d}y\mathrm{d}z+Q\mathrm{d}z\mathrm{d}x+R\mathrm{d}x\mathrm{d}y=⑨\underline{\qquad\qquad}.$$

考点三　第二类空间曲线积分

1. 第二类空间曲线积分的概念

类似于第二类平面曲线积分,可以定义$P(x,y,z)$、$Q(x,y,z)$、$R(x,y,z)$在空间曲线L上的第二类曲线积分

$$\int_L P(x,y,z)\mathrm{d}x=\lim_{\lambda\to 0}\sum_{i=1}^{n}P(\xi_i,\eta_i,\zeta_i)\Delta x_i、$$

$$\int_L Q(x,y,z)\mathrm{d}y=\lim_{\lambda\to 0}\sum_{i=1}^{n}Q(\xi_i,\eta_i,\zeta_i)\Delta y_i、$$

$$\int_L R(x,y,z)\mathrm{d}z=\lim_{\lambda\to 0}\sum_{i=1}^{n}R(\xi_i,\eta_i,\zeta_i)\Delta z_i,$$

且$\int_L P\mathrm{d}x+Q\mathrm{d}y+R\mathrm{d}z=\int_L P\mathrm{d}x+\int_L Q\mathrm{d}y+\int_L R\mathrm{d}z$.

2. 第二类空间曲线积分的计算

(1) 转化为定积分:

若L由$\begin{cases}x=x(t),\\y=y(t),\\z=z(t)\end{cases}$表示,且$t$由$\alpha$变到$\beta$,则

$$\int_L P(x,y,z)\mathrm{d}x+Q(x,y,z)\mathrm{d}y+R(x,y,z)\mathrm{d}z$$

$$=\int_\alpha^\beta\{P[x(t),y(t),z(t)]x'(t)+Q[x(t),y(t),z(t)]y'(t)+R[x(t),y(t),z(t)]z'(t)\}\mathrm{d}t.$$

(2) 转化为曲面积分(斯托克斯公式):

$$\begin{cases}1)L\text{ 封闭,且为 }\Sigma\text{ 的正向边界曲线},\\2)P,Q,R\text{ 在 }\Sigma\text{ 上具有一阶连续偏导数}\end{cases}$$

$$\Rightarrow\oint_L P\mathrm{d}x+Q\mathrm{d}y+R\mathrm{d}z=⑩\underline{\qquad\qquad\qquad}.$$

其中 $\boldsymbol{n}=(\cos\alpha,\cos\beta,\cos\gamma)$ 是有向曲面 Σ 在点 (x,y,z) 处的单位法向量，且 L 的正向与 Σ 的侧符合右手规则.

知识梳理 · 答案

① $\int_{\alpha}^{\beta}\{P[\varphi(t),\psi(t)]\varphi'(t)+Q[\varphi(t),\psi(t)]\psi'(t)\}\mathrm{d}t$

② $\iint\limits_{D}\left(\frac{\partial Q}{\partial x}-\frac{\partial P}{\partial y}\right)\mathrm{d}\sigma$ ③ $\frac{\partial Q}{\partial x}$ ④ $u(x_2,y_2)-u(x_1,y_1)$

⑤ $\pm\iint\limits_{D_{yz}}P[x(y,z),y,z]\mathrm{d}\sigma$ ⑥ 右 ⑦ 左

⑧ $\pm\iint\limits_{D_{xy}}\{P[x,y,z(x,y)]\cdot[-z_x'(x,y)]+Q[x,y,z(x,y)]\cdot[-z_y'(x,y)]+R[x,y,z(x,y)]\}\mathrm{d}\sigma$

⑨ $\iiint\limits_{\Omega}\left(\frac{\partial P}{\partial x}+\frac{\partial Q}{\partial y}+\frac{\partial R}{\partial z}\right)\mathrm{d}v$

⑩ $\iint\limits_{\Sigma}\begin{vmatrix}\cos\alpha & \cos\beta & \cos\gamma\\ \frac{\partial}{\partial x} & \frac{\partial}{\partial y} & \frac{\partial}{\partial z}\\ P & Q & R\end{vmatrix}\mathrm{d}S$

方法探究

答案 P312

考点一 第二类平面曲线积分

1. 第二类平面曲线积分的计算

在考研中，计算 $\int_L P\mathrm{d}x+Q\mathrm{d}y$ 主要利用格林公式：

(1) 若 L 封闭，且 P,Q 具有一阶连续偏导数，则可直接利用格林公式来计算；

(2) 若 P,Q 具有一阶连续偏导数，但 L 不封闭，则可补曲线 L_1 使 $L+L_1$ 封闭，再通过 $\oint_{L+L_1}P\mathrm{d}x+Q\mathrm{d}y$ 减去 $\int_{L_1}P\mathrm{d}x+Q\mathrm{d}y$ 来计算，其中计算前者可利用格林公式，而计算后者一般通过转化为定积分(如例 1)；

(3) 若 L 封闭，且 P,Q 除了在点 (x_0,y_0) 处之外具有一阶连续偏导数，则可取闭曲线 L_1 使 (x_0,y_0) 在 L_1 所围成的区域内，再通过 $\oint_{L+L_1^-}P\mathrm{d}x+Q\mathrm{d}y$ 加上 $\oint_{L_1}P\mathrm{d}x+Q\mathrm{d}y$ 来计算，其中计算前者可直接利用格林公式，并且在选取 L_1 时，应确保对于后者，把 L_1 的方程代入被积函数后也能利用格林公式来计算(如例 2).

此外，若 $\frac{\partial Q}{\partial x}-\frac{\partial P}{\partial y}$ 形式复杂，或 P,Q 为不一定具有一阶连续偏导数的抽象函数，则只能通过转化为定积分来计算 $\int_L P\mathrm{d}x+Q\mathrm{d}y$.

【例 1】(99-1) 求

$$I=\int_L[\mathrm{e}^x\sin y-b(x+y)]\mathrm{d}x+(\mathrm{e}^x\cos y-ax)\mathrm{d}y,$$

其中 a,b 为正的常数，L 为从点 $A(2a,0)$ 沿曲线 $y=\sqrt{2ax-x^2}$ 到点 $O(0,0)$ 的弧.

【解】 如下图所示，取曲线 L_1：$y=0$(x 由 0 变到 $2a$)，则

$$I=\oint_{L+L_1}[\mathrm{e}^x\sin y-b(x+y)]\mathrm{d}x+(\mathrm{e}^x\cos y-ax)\mathrm{d}y-\int_{L_1}[\mathrm{e}^x\sin y-b(x+y)]\mathrm{d}x+(\mathrm{e}^x\cos y-ax)\mathrm{d}y.$$

根据格林公式，

$$\oint_{L+L_1}[\mathrm{e}^x\sin y-b(x+y)]\mathrm{d}x+(\mathrm{e}^x\cos y-ax)\mathrm{d}y=\iint\limits_{D}(b-a)\mathrm{d}\sigma=\frac{\pi}{2}a^2(b-a),$$

其中 D 为 L 与 L_1 围成的区域.

$$\int_{L_1}[\mathrm{e}^x\sin y-b(x+y)]\mathrm{d}x+(\mathrm{e}^x\cos y-ax)\mathrm{d}y=-\int_0^{2a}bx\mathrm{d}x=-2a^2b.$$

故 $I=\frac{\pi}{2}a^2(b-a)+2a^2b=\left(\frac{\pi}{2}+2\right)a^2b-\frac{\pi}{2}a^3$.

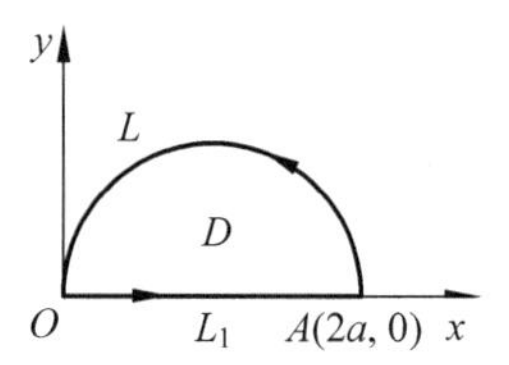

【例 2】(00-1) 计算曲线积分 $I=\oint_L\frac{x\mathrm{d}y-y\mathrm{d}x}{4x^2+y^2}$，其中 L 是以点 $(1,0)$ 为中心 R 为半径的圆周 $(R>1)$，取逆时针方向.

【解】 取 L_1 为 $4x^2+y^2=\varepsilon^2$(ε 为足够小的正数)，方向为逆时针方向.

记 $P=\frac{-y}{4x^2+y^2}$，$Q=\frac{x}{4x^2+y^2}$，则根据格林公式，由 $\frac{\partial P}{\partial y}=\frac{\partial Q}{\partial x}$ 得 $\oint_{L+L_1^-}\frac{x\mathrm{d}y-y\mathrm{d}x}{4x^2+y^2}=0$.

故又由格林公式知

$$I=-\oint_{L_1^-}\frac{x\mathrm{d}y-y\mathrm{d}x}{4x^2+y^2}=\frac{1}{\varepsilon^2}\oint_{L_1}x\mathrm{d}y-y\mathrm{d}x=\frac{1}{\varepsilon^2}\iint\limits_{4x^2+y^2\leqslant\varepsilon^2}2\mathrm{d}x\mathrm{d}y=\frac{2}{\varepsilon^2}\pi\cdot\varepsilon\cdot\frac{\varepsilon}{2}=\pi.$$

2. 第二类平面曲线积分与路径无关的相关问题

设 $\frac{\partial P}{\partial y}=\frac{\partial Q}{\partial x}$.

(1) 计算 $I=\int_{(x_1,y_1)}^{(x_2,y_2)}P\mathrm{d}x+Q\mathrm{d}y$ 主要有以下两个方法：

1) 取 L_1 为 $y=y_1$(x 由 x_1 变到 x_2)，L_2 为 $x=x_2$(y 由 y_1 变到 y_2)，则 $I=\int_{L_1+L_2}P\mathrm{d}x+Q\mathrm{d}y=\int_{L_1}P\mathrm{d}x+\int_{L_2}Q\mathrm{d}y$；

2) 求出满足 $\mathrm{d}u=P\mathrm{d}x+Q\mathrm{d}y$ 的 $u(x,y)$，并利用式(6-9)来计算.

(2) 求满足 $\mathrm{d}u=P\mathrm{d}x+Q\mathrm{d}y$ 的 $u(x,y)$ 也主要有以下两个方法：

1) 在 $\frac{\partial u}{\partial x}=P,\frac{\partial u}{\partial y}=Q$ 两边分别对 x,y 积分(可参看§5.3)；

2) $u(x,y)=\int_{(x_0,y_0)}^{(x,y)}P\mathrm{d}x+Q\mathrm{d}y+C$.

只要求出了一个满足 $\mathrm{d}u=P\mathrm{d}x+Q\mathrm{d}y$ 的 $u(x,y)$，就可得全微分方程 $P\mathrm{d}x+Q\mathrm{d}y=0$ 的通解 $u(x,y)=C$.

【例 3】(89-1) 设曲线积分 $\int_C xy^2\mathrm{d}x+y\varphi(x)\mathrm{d}y$ 与路径无关，其中 $\varphi(x)$ 具有连续的导数，且 $\varphi(0)=0$，计算 $\int_{(0,0)}^{(1,1)}xy^2\mathrm{d}x+y\varphi(x)\mathrm{d}y$ 的值.

【解】 记 $P=xy^2,Q=y\varphi(x)$.

由 $\frac{\partial P}{\partial y}=\frac{\partial Q}{\partial x}$ 得 $2xy=y\varphi'(x)$，从而 $\varphi(x)=x^2+C$.

又由 $\varphi(0)=0$ 得 $C=0$，故 $\varphi(x)=x^2$.

法一： 取 L_1 为 $y=0$(x 由 0 变到 1)，L_2 为 $x=1$(y 由 0 变到 1)，则

$$\int_{(0,0)}^{(1,1)}xy^2\mathrm{d}x+y\varphi(x)\mathrm{d}y=\int_{L_1+L_2}xy^2\mathrm{d}x+x^2y\mathrm{d}y$$
$$=\int_0^1 y\mathrm{d}y=\frac{1}{2}.$$

法二： 设 $\mathrm{d}u=xy^2\mathrm{d}x+x^2y\mathrm{d}y$，则在 $\frac{\partial u}{\partial x}=xy^2,\frac{\partial u}{\partial y}=x^2y$ 两边分别对 x,y 积分，得

$$u=\frac{1}{2}x^2y^2+C_1(y),\quad u=\frac{1}{2}x^2y^2+C_2(x).$$

比较两式，得 $u(x,y)=\frac{1}{2}x^2y^2+C_0$.

故 $\int_{(0,0)}^{(1,1)}xy^2\mathrm{d}x+y\varphi(x)\mathrm{d}y=u(1,1)-u(0,0)=\frac{1}{2}$.

【例 4】 微分方程 $\frac{\mathrm{d}y}{\mathrm{d}x}=\frac{y-x^2}{y^2-x}$ 的通解为______.

【解】 原方程可化为 $(x^2-y)\mathrm{d}x+(y^2-x)\mathrm{d}y=0$.

记 $P=x^2-y,Q=y^2-x$，则 $\frac{\partial P}{\partial y}=\frac{\partial Q}{\partial x}=-1$，故原方程为全微分方程.

法一： 设 $\mathrm{d}u=(x^2-y)\mathrm{d}x+(y^2-x)\mathrm{d}y$，则在 $\frac{\partial u}{\partial x}=x^2-y,\frac{\partial u}{\partial y}=y^2-x$ 两边分别对 x,y 积分，得

$$u=\frac{1}{3}x^3-xy+\varphi(y),\quad u=\frac{1}{3}y^3-xy+\psi(x).$$

比较两式，得 $u=\frac{1}{3}x^3-xy+\frac{1}{3}y^3+C_0$，故所求通解为 $x^3-3xy+y^3=C$.

法二： 取 L_1 为 $y=0$(x 由 0 变到 x)，L_2 为 $x=x$(y 由 0 变到 y)，则

$$u(x,y)=\int_{(0,0)}^{(x,y)}(x^2-y)\mathrm{d}x+(y^2-x)\mathrm{d}y+C_0$$
$$=\int_{L_1+L_2}(x^2-y)\mathrm{d}x+(y^2-x)\mathrm{d}y+C_0$$
$$=\int_0^x x^2\mathrm{d}x+\int_0^y(y^2-x)\mathrm{d}y+C_0$$
$$=\frac{1}{3}x^3-xy+\frac{1}{3}y^3+C_0.$$

故所求通解为 $x^3-3xy+y^3=C$.

考点二　第二类曲面积分

在考研中，计算 $\iint\limits_{\Sigma}P\mathrm{d}y\mathrm{d}z+Q\mathrm{d}z\mathrm{d}x+R\mathrm{d}x\mathrm{d}y$ 主要利用高斯公式：

(1) 若 Σ 封闭，且 P,Q,R 具有一阶连续偏导数，则可直接利用高斯公式来计算(如 2023 年和 2016 年的解答题)；

(2) 若 P,Q,R 具有一阶连续偏导数，但 Σ 不封闭，则可补曲面 Σ_1 使 $\Sigma+\Sigma_1$ 封闭，再通过 $\oiint\limits_{\Sigma+\Sigma_1}P\mathrm{d}y\mathrm{d}z+Q\mathrm{d}z\mathrm{d}x+R\mathrm{d}x\mathrm{d}y$ 减去 $\iint\limits_{\Sigma_1}P\mathrm{d}y\mathrm{d}z+Q\mathrm{d}z\mathrm{d}x+R\mathrm{d}x\mathrm{d}y$ 来计算，其中计算前者可利用高斯公式，而计算后者一般通过转化为二重积分(如例 1)；

(3) 若 Σ 封闭，且 P,Q,R 除了在点 (x_0,y_0,z_0) 处之外具有一阶连续偏导数，则可取闭曲面 Σ_1 使 (x_0,y_0,z_0) 在 Σ_1 所围成的区域内，再通过 $\oiint\limits_{\Sigma+\Sigma_1^-}P\mathrm{d}y\mathrm{d}z+Q\mathrm{d}z\mathrm{d}x+R\mathrm{d}x\mathrm{d}y$ 加上 $\oiint\limits_{\Sigma_1}P\mathrm{d}y\mathrm{d}z+Q\mathrm{d}z\mathrm{d}x+R\mathrm{d}x\mathrm{d}y$ 来计算，其中计算前者可直接利用高斯公式，并且在选取 Σ_1 时，应确保对于后者，把 Σ_1 的方程代入被积函数后也能利用高斯公式来计算(如变式).

此外，若 $\frac{\partial P}{\partial x}+\frac{\partial Q}{\partial y}+\frac{\partial R}{\partial z}$ 形式复杂(如例 2)，或 P,Q,R 为不一定具有一阶连续偏导数的抽象函数(如 2020 年的解答题)，则只能通过转化为二重积分来计算 $\iint\limits_{\Sigma}P\mathrm{d}y\mathrm{d}z+Q\mathrm{d}z\mathrm{d}x+R\mathrm{d}x\mathrm{d}y$.

【例 1】(98-1) 计算 $\iint\limits_{\Sigma}\frac{ax\mathrm{d}y\mathrm{d}z+(z+a)^2\mathrm{d}x\mathrm{d}y}{(x^2+y^2+z^2)^{1/2}}$，其中 Σ 为下半球面 $z=-\sqrt{a^2-x^2-y^2}$ 的上侧，a 为大于零的常数.

【解】 把 Σ 的方程代入，则

$$\text{原式}=\frac{1}{a}\iint\limits_{\Sigma}ax\mathrm{d}y\mathrm{d}z+(z+a)^2\mathrm{d}x\mathrm{d}y.$$

如下图所示，取 Σ_1 为 $z=0(x^2+y^2\leqslant a^2)$ 的下侧，则

$$\text{原式}=\frac{1}{a}\left[\oiint\limits_{\Sigma+\Sigma_1}ax\mathrm{d}y\mathrm{d}z+(z+a)^2\mathrm{d}x\mathrm{d}y-\iint\limits_{\Sigma_1}ax\mathrm{d}y\mathrm{d}z+(z+a)^2\mathrm{d}x\mathrm{d}y\right].$$

记 Σ 与 Σ_1 围成区域 Ω，则根据高斯公式，

$$\oiint\limits_{\Sigma+\Sigma_1}ax\mathrm{d}y\mathrm{d}z+(z+a)^2\mathrm{d}x\mathrm{d}y$$
$$=-\iiint\limits_{\Omega}(2z+3a)\mathrm{d}v$$
$$=-2\int_{-a}^0 z\mathrm{d}z\iint\limits_{x^2+y^2\leqslant a^2-z^2}\mathrm{d}x\mathrm{d}y-3a\iiint\limits_{\Omega}\mathrm{d}v$$

$$=-2\int_{-a}^{0} z\cdot\pi(a^2-z^2)\mathrm{d}z-3a\cdot\frac{2}{3}\pi a^3=-\frac{3}{2}\pi a^4.$$

$$\iint_{\Sigma_1} ax\mathrm{d}y\mathrm{d}z+(z+a)^2\mathrm{d}x\mathrm{d}y=-\iint_{x^2+y^2\leqslant a^2} a^2\mathrm{d}\sigma=-\pi a^4.$$

故原式 $=\frac{1}{a}\left(-\frac{3}{2}\pi a^4+\pi a^4\right)=-\frac{\pi}{2}a^3$.

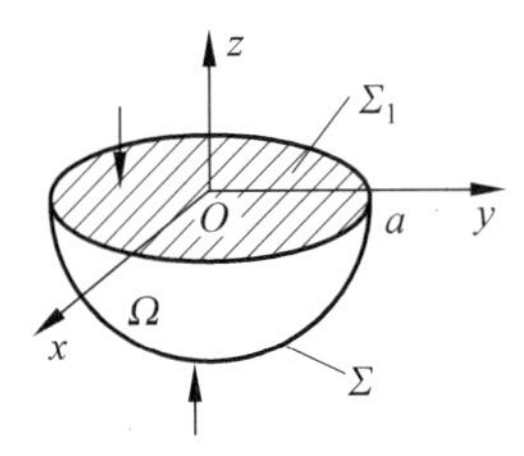

【例 2】(94-1) 计算曲面积分 $\iint_S \frac{x\mathrm{d}y\mathrm{d}z+z^2\mathrm{d}x\mathrm{d}y}{x^2+y^2+z^2}$,其中 S 是由曲面 $x^2+y^2=R^2$ 及两平面 $z=R,z=-R(R>0)$ 所围成立体表面的外侧.

【解】 记 S_1 为 $z=R(x^2+y^2\leqslant R^2)$ 的上侧,S_2 为 $z=-R$ $(x^2+y^2\leqslant R^2)$ 的下侧,则

$$\iint_{S_1}\frac{x\mathrm{d}y\mathrm{d}z}{x^2+y^2+z^2}=\iint_{S_2}\frac{x\mathrm{d}y\mathrm{d}z}{x^2+y^2+z^2}=0,$$

$$\iint_{S_1}\frac{z^2\mathrm{d}x\mathrm{d}y}{x^2+y^2+z^2}+\iint_{S_2}\frac{z^2\mathrm{d}x\mathrm{d}y}{x^2+y^2+z^2}$$

$$=\iint_{x^2+y^2\leqslant R^2}\frac{R^2\mathrm{d}\sigma}{x^2+y^2+R^2}-\iint_{x^2+y^2\leqslant R^2}\frac{(-R)^2\mathrm{d}\sigma}{x^2+y^2+(-R)^2}=0.$$

记 S_3 为 $x=\sqrt{R^2-y^2}\ (-R\leqslant z\leqslant R)$ 的前侧,S_4 为 $x=-\sqrt{R^2-y^2}\ (-R\leqslant z\leqslant R)$ 的后侧,则

$$\iint_{S_3}\frac{z^2\mathrm{d}x\mathrm{d}y}{x^2+y^2+z^2}=\iint_{S_4}\frac{z^2\mathrm{d}x\mathrm{d}y}{x^2+y^2+z^2}=0,$$

$$\iint_{S_3}\frac{x\mathrm{d}y\mathrm{d}z}{x^2+y^2+z^2}+\iint_{S_4}\frac{x\mathrm{d}y\mathrm{d}z}{x^2+y^2+z^2}$$

$$=\int_{-R}^{R}\mathrm{d}y\int_{-R}^{R}\frac{\sqrt{R^2-y^2}}{R^2+z^2}\mathrm{d}z-\int_{-R}^{R}\mathrm{d}y\int_{-R}^{R}\frac{-\sqrt{R^2-y^2}}{R^2+z^2}\mathrm{d}z$$

$$=2\int_{-R}^{R}\sqrt{R^2-y^2}\,\mathrm{d}y\int_{-R}^{R}\frac{\mathrm{d}z}{R^2+z^2}=\frac{\pi^2}{2}R.$$

故原式 $=\frac{\pi^2}{2}R$.

变式(09-1) 计算曲面积分

$$I=\oiint_{\Sigma}\frac{x\mathrm{d}y\mathrm{d}z+y\mathrm{d}z\mathrm{d}x+z\mathrm{d}x\mathrm{d}y}{(x^2+y^2+z^2)^{\frac{3}{2}}},$$

其中 Σ 是曲面 $2x^2+2y^2+z^2=4$ 的外侧.

考点三 第二类空间曲线积分

计算第二类空间曲线积分主要有以下两个方法:

(1) 用参数方程来表示积分曲线,并通过转化为定积分来计算.

(2) 利用斯托克斯公式.

【例】(11-1) 设 L 是柱面 $x^2+y^2=1$ 与平面 $z=x+y$ 的交线,从 z 轴正向往 z 轴负向看去为逆时针方向,则曲线积分 $\oint_L xz\mathrm{d}x+x\mathrm{d}y+\frac{y^2}{2}\mathrm{d}z=$ ________.

【解】法一:L 的参数方程为 $\begin{cases}x=\cos t,\\ y=\sin t,\\ z=\cos t+\sin t,\end{cases}$ 其中 t 从 0 变到 2π.

$$\text{原式}=\int_0^{2\pi}\left[\cos t(\cos t+\sin t)\cdot(-\sin t)+\cos^2 t+\frac{1}{2}\sin^2 t\cdot(-\sin t+\cos t)\right]\mathrm{d}t$$

$$=\int_0^{2\pi}\left(\cos^2 t-\cos^2 t\sin t-\frac{1}{2}\cos t\sin^2 t-\frac{1}{2}\sin^3 t\right)\mathrm{d}t$$

$$=\pi.$$

法二:记 Σ 为平面 $z=x+y$ 上在柱面 $x^2+y^2=1$ 内的部分,其法向量 $\boldsymbol{n}=\left(-\frac{1}{\sqrt{3}},-\frac{1}{\sqrt{3}},\frac{1}{\sqrt{3}}\right)$.

根据斯托克斯公式,

$$\text{原式}=\iint_{\Sigma}\begin{vmatrix}-\frac{1}{\sqrt{3}} & -\frac{1}{\sqrt{3}} & \frac{1}{\sqrt{3}}\\ \frac{\partial}{\partial x} & \frac{\partial}{\partial y} & \frac{\partial}{\partial z}\\ xz & x & \frac{y^2}{2}\end{vmatrix}\mathrm{d}S=\iint_{\Sigma}\frac{1}{\sqrt{3}}(1-x-y)\mathrm{d}S$$

$$=\iint_{x^2+y^2\leqslant 1}\frac{1}{\sqrt{3}}(1-x-y)\sqrt{3}\,\mathrm{d}\sigma=\iint_{x^2+y^2\leqslant 1}\mathrm{d}\sigma=\pi.$$

真题精选
1987—2014

答案 P312

考点一 第二类平面曲线积分

1. (13-1) 设 $L_1: x^2+y^2=1, L_2: x^2+y^2=2, L_3: x^2+2y^2=2, L_4: 2x^2+y^2=2$ 为四条逆时针方向的平面曲线. 记 $I_i=\oint_{L_i}\left(y+\frac{y^3}{6}\right)\mathrm{d}x+\left(2x-\frac{x^3}{3}\right)\mathrm{d}y(i=1,2,3,4)$,则 $\max\{I_1,I_2,I_3,I_4\}=(\quad)$

(A) I_1. (B) I_2. (C) I_3. (D) I_4.

2. (07-1) 设曲线 L：$f(x,y)=1$($f(x,y)$具有一阶连续偏导数)过第二象限内的点 M 和第四象限内的点 N，Γ 为 L 上从点 M 到 N 的一段弧，则下列积分小于零的是(　　)

(A) $\int_{\Gamma} f(x,y)\mathrm{d}x$.

(B) $\int_{\Gamma} f(x,y)\mathrm{d}y$.

(C) $\int_{\Gamma} f(x,y)\mathrm{d}s$.

(D) $\int_{\Gamma} f'_x(x,y)\mathrm{d}x + f'_y(x,y)\mathrm{d}y$.

3. (10-1) 已知曲线 L 的方程为 $y=1-|x|$ ($x\in[-1,1]$)，起点是$(-1,0)$，终点是$(1,0)$，则曲线积分 $\int_L xy\mathrm{d}x + x^2\mathrm{d}y=$________.

4. (04-1) 设 L 为正向圆周 $x^2+y^2=2$ 在第一象限中的部分，则曲线积分 $\int_L x\mathrm{d}y-2y\mathrm{d}x$ 的值为________.

5. (12-1) 已知 L 是第一象限中从点$(0,0)$沿圆周 $x^2+y^2=2x$ 到点$(2,0)$，再沿圆周 $x^2+y^2=4$ 到点$(0,2)$的曲线段，计算曲线积分 $I=\int_L 3x^2y\mathrm{d}x+(x^3+x-2y)\mathrm{d}y$.

6. (98-1) 确定常数 λ 使在右半平面 $x>0$ 上的向量 $\boldsymbol{A}(x,y)=2xy(x^4+y^2)^{\lambda}\boldsymbol{i}-x^2(x^4+y^2)^{\lambda}\boldsymbol{j}$ 为某二元函数 $u(x,y)$的梯度，并求 $u(x,y)$.

7. (95-1) 设函数 $Q(x,y)$ 在 xOy 平面上具有一阶连续偏导数，曲线积分 $\int_L 2xy\mathrm{d}x+Q(x,y)\mathrm{d}y$ 与路径无关，并且对任意 t 恒有 $\int_{(0,0)}^{(t,1)}2xy\mathrm{d}x+Q(x,y)\mathrm{d}y=\int_{(0,0)}^{(1,t)}2xy\mathrm{d}x+Q(x,y)\mathrm{d}y$，求 $Q(x,y)$.

8. (91-1) 在过点 $O(0,0)$ 和 $A(\pi,0)$ 的曲线族 $y=a\sin x$ ($a>0$)中，求一条曲线 L 使沿该曲线从 O 从到 A 的积分 $\int_L (1+y^3)\mathrm{d}x+(2x+y)\mathrm{d}y$ 的值最小.

考点二　第二类曲面积分

1. (08-1) 设曲面 Σ 是 $z=\sqrt{4-x^2-y^2}$ 的上侧，则 $\iint_{\Sigma} xy\mathrm{d}y\mathrm{d}z+x\mathrm{d}z\mathrm{d}x+x^2\mathrm{d}x\mathrm{d}y=$________.

2. (06-1) 设 Σ 是锥面 $z=\sqrt{x^2+y^2}$ ($0\leqslant z\leqslant 1$) 的下侧，则 $\iint_{\Sigma} x\mathrm{d}y\mathrm{d}z+2y\mathrm{d}z\mathrm{d}x+3(z-1)\mathrm{d}x\mathrm{d}y=$________.

3. (05-1) 设 Ω 是由锥面 $z=\sqrt{x^2+y^2}$ 与半球面 $z=\sqrt{R^2-x^2-y^2}$ 围成的空间区域，Σ 是 Ω 的整个边界的外侧，则 $\iint_{\Sigma} x\mathrm{d}y\mathrm{d}z+y\mathrm{d}z\mathrm{d}x+z\mathrm{d}x\mathrm{d}y=$________.

4. (14-1) 设 Σ 为曲面 $z=x^2+y^2$ ($z\leqslant 1$) 的上侧，计算曲面积分

$$I=\iint_{\Sigma}(x-1)^3\mathrm{d}y\mathrm{d}z+(y-1)^3\mathrm{d}z\mathrm{d}x+(z-1)\mathrm{d}x\mathrm{d}y.$$

5.（**04-1**）计算曲面积分

$$I=\iint_{\Sigma}2x^3\mathrm{d}y\mathrm{d}z+2y^3\mathrm{d}z\mathrm{d}x+3(z^2-1)\mathrm{d}x\mathrm{d}y,$$

其中Σ是曲面$z=1-x^2-y^2(z\geqslant0)$的上侧.

6.（**92-1**）计算$I=\iint_{S}-y\mathrm{d}z\mathrm{d}x+(z+1)\mathrm{d}x\mathrm{d}y$，其中$S$是圆柱面$x^2+y^2=4$被平面$x+z=2$和$z=0$所截出部分的外侧.

考点三　第二类空间曲线积分

1.（**01-1**）计算$\oint_{L}(y^2-z^2)\mathrm{d}x+(2z^2-x^2)\mathrm{d}y+(3x^2-y^2)\mathrm{d}z$，其中$L$是平面$x+y+z=2$与柱面$|x|+|y|=1$的交线，从$z$轴正向看去，$L$为逆时针方向.

2.（**97-1**）计算曲线积分$\oint_{C}(z-y)\mathrm{d}x+(x-z)\mathrm{d}y+(x-y)\mathrm{d}z$，其中$C$是曲线$\begin{cases}x^2+y^2=1,\\x-y+z=2,\end{cases}$从$z$轴正向往$z$轴负向看$C$的方向是顺时针的.

小　结

第二类曲线、曲面积分在数学一中几乎是必考的，其考题主要围绕着格林公式、高斯公式和斯托克斯公式的使用，尤其是需要"补线"（比如2015年和2012年的解答题）、"补面"（比如2018年和2014年的解答题），以及"挖点"（比如2021年、2020年和2009年的解答题）后才能用公式的情形. 此外，还应注意难以用这三个公式进行计算的考题（比如2020年和1994年的解答题）.

曲线、曲面积分的计算是不少考生的薄弱环节，应理清如何将它们转化为定积分、二重积分或三重积分来计算：

第一类曲线积分 → 定积分 ← 第二类空间曲线积分
第一类曲面积分 ← 二重积分 ← 第二类平面曲线积分
三重积分 ← 第二类曲面积分

（图中另有箭头：第二类平面曲线积分 → 定积分；第二类空间曲线积分 → 二重积分；第二类曲面积分 → 二重积分；二重积分 → 第一类曲面积分）

此外，切莫遗漏复习第二类平面曲线积分与路径无关的相关问题，它既能考查选择、填空题（比如2019年和2017年的考题），又能考查具有综合性的解答题（比如2016年和1995年的考题）.

§6.5 多元函数积分学的应用(仅数学一)

十年真题 2015—2024

答案 P314

考点一 多元函数积分学的几何应用

(19-1) 设 a,b 为实数,函数 $z=2+ax^2+by^2$ 在点$(3,4)$处的方向导数中,沿方向 $\boldsymbol{l}=-3\boldsymbol{i}-4\boldsymbol{j}$ 的方向导数最大,最大值为 10.

(1) 求 a,b;

(2) 求曲面 $z=2+ax^2+by^2(z\geqslant 0)$的面积.

考点二 多元函数积分学的物理应用

1. (19-1) 设 Ω 是由锥面 $x^2+(y-z)^2=(1-z)^2(0\leqslant z\leqslant 1)$ 与平面 $z=0$ 围成的锥体,求 Ω 的形心坐标.

2. (17-1) 设薄片型物体 S 是圆锥面 $z=\sqrt{x^2+y^2}$ 被柱面 $z^2=2x$ 割下的有限部分,其上任一点密度为 $\mu(x,y,z)=9\sqrt{x^2+y^2+z^2}$. 记圆锥与柱面的交线为 C.

(1) 求 C 在 xOy 平面上的投影曲线的方程;

(2) 求 S 的质量 M.

考点三 散度与旋度

1. (18-1) 设 $\boldsymbol{F}(x,y,z)=xy\boldsymbol{i}-yz\boldsymbol{j}+zx\boldsymbol{k}$,则 $\mathbf{rot}\boldsymbol{F}(1,1,0)=$ ________.

2. (16-1) 向量场 $\boldsymbol{A}(x,y,z)=(x+y+z)\boldsymbol{i}+xy\boldsymbol{j}+z\boldsymbol{k}$ 的旋度 $\mathbf{rot}\boldsymbol{A}=$ ________.

考点分析

考　点	大纲要求	命题特点
一、多元函数积分学的几何应用	会用三重积分及曲线、曲面积分求空间体体积、曲面面积、弧长.	**1. 考试频率**:★★★☆☆ **2. 常考题型**:填空题、解答题 **3. 命题趋势**:近年来,多元函数积分学的应用在数学一中的考查频率略有上升,并且这是能够命制解答题的考点,考生应引起重视.
二、多元函数积分学的物理应用	会用重积分及曲线、曲面积分求质量、质心、形心、转动惯量、引力、功及流量等.	
三、散度与旋度	了解散度与旋度的概念,并会计算.	

知识梳理

考点一 多元函数积分学的几何应用

(1) 空间体 Ω 的体积为 $\iiint\limits_{\Omega}\mathrm{d}v$.

(2) 曲面 Σ 的面积为 ① ________.

(3) 空间曲线 L 的弧长为 $\int_L \mathrm{d}s$.

考点二 多元函数积分学的物理应用

1. 重积分及第一类曲线、曲面积分的物理应用

应用	平面薄片 D	空间体 Ω	曲线 L	曲面薄片 Σ
质量	$\iint\limits_D \rho(x,y)\mathrm{d}\sigma$	$\iiint\limits_\Omega \rho(x,y,z)\mathrm{d}v$	$\int_L \rho(x,y,z)\mathrm{d}s$	② ________
质心	$\left(\dfrac{\iint\limits_D x\rho(x,y)\mathrm{d}\sigma}{\iint\limits_D \rho(x,y)\mathrm{d}\sigma},\dfrac{\iint\limits_D y\rho(x,y)\mathrm{d}\sigma}{\iint\limits_D \rho(x,y)\mathrm{d}\sigma}\right)$	③ ________________	$\left(\dfrac{\int_L x\rho(x,y,z)\mathrm{d}s}{\int_L \rho(x,y,z)\mathrm{d}s},\dfrac{\int_L y\rho(x,y,z)\mathrm{d}s}{\int_L \rho(x,y,z)\mathrm{d}s},\dfrac{\int_L z\rho(x,y,z)\mathrm{d}s}{\int_L \rho(x,y,z)\mathrm{d}s}\right)$	$\left(\dfrac{\iint\limits_\Sigma x\rho(x,y,z)\mathrm{d}S}{\iint\limits_\Sigma \rho(x,y,z)\mathrm{d}S},\dfrac{\iint\limits_\Sigma y\rho(x,y,z)\mathrm{d}S}{\iint\limits_\Sigma \rho(x,y,z)\mathrm{d}S},\dfrac{\iint\limits_\Sigma z\rho(x,y,z)\mathrm{d}S}{\iint\limits_\Sigma \rho(x,y,z)\mathrm{d}S}\right)$
转动惯量	$I_x=\iint\limits_D y^2\rho(x,y)\mathrm{d}\sigma$, $I_y=\iint\limits_D x^2\rho(x,y)\mathrm{d}\sigma$, $I_O=\iint\limits_D (x^2+y^2)\rho(x,y)\mathrm{d}\sigma$	$I_x=\iiint\limits_\Omega (y^2+z^2)\rho(x,y,z)\mathrm{d}v$, $I_y=\iiint\limits_\Omega (z^2+x^2)\rho(x,y,z)\mathrm{d}v$, $I_z=\iiint\limits_\Omega (x^2+y^2)\rho(x,y,z)\mathrm{d}v$, $I_O=\iiint\limits_\Omega (x^2+y^2+z^2)\rho(x,y,z)\mathrm{d}v$	$I_x=\int_L (y^2+z^2)\rho(x,y,z)\mathrm{d}s$, $I_y=\int_L (z^2+x^2)\rho(x,y,z)\mathrm{d}s$, $I_z=\int_L (x^2+y^2)\rho(x,y,z)\mathrm{d}s$, $I_O=\int_L (x^2+y^2+z^2)\rho(x,y,z)\mathrm{d}s$	$I_x=\iint\limits_\Sigma (y^2+z^2)\rho(x,y,z)\mathrm{d}S$, $I_y=\iint\limits_\Sigma (z^2+x^2)\rho(x,y,z)\mathrm{d}S$, $I_z=\iint\limits_\Sigma (x^2+y^2)\rho(x,y,z)\mathrm{d}S$, $I_O=\iint\limits_\Sigma (x^2+y^2+z^2)\rho(x,y,z)\mathrm{d}S$
引力	$F_x=Gm\iint\limits_D \dfrac{\rho(x,y)(x-x_0)}{r^3}\mathrm{d}\sigma$, $F_y=Gm\iint\limits_D \dfrac{\rho(x,y)(x-x_0)}{r^3}\mathrm{d}\sigma$, $F_z=-z_0Gm\iint\limits_D \dfrac{\rho(x,y)}{r^3}\mathrm{d}\sigma$	$F_x=Gm\iiint\limits_\Omega \dfrac{\rho(x,y,z)(x-x_0)}{r^3}\mathrm{d}v$, $F_y=Gm\iiint\limits_\Omega \dfrac{\rho(x,y,z)(y-y_0)}{r^3}\mathrm{d}v$, $F_z=Gm\iiint\limits_\Omega \dfrac{\rho(x,y,z)(z-z_0)}{r^3}\mathrm{d}v$	$F_x=Gm\int_L \dfrac{\rho(x,y,z)(x-x_0)}{r^3}\mathrm{d}s$, $F_y=Gm\int_L \dfrac{\rho(x,y,z)(y-y_0)}{r^3}\mathrm{d}s$, $F_z=Gm\int_L \dfrac{\rho(x,y,z)(z-z_0)}{r^3}\mathrm{d}s$	$F_x=Gm\iint\limits_\Sigma \dfrac{\rho(x,y,z)(x-x_0)}{r^3}\mathrm{d}S$, $F_y=Gm\iint\limits_\Sigma \dfrac{\rho(x,y,z)(y-y_0)}{r^3}\mathrm{d}S$, $F_z=Gm\iint\limits_\Sigma \dfrac{\rho(x,y,z)(z-z_0)}{r^3}\mathrm{d}S$

【注】(i) 在上表中,$\rho(x,y)$表示D的密度,$\rho(x,y,z)$表示Ω、L、Σ的密度;I_x、I_y、I_z和I_0分别表示对于x轴、y轴、z轴和原点O的转动惯量;(F_x,F_y,F_z)表示对于点(x_0,y_0,z_0)处质量为m的质点的引力,且$r=\sqrt{(x-x_0)^2+(y-y_0)^2+(z-z_0)^2}$(就$D$而言,$r=\sqrt{(x-x_0)^2+(y-y_0)^2+z_0^2}$),$G$为引力常数.

(ii) 在考研中,质心就是重心. 当密度为常数时,分子、分母的密度可提出积分记号并约去,这样的质心又称为形心.

2. 第二类曲线、曲面积分的物理应用

(1) 力$\boldsymbol{F}=P\boldsymbol{i}+Q\boldsymbol{j}+R\boldsymbol{k}$沿有向曲线$L$向着指定方向所做的功为$W=$④________________.

(2) 向量场$\boldsymbol{A}=P\boldsymbol{i}+Q\boldsymbol{j}+R\boldsymbol{k}$通过有向曲面$\Sigma$向着指定侧的流量(或通量)为$\Phi=\iint\limits_\Sigma P\mathrm{d}y\mathrm{d}z+Q\mathrm{d}z\mathrm{d}x+R\mathrm{d}x\mathrm{d}y$.

考点三 散度与旋度

设向量场$\boldsymbol{A}=P\boldsymbol{i}+Q\boldsymbol{j}+R\boldsymbol{k}$,其中$P,Q,R$具有一阶连续偏导数,则其在点$(x,y,z)$处的散度为$\mathrm{div}\boldsymbol{A}=$⑤________,旋度为$\mathbf{rot}\boldsymbol{A}=\begin{vmatrix}\boldsymbol{i} & \boldsymbol{j} & \boldsymbol{k}\\ \dfrac{\partial}{\partial x} & \dfrac{\partial}{\partial y} & \dfrac{\partial}{\partial z}\\ P & Q & R\end{vmatrix}$.

知识梳理·答案

① $\iint\limits_\Sigma \mathrm{d}S$ ② $\iint\limits_\Sigma \rho(x,y,z)\mathrm{d}S$

③ $\left(\dfrac{\iiint\limits_\Omega x\rho(x,y,z)\mathrm{d}v}{\iiint\limits_\Omega \rho(x,y,z)\mathrm{d}v},\dfrac{\iiint\limits_\Omega y\rho(x,y,z)\mathrm{d}v}{\iiint\limits_\Omega \rho(x,y,z)\mathrm{d}v},\dfrac{\iiint\limits_\Omega z\rho(x,y,z)\mathrm{d}v}{\iiint\limits_\Omega \rho(x,y,z)\mathrm{d}v}\right)$

④ $\int_L P\mathrm{d}x+Q\mathrm{d}y+R\mathrm{d}z$ ⑤ $\dfrac{\partial P}{\partial x}+\dfrac{\partial Q}{\partial y}+\dfrac{\partial R}{\partial z}$

方法探究

考点一 多元函数积分学的几何应用

多元函数积分学的几何应用主要考查分别利用被积函数为1的三重积分、第一类曲面积分、第一类曲线积分来解决空间体体积、曲面面积、空间曲线弧长的问题.

【例】平面$z=2x$被曲面$z=x^2+y^2$截得的有限部分Σ的面积为________.

【解】由$\begin{cases}z=2x,\\ z=x^2+y^2\end{cases}$消去$z$得$x^2+y^2=2x$,故$\Sigma$在$xOy$面上的投影区域为$D=\{(x,y)\mid x^2+y^2\leqslant 2x\}$.

于是,所求面积为$\iint\limits_{\Sigma} dS = \iint\limits_{D} \sqrt{5}\, d\sigma = \sqrt{5}\pi$.

考点二 多元函数积分学的物理应用

多元函数积分学的物理应用主要考查分别利用二重积分、三重积分、第一类曲线积分、第一类曲面积分来解决平面薄片、空间体、曲线、曲面薄片的质量、质心、形心、转动惯量、引力等问题,以及分别利用第二类曲线和曲面积分来解决功和流量的问题.

【例】(92-1) 在变力$\boldsymbol{F} = yz\boldsymbol{i} + zx\boldsymbol{j} + xy\boldsymbol{k}$的作用下,质点由原点沿直线运动到椭球面$\frac{x^2}{a^2} + \frac{y^2}{b^2} + \frac{z^2}{c^2} = 1$上第一卦限的点$M(\xi, \eta, \zeta)$,问当$\xi, \eta, \zeta$取何值时,力$\boldsymbol{F}$所做的功$W$最大?并求出$W$的最大值.

【解】 直线OM的方程为$\frac{x}{\xi} = \frac{y}{\eta} = \frac{z}{\zeta}$,即$\begin{cases} x = \xi t, \\ y = \eta t, \\ z = \zeta t, \end{cases}$且$t$从0变到1.

$$W = \int_{OM} yz\,dx + zx\,dy + xy\,dz = \int_0^1 3\xi\eta\zeta t^2\,dt = \xi\eta\zeta.$$

记$L(\xi, \eta, \zeta, \lambda) = \xi\eta\zeta + \lambda\left(\frac{\xi^2}{a^2} + \frac{\eta^2}{b^2} + \frac{\zeta^2}{c^2} - 1\right)(\xi \geqslant 0, \eta \geqslant 0, \zeta \geqslant 0)$.

解方程组

$$\begin{cases} L'_\xi = \eta\zeta + \frac{2\xi}{a^2}\lambda = 0, \\ L'_\eta = \xi\zeta + \frac{2\eta}{b^2}\lambda = 0, \\ L'_\zeta = \xi\eta + \frac{2\zeta}{c^2}\lambda = 0, \\ L'_\lambda = \frac{\xi^2}{a^2} + \frac{\eta^2}{b^2} + \frac{\zeta^2}{c^2} - 1 = 0 \end{cases}$$

得$\xi = \frac{a}{\sqrt{3}}, \eta = \frac{b}{\sqrt{3}}, \zeta = \frac{c}{\sqrt{3}}$,故由题意知此时$W$取得最大值$\frac{\sqrt{3}}{9}abc$.

考点三 散度与旋度

关于散度与旋度的考题主要利用其计算公式来解决.

【例】 设$\boldsymbol{A}(x, y, z) = y^2\boldsymbol{i} + x^2z\boldsymbol{j} + xyz\boldsymbol{k}$,则$\operatorname{div}(\mathbf{rot}\boldsymbol{A}) =$________.

【解】 $\mathbf{rot}\boldsymbol{A} = \begin{vmatrix} \boldsymbol{i} & \boldsymbol{j} & \boldsymbol{k} \\ \frac{\partial}{\partial x} & \frac{\partial}{\partial y} & \frac{\partial}{\partial z} \\ y^2 & x^2z & xyz \end{vmatrix} = (xz - x^2)\boldsymbol{i} - yz\boldsymbol{j} + (2xz - 2y)\boldsymbol{k}$.

$$\operatorname{div}(\mathbf{rot}\boldsymbol{A}) = \frac{\partial}{\partial x}(xz - x^2) + \frac{\partial}{\partial y}(-yz) + \frac{\partial}{\partial z}(2xz - 2y) = 0.$$

【注】 设$\boldsymbol{A} = P\boldsymbol{i} + Q\boldsymbol{j} + R\boldsymbol{k}$,其中$P, Q, R$具有二阶连续偏导数,则$\operatorname{div}(\mathbf{rot}\boldsymbol{A}) = 0$;设$f(x, y, z)$具有二阶连续偏导数,则$\mathbf{rot}(\mathbf{grad} f) = \mathbf{0}$.

真题精选

1987—2014

答案 P315

考点一 多元函数积分学的几何应用

(94-1) 已知点A与点B的直角坐标分别为$(1,0,0)$与$(0,1,1)$线段AB绕z轴旋转一周所成的旋转曲面为S.求由S及两平面$z=0, z=1$所围成的立体体积.

考点二 多元函数积分学的物理应用

1. **(13-1)** 设直线L过$A(1,0,0)$,$B(0,1,1)$两点,将L绕z轴旋转一周得到曲面Σ,Σ与平面$z=0$,$z=2$所围成的立体为Ω.

   (1) 求曲面Σ的方程;

   (2) 求Ω的形心坐标.

2. **(00-1)** 设有一半径为 R 的球体，P_0 是此球的表面上的一个定点，球体上任一点的密度与该点到 P_0 距离的平方成正比(比例常数 $k>0$)，求球体的重心位置.

考点三 散度与旋度

(01-1) 设 $r=\sqrt{x^2+y^2+z^2}$，则 $\mathrm{div}(\mathbf{grad}r)|_{(1,-2,2)}=$ ________.

小 结

数学一的考生切莫遗漏复习多元函数积分学的应用，并且应全面地掌握其中各计算公式. 而多元函数积分学的一些应用问题，其实是多元函数积分计算的另一种考查形式，比如2019年和2013求形心的解答题平均分仅分别为2.22分和2.89分，不少考生即使正确写出了形心公式，却又在三重积分的计算中败下阵来.

第七章　无穷级数(仅数学一、三)

§7.1　常数项级数

十年真题 2015—2024

答案 P316

考点　常数项级数的收敛性

1. (**23-1,3**) 已知 $a_n < b_n (n=1,2,\cdots)$. 若级数 $\sum\limits_{n=1}^{\infty} a_n$ 与 $\sum\limits_{n=1}^{\infty} b_n$ 均收敛,则"$\sum\limits_{n=1}^{\infty} a_n$ 绝对收敛"是"$\sum\limits_{n=1}^{\infty} b_n$ 绝对收敛"的(　　)

(A) 充分必要条件.　　(B) 充分不必要条件.

(C) 必要不充分条件.　　(D) 既不充分也不必要条件.

2. (**19-1**) 设$\{u_n\}$是单调增加的有界数列,则下列级数中收敛的是(　　)

(A) $\sum\limits_{n=1}^{\infty} \frac{u_n}{n}$.　　(B) $\sum\limits_{n=1}^{\infty} (-1)^n \frac{1}{u_n}$.

(C) $\sum\limits_{n=1}^{\infty} \left(1-\frac{u_n}{u_{n+1}}\right)$.　　(D) $\sum\limits_{n=1}^{\infty} (u_{n+1}^2 - u_n^2)$.

3. (**19-3**) 若 $\sum\limits_{n=1}^{\infty} nu_n$ 绝对收敛,$\sum\limits_{n=1}^{\infty} \frac{v_n}{n}$ 条件收敛,则(　　)

(A) $\sum\limits_{n=1}^{\infty} u_n v_n$ 条件收敛.　　(B) $\sum\limits_{n=1}^{\infty} u_n v_n$ 绝对收敛.

(C) $\sum\limits_{n=1}^{\infty} (u_n + v_n)$ 收敛.　　(D) $\sum\limits_{n=1}^{\infty} (u_n + v_n)$ 发散.

4. (**17-3**) 若级数 $\sum\limits_{n=2}^{\infty} \left[\sin\frac{1}{n} - k\ln\left(1-\frac{1}{n}\right)\right]$ 收敛,则 $k=$ (　　).

(A) 1.　　(B) 2.　　(C) -1.　　(D) -2.

5. (**16-3**) 级数 $\sum\limits_{n=1}^{\infty} \left(\frac{1}{\sqrt{n}} - \frac{1}{\sqrt{n+1}}\right)\sin(n+k)$ (k 为常数)(　　)

(A) 绝对收敛.　　(B) 条件收敛.

(C) 发散.　　(D) 收敛性与 k 有关.

6. (**15-3**) 下列级数中发散的是(　　)

(A) $\sum\limits_{n=1}^{\infty} \frac{n}{3^n}$.　　(B) $\sum\limits_{n=1}^{\infty} \frac{1}{\sqrt{n}}\ln\left(1+\frac{1}{n}\right)$.

(C) $\sum\limits_{n=2}^{\infty} \frac{(-1)^n+1}{\ln n}$.　　(D) $\sum\limits_{n=1}^{\infty} \frac{n!}{n^n}$.

7. (**16-1**) 已知函数 $f(x)$可导,且 $f(0)=1, 0<f'(x)<\frac{1}{2}$. 设数列 $\{x_n\}$ 满足 $x_{n+1}=f(x_n)(n=1,2\cdots)$. 证明:

(1) 级数 $\sum\limits_{n=1}^{\infty} (x_{n+1}-x_n)$ 绝对收敛;

(2) $\lim\limits_{n\to\infty} x_n$ 存在,且 $0<\lim\limits_{n\to\infty} x_n<2$.

考点分析

考　点	大纲要求	命题特点
常数项级数的收敛性	1. 理解常数项级数收敛、发散以及收敛级数的和的概念,掌握级数的基本性质及收敛的必要条件. 2. 掌握几何级数与 p 级数的收敛与发散的条件. 3. 掌握正项级数收敛性的比较判别法、比值判别法、根植判别法,会用积分判别法. 4. 掌握交错级数的莱布尼茨判别法. 5. 了解任意项级数绝对收敛与条件收敛的概念以及绝对收敛与收敛的关系.	**1. 考试频率**:★★★☆☆ **2. 常考题型**:选择题、解答题 **3. 命题趋势**:常数项级数的收敛性是考研数学一、三的重点,其考题往往难度不低,有时还会命制具有综合性的证明题.

知识梳理

考点 常数项级数的收敛性

1. 常数项级数及其收敛性的概念

(1) 数列 $u_1,u_2,\cdots,u_n,\cdots$ 构成的表达式 $\sum\limits_{n=1}^{\infty}u_n=u_1+u_2+\cdots+u_n+\cdots$ 称为常数项级数.

(2) 设 $s_n=\sum\limits_{k=1}^{n}u_k$. 若 $\lim\limits_{n\to\infty}s_n$ 存在且为 s,则称 $\sum\limits_{n=1}^{\infty}u_n$ 收敛,且 ① ________ 称为 $\sum\limits_{n=1}^{\infty}u_n$ 的和;若 $\lim\limits_{n\to\infty}s_n$ 不存在,则称 $\sum\limits_{n=1}^{\infty}u_n$ 发散.

2. 收敛级数的性质

(1) $\sum\limits_{n=1}^{\infty}u_n$ 收敛 $\overset{\Rightarrow}{\nLeftarrow}\lim\limits_{n\to\infty}u_n=$ ② ________.

(2) 若 $\sum\limits_{n=1}^{\infty}u_n$ 收敛于和 s,则 $\sum\limits_{n=1}^{\infty}ku_n$ 收敛于和 ks(k 为常数).

(3) 若 $\sum\limits_{n=1}^{\infty}u_n$, $\sum\limits_{n=1}^{\infty}v_n$ 分别收敛于和 s,σ,则 $\sum\limits_{n=1}^{\infty}(u_n\pm v_n)$ 收敛于和 $s\pm\sigma$.

【注】 *若 $\sum\limits_{n=1}^{\infty}u_n$ 收敛, $\sum\limits_{n=1}^{\infty}v_n$ 发散,则 $\sum\limits_{n=1}^{\infty}(u_n\pm v_n)$ 发散;若 $\sum\limits_{n=1}^{\infty}u_n$, $\sum\limits_{n=1}^{\infty}v_n$ 都发散,则 $\sum\limits_{n=1}^{\infty}(u_n\pm v_n)$ 可能收敛,也可能发散.*

(4) 在级数中去掉、加上或改变有限项,不会改变级数的收敛性.

(5) 若 $\sum\limits_{n=1}^{\infty}u_n$ 收敛,则对它的项任意加括号后所成的级数 $(u_1+\cdots+u_{n_1})+(u_{n_1+1}+\cdots+u_{n_2})+\cdots+(u_{n_{k-1}+1}+\cdots+u_{n_k})+\cdots$ 仍收敛,且其和不变.

【注】 *若加括号后所成的级数收敛,则去括号后原来的级数不一定收敛.*

3. 正项级数及其收敛性的判别法

(1) 若 $u_n\geqslant 0$,则称 $\sum\limits_{n=1}^{\infty}u_n$ 为正项级数.

(2) 设 $u_n\geqslant 0,s_n=\sum\limits_{k=1}^{n}u_k$,则 $\sum\limits_{n=1}^{\infty}u_n$ 收敛 $\Leftrightarrow\{s_n\}$ 有上界.

(3) 比值与根植判别法:设 $u_n\geqslant 0$, $\lim\limits_{n\to\infty}\dfrac{u_{n+1}}{u_n}=\rho$(或 $\lim\limits_{n\to\infty}\sqrt[n]{u_n}=\rho$),则当 ③ ________ 时, $\sum\limits_{n=1}^{\infty}u_n$ 收敛;当 ④ ________ 时, $\sum\limits_{n=1}^{\infty}u_n$ 发散;当 $\rho=1$ 时, $\sum\limits_{n=1}^{\infty}u_n$ 可能收敛,也可能发散.

(4) 比较判别法:设 $u_n\geqslant 0,v_n\geqslant 0$.

1) 若 $\lim\limits_{n\to\infty}\dfrac{u_n}{v_n}$ 存在且大于零,则 $\sum\limits_{n=1}^{\infty}u_n$ 与 $\sum\limits_{n=1}^{\infty}v_n$ 同敛散;若 $\lim\limits_{n\to\infty}\dfrac{u_n}{v_n}=$ ⑤ ________,且 $\sum\limits_{n=1}^{\infty}v_n$ 收敛,则 $\sum\limits_{n=1}^{\infty}u_n$ 收敛;若 $\lim\limits_{n\to\infty}\dfrac{u_n}{v_n}=$ ⑥ ________,且 $\sum\limits_{n=1}^{\infty}v_n$ 发散,则 $\sum\limits_{n=1}^{\infty}u_n$ 发散.

2) 若当 $n\to\infty$ 时 $u_n\geqslant v_n$,则当 ⑦ ________ 收敛时, ⑧ ________ 收敛;当 ⑨ ________ 发散时, ⑩ ________ 发散(填"$\sum\limits_{n=1}^{\infty}u_n$"或"$\sum\limits_{n=1}^{\infty}v_n$").

(5) 积分判别法:设 $f(x)\geqslant 0$ 且在 $[1,+\infty)$ 上单调递减,则 $\sum\limits_{n=1}^{\infty}f(n)$ 与 ⑪ ________ 同敛散.

(6) $\sum\limits_{n=1}^{\infty}\dfrac{1}{n^p}$ 当 ⑫ ________ 时收敛,当 ⑬ ________ 时发散; $\sum\limits_{n=0}^{\infty}aq^n\ (a\neq 0)$ 当 $|q|<1$ 时收敛且其和为 ⑭ ________,当 $|q|\geqslant 1$ 时发散.

4. 交错级数及莱布尼茨判别法

(1) 若 $u_n>0$,则形如 $\sum\limits_{n=1}^{\infty}(-1)^n u_n\left(\text{或}\sum\limits_{n=1}^{\infty}(-1)^{n-1}u_n\right)$ 的级数称为交错级数.

(2) 莱布尼茨判别法:设 $u_n>0$,则 $\lim\limits_{n\to\infty}u_n=0$ 且 ⑮ ________ $\overset{\Rightarrow}{\nLeftarrow}\sum\limits_{n=1}^{\infty}(-1)^n u_n$ 收敛.

5. 任意项级数绝对收敛与条件收敛的概念

(1) 若 u_n 为任意实数,则称 $\sum\limits_{n=1}^{\infty}u_n$ 为任意项级数.

(2) 若 ⑯ ________ 收敛,则称 $\sum\limits_{n=1}^{\infty}u_n$ 绝对收敛,且 $\sum\limits_{n=1}^{\infty}u_n$ 必收敛;若 $\sum\limits_{n=1}^{\infty}u_n$ 收敛, $\sum\limits_{n=1}^{\infty}|u_n|$ 发散,则称 $\sum\limits_{n=1}^{\infty}u_n$ 条件收敛.

知识梳理·答案

① s ② 0 ③ $\rho<1$ ④ $\rho>1$ ⑤ 0 ⑥ $+\infty$

⑦ $\sum\limits_{n=1}^{\infty}u_n$ ⑧ $\sum\limits_{n=1}^{\infty}v_n$ ⑨ $\sum\limits_{n=1}^{\infty}v_n$ ⑩ $\sum\limits_{n=1}^{\infty}u_n$ ⑪ $\int_1^{+\infty}f(x)\mathrm{d}x$

⑫ $p>1$ ⑬ $p\leqslant 1$ ⑭ $\dfrac{a}{1-q}$ ⑮ $u_n\geqslant u_{n+1}$ ⑯ $\sum\limits_{n=1}^{\infty}|u_n|$

方法探究

答案 P317

考点 常数项级数的收敛性

1. 具体常数项级数的收敛性问题

在判断具体常数项级数的收敛性时,应根据其三种不同的类型分别选择方法:

(1) 对于正项级数,若一般项含 $n!,n^n,a^n$ 或为连乘形式,则可考虑比值判别法;若一般项含 n 次方,则可考虑根值判别法;若其对应反常积分的收敛性容易判断,则可考虑积分判别法;若上述情况都不满足,则可考虑比较判别法.

(2) 对于交错级数,可考虑莱布尼茨判别法.

(3) 对于任意项级数,可利用收敛级数的性质,也可考虑其是否绝对收敛.

【例 1】下列级数中发散的是( )

(A) $\sum\limits_{n=1}^{\infty}\frac{2^n\cdot n!}{n^n}$.

(B) $\sum\limits_{n=1}^{\infty}\left(\frac{1}{\sqrt{n}}-\sin\frac{1}{\sqrt{n}}\right)$.

(C) $\sum\limits_{n=1}^{\infty}\left(\frac{n+1}{2n+3}\right)^n\sin(n+1)$.

(D) $\sum\limits_{n=2}^{\infty}\left[\frac{1}{n\ln n}-\frac{(-1)^n}{n}\right]$.

【解】(A) 为正项级数. 根据比值判别法,由

$$\lim_{n\to\infty}\frac{2^{n+1}\cdot(n+1)!}{(n+1)^{n+1}}\cdot\frac{n^n}{2^n\cdot n!}=2\lim_{n\to\infty}\left(\frac{n}{n+1}\right)^n=\frac{2}{e}<1$$

知级数收敛.

(B) 也为正项级数. 由于 $\lim\limits_{n\to\infty}\frac{\frac{1}{\sqrt{n}}-\sin\frac{1}{\sqrt{n}}}{\frac{1}{n^{\frac{3}{2}}}}=\lim\limits_{n\to\infty}\frac{\frac{1}{6}\left(\frac{1}{\sqrt{n}}\right)^3}{\frac{1}{n^{\frac{3}{2}}}}=\frac{1}{6}$,又 $\sum\limits_{n=1}^{\infty}\frac{1}{n^{\frac{3}{2}}}$ 收敛,故根据比较判别法,级数收敛.

(C) 为任意项级数. 由于 $\left|\left(\frac{n+1}{2n+3}\right)^n\sin(n+1)\right|\leqslant\left(\frac{n+1}{2n+3}\right)^n$,又根据根值判别法,由 $\lim\limits_{n\to\infty}\frac{n+1}{2n+3}=\frac{1}{2}<1$ 知正项级数 $\sum\limits_{n=1}^{\infty}\left(\frac{n+1}{2n+3}\right)^n$ 收敛,故根据比较判别法,原级数绝对收敛,从而收敛.

(D) 也为任意项级数. 根据莱布尼茨判别法,交错级数 $\sum\limits_{n=2}^{\infty}\frac{(-1)^n}{n}$ 收敛. 又根据积分判别法,由 $\int_2^{+\infty}\frac{dx}{x\ln x}$ 发散知正项级数 $\sum\limits_{n=2}^{\infty}\frac{1}{n\ln n}$ 发散,故原级数发散,从而选(D).

【注】 $\sum\limits_{n=2}^{\infty}\frac{1}{n\ln^p n}$ 当 $p>1$ 时收敛,当 $p\leqslant1$ 时发散.

2. 抽象常数项级数的收敛性问题

如果以选择题的形式来考查抽象常数项级数的收敛性,那么有以下两个思路:

(1) 正面做:利用级数收敛性的定义、性质、判别法来证明结论正确;

(2) 反面做:通过举反例来说明结论错误. 此时,常用的收敛级数有

$$\sum_{n=1}^{\infty}\frac{1}{n^2},\quad \sum_{n=1}^{\infty}\frac{(-1)^n}{n},\quad \sum_{n=1}^{\infty}\frac{(-1)^n}{\sqrt{n}},\quad \sum_{n=2}^{\infty}\frac{1}{n\ln^2 n};$$

发散级数有

$$\sum_{n=1}^{\infty}\frac{1}{n},\quad \sum_{n=1}^{\infty}\frac{1}{\sqrt{n}},\quad \sum_{n=2}^{\infty}\frac{1}{n\ln n},\quad \sum_{n=1}^{\infty}(-1)^n.$$

其中,有的考题通过"反面做"较容易(如例 2),有的考题通过"正面做"较容易(如变式 2.1),还有的考题只能通过"正面做"(如变式 2.2).

此外,抽象级数的收敛性还能与数列极限等问题相结合来考查证明题.

【例 2】(09-1) 设有两个数列$\{a_n\},\{b_n\}$,若 $\lim\limits_{n\to\infty}a_n=0$,则( )

(A) 当 $\sum\limits_{n=1}^{\infty}b_n$ 收敛时,$\sum\limits_{n=1}^{\infty}a_nb_n$ 收敛.

(B) 当 $\sum\limits_{n=1}^{\infty}b_n$ 发散时,$\sum\limits_{n=1}^{\infty}a_nb_n$ 发散.

(C) 当 $\sum\limits_{n=1}^{\infty}|b_n|$ 收敛时,$\sum\limits_{n=1}^{\infty}a_n^2b_n^2$ 收敛.

(D) 当 $\sum\limits_{n=1}^{\infty}|b_n|$ 发散时,$\sum\limits_{n=1}^{\infty}a_n^2b_n^2$ 发散.

【解】法一(反面做):取 $a_n=b_n=\frac{(-1)^n}{\sqrt{n}}$,则排除(A);再取 $a_n=b_n=\frac{1}{n}$,则排除(B)、(D),故选(C).

法二(正面做):当 $\sum\limits_{n=1}^{\infty}|b_n|$ 收敛时,由 $\lim\limits_{n\to\infty}a_n=\lim\limits_{n\to\infty}b_n=0$ 知当 $n\to\infty$ 时,$|a_n|<1,|b_n|<1$,从而 $a_n^2b_n^2<b_n^2<|b_n|$,故根据比较判别法,正项级数 $\sum\limits_{n=1}^{\infty}a_n^2b_n^2$ 收敛,选(C).

变式 2.1(00-1) 设级数 $\sum\limits_{n=1}^{\infty}u_n$ 收敛,则必收敛的级数为( )

(A) $\sum\limits_{n=1}^{\infty}(-1)^n\frac{u_n}{n}$. (B) $\sum\limits_{n=1}^{\infty}u_n^2$.

(C) $\sum\limits_{n=1}^{\infty}(u_{2n-1}-u_{2n})$. (D) $\sum\limits_{n=1}^{\infty}(u_n+u_{n+1})$.

变式 2.2(94-1,3) 设常数 $\lambda>0$,且级数 $\sum\limits_{n=1}^{\infty}a_n^2$ 收敛,则级数 $\sum\limits_{n=1}^{\infty}(-1)^n\frac{|a_n|}{\sqrt{n^2+\lambda}}$( )

(A) 发散. (B) 条件收敛.

(C) 绝对收敛. (D) 散敛性与 λ 有关.

【例 3】(97-1) 设 $a_1=2,a_{n+1}=\frac{1}{2}\left(a_n+\frac{1}{a_n}\right)(n=1,2,\cdots)$,证明:

(1) $\lim\limits_{n\to\infty} a_n$ 存在；

(2) 级数 $\sum\limits_{n=1}^{\infty}\left(\dfrac{a_n}{a_{n+1}}-1\right)$ 收敛.

【证】(1) 由 $a_{n+1}=\dfrac{1}{2}\left(a_n+\dfrac{1}{a_n}\right)\geqslant\dfrac{1}{2}\cdot 2\sqrt{a_n\cdot\dfrac{1}{a_n}}=1$ 知 $\{a_n\}$ 有下界.

又由 $a_{n+1}-a_n=\dfrac{1}{2}\left(a_n+\dfrac{1}{a_n}\right)-a_n=\dfrac{1-a_n^2}{2a_n}\leqslant 0$ 知 $\{a_n\}$ 单调递减,故 $\lim\limits_{n\to\infty} a_n$ 存在.

(2) 由(1)知 $0\leqslant\dfrac{a_n}{a_{n+1}}-1=\dfrac{a_n-a_{n+1}}{a_{n+1}}\leqslant a_n-a_{n+1}$.

记 $s_n=(a_1-a_2)+(a_2-a_3)+\cdots+(a_n-a_{n+1})=a_1-a_{n+1}$,则由(1)知 $\lim\limits_{n\to\infty} s_n$ 存在,故 $\sum\limits_{n=1}^{\infty}(a_n-a_{n+1})$ 收敛,从而根据比较判别法,$\sum\limits_{n=1}^{\infty}\left(\dfrac{a_n}{a_{n+1}}-1\right)$ 收敛.

变式3(04-1) 设有方程 $x^n+nx-1=9$,其中 n 为正整数. 证明此方程存在唯一正实根 x_n,并证明当 $\alpha>1$ 时,级数 $\sum\limits_{n=1}^{\infty} x_n^{\alpha}$ 收敛.

真题精选
1987—2014

答案 P317

考点 常数项级数的收敛性

1. (12-3) 已知级数 $\sum\limits_{n=1}^{\infty}(-1)^n\sqrt{n}\sin\dfrac{1}{n^{\alpha}}$ 绝对收敛,$\sum\limits_{n=1}^{\infty}\dfrac{(-1)^n}{n^{2-\alpha}}$ 条件收敛,则( )

(A) $0<\alpha\leqslant\dfrac{1}{2}$. (B) $\dfrac{1}{2}<\alpha\leqslant 1$.

(C) $1<\alpha\leqslant\dfrac{3}{2}$. (D) $\dfrac{3}{2}<\alpha<2$.

2. (06-1,3) 若级数 $\sum\limits_{n=1}^{\infty}a_n$ 收敛,则级数( )

(A) $\sum\limits_{n=1}^{\infty}|a_n|$ 收敛. (B) $\sum\limits_{n=1}^{\infty}(-1)^n a_n$ 收敛.

(C) $\sum\limits_{n=1}^{\infty}a_n a_{n+1}$ 收敛. (D) $\sum\limits_{n=1}^{\infty}\dfrac{a_n+a_{n+1}}{2}$ 收敛.

3. (04-1) 设 $\sum\limits_{n=1}^{\infty}a_n$ 为正项级数,下列结论中正确的是( )

(A) 若 $\lim\limits_{n\to\infty} na_n=0$,则级数 $\sum\limits_{n=1}^{\infty}a_n$ 收敛.

(B) 若存在非零常数 λ,使得 $\lim\limits_{n\to\infty} na_n=\lambda$,则级数 $\sum\limits_{n=1}^{\infty}a_n$ 发散.

(C) 若级数 $\sum\limits_{n=1}^{\infty}a_n$ 收敛,则 $\lim\limits_{n\to\infty} n^2a_n=0$.

(D) 若级数 $\sum\limits_{n=1}^{\infty}a_n$ 发散,则存在非零常数 λ,使得 $\lim\limits_{n\to\infty} na_n=\lambda$.

4. (04-3) 设有以下命题:

① 若 $\sum\limits_{n=1}^{\infty}(u_{2n-1}+u_{2n})$ 收敛,则 $\sum\limits_{n=1}^{\infty}u_n$ 收敛;

② 若 $\sum\limits_{n=1}^{\infty}u_n$ 收敛,则 $\sum\limits_{n=1}^{\infty}u_{n+100}$ 收敛;

③ 若 $\lim\limits_{n\to\infty}\dfrac{u_{n+1}}{u_n}>1$,则 $\sum\limits_{n=1}^{\infty}u_n$ 发散;

④ 若 $\sum\limits_{n=1}^{\infty}(u_n+v_n)$ 收敛,则 $\sum\limits_{n=1}^{\infty}u_n$,$\sum\limits_{n=1}^{\infty}v_n$ 都收敛.

则以上命题中正确的是( )

(A) ①②. (B) ②③. (C) ③④. (D) ①④.

5. (03-3) 设 $p_n=\dfrac{a_n+|a_n|}{2}$,$q_n=\dfrac{a_n-|a_n|}{2}$,$n=1,2,\cdots$,则下列命题正确的是( )

(A) 若 $\sum\limits_{n=1}^{\infty}a_n$ 条件收敛,则 $\sum\limits_{n=1}^{\infty}p_n$ 与 $\sum\limits_{n=1}^{\infty}q_n$ 都收敛.

(B) 若 $\sum\limits_{n=1}^{\infty}a_n$ 绝对收敛,则 $\sum\limits_{n=1}^{\infty}p_n$ 与 $\sum\limits_{n=1}^{\infty}q_n$ 都收敛.

(C) 若 $\sum\limits_{n=1}^{\infty}a_n$ 条件收敛,则 $\sum\limits_{n=1}^{\infty}p_n$ 与 $\sum\limits_{n=1}^{\infty}q_n$ 的敛散性都不定.

(D) 若 $\sum\limits_{n=1}^{\infty}a_n$ 绝对收敛,则 $\sum\limits_{n=1}^{\infty}p_n$ 与 $\sum\limits_{n=1}^{\infty}q_n$ 的敛散性都不定.

6. (02-1) 设 $u_n\neq 0(n=1,2,3,\cdots)$,且 $\lim\limits_{n\to\infty}\dfrac{n}{u_n}=1$,则级数 $\sum\limits_{n=1}^{\infty}(-1)^{n+1}\left(\dfrac{1}{u_n}+\dfrac{1}{u_{n+1}}\right)$( )

(A) 发散.

(B) 绝对收敛.

(C) 条件收敛.

(D) 收敛性根据所给条件不能判定.

7. (96-1) 设 $a_n>0(n=1,2,\cdots)$,且 $\sum\limits_{n=1}^{\infty}a_n$ 收敛,常数 $\lambda\in\left(0,\dfrac{\pi}{2}\right)$,则级数 $\sum\limits_{n=1}^{\infty}(-1)^n\cdot\left(n\tan\dfrac{\lambda}{n}\right)a_{2n}$( )

(A) 绝对收敛. (B) 条件收敛.

(C) 发散.　　(D) 散敛性与 λ 有关.

8. **(96-4)** 下列各选项正确的是(　　)

(A) 若 $\sum_{n=1}^{\infty} u_n^2$ 和 $\sum_{n=1}^{\infty} v_n^2$ 都收敛,则 $\sum_{n=1}^{\infty} (u_n + v_n)^2$ 收敛.

(B) 若 $\sum_{n=1}^{\infty} |u_n v_n|$ 收敛,则 $\sum_{n=1}^{\infty} u_n^2$ 与 $\sum_{n=1}^{\infty} v_n^2$ 都收敛.

(C) 若正项级数 $\sum_{n=1}^{\infty} u_n$ 发散,则 $u_n \geqslant \frac{1}{n}$.

(D) 若级数 $\sum_{n=1}^{\infty} u_n$ 收敛,且 $u_n \geqslant v_n (n = 1,2,\cdots)$,则级数 $\sum_{n=1}^{\infty} v_n$ 也收敛.

9. **(91-3)** 设 $0 \leqslant a_n < \frac{1}{n} (n=1,2,\cdots)$,则下列级数中肯定收敛的是(　　)

(A) $\sum_{n=1}^{\infty} a_n$.　　(B) $\sum_{n=1}^{\infty} (-1)^n a_n$.

(C) $\sum_{n=1}^{\infty} \sqrt{a_n}$.　　(D) $\sum_{n=1}^{\infty} (-1)^n a_n^2$.

10. **(90-1)** 设 a 为常数,则级数 $\sum_{n=1}^{\infty} \left[\frac{\sin(na)}{n^2} - \frac{1}{\sqrt{n}}\right]$ (　　)

(A) 绝对收敛.　　(B) 条件收敛.

(C) 发散.　　(D) 散敛性与 a 取值有关.

11. **(14-1)** 设数列 $\{a_n\}$,$\{b_n\}$ 满足 $0 < a_n < \frac{\pi}{2}$,$0 < b_n < \frac{\pi}{2}$,$\cos a_n - a_n = \cos b_n$,且级数 $\sum_{n=1}^{\infty} b_n$ 收敛.

(1) 证明:$\lim_{n \to \infty} a_n = 0$;

(2) 证明:级数 $\sum_{n=1}^{\infty} \frac{a_n}{b_n}$ 收敛.

12. **(99-1)** 设 $a_n = \int_0^{\frac{\pi}{4}} \tan^n x \,\mathrm{d}x$.

(1) 求 $\sum_{n=1}^{\infty} \frac{1}{n}(a_n + a_{n+2})$ 的值;

(2) 试证:对任意的常数 $\lambda > 0$ 级数 $\sum_{n=1}^{\infty} \frac{a_n}{n^{\lambda}}$ 收敛.

13. **(94-1)** 设 $f(x)$ 在点 $x = 0$ 的某一邻域内具有二阶连续导数,且 $\lim_{x \to 0} \frac{f(x)}{x} = 0$,证明级数 $\sum_{n=1}^{\infty} f\left(\frac{1}{n}\right)$ 绝对收敛.

小　结

关于常数项级数的收敛性,在过去的考研中一直都以考查抽象级数为主,虽然近几年考查具体级数的频率在数学三中有所增加,但抽象级数的收敛性仍然是数学一和数学三的重点.

就具体级数而言,要关注绝对收敛和条件收敛的概念,比如 2016 年和 2012 年数学三的选择题,这两道考题都有一半以上的考生做错.

就抽象级数而言,不但要会通过举反例来说明结论错误,而且也要会证明结论正确. 在证明抽象级数收敛时,常用比较判别法,其关键在于如何将一般项进行放缩[比如 2023 年数学一、三,2019 年数学三,1996 年数学四,1994 年数学一、三和 1991 年数学三的选择题,以及 2016 年数学一解答题的第(1)问、1999 年数学一解答题的第(2)问和 2004 年、1994 年数学一的解答题]. 而通过求某些特殊级数的前 n 项和,从而去利用级数收敛的定义,是不少考生忽略的方法[比如 2019 年和 2002 年数学一的选择题,以及 2016 年和 1997 年数学一解答题的第(2)问]. 此外,抽象级数的收敛性与数列极限相结合的证明题使不少考生无从下手,比如 2016 年和 2014 年数学一的解答题,其平均分仅分别为 0.82 分和 1.78 分.

§7.2 幂级数

十年真题 2015—2024

答案P318

考点一 幂级数的收敛域

1. (20-1) 设 R 为幂级数 $\sum_{n=1}^{\infty} a_n x^n$ 的收敛半径，r 是实数，则( )

(A) 当 $\sum_{n=1}^{\infty} a_{2n} r^{2n}$ 发散时，$|r| \geqslant R$.

(B) 当 $\sum_{n=1}^{\infty} a_{2n} r^{2n}$ 收敛时，$|r| \leqslant R$.

(C) 当 $|r| \geqslant R$ 时，$\sum_{n=1}^{\infty} a_{2n} r^{2n}$ 发散.

(D) 当 $|r| \leqslant R$ 时，$\sum_{n=1}^{\infty} a_{2n} r^{2n}$ 收敛.

2. (20-3) 设幂级数 $\sum_{n=1}^{\infty} n a_n (x-2)^n$ 的收敛区间为 $(-2,6)$，则 $\sum_{n=1}^{\infty} a_n (x+1)^{2n}$ 的收敛区间为( )

(A) $(-2,6)$. (B) $(-3,1)$.

(C) $(-5,3)$. (D) $(-17,15)$.

3. (15-1) 若级数 $\sum_{n=1}^{\infty} a_n$ 条件收敛，则 $x=\sqrt{3}$ 与 $x=3$ 依次为级数 $\sum_{n=1}^{\infty} n a_n (x-1)^n$ 的( )

(A) 收敛点，收敛点. (B) 收敛点，发散点.

(C) 发散点，收敛点. (D) 发散点，发散点.

4. (22-1) 设级数 $\sum_{n=1}^{\infty} \frac{n!}{n^n} e^{-nx}$ 的收敛域为 $(a,+\infty)$，则 $a=$ ________.

5. (22-3) 求幂级数 $\sum_{n=0}^{\infty} \frac{(-4)^n+1}{4^n(2n+1)} x^{2n}$ 的收敛域及和函数 $S(x)$.

6. (21-1) 设 $u_n(x)=e^{-nx}+\frac{x^{n+1}}{n(n+1)}(n=1,2,\cdots)$，求级数 $\sum_{n=1}^{\infty} u_n(x)$ 的收敛域及和函数.

7. (21-3) 设 n 为正整数，$y=y_n(x)$ 是微分方程 $xy'-(n+1)y=0$ 满足条件 $y_n(1)=\frac{1}{n(n+1)}$ 的解.

(1) 求 $y_n(x)$；

(2) 求级数 $\sum_{n=1}^{\infty} y_n(x)$ 的收敛域及和函数.

考点二 幂级数的和函数

1. (18-1) $\sum_{n=0}^{\infty} (-1)^n \frac{2n+3}{(2n+1)!}=$ ( )

(A) $\sin 1+\cos 1$. (B) $2\sin 1+\cos 1$.

(C) $2\sin 1+2\cos 1$. (D) $2\sin 1+3\cos 1$.

2. (23-3) $\sum_{n=0}^{\infty} \frac{x^{2n}}{(2n)!}=$ ________.

3. (19-1) 幂级数 $\sum_{n=0}^{\infty} \frac{(-1)^n}{(2n)!} x^n$ 在 $(0,+\infty)$ 内的和函数 $S(x)=$ ________.

4. (17-1) 幂级数 $\sum_{n=1}^{\infty} (-1)^{n-1} n x^{n-1}$ 在区间 $(-1,1)$ 内的和函数 $S(x)=$ ________.

8.（**20-1**）设数列$\{a_n\}$满足

$$a_1=1,\quad (n+1)a_{n+1}=\left(n+\frac{1}{2}\right)a_n.$$

证明：当$|x|<1$时，幂级数$\sum\limits_{n=1}^{\infty}a_nx^n$收敛，并求其和函数.

9.（**17-3**）设$a_0=1,a_1=0,a_{n+1}=\dfrac{1}{n+1}(na_n+a_{n-1})(n=1,2,3,\cdots)$，$S(x)$为幂级数$\sum\limits_{n=0}^{\infty}a_nx^n$的和函数.

(1) 证明幂级数$\sum\limits_{n=0}^{\infty}a_nx^n$的收敛半径不小于1；

(2) 证明$(1-x)S'(x)-xS(x)=0(x\in(-1,1))$，并求$S(x)$的表达式.

10.（**16-3**）求幂级数$\sum\limits_{n=0}^{\infty}\dfrac{x^{2n+2}}{(n+1)(2n+1)}$的收敛域及和函数.

考点三 把函数展开成幂级数

1.（**24-1,3**）已知幂级数$\sum\limits_{n=0}^{\infty}a_nx^n$的和函数为$\ln(2+x)$，则$\sum\limits_{n=1}^{\infty}na_{2n}=$（　　）

(A) $-\dfrac{1}{6}$.　(B) $-\dfrac{1}{3}$.　(C) $\dfrac{1}{6}$.　(D) $\dfrac{1}{3}$.

2.（**18-3**）已知$\cos 2x-\dfrac{1}{(1+x)^2}=\sum\limits_{n=0}^{\infty}a_nx^n(-1<x<1)$，求$a_n$.

考点分析

考　点	大纲要求	命题特点
一、幂级数的收敛域	1. 了解函数项级数的收敛域及和函数的概念. 2. 理解幂级数收敛半径的概念，并掌握幂级数的收敛半径、收敛区间及收敛域的求法.	**1. 考试频率**：★★★★★ **2. 常考题型**：选择题、填空题、解答题 **3. 命题趋势**：幂级数在数学一、三中几乎是必考的，其中幂级数和函数的考查频率最高，近年来经常命制具有计算量或综合性的解答题.
二、幂级数的和函数	了解幂级数在其收敛区间内的基本性质(和函数的连续性、逐项求导和逐项积分)，会求一些幂级数在收敛区间内的和函数，并会由此求出某些数项级数的和.	
三、把函数展开成幂级数	掌握e^x，$\sin x$，$\cos x$，$\ln(1+x)$及$(1+x)^a$的泰勒展开式，会用它们将一些简单函数间接展开为幂级数.	

知识梳理

考点一 幂级数的收敛域

1. 函数项级数的收敛域及和函数的概念

定义在区间 I 上的函数列 $u_1(x),u_2(x),\cdots,u_n(x),\cdots$ 构成的表达式

$$\sum_{n=1}^{\infty}u_n(x)=u_1(x)+u_2(x)+\cdots+u_n(x)+\cdots$$

称为定义在 I 上的函数项级数.

对于 $x_0\in I$,若① ________收敛(或发散),则称点 x_0 为 $\sum_{n=1}^{\infty}u_n(x)$ 的收敛点(或发散点). $\sum_{n=1}^{\infty}u_n(x)$ 的收敛点(或发散点)的全体称为其收敛域(或发散域).以 $\sum_{n=1}^{\infty}u_n(x)$ 的收敛域为定义域的函数 $s(x)=\sum_{n=1}^{\infty}u_n(x)$ 称为 $\sum_{n=1}^{\infty}u_n(x)$ 的和函数.

2. 幂级数的概念

形如 $\sum_{n=0}^{\infty}a_n(x-x_0)^n$ 的函数项级数称为幂级数.

3. 幂级数的收敛半径、收敛区间及收敛域

$\sum_{n=0}^{\infty}a_nx^n$ 的收敛半径为 $R=$ ② ________,收敛区间为③ ________,收敛域为 $(-R,R)$、$[-R,R)$、$(-R,R]$ 或 $[-R,R]$ 这四个区间之一.

【注】 $\sum_{n=0}^{\infty}a_nx^n$ 当 $|x|<R$ 时绝对收敛,当 $|x|>R$ 时发散,当 $x=\pm R$ 时可能绝对收敛、条件收敛或发散.

考点二 幂级数的和函数

设 $\sum_{n=0}^{\infty}a_nx^n$ 的和函数为 $s(x)$,则

(1) $s(x)$ 在其收敛域 I 上连续;

(2) $s(x)$ 在其收敛域 I 上可积,且

$$\int_0^x s(t)\mathrm{d}t=④\text{ ________ }(x\in I);$$

(3) $s(x)$ 在其收敛区间 $(-R,R)$ 内可导,且

$$s'(x)=\sum_{n=1}^{\infty}na_nx^{n-1}(|x|<R).$$

【注】 逐项积分、求导不改变幂级数的收敛区间,但可能改变其收敛域.

考点三 把函数展开成幂级数

常用于把函数展开成幂级数的泰勒展开式:

(1) $\frac{1}{1-x}=$ ⑤ ________ $(|x|<1)$; (6-1)

(2) $\frac{1}{1+x}=\sum_{n=0}^{\infty}(-1)^nx^n(|x|<1)$; (6-2)

(3) $\sin x=\sum_{n=0}^{\infty}(-1)^n\frac{x^{2n+1}}{(2n+1)!}$; (6-3)

(4) $\cos x=$ ⑥ ________ (6-4)

(5) $\mathrm{e}^x=\sum_{n=0}^{\infty}\frac{x^n}{n!}$; (6-5)

(6) $\ln(1+x)=$ ⑦ ________ $(-1<x\leqslant 1)$. (6-6)

知识梳理·答案

① $\sum_{n=1}^{\infty}u_n(x_0)$ ② $\lim_{n\to\infty}\left|\frac{a_n}{a_{n+1}}\right|$ ③ $(-R,R)$

④ $\sum_{n=0}^{\infty}\frac{a_n}{n+1}x^{n+1}$ ⑤ $\sum_{n=0}^{\infty}x^n$ ⑥ $\sum_{n=0}^{\infty}(-1)^n\frac{x^{2n}}{(2n)!}$

⑦ $\sum_{n=1}^{\infty}(-1)^{n-1}\frac{x^n}{n}$

方法探究

答案 P321

考点一 幂级数的收敛域

1. 具体幂级数的收敛域问题

在求具体幂级数的收敛域时,对于形如 $\sum_{n=0}^{\infty}a_nx^n$ 的幂级数,可通过 $R=\lim_{n\to\infty}\left|\frac{a_n}{a_{n+1}}\right|$ 得到其收敛半径及收敛区间,再通过判断它在 $x=\pm R$ 处的收敛性得到其收敛域.而其他幂级数的收敛域可通过换元转化为形如 $\sum_{n=0}^{\infty}a_nx^n$ 的幂级数来求.

【例 1】 幂级数 $\sum_{n=1}^{\infty}\frac{(-1)^n}{n\cdot 4^n}(x-1)^{2n+1}$ 的收敛域为________.

【解】 由 $\sum_{n=1}^{\infty}\frac{(-1)^n}{n\cdot 4^n}(x-1)^{2n+1}=(x-1)\sum_{n=1}^{\infty}\frac{(-1)^n}{n\cdot 4^n}(x-1)^{2n}$ 知原级数与 $\sum_{n=1}^{\infty}\frac{(-1)^n}{n\cdot 4^n}(x-1)^{2n}$ 收敛域相同.

令 $t=(x-1)^2$,则 $\sum_{n=1}^{\infty}\frac{(-1)^n}{n\cdot 4^n}(x-1)^{2n}$ 变为 $\sum_{n=1}^{\infty}\frac{(-1)^n}{n\cdot 4^n}t^n$.

$$R=\lim_{n\to\infty}\left|\frac{(-1)^n}{n\cdot 4^n}\cdot\frac{(n+1)\cdot 4^{n+1}}{(-1)^{n+1}}\right|=4.$$

当 $t=4$ 时,$\sum_{n=1}^{\infty}\frac{(-1)^n}{n}$ 收敛.

由 $(x-1)^2\leqslant 4$ 得 $-1\leqslant x\leqslant 3$,故原级数的收敛域为 $[-1,3]$.

2. 抽象幂级数的收敛域问题

解决抽象幂级数的收敛域问题，主要利用其收敛区间的对称性：$\sum_{n=0}^{\infty}a_n(x-x_0)^n$ 的收敛区间为(x_0-R,x_0+R)，而 R 仅与 a_n 有关，且逐项求导、积分后不变.

【例 2】(08-1) 已知幂级数 $\sum_{n=0}^{\infty}a_n(x+2)^n$ 在 $x=0$ 处收敛，在 $x=-4$ 处发散，则幂级数 $\sum_{n=0}^{\infty}a_n(x-3)^n$ 的收敛域为________.

【解】 由于 $\sum_{n=0}^{\infty}a_n(x+2)^n$ 的收敛区间关于 $x=-2$ 对称，且它在 $x=0$ 处收敛，在 $x=-4$ 处发散，故其收敛域为$(-4,0]$.

又由于 $\sum_{n=1}^{\infty}a_n(x-3)^n$ 的收敛区间关于 $x=3$ 对称，故其收敛域为$(1,5]$.

变式(88-1) 设幂级数 $\sum_{n=1}^{\infty}a_n(x-1)^n$ 在 $x=-1$ 处收敛，则此级数在 $x=2$ 处(　　)

(A) 条件收敛.　　(B) 绝对收敛.

(C) 发散.　　(D) 收敛性不能确定.

考点二　幂级数的和函数

1. 利用常用幂级数求和函数

幂级数的和函数常通过提出 x^n、拆分级数等方法转化为等比幂级数的导数或积分来求. 而一些常数项级数的和，可看作相应幂级数的和函数在某点处的函数值(如变式 1).

此外，也可利用式(6-3)-式(6-5)求一些一般项含阶乘的幂级数的和函数，或相应常数项级数的和(如 2019 年数学一的填空题和 2018 年数学一的选择题).

【例 1】(06-3) 求幂级数 $\sum_{n=1}^{\infty}\frac{(-1)^{n-1}x^{2n+1}}{n(2n-1)}$ 的收敛域及和函数 $S(x)$.

【解】 由 $\lim_{n\to\infty}\left|\frac{(n+1)(2n+1)}{n(2n-1)}\right|=1$ 知收敛半径为 1.

当 $x=\pm1$ 时，$\pm\sum_{n=1}^{\infty}\frac{(-1)^{n-1}}{n(2n-1)}$ 收敛，故原级数的收敛域为$[-1,1]$.

$$S(x)=-\sum_{n=1}^{\infty}\frac{(-1)^{n-1}x^{2n+1}}{n}+2\left|\sum_{n=1}^{\infty}\frac{(-1)^{n-1}x^{2n+1}}{2n-1}\right..$$

$$\begin{aligned}\sum_{n=1}^{\infty}\frac{(-1)^{n-1}x^{2n+1}}{n}&=2x\sum_{n=1}^{\infty}\frac{(-1)^{n-1}x^{2n}}{2n}\\&=2x\int_0^x\left[\sum_{n=1}^{\infty}(-1)^{n-1}t^{2n-1}\right]\mathrm{d}t\\&=2x\int_0^x\frac{t}{1+t^2}\mathrm{d}t=x\ln(1+x^2).\end{aligned}$$

$$\begin{aligned}\sum_{n=1}^{\infty}\frac{(-1)^{n-1}x^{2n+1}}{2n-1}&=x^2\sum_{n=1}^{\infty}\frac{(-1)^{n-1}x^{2n-1}}{2n-1}\\&=x^2\int_0^x\left[\sum_{n=1}^{\infty}(-1)^{n-1}t^{2n-2}\right]\mathrm{d}t\\&=x^2\int_0^x\frac{\mathrm{d}t}{1+t^2}=x^2\arctan x.\end{aligned}$$

故 $S(x)=2x^2\arctan x-x\ln(1+x^2),x\in[-1,1]$.

变式 1(93-1) 求级数 $\sum_{n=0}^{\infty}\frac{(-1)^n(n^2-n+1)}{2^n}$ 的和.

2. 通过解微分方程求和函数

以下两类幂级数的和函数可通过解微分方程来求：

(1) 已知$\{a_n\}$递推关系式的抽象幂级数 $\sum_{n=0}^{\infty}a_nx^n$(如例 2)；

(2) 一些一般项含阶乘的幂级数(如变式 2).

【例 2】 设 $a_0=1,(n+1)a_{n+1}+(n+5)a_n=0,S(x)$ 为幂级数 $\sum_{n=0}^{\infty}a_nx^n$ 的和函数.

(1) 求 $\sum_{n=0}^{\infty}a_nx^n$ 的收敛区间；

(2) 求 $S(x)$所满足的微分方程，并求 $S(x)$的表达式.

【解】 (1) 由 $\lim_{n\to\infty}\left|\frac{a_n}{a_{n+1}}\right|=\lim_{n\to\infty}\left|-\frac{n+1}{n+5}\right|=1$ 知收敛半径为 1，故 $\sum_{n=0}^{\infty}a_nx^n$ 的收敛区间为$(-1,1)$.

$$\begin{aligned}(2)\ S'(x)&=\sum_{n=1}^{\infty}na_nx^{n-1}=\sum_{n=0}^{\infty}(n+1)a_{n+1}x^n\\&=-\sum_{n=0}^{\infty}(n+5)a_nx^n\\&=-\sum_{n=1}^{\infty}na_nx^n-5\sum_{n=0}^{\infty}a_nx^n\\&=-xS'(x)-5S(x).\end{aligned}$$

由 $\int\frac{\mathrm{d}S}{S}=-5\int\frac{\mathrm{d}x}{1+x}$ 得 $S(x)=\frac{C}{(1+x)^5}$. 又由 $S(0)=a_0=1$ 得 $C=1$，故 $S(x)=\frac{1}{(1+x)^5}$.

变式 2(04-3) 设级数

$$\frac{x^4}{2\cdot4}+\frac{x^6}{2\cdot4\cdot6}+\frac{x^8}{2\cdot4\cdot6\cdot8}+\cdots(-\infty<x<+\infty)$$

的和函数为 $S(x)$. 求：

(1) $S(x)$所满足的一阶微分方程；

(2) $S(x)$的表达式.

考点三 把函数展开成幂级数

把函数展开成幂级数主要利用式(6-1)～式(6-6)，其中最常用的是式(6-1)和式(6-2). 而有时可先把函数的导数(或积分)展开成幂级数，再对其逐项积分(或求导).

此外，对函数的级数展开式赋值也是求常数项级数和的一个方法.

【例】(1) **(07-3)** 将函数 $f(x)=\dfrac{1}{x^2-3x-4}$ 展开成 $x-1$ 的幂级数，并指出其收敛区间.

(2) **(03-1)** 将函数 $f(x)=\arctan\dfrac{1-2x}{1+2x}$ 展开成 x 的幂级数，并求级数 $\sum\limits_{n=0}^{\infty}\dfrac{(-1)^n}{2n+1}$ 的和.

【解】(1)
$$\begin{aligned}f(x)&=\frac{1}{(x-4)(x+1)}\\&=-\frac{1}{5}\left(\frac{1}{4-x}+\frac{1}{1+x}\right)\\&=-\frac{1}{5}\left[\frac{1}{3-(x-1)}+\frac{1}{2+(x-1)}\right]\\&=-\frac{1}{5}\left(\frac{1}{3}\cdot\frac{1}{1-\frac{x-1}{3}}+\frac{1}{2}\cdot\frac{1}{1+\frac{x-1}{2}}\right)\\&=-\frac{1}{5}\left[\frac{1}{3}\sum_{n=0}^{\infty}\left(\frac{x-1}{3}\right)^n+\right.\\&\qquad\left.\frac{1}{2}\sum_{n=0}^{\infty}(-1)^n\left(\frac{x-1}{2}\right)^n\right]\\&=-\frac{1}{5}\sum_{n=0}^{\infty}\left[\frac{1}{3^{n+1}}+\frac{(-1)^n}{2^{n+1}}\right](x-1)^n.\end{aligned}$$

由 $\begin{cases}\left|\dfrac{x-1}{3}\right|<1,\\ \left|\dfrac{x-1}{2}\right|<1\end{cases}$ 知 $-1<x<3$，故展开成的幂级数的收敛区间是 $(-1,3)$.

(2)
$$\begin{aligned}f'(x)&=-\frac{2}{1+4x^2}=-2\sum_{n=0}^{\infty}(-1)^n(4x^2)^n\\&=-2\sum_{n=0}^{\infty}(-1)^n4^nx^{2n}.\end{aligned}$$

由于 $f(x)-f(0)=\int_0^x f'(t)\mathrm{d}t=-2\sum\limits_{n=0}^{\infty}\dfrac{(-1)^n4^n}{2n+1}x^{2n+1}$，又 $f(0)=\dfrac{\pi}{4}$，故

$$f(x)=\frac{\pi}{4}-2\sum_{n=0}^{\infty}\frac{(-1)^n4^n}{2n+1}x^{2n+1}. \tag{6-7}$$

由 $|4x^2|<1$ 知 $-\dfrac{1}{2}<x<\dfrac{1}{2}$，又由于当 $x=\dfrac{1}{2}$ 时，$\sum\limits_{n=0}^{\infty}\dfrac{(-1)^n4^n}{2n+1}x^{2n+1}$ 成为 $\dfrac{1}{2}\sum\limits_{n=0}^{\infty}\dfrac{(-1)^n}{2n+1}$，它是收敛的，故式(6-7)成立的范围是 $\left(-\dfrac{1}{2},\dfrac{1}{2}\right]$.

对式(6-7)令 $x=\dfrac{1}{2}$，则 $f\left(\dfrac{1}{2}\right)=\dfrac{\pi}{4}-\sum\limits_{n=0}^{\infty}\dfrac{(-1)^n}{2n+1}$，故 $\sum\limits_{n=0}^{\infty}\dfrac{(-1)^n}{2n+1}=\dfrac{\pi}{4}$.

【注】逐项积分可能改变幂级数在收敛区间端点处的收敛性.

变式(95-3) 将函数 $y=\ln(1-x-2x^2)$ 展成 x 的幂级数，并指出其收敛区间.

真题精选

1987—2014

答案 P321

考点一 幂级数的收敛域

1. **(11-1)** 设数列 $\{a_n\}$ 单调减少，$\lim\limits_{n\to\infty}a_n=0$，$S_n=\sum\limits_{k=1}^{n}a_k(n=1,2,\cdots)$ 无界，则幂级数 $\sum\limits_{n=1}^{\infty}a_n(x-1)^n$ 的收敛域为(　　)

   (A) $(-1,1]$.　　(B) $[-1,1)$.

   (C) $[0,2)$.　　(D) $(0,2]$.

2. **(97-1)** 设幂级数 $\sum\limits_{n=0}^{\infty}a_nx^n$ 的收敛半径为 3，则幂级数 $\sum\limits_{n=1}^{\infty}na_n(x-1)^{n+1}$ 的收敛区间为________.

3. **(00-1)** 求幂级数 $\sum\limits_{n=1}^{\infty}\dfrac{1}{3^n+(-2)^n}\dfrac{x^n}{n}$ 的收敛区间，并讨论该区间端点处的收敛性.

考点二 幂级数的和函数

1. **(14-3)** 求幂级数 $\sum\limits_{n=0}^{\infty}(n+1)(n+3)x^n$ 的收敛域及和函数.

2. **(13-1)** 设数列$\{a_n\}$满足条件：$a_0=3, a_1=1, a_{n-2}-n(n-1)a_n=0(n\geqslant 2)$，$S(x)$是幂级数$\sum_{n=0}^{\infty}a_nx^n$的和函数.

(1) 证明：$S''(x)-S(x)=0$；

(2) 求$S(x)$的表达式.

3. **(12-1)** 求幂级数$\sum_{n=0}^{\infty}\frac{4n^2+4n+3}{2n+1}x^{2n}$的收敛域及和函数.

4. **(09-1)** 设a_n为曲线$y=x^n$与$y=x^{n+1}(n=1,2,\cdots)$所围成区域的面积，记$S_1=\sum_{n=1}^{\infty}a_n, S_2=\sum_{n=1}^{\infty}a_{2n-1}$，求$S_1$与$S_2$的值.

5. **(08-3-仅数学三)** 设银行存款的年利率为$r=0.05$，并依年复利计算，某基金会希望通过存款A万元，实现第一年提取19万元，第二年提取28万元，…，第n年提取$(10+9n)$万元，并能按此规律一直提取下去，问A至少应为多少万元？

6. **(07-1)** 设幂级数$\sum_{n=0}^{\infty}a_nx^n$在$(-\infty,+\infty)$内收敛，其和函数$y(x)$满足$y''-2xy'-4y=0, y(0)=0, y'(0)=1$.

(1) 证明$a_{n+2}=\frac{2}{n+1}a_n, n=1,2,\cdots$；

(2) 求$y(x)$的表达式.

7. **(05-1)** 求幂级数$\sum_{n=1}^{\infty}(-1)^{n-1}\left[1+\frac{1}{n(2n-1)}\right]x^{2n}$的收敛区间与和函数$f(x)$.

8. **(01-3)** 已知$f_n(x)$满足$f'_n(x)=f_n(x)+x^{n-1}e^x$（$n$为正整数）且$f_n(1)=\frac{e}{n}$，求函数项级数$\sum_{n=1}^{\infty}f_n(x)$之和.

9.（00-3） 设 $I_n=\int_0^{\frac{\pi}{4}}\sin^n x\cos x\,\mathrm{d}x$，$n=0,1,2,\cdots$，求 $\sum\limits_{n=0}^{\infty}I_n$.

10.（96-1） 求级数 $\sum\limits_{n=2}^{\infty}\dfrac{1}{(n^2-1)2^n}$ 的和.

11.（90-1） 求幂级数 $\sum\limits_{n=0}^{\infty}(2n+1)x^n$ 的收敛域，并求其和函数.

考点三 把函数展开成幂级数

1.（06-1） 将函数 $f(x)=\dfrac{x}{2+x-x^2}$ 展开成 x 的幂级数.

2.（01-1） 设 $f(x)=\begin{cases}\dfrac{1+x^2}{x}\arctan x, & x\neq 0,\\ 1, & x=0.\end{cases}$ 试将 $f(x)$ 展开成 x 的幂级数，并求 $\sum\limits_{n=1}^{\infty}\dfrac{(-1)^n}{1-4n^2}$ 的和.

小 结

关于幂级数的收敛域问题，近几年多次考查了抽象幂级数. 考生要会利用其收敛区间的对称性，并能意识到逐项求导后收敛半径不变.

在求幂级数和函数的考题中，考查频率最高的是形如 $\sum\limits_{n=0}^{\infty}\dfrac{x^n}{(an+b)(cn+d)}$ 的幂级数（比如2021年数学一和数学三、2016年数学三、2005年数学一的解答题）. 此外，还要会求形如 $\sum\limits_{n=0}^{\infty}(an+b)(cn+d)x^n$（比如2014年数学三的解答题）、$\sum\limits_{n=0}^{\infty}\dfrac{an^2+bn+c}{pn+q}x^n$（比如2012年数学一的解答题），以及一般项含阶乘的幂级数（比如2023年数学三和2019年数学一的填空题）的和函数，并且会通过求和函数来求常数项级数的和（比如2018年数学一的选择题，以及2008年数学三、2000年数学三和1996年数学一的解答题）.

已知$\{a_n\}$的递推关系式，通过解微分方程求$\sum_{n=0}^{\infty}a_nx^n$的和函数是从2007年开始出现的一种考题，不少考生都完成得不太理想，比如2020年数学一、2017年数学三(这道题平均分仅为1.72分)、2013年数学一和2007年数学一的解答题.

把函数展开成幂级数虽然近几年单独考查得较少，但是切莫忽略对它的复习，而它也是计算高阶导数的常用方法.

幂级数是考研数学一、三的重点. 目前，数学一和数学三关于它的考题难度基本趋同，尤其数学三的考生应重视对它的复习.

§7.3 傅里叶级数(仅数学一)

十年真题 2015—2024

答案 P323

考点 傅里叶级数

1. (24-1) 已知函数$f(x)=1+x$. 若

$$f(x)=\frac{a_0}{2}+\sum_{n=1}^{\infty}a_n\cos nx,\quad x\in[0,\pi],$$

则$\lim\limits_{n\to\infty}n^2\sin a_{2n-1}=$________.

2. (23-1) 设$f(x)$是周期为2的周期函数，且$f(x)=1-x$，$x\in[0,1]$. 若

$$f(x)=\frac{a_0}{2}+\sum_{n=1}^{\infty}a_n\cos n\pi x,$$

则$\sum_{n=1}^{\infty}a_{2n}=$________.

考点分析

考　点	大纲要求	命题特点
傅里叶级数	了解傅里叶级数的概念和狄利克雷收敛定理，会将定义在$(-l,l]$上的函数展开为傅里叶级数，会将定义在$[0,l]$上的函数展开为正弦级数与余弦级数，会写出傅里叶级数的和函数的表达式.	1. **考试频率**：★★☆☆☆ 2. **常考题型**：选择题、填空题、解答题 3. **命题趋势**：近两年，在数学一中都针对傅里叶级数的系数进行了考查.

知识梳理

考点 傅里叶级数

1. 傅里叶级数的概念

设$f(x)$为以$2l$为周期的函数，且在$[-l,l]$上可积，则一定可以作出$f(x)$的傅里叶级数①________________，其中$a_n=\frac{1}{l}\int_{-l}^{l}f(x)\cos\frac{n\pi x}{l}\mathrm{d}x\ (n=0,1,2,\cdots)$，$b_n=$②________________$(n=1,2,3,\cdots)$.

特别地，当$f(x)$为奇函数时，其傅里叶级数$\sum_{n=1}^{\infty}b_n\sin\frac{n\pi x}{l}$又称为正弦级数；当$f(x)$为偶函数时，其傅里叶级数③________________又称为余弦级数.

2. 狄利克雷收敛定理

设$f(x)$为以$2l$为周期的函数，若它在一个周期内连续或只有有限个第一类间断点，且在一个周期内至多只有有限个极值点，则$f(x)$的傅里叶级数处处收敛，并且

(1) 当x为$f(x)$的连续点时，级数收敛于$f(x)$；

(2) 当x为$f(x)$的间断点时，级数收敛于④________.

知识梳理·答案

① $\frac{a_0}{2}+\sum_{n=1}^{\infty}\left(a_n\cos\frac{n\pi x}{l}+b_n\sin\frac{n\pi x}{l}\right)$

② $\frac{1}{l}\int_{-l}^{l}f(x)\sin\frac{n\pi x}{l}\mathrm{d}x$　③ $\frac{a_0}{2}+\sum_{n=1}^{\infty}a_n\cos\frac{n\pi x}{l}$

④ $\frac{f(x^-)+f(x^+)}{2}$

方法探究

考点　傅里叶级数

1. 把函数展开成傅里叶级数

把定义在$(-l,l]$和$[0,l]$上的函数展开成傅里叶级数的思路如下：

定义在$(-l,l]$上的$f(x)$ —周期延拓→ 周期函数$F(x)$（能展开成傅里叶级数）

定义在$[0,l]$上的$f(x)$ —奇延拓→ 定义在$(-l,l]$上的奇函数$F_1(x)$ —周期延拓→ 周期奇函数$F(x)$（能展开成正弦级数）

定义在$[0,l]$上的$f(x)$ —偶延拓→ 定义在$(-l,l]$上的偶函数$G_1(x)$ —周期延拓→ 周期偶函数$G(x)$（能展开成余弦级数）

【例1】（08-1） 将函数$f(x)=1-x^2(0\leqslant x\leqslant\pi)$展开成余弦级数，并求$\sum\limits_{n=1}^{\infty}\dfrac{(-1)^{n-1}}{n^2}$的和.

【解】 对$f(x)$先作偶延拓，后作周期延拓，得到以2π为周期的偶函数$F(x)$，它在$(-\pi,\pi]$上的表达式为$F(x)=1-x^2$.

由于$F(x)$是偶函数，故$b_n=0(n=1,2,3,\cdots)$.

$$a_0=\frac{2}{\pi}\int_0^{\pi}(1-x^2)\mathrm{d}x=2-\frac{2}{3}\pi^2.$$

$$\begin{aligned}a_n&=\frac{2}{\pi}\int_0^{\pi}(1-x^2)\cos nx\,\mathrm{d}x\\&=\frac{2}{n\pi}[(1-x^2)\sin nx]_0^{\pi}+\frac{4}{n\pi}\int_0^{\pi}x\sin nx\,\mathrm{d}x\\&=-\frac{4}{n^2\pi}[x\cos nx]_0^{\pi}+\frac{4}{n^2\pi}\int_0^{\pi}\cos nx\,\mathrm{d}x\\&=\frac{4(-1)^{n-1}}{n^2}(n=1,2,3,\cdots).\end{aligned}$$

故$f(x)=F(x)=1-\dfrac{\pi^2}{3}+4\sum\limits_{n=1}^{\infty}\dfrac{(-1)^{n-1}}{n^2}\cos nx(0\leqslant x\leqslant\pi)$.

令$x=0$，则$f(0)=1-\dfrac{\pi^2}{3}+4\sum\limits_{n=1}^{\infty}\dfrac{(-1)^{n-1}}{n^2}$，从而$\sum\limits_{n=1}^{\infty}\dfrac{(-1)^{n-1}}{n^2}=\dfrac{\pi^2}{12}$.

2. 求傅里叶级数和函数的函数值

求傅里叶级数和函数的函数值主要利用狄利克雷收敛定理.

【例2】（99-1） 设$f(x)=\begin{cases}x, & 0\leqslant x\leqslant\dfrac{1}{2},\\ 2-2x, & \dfrac{1}{2}<x<1,\end{cases}$ $S(x)=\dfrac{a_0}{2}+\sum\limits_{n=1}^{\infty}a_n\cos n\pi x,-\infty<x<+\infty$，其中$a_n=2\int_0^1 f(x)\cos n\pi x\,\mathrm{d}x(n=0,1,2,\cdots)$，则$S\left(-\dfrac{5}{2}\right)$等于（　　）

(A) $\dfrac{1}{2}$.　(B) $-\dfrac{1}{2}$.　(C) $\dfrac{3}{4}$.　(D) $-\dfrac{3}{4}$.

【解】 由于$S(x)$是以2为周期的余弦级数的和函数，且为偶函数，故根据狄利克雷收敛定理，$S\left(-\dfrac{5}{2}\right)=S\left(-\dfrac{1}{2}\right)=S\left(\dfrac{1}{2}\right)=\dfrac{1}{2}\left[f\left(\dfrac{1}{2}^-\right)+f\left(\dfrac{1}{2}^+\right)\right]=\dfrac{1}{2}\left(\dfrac{1}{2}+1\right)=\dfrac{3}{4}$，选(C).

真题精选

1987—2014　　答案 P323

考点　傅里叶级数

1.（13-1） 设$f(x)=\left|x-\dfrac{1}{2}\right|$，$b_n=2\int_0^1 f(x)\sin n\pi x\,\mathrm{d}x(n=1,2,\cdots)$. 令$S(x)=\sum\limits_{n=1}^{\infty}b_n\sin n\pi x$，则$S\left(-\dfrac{9}{4}\right)=$（　　）

(A) $\dfrac{3}{4}$.　(B) $\dfrac{1}{4}$.　(C) $-\dfrac{1}{4}$.　(D) $-\dfrac{3}{4}$.

2.（03-1） 设$x^2=\sum\limits_{n=0}^{\infty}a_n\cos nx(-\pi\leqslant x\leqslant\pi)$，则$a_2=$______.

3.（92-1） 设$f(x)=\begin{cases}-1, & -\pi<x\leqslant 0,\\ 1+x^2, & 0<x\leqslant\pi,\end{cases}$ 则其以2π为周期的傅里叶级数在点$x=\pi$处收敛于______.

4.（91-1） 将函数$f(x)=2+|x|(-1\leqslant x\leqslant 1)$展开成以2为周期的傅里叶级数，并由此求级数$\sum\limits_{n=1}^{\infty}\dfrac{1}{n^2}$的和.

小　结

关于傅里叶级数的考题一般难度不高，只要复习了其表达式、系数以及狄利克雷收敛定理，就能够做对.

第二部分　线性代数

第一章 行 列 式

十年真题 2015—2024

答案 P324

考点 具体行列式的计算

1.（24-3） 设矩阵 $\boldsymbol{A}=\begin{pmatrix} a+1 & b & 3 \\ a & \frac{b}{2} & 1 \\ 1 & 1 & 2 \end{pmatrix}$，$M_{ij}$ 表示 $\boldsymbol{A}$ 的 i 行 j 列元素的余子式. 若 $|\boldsymbol{A}|=-\frac{1}{2}$，且 $-M_{21}+M_{22}-M_{23}=0$，则（　　）

(A) $a=0$ 或 $a=-\frac{3}{2}$.

(B) $a=0$ 或 $a=\frac{3}{2}$.

(C) $b=1$ 或 $b=-\frac{1}{2}$.

(D) $b=-1$ 或 $b=\frac{1}{2}$.

2.（21-2,3） 多项式 $f(x)=\begin{vmatrix} x & x & 1 & 2x \\ 1 & x & 2 & -1 \\ 2 & 1 & x & 1 \\ 2 & -1 & 1 & x \end{vmatrix}$ 中 x^3 项的系数为________.

3.（20-1,2,3） 行列式 $\begin{vmatrix} a & 0 & -1 & 1 \\ 0 & a & 1 & -1 \\ -1 & 1 & a & 0 \\ 1 & -1 & 0 & a \end{vmatrix}=$________.

4.（19-2） 已知矩阵 $\boldsymbol{A}=\begin{pmatrix} 1 & -1 & 0 & 0 \\ -2 & 1 & -1 & 1 \\ 3 & -2 & 2 & -1 \\ 0 & 0 & 3 & 4 \end{pmatrix}$，$A_{ij}$ 表示 $|\boldsymbol{A}|$ 中 (i,j) 元的代数余子式，则 $A_{11}-A_{12}=$________.

5.（16-1,3） 行列式 $\begin{vmatrix} \lambda & -1 & 0 & 0 \\ 0 & \lambda & -1 & 0 \\ 0 & 0 & \lambda & -1 \\ 4 & 3 & 2 & \lambda+1 \end{vmatrix}=$________.

6.（15-1） n 阶行列式 $\begin{vmatrix} 2 & 0 & \cdots & 0 & 2 \\ -1 & 2 & \cdots & 0 & 2 \\ \vdots & \vdots & & \vdots & \vdots \\ 0 & 0 & \cdots & 2 & 2 \\ 0 & 0 & \cdots & -1 & 2 \end{vmatrix}=$________.

考点分析

考　　点	大 纲 要 求	命 题 特 点
具体行列式的计算	1. 了解行列式的概念，掌握行列式的性质. 2. 会应用行列式的性质和行列式按行(列)展开定理计算行列式.	**1. 考试频率：**★★★☆☆ **2. 常考题型：**选择题、填空题 **3. 命题趋势：**具体行列式的计算是考研数学的基本功，不但经常单独考查，而且还会在向量、线性方程组、特征值等问题中涉及它.

知识梳理

考点 具体行列式的计算

1. 行列式的概念

n 阶行列式

$$|\boldsymbol{A}|=\begin{vmatrix} a_{11} & a_{12} & \cdots & a_{1n} \\ a_{21} & a_{22} & \cdots & a_{2n} \\ \vdots & \vdots & & \vdots \\ a_{n1} & a_{n2} & \cdots & a_{nn} \end{vmatrix}$$

可定义为 $|\boldsymbol{A}|=\sum(-1)^t a_{1p_1}a_{2p_2}\cdots a_{np_n}$，其中 t 为列标排列 $p_1p_2\cdots p_n$ 的逆序数.

【注】(i) 行列式表示数表中所有取自不同行不同列的元素乘积的代数和.

(ii) 对于 n 个不同的元素，先规定各个元素之间有一个标准次序(n 个不同的自然数可规定由小到大为标准次序)，在这 n 个元素的任一排列中，当某两个元素的先后次序与标准次序不同时，就说有 1 个逆序. 一个排列中所有逆序的总数称为这个排列的逆序数.

2. 行列式的性质

(1) 行列式与它的转置行列式相等.

(2) 互换行列式的两行(列)，行列式变号.

【注】若行列式有两行(列)完全相同，则此行列式等于零.

(3) 行列式的某一行中所有元素都乘以同一数 k，等于用

数 k 乘此行列式.

【注】(i) 行列式中某一行(列)所有元素的公因子可以提到行列式记号外面.

(ii) 行列式中若有两行(列)元素成比例,则此行列式等于零.

(4) 把行列式的某一行(列)的各元素乘以同一个数然后加到另一行(列)对应的元素上去,行列式不变.

(5) 若行列式的某一行(列)的元素都是两数之和,则此行列式等于相应的两个行列式之和. 例如,

$$\begin{vmatrix} a+b & c+d \\ e & f \end{vmatrix} = \begin{vmatrix} a & c \\ e & f \end{vmatrix} + ①\_\_\_\_\_\_.$$

3. 行列式的代数余子式

(1) 在 n 阶行列式中,把 a_{ij} 所在的第 i 行和第 j 列划去后,留下的 $n-1$ 阶行列式称为 a_{ij} 的余子式,记作 M_{ij}. $A_{ij}=$ ②______称为 a_{ij} 的代数余子式.

(2) 按行(列)展开法则:行列式等于它的任一行(列)的各元素与其对应的代数余子式乘积之和.

(3) 行列式某一行(列)的元素与另一行(列)的对应元素的代数余子式乘积之和等于零.

4. 特殊的行列式

(1) $\begin{vmatrix} a & b \\ c & d \end{vmatrix} =$ ③____________;

$$\begin{vmatrix} a_1 & a_2 & a_3 \\ b_1 & b_2 & b_3 \\ c_1 & c_2 & c_3 \end{vmatrix} = a_1b_2c_3+a_2b_3c_1+a_3b_1c_2-a_1b_3c_2-a_2b_1c_3-a_3b_2c_1.$$

(2) $$\begin{vmatrix} a_{11} & a_{12} & \cdots & a_{1n} \\ & a_{22} & \cdots & a_{2n} \\ & & \ddots & \vdots \\ & & & a_{nn} \end{vmatrix} = \begin{vmatrix} a_{11} & & & \\ a_{21} & a_{22} & & \\ \vdots & \vdots & \ddots & \\ a_{n1} & a_{n2} & \cdots & a_{nn} \end{vmatrix} =$$

④____________;

$$\begin{vmatrix} a_{11} & a_{12} & \cdots & a_{1,n-1} & a_{1n} \\ a_{21} & a_{22} & \cdots & a_{2,n-1} & 0 \\ \vdots & \vdots & & \vdots & \vdots \\ a_{n1} & 0 & \cdots & 0 & 0 \end{vmatrix} = \begin{vmatrix} 0 & \cdots & 0 & a_{1n} \\ 0 & \cdots & a_{2,n-1} & a_{2n} \\ \vdots & & \vdots & \vdots \\ a_{n1} & \cdots & a_{n,n-1} & a_{nn} \end{vmatrix} =$$

$$(-1)^{\frac{n(n-1)}{2}} a_{1n}a_{2,n-1}\cdots a_{n1}.$$

(3) 设 $\boldsymbol{A}$ 为 n 阶方阵,$\boldsymbol{B}$ 为 m 阶方阵,则

$$\begin{vmatrix} \boldsymbol{A} & * \\ \boldsymbol{O} & \boldsymbol{B} \end{vmatrix} = \begin{vmatrix} \boldsymbol{A} & \boldsymbol{O} \\ * & \boldsymbol{B} \end{vmatrix} = |\boldsymbol{A}|\cdot|\boldsymbol{B}|;$$

$$\begin{vmatrix} \boldsymbol{O} & \boldsymbol{A} \\ \boldsymbol{B} & * \end{vmatrix} = \begin{vmatrix} * & \boldsymbol{A} \\ \boldsymbol{B} & \boldsymbol{O} \end{vmatrix} = ⑤\_\_\_\_\_\_.$$

(4) $$\begin{vmatrix} 1 & 1 & \cdots & 1 \\ x_1 & x_2 & \cdots & x_n \\ x_1^2 & x_2^2 & \cdots & x_n^2 \\ \vdots & \vdots & & \vdots \\ x_1^{n-1} & x_2^{n-1} & \cdots & x_n^{n-1} \end{vmatrix} = \prod_{1\leqslant j<i\leqslant n}(x_i-x_j).$$

知识梳理 · 答案

① $\begin{vmatrix} b & d \\ e & f \end{vmatrix}$ ② $(-1)^{i+j}M_{ij}$ ③ $ad-bc$ ④ $a_{11}a_{22}\cdots a_{nn}$

⑤ $(-1)^{mn}|\boldsymbol{A}|\cdot|\boldsymbol{B}|$

方法探究

考点 具体行列式的计算

计算具体行列式主要有以下两个思路:

(1) 利用行列式的性质,或通过按行(列)展开,转化为特殊的行列式;

(2) 对于 n 阶行列式,可以考虑先通过按行(列)展开得到递推关系式,再利用递推法或数学归纳法.

【例 1】(1) n 阶行列式 $\begin{vmatrix} a & b & b & \cdots & b \\ b & a & b & \cdots & b \\ b & b & a & \cdots & b \\ \vdots & \vdots & \vdots & & \vdots \\ b & b & b & \cdots & a \end{vmatrix} =$ ______.

(2) **(91-5)** n 阶行列式 $\begin{vmatrix} a & b & 0 & \cdots & 0 & 0 \\ 0 & a & b & \cdots & 0 & 0 \\ 0 & 0 & a & \cdots & 0 & 0 \\ \vdots & \vdots & \vdots & & \vdots & \vdots \\ 0 & 0 & 0 & \cdots & a & b \\ b & 0 & 0 & \cdots & 0 & a \end{vmatrix} =$ ______.

【解】(1) $$\begin{vmatrix} a & b & b & \cdots & b \\ b & a & b & \cdots & b \\ b & b & a & \cdots & b \\ \vdots & \vdots & \vdots & & \vdots \\ b & b & b & \cdots & a \end{vmatrix}$$

$$= \begin{vmatrix} a+(n-1)b & a+(n-1)b & a+(n-1)b & \cdots & a+(n-1)b \\ b & a & b & \cdots & b \\ b & b & a & \cdots & b \\ \vdots & \vdots & \vdots & & \vdots \\ b & b & b & \cdots & a \end{vmatrix}$$

$$=[a+(n-1)b]\begin{vmatrix} 1 & 1 & 1 & \cdots & 1 \\ b & a & b & \cdots & b \\ b & b & a & \cdots & b \\ \vdots & \vdots & \vdots & & \vdots \\ b & b & b & \cdots & a \end{vmatrix}$$

$$=[a+(n-1)b]\begin{vmatrix} 1 & 1 & 1 & \cdots & 1 \\ 0 & a-b & 0 & \cdots & 0 \\ 0 & 0 & a-b & \cdots & 0 \\ \vdots & \vdots & \vdots & & \vdots \\ 0 & 0 & 0 & \cdots & a-b \end{vmatrix}$$

$$=[a+(n-1)b](a-b)^{n-1}.$$

(2) 按第 1 列展开，则

$$\text{原式}=a\begin{vmatrix} a & b & \cdots & 0 & 0\\ 0 & a & \cdots & 0 & 0\\ \vdots & \vdots & & \vdots & \vdots\\ 0 & 0 & \cdots & a & b\\ 0 & 0 & \cdots & 0 & a\end{vmatrix}_{(n-1)\times(n-1)}+$$

$$b(-1)^{n+1}\begin{vmatrix} b & 0 & \cdots & 0 & 0\\ a & b & \cdots & 0 & 0\\ 0 & a & \cdots & 0 & 0\\ \vdots & \vdots & & \vdots & \vdots\\ 0 & 0 & \cdots & a & b\end{vmatrix}_{(n-1)\times(n-1)}$$

$$=a^n+(-1)^{n+1}b^n.$$

【例 2】(1) n 阶行列式

$$\begin{vmatrix} 1 & -1 & & & & \\ 2 & a & -1 & & & \\ 3 & & a & -1 & & \\ \vdots & & & \ddots & \ddots & \\ n-1 & & & & a & -1\\ n & & & & & a\end{vmatrix}=\_\_\_\_\_\_.$$

(2)(**08-1,2,3-局部**) 证明 n 阶行列式

$$\begin{vmatrix} 2a & 1 & & & & \\ a^2 & 2a & 1 & & & \\ & a^2 & 2a & 1 & & \\ & & \ddots & \ddots & \ddots & \\ & & & a^2 & 2a & 1\\ & & & & a^2 & 2a\end{vmatrix}=(n+1)a^n.$$

(1)**【解】法一（递推法）**：记原式为 D_n，按第 n 行展开，则

$$D_n=n(-1)^{n+1}\begin{vmatrix} -1 & & & & \\ a & -1 & & & \\ & a & -1 & & \\ & & \ddots & \ddots & \\ & & & a & -1\end{vmatrix}_{(n-1)\times(n-1)}+$$

$$a(-1)^{2n}\begin{vmatrix} 1 & -1 & & & \\ 2 & a & -1 & & \\ \vdots & & \ddots & \ddots & \\ n-2 & & & a & -1\\ n-1 & & & & a\end{vmatrix}_{(n-1)\times(n-1)}$$

$$=n+aD_{n-1}=n+a(n-1)+a^2D_{n-2}$$

$$=n+a(n-1)+a^2(n-2)+a^3D_{n-3}=\cdots$$

$$=n+a(n-1)+a^2(n-2)+\cdots+a^{n-2}\cdot 2+a^{n-1}D_1$$

$$=a^{n-1}+2a^{n-2}+\cdots+(n-1)a+n.$$

法二：

$$\begin{vmatrix} 1 & -1 & & & & \\ 2 & a & -1 & & & \\ 3 & & a & -1 & & \\ \vdots & & & \ddots & \ddots & \\ n-1 & & & & a & -1\\ n & & & & & a\end{vmatrix}$$

$$\overset{r_2+ar_1}{=\!=\!=}\begin{vmatrix} 1 & -1 & & & & \\ a+2 & 0 & -1 & & & \\ 3 & & a & -1 & & \\ \vdots & & & \ddots & \ddots & \\ n-1 & & & & a & -1\\ n & & & & & a\end{vmatrix}$$

$$\overset{r_3+ar_2}{=\!=\!=}\begin{vmatrix} 1 & -1 & & & & \\ a+2 & 0 & -1 & & & \\ a^2+2a+3 & & 0 & -1 & & \\ \vdots & & & \ddots & \ddots & \\ n-1 & & & & a & -1\\ n & & & & & a\end{vmatrix}$$

$$=\cdots$$

$$\overset{r_n+ar_{n-1}}{=\!=\!=}\begin{vmatrix} 1 & -1 & & & & \\ a+2 & 0 & -1 & & & \\ a^2+2a+3 & & 0 & -1 & & \\ \vdots & & & \ddots & \ddots & \\ a^{n-2}+2a^{n-3}+\cdots+(n-2)a+n-1 & & & & 0 & -1\\ a^{n-1}+2a^{n-2}+\cdots+(n-1)a+n & & & & & 0\end{vmatrix}$$

$$\overset{\text{按}r_n\text{展开}}{=\!=\!=}[a^{n-1}+2a^{n-2}+\cdots+(n-1)a+n](-1)^{n+1}(-1)^{n-1}$$

$$=a^{n-1}+2a^{n-2}+\cdots+(n-1)a+n.$$

(2)**【证】法一（数学归纳法）**：记原式为 D_n，按第 1 行展开，则

$$D_n=2a\begin{vmatrix} 2a & 1 & & & & \\ a^2 & 2a & 1 & & & \\ & a^2 & 2a & 1 & & \\ & & \ddots & \ddots & \ddots & \\ & & & a^2 & 2a & 1\\ & & & & a^2 & 2a\end{vmatrix}_{(n-1)\times(n-1)}-$$

$$\begin{vmatrix} a^2 & 1 & & & & \\ & 2a & 1 & & & \\ & a^2 & 2a & 1 & & \\ & & \ddots & \ddots & \ddots & \\ & & & a^2 & 2a & 1\\ & & & & a^2 & 2a\end{vmatrix}_{(n-1)\times(n-1)}$$

$$=2aD_{n-1}-a^2\begin{vmatrix} 2a & 1 & & & \\ a^2 & 2a & 1 & & \\ & \ddots & \ddots & \ddots & \\ & & a^2 & 2a & 1\\ & & & a^2 & 2a\end{vmatrix}_{(n-2)\times(n-2)}$$

$$=2aD_{n-1}-a^2D_{n-2}.$$

当 $n=1$ 时，$D_1=2a$，结论正确；

当 $n=2$ 时，$D_2=\begin{vmatrix} 2a & 1\\ a^2 & 2a\end{vmatrix}=3a^2$，结论正确。

假设当 $n<k$ 时，结论正确，则当 $n=k-1$ 时，$D_{k-1}=ka^{k-1}$；当 $n=k-2$ 时，$D_{k-2}=(k-1)a^{k-2}$。

于是当 $n=k$ 时，

$$D_k=2aD_{k-1}-a^2D_{k-2}$$

$$=2a\cdot ka^{k-1}-a^2\cdot(k-1)a^{k-2}=(k+1)a^k,$$

即 $D_n=(n+1)a^n$。

法二：
$$\begin{vmatrix} 2a & 1 & & & & \\ a^2 & 2a & 1 & & & \\ & a^2 & 2a & 1 & & \\ & & \ddots & \ddots & \ddots & \\ & & & a^2 & 2a & 1 \\ & & & & a^2 & 2a \end{vmatrix}$$

$$\xlongequal{r^2-\frac{1}{2}ar_1}\begin{vmatrix} 2a & 1 & & & & \\ 0 & \frac{3}{2}a & 1 & & & \\ & a^2 & 2a & 1 & & \\ & & \ddots & \ddots & \ddots & \\ & & & a^2 & 2a & 1 \\ & & & & a^2 & 2a \end{vmatrix}$$

$$\xlongequal{r_3-\frac{2}{3}ar_2}\begin{vmatrix} 2a & 1 & & & & \\ & \frac{3}{2}a & 1 & & & \\ & 0 & \frac{4}{3}a & 1 & & \\ & & \ddots & \ddots & \ddots & \\ & & & a^2 & 2a & 1 \\ & & & & a^2 & 2a \end{vmatrix}$$

$=\cdots$

$$\xlongequal{r_n-\frac{n-1}{n}ar_{n-1}}\begin{vmatrix} 2a & 1 & & & & \\ & \frac{3}{2}a & 1 & & & \\ & & \frac{4}{3}a & 1 & & \\ & & & \ddots & \ddots & \\ & & & & \frac{n}{n-1}a & 1 \\ & & & & & \frac{(n+1)}{n}a \end{vmatrix}$$

$=(n+1)a^n$.

【注】 若 n 阶行列式 D_n 与 D_{n-1}，D_{n-2} 都有关，则利用数学归纳法来证明 D_n 的值可遵循如下步骤：

(i) 证明当 $n=1$，$n=2$ 时，结论正确；

(ii) 假设当 $n<k$ 时，结论正确；

(iii) 证明当 $n=k$ 时，结论正确(须用到(ii) 中的假设).

真题精选 1987 — 2014

答案 P325

考点　具体行列式的计算

1.（14-1,2,3） 行列式 $\begin{vmatrix} 0 & a & b & 0 \\ a & 0 & 0 & b \\ 0 & c & d & 0 \\ c & 0 & 0 & d \end{vmatrix}=(\quad)$

(A) $(ad-bc)^2$.　　(B) $-(ad-bc)^2$.

(C) $a^2d^2-b^2c^2$.　　(D) $b^2c^2-a^2d^2$.

2.（99-2） 记行列式 $\begin{vmatrix} x-2 & x-1 & x-2 & x-3 \\ 2x-2 & 2x-1 & 2x-2 & 2x-3 \\ 3x-3 & 3x-2 & 4x-5 & 3x-5 \\ 4x & 4x-3 & 5x-7 & 4x-3 \end{vmatrix}$ 为 $f(x)$，则方程 $f(x)=0$ 的根的个数为(　　)

(A) 1.　　(B) 2.　　(C) 3.　　(D) 4.

3.（96-5） 5 阶行列式 $\begin{vmatrix} 1-a & a & 0 & 0 & 0 \\ -1 & 1-a & a & 0 & 0 \\ 0 & -1 & 1-a & a & 0 \\ 0 & 0 & -1 & 1-a & a \\ 0 & 0 & 0 & -1 & 1-a \end{vmatrix}=$ ________.

4.（12-1,2,3-局部） 设 $\boldsymbol{A}=\begin{pmatrix} 1 & a & 0 & 0 \\ 0 & 1 & a & 0 \\ 0 & 0 & 1 & a \\ a & 0 & 0 & 1 \end{pmatrix}$，计算行列式 $|\boldsymbol{A}|$.

小　结

近年来，直接考查具体行列式计算的频率有所上升. 考生尤其要注意递推法(比如 2015 年数学一的填空题，这道题只有 25.7%的考生做对)和数学归纳法(比如 2008 年数学一、二、三的解答题)的使用，而形如 $\begin{vmatrix} \boldsymbol{A} & * \\ \boldsymbol{O} & \boldsymbol{B} \end{vmatrix}$、$\begin{vmatrix} \boldsymbol{A} & \boldsymbol{O} \\ * & \boldsymbol{B} \end{vmatrix}$、$\begin{vmatrix} \boldsymbol{O} & \boldsymbol{A} \\ \boldsymbol{B} & * \end{vmatrix}$、$\begin{vmatrix} * & \boldsymbol{A} \\ \boldsymbol{B} & \boldsymbol{O} \end{vmatrix}$ 的行列式也是经常考查的. 此外，(代数)余子式之和能转化为一个等值行列式来计算(比如 2024 年数学三的选择题和 2019 年数学二的填空题).

在后面几章的考题中，会经常涉及例 1 中这两种行列式的计算，它们是在考研中出现频率最高的行列式.

第二章 矩　　阵

十年真题 2015—2024

答案 P325

考点一 矩阵的运算

1. **(23-2,3)** 设 $\boldsymbol{A},\boldsymbol{B}$ 为 n 阶可逆矩阵，$\boldsymbol{E}$ 为 n 阶单位矩阵，$\boldsymbol{M}^*$ 为矩阵 $\boldsymbol{M}$ 的伴随矩阵，则 $\begin{pmatrix}\boldsymbol{A} & \boldsymbol{E}\\ \boldsymbol{O} & \boldsymbol{B}\end{pmatrix}^*=$(　　)

(A) $\begin{pmatrix}|\boldsymbol{A}|\boldsymbol{B}^* & -\boldsymbol{B}^*\boldsymbol{A}^*\\ \boldsymbol{O} & |\boldsymbol{B}|\boldsymbol{A}^*\end{pmatrix}$. (B) $\begin{pmatrix}|\boldsymbol{A}|\boldsymbol{B}^* & -\boldsymbol{A}^*\boldsymbol{B}^*\\ \boldsymbol{O} & |\boldsymbol{B}|\boldsymbol{A}^*\end{pmatrix}$.

(C) $\begin{pmatrix}|\boldsymbol{B}|\boldsymbol{A}^* & -\boldsymbol{B}^*\boldsymbol{A}^*\\ \boldsymbol{O} & |\boldsymbol{A}|\boldsymbol{B}^*\end{pmatrix}$. (D) $\begin{pmatrix}|\boldsymbol{B}|\boldsymbol{A}^* & -\boldsymbol{A}^*\boldsymbol{B}^*\\ \boldsymbol{O} & |\boldsymbol{A}|\boldsymbol{B}^*\end{pmatrix}$.

2. **(21-2,3)** 已知矩阵 $\boldsymbol{A}=\begin{pmatrix}1 & 0 & -1\\ 2 & -1 & 1\\ -1 & 2 & -5\end{pmatrix}$. 若下三角可逆矩阵 $\boldsymbol{P}$ 和上三角可逆矩阵 $\boldsymbol{Q}$，使得 $\boldsymbol{PAQ}$ 为对角矩阵，则 $\boldsymbol{P},\boldsymbol{Q}$ 可以分别取(　　)

(A) $\begin{pmatrix}1 & 0 & 0\\ 0 & 1 & 0\\ 0 & 0 & 1\end{pmatrix},\begin{pmatrix}1 & 0 & 1\\ 0 & 1 & 3\\ 0 & 0 & 1\end{pmatrix}$.

(B) $\begin{pmatrix}1 & 0 & 0\\ 2 & -1 & 0\\ -3 & 2 & 1\end{pmatrix},\begin{pmatrix}1 & 0 & 0\\ 0 & 1 & 0\\ 0 & 0 & 1\end{pmatrix}$.

(C) $\begin{pmatrix}1 & 0 & 0\\ 2 & -1 & 0\\ -3 & 2 & 1\end{pmatrix},\begin{pmatrix}1 & 0 & 1\\ 0 & 1 & 3\\ 0 & 0 & 1\end{pmatrix}$.

(D) $\begin{pmatrix}1 & 0 & 0\\ 0 & 1 & 0\\ 1 & 3 & 1\end{pmatrix},\begin{pmatrix}1 & 2 & -3\\ 0 & -1 & 2\\ 0 & 0 & 1\end{pmatrix}$.

3. **(24-1)** 已知 $\boldsymbol{A}=\begin{pmatrix}a+1 & a\\ a & a\end{pmatrix}$，对于任意向量 $\boldsymbol{\alpha}=\begin{pmatrix}x_1\\ x_2\end{pmatrix},\boldsymbol{\beta}=\begin{pmatrix}y_1\\ y_2\end{pmatrix}$，都有

$$(\boldsymbol{\alpha}^{\mathrm{T}}\boldsymbol{A}\boldsymbol{\beta})^2\leqslant\boldsymbol{\alpha}^{\mathrm{T}}\boldsymbol{A}\boldsymbol{\alpha}\cdot\boldsymbol{\beta}^{\mathrm{T}}\boldsymbol{A}\boldsymbol{\beta},$$

则 a 的取值范围为________.

4. **(22-1)** 已知矩阵 $\boldsymbol{A}$ 和 $\boldsymbol{E}-\boldsymbol{A}$ 可逆，其中 $\boldsymbol{E}$ 为单位矩阵. 若矩阵 $\boldsymbol{B}$ 满足 $[\boldsymbol{E}-(\boldsymbol{E}-\boldsymbol{A})^{-1}]\boldsymbol{B}=\boldsymbol{A}$，则 $\boldsymbol{B}-\boldsymbol{A}=$________.

考点二 矩阵的初等变换与初等矩阵

1. **(24-2,3)** 设 $\boldsymbol{A}$ 为 3 阶矩阵，$\boldsymbol{P}=\begin{pmatrix}1 & 0 & 0\\ 0 & 1 & 0\\ 1 & 0 & 1\end{pmatrix}$. 若 $\boldsymbol{P}^{\mathrm{T}}\boldsymbol{A}\boldsymbol{P}^2=\begin{pmatrix}a+2c & 0 & c\\ 0 & b & 0\\ 2c & 0 & c\end{pmatrix}$，则 $\boldsymbol{A}=$(　　)

(A) $\begin{pmatrix}c & 0 & 0\\ 0 & a & 0\\ 0 & 0 & b\end{pmatrix}$.　　(B) $\begin{pmatrix}b & 0 & 0\\ 0 & c & 0\\ 0 & 0 & a\end{pmatrix}$.

(C) $\begin{pmatrix}a & 0 & 0\\ 0 & b & 0\\ 0 & 0 & c\end{pmatrix}$.　　(D) $\begin{pmatrix}c & 0 & 0\\ 0 & b & 0\\ 0 & 0 & a\end{pmatrix}$.

2. **(20-1)** 若矩阵 $\boldsymbol{A}$ 经初等列变换化成 $\boldsymbol{B}$，则(　　)

(A) 存在矩阵 $\boldsymbol{P}$，使得 $\boldsymbol{PA}=\boldsymbol{B}$.

(B) 存在矩阵 $\boldsymbol{P}$，使得 $\boldsymbol{BP}=\boldsymbol{A}$.

(C) 存在矩阵 $\boldsymbol{P}$，使得 $\boldsymbol{PB}=\boldsymbol{A}$.

(D) 方程组 $\boldsymbol{Ax}=\boldsymbol{0}$ 与 $\boldsymbol{Bx}=\boldsymbol{0}$ 同解.

3. **(22-2,3)** 设 $\boldsymbol{A}$ 为 3 阶矩阵，交换 $\boldsymbol{A}$ 的第 2 行和第 3 行，再将第 2 列的 -1 倍加到第 1 列，得到 $\begin{pmatrix}-2 & 1 & -1\\ 1 & -1 & 0\\ -1 & 0 & 0\end{pmatrix}$，则 $\boldsymbol{A}^{-1}$ 的迹 $tr(\boldsymbol{A}^{-1})=$________.

考点三 矩阵的秩与等价

1. **(24-2)** 设 $\boldsymbol{A}$ 为 4 阶矩阵，$\boldsymbol{A}^*$ 为 $\boldsymbol{A}$ 的伴随矩阵. 若 $\boldsymbol{A}(\boldsymbol{A}-\boldsymbol{A}^*)=\boldsymbol{O}$，且 $\boldsymbol{A}\neq\boldsymbol{A}^*$，则 $r(\boldsymbol{A})$ 可能为(　　)

(A) 0 或 1.　　(B) 1 或 3.

(C) 2 或 3.　　(D) 1 或 2.

2. **(16-2)** 设矩阵 $\begin{pmatrix}a & -1 & -1\\ -1 & a & -1\\ -1 & -1 & a\end{pmatrix}$ 与 $\begin{pmatrix}1 & 1 & 0\\ 0 & -1 & 1\\ 1 & 0 & 1\end{pmatrix}$ 等价，则 $a=$________.

考点分析

考　点	大 纲 要 求	命 题 特 点
一、矩阵的运算	1. 理解矩阵的概念，了解单位矩阵、对角矩阵和对称矩阵. 2. 掌握矩阵的加法、数乘、乘法、转置以及它们的运算规律，了解方阵的幂与方阵乘积的行列式的性质. 3. 理解逆矩阵的概念，掌握逆矩阵的性质以及矩阵可逆的充分必要条件，理解伴随矩阵的概念. 4. 了解分块矩阵及其运算.	**1. 考试频率**：★★★☆☆ **2. 常考题型**：选择题、填空题 **3. 命题趋势**：矩阵的运算近几年考查频率有所回升；矩阵的初等变换是考研数学的基本功，应用极其广泛；矩阵的秩是考研数学的重点，也是难点，经常与其他问题相结合进行考查.
二、矩阵的初等变换与初等矩阵	理解矩阵初等变换的概念，了解初等矩阵的性质，掌握用初等变换求逆矩阵的方法.	
三、矩阵的秩与等价	理解矩阵的秩的概念，了解矩阵等价的概念，掌握用初等变换求矩阵的秩的方法.	

知识梳理

考点一　矩阵的运算

1. 矩阵的概念

由 $m\times n$ 个数排成的一张 m 行 n 列的矩形表格

$$\boldsymbol{A}=\begin{pmatrix} a_{11} & a_{12} & \cdots & a_{1n} \\ a_{21} & a_{22} & \cdots & a_{2n} \\ \vdots & \vdots & & \vdots \\ a_{m1} & a_{m2} & \cdots & a_{mn} \end{pmatrix}$$

称为 $m\times n$ 矩阵，记作 $\boldsymbol{A}=(a_{ij})_{m\times n}(i=1,2,\cdots,m;\ j=1,2,\cdots,n)$.

【注】(i) 行数与列数都等于 n 的矩阵称为 n 阶矩阵或 n 阶方阵.

(ii) 所有元素都为 0 的矩阵称为零矩阵，一般记作 $\boldsymbol{O}$；主对角线元素全为 1，其余元素全为 0 的方阵称为单位矩阵，一般记作 $\boldsymbol{E}$；主对角线元素全相同，其余元素全为 0 的方阵称为数量矩阵；不在主对角线上的元素都是 0 的方阵称为对角矩阵.

(iii) 若两个矩阵的行数相等、列数也相等，则称它们是同型矩阵. 若两个同型矩阵的对应元素相等，则称它们相等.

2. 矩阵的加法、数乘和乘法

(1) 设 $\boldsymbol{A}=\begin{pmatrix} a_{11} & a_{12} & \cdots & a_{1n} \\ a_{21} & a_{22} & \cdots & a_{2n} \\ \vdots & \vdots & & \vdots \\ a_{m1} & a_{m2} & \cdots & a_{mn} \end{pmatrix}$，$\boldsymbol{B}=\begin{pmatrix} b_{11} & b_{12} & \cdots & b_{1n} \\ b_{21} & b_{22} & \cdots & b_{2n} \\ \vdots & \vdots & & \vdots \\ b_{m1} & b_{m2} & \cdots & b_{mn} \end{pmatrix}$，

则 $\boldsymbol{A}+\boldsymbol{B}=\begin{pmatrix} a_{11}+b_{11} & a_{12}+b_{12} & \cdots & a_{1n}+b_{1n} \\ a_{21}+b_{21} & a_{22}+b_{22} & \cdots & a_{2n}+b_{2n} \\ \vdots & \vdots & & \vdots \\ a_{m1}+b_{m1} & a_{m2}+b_{m2} & \cdots & a_{mn}+b_{mn} \end{pmatrix}$.

(2) 设 $\boldsymbol{A}=\begin{pmatrix} a_{11} & a_{12} & \cdots & a_{1n} \\ a_{21} & a_{22} & \cdots & a_{2n} \\ \vdots & \vdots & & \vdots \\ a_{m1} & a_{m2} & \cdots & a_{mn} \end{pmatrix}$，$\lambda$ 为常数，则

$$\lambda\boldsymbol{A}=\boldsymbol{A}\lambda=\begin{pmatrix} \lambda a_{11} & \lambda a_{12} & \cdots & \lambda a_{1n} \\ \lambda a_{21} & \lambda a_{22} & \cdots & \lambda a_{2n} \\ \vdots & \vdots & & \vdots \\ \lambda a_{m1} & \lambda a_{m2} & \cdots & \lambda a_{mn} \end{pmatrix}.$$

(3) 设 $\boldsymbol{A}_{m\times s}=(a_{ij})$，$\boldsymbol{B}_{s\times n}=(b_{ij})$，则

$$\boldsymbol{A}_{m\times s}\boldsymbol{B}_{s\times n}=\boldsymbol{C}_{m\times n}=(c_{ij}),$$

其中 $c_{ij}=$①________________ $(i=1,2,\cdots,m;\ j=1,2,\cdots,n)$.

$$i\begin{pmatrix} \cdots & \cdots & \cdots & \cdots \\ a_{i1} & a_{i2} & \cdots & a_{is} \\ \cdots & \cdots & \cdots & \cdots \end{pmatrix}\overset{j}{\begin{pmatrix} \vdots & b_{1j} & \vdots \\ \vdots & b_{2j} & \vdots \\ \vdots & \vdots & \vdots \\ \vdots & b_{sj} & \vdots \end{pmatrix}}=\overset{j}{\begin{pmatrix} & \vdots & \\ \cdots & c_{ij} & \cdots \\ & \vdots & \end{pmatrix}}i$$

$m\times s$　　　　$s\times n$　　　　$m\times n$

【注】一般情况下，

(i) $\boldsymbol{AB}\neq\boldsymbol{BA}$；

(ii) $\boldsymbol{AB}=\boldsymbol{O},\boldsymbol{A}\neq\boldsymbol{O}\not\Rightarrow\boldsymbol{B}=\boldsymbol{O}$；

(iii) $\boldsymbol{AC}=\boldsymbol{BC},\boldsymbol{C}\neq\boldsymbol{O}\not\Rightarrow\boldsymbol{A}=\boldsymbol{B}$.

3. 转置矩阵

(1) 把矩阵 $\boldsymbol{A}$ 的行换成同序数的列得到一个新矩阵，称为 $\boldsymbol{A}$ 的转置矩阵，记作 $\boldsymbol{A}^{\mathrm{T}}$.

(2) 转置矩阵的性质：

1) $(\boldsymbol{A}+\boldsymbol{B})^{\mathrm{T}}=\boldsymbol{A}^{\mathrm{T}}+\boldsymbol{B}^{\mathrm{T}}$；

2) $(\lambda\boldsymbol{A})^{\mathrm{T}}=\lambda\boldsymbol{A}^{\mathrm{T}}$；

3) $(\boldsymbol{AB})^{\mathrm{T}}=$②________.

(3) 若③________，则称 $\boldsymbol{A}$ 为对称矩阵；若 $\boldsymbol{A}^{\mathrm{T}}=-\boldsymbol{A}$，则称 $\boldsymbol{A}$ 为反对称矩阵.

4. 方阵的行列式

(1) 由 n 阶方阵 $\boldsymbol{A}$ 的元素所构成的行列式(各元素的位置不变)，称为方阵 $\boldsymbol{A}$ 的行列式，记作 $|\boldsymbol{A}|$.

(2) 方阵的行列式的性质：设 $\boldsymbol{A}$ 为 n 阶方阵，

1) $|\boldsymbol{A}^{\mathrm{T}}|=|\boldsymbol{A}|$；

2) $|\boldsymbol{AB}|=|\boldsymbol{A}||\boldsymbol{B}|$；

3) $|\lambda\boldsymbol{A}|=$④________.

5. 伴随矩阵

(1) $|\boldsymbol{A}|$的各个元素 a_{ij} 的代数余子式 A_{ij} 所构成的矩阵

$$\boldsymbol{A}^{*}=\begin{pmatrix} A_{11} & A_{21} & \cdots & A_{n1} \\ A_{12} & A_{22} & \cdots & A_{n2} \\ \vdots & \vdots & & \vdots \\ A_{1n} & A_{2n} & \cdots & A_{nn} \end{pmatrix}$$

称为方阵 $\boldsymbol{A}$ 的伴随矩阵.

(2) $\boldsymbol{A}^{*}=\boldsymbol{A}^{\mathrm{T}}\Leftrightarrow A_{ij}=$⑤________.

(3) 伴随矩阵的性质：设 $\boldsymbol{A}$ 为 n 阶方阵，

1) $\boldsymbol{AA}^{*}=\boldsymbol{A}^{*}\boldsymbol{A}=|\boldsymbol{A}|\boldsymbol{E}$；

2) $|\boldsymbol{A}^{*}|=$⑥________ $(n\geqslant2)$；

3) $(\boldsymbol{A}^{\mathrm{T}})^{*}=(\boldsymbol{A}^{*})^{\mathrm{T}}$；

4) $(\boldsymbol{AB})^{*}=$⑦________；

5) $(\lambda\boldsymbol{A})^{*}=\lambda^{n-1}\boldsymbol{A}^{*}\ (n\geqslant2)$；

6) $(\boldsymbol{A}^{*})^{*}=$⑧________ $(n\geqslant3)$.

6. 逆矩阵

(1) 设 $\boldsymbol{A},\boldsymbol{B}$ 为方阵，若 $\boldsymbol{AB}=\boldsymbol{E}$ 或 $\boldsymbol{BA}=\boldsymbol{E}$，则 $\boldsymbol{A}$ 可逆，且 $\boldsymbol{B}$ 为 $\boldsymbol{A}$ 的逆矩阵，记作 $\boldsymbol{B}=\boldsymbol{A}^{-1}$.

(2) $\boldsymbol{A}$ 可逆 $\Leftrightarrow|\boldsymbol{A}|$⑨________.

(3) 逆矩阵的性质：设 $\boldsymbol{A},\boldsymbol{B}$ 可逆，则

1) $\boldsymbol{A}^{*}=|\boldsymbol{A}|\boldsymbol{A}^{-1}$；

2) $|\boldsymbol{A}^{-1}|=\dfrac{1}{|\boldsymbol{A}|}$；

3) $(\boldsymbol{A}^{\mathrm{T}})^{-1}=(\boldsymbol{A}^{-1})^{\mathrm{T}}$；

4) $(\boldsymbol{AB})^{-1}=$⑩________；

5) $(\lambda\boldsymbol{A})^{-1}=\dfrac{1}{\lambda}\boldsymbol{A}^{-1}\ (\lambda\neq0)$.

【注】(i) 可逆矩阵又称为非奇异矩阵，不可逆的矩阵又称为奇异矩阵.

(ii) 一般情况下，$|A+B|\neq|A|+|B|$，$(A+B)^{-1}\neq A^{-1}+B^{-1}$，$(A+B)^{*}\neq A^{*}+B^{*}$.

7. 分块矩阵的运算

设下列运算都能进行.

(1) $\begin{pmatrix}A_1 & A_2\\ A_3 & A_4\end{pmatrix}+\begin{pmatrix}B_1 & B_2\\ B_3 & B_4\end{pmatrix}=\begin{pmatrix}A_1+B_1 & A_2+B_2\\ A_3+B_3 & A_4+B_4\end{pmatrix}$.

(2) $\lambda\begin{pmatrix}A & B\\ C & D\end{pmatrix}=\begin{pmatrix}\lambda A & \lambda B\\ \lambda C & \lambda D\end{pmatrix}$.

(3) $\begin{pmatrix}A & B\\ C & D\end{pmatrix}\begin{pmatrix}X & Y\\ Z & W\end{pmatrix}=$⑪____________.

(4) $\begin{pmatrix}A & B\\ C & D\end{pmatrix}^{\mathrm{T}}=\begin{pmatrix}A^{\mathrm{T}} & C^{\mathrm{T}}\\ B^{\mathrm{T}} & D^{\mathrm{T}}\end{pmatrix}$.

(5) $\begin{pmatrix}A & O\\ O & B\end{pmatrix}^{n}=\begin{pmatrix}A^{n} & O\\ O & B^{n}\end{pmatrix}$.

(6) $\begin{pmatrix}A & C\\ O & B\end{pmatrix}^{-1}=\begin{pmatrix}A^{-1} & -A^{-1}CB^{-1}\\ O & B^{-1}\end{pmatrix}$，$\begin{pmatrix}A & O\\ C & B\end{pmatrix}^{-1}=\begin{pmatrix}A^{-1} & O\\ -B^{-1}CA^{-1} & B^{-1}\end{pmatrix}$；$\begin{pmatrix}C & A\\ B & O\end{pmatrix}^{-1}=\begin{pmatrix}O & B^{-1}\\ A^{-1} & -A^{-1}CB^{-1}\end{pmatrix}$，$\begin{pmatrix}O & A\\ B & C\end{pmatrix}^{-1}=$⑫____________.

考点二 矩阵的初等变换与初等矩阵

1. 矩阵的初等变换

下面三种变换称为矩阵的初等变换：

(1) 对调两行(列)；

(2) 以数 $k\neq0$ 乘某一行(列)中所有元素；

(3) 把某一行(列)所有元素的 k 倍加到另一行(列)对应的元素上去.

2. 初等矩阵

(1) 由单位矩阵经过一次初等变换得到的矩阵称为初等矩阵.

(2) 某矩阵左乘初等矩阵，相当于该矩阵作相应的初等⑬______变换；某矩阵右乘初等矩阵，相当于该矩阵作相应的初等⑭______变换.(填“行”或“列”)

(3) 初等矩阵可逆，其逆矩阵仍是同类型的初等矩阵，比如$\begin{pmatrix}1 & 0 & 0\\ 0 & 1 & 0\\ 0 & 0 & k\end{pmatrix}^{-1}=$⑮______ $(k\neq0)$，$\begin{pmatrix}0 & 0 & 1\\ 0 & 1 & 0\\ 1 & 0 & 0\end{pmatrix}^{-1}=\begin{pmatrix}0 & 0 & 1\\ 0 & 1 & 0\\ 1 & 0 & 0\end{pmatrix}$，$\begin{pmatrix}1 & 0 & 0\\ 0 & 1 & k\\ 0 & 0 & 1\end{pmatrix}^{-1}=$⑯______.

考点三 矩阵的秩与等价

1. 矩阵的秩

(1) 在矩阵 A 中，

$\begin{cases}1)\ 有\ r\ 阶子式\ D_r\ 不为零,\\ 2)\ 所有\ r+1\ 阶子式(若存在)全为零\end{cases}$

$\Leftrightarrow\begin{cases}1)\ A\ 的秩\ r(A)=r,\\ 2)\ 行列式\ D_r\ 为\ A\ 的一个最高阶非零子式.\end{cases}$

【注】在 $m\times n$ 矩阵 A 中，任取 k 行与 k 列 $(k\leqslant m,k\leqslant n)$，位于这些行列交叉处的 k^2 个元素，不改变它们在 A 中所处的位置次序而得的 k 阶行列式，称为矩阵 A 的 k 阶子式.

(2) 矩阵的秩等于该矩阵经初等行变换变成的行阶梯形矩阵的非零行行数.

【注】行阶梯形矩阵的特点为：可画出一条阶梯线，线的下方全为0；每个台阶只有一行，台阶数就是非零行的行数；台阶线的竖线(每段竖线长度为一行)后面的第一个元素为非零元. 若行阶梯形矩阵满足：各非零行第一个非零元都为1；这些非零元所在列其他元素都为0，则它称为行最简形矩阵.

(3) 矩阵的秩的性质：

1) $0\leqslant r(A_{m\times n})\leqslant\min\{m,n\}$；

2) $r(kA)=r(A),k\neq0$；

3) $\max\{r(A),r(B)\}\leqslant r(A,B)\leqslant r(A)+r(B)$；

4) $r\begin{pmatrix}A & O\\ O & B\end{pmatrix}=r(A)+r(B)$；

5) $r(A+B)\leqslant$⑰______；

6) $r(A^{\mathrm{T}})=r(A)$；

7) $r(PAQ)=$⑱______，P,Q 可逆；

8) $r(AB)\leqslant\min\{r(A),r(B)\}$；

9) $r(A^{\mathrm{T}}A)=$⑲______；

10) 若 $A_{m\times n}B_{n\times s}=O$，则 $r(A)+r(B)\leqslant n$；

11) $r(A^{*})=\begin{cases}n, & r(A)=n,\\ 1, & r(A)=n-1,\\ 0, & r(A)<n-1\end{cases}$ (A 为 n 阶矩阵，且 $n\geqslant2$).

2. 矩阵的等价

A,B 等价

$\Leftrightarrow A$ 能经有限次初等变换变成 B

$\Leftrightarrow$存在 P,Q 可逆，使得⑳______

$\Leftrightarrow r(A)=r(B)$，且 A,B 为同型矩阵.

知识梳理 · 答案

① $a_{i1}b_{1j}+a_{i2}b_{2j}+\cdots+a_{is}b_{sj}$ ② $B^{\mathrm{T}}A^{\mathrm{T}}$ ③ $A^{\mathrm{T}}=A$
④ $\lambda^{n}|A|$ ⑤ a_{ij} ⑥ $|A|^{n-1}$ ⑦ $B^{*}A^{*}$ ⑧ $|A|^{n-2}A$
⑨ $\neq0$ ⑩ $B^{-1}A^{-1}$ ⑪ $\begin{pmatrix}AX+BZ & AY+BW\\ CX+DZ & CY+DW\end{pmatrix}$
⑫ $\begin{pmatrix}-B^{-1}CA^{-1} & B^{-1}\\ A^{-1} & O\end{pmatrix}$ ⑬ 行 ⑭ 列 ⑮ $\begin{pmatrix}1 & 0 & 0\\ 0 & 1 & 0\\ 0 & 0 & \frac{1}{k}\end{pmatrix}$
⑯ $\begin{pmatrix}1 & 0 & 0\\ 0 & 1 & -k\\ 0 & 0 & 1\end{pmatrix}$ ⑰ $r(A)+r(B)$ ⑱ $r(A)$ ⑲ $r(A)$
⑳ $PAQ=B$

方法探究

答案 P326

考点一 矩阵的运算

1. 求方阵的幂

对于一般的方阵,往往通过相似对角化来求它的幂(详见§4.2).

求特殊方阵的幂主要有以下四种情形:

(1) 若 $\boldsymbol{A}$ 为各行成比例的方阵,则 $\boldsymbol{A}^n=l^{n-1}\boldsymbol{A}$,其中 l 为 $\boldsymbol{A}$ 的主对角线元素之和.(如例 1)

(2) 对于 $\boldsymbol{A}=\begin{pmatrix}0&a&c\\0&0&b\\0&0&0\end{pmatrix}$,$\boldsymbol{A}^2=\begin{pmatrix}0&0&ab\\0&0&0\\0&0&0\end{pmatrix}$,$\boldsymbol{A}^3=\boldsymbol{O}$;对于 $\boldsymbol{A}=\begin{pmatrix}0&0&0\\a&0&0\\c&b&0\end{pmatrix}$,$\boldsymbol{A}^2=\begin{pmatrix}0&0&0\\0&0&0\\ab&0&0\end{pmatrix}$,$\boldsymbol{A}^3=\boldsymbol{O}$;对于 $\boldsymbol{A}=\begin{pmatrix}0&a&d&f\\0&0&b&e\\0&0&0&c\\0&0&0&0\end{pmatrix}$,$\boldsymbol{A}^3=\begin{pmatrix}0&0&0&abc\\0&0&0&0\\0&0&0&0\\0&0&0&0\end{pmatrix}$,$\boldsymbol{A}^4=\boldsymbol{O}$;对于 $\boldsymbol{A}=\begin{pmatrix}0&0&0&0\\a&0&0&0\\d&b&0&0\\f&e&c&0\end{pmatrix}$,$\boldsymbol{A}^3=\begin{pmatrix}0&0&0&0\\0&0&0&0\\0&0&0&0\\abc&0&0&0\end{pmatrix}$,$\boldsymbol{A}^4=\boldsymbol{O}$.(如变式 1.1)

(3) $\begin{pmatrix}\boldsymbol{A}&\boldsymbol{O}\\\boldsymbol{O}&\boldsymbol{B}\end{pmatrix}^n=\begin{pmatrix}\boldsymbol{A}^n&\boldsymbol{O}\\\boldsymbol{O}&\boldsymbol{B}^n\end{pmatrix}$.

(4) 通过试乘来发现规律.(如变式 1.2)

【例 1】(94-1) 已知 $\boldsymbol{\alpha}=(1,2,3)^{\mathrm{T}}$,$\boldsymbol{\beta}=\left(1,\frac{1}{2},\frac{1}{3}\right)^{\mathrm{T}}$,设 $\boldsymbol{A}=\boldsymbol{\alpha}\boldsymbol{\beta}^{\mathrm{T}}$,其中 $\boldsymbol{\beta}^{\mathrm{T}}$ 是 $\boldsymbol{\beta}$ 的转置,则 $\boldsymbol{A}^n=$________.

【解】
$$\boldsymbol{A}^n=\overbrace{(\boldsymbol{\alpha}\boldsymbol{\beta}^{\mathrm{T}})(\boldsymbol{\alpha}\boldsymbol{\beta}^{\mathrm{T}})\cdots(\boldsymbol{\alpha}\boldsymbol{\beta}^{\mathrm{T}})}^{n\text{个}}$$
$$=\boldsymbol{\alpha}\overbrace{(\boldsymbol{\beta}^{\mathrm{T}}\boldsymbol{\alpha})(\boldsymbol{\beta}^{\mathrm{T}}\boldsymbol{\alpha})\cdots(\boldsymbol{\beta}^{\mathrm{T}}\boldsymbol{\alpha})}^{n-1\text{个}}\boldsymbol{\beta}^{\mathrm{T}}$$
$$=3^{n-1}\boldsymbol{\alpha}\boldsymbol{\beta}^{\mathrm{T}}=3^{n-1}\begin{pmatrix}1&\frac{1}{2}&\frac{1}{3}\\2&1&\frac{2}{3}\\3&\frac{3}{2}&1\end{pmatrix}.$$

【注】 设 $\boldsymbol{\alpha}$,$\boldsymbol{\beta}$ 为同维数的列向量,则

(i) $\boldsymbol{\alpha}\boldsymbol{\beta}^{\mathrm{T}}$ 与 $\boldsymbol{\beta}\boldsymbol{\alpha}^{\mathrm{T}}$ 是各行成比例的方阵,其秩为 0 或 1;

(ii) $\boldsymbol{\alpha}^{\mathrm{T}}\boldsymbol{\beta}$ 与 $\boldsymbol{\beta}^{\mathrm{T}}\boldsymbol{\alpha}$ 是相同的数,都等于 $\boldsymbol{\alpha}$ 与 $\boldsymbol{\beta}$ 的内积,而 $\boldsymbol{\alpha}^{\mathrm{T}}\boldsymbol{\alpha}=\|\boldsymbol{\alpha}\|^2$;

(iii) $\boldsymbol{\alpha}^{\mathrm{T}}\boldsymbol{\beta}$ 是 $\boldsymbol{\alpha}\boldsymbol{\beta}^{\mathrm{T}}$ 的主对角线元素之和(迹).

变式 1.1(07-1,2,3) 设矩阵 $\boldsymbol{A}=\begin{pmatrix}0&1&0&0\\0&0&1&0\\0&0&0&1\\0&0&0&0\end{pmatrix}$,则 $\boldsymbol{A}^3$ 的秩为________.

变式 1.2(99-3) 设 $\boldsymbol{A}=\begin{pmatrix}1&0&1\\0&2&0\\1&0&1\end{pmatrix}$,而 $n\geqslant 2$ 为正整数,则 $\boldsymbol{A}^n-2\boldsymbol{A}^{n-1}=$________.

2. 抽象行列式的计算

计算抽象行列式主要有以下四个方法:

(1) 利用行列式的性质.(如例 2)

(2) 利用方阵的行列式、逆矩阵、伴随矩阵的性质,尤其对于 $|\boldsymbol{A}+\boldsymbol{B}|$ 型行列式.(如变式 2.1)

(3) 在矩阵方程两边同时取行列式.(如变式 2.2)

(4) 通过求特征值之积来求行列式的值.(详见§4.1)

【例 2】(93-5) 若 $\boldsymbol{\alpha}_1,\boldsymbol{\alpha}_2,\boldsymbol{\alpha}_3,\boldsymbol{\beta}_1,\boldsymbol{\beta}_2$ 都是 4 维列向量,且 4 阶行列式 $|\boldsymbol{\alpha}_1,\boldsymbol{\alpha}_2,\boldsymbol{\alpha}_3,\boldsymbol{\beta}_1|=m$,$|\boldsymbol{\alpha}_1,\boldsymbol{\alpha}_2,\boldsymbol{\beta}_2,\boldsymbol{\alpha}_3|=n$,则 4 阶行列式 $|\boldsymbol{\alpha}_3,\boldsymbol{\alpha}_2,\boldsymbol{\alpha}_1,\boldsymbol{\beta}_1+\boldsymbol{\beta}_2|$ 等于( )

(A) $m+n$. (B) $-(m+n)$.

(C) $n-m$. (D) $m-n$.

【解】 原式 $=|\boldsymbol{\alpha}_3,\boldsymbol{\alpha}_2,\boldsymbol{\alpha}_1,\boldsymbol{\beta}_1|+|\boldsymbol{\alpha}_3,\boldsymbol{\alpha}_2,\boldsymbol{\alpha}_1,\boldsymbol{\beta}_2|=-|\boldsymbol{\alpha}_1,\boldsymbol{\alpha}_2,\boldsymbol{\alpha}_3,\boldsymbol{\beta}_1|+|\boldsymbol{\alpha}_1,\boldsymbol{\alpha}_2,\boldsymbol{\beta}_2,\boldsymbol{\alpha}_3|=-m+n$,选(C).

变式 2.1(10-1,3) 设 $\boldsymbol{A}$,$\boldsymbol{B}$ 为 3 阶矩阵,且 $|\boldsymbol{A}|=3$,$|\boldsymbol{B}|=2$,$|\boldsymbol{A}^{-1}+\boldsymbol{B}|=2$,则 $|\boldsymbol{A}+\boldsymbol{B}^{-1}|=$________.

变式 2.2(06-1,2,3) 设矩阵 $\boldsymbol{A}=\begin{pmatrix}2&1\\-1&2\end{pmatrix}$,$\boldsymbol{E}$ 为 2 阶单位矩阵,矩阵 $\boldsymbol{B}$ 满足 $\boldsymbol{B}\boldsymbol{A}=\boldsymbol{B}+2\boldsymbol{E}$,则 $|\boldsymbol{B}|=$________.

3. 逆矩阵与伴随矩阵的相关问题

(1) 求逆矩阵的常见思路有:

1) $(\boldsymbol{A},\boldsymbol{E})\xrightarrow{r}(\boldsymbol{E},\boldsymbol{A}^{-1})$;如例 3)

2) $\begin{pmatrix}\boldsymbol{A}&\boldsymbol{O}\\\boldsymbol{O}&\boldsymbol{B}\end{pmatrix}^{-1}=\begin{pmatrix}\boldsymbol{A}^{-1}&\boldsymbol{O}\\\boldsymbol{O}&\boldsymbol{B}^{-1}\end{pmatrix}$,$\begin{pmatrix}\boldsymbol{O}&\boldsymbol{A}\\\boldsymbol{B}&\boldsymbol{O}\end{pmatrix}^{-1}=\begin{pmatrix}\boldsymbol{O}&\boldsymbol{B}^{-1}\\\boldsymbol{A}^{-1}&\boldsymbol{O}\end{pmatrix}$;(如变式 3.1)

3) 先恒等变形再求逆阵,尤其对于 $(\boldsymbol{A}+\boldsymbol{B})^{-1}$ 型矩阵;(如变式 3.2)

4) $\boldsymbol{A}^{-1}=\dfrac{\boldsymbol{A}^*}{|\boldsymbol{A}|}$.

(2) 证明方阵可逆的常见思路有:

1) $|\boldsymbol{A}|\neq 0\Leftrightarrow\boldsymbol{A}$ 可逆;(如例 4)

2) 对于方阵 $\boldsymbol{A}$,$\boldsymbol{B}$,$\boldsymbol{A}\boldsymbol{B}=\boldsymbol{E}\Rightarrow\boldsymbol{A}$ 可逆,$\boldsymbol{A}^{-1}=\boldsymbol{B}$.(如变式 4)

(3) 若出现了伴随矩阵,则常见的思路有:

1) $\boldsymbol{A}^*=|\boldsymbol{A}|\boldsymbol{A}^{-1}(|\boldsymbol{A}|\neq 0)$;(如例 3、例 4)

2) $\boldsymbol{A}^*=\boldsymbol{A}^{\mathrm{T}}\Leftrightarrow A_{ij}=a_{ij}$.(如例 5、变式 5)

【例 3】(99-2) 设矩阵 $\boldsymbol{A}=\begin{pmatrix}1&1&-1\\-1&1&1\\1&-1&1\end{pmatrix}$,矩阵 $\boldsymbol{X}$ 满足 $\boldsymbol{A}^*\boldsymbol{X}=\boldsymbol{A}^{-1}+2\boldsymbol{X}$,其中 $\boldsymbol{A}^*$ 是 $\boldsymbol{A}$ 的伴随矩阵,求矩阵 $\boldsymbol{X}$.

【解】 由 $\boldsymbol{A}^*\boldsymbol{X}=\boldsymbol{A}^{-1}+2\boldsymbol{X}$ 知 $|\boldsymbol{A}|\boldsymbol{A}^{-1}\boldsymbol{X}=\boldsymbol{A}^{-1}+2\boldsymbol{X}$,从而 $(|\boldsymbol{A}|\boldsymbol{A}^{-1}-2\boldsymbol{E})\boldsymbol{X}=\boldsymbol{A}^{-1}$,即 $(|\boldsymbol{A}|\boldsymbol{E}-2\boldsymbol{A})\boldsymbol{X}=\boldsymbol{E}$,故 $\boldsymbol{X}=(|\boldsymbol{A}|\boldsymbol{E}-2\boldsymbol{A})^{-1}$.

由 $|\boldsymbol{A}|=\begin{vmatrix}1&1&-1\\-1&1&1\\1&-1&1\end{vmatrix}=4$ 知 $|\boldsymbol{A}|\boldsymbol{E}-2\boldsymbol{A}=$

$2\begin{pmatrix}1&-1&1\\1&1&-1\\-1&1&1\end{pmatrix}$.

由于

$$\begin{pmatrix}1&-1&1&1&0&0\\1&1&-1&0&1&0\\-1&1&1&0&0&1\end{pmatrix}\to\begin{pmatrix}1&-1&1&1&0&0\\0&2&-2&-1&1&0\\0&0&2&1&0&1\end{pmatrix}$$

$$\to\begin{pmatrix}1&0&0&\frac{1}{2}&\frac{1}{2}&0\\0&1&0&0&\frac{1}{2}&\frac{1}{2}\\0&0&1&\frac{1}{2}&0&\frac{1}{2}\end{pmatrix},$$

故 $\boldsymbol{X}=\frac{1}{2}\begin{pmatrix}1&-1&1\\1&1&-1\\-1&1&1\end{pmatrix}^{-1}=\frac{1}{4}\begin{pmatrix}1&1&0\\0&1&1\\1&0&1\end{pmatrix}$.

【注】本题属于矩阵方程的求解，具体详见§3.1.

变式 3.1(94-4) 设 $\boldsymbol{A}=\begin{pmatrix}0&a_1&0&\cdots&0\\0&0&a_2&\cdots&0\\\vdots&\vdots&\vdots&&\vdots\\0&0&0&\cdots&a_{n-1}\\a_n&0&0&\cdots&0\end{pmatrix}$，其中 $a_i\neq0,i=1,2,\cdots,n$，则 $\boldsymbol{A}^{-1}=$________.

变式 3.2(00-2) 设 $\boldsymbol{A}=\begin{pmatrix}1&0&0&0\\-2&3&0&0\\0&-4&5&0\\0&0&-6&7\end{pmatrix}$，$\boldsymbol{E}$ 为4阶单位矩阵，且 $\boldsymbol{B}=(\boldsymbol{E}+\boldsymbol{A})^{-1}(\boldsymbol{E}-\boldsymbol{A})$，则 $(\boldsymbol{E}+\boldsymbol{B})^{-1}=$________.

【例4】(97-3) 设 $\boldsymbol{A}$ 为 n 阶非奇异矩阵，$\boldsymbol{\alpha}$ 为 n 维列向量，b 为常数. 记分块矩阵

$$\boldsymbol{P}=\begin{pmatrix}\boldsymbol{E}&\boldsymbol{O}\\-\boldsymbol{\alpha}^{\mathrm{T}}\boldsymbol{A}^*&|\boldsymbol{A}|\end{pmatrix},\quad \boldsymbol{Q}=\begin{pmatrix}\boldsymbol{A}&\boldsymbol{\alpha}\\\boldsymbol{\alpha}^{\mathrm{T}}&b\end{pmatrix},$$

其中 $\boldsymbol{A}^*$ 是矩阵 $\boldsymbol{A}$ 的伴随矩阵，$\boldsymbol{E}$ 为 n 阶单位矩阵.

(1) 计算并化简 $\boldsymbol{PQ}$；

(2) 证明：矩阵 $\boldsymbol{Q}$ 可逆的充分必要条件是 $\boldsymbol{\alpha}^{\mathrm{T}}\boldsymbol{A}^{-1}\boldsymbol{\alpha}\neq b$.

【解】(1) $\boldsymbol{PQ}=\begin{pmatrix}\boldsymbol{E}&\boldsymbol{O}\\-\boldsymbol{\alpha}^{\mathrm{T}}\boldsymbol{A}^*&|\boldsymbol{A}|\end{pmatrix}\begin{pmatrix}\boldsymbol{A}&\boldsymbol{\alpha}\\\boldsymbol{\alpha}^{\mathrm{T}}&b\end{pmatrix}$

$$=\begin{pmatrix}\boldsymbol{A}&\boldsymbol{\alpha}\\-\boldsymbol{\alpha}^{\mathrm{T}}\boldsymbol{A}^*\boldsymbol{A}+|\boldsymbol{A}|\boldsymbol{\alpha}^{\mathrm{T}}&-\boldsymbol{\alpha}^{\mathrm{T}}\boldsymbol{A}^*\boldsymbol{\alpha}+|\boldsymbol{A}|b\end{pmatrix}.$$

由于 $-\boldsymbol{\alpha}^{\mathrm{T}}\boldsymbol{A}^*\boldsymbol{A}+|\boldsymbol{A}|\boldsymbol{\alpha}^{\mathrm{T}}=-\boldsymbol{\alpha}^{\mathrm{T}}|\boldsymbol{A}|\boldsymbol{E}+|\boldsymbol{A}|\boldsymbol{\alpha}^{\mathrm{T}}=\boldsymbol{0}$，$-\boldsymbol{\alpha}^{\mathrm{T}}\boldsymbol{A}^*\boldsymbol{\alpha}+|\boldsymbol{A}|b=-\boldsymbol{\alpha}^{\mathrm{T}}|\boldsymbol{A}|\boldsymbol{A}^{-1}\boldsymbol{\alpha}+|\boldsymbol{A}|b=|\boldsymbol{A}|(b-\boldsymbol{\alpha}^{\mathrm{T}}\boldsymbol{A}^{-1}\boldsymbol{\alpha})$，

故 $\boldsymbol{PQ}=\begin{pmatrix}\boldsymbol{A}&\boldsymbol{\alpha}\\\boldsymbol{0}&|\boldsymbol{A}|(b-\boldsymbol{\alpha}^{\mathrm{T}}\boldsymbol{A}^{-1}\boldsymbol{\alpha})\end{pmatrix}$.

(2) 由于 $|\boldsymbol{P}|=|\boldsymbol{E}|\cdot|\boldsymbol{A}|=|\boldsymbol{A}|\neq0$，

$$|\boldsymbol{P}|\cdot|\boldsymbol{Q}|=|\boldsymbol{PQ}|=|\boldsymbol{A}|^2(b-\boldsymbol{\alpha}^{\mathrm{T}}\boldsymbol{A}^{-1}\boldsymbol{\alpha}),$$

故 $|\boldsymbol{Q}|=|\boldsymbol{A}|(b-\boldsymbol{\alpha}^{\mathrm{T}}\boldsymbol{A}^{-1}\boldsymbol{\alpha})$.

因此，$\boldsymbol{Q}$ 可逆 $\Leftrightarrow|\boldsymbol{Q}|\neq0\Leftrightarrow\boldsymbol{\alpha}^{\mathrm{T}}\boldsymbol{A}^{-1}\boldsymbol{\alpha}\neq b$.

变式 4(01-1) 设矩阵 $\boldsymbol{A}$ 满足 $\boldsymbol{A}^2+\boldsymbol{A}-4\boldsymbol{E}=\boldsymbol{O}$，则 $(\boldsymbol{A}-\boldsymbol{E})^{-1}=$________.

【例5】(05-3) 设矩阵 $\boldsymbol{A}=(a_{ij})_{3\times3}$ 满足 $\boldsymbol{A}^*=\boldsymbol{A}^{\mathrm{T}}$，其中 $\boldsymbol{A}^*$ 为 $\boldsymbol{A}$ 的伴随矩阵，$\boldsymbol{A}^{\mathrm{T}}$ 为 $\boldsymbol{A}$ 的转置矩阵. 若 a_{11},a_{12},a_{13} 为三个相等的正数，则 a_{11} 为（　　）

(A) $\frac{\sqrt{3}}{3}$.　　(B) 3.　　(C) $\frac{1}{3}$.　　(D) $\sqrt{3}$.

【解】由 $\boldsymbol{A}^*=\boldsymbol{A}^{\mathrm{T}}$ 知 $A_{ij}=a_{ij}(i,j=1,2,3)$，故 $|\boldsymbol{A}|=a_{11}A_{11}+a_{12}A_{12}+a_{13}A_{13}=a_{11}^2+a_{12}^2+a_{13}^2=3a_{11}^2$.

由 $\boldsymbol{A}^*=\boldsymbol{A}^{\mathrm{T}}\Rightarrow|\boldsymbol{A}^*|=|\boldsymbol{A}^{\mathrm{T}}|\Rightarrow|\boldsymbol{A}|^2=|\boldsymbol{A}|\Rightarrow|\boldsymbol{A}|=1$，故 $a_{11}=\frac{\sqrt{3}}{3}$，选(A).

变式 5(94-1) 设 $\boldsymbol{A}$ 为 n 阶非零方阵，$\boldsymbol{A}^*$ 是 $\boldsymbol{A}$ 的伴随矩阵，$\boldsymbol{A}^{\mathrm{T}}$ 是 $\boldsymbol{A}$ 的转置矩阵，当 $\boldsymbol{A}^*=\boldsymbol{A}^{\mathrm{T}}$ 时，证明 $|\boldsymbol{A}|\neq0$.

考点二　矩阵的初等变换与初等矩阵

关于初等变换与初等矩阵的考题，主要考查利用初等矩阵建立初等变换前后的两个矩阵之间的关系：若 $\boldsymbol{A}$ 经一次初等行(列)变换变成 $\boldsymbol{B}$，则存在相应的初等矩阵 $\boldsymbol{P}$，使 $\boldsymbol{PA}=\boldsymbol{B}(\boldsymbol{AP}=\boldsymbol{B})$.

【例】(09-1,2,3) 设 $\boldsymbol{A}$ 为3阶矩阵，将 $\boldsymbol{A}$ 的第2列加到第1列得矩阵 $\boldsymbol{B}$，再交换 $\boldsymbol{B}$ 的第2行与第3行得单位矩阵. 记 $\boldsymbol{P}_1=\begin{pmatrix}1&0&0\\1&1&0\\0&0&1\end{pmatrix}$，$\boldsymbol{P}_2=\begin{pmatrix}1&0&0\\0&0&1\\0&1&0\end{pmatrix}$，则 $\boldsymbol{A}=$（　　）

(A) $\boldsymbol{P}_1\boldsymbol{P}_2$.　　(B) $\boldsymbol{P}_1^{-1}\boldsymbol{P}_2$.

(C) $\boldsymbol{P}_2\boldsymbol{P}_1$.　　(D) $\boldsymbol{P}_2\boldsymbol{P}_1^{-1}$.

【解】由题意知 $\boldsymbol{B}=\boldsymbol{AP}_1$，$\boldsymbol{E}=\boldsymbol{P}_2\boldsymbol{B}$，从而 $\boldsymbol{E}=\boldsymbol{P}_2\boldsymbol{AP}_1$，即 $\boldsymbol{A}=\boldsymbol{P}_2^{-1}\boldsymbol{P}_1^{-1}$.

又因为 $\boldsymbol{P}_1^{-1}=\begin{pmatrix}1&0&0\\-1&1&0\\0&0&1\end{pmatrix}$，$\boldsymbol{P}_2^{-1}=\boldsymbol{P}_2$，故 $\boldsymbol{A}=\boldsymbol{P}_2\boldsymbol{P}_1^{-1}$，选(D).

考点三　矩阵的秩与等价

关于矩阵的秩的考题，主要利用矩阵的秩的性质来解决.

关于矩阵等价的考题，主要利用其秩相等来解决(如2016年数学二的填空题).

【例】(03-3) 设3阶矩阵 $\boldsymbol{A}=\begin{pmatrix}a&b&b\\b&a&b\\b&b&a\end{pmatrix}$，若 $\boldsymbol{A}$ 的伴随矩阵的秩等于1，则必有（　　）

(A) $a=b$ 或 $a+2b=0$.　　(B) $a=b$ 或 $a+2b\neq0$.

(C) $a\neq b$ 且 $a+2b=0$.　　(D) $a\neq b$ 且 $a+2b\neq0$.

【解】由 $r(\boldsymbol{A}^*)=1$ 知 $r(\boldsymbol{A})=2$.

由于 $|\boldsymbol{A}|=\begin{vmatrix} a & b & b \\ b & a & b \\ b & b & a \end{vmatrix}=(a+2b)\begin{vmatrix} 1 & 1 & 1 \\ b & a & b \\ b & b & a \end{vmatrix}=$ $(a+2b)\begin{vmatrix} 1 & 1 & 1 \\ 0 & a-b & 0 \\ 0 & 0 & a-b \end{vmatrix}=(a+2b)(a-b)^2$,故由 $|\boldsymbol{A}|=0$ 知 $a=b$ 或 $a+2b=0$.

又由于当 $a=b$ 时,$r(\boldsymbol{A})\neq 2$,故 $a\neq b$ 且 $a+2b=0$,选(C).

变式 1(10-1) 设 $\boldsymbol{A}$ 为 $m\times n$ 矩阵,$\boldsymbol{B}$ 为 $n\times m$ 矩阵,$\boldsymbol{E}$ 为 m 阶单位矩阵,若 $\boldsymbol{AB}=\boldsymbol{E}$,则(　　)

(A) $r(\boldsymbol{A})=m,r(\boldsymbol{B})=m$.　　(B) $r(\boldsymbol{A})=m,r(\boldsymbol{B})=n$.

(C) $r(\boldsymbol{A})=n,r(\boldsymbol{B})=m$.　　(D) $r(\boldsymbol{A})=n,r(\boldsymbol{B})=n$.

变式 2(93-1) 已知 $\boldsymbol{Q}=\begin{pmatrix} 1 & 2 & 3 \\ 2 & 4 & t \\ 3 & 6 & 9 \end{pmatrix}$,$\boldsymbol{P}$ 为 3 阶非零矩阵,且满足 $\boldsymbol{PQ}=\boldsymbol{O}$,则(　　)

(A) $t=6$ 时 $\boldsymbol{P}$ 的秩必为 1.　　(B) $t=6$ 时 $\boldsymbol{P}$ 的秩必为 2.

(C) $t\neq 6$ 时 $\boldsymbol{P}$ 的秩必为 1.　　(D) $t\neq 6$ 时 $\boldsymbol{P}$ 的秩必为 2.

真题精选 1987—2014

答案 P327

考点一　矩阵的运算

1. **(09-1,2,3)** 设 $\boldsymbol{A},\boldsymbol{B}$ 均为 2 阶矩阵,$\boldsymbol{A}^*,\boldsymbol{B}^*$ 分别为 $\boldsymbol{A},\boldsymbol{B}$ 的伴随矩阵,若 $|\boldsymbol{A}|=2,|\boldsymbol{B}|=3$,则分块矩阵 $\begin{pmatrix} \boldsymbol{O} & \boldsymbol{A} \\ \boldsymbol{B} & \boldsymbol{O} \end{pmatrix}$ 的伴随矩阵为(　　)

   (A) $\begin{pmatrix} \boldsymbol{O} & 3\boldsymbol{B}^* \\ 2\boldsymbol{A}^* & \boldsymbol{O} \end{pmatrix}$.　　(B) $\begin{pmatrix} \boldsymbol{O} & 2\boldsymbol{B}^* \\ 3\boldsymbol{A}^* & \boldsymbol{O} \end{pmatrix}$.

   (C) $\begin{pmatrix} \boldsymbol{O} & 3\boldsymbol{A}^* \\ 2\boldsymbol{B}^* & \boldsymbol{O} \end{pmatrix}$.　　(D) $\begin{pmatrix} \boldsymbol{O} & 2\boldsymbol{A}^* \\ 3\boldsymbol{B}^* & \boldsymbol{O} \end{pmatrix}$.

2. **(92-5)** 设 $\boldsymbol{A},\boldsymbol{B},\boldsymbol{A}+\boldsymbol{B},\boldsymbol{A}^{-1}+\boldsymbol{B}^{-1}$ 均为 n 阶可逆矩阵,则 $(\boldsymbol{A}^{-1}+\boldsymbol{B}^{-1})^{-1}$ 等于(　　)

   (A) $\boldsymbol{A}^{-1}+\boldsymbol{B}^{-1}$.　　(B) $\boldsymbol{A}+\boldsymbol{B}$.

   (C) $\boldsymbol{A}(\boldsymbol{A}+\boldsymbol{B})^{-1}\boldsymbol{B}$.　　(D) $(\boldsymbol{A}+\boldsymbol{B})^{-1}$.

3. **(91-1)** 设 n 阶方阵 $\boldsymbol{A},\boldsymbol{B},\boldsymbol{C}$ 满足关系式 $\boldsymbol{ABC}=\boldsymbol{E}$,其中 $\boldsymbol{E}$ 是 n 阶单位阵,则必有(　　)

   (A) $\boldsymbol{ACB}=\boldsymbol{E}$.　　(B) $\boldsymbol{CBA}=\boldsymbol{E}$.

   (C) $\boldsymbol{BAC}=\boldsymbol{E}$.　　(D) $\boldsymbol{BCA}=\boldsymbol{E}$.

4. **(91-5)** 设 $\boldsymbol{A}$ 与 $\boldsymbol{B}$ 为 n 阶方阵,且 $\boldsymbol{AB}=\boldsymbol{O}$,则必有(　　)

   (A) $\boldsymbol{A}=\boldsymbol{O}$ 或 $\boldsymbol{B}=\boldsymbol{O}$.　　(B) $\boldsymbol{AB}=\boldsymbol{BA}$.

   (C) $|\boldsymbol{A}|=0$ 或 $|\boldsymbol{B}|=0$.　　(D) $|\boldsymbol{A}|+|\boldsymbol{B}|=0$.

5. **(13-1,2,3)** 设 $\boldsymbol{A}=(a_{ij})$ 是 3 阶非零矩阵,$|\boldsymbol{A}|$ 为 $\boldsymbol{A}$ 的行列式,A_{ij} 为 a_{ij} 的代数余子式. 若 $a_{ij}+A_{ij}=0(i,j=1,2,3)$,则 $|\boldsymbol{A}|=$________.

6. **(05-1,2)** 设 $\boldsymbol{\alpha}_1,\boldsymbol{\alpha}_2,\boldsymbol{\alpha}_3$ 均为 3 维列向量,记矩阵 $\boldsymbol{A}=(\boldsymbol{\alpha}_1,\boldsymbol{\alpha}_2,\boldsymbol{\alpha}_3)$,$\boldsymbol{B}=(\boldsymbol{\alpha}_1+\boldsymbol{\alpha}_2+\boldsymbol{\alpha}_3,\boldsymbol{\alpha}_1+2\boldsymbol{\alpha}_2+4\boldsymbol{\alpha}_3,\boldsymbol{\alpha}_1+3\boldsymbol{\alpha}_2+9\boldsymbol{\alpha}_3)$,如果 $|\boldsymbol{A}|=1$,那么 $|\boldsymbol{B}|=$________.

7. **(04-1,2)** 设矩阵

$$\boldsymbol{A}=\begin{pmatrix} 2 & 1 & 0 \\ 1 & 2 & 0 \\ 0 & 0 & 1 \end{pmatrix}$$

   矩阵 $\boldsymbol{B}$ 满足 $\boldsymbol{ABA}^*=2\boldsymbol{BA}^*+\boldsymbol{E}$,其中 $\boldsymbol{A}^*$ 为 $\boldsymbol{A}$ 的伴随矩阵,$\boldsymbol{E}$ 是单位矩阵,则 $|\boldsymbol{B}|=$________.

8. **(03-2)** 设 $\boldsymbol{\alpha}$ 为 3 维列向量,$\boldsymbol{\alpha}^{\mathrm{T}}$ 是 $\boldsymbol{\alpha}$ 的转置. 若 $\boldsymbol{\alpha\alpha}^{\mathrm{T}}=\begin{pmatrix} 1 & -1 & 1 \\ -1 & 1 & -1 \\ 1 & -1 & 1 \end{pmatrix}$,则 $\boldsymbol{\alpha}^{\mathrm{T}}\boldsymbol{\alpha}=$________.

9. **(03-3)** 设 n 维向量 $\boldsymbol{\alpha}=(a,0,\cdots,0,a)^{\mathrm{T}}$,$a<0$,$\boldsymbol{E}$ 为 n 阶单位矩阵,矩阵 $\boldsymbol{A}=\boldsymbol{E}-\boldsymbol{\alpha\alpha}^{\mathrm{T}}$,$\boldsymbol{B}=\boldsymbol{E}+\frac{1}{a}\boldsymbol{\alpha\alpha}^{\mathrm{T}}$,其中 $\boldsymbol{A}$ 的逆矩阵为 $\boldsymbol{B}$,则 $a=$________.

10. **(95-1)** 设 $\boldsymbol{A}$ 是 n 阶矩阵,满足 $\boldsymbol{AA}^{\mathrm{T}}=\boldsymbol{E}$($\boldsymbol{E}$ 是 n 阶单位矩阵,$\boldsymbol{A}^{\mathrm{T}}$ 是 $\boldsymbol{A}$ 的转置矩阵),$|\boldsymbol{A}|<0$,则 $|\boldsymbol{A}+\boldsymbol{E}|=$________.

11. **(95-4)** 设 $\boldsymbol{A}=\begin{pmatrix} 1 & 0 & 0 \\ 2 & 2 & 0 \\ 3 & 4 & 5 \end{pmatrix}$,$\boldsymbol{A}^*$ 是 $\boldsymbol{A}$ 的伴随矩阵,则 $(\boldsymbol{A}^*)^{-1}=$________.

12. **(88-1)** 设 4×4 矩阵 $\boldsymbol{A}=(\boldsymbol{\alpha},\boldsymbol{\gamma}_2,\boldsymbol{\gamma}_3,\boldsymbol{\gamma}_4)$,$\boldsymbol{B}=(\boldsymbol{\beta},\boldsymbol{\gamma}_2,\boldsymbol{\gamma}_3,\boldsymbol{\gamma}_4)$,其中 $\boldsymbol{\alpha},\boldsymbol{\beta},\boldsymbol{\gamma}_2,\boldsymbol{\gamma}_3,\boldsymbol{\gamma}_4$ 均为 4 维列向量,且已知 $|\boldsymbol{A}|=4$,$|\boldsymbol{B}|=1$,则行列式 $|\boldsymbol{A}+\boldsymbol{B}|=$________.

13. **(88-4)** 设 $\boldsymbol{A}$ 是 3 阶方阵,$\boldsymbol{A}^*$ 是 $\boldsymbol{A}$ 的伴随矩阵,且 $|\boldsymbol{A}|=\frac{1}{2}$,则 $|(3\boldsymbol{A})^{-1}-2\boldsymbol{A}^*|=$________.

考点二　矩阵的初等变换与初等矩阵

1. **(09-2,3)** 设 $\boldsymbol{A},\boldsymbol{P}$ 均为 3 阶矩阵,$\boldsymbol{P}^{\mathrm{T}}$ 为 $\boldsymbol{P}$ 的转置矩阵,且

$$\boldsymbol{P}^{\mathrm{T}}\boldsymbol{AP}=\begin{pmatrix} 1 & 0 & 0 \\ 0 & 1 & 0 \\ 0 & 0 & 2 \end{pmatrix}.$$

   若 $\boldsymbol{P}=(\boldsymbol{\alpha}_1,\boldsymbol{\alpha}_2,\boldsymbol{\alpha}_3)$,$\boldsymbol{Q}=(\boldsymbol{\alpha}_1+\boldsymbol{\alpha}_2,\boldsymbol{\alpha}_2,\boldsymbol{\alpha}_3)$,则 $\boldsymbol{Q}^{\mathrm{T}}\boldsymbol{AQ}$ 等于(　　)

   (A) $\begin{pmatrix} 2 & 1 & 0 \\ 1 & 1 & 0 \\ 0 & 0 & 2 \end{pmatrix}$.　　(B) $\begin{pmatrix} 1 & 1 & 0 \\ 1 & 2 & 0 \\ 0 & 0 & 2 \end{pmatrix}$.

   (C) $\begin{pmatrix} 2 & 0 & 0 \\ 0 & 1 & 0 \\ 0 & 0 & 2 \end{pmatrix}$.　　(D) $\begin{pmatrix} 1 & 0 & 0 \\ 0 & 2 & 0 \\ 0 & 0 & 2 \end{pmatrix}$.

2. **(05-1,2)** 设 $\boldsymbol{A}$ 为 $n(n\geqslant 2)$ 阶可逆矩阵,交换 $\boldsymbol{A}$ 的第 1 行与第 2 行得矩阵 $\boldsymbol{B}$. $\boldsymbol{A}^*,\boldsymbol{B}^*$ 分别为 $\boldsymbol{A},\boldsymbol{B}$ 的伴随矩阵,则(　　)

   (A) 交换 $\boldsymbol{A}^*$ 的第 1 列与第 2 列得 $\boldsymbol{B}^*$.

   (B) 交换 $\boldsymbol{A}^*$ 的第 1 行与第 2 行得 $\boldsymbol{B}^*$.

   (C) 交换 $\boldsymbol{A}^*$ 的第 1 列与第 2 列得 $-\boldsymbol{B}^*$.

   (D) 交换 $\boldsymbol{A}^*$ 的第 1 行与第 2 行得 $-\boldsymbol{B}^*$.

3. (01-3) 设

$$A=\begin{pmatrix} a_{11} & a_{12} & a_{13} & a_{14} \\ a_{21} & a_{22} & a_{23} & a_{24} \\ a_{31} & a_{32} & a_{33} & a_{34} \\ a_{41} & a_{42} & a_{43} & a_{44} \end{pmatrix}, B=\begin{pmatrix} a_{14} & a_{13} & a_{12} & a_{11} \\ a_{24} & a_{23} & a_{22} & a_{21} \\ a_{34} & a_{33} & a_{32} & a_{31} \\ a_{44} & a_{43} & a_{42} & a_{41} \end{pmatrix},$$

$$P_1=\begin{pmatrix} 0 & 0 & 0 & 1 \\ 0 & 1 & 0 & 0 \\ 0 & 0 & 1 & 0 \\ 1 & 0 & 0 & 0 \end{pmatrix}, P_2=\begin{pmatrix} 1 & 0 & 0 & 0 \\ 0 & 0 & 1 & 0 \\ 0 & 1 & 0 & 0 \\ 0 & 0 & 0 & 1 \end{pmatrix},$$

A 可逆,则 $B^{-1}=$(　　)

(A) $A^{-1}P_1P_2$.　　(B) $P_1A^{-1}P_2$.

(C) $P_1P_2A^{-1}$.　　(D) $P_2A^{-1}P_1$.

考点三　矩阵的秩与等价

1. (04-3) 设 n 阶矩阵 A 与 B 等价,则必有(　　)

(A) 当 $|A|=a(a\neq 0)$ 时,$|B|=a$.

(B) 当 $|A|=a(a\neq 0)$ 时,$|B|=-a$.

(C) 当 $|A|\neq 0$ 时,$|B|=0$.

(D) 当 $|A|=0$ 时,$|B|=0$.

2. (97-3) 设 A,B 为同阶可逆矩阵,则(　　)

(A) $AB=BA$.

(B) 存在可逆矩阵 P,使 $P^{-1}AP=B$.

(C) 存在可逆矩阵 C,使 $C^{T}AC=B$.

(D) 存在可逆矩阵 P 和 Q,使 $PAQ=B$.

3. (01-3) 设矩阵 $A=\begin{pmatrix} k & 1 & 1 & 1 \\ 1 & k & 1 & 1 \\ 1 & 1 & k & 1 \\ 1 & 1 & 1 & k \end{pmatrix}$ 且 $r(A)=3$,则 $k=$________.

4. (96-1) 设 A 是 4×3 矩阵,且 A 的秩 $r(A)=2$,而 $B=\begin{pmatrix} 1 & 0 & 2 \\ 0 & 2 & 0 \\ -1 & 0 & 3 \end{pmatrix}$,则 $r(AB)=$________.

5. (08-1) 设 α,β 为 3 维列向量,矩阵 $A=\alpha\alpha^{T}+\beta\beta^{T}$,其中 α^{T} 为 α 的转置,β^{T} 为 β 的转置. 证明:

(1) $r(A)\leqslant 2$;

(2) 若 α,β 线性相关,则 $r(A)<2$.

小　结

关于矩阵的运算,可考查的内容较多. 其中,抽象行列式的计算是考研一直以来的重点,在过去的考研中曾连续几年考查过,比如 2006 年数学一、二、三以及 2005 年和 2004 年数学一、二的填空题.

此外,有以下四个方面值得注意:

第一,$\alpha\beta^{T},\beta\alpha^{T},\alpha^{T}\beta,\beta^{T}\alpha$ 及 $\alpha\alpha^{T},\alpha^{T}\alpha$ 这几种抽象记号在考研中频繁地出现(比如 2024 年数学一的填空题、2008 年数学一的解答题以及 2003 年数学二和数学三的填空题,而在后面几章的考题中也会出现),要理解其各自的含义以及它们之间的关系.

第二,$AB=O$ 经常作为考研题的条件(比如 2024 年数学二、1993 年数学一和 1991 年数学五的选择题,而在后面几章的考题中也会出现). 对于它,常见的思路有两个:一是 $r(A)+r(B)\leqslant n$(n 为 A 的列数及 B 的行数),二是 B 的列向量都是 $Ax=0$ 的解.

第三,单位矩阵 E 的代换是处理 $|A+B|$ 型行列式(比如 2010 年数学一、三和 1995 年数学一的考题)和 $(A+B)^{-1}$ 型矩阵(比如 2022 年数学一和 2000 年数学二的填空题,以及 1992 年数学五的选择题)的常用方法.

第四,关于 $A^{*}=A^{T}$ 的考题是不少考生完成得不太理想的,比如 2013 年数学一、二、三的填空题(这道题只有 27.4%的考生做对)、2005 年数学三的选择题和 1994 年数学一的证明题.

关于矩阵的初等变换与初等矩阵,其考题难度一般不高,要会利用初等矩阵来解决初等变换问题,并能熟练地写出三类初等矩阵的逆阵.

关于矩阵的秩,有些考题难度不低,不少考生难以熟练地使用矩阵的秩的性质来完成(比如 2010 年数学一的选择题和 2008 年数学一的证明题),还有的考题利用向量能较方便地解决(详见 §3.2).

第三章　向量与线性方程组

§3.1　线性方程组的解

十年真题
2015 — 2024

答案 P328

考点一　线性方程组的解的情况及求解

1. **(24-1-仅数学一)** 在空间直角坐标系 $O\text{-}xyz$ 中,三张平面

$$\pi_i: a_i x + b_i y + c_i z = d_i \quad (i=1,2,3)$$

的位置关系如下图所示. 记 $\boldsymbol{\alpha}_i=(a_i,b_i,c_i)$, $\boldsymbol{\beta}_i=(a_i,b_i,c_i,d_i)$,若 $r\begin{pmatrix}\boldsymbol{\alpha}_1\\\boldsymbol{\alpha}_2\\\boldsymbol{\alpha}_3\end{pmatrix}=m$, $r\begin{pmatrix}\boldsymbol{\beta}_1\\\boldsymbol{\beta}_2\\\boldsymbol{\beta}_3\end{pmatrix}=n$,则(　　)

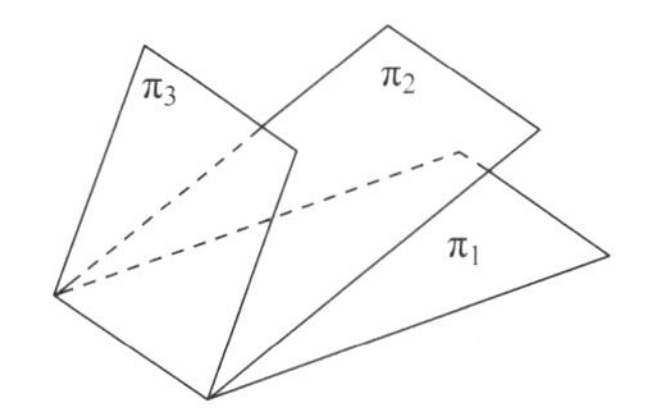

(A) $m=1, n=2$.　　(B) $m=n=2$.
(C) $m=2, n=3$.　　(D) $m=n=3$.

2. **(22-2,3)** 设矩阵 $\boldsymbol{A}=\begin{pmatrix}1&1&1\\1&a&a^2\\1&b&b^2\end{pmatrix}$, $\boldsymbol{b}=\begin{pmatrix}1\\2\\4\end{pmatrix}$,则方程组 $\boldsymbol{Ax}=\boldsymbol{b}$ 的解的情况为(　　)

(A) 无解.　　(B) 有解.
(C) 有无穷多解或无解.　　(D) 有唯一解或无解.

3. **(19-1-仅数学一)** 如下图所示,有 3 张平面两两相交,交线相互平行,它们的方程

$$a_{i1}x + a_{i2}y + a_{i3}z = d_i \quad (i=1,2,3)$$

组成的线性方程组的系数矩阵和增广矩阵分别记为 $\boldsymbol{A}, \overline{\boldsymbol{A}}$,则(　　)

(A) $r(\boldsymbol{A})=2, r(\overline{\boldsymbol{A}})=3$.　　(B) $r(\boldsymbol{A})=2, r(\overline{\boldsymbol{A}})=2$.
(C) $r(\boldsymbol{A})=1, r(\overline{\boldsymbol{A}})=2$.　　(D) $r(\boldsymbol{A})=1, r(\overline{\boldsymbol{A}})=1$.

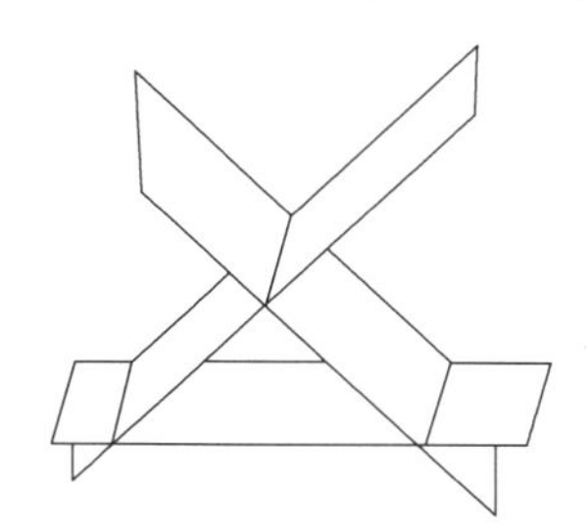

4. **(15-1,2,3)** 设矩阵 $\boldsymbol{A}=\begin{pmatrix}1&1&1\\1&2&a\\1&4&a^2\end{pmatrix}$, $\boldsymbol{b}=\begin{pmatrix}1\\d\\d^2\end{pmatrix}$,若集合 $\Omega=\{1,2\}$,则线性方程组 $\boldsymbol{Ax}=\boldsymbol{b}$ 有无穷多解的充分必要条件是(　　)

(A) $a\notin\Omega, d\notin\Omega$.　　(B) $a\notin\Omega, d\in\Omega$.
(C) $a\in\Omega, d\notin\Omega$.　　(D) $a\in\Omega, d\in\Omega$.

5. **(23-2,3)** 已知线性方程组

$$\begin{cases}ax_1+x_3=1,\\x_1+ax_2+x_3=0,\\x_1+2x_2+ax_3=0,\\ax_1+bx_2=2\end{cases}$$

有解,其中 a, b 为常数. 若 $\begin{vmatrix}a&0&1\\1&a&1\\1&2&a\end{vmatrix}=4$,则 $\begin{vmatrix}1&a&1\\1&2&a\\a&b&0\end{vmatrix}=$________.

6. **(19-3)** 已知矩阵 $\boldsymbol{A}=\begin{pmatrix}1&0&-1\\1&1&-1\\0&1&a^2-1\end{pmatrix}$, $\boldsymbol{b}=\begin{pmatrix}0\\1\\a\end{pmatrix}$. 若线性方程组 $\boldsymbol{Ax}=\boldsymbol{b}$ 有无穷多个解,则 $a=$________.

7. **(16-2,3)** 设矩阵

$$\boldsymbol{A}=\begin{pmatrix}1&1&1-a\\1&0&a\\a+1&1&a+1\end{pmatrix},\quad \boldsymbol{\beta}=\begin{pmatrix}0\\1\\2a-2\end{pmatrix},$$

且方程组 $\boldsymbol{Ax}=\boldsymbol{\beta}$ 无解.

(1) 求 a 的值;

(2) 求方程组 $\boldsymbol{A}^{\mathrm{T}}\boldsymbol{Ax}=\boldsymbol{A}^{\mathrm{T}}\boldsymbol{\beta}$ 的通解.

考点二 矩阵方程的解的情况及求解

1. (18-1,2,3) 已知 a 是常数,且矩阵 $\boldsymbol{A}=\begin{pmatrix}1&2&a\\1&3&0\\2&7&-a\end{pmatrix}$ 可经初等列变换化为矩阵 $\boldsymbol{B}=\begin{pmatrix}1&a&2\\0&1&1\\-1&1&1\end{pmatrix}$.

(1) 求 a;

(2) 求满足 $\boldsymbol{AP}=\boldsymbol{B}$ 的可逆矩阵 $\boldsymbol{P}$.

2. (16-1) 设矩阵

$$\boldsymbol{A}=\begin{pmatrix}1&-1&-1\\2&a&1\\-1&1&a\end{pmatrix},\quad \boldsymbol{B}=\begin{pmatrix}2&2\\1&a\\-a-1&-2\end{pmatrix},$$

当 a 为何值时,方程 $\boldsymbol{AX}=\boldsymbol{B}$ 无解、有唯一解、有无穷多解?在有解时,求解此方程.

3. (15-2,3) 设矩阵 $\boldsymbol{A}=\begin{pmatrix}a&1&0\\1&a&-1\\0&1&a\end{pmatrix}$,且 $\boldsymbol{A}^3=\boldsymbol{O}$.

(1) 求 a 的值;

(2) 若矩阵 $\boldsymbol{X}$ 满足 $\boldsymbol{X}-\boldsymbol{XA}^2-\boldsymbol{AX}+\boldsymbol{AXA}^2=\boldsymbol{E}$,其中 $\boldsymbol{E}$ 为3阶单位矩阵,求 $\boldsymbol{X}$.

考点分析

考 点	大 纲 要 求	命 题 特 点
一、线性方程组的解的情况及求解 二、矩阵方程的解的情况及求解	1. 会用克拉默法则. 2. 理解齐次线性方程组有非零解的充分必要条件及非齐次线性方程组有解的充分必要条件. 3. 会用初等行变换求解线性方程组.	**1. 考试频率**:★★★★★ **2. 常考题型**:选择题、填空题、解答题 **3. 命题趋势**:线性方程组的求解在考研中是必考的,即使不直接考查,也会在其他问题中有所涉及.而矩阵方程也是考研的重点.

知识梳理

考点一 线性方程组的解的情况及求解

1. 线性方程组的概念

方程组

$$\begin{cases}a_{11}x_1+a_{12}x_2+\cdots+a_{1n}x_n=b_1,\\a_{21}x_1+a_{22}x_2+\cdots+a_{2n}x_n=b_2,\\\cdots\cdots\cdots\cdots\\a_{m1}x_1+a_{m2}x_2+\cdots+a_{mn}x_n=b_m\end{cases}\tag{3-1}$$

称为含有 n 个未知数 m 个方程的线性方程组. 当 $b_1,b_2,\cdots,b_m$ 不全为零时,方程组(3-1)称为非齐次线性方程组;当 $b_1,b_2,\cdots,b_m$ 全为零时,方程组(3-1)称为齐次线性方程组.

记 $\boldsymbol{A}=\begin{pmatrix}a_{11}&a_{12}&\cdots&a_{1n}\\a_{21}&a_{22}&\cdots&a_{2n}\\\vdots&\vdots&&\vdots\\a_{m1}&a_{m2}&\cdots&a_{mn}\end{pmatrix}$,$\boldsymbol{x}=\begin{pmatrix}x_1\\x_2\\\vdots\\x_n\end{pmatrix}$,$\boldsymbol{\beta}=\begin{pmatrix}b_1\\b_2\\\vdots\\b_m\end{pmatrix}$,则方程组(3-1)可表示为① ________,其中 $\boldsymbol{A}$ 称为系数矩阵,$(\boldsymbol{A},\boldsymbol{\beta})$ 称为增广矩阵.

2. 齐次线性方程组的解的情况

(1) $\boldsymbol{A}_{m\times n}\boldsymbol{x}=\boldsymbol{0}$ 只有零解 $\Leftrightarrow r(\boldsymbol{A})=n$ $\overset{(当\,m=n\,时)}{\Leftrightarrow}$ $|\boldsymbol{A}|$ ② ________;

(2) $A_{m\times n}x=0$ 有非零解 $\Leftrightarrow r(A)$③________ $\overset{(\text{当 } m=n \text{ 时})}{\Leftrightarrow} |A|=0$.

【注】当 $m<n$ 时,$A_{m\times n}x=0$ 必有非零解.

3. 非齐次线性方程组的解的情况

(1) $A_{m\times n}x=\beta$ 有唯一解 $\Leftrightarrow r(A,\beta)=r(A)=$④________ $\overset{(\text{当 } m=n \text{ 时})}{\Leftrightarrow} |A|\neq 0$;

(2) $A_{m\times n}x=\beta$ 有无穷多解 $\Leftrightarrow r(A,\beta)=r(A)<$⑤________ $\overset{(\text{当 } m=n \text{ 时})}{\Rightarrow} |A|=0$;

(3) $A_{m\times n}x=\beta$ 无解 $\Leftrightarrow r(A,\beta)=r(A)+1$ $\overset{(\text{当 } m=n \text{ 时})}{\Rightarrow} |A|$ ⑥________.

【注】$r(A,\beta)\neq r(A)$和 $r(A,\beta)>r(A)$也都是 $Ax=\beta$ 无解的充分必要条件.

4. 克拉默法则

当 A 为 n 阶方阵时,若 $|A|\neq 0$,则 $Ax=\beta$ 有唯一解,且 $x_i=$⑦________$(i=1,2,\cdots,n)$,其中 $|A_i|$ 为由向量 β 的各分量代替 $|A|$ 第 i 列各元素后所得到的行列式.

考点二 矩阵方程的解的情况及求解

(1) $A_{m\times n}X=B$ 有唯一解 $\Leftrightarrow r(A,B)=r(A)=n$ $\overset{(\text{当 } m=n \text{ 时})}{\Leftrightarrow} |A|\neq 0$;

(2) $A_{m\times n}X=B$⑧________$\Leftrightarrow r(A,B)=r(A)<n$ $\overset{(\text{当 } m=n \text{ 时})}{\Rightarrow} |A|=0$;

(3) $A_{m\times n}X=B$ 无解 $\Leftrightarrow r(A,B)$⑨________ $\overset{(\text{当 } m=n \text{ 时})}{\Rightarrow} |A|=0$.

知识梳理 · 答案

① $Ax=\beta$ ② $\neq 0$ ③ $<n$ ④ n ⑤ n ⑥ $=0$
⑦ $\dfrac{|A_i|}{|A|}$ ⑧ 有无穷多解 ⑨ $>r(A)$

方法探究

答案 P330

考点一 线性方程组的解的情况及求解

讨论线性方程组的解的情况常用矩阵的秩. 而对于未知数个数等于方程个数的齐次线性方程组,往往更适合用行列式来讨论其解的情况(如变式).

通过初等行变换解线性方程组是考生须熟练掌握的.

【例】(93-4) k 为何值时,线性方程组

$$\begin{cases} x_1+x_2+kx_3=4, \\ -x_1+kx_2+x_3=k^2, \\ x_1-x_2+2x_3=-4 \end{cases}$$

有唯一解、无解、有无穷多解? 在有解的情况下,求出其全部解.

【解】记 $A=\begin{pmatrix} 1 & 1 & k \\ -1 & k & 1 \\ 1 & -1 & 2 \end{pmatrix}, b=\begin{pmatrix} 4 \\ k^2 \\ -4 \end{pmatrix}$.

$$(A,b)=\begin{pmatrix} 1 & 1 & k & 4 \\ -1 & k & 1 & k^2 \\ 1 & -1 & 2 & -4 \end{pmatrix} \to \begin{pmatrix} 1 & 1 & k & 4 \\ 0 & 1 & \frac{1}{2}(k-2) & 4 \\ 0 & 0 & \frac{1}{2}(k+1)(4-k) & k(k-4) \end{pmatrix}.$$

1°当 $k=-1$ 时,由于

$$(A,b)\to \begin{pmatrix} 1 & 1 & -1 & 4 \\ 0 & 1 & -\frac{3}{2} & 4 \\ 0 & 0 & 0 & 5 \end{pmatrix},$$

故 $r(A,b)=r(A)+1$,从而原方程组无解.

2°当 $k=4$ 时,由于

$$(A,b)\to \begin{pmatrix} 1 & 0 & 3 & 0 \\ 0 & 1 & 1 & 4 \\ 0 & 0 & 0 & 0 \end{pmatrix},$$

故 $r(A,b)=r(A)=2<3$,从而原方程组有无穷多解,并且通解为

$$c(-3,-1,1)^{\mathrm{T}}+(0,4,0)^{\mathrm{T}},$$

其中 c 为任意常数.

3°当 $k\neq -1$ 且 $k\neq 4$ 时,由于

$$(A,b)\to \begin{pmatrix} 1 & 1 & k & 4 \\ 0 & 1 & \frac{1}{2}(k-2) & 4 \\ 0 & 0 & 1 & \frac{-2k}{k+1} \end{pmatrix} \to \begin{pmatrix} 1 & 1 & 0 & \frac{2k^2+4k+4}{k+1} \\ 0 & 1 & 0 & \frac{k^2+2k+4}{k+1} \\ 0 & 0 & 1 & \frac{-2k}{k+1} \end{pmatrix} \to \begin{pmatrix} 1 & 0 & 0 & \frac{k(k+2)}{k+1} \\ 0 & 1 & 0 & \frac{k^2+2k+4}{k+1} \\ 0 & 0 & 1 & \frac{-2k}{k+1} \end{pmatrix},$$

故 $r(A,b)=r(A)=3$,从而原方程组有唯一解

$$\left(\frac{k(k+2)}{k+1}, \frac{k^2+2k+4}{k+1}, \frac{-2k}{k+1}\right)^{\mathrm{T}}.$$

变式(04-1) 设有齐次线性方程组

$$\begin{cases}(1+a)x_1+x_2+\cdots+x_n=0,\\2x_1+(2+a)x_2+\cdots+2x_n=0,\\\cdots\cdots\cdots\cdots\\nx_1+nx_2+\cdots+(n+a)x_n=0\end{cases}\quad(n\geqslant 2),$$

试问 a 为何值时,该方程组有非零解,并求出其通解.

考点二 矩阵方程的解的情况及求解

解矩阵方程主要有以下三个方法:

(1) 分离法.对于形如 $\boldsymbol{AX}=\boldsymbol{B}$ 的矩阵方程,若 $\boldsymbol{A}$ 可逆,则 $\boldsymbol{X}=\boldsymbol{A}^{-1}\boldsymbol{B}$;对于 $\boldsymbol{XA}=\boldsymbol{B}$,若 $\boldsymbol{A}$ 可逆,则 $\boldsymbol{X}=\boldsymbol{BA}^{-1}$;对于 $\boldsymbol{AXB}=\boldsymbol{C}$,若 $\boldsymbol{A},\boldsymbol{B}$ 可逆,则 $\boldsymbol{X}=\boldsymbol{A}^{-1}\boldsymbol{CB}^{-1}$.(如变式 1)

(2) 按列分块法.对于 $\boldsymbol{A}_{m\times n}\boldsymbol{X}_{n\times s}=\boldsymbol{B}_{m\times s}$,若 $\boldsymbol{A}$ 不可逆,则可将 $\boldsymbol{X}$ 与 $\boldsymbol{B}$ 按列分块:

$$\boldsymbol{A}(\boldsymbol{x}_1,\boldsymbol{x}_2,\cdots,\boldsymbol{x}_s)=(\boldsymbol{\beta}_1,\boldsymbol{\beta}_2,\cdots,\boldsymbol{\beta}_s),$$

从而转化为解线性方程组

$$\boldsymbol{Ax}_1=\boldsymbol{\beta}_1,\boldsymbol{Ax}_2=\boldsymbol{\beta}_2,\cdots,\boldsymbol{Ax}_s=\boldsymbol{\beta}_s.$$

(3) 待定矩阵元素法.若无法将矩阵方程转化为形如 $\boldsymbol{AX}=\boldsymbol{B}$、$\boldsymbol{XA}=\boldsymbol{B}$ 或 $\boldsymbol{AXB}=\boldsymbol{C}$ 的方程,则可待定未知矩阵的各元素,并转化为解以未知矩阵的各元素为未知数的线性方程组.(如变式 2)

【例】 设矩阵 $\boldsymbol{A}=\begin{pmatrix}1&1&0\\2&2&1\\1&1&1\end{pmatrix}$,$\boldsymbol{B}=\begin{pmatrix}2&2\\2&1\\0&-1\end{pmatrix}$,则方程 $\boldsymbol{AX}=\boldsymbol{B}$ 的通解为________.

【解】 记 $\boldsymbol{\beta}_1=(2,2,0)^{\mathrm{T}}$,$\boldsymbol{\beta}_2=(2,1,-1)^{\mathrm{T}}$,并且设 $\boldsymbol{X}=(\boldsymbol{x}_1,\boldsymbol{x}_2)$,则由 $\boldsymbol{AX}=\boldsymbol{B}$ 知 $\boldsymbol{A}(\boldsymbol{x}_1,\boldsymbol{x}_2)=(\boldsymbol{\beta}_1,\boldsymbol{\beta}_2)$,即得方程组

$$\boldsymbol{Ax}_1=\boldsymbol{\beta}_1,\quad \boldsymbol{Ax}_2=\boldsymbol{\beta}_2.$$

由

$$(\boldsymbol{A},\boldsymbol{B})=\begin{pmatrix}1&1&0&2&2\\2&2&1&2&1\\1&1&1&0&-1\end{pmatrix}\to\begin{pmatrix}1&1&0&2&2\\0&0&1&-2&-3\\0&0&0&0&0\end{pmatrix}$$

知 $\boldsymbol{Ax}_1=\boldsymbol{\beta}_1$,$\boldsymbol{Ax}_2=\boldsymbol{\beta}_2$ 的通解分别为

$$\boldsymbol{x}_1=k_1(-1,1,0)^{\mathrm{T}}+(2,0,-2)^{\mathrm{T}},$$

$$\boldsymbol{x}_2=k_2(-1,1,0)^{\mathrm{T}}+(2,0,-3)^{\mathrm{T}},$$

从而 $\boldsymbol{AX}=\boldsymbol{B}$ 的通解为

$$\boldsymbol{X}=(\boldsymbol{x}_1,\boldsymbol{x}_2)=\begin{pmatrix}-k_1&-k_2\\k_1&k_2\\0&0\end{pmatrix}+\begin{pmatrix}2&2\\0&0\\-2&-3\end{pmatrix},$$

其中 k_1,k_2 为任意常数.

变式 1(95-1) 设 3 阶方程 $\boldsymbol{A},\boldsymbol{B}$ 满足关系式 $\boldsymbol{A}^{-1}\boldsymbol{BA}=6\boldsymbol{A}+\boldsymbol{BA}$,且

$$\boldsymbol{A}=\begin{pmatrix}\frac{1}{3}&0&0\\0&\frac{1}{4}&0\\0&0&\frac{1}{7}\end{pmatrix},$$

则 $\boldsymbol{B}=$________.

变式 2 设矩阵 $\boldsymbol{A}=\begin{pmatrix}1&-1\\1&2\end{pmatrix}$,则满足 $\boldsymbol{AB}=\boldsymbol{BA}$ 的所有矩阵 $\boldsymbol{B}=$________.

真题精选
1987—2014

答案 P331

考点一 线性方程组的解的情况及求解

1.(02-1-仅数学一) 设有三张不同平面的方程

$$a_{i1}x+a_{i2}y+a_{i3}z=b_i\quad(i=1,2,3),$$

它们所组成的线性方程组的系数矩阵与增广矩阵的秩都为 2,则这三张平面可能的位置关系为( )

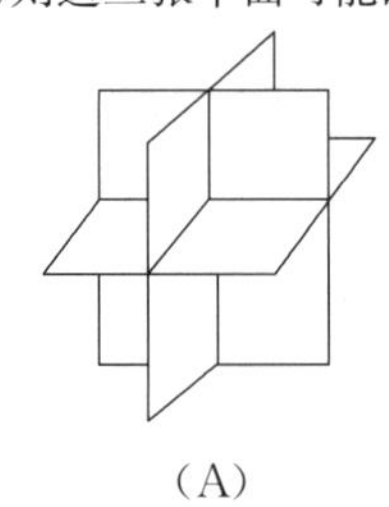

(A)

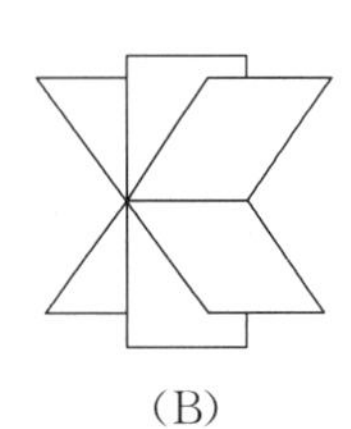

(B)

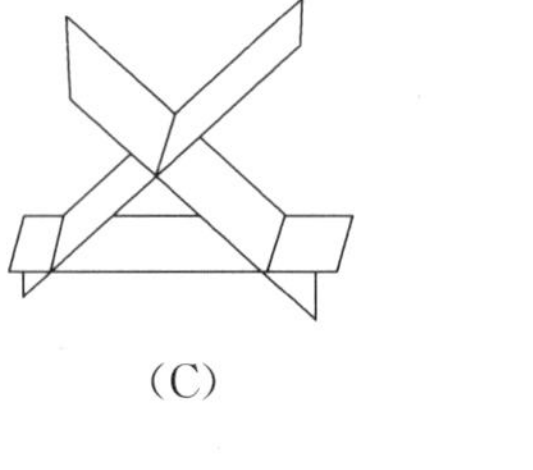

(C)

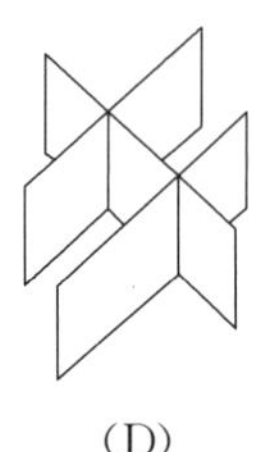

(D)

2.(01-3) 设 $\boldsymbol{A}$ 是 n 阶矩阵,$\boldsymbol{\alpha}$ 是 n 维列向量,若秩

$$r\begin{pmatrix}\boldsymbol{A}&\boldsymbol{\alpha}\\\boldsymbol{\alpha}^{\mathrm{T}}&0\end{pmatrix}=r(\boldsymbol{A}),$$

则线性方程组( )

(A) $\boldsymbol{Ax}=\boldsymbol{\alpha}$ 必有无穷多解.

(B) $Ax=\alpha$ 必有唯一解.

(C) $\begin{pmatrix} A & \alpha \\ \alpha^T & 0 \end{pmatrix}\begin{pmatrix} x \\ y \end{pmatrix}=0$ 仅有零解.

(D) $\begin{pmatrix} A & \alpha \\ \alpha^T & 0 \end{pmatrix}\begin{pmatrix} x \\ y \end{pmatrix}=0$ 必有非零解.

3. **(98-3)** 齐次线性方程组 $\begin{cases} \lambda x_1+x_2+\lambda^2 x_3=0, \\ x_1+\lambda x_2+x_3=0, \\ x_1+x_2+\lambda x_3=0 \end{cases}$ 的系数矩阵记为 A. 若存在 3 阶矩阵 $B\neq O$ 使得 $AB=O$,则(　　)

(A) $\lambda=-2$ 且 $|B|=0$.　　(B) $\lambda=-2$ 且 $|B|\neq 0$.

(C) $\lambda=1$ 且 $|B|=0$.　　(D) $\lambda=1$ 且 $|B|\neq 0$.

4. **(91-5)** 设 A 是 $m\times n$ 矩阵,则下列结论正确的是(　　)

(A) 若 $Ax=0$ 仅有零解,则 $Ax=b$ 有唯一解.

(B) 若 $Ax=0$ 有非零解,则 $Ax=b$ 有无穷多个解.

(C) 若 $Ax=b$ 有无穷多个解,则 $Ax=0$ 仅有零解.

(D) 若 $Ax=b$ 有无穷多个解,则 $Ax=0$ 有非零解.

5. **(96-4)** 设

$$A=\begin{pmatrix} 1 & 1 & 1 & \cdots & 1 \\ a_1 & a_2 & a_3 & \cdots & a_n \\ a_1^2 & a_2^2 & a_3^2 & \cdots & a_n^2 \\ \vdots & \vdots & \vdots & & \vdots \\ a_1^{n-1} & a_2^{n-1} & a_3^{n-1} & \cdots & a_n^{n-1} \end{pmatrix}, x=\begin{pmatrix} x_1 \\ x_2 \\ x_3 \\ \vdots \\ x_n \end{pmatrix}, b=\begin{pmatrix} 1 \\ 1 \\ 1 \\ \vdots \\ 1 \end{pmatrix},$$

其中 $a_i\neq a_j(i\neq j;\ i,j=1,2,\cdots,n)$. 则方程组 $A^T x=b$ 的解是________.

6. **(10-1,2,3)** 设

$$A=\begin{pmatrix} \lambda & 1 & 1 \\ 0 & \lambda-1 & 0 \\ 1 & 1 & \lambda \end{pmatrix},\quad b=\begin{pmatrix} a \\ 1 \\ 1 \end{pmatrix},$$

已知线性方程组 $Ax=b$ 存在两个不同的解.

(1) 求 λ,a;

(2) 求方程组 $Ax=b$ 的通解.

7. **(08-1,2,3)** 设 n 元线性方程组 $Ax=b$,其中

$$A=\begin{pmatrix} 2a & 1 & & & & \\ a^2 & 2a & 1 & & & \\ & a^2 & 2a & 1 & & \\ & & \ddots & \ddots & \ddots & \\ & & & a^2 & 2a & 1 \\ & & & & a^2 & 2a \end{pmatrix}_{n\times n}, x=\begin{pmatrix} x_1 \\ x_2 \\ \vdots \\ x_n \end{pmatrix}, b=\begin{pmatrix} 1 \\ 0 \\ \vdots \\ 0 \end{pmatrix}.$$

(1) 证明行列式 $|A|=(n+1)a^n$;

(2) 当 a 为何值时,该方程组有唯一解,并求 x_1;

(3) 当 a 为何值时,该方程组有无穷多解,并求通解.

8. **(02-3)** 设齐次线性方程组

$$\begin{cases} ax_1+bx_2+bx_3+\cdots+bx_n=0, \\ bx_1+ax_2+bx_3+\cdots+bx_n=0, \\ \cdots\cdots\cdots\cdots \\ bx_1+bx_2+bx_3+\cdots+ax_n=0, \end{cases}$$

其中 $a\neq 0,b\neq 0,n\geqslant 2$. 试讨论 a,b 为何值时,方程组仅有零解、有无穷多解?在有无穷多解时,求出全部解,并用基础解系表示全部解.

9. **(00-2)** 设 $\alpha=\begin{pmatrix} 1 \\ 2 \\ 1 \end{pmatrix},\beta=\begin{pmatrix} 1 \\ \frac{1}{2} \\ 0 \end{pmatrix},\gamma=\begin{pmatrix} 0 \\ 0 \\ 8 \end{pmatrix},A=\alpha\beta^T,B=\beta^T\alpha$.

其中 β^T 是 β 的转置,求解方程

$$2B^2A^2x=A^4x+B^4x+\gamma.$$

10.（95-1） 设 $\begin{cases} x_1+3x_2+2x_3+x_4=1, \\ x_2+ax_3-ax_4=-1, \\ x_1+2x_2+3x_4=3, \end{cases}$ 问 a 为何值时方程组有解，并在有解时求出方程组的通解.

考点二 矩阵方程的解的情况及求解

1.（14-1,2,3） 设矩阵 $\boldsymbol{A}=\begin{pmatrix} 1 & -2 & 3 & -4 \\ 0 & 1 & -1 & 1 \\ 1 & 2 & 0 & -3 \end{pmatrix}$，$\boldsymbol{E}$ 为3阶单位矩阵.

(1)求方程组 $\boldsymbol{Ax}=\boldsymbol{0}$ 的一个基础解系；

(2) 求满足 $\boldsymbol{AB}=\boldsymbol{E}$ 的所有矩阵 $\boldsymbol{B}$.

2.（13-1,2,3） 设 $\boldsymbol{A}=\begin{pmatrix} 1 & a \\ 1 & 0 \end{pmatrix}$，$\boldsymbol{B}=\begin{pmatrix} 0 & 1 \\ 1 & b \end{pmatrix}$，当 a,b 为何值时，存在矩阵 $\boldsymbol{C}$ 使得 $\boldsymbol{AC}-\boldsymbol{CA}=\boldsymbol{B}$，并求所有矩阵 $\boldsymbol{C}$.

3.（01-2） 已知矩阵

$$\boldsymbol{A}=\begin{pmatrix} 1 & 0 & 0 \\ 1 & 1 & 0 \\ 1 & 1 & 1 \end{pmatrix}, \quad \boldsymbol{B}=\begin{pmatrix} 0 & 1 & 1 \\ 1 & 0 & 1 \\ 1 & 1 & 0 \end{pmatrix},$$

且矩阵 $\boldsymbol{X}$ 满足 $\boldsymbol{AXA}+\boldsymbol{BXB}=\boldsymbol{AXB}+\boldsymbol{BXA}+\boldsymbol{E}$，其中 $\boldsymbol{E}$ 是3阶单位阵，求 $\boldsymbol{X}$.

4.（00-1） 设矩阵 $\boldsymbol{A}$ 的伴随矩阵 $\boldsymbol{A}^*=\begin{pmatrix} 1 & 0 & 0 & 0 \\ 0 & 1 & 0 & 0 \\ 1 & 0 & 1 & 0 \\ 0 & -3 & 0 & 8 \end{pmatrix}$，且 $\boldsymbol{ABA}^{-1}=\boldsymbol{BA}^{-1}+3\boldsymbol{E}$，其中 $\boldsymbol{E}$ 为4阶单位矩阵，求矩阵 $\boldsymbol{B}$.

5.（90-1） 设4阶矩阵

$$\boldsymbol{B}=\begin{pmatrix} 1 & -1 & 0 & 0 \\ 0 & 1 & -1 & 0 \\ 0 & 0 & 1 & -1 \\ 0 & 0 & 0 & 1 \end{pmatrix}, \quad \boldsymbol{C}=\begin{pmatrix} 2 & 1 & 3 & 4 \\ 0 & 2 & 1 & 3 \\ 0 & 0 & 2 & 1 \\ 0 & 0 & 0 & 2 \end{pmatrix},$$

且矩阵 $\boldsymbol{A}$ 满足关系式 $\boldsymbol{A}(\boldsymbol{E}-\boldsymbol{C}^{-1}\boldsymbol{B})^{\mathrm{T}}\boldsymbol{C}^{\mathrm{T}}=\boldsymbol{E}$，其中 $\boldsymbol{E}$ 为4阶单位矩阵，$\boldsymbol{C}^{-1}$ 表示 $\boldsymbol{C}$ 的逆矩阵，$\boldsymbol{C}^{\mathrm{T}}$ 表示 $\boldsymbol{C}$ 的转置矩阵，求矩阵 $\boldsymbol{A}$.

小　结

讨论含参数的线性方程组的解的情况是考研一直以来的重点．考生要能熟练地对含参数的矩阵进行初等行变换（比如 2010 年数学一、二、三、2002 年数学三和 1995 年数学一的解答题），尤其在求唯一解时（比如 1993 年数学四的解答题）．此外，考生切莫遗漏复习利用克拉默法则来求方程组的唯一解［比如 2008 年数学一、二、三的解答题的第（2）问，以及 1996 年数学四的填空题］．而在数学一中，还能将方程组的解的情况与平面的位置关系相结合进行考查（比如 2024 年、2019 年和 2002 年数学一的选择题）．

关于矩阵方程，在过去的考研中主要考查分离法，把解矩阵方程转化为求逆矩阵，其关键在于对矩阵方程进行恒等变形（比如 2015 年数学二、三、2000 年数学一和 1990 年数学一的解答题）．从 2014 年起，多次考查了当 $\boldsymbol{A}$ 不可逆时，形如 $\boldsymbol{AX}=\boldsymbol{B}$ 的矩阵方程的求解（比如 2018 年数学一、二、三、2016 年数学一和 2014 年数学一、二、三的解答题），考生要会通过按列分块将其转化为多个方程组来求解．而通过待定未知矩阵的元素来解矩阵方程，也是需要注意的情形（比如 2013 年数学一、二、三的解答题）．

§3.2　向量组的线性相关性

十年真题 2015—2024　　答案 P334

考点　向量组的线性相关性、线性表示及秩

1.（24-1） 设向量 $\boldsymbol{\alpha}_1=\begin{pmatrix}a\\1\\-1\\1\end{pmatrix},\boldsymbol{\alpha}_2=\begin{pmatrix}1\\1\\b\\a\end{pmatrix},\boldsymbol{\alpha}_3=\begin{pmatrix}1\\a\\-1\\1\end{pmatrix}$．若 $\boldsymbol{\alpha}_1,\boldsymbol{\alpha}_2,\boldsymbol{\alpha}_3$ 线性相关，且其中任意两个向量均线性无关，则（　　）

(A) $a=1,b\neq-1$.　　(B) $a=1,b=-1$.

(C) $a\neq-2,b=2$.　　(D) $a=-2,b=2$.

2.（23-1） 已知 n 阶矩阵 $\boldsymbol{A},\boldsymbol{B},\boldsymbol{C}$ 满足 $\boldsymbol{ABC}=\boldsymbol{O}$，$\boldsymbol{E}$ 为 n 阶单位矩阵．记矩阵

$$\begin{pmatrix}\boldsymbol{O}&\boldsymbol{A}\\\boldsymbol{BC}&\boldsymbol{E}\end{pmatrix},\quad\begin{pmatrix}\boldsymbol{AB}&\boldsymbol{C}\\\boldsymbol{O}&\boldsymbol{E}\end{pmatrix},\quad\begin{pmatrix}\boldsymbol{E}&\boldsymbol{AB}\\\boldsymbol{AB}&\boldsymbol{O}\end{pmatrix}$$

的秩分别为 r_1,r_2,r_3，则（　　）

(A) $r_1\leqslant r_2\leqslant r_3$.　　(B) $r_1\leqslant r_3\leqslant r_2$.

(C) $r_3\leqslant r_1\leqslant r_2$.　　(D) $r_2\leqslant r_1\leqslant r_3$.

3.（23-1,2,3） 已知向量

$$\boldsymbol{\alpha}_1=\begin{pmatrix}1\\2\\3\end{pmatrix},\quad\boldsymbol{\alpha}_2=\begin{pmatrix}2\\1\\1\end{pmatrix},\quad\boldsymbol{\beta}_1=\begin{pmatrix}2\\5\\9\end{pmatrix},\quad\boldsymbol{\beta}_2=\begin{pmatrix}1\\0\\1\end{pmatrix}.$$

若 $\boldsymbol{\gamma}$ 既可由 $\boldsymbol{\alpha}_1,\boldsymbol{\alpha}_2$ 线性表示，也可由 $\boldsymbol{\beta}_1,\boldsymbol{\beta}_2$ 线性表示，则 $\boldsymbol{\gamma}=$（　　）．

(A) $k\begin{pmatrix}3\\3\\4\end{pmatrix},k\in\mathbf{R}$.　　(B) $k\begin{pmatrix}3\\5\\10\end{pmatrix},k\in\mathbf{R}$.

(C) $k\begin{pmatrix}-1\\1\\2\end{pmatrix},k\in\mathbf{R}$.　　(D) $k\begin{pmatrix}1\\5\\8\end{pmatrix},k\in\mathbf{R}$.

4.（22-1,2,3） 设

$$\boldsymbol{\alpha}_1=\begin{pmatrix}\lambda\\1\\1\end{pmatrix},\quad\boldsymbol{\alpha}_2=\begin{pmatrix}1\\\lambda\\1\end{pmatrix},\quad\boldsymbol{\alpha}_3=\begin{pmatrix}1\\1\\\lambda\end{pmatrix},\quad\boldsymbol{\alpha}_4=\begin{pmatrix}1\\\lambda\\\lambda^2\end{pmatrix}.$$

若向量组 $\boldsymbol{\alpha}_1,\boldsymbol{\alpha}_2,\boldsymbol{\alpha}_3$ 与 $\boldsymbol{\alpha}_1,\boldsymbol{\alpha}_2,\boldsymbol{\alpha}_4$ 等价，则 λ 的取值范围是（　　）

(A) $\{0,1\}$.

(B) $\{\lambda\mid\lambda\in\mathbf{R},\lambda\neq-2\}$.

(C) $\{\lambda\mid\lambda\in\mathbf{R},\lambda\neq-1,\lambda\neq-2\}$.

(D) $\{\lambda\mid\lambda\in\mathbf{R},\lambda\neq-1\}$.

5.（21-1） 已知 $\boldsymbol{\alpha}_1=\begin{pmatrix}1\\0\\1\end{pmatrix},\boldsymbol{\alpha}_2=\begin{pmatrix}1\\2\\1\end{pmatrix},\boldsymbol{\alpha}_3=\begin{pmatrix}3\\1\\2\end{pmatrix}$，记 $\boldsymbol{\beta}_1=\boldsymbol{\alpha}_1,\boldsymbol{\beta}_2=\boldsymbol{\alpha}_2-k\boldsymbol{\beta}_1,\boldsymbol{\beta}_3=\boldsymbol{\alpha}_3-l_1\boldsymbol{\beta}_1-l_2\boldsymbol{\beta}_2$．若 $\boldsymbol{\beta}_1,\boldsymbol{\beta}_2,\boldsymbol{\beta}_3$ 两两正交，则 l_1,l_2 依次为（　　）

(A) $\frac{5}{2},\frac{1}{2}$.　　(B) $-\frac{5}{2},\frac{1}{2}$.

(C) $\frac{5}{2},-\frac{1}{2}$.　　(D) $-\frac{5}{2},-\frac{1}{2}$.

6.（21-1） 设 $\boldsymbol{A},\boldsymbol{B}$ 为 n 阶实矩阵．下列结论不成立的是（　　）

(A) $r\begin{pmatrix}\boldsymbol{A}&\boldsymbol{O}\\\boldsymbol{O}&\boldsymbol{A}^{\mathrm{T}}\boldsymbol{A}\end{pmatrix}=2r(\boldsymbol{A})$.　(B) $r\begin{pmatrix}\boldsymbol{A}&\boldsymbol{AB}\\\boldsymbol{O}&\boldsymbol{A}^{\mathrm{T}}\end{pmatrix}=2r(\boldsymbol{A})$.

(C) $r\begin{pmatrix}\boldsymbol{A}&\boldsymbol{BA}\\\boldsymbol{O}&\boldsymbol{AA}^{\mathrm{T}}\end{pmatrix}=2r(\boldsymbol{A})$.　(D) $r\begin{pmatrix}\boldsymbol{A}&\boldsymbol{O}\\\boldsymbol{BA}&\boldsymbol{A}^{\mathrm{T}}\end{pmatrix}=2r(\boldsymbol{A})$.

7.（20-1-仅数学一） 已知直线

$$l_1:\frac{x-a_2}{a_1}=\frac{y-b_2}{b_1}=\frac{z-c_2}{c_1}$$

与直线

$$l_2:\frac{x-a_3}{a_2}=\frac{y-b_3}{b_2}=\frac{z-c_3}{c_2}$$

相交于一点，记向量 $\boldsymbol{\alpha}_i=\begin{pmatrix}a_i\\b_i\\c_i\end{pmatrix},i=1,2,3$，则（　　）

(A) $\boldsymbol{\alpha}_1$ 可由 $\boldsymbol{\alpha}_2,\boldsymbol{\alpha}_3$ 线性表示.

(B) $\boldsymbol{\alpha}_2$ 可由 $\boldsymbol{\alpha}_1,\boldsymbol{\alpha}_3$ 线性表示.

(C) $\boldsymbol{\alpha}_3$ 可由 $\boldsymbol{\alpha}_1,\boldsymbol{\alpha}_2$ 线性表示.

(D) $\boldsymbol{\alpha}_1,\boldsymbol{\alpha}_2,\boldsymbol{\alpha}_3$ 线性无关.

8. **(18-1,2,3)** 设 $\boldsymbol{A},\boldsymbol{B}$ 为 n 阶矩阵,记 $r(\boldsymbol{X})$ 为矩阵 $\boldsymbol{X}$ 的秩,$(\boldsymbol{X}\ \ \boldsymbol{Y})$ 表示分块矩阵,则(　　)

(A) $r(\boldsymbol{A}\ \ \boldsymbol{AB})=r(\boldsymbol{A})$.

(B) $r(\boldsymbol{A}\ \ \boldsymbol{BA})=r(\boldsymbol{A})$.

(C) $r(\boldsymbol{A}\ \ \boldsymbol{B})=\max\{r(\boldsymbol{A}),r(\boldsymbol{B})\}$.

(D) $r(\boldsymbol{A}\ \ \boldsymbol{B})=r(\boldsymbol{A}^{\mathrm{T}}\ \ \boldsymbol{B}^{\mathrm{T}})$.

9. **(24-2)** 设向量$\boldsymbol{\alpha}_1=\begin{pmatrix}a\\1\\-1\\1\end{pmatrix},\boldsymbol{\alpha}_2=\begin{pmatrix}1\\1\\b\\a\end{pmatrix},\boldsymbol{\alpha}_3=\begin{pmatrix}1\\a\\-1\\1\end{pmatrix}$. 若$\boldsymbol{\alpha}_1,\boldsymbol{\alpha}_2,\boldsymbol{\alpha}_3$ 线性相关,且其中任意两个向量均线性无关,则 $ab=$________.

10. **(23-1)** 已知向量

$$\boldsymbol{\alpha}_1=\begin{pmatrix}1\\0\\1\\1\end{pmatrix},\quad \boldsymbol{\alpha}_2=\begin{pmatrix}-1\\-1\\0\\1\end{pmatrix},\quad \boldsymbol{\alpha}_3=\begin{pmatrix}0\\1\\-1\\1\end{pmatrix},\quad \boldsymbol{\beta}=\begin{pmatrix}1\\1\\1\\-1\end{pmatrix},$$

$\boldsymbol{\gamma}=k_1\boldsymbol{\alpha}_1+k_2\boldsymbol{\alpha}_2+k_3\boldsymbol{\alpha}_3$. 若$\boldsymbol{\gamma}^{\mathrm{T}}\boldsymbol{\alpha}_i=\boldsymbol{\beta}^{\mathrm{T}}\boldsymbol{\alpha}_i\,(i=1,2,3)$,则 $k_1^2+k_2^2+k_3^2=$________.

11. **(18-3)** 设 $\boldsymbol{A}$ 为 3 阶矩阵,$\boldsymbol{\alpha}_1,\boldsymbol{\alpha}_2,\boldsymbol{\alpha}_3$ 为线性无关的向量组. 若 $\boldsymbol{A}\boldsymbol{\alpha}_1=\boldsymbol{\alpha}_1+\boldsymbol{\alpha}_2,\boldsymbol{A}\boldsymbol{\alpha}_2=\boldsymbol{\alpha}_2+\boldsymbol{\alpha}_3,\boldsymbol{A}\boldsymbol{\alpha}_3=\boldsymbol{\alpha}_1+\boldsymbol{\alpha}_3$,则 $|\boldsymbol{A}|=$________.

12. **(17-1,3)** 设矩阵 $\boldsymbol{A}=\begin{pmatrix}1&0&1\\1&1&2\\0&1&1\end{pmatrix}$,$\boldsymbol{\alpha}_1,\boldsymbol{\alpha}_2,\boldsymbol{\alpha}_3$ 为线性无关的 3 维列向量组,则向量组 $\boldsymbol{A}\boldsymbol{\alpha}_1,\boldsymbol{A}\boldsymbol{\alpha}_2,\boldsymbol{A}\boldsymbol{\alpha}_3$ 的秩为________.

13. **(19-2,3)** 已知向量组

$$\text{Ⅰ}:\boldsymbol{\alpha}_1=\begin{pmatrix}1\\1\\4\end{pmatrix},\quad \boldsymbol{\alpha}_2=\begin{pmatrix}1\\0\\4\end{pmatrix},\quad \boldsymbol{\alpha}_3=\begin{pmatrix}1\\2\\a^2+3\end{pmatrix};$$

$$\text{Ⅱ}:\boldsymbol{\beta}_1=\begin{pmatrix}1\\1\\a+3\end{pmatrix},\quad \boldsymbol{\beta}_2=\begin{pmatrix}0\\2\\1-a\end{pmatrix},\quad \boldsymbol{\beta}_3=\begin{pmatrix}1\\3\\a^2+3\end{pmatrix}.$$

若向量组Ⅰ与向量组Ⅱ等价,求 a 的取值,并将 $\boldsymbol{\beta}_3$ 用 $\boldsymbol{\alpha}_1,\boldsymbol{\alpha}_2,\boldsymbol{\alpha}_3$ 线性表示.

考点分析

考　　点	大纲要求	命题特点
向量组的线性相关性、线性表示及秩	1. 理解 n 维向量的概念. 2. 理解向量组线性相关、线性无关的概念,掌握向量组线性相关、线性无关的有关性质及判别法. 3. 理解向量的线性组合与线性表示的概念,理解向量组等价的概念. 4. 理解向量组的极大无关组和向量组的秩的概念,理解矩阵的秩与其行(列)向量组的秩之间的关系,会求向量组的极大无关组及秩. 5. 了解内积的概念,掌握线性无关向量组正交规范化的施密特方法. 了解正交矩阵的概念及其性质.	**1. 考试频率:**★★★★★ **2. 常考题型:**选择题、填空题、解答题 **3. 命题趋势:**该考点是考研数学的重点,也是难点,有时会考查一些具有一定灵活性和综合性的考题.

知识梳理

考点　向量组的线性相关性、线性表示及秩

1. n 维向量的概念

n 个有次序的数 $a_1,a_2,\cdots,a_n$ 所组成的数组称为 n 维向量,记作 $(a_1,a_2,\cdots,a_n)^{\mathrm{T}}$ 或$(a_1,a_2,\cdots,a_n)$,分别为 n 维列向量或 n 维行向量. 数 a_i 称为向量的第 i 个分量或坐标$(i=1,2,\cdots,n)$.

2. 向量组的线性相关性

(1) $\boldsymbol{\alpha}_1,\boldsymbol{\alpha}_2,\cdots,\boldsymbol{\alpha}_n$ 线性相关

$\Leftrightarrow$存在 $x_1,x_2,\cdots,x_n$ 不全为零,使①________.

$\Leftrightarrow$方程组$(\boldsymbol{\alpha}_1,\boldsymbol{\alpha}_2,\cdots,\boldsymbol{\alpha}_n)\begin{pmatrix}x_1\\x_2\\\vdots\\x_n\end{pmatrix}=\boldsymbol{0}$ 有非零解

$\Leftrightarrow r(\boldsymbol{\alpha}_1,\boldsymbol{\alpha}_2,\cdots,\boldsymbol{\alpha}_n)<n$

$\Leftrightarrow|\boldsymbol{\alpha}_1,\boldsymbol{\alpha}_2,\cdots,\boldsymbol{\alpha}_n|=0$(当 $\boldsymbol{\alpha}_i$ 为 n 维向量时).

【注】(i) $\boldsymbol{\alpha}_1,\boldsymbol{\alpha}_2,\cdots,\boldsymbol{\alpha}_n$ 线性无关 $\Leftrightarrow$ 当且仅当 $x_1,x_2,\cdots,x_n$ 全为零时,$x_1\boldsymbol{\alpha}_1+x_2\boldsymbol{\alpha}_2+\cdots+x_n\boldsymbol{\alpha}_n=\mathbf{0}$.

(ii) $\boldsymbol{\alpha}_1$ 线性相关 $\Leftrightarrow\boldsymbol{\alpha}_1=\mathbf{0}$;$\boldsymbol{\alpha}_1,\boldsymbol{\alpha}_2$ 线性相关 $\Leftrightarrow\boldsymbol{\alpha}_1,\boldsymbol{\alpha}_2$ 共线;$\boldsymbol{\alpha}_1,\boldsymbol{\alpha}_2,\boldsymbol{\alpha}_3$ 线性相关 $\Leftrightarrow\boldsymbol{\alpha}_1,\boldsymbol{\alpha}_2,\boldsymbol{\alpha}_3$ 共面.

(2) 向量组的线性相关性的性质:

1) $\boldsymbol{\alpha}_1,\boldsymbol{\alpha}_2,\cdots,\boldsymbol{\alpha}_n$ 线性②________ $\Rightarrow\boldsymbol{\alpha}_1,\boldsymbol{\alpha}_2,\cdots,\boldsymbol{\alpha}_n,\boldsymbol{\alpha}_{n+1},\cdots,\boldsymbol{\alpha}_m(m>n)$线性③________.(填"相关"或"无关")

2) $\boldsymbol{\alpha}_1,\boldsymbol{\alpha}_2,\cdots,\boldsymbol{\alpha}_n$ 线性④________ $\Rightarrow\begin{pmatrix}\boldsymbol{\alpha}_1\\\boldsymbol{\beta}_1\end{pmatrix},\begin{pmatrix}\boldsymbol{\alpha}_2\\\boldsymbol{\beta}_2\end{pmatrix},\cdots,\begin{pmatrix}\boldsymbol{\alpha}_n\\\boldsymbol{\beta}_n\end{pmatrix}$ 线性⑤________.(填"相关"或"无关")

3) 当 n⑥________ m 时,m 个 n 维向量组成的向量组必线性相关.(填">"、"<"或"=")

3. 向量由向量组线性表示

(1) $\boldsymbol{\beta}$ 能由$\boldsymbol{\alpha}_1,\boldsymbol{\alpha}_2,\cdots,\boldsymbol{\alpha}_n$ 线性表示(出)

$\Leftrightarrow$存在 $x_1,x_2,\cdots,x_n$,使 $x_1\boldsymbol{\alpha}_1+x_2\boldsymbol{\alpha}_2+\cdots+x_n\boldsymbol{\alpha}_n=\boldsymbol{\beta}$

$\Leftrightarrow$方程组⑦________________有解

$\Leftrightarrow r(\boldsymbol{\alpha}_1,\boldsymbol{\alpha}_2,\cdots,\boldsymbol{\alpha}_n,\boldsymbol{\beta})=r(\boldsymbol{\alpha}_1,\boldsymbol{\alpha}_2,\cdots,\boldsymbol{\alpha}_n)$.

【注】(i) 若$\boldsymbol{\beta}$ 能由$\boldsymbol{\alpha}_1,\boldsymbol{\alpha}_2,\cdots,\boldsymbol{\alpha}_n$ 线性表示,则也称$\boldsymbol{\beta}$ 为$\boldsymbol{\alpha}_1,\boldsymbol{\alpha}_2,\cdots,\boldsymbol{\alpha}_n$ 的线性组合.

(ii) $\boldsymbol{\beta}$ 能由$\boldsymbol{\alpha}_1$ 线性表示 $\Rightarrow\boldsymbol{\beta}$ 与$\boldsymbol{\alpha}_1$ 共线;$\boldsymbol{\beta}$ 能由$\boldsymbol{\alpha}_1,\boldsymbol{\alpha}_2$ 线性表示 $\Rightarrow\boldsymbol{\beta}$ 与$\boldsymbol{\alpha}_1,\boldsymbol{\alpha}_2$ 共面.

(2) 向量由向量组线性表示的性质:

1) $\boldsymbol{\alpha}_1,\boldsymbol{\alpha}_2,\cdots,\boldsymbol{\alpha}_n$ 线性⑧________且$\boldsymbol{\alpha}_1,\boldsymbol{\alpha}_2,\cdots,\boldsymbol{\alpha}_n,\boldsymbol{\alpha}_{n+1}$ 线性⑨________ $\Rightarrow\boldsymbol{\alpha}_{n+1}$ 能由 $\boldsymbol{\alpha}_1,\boldsymbol{\alpha}_2,\cdots,\boldsymbol{\alpha}_n$ 线性表示,且表示式唯一.(填"相关"或"无关")

2) $\boldsymbol{\alpha}_1,\boldsymbol{\alpha}_2,\cdots,\boldsymbol{\alpha}_n$ 线性相关$(n\geqslant2)\Leftrightarrow$ 至少有一个向量 $\boldsymbol{\alpha}_i(i=1,2,\cdots,n)$能由其余 $n-1$ 个向量线性表示.

4. 向量组由向量组线性表示

(1) $\boldsymbol{\beta}_1,\boldsymbol{\beta}_2,\cdots,\boldsymbol{\beta}_m$ 能由$\boldsymbol{\alpha}_1,\boldsymbol{\alpha}_2,\cdots,\boldsymbol{\alpha}_n$ 线性表示(出)

$$\Leftrightarrow\text{存在}\begin{cases}x_{11},x_{21},\cdots,x_{n1};\\x_{12},x_{22},\cdots,x_{n2};\\\cdots\cdots\cdots\cdots\\x_{1m},x_{2m},\cdots,x_{nm},\end{cases}\text{使}\begin{cases}x_{11}\boldsymbol{\alpha}_1+x_{21}\boldsymbol{\alpha}_2+\cdots+x_{n1}\boldsymbol{\alpha}_n=\boldsymbol{\beta}_1,\\x_{12}\boldsymbol{\alpha}_1+x_{22}\boldsymbol{\alpha}_2+\cdots+x_{n2}\boldsymbol{\alpha}_n=\boldsymbol{\beta}_2,\\\cdots\cdots\cdots\cdots\\x_{1m}\boldsymbol{\alpha}_1+x_{2m}\boldsymbol{\alpha}_2+\cdots+x_{nm}\boldsymbol{\alpha}_n=\boldsymbol{\beta}_m\end{cases}$$

$$\Leftrightarrow\text{矩阵方程}(\boldsymbol{\alpha}_1,\boldsymbol{\alpha}_2,\cdots,\boldsymbol{\alpha}_n)\begin{pmatrix}x_{11}&x_{12}&\cdots&x_{1m}\\x_{21}&x_{22}&\cdots&x_{2m}\\\vdots&\vdots&&\vdots\\x_{n1}&x_{n2}&\cdots&x_{nm}\end{pmatrix}=(\boldsymbol{\beta}_1,\boldsymbol{\beta}_2,\cdots,\boldsymbol{\beta}_m)\text{有解}$$

$\Leftrightarrow r(\boldsymbol{\alpha}_1,\boldsymbol{\alpha}_2,\cdots,\boldsymbol{\alpha}_n,\boldsymbol{\beta}_1,\boldsymbol{\beta}_2,\cdots,\boldsymbol{\beta}_m)=r(\boldsymbol{\alpha}_1,\boldsymbol{\alpha}_2,\cdots,\boldsymbol{\alpha}_n)$

$\Rightarrow r(\boldsymbol{\alpha}_1,\boldsymbol{\alpha}_2,\cdots,\boldsymbol{\alpha}_n)$⑩________ $r(\boldsymbol{\beta}_1,\boldsymbol{\beta}_2,\cdots\boldsymbol{\beta}_m)$.

(填"≥"或"≤")

(2) 向量组由向量组线性表示的性质:设$\boldsymbol{\beta}_1,\boldsymbol{\beta}_2,\cdots,\boldsymbol{\beta}_m$ 能由向量组$\boldsymbol{\alpha}_1,\boldsymbol{\alpha}_2,\cdots,\boldsymbol{\alpha}_n$ 线性表示,则$\boldsymbol{\beta}_1,\boldsymbol{\beta}_2,\cdots,\boldsymbol{\beta}_m$ 线性⑪________ $\Rightarrow n\geqslant m$.(填"相关"或"无关")

5. 向量组的等价

$\boldsymbol{\beta}_1,\boldsymbol{\beta}_2,\cdots,\boldsymbol{\beta}_m$ 与$\boldsymbol{\alpha}_1,\boldsymbol{\alpha}_2,\cdots,\boldsymbol{\alpha}_n$ 等价

$\Leftrightarrow\boldsymbol{\beta}_1,\boldsymbol{\beta}_2,\cdots,\boldsymbol{\beta}_m$ 与$\boldsymbol{\alpha}_1,\boldsymbol{\alpha}_2,\cdots,\boldsymbol{\alpha}_n$ 能相互线性表示

$\Leftrightarrow r(\boldsymbol{\alpha}_1,\boldsymbol{\alpha}_2,\cdots,\boldsymbol{\alpha}_n,\boldsymbol{\beta}_1,\boldsymbol{\beta}_2,\cdots,\boldsymbol{\beta}_m)=r(\boldsymbol{\alpha}_1,\boldsymbol{\alpha}_2,\cdots,\boldsymbol{\alpha}_n)=r(\boldsymbol{\beta}_1,\boldsymbol{\beta}_2,\cdots\boldsymbol{\beta}_m)$.

6. 向量组的秩

(1) 在向量组 $\boldsymbol{A}$ 中,

$$\begin{cases}1)\ \text{有 } r \text{ 个向量组成的部分组 } A_r \text{ 线性无关},\\2)\ \text{所有 } r+1 \text{ 个向量组成的部分组(若存在)都线性相关}\\(A \text{ 中任意向量都能由 } A_r \text{ 线性表示})\end{cases}$$

$$\Leftrightarrow\begin{cases}1)\ A \text{ 的秩为 } r,\\2)\ A_r \text{ 为 } A \text{ 的一个最(极)大无关组}.\end{cases}$$

(2) 矩阵的秩等于其列(行)向量组的秩.

7. 向量的内积与正交性

(1) 设$\boldsymbol{\alpha}=(a_1,a_2,\cdots,a_n)^{\mathrm{T}},\boldsymbol{\beta}=(b_1,b_2,\cdots,b_n)^{\mathrm{T}}$,则称$(\boldsymbol{\alpha},\boldsymbol{\beta})=$⑫________________为$\boldsymbol{\alpha}$ 与$\boldsymbol{\beta}$ 的内积,$\|\boldsymbol{\alpha}\|=\sqrt{(\boldsymbol{\alpha},\boldsymbol{\alpha})}$为$\boldsymbol{\alpha}$ 的长度.

(2) 向量的正交性:

1) $\boldsymbol{\alpha}$ 与$\boldsymbol{\beta}$ 正交 $\Leftrightarrow(\boldsymbol{\alpha},\boldsymbol{\beta})=$⑬________.

2) $\boldsymbol{\alpha}_1,\boldsymbol{\alpha}_2,\cdots,\boldsymbol{\alpha}_n$ 是一组两两正交的非零向量 $\Rightarrow\boldsymbol{\alpha}_1,\boldsymbol{\alpha}_2,\cdots,\boldsymbol{\alpha}_n$线性无关.

3) 设$\boldsymbol{\alpha}_1,\boldsymbol{\alpha}_2,\boldsymbol{\alpha}_3$ 线性无关.取$\boldsymbol{\beta}_1=\boldsymbol{\alpha}_1,\boldsymbol{\beta}_2=$⑭__________________,$\boldsymbol{\beta}_3=\boldsymbol{\alpha}_3-\dfrac{(\boldsymbol{\beta}_1,\boldsymbol{\alpha}_3)}{(\boldsymbol{\beta}_1,\boldsymbol{\beta}_1)}\boldsymbol{\beta}_1-\dfrac{(\boldsymbol{\beta}_2,\boldsymbol{\alpha}_3)}{(\boldsymbol{\beta}_2,\boldsymbol{\beta}_2)}\boldsymbol{\beta}_2$,则$\boldsymbol{\beta}_1,\boldsymbol{\beta}_2,\boldsymbol{\beta}_3$ 两两正交;再取$\boldsymbol{\gamma}_1=\dfrac{\boldsymbol{\beta}_1}{\|\boldsymbol{\beta}_1\|},\boldsymbol{\gamma}_2=\dfrac{\boldsymbol{\beta}_2}{\|\boldsymbol{\beta}_2\|},\boldsymbol{\gamma}_3=\dfrac{\boldsymbol{\beta}_3}{\|\boldsymbol{\beta}_3\|}$,则$\boldsymbol{\gamma}_1,\boldsymbol{\gamma}_2,\boldsymbol{\gamma}_3$ 是两两正交的单位向量.

(3) $\boldsymbol{A}$ 为正交矩阵

$\Leftrightarrow\boldsymbol{A}^{-1}=$⑮________

$\Leftrightarrow\boldsymbol{A}$ 的列(行)向量都是单位向量,且两两正交.

知识梳理·答案

① $x_1\boldsymbol{\alpha}_1+x_2\boldsymbol{\alpha}_2+\cdots+x_n\boldsymbol{\alpha}_n=\mathbf{0}$ ② 相关 ③ 相关 ④ 无关 ⑤ 无关 ⑥ < ⑦ $(\boldsymbol{\alpha}_1,\boldsymbol{\alpha}_2,\cdots,\boldsymbol{\alpha}_n)\begin{pmatrix}x_1\\x_2\\\vdots\\x_n\end{pmatrix}=\boldsymbol{\beta}$ ⑧ 无关 ⑨ 相关 ⑩ ≥ ⑪ 无关 ⑫ $a_1b_1+a_2b_2+\cdots+a_nb_n$ ⑬ 0 ⑭ $\boldsymbol{\alpha}_2-\dfrac{(\boldsymbol{\beta}_1,\boldsymbol{\alpha}_2)}{(\boldsymbol{\beta}_1,\boldsymbol{\beta}_1)}\boldsymbol{\beta}_1$ ⑮ $\boldsymbol{A}^{\mathrm{T}}$

方法探究

答案 P335

考点　向量组的线性相关性、线性表示及秩

1. 具体向量组的线性相关、线性表示及秩的问题

(1) 讨论具体向量组的线性相关性及线性表示常用矩阵的秩. 而对于向量个数等于向量维数的具体向量组,往往更适合用行列式来讨论其线性相关性(如例 2).

(2) 求 $\boldsymbol{\beta}$ 由 $\boldsymbol{\alpha}_1,\boldsymbol{\alpha}_2,\cdots,\boldsymbol{\alpha}_n$ 线性表示的表示式可转化为解方程组 $(\boldsymbol{\alpha}_1,\boldsymbol{\alpha}_2,\cdots,\boldsymbol{\alpha}_n)\boldsymbol{x}=\boldsymbol{\beta}$ (如例 1); 求 $\boldsymbol{\beta}_1,\boldsymbol{\beta}_2,\cdots,\boldsymbol{\beta}_s$ 由 $\boldsymbol{\alpha}_1,\boldsymbol{\alpha}_2,\cdots,\boldsymbol{\alpha}_n$ 线性表示的表示式可转化为解矩阵方程 $(\boldsymbol{\alpha}_1,\boldsymbol{\alpha}_2,\cdots,\boldsymbol{\alpha}_n)\boldsymbol{X}=(\boldsymbol{\beta}_1,\boldsymbol{\beta}_2,\cdots,\boldsymbol{\beta}_s)$(如变式 1).

(3) 对 $\boldsymbol{A}=(\boldsymbol{\alpha}_1,\boldsymbol{\alpha}_2,\cdots,\boldsymbol{\alpha}_n)$ 作初等行变换变成行阶梯形矩阵,就能求出 $\boldsymbol{\alpha}_1,\boldsymbol{\alpha}_2,\cdots,\boldsymbol{\alpha}_n$ 的秩和一个最大无关组. 再把 $\boldsymbol{A}$ 变成行最简形矩阵,就能将其余向量用所求最大无关组线性表示了.(如例 2)

【例 1】(00-3) 设向量组 $\boldsymbol{\alpha}_1=(a,2,10)^{\mathrm{T}},\boldsymbol{\alpha}_2=(-2,1,5)^{\mathrm{T}},\boldsymbol{\alpha}_3=(-1,1,4)^{\mathrm{T}},\boldsymbol{\beta}=(1,b,c)^{\mathrm{T}}$. 试问: 当 a,b,c 满足什么条件时,

(1) $\boldsymbol{\beta}$ 可由 $\boldsymbol{\alpha}_1,\boldsymbol{\alpha}_2,\boldsymbol{\alpha}_3$ 线性表示,且表示式唯一?

(2) $\boldsymbol{\beta}$ 不能由 $\boldsymbol{\alpha}_1,\boldsymbol{\alpha}_2,\boldsymbol{\alpha}_3$ 线性表示?

(3) $\boldsymbol{\beta}$ 可由 $\boldsymbol{\alpha}_1,\boldsymbol{\alpha}_2,\boldsymbol{\alpha}_3$ 线性表示,且表示式不唯一? 并求出一般表示式.

【解】 记 $\boldsymbol{A}=(\boldsymbol{\alpha}_1,\boldsymbol{\alpha}_2,\boldsymbol{\alpha}_3)$,则

$$(\boldsymbol{A},\boldsymbol{\beta})=\begin{pmatrix} a & -2 & -1 & 1 \\ 2 & 1 & 1 & b \\ 10 & 5 & 4 & c \end{pmatrix}\rightarrow\begin{pmatrix} 2 & 1 & 1 & b \\ 0 & a+4 & a+2 & ab-2 \\ 0 & 0 & -1 & c-5b \end{pmatrix}.$$

(1) 当 $a\neq-4$ 时,由于 $r(\boldsymbol{A},\boldsymbol{\beta})=r(\boldsymbol{A})=3$,故 $\boldsymbol{\beta}$ 可由 $\boldsymbol{\alpha}_1,\boldsymbol{\alpha}_2,\boldsymbol{\alpha}_3$ 线性表示,且表示式唯一.

(2) 当 $a=-4$ 时,由

$$(\boldsymbol{A},\boldsymbol{\beta})\rightarrow\begin{pmatrix} 2 & 1 & 1 & b \\ 0 & 0 & 1 & 2b+1 \\ 0 & 0 & 0 & c-3b+1 \end{pmatrix}$$

知当 $a=-4$ 且 $c-3b+1\neq0$ 时,$r(\boldsymbol{A},\boldsymbol{\beta})=r(\boldsymbol{A})+1$,故 $\boldsymbol{\beta}$ 不能由 $\boldsymbol{\alpha}_1,\boldsymbol{\alpha}_2,\boldsymbol{\alpha}_3$ 线性表示.

(3) 当 $a=-4$ 且 $c-3b+1=0$ 时,由

$$(\boldsymbol{A},\boldsymbol{\beta})\rightarrow\begin{pmatrix} 2 & 1 & 0 & -b-1 \\ 0 & 0 & 1 & 2b+1 \\ 0 & 0 & 0 & 0 \end{pmatrix}$$

知 $r(\boldsymbol{A},\boldsymbol{\beta})=r(\boldsymbol{A})=2<3$,故 $\boldsymbol{\beta}$ 可由 $\boldsymbol{\alpha}_1,\boldsymbol{\alpha}_2,\boldsymbol{\alpha}_3$ 线性表示,且表示式不唯一,并且 $\boldsymbol{Ax}=\boldsymbol{\beta}$ 的通解为

$$k(1,-2,0)^{\mathrm{T}}+(0,-b-1,2b+1)^{\mathrm{T}},$$

即

$$\boldsymbol{\beta}=k\boldsymbol{\alpha}_1+(-2k-b-1)\boldsymbol{\alpha}_2+(2b+1)\boldsymbol{\alpha}_3,$$

其中 k 为任意常数.

变式 1(11-1,2,3) 设 3 维向量组 $\boldsymbol{\alpha}_1=(1,0,1)^{\mathrm{T}},\boldsymbol{\alpha}_2=(0,1,1)^{\mathrm{T}},\boldsymbol{\alpha}_3=(1,3,5)^{\mathrm{T}}$ 不能由向量组 $\boldsymbol{\beta}_1=(1,1,1)^{\mathrm{T}},\boldsymbol{\beta}_2=(1,2,3)^{\mathrm{T}},\boldsymbol{\beta}_3=(3,4,a)^{\mathrm{T}}$ 线性表示.

(1) 求 a 的值;

(2) 将 $\boldsymbol{\beta}_1,\boldsymbol{\beta}_2,\boldsymbol{\beta}_3$ 用 $\boldsymbol{\alpha}_1,\boldsymbol{\alpha}_2,\boldsymbol{\alpha}_3$ 线性表示.

【例 2】(06-3) 设 4 维向量组 $\boldsymbol{\alpha}_1=(1+a,1,1,1)^{\mathrm{T}},\boldsymbol{\alpha}_2=(2,2+a,2,2)^{\mathrm{T}},\boldsymbol{\alpha}_3=(3,3,3+a,3)^{\mathrm{T}},\boldsymbol{\alpha}_4=(4,4,4,4+a)^{\mathrm{T}}$,问 a 为何值时 $\boldsymbol{\alpha}_1,\boldsymbol{\alpha}_2,\boldsymbol{\alpha}_3,\boldsymbol{\alpha}_4$ 线性相关? 当 $\boldsymbol{\alpha}_1,\boldsymbol{\alpha}_2,\boldsymbol{\alpha}_3,\boldsymbol{\alpha}_4$ 线性相关时,求其一个极大线性无关组,并将其余向量用该极大线性无关组线性表出.

【解】 记 $\boldsymbol{A}=(\boldsymbol{\alpha}_1,\boldsymbol{\alpha}_2,\boldsymbol{\alpha}_3,\boldsymbol{\alpha}_4)$.

$$|\boldsymbol{A}|=\begin{vmatrix} 1+a & 2 & 3 & 4 \\ 1 & 2+a & 3 & 4 \\ 1 & 2 & 3+a & 4 \\ 1 & 2 & 3 & 4+a \end{vmatrix}=\begin{vmatrix} 10+a & 2 & 3 & 4 \\ 10+a & 2+a & 3 & 4 \\ 10+a & 2 & 3 & 4 \\ 10+a & 2 & 3+a & 4+a \end{vmatrix}$$

$$=(10+a)\begin{vmatrix} 1 & 2 & 3 & 4 \\ 1 & 2+a & 3 & 4 \\ 1 & 2 & 3+a & 4 \\ 1 & 2 & 3 & 4+a \end{vmatrix}=(10+a)\begin{vmatrix} 1 & 0 & 0 & 0 \\ 1 & a & 0 & 0 \\ 1 & 0 & a & 0 \\ 1 & 0 & 0 & a \end{vmatrix}=a^3(10+a).$$

由 $|\boldsymbol{A}|=0$ 得 $a=0$ 或 $a=-10$.

1°当 $a=0$ 时,由于

$$\boldsymbol{A}=\begin{pmatrix} 1 & 2 & 3 & 4 \\ 1 & 2 & 3 & 4 \\ 1 & 2 & 3 & 4 \\ 1 & 2 & 3 & 4 \end{pmatrix}\rightarrow\begin{pmatrix} 1 & 2 & 3 & 4 \\ 0 & 0 & 0 & 0 \\ 0 & 0 & 0 & 0 \\ 0 & 0 & 0 & 0 \end{pmatrix},$$

故 $\boldsymbol{\alpha}_1$ 是向量组的一个极大无关组,且

$$\boldsymbol{\alpha}_2=2\boldsymbol{\alpha}_1,\quad \boldsymbol{\alpha}_3=3\boldsymbol{\alpha}_1,\quad \boldsymbol{\alpha}_4=4\boldsymbol{\alpha}_1.$$

2°当 $a=-10$ 时,由于

$$\boldsymbol{A}=\begin{pmatrix} -9 & 2 & 3 & 4 \\ 1 & -8 & 3 & 4 \\ 1 & 2 & -7 & 4 \\ 1 & 2 & 3 & -6 \end{pmatrix}\rightarrow\begin{pmatrix} 1 & 0 & 0 & -1 \\ 0 & 1 & 0 & -1 \\ 0 & 0 & 1 & -1 \\ 0 & 0 & 0 & 0 \end{pmatrix},$$

故$\boldsymbol{\alpha}_1,\boldsymbol{\alpha}_2,\boldsymbol{\alpha}_3$是向量组的一个极大无关组，且

$$\boldsymbol{\alpha}_4=-\boldsymbol{\alpha}_1-\boldsymbol{\alpha}_2-\boldsymbol{\alpha}_3.$$

2. 抽象向量组的线性相关及线性表示问题

解决抽象向量组的线性相关性及线性表示问题，有以下几个常见思路：

(1) 设$x_1\boldsymbol{\alpha}_1+x_2\boldsymbol{\alpha}_2+\cdots+x_n\boldsymbol{\alpha}_n=\mathbf{0}$，若能得到$x_1=x_2=\cdots=x_n=0$，则$\boldsymbol{\alpha}_1,\boldsymbol{\alpha}_2,\cdots,\boldsymbol{\alpha}_n$线性无关；若存在不全为零的$x_1,x_2,\cdots,x_n$，使$x_1\boldsymbol{\alpha}_1+x_2\boldsymbol{\alpha}_2+\cdots+x_n\boldsymbol{\alpha}_n=\mathbf{0}$，则$\boldsymbol{\alpha}_1,\boldsymbol{\alpha}_2,\cdots,\boldsymbol{\alpha}_n$线性相关.（如例3和变式3）

(2) 假设$x_1\boldsymbol{\alpha}_1+x_2\boldsymbol{\alpha}_2+\cdots+x_n\boldsymbol{\alpha}_n=\boldsymbol{\beta}$，若结合已知条件能得出矛盾，则$\boldsymbol{\beta}$不能由$\boldsymbol{\alpha}_1,\boldsymbol{\alpha}_2,\cdots,\boldsymbol{\alpha}_n$线性表示；若能将$\boldsymbol{\alpha}_1,\boldsymbol{\alpha}_2,\cdots,\boldsymbol{\alpha}_n,\boldsymbol{\beta}$写成$x_1\boldsymbol{\alpha}_1+x_2\boldsymbol{\alpha}_2+\cdots+x_n\boldsymbol{\alpha}_n=\boldsymbol{\beta}$的形式，则$\boldsymbol{\beta}$能由$\boldsymbol{\alpha}_1,\boldsymbol{\alpha}_2,\cdots,\boldsymbol{\alpha}_n$线性表示.（如例5和变式5）

(3) 利用秩、行列式或方程组解的情况.（如例4和例5）

(4) 利用线性相关性及线性表示的性质、几何意义.（如例5和变式5）

【例3】(88-4) 已知向量组$\boldsymbol{\alpha}_1,\boldsymbol{\alpha}_2,\cdots,\boldsymbol{\alpha}_s(s\geqslant 2)$线性无关. 设$\boldsymbol{\beta}_1=\boldsymbol{\alpha}_1+\boldsymbol{\alpha}_2,\boldsymbol{\beta}_2=\boldsymbol{\alpha}_2+\boldsymbol{\alpha}_3,\cdots,\boldsymbol{\beta}_{s-1}=\boldsymbol{\alpha}_{s-1}+\boldsymbol{\alpha}_s,\boldsymbol{\beta}_s=\boldsymbol{\alpha}_s+\boldsymbol{\alpha}_1$. 试讨论向量组$\boldsymbol{\beta}_1,\boldsymbol{\beta}_2,\cdots,\boldsymbol{\beta}_s$的线性相关性.

【解】 设$x_1\boldsymbol{\beta}_1+x_2\boldsymbol{\beta}_2+\cdots+x_s\boldsymbol{\beta}_s=x_1(\boldsymbol{\alpha}_1+\boldsymbol{\alpha}_2)+x_2(\boldsymbol{\alpha}_2+\boldsymbol{\alpha}_3)+\cdots+x_s(\boldsymbol{\alpha}_s+\boldsymbol{\alpha}_1)=\mathbf{0}$，则

$$(x_1+x_s)\boldsymbol{\alpha}_1+(x_1+x_2)\boldsymbol{\alpha}_2+\cdots+(x_{s-1}+x_s)\boldsymbol{\alpha}_s=\mathbf{0}.$$

由$\boldsymbol{\alpha}_1,\boldsymbol{\alpha}_2,\cdots,\boldsymbol{\alpha}_s$线性无关知

$$\begin{cases}x_1+x_s=0,\\x_1+x_2=0,\\\cdots\cdots\cdots\cdots\\x_{s-1}+x_s=0.\end{cases}\tag{3-2}$$

$$\begin{vmatrix}1&0&\cdots&0&1\\1&1&\cdots&0&0\\\vdots&\vdots&&\vdots&\vdots\\0&0&\cdots&1&1\end{vmatrix}=1+(-1)^{s+1}=\begin{cases}2,&s\text{ 为奇数},\\0,&s\text{ 为偶数}.\end{cases}$$

当s为奇数时，方程组(3-2)只有零解，即$x_1=x_2=\cdots=x_s=0$，故$\boldsymbol{\beta}_1,\boldsymbol{\beta}_2,\cdots,\boldsymbol{\beta}_s$线性无关；

当s为偶数时，方程组(3-2)有非零解，即存在不全为零的$x_1,x_2,\cdots,x_s$，使$x_1\boldsymbol{\beta}_1+x_2\boldsymbol{\beta}_2+\cdots+x_s\boldsymbol{\beta}_s=\mathbf{0}$，故$\boldsymbol{\beta}_1,\boldsymbol{\beta}_2,\cdots,\boldsymbol{\beta}_s$线性相关.

变式3(98-1) 设$\boldsymbol{A}$是n阶矩阵，若存在正整数k使线性方程组$\boldsymbol{A}^k\boldsymbol{x}=\mathbf{0}$有解向量$\boldsymbol{\alpha}$，且$\boldsymbol{A}^{k-1}\boldsymbol{\alpha}\neq\mathbf{0}$. 证明：向量组$\boldsymbol{\alpha},\boldsymbol{A\alpha},\cdots,\boldsymbol{A}^{k-1}\boldsymbol{\alpha}$是线性无关的.

【例4】(04-1,2) 设$\boldsymbol{A},\boldsymbol{B}$为满足$\boldsymbol{AB}=\boldsymbol{O}$的任意两个非零矩阵，则必有(　　)

(A) $\boldsymbol{A}$的列向量组线性相关，$\boldsymbol{B}$的行向量组线性相关.

(B) $\boldsymbol{A}$的列向量组线性相关，$\boldsymbol{B}$的列向量组线性相关.

(C) $\boldsymbol{A}$的行向量组线性相关，$\boldsymbol{B}$的行向量组线性相关.

(D) $\boldsymbol{A}$的行向量组线性相关，$\boldsymbol{B}$的列向量组线性相关.

【解】法一（利用方程组）：由于$\boldsymbol{AB}=\boldsymbol{O}$，又$\boldsymbol{B}\neq\boldsymbol{O}$，故$\boldsymbol{Ax}=\mathbf{0}$有非零解，从而$\boldsymbol{A}$的列向量组线性相关.

由$\boldsymbol{AB}=\boldsymbol{O}$知$\boldsymbol{B}^{\mathrm{T}}\boldsymbol{A}^{\mathrm{T}}=\boldsymbol{O}$. 又由于$\boldsymbol{A}\neq\boldsymbol{O}$，故$\boldsymbol{B}^{\mathrm{T}}\boldsymbol{x}=\mathbf{0}$有非零解，从而$\boldsymbol{B}^{\mathrm{T}}$的列向量组，即$\boldsymbol{B}$的行向量组线性相关，选(A).

法二（利用秩）：设$\boldsymbol{A}$为$m\times n$矩阵，$\boldsymbol{B}$为$n\times s$矩阵，则由$\boldsymbol{AB}=\boldsymbol{O}$知$r(\boldsymbol{A})+r(\boldsymbol{B})\leqslant n$. 又由$\boldsymbol{B}\neq\boldsymbol{O}$知$r(\boldsymbol{B})\geqslant 1$，故$r(\boldsymbol{A})\leqslant n-r(\boldsymbol{B})\leqslant n-1<n$，从而$\boldsymbol{A}$的列向量组线性相关.

同理，$r(\boldsymbol{B}^{\mathrm{T}})=r(\boldsymbol{B})\leqslant n-r(\boldsymbol{A})<n$，故$\boldsymbol{B}^{\mathrm{T}}$的列向量组，即$\boldsymbol{B}$的行向量组线性相关，选(A).

变式4(99-1) 设$\boldsymbol{A}$是$m\times n$矩阵，$\boldsymbol{B}$是$n\times m$矩阵，则(　　)

(A) 当$m>n$时，必有行列式$|\boldsymbol{AB}|\neq 0$.

(B) 当$m>n$时，必有行列式$|\boldsymbol{AB}|=0$.

(C) 当$n>m$时，必有行列式$|\boldsymbol{AB}|\neq 0$.

(D) 当$n>m$时，必有行列式$|\boldsymbol{AB}|=0$.

【例5】(99-3) 设向量$\boldsymbol{\beta}$可由向量组$\boldsymbol{\alpha}_1,\boldsymbol{\alpha}_2,\cdots,\boldsymbol{\alpha}_m$线性表示，但不能由向量组(Ⅰ)：$\boldsymbol{\alpha}_1,\boldsymbol{\alpha}_2,\cdots,\boldsymbol{\alpha}_{m-1}$线性表示，记向量组(Ⅱ)：$\boldsymbol{\alpha}_1,\boldsymbol{\alpha}_2,\cdots,\boldsymbol{\alpha}_{m-1},\boldsymbol{\beta}$，则(　　)

(A) $\boldsymbol{\alpha}_m$不能由(Ⅰ)线性表示，也不能由(Ⅱ)线性表示.

(B) $\boldsymbol{\alpha}_m$不能由(Ⅰ)线性表示，但可由(Ⅱ)线性表示.

(C) $\boldsymbol{\alpha}_m$可由(Ⅰ)线性表示，也可由(Ⅱ)线性表示.

(D) $\boldsymbol{\alpha}_m$可由(Ⅰ)线性表示，但不能由(Ⅱ)线性表示.

【解】法一（定义法）：由于$\boldsymbol{\beta}$可由$\boldsymbol{\alpha}_1,\boldsymbol{\alpha}_2,\cdots,\boldsymbol{\alpha}_m$线性表示，故存在$x_1,x_2,\cdots,x_m$，使

$$\boldsymbol{\beta}=x_1\boldsymbol{\alpha}_1+x_2\boldsymbol{\alpha}_2+\cdots+x_m\boldsymbol{\alpha}_m.$$

当$x_m=0$时，$\boldsymbol{\beta}=x_1\boldsymbol{\alpha}_1+x_2\boldsymbol{\alpha}_2+\cdots+x_{m-1}\boldsymbol{\alpha}_{m-1}$，与$\boldsymbol{\beta}$不能由$\boldsymbol{\alpha}_1,\boldsymbol{\alpha}_2,\cdots,\boldsymbol{\alpha}_{m-1}$线性表示矛盾. 所以，$x_m\neq 0$.

当$x_m\neq 0$时，

$$\boldsymbol{\alpha}_m=\frac{1}{x_m}(\boldsymbol{\beta}-x_1\boldsymbol{\alpha}_1-x_2\boldsymbol{\alpha}_2-\cdots-x_{m-1}\boldsymbol{\alpha}_{m-1}),$$

故$\boldsymbol{\alpha}_m$可由(Ⅱ)线性表示.

假设$\boldsymbol{\alpha}_m$可由(Ⅰ)线性表示，则存在$y_1,y_2,\cdots,y_{m-1}$，使

$$\boldsymbol{\alpha}_m=y_1\boldsymbol{\alpha}_1+y_2\boldsymbol{\alpha}_2+\cdots+y_{m-1}\boldsymbol{\alpha}_{m-1}.$$

于是

$$\begin{aligned}\boldsymbol{\beta}&=x_1\boldsymbol{\alpha}_1+x_2\boldsymbol{\alpha}_2+\cdots+x_{m-1}\boldsymbol{\alpha}_{m-1}+\\&\quad x_m(y_1\boldsymbol{\alpha}_1+y_2\boldsymbol{\alpha}_2+\cdots+y_{m-1}\boldsymbol{\alpha}_{m-1})\\&=(x_1+x_my_1)\boldsymbol{\alpha}_1+(x_2+x_my_2)\boldsymbol{\alpha}_2+\cdots+\\&\quad(x_{m-1}+x_my_{m-1})\boldsymbol{\alpha}_{m-1},\end{aligned}$$

与$\boldsymbol{\beta}$不能由(Ⅰ)线性表示矛盾，故$\boldsymbol{\alpha}_m$不能由(Ⅰ)线性表示. 选(B).

法二（利用秩）：由题意，

$$r(\boldsymbol{\alpha}_1,\boldsymbol{\alpha}_2,\cdots,\boldsymbol{\alpha}_m,\boldsymbol{\beta})=r(\boldsymbol{\alpha}_1,\boldsymbol{\alpha}_2,\cdots,\boldsymbol{\alpha}_m),$$

$$r(\boldsymbol{\alpha}_1,\boldsymbol{\alpha}_2,\cdots,\boldsymbol{\alpha}_{m-1},\boldsymbol{\beta})=r(\boldsymbol{\alpha}_1,\boldsymbol{\alpha}_2,\cdots,\boldsymbol{\alpha}_{m-1})+1.$$

于是

$$\begin{aligned} r(\boldsymbol{\alpha}_1,\boldsymbol{\alpha}_2,\cdots,\boldsymbol{\alpha}_m) &\leqslant r(\boldsymbol{\alpha}_1,\boldsymbol{\alpha}_2,\cdots,\boldsymbol{\alpha}_{m-1})+1 \\ &= r(\boldsymbol{\alpha}_1,\boldsymbol{\alpha}_2,\cdots,\boldsymbol{\alpha}_{m-1},\boldsymbol{\beta}) \\ &\leqslant r(\boldsymbol{\alpha}_1,\boldsymbol{\alpha}_2,\cdots,\boldsymbol{\alpha}_{m-1},\boldsymbol{\alpha}_m,\boldsymbol{\beta}) \\ &= r(\boldsymbol{\alpha}_1,\boldsymbol{\alpha}_2,\cdots,\boldsymbol{\alpha}_m), \end{aligned}$$

故 $r(\boldsymbol{\alpha}_1,\boldsymbol{\alpha}_2,\cdots,\boldsymbol{\alpha}_m)=r(\boldsymbol{\alpha}_1,\boldsymbol{\alpha}_2,\cdots,\boldsymbol{\alpha}_{m-1})+1$,从而 $\boldsymbol{\alpha}_m$ 不能由(Ⅰ)线性表示. 又由于

$$\begin{aligned} r(\boldsymbol{\alpha}_1,\boldsymbol{\alpha}_2,\cdots,\boldsymbol{\alpha}_{m-1},\boldsymbol{\beta},\boldsymbol{\alpha}_m) &= r(\boldsymbol{\alpha}_1,\boldsymbol{\alpha}_2,\cdots,\boldsymbol{\alpha}_{m-1},\boldsymbol{\alpha}_m,\boldsymbol{\beta}) \\ &= r(\boldsymbol{\alpha}_1,\boldsymbol{\alpha}_2,\cdots,\boldsymbol{\alpha}_{m-1},\boldsymbol{\beta}), \end{aligned}$$

故 $\boldsymbol{\alpha}_m$ 可由(Ⅱ)线性表示. 选(B).

法三(利用几何意义):取 $m=2$. 由 $\boldsymbol{\beta}$ 可由 $\boldsymbol{\alpha}_1,\boldsymbol{\alpha}_2$ 线性表示知 $\boldsymbol{\beta}$ 与 $\boldsymbol{\alpha}_1,\boldsymbol{\alpha}_2$ 共面,又由 $\boldsymbol{\beta}$ 不能由 $\boldsymbol{\alpha}_1$ 线性表示知 $\boldsymbol{\beta}$ 与 $\boldsymbol{\alpha}_1$ 不共线(不妨设 $\boldsymbol{\alpha}_1\neq\mathbf{0}$),故如下图所示,$\boldsymbol{\alpha}_2$ 与 $\boldsymbol{\alpha}_1$ 不共线,且 $\boldsymbol{\alpha}_2$ 与 $\boldsymbol{\alpha}_1,\boldsymbol{\beta}$ 共面,从而 $\boldsymbol{\alpha}_2$ 不能由(Ⅰ)线性表示,但可由(Ⅱ)线性表示.

于是,排除(A)、(C)、(D),选(B).

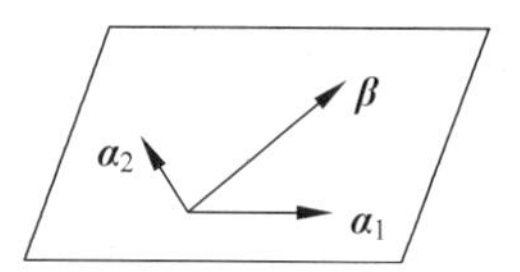

变式 5(98-4) 若向量组 $\boldsymbol{\alpha},\boldsymbol{\beta},\boldsymbol{\gamma}$ 线性无关,$\boldsymbol{\alpha},\boldsymbol{\beta},\boldsymbol{\delta}$ 线性相关,则( )

(A) $\boldsymbol{\alpha}$ 必可由 $\boldsymbol{\beta},\boldsymbol{\gamma},\boldsymbol{\delta}$ 线性表示.

(B) $\boldsymbol{\beta}$ 必不可由 $\boldsymbol{\alpha},\boldsymbol{\gamma},\boldsymbol{\delta}$ 线性表示.

(C) $\boldsymbol{\delta}$ 必可由 $\boldsymbol{\alpha},\boldsymbol{\beta},\boldsymbol{\gamma}$ 线性表示.

(D) $\boldsymbol{\delta}$ 必不可由 $\boldsymbol{\alpha},\boldsymbol{\beta},\boldsymbol{\gamma}$ 线性表示.

真题精选 1987—2014

答案 P336

考点 向量组的线性相关性、线性表示及秩

1. **(14-1,2,3)** 设 $\boldsymbol{\alpha}_1,\boldsymbol{\alpha}_2,\boldsymbol{\alpha}_3$ 均为3维向量,则对任意常数 k,l,向量组 $\boldsymbol{\alpha}_1+k\boldsymbol{\alpha}_3,\boldsymbol{\alpha}_2+l\boldsymbol{\alpha}_3$ 线性无关是向量组 $\boldsymbol{\alpha}_1,\boldsymbol{\alpha}_2,\boldsymbol{\alpha}_3$ 线性无关的( )

(A) 必要非充分条件.

(B) 充分非必要条件.

(C) 充分必要条件.

(D) 既非充分也非必要条件.

2. **(13-1,2,3)** 设 $\boldsymbol{A},\boldsymbol{B},\boldsymbol{C}$ 均为 n 阶矩阵. 若 $\boldsymbol{AB}=\boldsymbol{C}$,且 $\boldsymbol{B}$ 可逆,则( )

(A) 矩阵 $\boldsymbol{C}$ 的行向量组与矩阵 $\boldsymbol{A}$ 的行向量组等价.

(B) 矩阵 $\boldsymbol{C}$ 的列向量组与矩阵 $\boldsymbol{A}$ 的列向量组等价.

(C) 矩阵 $\boldsymbol{C}$ 的行向量组与矩阵 $\boldsymbol{B}$ 的行向量组等价.

(D) 矩阵 $\boldsymbol{C}$ 的列向量组与矩阵 $\boldsymbol{B}$ 的列向量组等价.

3. **(07-1,2,3)** 设向量组 $\boldsymbol{\alpha}_1,\boldsymbol{\alpha}_2,\boldsymbol{\alpha}_3$ 线性无关,则下列向量组线性相关的是( )

(A) $\boldsymbol{\alpha}_1-\boldsymbol{\alpha}_2,\boldsymbol{\alpha}_2-\boldsymbol{\alpha}_3,\boldsymbol{\alpha}_3-\boldsymbol{\alpha}_1$.

(B) $\boldsymbol{\alpha}_1+\boldsymbol{\alpha}_2,\boldsymbol{\alpha}_2+\boldsymbol{\alpha}_3,\boldsymbol{\alpha}_3+\boldsymbol{\alpha}_1$.

(C) $\boldsymbol{\alpha}_1-2\boldsymbol{\alpha}_2,\boldsymbol{\alpha}_2-2\boldsymbol{\alpha}_3,\boldsymbol{\alpha}_3-2\boldsymbol{\alpha}_1$.

(D) $\boldsymbol{\alpha}_1+2\boldsymbol{\alpha}_2,\boldsymbol{\alpha}_2+2\boldsymbol{\alpha}_3,\boldsymbol{\alpha}_3+2\boldsymbol{\alpha}_1$.

4. **(06-1,2,3)** 设 $\boldsymbol{\alpha}_1,\boldsymbol{\alpha}_2,\cdots,\boldsymbol{\alpha}_s$ 均为 n 维列向量,$\boldsymbol{A}$ 是 $m\times n$ 矩阵,下列选项正确的是( )

(A) 若 $\boldsymbol{\alpha}_1,\boldsymbol{\alpha}_2,\cdots,\boldsymbol{\alpha}_s$ 线性相关,则 $\boldsymbol{A\alpha}_1,\boldsymbol{A\alpha}_2,\cdots,\boldsymbol{A\alpha}_s$ 线性相关.

(B) 若 $\boldsymbol{\alpha}_1,\boldsymbol{\alpha}_2,\cdots,\boldsymbol{\alpha}_s$ 线性相关,则 $\boldsymbol{A\alpha}_1,\boldsymbol{A\alpha}_2,\cdots,\boldsymbol{A\alpha}_s$ 线性无关.

(C) 若 $\boldsymbol{\alpha}_1,\boldsymbol{\alpha}_2,\cdots,\boldsymbol{\alpha}_s$ 线性无关,则 $\boldsymbol{A\alpha}_1,\boldsymbol{A\alpha}_2,\cdots,\boldsymbol{A\alpha}_s$ 线性相关.

(D) 若 $\boldsymbol{\alpha}_1,\boldsymbol{\alpha}_2,\cdots,\boldsymbol{\alpha}_s$ 线性无关,则 $\boldsymbol{A\alpha}_1,\boldsymbol{A\alpha}_2,\cdots,\boldsymbol{A\alpha}_s$ 线性无关.

5. **(02-2)** 设向量组 $\boldsymbol{\alpha}_1,\boldsymbol{\alpha}_2,\boldsymbol{\alpha}_3$ 线性无关,向量 $\boldsymbol{\beta}_1$ 可由 $\boldsymbol{\alpha}_1,\boldsymbol{\alpha}_2,\boldsymbol{\alpha}_3$ 线性表示,而向量 $\boldsymbol{\beta}_2$ 不能由 $\boldsymbol{\alpha}_1,\boldsymbol{\alpha}_2,\boldsymbol{\alpha}_3$ 线性表示,则对于任意常数 k,必有( )

(A) $\boldsymbol{\alpha}_1,\boldsymbol{\alpha}_2,\boldsymbol{\alpha}_3,k\boldsymbol{\beta}_1+\boldsymbol{\beta}_2$ 线性无关.

(B) $\boldsymbol{\alpha}_1,\boldsymbol{\alpha}_2,\boldsymbol{\alpha}_3,k\boldsymbol{\beta}_1+\boldsymbol{\beta}_2$ 线性相关.

(C) $\boldsymbol{\alpha}_1,\boldsymbol{\alpha}_2,\boldsymbol{\alpha}_3,\boldsymbol{\beta}_1+k\boldsymbol{\beta}_2$ 线性无关.

(D) $\boldsymbol{\alpha}_1,\boldsymbol{\alpha}_2,\boldsymbol{\alpha}_3,\boldsymbol{\beta}_1+k\boldsymbol{\beta}_2$ 线性相关.

6. **(00-1)** 设 n 维列向量组 $\boldsymbol{\alpha}_1,\boldsymbol{\alpha}_2,\cdots,\boldsymbol{\alpha}_m(m<n)$ 线性无关,则 n 维列向量组 $\boldsymbol{\beta}_1,\boldsymbol{\beta}_2,\cdots,\boldsymbol{\beta}_m$ 线性无关的充分必要条件为( )

(A) 向量组 $\boldsymbol{\alpha}_1,\boldsymbol{\alpha}_2,\cdots,\boldsymbol{\alpha}_m$ 可由向量组 $\boldsymbol{\beta}_1,\boldsymbol{\beta}_2,\cdots,\boldsymbol{\beta}_m$ 线性表示.

(B) 向量组 $\boldsymbol{\beta}_1,\boldsymbol{\beta}_2,\cdots,\boldsymbol{\beta}_m$ 可由向量组 $\boldsymbol{\alpha}_1,\boldsymbol{\alpha}_2,\cdots,\boldsymbol{\alpha}_m$ 线性表示.

(C) 向量组 $\boldsymbol{\alpha}_1,\boldsymbol{\alpha}_2,\cdots,\boldsymbol{\alpha}_m$ 与向量组 $\boldsymbol{\beta}_1,\boldsymbol{\beta}_2,\cdots,\boldsymbol{\beta}_m$ 等价.

(D) 矩阵 $\boldsymbol{A}=(\boldsymbol{\alpha}_1,\boldsymbol{\alpha}_2,\cdots,\boldsymbol{\alpha}_m)$ 与矩阵 $\boldsymbol{B}=(\boldsymbol{\beta}_1,\boldsymbol{\beta}_2,\cdots,\boldsymbol{\beta}_m)$ 等价.

7. **(98-1-仅数学一)** 设矩阵 $\begin{pmatrix} a_1 & b_1 & c_1 \\ a_2 & b_2 & c_2 \\ a_3 & b_3 & c_3 \end{pmatrix}$ 是满秩的,则直线 $\dfrac{x-a_3}{a_1-a_2}=\dfrac{y-b_3}{b_1-b_2}=\dfrac{z-c_3}{c_1-c_2}$ 与直线 $\dfrac{x-a_1}{a_2-a_3}=\dfrac{y-b_1}{b_2-b_3}=\dfrac{z-c_1}{c_2-c_3}$( )

(A) 相交于一点. (B) 重合.

(C) 平行但不重合. (D) 异面.

8. **(97-1-仅数学一)** 设 $\boldsymbol{\alpha}_1=\begin{pmatrix} a_1 \\ a_2 \\ a_3 \end{pmatrix},\boldsymbol{\alpha}_2=\begin{pmatrix} b_1 \\ b_2 \\ b_3 \end{pmatrix},\boldsymbol{\alpha}_3=\begin{pmatrix} c_1 \\ c_2 \\ c_3 \end{pmatrix}$,则三条直线

$$\begin{aligned} a_1x+b_1y+c_1=0, \\ a_2x+b_2y+c_2=0, \\ a_3x+b_3y+c_3=0 \end{aligned}$$

$(a_i^2+b_i^2\neq0,i=1,2,3)$ 相交于一点的充要条件是( )

(A) $\boldsymbol{\alpha}_1,\boldsymbol{\alpha}_2,\boldsymbol{\alpha}_3$ 线性相关.

(B) $\boldsymbol{\alpha}_1,\boldsymbol{\alpha}_2,\boldsymbol{\alpha}_3$ 线性无关.

(C) 秩 $r(\boldsymbol{\alpha}_1,\boldsymbol{\alpha}_2,\boldsymbol{\alpha}_3)=$ 秩 $r(\boldsymbol{\alpha}_1,\boldsymbol{\alpha}_2)$.

(D) $\boldsymbol{\alpha}_1,\boldsymbol{\alpha}_2,\boldsymbol{\alpha}_3$ 线性相关,$\boldsymbol{\alpha}_1,\boldsymbol{\alpha}_2$ 线性无关.

9. **(96-4)** 设有任意两个 n 维向量组 $\boldsymbol{\alpha}_1,\cdots,\boldsymbol{\alpha}_m$ 和$\boldsymbol{\beta}_1,\cdots,\boldsymbol{\beta}_m$,若存在两组不全为零的数 $\lambda_1,\cdots,\lambda_m$ 和 $k_1,\cdots,k_m$,使 $(\lambda_1+k_1)\boldsymbol{\alpha}_1+\cdots+(\lambda_m+k_m)\boldsymbol{\alpha}_m+(\lambda_1-k_1)\boldsymbol{\beta}_1+\cdots+(\lambda_m-k_m)\boldsymbol{\beta}_m=\mathbf{0}$,则(　　)

(A) $\boldsymbol{\alpha}_1,\cdots,\boldsymbol{\alpha}_m$ 和 $\boldsymbol{\beta}_1,\cdots,\boldsymbol{\beta}_m$ 都线性相关.

(B) $\boldsymbol{\alpha}_1,\cdots,\boldsymbol{\alpha}_m$ 和 $\boldsymbol{\beta}_1,\cdots,\boldsymbol{\beta}_m$ 都线性无关.

(C) $\boldsymbol{\alpha}_1+\boldsymbol{\beta}_1,\cdots,\boldsymbol{\alpha}_m+\boldsymbol{\beta}_m,\boldsymbol{\alpha}_1\boldsymbol{\beta}_1,\cdots,\boldsymbol{\alpha}_m\boldsymbol{\beta}_m$ 线性无关.

(D) $\boldsymbol{\alpha}_1+\boldsymbol{\beta}_1,\cdots,\boldsymbol{\alpha}_m+\boldsymbol{\beta}_m,\boldsymbol{\alpha}_1\boldsymbol{\beta}_1,\cdots,\boldsymbol{\alpha}_m\boldsymbol{\beta}_m$ 线性相关.

10. **(95-3)** 设矩阵 $\boldsymbol{A}_{m\times n}$ 的秩为 $r(\boldsymbol{A})=m<n$,$\boldsymbol{E}_m$ 为 m 阶单位矩阵,则下述结论中正确的是(　　)

(A) $\boldsymbol{A}$ 的任意 m 个列向量必线性无关.

(B) $\boldsymbol{A}$ 的任意一个 m 阶子式不等于零.

(C) 若矩阵 $\boldsymbol{B}$ 满足 $\boldsymbol{BA}=\boldsymbol{O}$,则 $\boldsymbol{B}=\boldsymbol{O}$.

(D) $\boldsymbol{A}$ 通过初等行变换,必可以化为$(\boldsymbol{E}_m\quad \boldsymbol{O})$的形式.

11. **(05-3)** 设行向量组$(2,1,1,1),(2,1,a,a),(3,2,1,a),(4,3,2,1)$线性相关,且 $a\neq 1$,则 $a=$________.

12. **(97-2)** 已知向量组$\boldsymbol{\alpha}_1=(1,2,-1,1)^{\mathrm{T}},\boldsymbol{\alpha}_2=(2,0,t,0)^{\mathrm{T}},\boldsymbol{\alpha}_3=(0,-4,5,-2)^{\mathrm{T}}$ 的秩为 2,则 $t=$________.

13. **(02-3)** 设 3 阶矩阵 $\boldsymbol{A}=\begin{pmatrix}1&2&-2\\2&1&2\\3&0&4\end{pmatrix}$,3 维列向量 $\boldsymbol{\alpha}=(a,1,1)^{\mathrm{T}}$. 已知 $\boldsymbol{A\alpha}$ 与$\boldsymbol{\alpha}$ 线性相关,则 $a=$________.

14. **(05-2)** 确定常数 a,使向量组 $\boldsymbol{\alpha}_1=(1,1,a)^{\mathrm{T}},\boldsymbol{\alpha}_2=(1,a,1)^{\mathrm{T}},\boldsymbol{\alpha}_3=(a,1,1)^{\mathrm{T}}$ 可由向量组 $\boldsymbol{\beta}_1=(1,1,a)^{\mathrm{T}},\boldsymbol{\beta}_2=(-2,a,4)^{\mathrm{T}},\boldsymbol{\beta}_3=(-2,a,a)^{\mathrm{T}}$ 线性表示,但向量组 $\boldsymbol{\beta}_1,\boldsymbol{\beta}_2,\boldsymbol{\beta}_3$ 不能由向量组 $\boldsymbol{\alpha}_1,\boldsymbol{\alpha}_2,\boldsymbol{\alpha}_3$ 线性表示.

15. **(04-3)** 设$\boldsymbol{\alpha}_1=(1,2,0)^{\mathrm{T}},\boldsymbol{\alpha}_2=(1,a+2,-3a)^{\mathrm{T}},\boldsymbol{\alpha}_3=(-1,-b-2,a+2b)^{\mathrm{T}},\boldsymbol{\beta}=(1,3,-3)^{\mathrm{T}}$. 试讨论当 a,b 为何值时,

(1) $\boldsymbol{\beta}$ 不能由 $\boldsymbol{\alpha}_1,\boldsymbol{\alpha}_2,\boldsymbol{\alpha}_3$线性表示;

(2) $\boldsymbol{\beta}$ 可由 $\boldsymbol{\alpha}_1,\boldsymbol{\alpha}_2,\boldsymbol{\alpha}_3$ 唯一地线性表示,并求出表示式;

(3) $\boldsymbol{\beta}$ 可由$\boldsymbol{\alpha}_1,\boldsymbol{\alpha}_2,\boldsymbol{\alpha}_3$ 线性表示,但表示式不唯一,并求出表示式.

16. **(95-4)** 已知向量组(Ⅰ)$\boldsymbol{\alpha}_1,\boldsymbol{\alpha}_2,\boldsymbol{\alpha}_3$;(Ⅱ)$\boldsymbol{\alpha}_1,\boldsymbol{\alpha}_2,\boldsymbol{\alpha}_3,\boldsymbol{\alpha}_4$;(Ⅲ)$\boldsymbol{\alpha}_1,\boldsymbol{\alpha}_2,\boldsymbol{\alpha}_3,\boldsymbol{\alpha}_5$. 若向量组(Ⅰ)、(Ⅱ)、(Ⅲ)的秩分别为 3、3、4,证明:向量组 $\boldsymbol{\alpha}_1,\boldsymbol{\alpha}_2,\boldsymbol{\alpha}_3,\boldsymbol{\alpha}_5-\boldsymbol{\alpha}_4$ 的秩为 4.

17. **(91-4)** 试证明 n 维列向量 $\boldsymbol{\alpha}_1,\boldsymbol{\alpha}_2,\cdots,\boldsymbol{\alpha}_n$ 线性无关的充分必要条件是

$$D=\begin{vmatrix}\boldsymbol{\alpha}_1^{\mathrm{T}}\boldsymbol{\alpha}_1&\boldsymbol{\alpha}_1^{\mathrm{T}}\boldsymbol{\alpha}_2&\cdots&\boldsymbol{\alpha}_1^{\mathrm{T}}\boldsymbol{\alpha}_n\\\boldsymbol{\alpha}_2^{\mathrm{T}}\boldsymbol{\alpha}_1&\boldsymbol{\alpha}_2^{\mathrm{T}}\boldsymbol{\alpha}_2&\cdots&\boldsymbol{\alpha}_2^{\mathrm{T}}\boldsymbol{\alpha}_n\\\vdots&\vdots&&\vdots\\\boldsymbol{\alpha}_n^{\mathrm{T}}\boldsymbol{\alpha}_1&\boldsymbol{\alpha}_n^{\mathrm{T}}\boldsymbol{\alpha}_2&\cdots&\boldsymbol{\alpha}_n^{\mathrm{T}}\boldsymbol{\alpha}_n\end{vmatrix}\neq 0,$$

其中$\boldsymbol{\alpha}_i^{\mathrm{T}}$ 是 $\boldsymbol{\alpha}_i$ 的转置,$i=1,2,\cdots,n$.

小 结

对于向量组的具体性问题,经常考查讨论含参数的向量组的线性相关性、线性表示、等价,并求线性表示的表示式(比如2024年数学一的选择题和数学二的填空题,2022年数学一、二、三的选择题,以及2019年数学二、三、2011年数学一、二、三和2004年数学三的解答题).

对于向量组的抽象性问题,这类选择题或证明题往往难度不低.考生既要会利用向量组的线性相关性、线性表示及等价的定义来解决(比如2014年、2013年、2007年和2006年数学一、二、三的选择题,以及1998年数学一和1995年数学四的证明题),又要会利用秩、方程组解的情况、行列式,以及相应的性质和几何意义来解决(比如2004年数学一、二、2002年数学二、2000年数学一、1999年数学三和1998年数学四的选择题,以及1991年数学四的证明题).

在近几年的考研中,有些关于矩阵的秩的考题利用向量能较方便地解决(比如2021年数学一和2018年数学一、二、三的选择题),而矩阵的秩的性质也能与向量相结合进行考查(比如2017年数学一、三的填空题).

此外,数学一的考生还应注意向量组的线性相关性、线性表示、秩与直线的位置关系相结合的考题(比如2020年、1998年、1997年数学一的选择题).

§3.3 线性方程组的解的结构

十年真题 2015—2024

答案P337

考点 线性方程组的解的结构

1. **(22-1)** 设 $\boldsymbol{A},\boldsymbol{B}$ 为 n 阶矩阵,$\boldsymbol{E}$ 为单位矩阵.若方程组 $\boldsymbol{Ax}=\boldsymbol{0}$ 与 $\boldsymbol{Bx}=\boldsymbol{0}$ 同解,则(　　)

(A) 方程组 $\begin{pmatrix}\boldsymbol{A} & \boldsymbol{O}\\ \boldsymbol{E} & \boldsymbol{B}\end{pmatrix}\boldsymbol{y}=\boldsymbol{0}$ 只有零解.

(B) 方程组 $\begin{pmatrix}\boldsymbol{E} & \boldsymbol{A}\\ \boldsymbol{O} & \boldsymbol{AB}\end{pmatrix}\boldsymbol{y}=\boldsymbol{0}$ 只有零解.

(C) 方程组 $\begin{pmatrix}\boldsymbol{A} & \boldsymbol{B}\\ \boldsymbol{O} & \boldsymbol{B}\end{pmatrix}\boldsymbol{y}=\boldsymbol{0}$ 与 $\begin{pmatrix}\boldsymbol{B} & \boldsymbol{A}\\ \boldsymbol{O} & \boldsymbol{A}\end{pmatrix}\boldsymbol{y}=\boldsymbol{0}$ 同解.

(D) 方程组 $\begin{pmatrix}\boldsymbol{AB} & \boldsymbol{B}\\ \boldsymbol{O} & \boldsymbol{A}\end{pmatrix}\boldsymbol{y}=\boldsymbol{0}$ 与 $\begin{pmatrix}\boldsymbol{BA} & \boldsymbol{A}\\ \boldsymbol{O} & \boldsymbol{B}\end{pmatrix}\boldsymbol{y}=\boldsymbol{0}$ 同解.

2. **(21-2)** 设3阶矩阵 $\boldsymbol{A}=(\boldsymbol{\alpha}_1,\boldsymbol{\alpha}_2,\boldsymbol{\alpha}_3)$,$\boldsymbol{B}=(\boldsymbol{\beta}_1,\boldsymbol{\beta}_2,\boldsymbol{\beta}_3)$.若向量组 $\boldsymbol{\alpha}_1,\boldsymbol{\alpha}_2,\boldsymbol{\alpha}_3$ 可以由向量组 $\boldsymbol{\beta}_1,\boldsymbol{\beta}_2,\boldsymbol{\beta}_3$ 线性表出,则(　　)

(A) $\boldsymbol{Ax}=\boldsymbol{0}$ 的解均为 $\boldsymbol{Bx}=\boldsymbol{0}$ 的解.

(B) $\boldsymbol{A}^{\mathrm{T}}\boldsymbol{x}=\boldsymbol{0}$ 的解均为 $\boldsymbol{B}^{\mathrm{T}}\boldsymbol{x}=\boldsymbol{0}$ 的解.

(C) $\boldsymbol{Bx}=\boldsymbol{0}$ 的解均为 $\boldsymbol{Ax}=\boldsymbol{0}$ 的解.

(D) $\boldsymbol{B}^{\mathrm{T}}\boldsymbol{x}=\boldsymbol{0}$ 的解均为 $\boldsymbol{A}^{\mathrm{T}}\boldsymbol{x}=\boldsymbol{0}$ 的解.

3. **(21-3)** 设 $\boldsymbol{A}=(\boldsymbol{\alpha}_1,\boldsymbol{\alpha}_2,\boldsymbol{\alpha}_3,\boldsymbol{\alpha}_4)$ 为4阶正交矩阵.若矩阵 $\boldsymbol{B}=\begin{bmatrix}\boldsymbol{\alpha}_1^{\mathrm{T}}\\ \boldsymbol{\alpha}_2^{\mathrm{T}}\\ \boldsymbol{\alpha}_3^{\mathrm{T}}\end{bmatrix}$,$\boldsymbol{\beta}=\begin{pmatrix}1\\1\\1\end{pmatrix}$,$k$ 表示任意常数,则线性方程组 $\boldsymbol{Bx}=\boldsymbol{\beta}$ 的通解 $\boldsymbol{x}=$(　　)

(A) $\boldsymbol{\alpha}_2+\boldsymbol{\alpha}_3+\boldsymbol{\alpha}_4+k\boldsymbol{\alpha}_1$.　　(B) $\boldsymbol{\alpha}_1+\boldsymbol{\alpha}_3+\boldsymbol{\alpha}_4+k\boldsymbol{\alpha}_2$.

(C) $\boldsymbol{\alpha}_1+\boldsymbol{\alpha}_2+\boldsymbol{\alpha}_4+k\boldsymbol{\alpha}_3$.　　(D) $\boldsymbol{\alpha}_1+\boldsymbol{\alpha}_2+\boldsymbol{\alpha}_3+k\boldsymbol{\alpha}_4$.

4. **(20-2,3)** 设4阶矩阵 $\boldsymbol{A}=(a_{ij})$ 不可逆,a_{12} 的代数余子式 $A_{12}\neq 0$,$\boldsymbol{\alpha}_1,\boldsymbol{\alpha}_2,\boldsymbol{\alpha}_3,\boldsymbol{\alpha}_4$ 为矩阵 $\boldsymbol{A}$ 的列向量组,$\boldsymbol{A}^*$ 为 $\boldsymbol{A}$ 的伴随矩阵,则方程组 $\boldsymbol{A}^*\boldsymbol{x}=\boldsymbol{0}$ 的通解为(　　)

(A) $\boldsymbol{x}=k_1\boldsymbol{\alpha}_1+k_2\boldsymbol{\alpha}_2+k_3\boldsymbol{\alpha}_3$,其中 k_1,k_2,k_3 为任意常数.

(B) $\boldsymbol{x}=k_1\boldsymbol{\alpha}_1+k_2\boldsymbol{\alpha}_2+k_3\boldsymbol{\alpha}_4$,其中 k_1,k_2,k_3 为任意常数

(C) $\boldsymbol{x}=k_1\boldsymbol{\alpha}_1+k_2\boldsymbol{\alpha}_3+k_3\boldsymbol{\alpha}_4$,其中 k_1,k_2,k_3 为任意常数.

(D) $\boldsymbol{x}=k_1\boldsymbol{\alpha}_2+k_2\boldsymbol{\alpha}_3+k_3\boldsymbol{\alpha}_4$,其中 k_1,k_2,k_3 为任意常数.

5. **(19-2)** 设 $\boldsymbol{A}$ 是4阶矩阵,$\boldsymbol{A}^*$ 为 $\boldsymbol{A}$ 的伴随矩阵,若线性方程组 $\boldsymbol{Ax}=\boldsymbol{0}$ 的基础解系中只有2个向量,则 $r(\boldsymbol{A}^*)=$(　　)

(A) 0.　　(B) 1.　　(C) 2.　　(D) 3.

6. **(19-1)** 设 $\boldsymbol{A}=(\boldsymbol{\alpha}_1,\boldsymbol{\alpha}_2,\boldsymbol{\alpha}_3)$ 为3阶矩阵.若 $\boldsymbol{\alpha}_1,\boldsymbol{\alpha}_2$ 线性无关,且 $\boldsymbol{\alpha}_3=-\boldsymbol{\alpha}_1+2\boldsymbol{\alpha}_2$,则线性方程组 $\boldsymbol{Ax}=\boldsymbol{0}$ 的通解为________.

7. **(24-3)** 设矩阵 $\boldsymbol{A}=\begin{pmatrix}1 & -1 & 0 & -1\\ 1 & 1 & 0 & 3\\ 2 & 1 & 2 & 6\end{pmatrix}$,$\boldsymbol{B}=\begin{pmatrix}1 & 0 & 1 & 2\\ 1 & -1 & a & a-1\\ 2 & -3 & 2 & -2\end{pmatrix}$,向量 $\boldsymbol{\alpha}=\begin{pmatrix}0\\2\\3\end{pmatrix}$,$\boldsymbol{\beta}=\begin{pmatrix}1\\0\\-1\end{pmatrix}$.

(1) 证明:方程组 $\boldsymbol{Ax}=\boldsymbol{\alpha}$ 的解均为方程组 $\boldsymbol{Bx}=\boldsymbol{\beta}$ 的解;

(2) 若方程组 $\boldsymbol{Ax}=\boldsymbol{\alpha}$ 与方程组 $\boldsymbol{Bx}=\boldsymbol{\beta}$ 不同解,求 a 的值.

考点分析

考　　点	大纲要求	命题特点
线性方程组的解的结构	1. 理解齐次线性方程组的基础解系的概念. 2. 理解非齐次线性方程组的解的结构的概念.	**1. 考试频率**：★★★☆☆ **2. 常考题型**：选择题、填空题 **3. 命题趋势**：线性方程组的解的结构在近几年中频繁地考查，且有些考题难度不低.

知识梳理

考点　线性方程组的解的结构

1. 线性方程组的解的性质

(1) 若$\boldsymbol{\xi}_1,\boldsymbol{\xi}_2,\cdots,\boldsymbol{\xi}_r$为$\boldsymbol{Ax}=\boldsymbol{0}$的解，则$k_1\boldsymbol{\xi}_1+k_2\boldsymbol{\xi}_2+\cdots+k_r\boldsymbol{\xi}_r$($k_1,k_2,\cdots,k_r$为任意常数)仍为$\boldsymbol{Ax}=\boldsymbol{0}$的解.

(2) 若$\boldsymbol{\eta}_1,\boldsymbol{\eta}_2$为$\boldsymbol{Ax}=\boldsymbol{\beta}$的解，则$\boldsymbol{\eta}_1-\boldsymbol{\eta}_2$为①________的解.

(3) 若$\boldsymbol{\eta}$为$\boldsymbol{Ax}=\boldsymbol{\beta}$的解，$\boldsymbol{\xi}$为$\boldsymbol{Ax}=\boldsymbol{0}$的解，则$\boldsymbol{\xi}+\boldsymbol{\eta}$仍为$\boldsymbol{Ax}=\boldsymbol{\beta}$的解.

2. 齐次线性方程组的基础解系

$\boldsymbol{\xi}_1,\boldsymbol{\xi}_2,\cdots,\boldsymbol{\xi}_r$为$\boldsymbol{A}_{m\times n}\boldsymbol{x}=\boldsymbol{0}$的一个基础解系的充分必要条件是以下三者同时成立：

(1) $\boldsymbol{\xi}_1,\boldsymbol{\xi}_2,\cdots,\boldsymbol{\xi}_r$都是$\boldsymbol{Ax}=\boldsymbol{0}$的解；

(2) $\boldsymbol{\xi}_1,\boldsymbol{\xi}_2,\cdots,\boldsymbol{\xi}_r$线性无关；

(3) $r=$②________.

3. 非齐次线性方程组的解的结构

若$\boldsymbol{\eta}^*$是$\boldsymbol{Ax}=\boldsymbol{\beta}$的一个解，且$\boldsymbol{\xi}_1,\boldsymbol{\xi}_2,\cdots,\boldsymbol{\xi}_r$是$\boldsymbol{Ax}=\boldsymbol{0}$的一个基础解系，则$\boldsymbol{Ax}=\boldsymbol{\beta}$的通解为

$$\boldsymbol{x}=③\_\_\_\_\_\_\_\_,$$

其中$k_1,k_2,\cdots,k_r$为任意常数.

4. 两个线性方程组同解

(1) 若$\boldsymbol{Ax}=\boldsymbol{\beta}_1$的解均为$\boldsymbol{Bx}=\boldsymbol{\beta}_2$的解，$\boldsymbol{Bx}=\boldsymbol{\beta}_2$的解也均为$\boldsymbol{Ax}=\boldsymbol{\beta}_1$的解，则称$\boldsymbol{Ax}=\boldsymbol{\beta}_1$与$\boldsymbol{Bx}=\boldsymbol{\beta}_2$同解.

(2) 若$\boldsymbol{A}$能经初等行变换变成$\boldsymbol{B}$，则$\boldsymbol{Ax}=\boldsymbol{0}$与$\boldsymbol{Bx}=\boldsymbol{0}$同解.

(3) $\boldsymbol{Ax}=\boldsymbol{0}$与$\boldsymbol{Bx}=\boldsymbol{0}$同解$\Leftrightarrow\boldsymbol{A},\boldsymbol{B}$的行向量组等价

$$\Leftrightarrow r(\boldsymbol{A})=r(\boldsymbol{B})=④\_\_\_\_\_\_\_\_.$$

知识梳理 · 答案

① $\boldsymbol{Ax}=\boldsymbol{0}$　② $n-r(\boldsymbol{A})$　③ $k_1\boldsymbol{\xi}_1+k_2\boldsymbol{\xi}_2+\cdots+k_r\boldsymbol{\xi}_r+\boldsymbol{\eta}^*$　④ $r\begin{pmatrix}\boldsymbol{A}\\\boldsymbol{B}\end{pmatrix}$

方法探究

答案 P338

考点　线性方程组的解的结构

1. 抽象线性方程组问题

抽象线性方程组问题主要利用线性方程组的解的性质与解的结构来解决.

【例 1】(02-1,2) 已知4阶方阵$\boldsymbol{A}=(\boldsymbol{\alpha}_1,\boldsymbol{\alpha}_2,\boldsymbol{\alpha}_3,\boldsymbol{\alpha}_4)$，$\boldsymbol{\alpha}_1,\boldsymbol{\alpha}_2,\boldsymbol{\alpha}_3,\boldsymbol{\alpha}_4$均为4维列向量，其中$\boldsymbol{\alpha}_2,\boldsymbol{\alpha}_3,\boldsymbol{\alpha}_4$线性无关，$\boldsymbol{\alpha}_1=2\boldsymbol{\alpha}_2-\boldsymbol{\alpha}_3$. 若$\boldsymbol{\beta}=\boldsymbol{\alpha}_1+\boldsymbol{\alpha}_2+\boldsymbol{\alpha}_3+\boldsymbol{\alpha}_4$，求方程组$\boldsymbol{Ax}=\boldsymbol{\beta}$的通解.

【解】 由$\boldsymbol{\beta}=\boldsymbol{\alpha}_1+\boldsymbol{\alpha}_2+\boldsymbol{\alpha}_3+\boldsymbol{\alpha}_4$知$\boldsymbol{Ax}=\boldsymbol{\beta}$有解$(1,1,1,1)^{\mathrm{T}}$.

由$\boldsymbol{\alpha}_1=2\boldsymbol{\alpha}_2-\boldsymbol{\alpha}_3$得$\boldsymbol{\alpha}_1-2\boldsymbol{\alpha}_2+\boldsymbol{\alpha}_3=\boldsymbol{0}$，故$\boldsymbol{Ax}=\boldsymbol{0}$有解$(1,-2,1,0)^{\mathrm{T}}$.

由于$\boldsymbol{\alpha}_2,\boldsymbol{\alpha}_3,\boldsymbol{\alpha}_4$线性无关，故$r(\boldsymbol{A})\geqslant 3$. 又由$\boldsymbol{\alpha}_1=2\boldsymbol{\alpha}_2-\boldsymbol{\alpha}_3$知$\boldsymbol{\alpha}_1,\boldsymbol{\alpha}_2,\boldsymbol{\alpha}_3,\boldsymbol{\alpha}_4$线性相关，故$r(\boldsymbol{A})<4$. 因此，$r(\boldsymbol{A})=3$，从而$\boldsymbol{Ax}=\boldsymbol{0}$的基础解系中有$4-r(\boldsymbol{A})=1$个向量，即$(1,-2,1,0)^{\mathrm{T}}$是$\boldsymbol{Ax}=\boldsymbol{0}$的一个基础解系.

所以，$\boldsymbol{Ax}=\boldsymbol{\beta}$的通解为$k(1,-2,1,0)^{\mathrm{T}}+(1,1,1,1)^{\mathrm{T}}$，其中$k$为任意常数.

2. 线性方程组的公共解与同解问题

(1) 线性方程组的公共解问题主要有以下两种情形：

1) 若已知两个方程组$\boldsymbol{Ax}=\boldsymbol{\beta}_1$和$\boldsymbol{Bx}=\boldsymbol{\beta}_2$，则解方程组

$$\begin{pmatrix}\boldsymbol{A}\\\boldsymbol{B}\end{pmatrix}\boldsymbol{x}=\begin{pmatrix}\boldsymbol{\beta}_1\\\boldsymbol{\beta}_2\end{pmatrix},$$

就能得到其公共解；(如变式)

2) 若已知$\boldsymbol{Ax}=\boldsymbol{0}$的基础解系$\boldsymbol{\alpha}_1,\boldsymbol{\alpha}_2,\cdots,\boldsymbol{\alpha}_s$和$\boldsymbol{Bx}=\boldsymbol{0}$的基础解系$\boldsymbol{\beta}_1,\boldsymbol{\beta}_2,\cdots,\boldsymbol{\beta}_t$，则可设其公共解

$$\begin{aligned}\boldsymbol{\gamma}&=y_1\boldsymbol{\alpha}_1+y_2\boldsymbol{\alpha}_2+\cdots+y_s\boldsymbol{\alpha}_s,\\&=-z_1\boldsymbol{\beta}_1-z_2\boldsymbol{\beta}_2-\cdots-z_t\boldsymbol{\beta}_t.\end{aligned}$$

解方程组

$$y_1\boldsymbol{\alpha}_1+y_2\boldsymbol{\alpha}_2+\cdots+y_s\boldsymbol{\alpha}_s+z_1\boldsymbol{\beta}_1+z_2\boldsymbol{\beta}_2+\cdots+z_t\boldsymbol{\beta}_t=\boldsymbol{0}$$

求出$y_1,y_2,\cdots,y_s$；$z_1,z_2,\cdots,z_t$，就能得到$\boldsymbol{\gamma}$.(如例2)

(2) 若已知$\boldsymbol{Ax}=\boldsymbol{0}$和$\boldsymbol{Bx}=\boldsymbol{0}$同解，则常见的思路有：

1) 两个方程组的解可相互代入；

2) 两个方程组解的情况相同；

3) $r(\boldsymbol{A})=r(\boldsymbol{B})$.

【例 2】(02-4) 设四元齐次线性方程组(Ⅰ)为

$$\begin{cases}2x_1+3x_2-x_3=0,\\x_1+2x_2+x_3-x_4=0.\end{cases}$$

且已知另一四元齐次线性方程组(Ⅱ)的一个基础解系为$\boldsymbol{\alpha}_1=$

$(2,-1,a+2,1)^{\mathrm{T}},\boldsymbol{\alpha}_2=(-1,2,4,a+8)^{\mathrm{T}}$.

(1) 求方程组(Ⅰ)的一个基础解系;

(2) 当 a 为何值时,方程组(Ⅰ)与(Ⅱ)有非零公共解?在有非零公共解时,求出全部非零公共解.

【解】(1) 由于

$$\begin{pmatrix}2&3&-1&0\\1&2&1&-1\end{pmatrix}\to\begin{pmatrix}1&0&-5&3\\0&1&3&-2\end{pmatrix},$$

故方程组(Ⅰ)的一个基础解系为

$$\boldsymbol{\beta}_1=(5,-3,1,0)^{\mathrm{T}},\quad \boldsymbol{\beta}_2=(-3,2,0,1)^{\mathrm{T}}.$$

(2) 设方程组(Ⅰ)与(Ⅱ)的公共解

$$\boldsymbol{\gamma}=y_1\boldsymbol{\beta}_1+y_2\boldsymbol{\beta}_2=-z_1\boldsymbol{\alpha}_1-z_2\boldsymbol{\alpha}_2,$$

则 $y_1\boldsymbol{\beta}_1+y_2\boldsymbol{\beta}_2+z_1\boldsymbol{\alpha}_1+z_2\boldsymbol{\alpha}_2=\mathbf{0}$.

由

$$(\boldsymbol{\beta}_1,\boldsymbol{\beta}_2,\boldsymbol{\alpha}_1,\boldsymbol{\alpha}_2)=\begin{pmatrix}5&-3&2&-1\\-3&2&-1&2\\1&0&a+2&4\\0&1&1&a+8\end{pmatrix}$$

$$\to\begin{pmatrix}1&0&a+2&4\\0&1&1&a+8\\0&0&3a+3&-2a-2\\0&0&0&a+1\end{pmatrix}$$

知当 $a=-1$ 时,方程组(Ⅰ)与(Ⅱ)有非零公共解. 此时,由于

$$(\boldsymbol{\beta}_1,\boldsymbol{\beta}_2,\boldsymbol{\alpha}_1,\boldsymbol{\alpha}_2)\to\begin{pmatrix}1&0&1&4\\0&1&1&7\\0&0&0&0\\0&0&0&0\end{pmatrix},$$

故 $(y_1,y_2,z_1,z_2)^{\mathrm{T}}=k_1(-1,-1,1,0)^{\mathrm{T}}+k_2(-4,-7,0,1)^{\mathrm{T}}$,从而全部的非零公共解

$$\begin{aligned}\boldsymbol{\gamma}&=y_1\boldsymbol{\beta}_1+y_2\boldsymbol{\beta}_2\\&=(-k_1-4k_2)(5,-3,1,0)^{\mathrm{T}}+(-k_1-7k_2)(-3,2,0,1)^{\mathrm{T}}\\&=k_1(-2,1,-1,-1)^{\mathrm{T}}+k_2(1,-2,-4,-7)^{\mathrm{T}},\end{aligned}$$

其中 k_1,k_2 不同时为零.

变式(07-1,2,3) 设线性方程组

$$\begin{cases}x_1+x_2+x_3=0,\\x_1+2x_2+ax_3=0,\\x_1+4x_2+a^2x_3=0\end{cases}$$

与方程

$$x_1+2x_2+x_3=a-1$$

有公共解,求 a 的值及所有公共解.

【例 3】(05-3) 已知齐次线性方程组

$$\text{(i)}\begin{cases}x_1+2x_2+3x_3=0,\\2x_1+3x_2+5x_3=0,\\x_1+x_2+ax_3=0\end{cases}$$

和

$$\text{(ii)}\begin{cases}x_1+bx_2+cx_3=0,\\2x_1+b^2x_2+(c+1)x_3=0\end{cases}$$

同解,求 a,b,c 的值.

【解】由于方程组(ii)有非零解,故方程组(i)也有非零解,从而由 $\begin{vmatrix}1&2&3\\2&3&5\\1&1&a\end{vmatrix}=0$ 知 $a=2$.

当 $a=2$ 时,由

$$\begin{pmatrix}1&2&3\\2&3&5\\1&1&2\end{pmatrix}\to\begin{pmatrix}1&0&1\\0&1&1\\0&0&0\end{pmatrix},$$

得方程组(i)的通解 $k(-1,-1,1)^{\mathrm{T}}$(k 为任意常数).

把 $x_1=-1,x_2=-1,x_3=1$ 代入方程组(ii),则解方程组 $\begin{cases}-1-b+c=0,\\-2-b^2+(c+1)=0\end{cases}$ 得 $\begin{cases}b=1,\\c=2\end{cases}$ 或 $\begin{cases}b=0,\\c=1.\end{cases}$

当 $b=1,c=2$ 时,由

$$\begin{pmatrix}1&1&2\\2&1&3\end{pmatrix}\to\begin{pmatrix}1&0&1\\0&1&1\end{pmatrix},$$

知方程组(i)和(ii)同解.

当 $b=0,c=1$ 时,由

$$\begin{pmatrix}1&0&1\\2&0&2\end{pmatrix}\to\begin{pmatrix}1&0&1\\0&0&0\end{pmatrix},$$

知方程组(i)和(ii)的解不相同,应舍去.

综上所述,$a=2,b=1,c=2$.

真题精选 1987—2014

答案 P339

考点 线性方程组的解的结构

1. **(11-1,2)** 设 $\boldsymbol{A}=(\boldsymbol{\alpha}_1,\boldsymbol{\alpha}_2,\boldsymbol{\alpha}_3,\boldsymbol{\alpha}_4)$ 是 4 阶矩阵,$\boldsymbol{A}^*$ 为 $\boldsymbol{A}$ 的伴随矩阵. 若 $(1,0,1,0)^{\mathrm{T}}$ 是方程组 $\boldsymbol{Ax}=\mathbf{0}$ 的一个基础解系,则 $\boldsymbol{A}^*\boldsymbol{x}=\mathbf{0}$ 的基础解系可为( )

(A) $\boldsymbol{\alpha}_1,\boldsymbol{\alpha}_3$. (B) $\boldsymbol{\alpha}_1,\boldsymbol{\alpha}_2$.

(C) $\boldsymbol{\alpha}_1,\boldsymbol{\alpha}_2,\boldsymbol{\alpha}_3$. (D) $\boldsymbol{\alpha}_2,\boldsymbol{\alpha}_3,\boldsymbol{\alpha}_4$.

2. **(11-3)** 设 $\boldsymbol{A}$ 为 4×3 矩阵,$\boldsymbol{\eta}_1,\boldsymbol{\eta}_2,\boldsymbol{\eta}_3$ 是非齐次线性方程组 $\boldsymbol{Ax}=\boldsymbol{\beta}$ 的 3 个线性无关的解,k_1,k_2 为任意常数,则 $\boldsymbol{Ax}=\boldsymbol{\beta}$ 的通解为( )

(A) $\dfrac{\boldsymbol{\eta}_2+\boldsymbol{\eta}_3}{2}+k_1(\boldsymbol{\eta}_2-\boldsymbol{\eta}_1)$.

(B) $\frac{\boldsymbol{\eta}_2-\boldsymbol{\eta}_3}{2}+k_1(\boldsymbol{\eta}_2-\boldsymbol{\eta}_1)$.

(C) $\frac{\boldsymbol{\eta}_2+\boldsymbol{\eta}_3}{2}+k_1(\boldsymbol{\eta}_2-\boldsymbol{\eta}_1)+k_2(\boldsymbol{\eta}_3-\boldsymbol{\eta}_1)$.

(D) $\frac{\boldsymbol{\eta}_2-\boldsymbol{\eta}_3}{2}+k_1(\boldsymbol{\eta}_2-\boldsymbol{\eta}_1)+k_2(\boldsymbol{\eta}_3-\boldsymbol{\eta}_1)$.

3. (04-3) 设 n 阶矩阵 $\boldsymbol{A}$ 的伴随矩阵 $\boldsymbol{A}^*\neq\boldsymbol{O}$,若 $\boldsymbol{\xi}_1,\boldsymbol{\xi}_2,\boldsymbol{\xi}_3,\boldsymbol{\xi}_4$ 是非齐次线性方程组 $\boldsymbol{Ax}=\boldsymbol{b}$ 的互不相等的解,则对应的齐次线性方程组 $\boldsymbol{Ax}=\boldsymbol{0}$ 的基础解系(　　)

(A) 不存在.

(B) 仅含一个非零解向量.

(C) 含有两个线性无关的解向量.

(D) 含有三个线性无关的解向量.

4. (03-1) 设有齐次线性方程组 $\boldsymbol{Ax}=\boldsymbol{0}$ 和 $\boldsymbol{Bx}=\boldsymbol{0}$,其中 $\boldsymbol{A},\boldsymbol{B}$ 均为 $m\times n$ 矩阵,现有4个命题:

① 若 $\boldsymbol{Ax}=\boldsymbol{0}$ 的解均是 $\boldsymbol{Bx}=\boldsymbol{0}$ 的解,则 $r(\boldsymbol{A})\geqslant r(\boldsymbol{B})$;

② 若 $r(\boldsymbol{A})\geqslant r(\boldsymbol{B})$,则 $\boldsymbol{Ax}=\boldsymbol{0}$ 的解均是 $\boldsymbol{Bx}=\boldsymbol{0}$ 的解;

③ 若 $\boldsymbol{Ax}=\boldsymbol{0}$ 与 $\boldsymbol{Bx}=\boldsymbol{0}$ 同解,则 $r(\boldsymbol{A})=r(\boldsymbol{B})$;

④ 若 $r(\boldsymbol{A})=r(\boldsymbol{B})$,则 $\boldsymbol{Ax}=\boldsymbol{0}$ 与 $\boldsymbol{Bx}=\boldsymbol{0}$ 同解.

以上命题中正确的是(　　)

(A) ①②.　(B) ①③.　(C) ②④.　(D) ③④.

5. (00-3) 设 $\boldsymbol{\alpha}_1,\boldsymbol{\alpha}_2,\boldsymbol{\alpha}_3$ 是四元非齐次线性方程组 $\boldsymbol{Ax}=\boldsymbol{b}$ 的三个解向量,且秩 $r(\boldsymbol{A})=3$,$\boldsymbol{\alpha}_1=(1,2,3,4)^{\mathrm{T}}$,$\boldsymbol{\alpha}_2+\boldsymbol{\alpha}_3=(0,1,2,3)^{\mathrm{T}}$,$c$ 表示任意常数,则线性方程组 $\boldsymbol{Ax}=\boldsymbol{b}$ 的通解 $\boldsymbol{x}=$(　　)

(A) $(1,2,3,4)^{\mathrm{T}}+c(1,1,1,1)^{\mathrm{T}}$.

(B) $(1,2,3,4)^{\mathrm{T}}+c(0,1,2,3)^{\mathrm{T}}$.

(C) $(1,2,3,4)^{\mathrm{T}}+c(2,3,4,5)^{\mathrm{T}}$.

(D) $(1,2,3,4)^{\mathrm{T}}+c(3,4,5,6)^{\mathrm{T}}$.

6. (00-3) 设 $\boldsymbol{A}$ 为 n 阶实矩阵,$\boldsymbol{A}^{\mathrm{T}}$ 为 $\boldsymbol{A}$ 的转置矩阵,则对于线性方程组(Ⅰ):$\boldsymbol{Ax}=\boldsymbol{0}$ 和(Ⅱ):$\boldsymbol{A}^{\mathrm{T}}\boldsymbol{Ax}=\boldsymbol{0}$,必有(　　)

(A) (Ⅱ)的解是(Ⅰ)的解,(Ⅰ)的解也是(Ⅱ)的解.

(B) (Ⅱ)的解是(Ⅰ)的解,但(Ⅰ)的解不是(Ⅱ)的解.

(C) (Ⅰ)的解不是(Ⅱ)的解,(Ⅱ)的解也不是(Ⅰ)的解.

(D) (Ⅰ)的解是(Ⅱ)的解,但(Ⅱ)的解不是(Ⅰ)的解.

7. (04-4) 设 $\boldsymbol{A}=(a_{ij})_{3\times3}$ 是实正交矩阵,且 $a_{11}=1$,$\boldsymbol{b}=(1,0,0)^{\mathrm{T}}$,则线性方程组 $\boldsymbol{Ax}=\boldsymbol{b}$ 的解是________.

8. (98-1) 已知线性方程组

$$\begin{cases}a_{11}x_1+a_{12}x_2+\cdots+a_{1,2n}x_{2n}=0,\\ a_{21}x_1+a_{22}x_2+\cdots+a_{2,2n}x_{2n}=0,\\ \cdots\cdots\cdots\cdots\\ a_{n1}x_1+a_{n2}x_2+\cdots+a_{n,2n}x_{2n}=0\end{cases}$$

的一个基础解系为$(b_{11},b_{12},\cdots,b_{1,2n})^{\mathrm{T}},(b_{21},b_{22},\cdots,b_{2,2n})^{\mathrm{T}},\cdots,(b_{n1},b_{n2},\cdots,b_{n,2n})^{\mathrm{T}}$,则线性方程组

$$\begin{cases}b_{11}y_1+b_{12}y_2+\cdots+b_{1,2n}y_{2n}=0,\\ b_{21}y_1+b_{22}y_2+\cdots+b_{2,2n}y_{2n}=0,\\ \cdots\cdots\cdots\cdots\\ b_{n1}y_1+b_{n2}y_2+\cdots+b_{n,2n}y_{2n}=0\end{cases}$$

的通解为________.

9. (93-1) 设 n 阶矩阵 $\boldsymbol{A}$ 的各行元素之和均为零,且 $\boldsymbol{A}$ 的秩为 $n-1$,则线性方程组 $\boldsymbol{Ax}=\boldsymbol{0}$ 的通解为________.

10. (05-1,2) 已知3阶矩阵 $\boldsymbol{A}$ 的第一行是(a,b,c),a,b,c 不全为零,矩阵 $\boldsymbol{B}=\begin{pmatrix}1&2&3\\2&4&6\\3&6&k\end{pmatrix}$($k$ 为常数),且 $\boldsymbol{AB}=\boldsymbol{O}$,求线性方程组 $\boldsymbol{Ax}=\boldsymbol{0}$ 的通解.

11. (96-4) 设向量组 $\boldsymbol{\alpha}_1,\boldsymbol{\alpha}_2,\cdots,\boldsymbol{\alpha}_t$ 是齐次线性方程组 $\boldsymbol{Ax}=\boldsymbol{0}$ 的一个基础解系,向量 $\boldsymbol{\beta}$ 不是 $\boldsymbol{Ax}=\boldsymbol{0}$ 的解. 证明:向量组 $\boldsymbol{\beta},\boldsymbol{\beta}+\boldsymbol{\alpha}_1,\boldsymbol{\beta}+\boldsymbol{\alpha}_2,\cdots,\boldsymbol{\beta}+\boldsymbol{\alpha}_t$ 线性无关.

12. (94-1) 设四元线性齐次方程组(Ⅰ)为 $\begin{cases}x_1+x_2=0,\\x_2-x_4=0.\end{cases}$ 又已知某线性齐次方程组(Ⅱ)的通解为 $k_1(0,1,1,0)^{\mathrm{T}}+k_2(-1,2,2,1)^{\mathrm{T}}$.

(1) 求线性方程组(Ⅰ)的基础解系;

(2) 问线性方程组(Ⅰ)和(Ⅱ)是否有非零公共解?若有,则求出所有的非零公共解. 若没有,则说明理由.

13.（94-3）设线性方程组$\begin{cases}x_1+a_1x_2+a_1^2x_3=a_1^3,\\ x_1+a_2x_2+a_2^2x_3=a_2^3,\\ x_1+a_3x_2+a_3^2x_3=a_3^3,\\ x_1+a_4x_2+a_4^2x_3=a_4^3.\end{cases}$

(1) 证明：若a_1,a_2,a_3,a_4两两不相等，则此线性方程组无解；

(2) 设$a_1=a_3=k,a_2=a_4=-k(k\neq0)$，且已知$\boldsymbol{\beta}_1,\boldsymbol{\beta}_2$是该方程组的两个解，其中$\boldsymbol{\beta}_1=(-1,1,1)^{\mathrm{T}},\boldsymbol{\beta}_2=(1,1,-1)^{\mathrm{T}}$，写出此方程组的通解.

小　结

关于线性方程组的抽象性问题，就齐次线性方程组而言，其考题往往围绕着基础解系，与秩、线性相关性相结合进行考查，主要利用一个向量组能作为基础解系的充分必要条件（比如2020年数学二、三的选择题、2019年数学一的填空题、2019年数学二的选择题，以及2005年数学一、二和1998年数学一的考题）；就非齐次线性方程组而言，其考题往往围绕着解的结构，既要得到对应齐次线性方程组的一个基础解系，又要得到自身的一个解（比如2021年、2011年和2000年数学三的选择题，以及1994年数学三的解答题）.

此外，考生要了解解决方程组的公共解和同解问题的常见思路，尤其是解的包含关系及同解问题近几年频繁地进行考查（比如2022数学一和2021年数学二的选择题，以及2024年数学三的解答题）.

§3.4　向量空间（仅数学一）

十年真题
2015—2024

答案P340

考点　向量空间

1.（19-1）设向量组

$$\boldsymbol{\alpha}_1=(1,2,1)^{\mathrm{T}},\boldsymbol{\alpha}_2=(1,3,2)^{\mathrm{T}},\boldsymbol{\alpha}_3=(1,a,3)^{\mathrm{T}}$$

为向量空间$\mathbf{R}^3$的一个基，$\boldsymbol{\beta}=(1,1,1)^{\mathrm{T}}$在这个基下的坐标为$(b,c,1)^{\mathrm{T}}$.

(1) 求a,b,c的值；

(2) 求$\boldsymbol{\alpha}_2,\boldsymbol{\alpha}_3,\boldsymbol{\beta}$到$\boldsymbol{\alpha}_1,\boldsymbol{\alpha}_2,\boldsymbol{\alpha}_3$的过渡矩阵.

2.（15-1）设向量组$\boldsymbol{\alpha}_1,\boldsymbol{\alpha}_2,\boldsymbol{\alpha}_3$为向量空间$\mathbf{R}^3$的一个基，$\boldsymbol{\beta}_1=2\boldsymbol{\alpha}_1+2k\boldsymbol{\alpha}_3,\boldsymbol{\beta}_2=2\boldsymbol{\alpha}_2,\boldsymbol{\beta}_3=\boldsymbol{\alpha}_1+(k+1)\boldsymbol{\alpha}_3$.

(1) 证明向量组$\boldsymbol{\beta}_1,\boldsymbol{\beta}_2,\boldsymbol{\beta}_3$为向量空间$\mathbf{R}^3$的一个基；

(2) 当k为何值时，存在非零向量$\boldsymbol{\xi}$，使得$\boldsymbol{\xi}$在基$\boldsymbol{\alpha}_1,\boldsymbol{\alpha}_2,\boldsymbol{\alpha}_3$与基$\boldsymbol{\beta}_1,\boldsymbol{\beta}_2,\boldsymbol{\beta}_3$下的坐标相同，并求出所有的$\boldsymbol{\xi}$.

考点分析

考　点	大纲要求	命题特点
向量空间	1. 了解向量空间、基、维数、坐标等概念. 2. 了解基变换和坐标变换公式,会求过渡矩阵.	**1. 考试频率**:★☆☆☆☆ **2. 常考题型**:选择题、填空题、解答题 **3. 命题趋势**:向量空间有时会在数学一中进行考查,其考题难度一般并不高.

知识梳理

考点　向量空间

1. 向量空间的概念

对于 n 维向量组成的集合 V,

$$\begin{cases}(1)\ V\neq\varnothing,\\(2)\ 若任取\boldsymbol{\alpha},\boldsymbol{\beta}\in V,则必有\boldsymbol{\alpha}+\boldsymbol{\beta}\in V,\\(3)\ 若任取\boldsymbol{\alpha}\in V,\lambda 为任一实数,则必有\lambda\boldsymbol{\alpha}\in V\end{cases}$$

$\Leftrightarrow V$ 为向量空间.

【注】 齐次线性方程组的解集是一个向量空间,n 维向量的全体 $\mathbf{R}^n$ 也是一个向量空间.

2. 向量空间的维数、基与坐标

在向量空间 V 中,

$$\begin{cases}(1)\ 有 r 个向量组成的部分组 \boldsymbol{\alpha}_1,\boldsymbol{\alpha}_2,\cdots,\boldsymbol{\alpha}_r 线性无关,\\(2)\ V 中任意向量 \boldsymbol{\beta} 都能由 \boldsymbol{\alpha}_1,\boldsymbol{\alpha}_2,\cdots,\boldsymbol{\alpha}_r 线性表示,即\\\boldsymbol{\beta}=x_1\boldsymbol{\alpha}_1+x_2\boldsymbol{\alpha}_2+\cdots+x_r\boldsymbol{\alpha}_r\end{cases}$$

$$\Leftrightarrow\begin{cases}(1)\ V 的维数为 r,\\(2)\ \boldsymbol{\alpha}_1,\boldsymbol{\alpha}_2,\cdots,\boldsymbol{\alpha}_r 为 V 的基(或基底),\\(3)\ (x_1,x_2,\cdots,x_r)^{\mathrm{T}} 为 \boldsymbol{\beta} 在基 \boldsymbol{\alpha}_1,\boldsymbol{\alpha}_2,\cdots,\boldsymbol{\alpha}_r 下的坐标.\end{cases}$$

3. 基的变换

在 $\mathbf{R}^n$ 中取一个基 $\boldsymbol{\alpha}_1,\boldsymbol{\alpha}_2,\cdots,\boldsymbol{\alpha}_r$,再取一个新基 $\boldsymbol{\beta}_1,\boldsymbol{\beta}_2,\cdots,\boldsymbol{\beta}_r$,向量 $\boldsymbol{\gamma}$ 在旧基和新基下的坐标分别为 $(x_1,x_2,\cdots,x_r)^{\mathrm{T}}$ 和 $(y_1,y_2,\cdots,y_r)^{\mathrm{T}}$,则基变换公式为 $(\boldsymbol{\beta}_1,\boldsymbol{\beta}_2,\cdots,\boldsymbol{\beta}_r)=(\boldsymbol{\alpha}_1,\boldsymbol{\alpha}_2,\cdots,\boldsymbol{\alpha}_r)\boldsymbol{P}$,坐标变换公式为 $(x_1,x_2,\cdots,x_r)^{\mathrm{T}}=$ ①____________,其中可逆矩阵 $\boldsymbol{P}$ 称为从基 $\boldsymbol{\alpha}_1,\boldsymbol{\alpha}_2,\cdots,\boldsymbol{\alpha}_r$ 到基 $\boldsymbol{\beta}_1,\boldsymbol{\beta}_2,\cdots,\boldsymbol{\beta}_r$ 的过渡矩阵,且 $\boldsymbol{P}=$ ②____________.

知识梳理 · 答案

① $\boldsymbol{P}(y_1,y_2,\cdots,y_r)^{\mathrm{T}}$

② $(\boldsymbol{\alpha}_1,\boldsymbol{\alpha}_2,\cdots,\boldsymbol{\alpha}_r)^{-1}(\boldsymbol{\beta}_1,\boldsymbol{\beta}_2,\cdots,\boldsymbol{\beta}_r)$

方法探究

考点　向量空间

关于向量空间,主要考查基、维数、坐标、过渡矩阵等基本概念.

【例】(09-1) 设 $\boldsymbol{\alpha}_1,\boldsymbol{\alpha}_2,\boldsymbol{\alpha}_3$ 是 3 维向量空间 $\mathbf{R}^3$ 的一个基,则由基 $\boldsymbol{\alpha}_1,\frac{1}{2}\boldsymbol{\alpha}_2,\frac{1}{3}\boldsymbol{\alpha}_3$ 到基 $\boldsymbol{\alpha}_1+\boldsymbol{\alpha}_2,\boldsymbol{\alpha}_2+\boldsymbol{\alpha}_3,\boldsymbol{\alpha}_3+\boldsymbol{\alpha}_1$ 的过渡矩阵为(　　)

(A) $\begin{pmatrix}1&0&1\\2&2&0\\0&3&3\end{pmatrix}$.

(B) $\begin{pmatrix}1&2&0\\0&2&3\\1&0&3\end{pmatrix}$.

(C) $\begin{pmatrix}\frac{1}{2}&\frac{1}{4}&-\frac{1}{6}\\-\frac{1}{2}&\frac{1}{4}&\frac{1}{6}\\\frac{1}{2}&-\frac{1}{4}&\frac{1}{6}\end{pmatrix}$.

(D) $\begin{pmatrix}\frac{1}{2}&-\frac{1}{2}&\frac{1}{2}\\\frac{1}{4}&\frac{1}{4}&-\frac{1}{4}\\-\frac{1}{6}&\frac{1}{6}&\frac{1}{6}\end{pmatrix}$.

【解】 由于

$$(\boldsymbol{\alpha}_1+\boldsymbol{\alpha}_2,\boldsymbol{\alpha}_2+\boldsymbol{\alpha}_3,\boldsymbol{\alpha}_3+\boldsymbol{\alpha}_1)=(\boldsymbol{\alpha}_1,\boldsymbol{\alpha}_2,\boldsymbol{\alpha}_3)\begin{pmatrix}1&0&1\\1&1&0\\0&1&1\end{pmatrix},$$

$$\left(\boldsymbol{\alpha}_1,\frac{1}{2}\boldsymbol{\alpha}_2,\frac{1}{3}\boldsymbol{\alpha}_3\right)=(\boldsymbol{\alpha}_1,\boldsymbol{\alpha}_2,\boldsymbol{\alpha}_3)\begin{pmatrix}1&0&0\\0&\frac{1}{2}&0\\0&0&\frac{1}{3}\end{pmatrix},$$

故

$$(\boldsymbol{\alpha}_1+\boldsymbol{\alpha}_2,\boldsymbol{\alpha}_2+\boldsymbol{\alpha}_3,\boldsymbol{\alpha}_3+\boldsymbol{\alpha}_1)$$
$$=\left(\boldsymbol{\alpha}_1,\frac{1}{2}\boldsymbol{\alpha}_2,\frac{1}{3}\boldsymbol{\alpha}_3\right)\begin{pmatrix}1&0&0\\0&\frac{1}{2}&0\\0&0&\frac{1}{3}\end{pmatrix}^{-1}\begin{pmatrix}1&0&1\\1&1&0\\0&1&1\end{pmatrix},$$

从而所求过渡矩阵为

$$P=\begin{pmatrix}1&0&0\\0&\frac{1}{2}&0\\0&0&\frac{1}{3}\end{pmatrix}^{-1}\begin{pmatrix}1&0&1\\1&1&0\\0&1&1\end{pmatrix}$$

$$=\begin{pmatrix}1&0&0\\0&2&0\\0&0&3\end{pmatrix}\begin{pmatrix}1&0&1\\1&1&0\\0&1&1\end{pmatrix}=\begin{pmatrix}1&0&1\\2&2&0\\0&3&3\end{pmatrix},$$

选(A).

真题精选 1987—2014

答案 P341

考点 向量空间

1. **(03-1)** 从 $\mathbf{R}^2$ 的基 $\boldsymbol{\alpha}_1=\begin{pmatrix}1\\0\end{pmatrix},\boldsymbol{\alpha}_2=\begin{pmatrix}1\\-1\end{pmatrix}$ 到基 $\boldsymbol{\beta}_1=\begin{pmatrix}1\\1\end{pmatrix},\boldsymbol{\beta}_2=\begin{pmatrix}1\\2\end{pmatrix}$ 的过渡矩阵为________.

2. **(97-1)** 设 $\boldsymbol{B}$ 是秩为 2 的 5×4 矩阵，$\boldsymbol{\alpha}_1=(1,1,2,3)^{\mathrm{T}},\boldsymbol{\alpha}_2=(-1,1,4,-1)^{\mathrm{T}},\boldsymbol{\alpha}_3=(5,-1,-8,9)^{\mathrm{T}}$ 是齐次线性方程组 $\boldsymbol{Bx}=\boldsymbol{0}$ 的解向量，求 $\boldsymbol{Bx}=\boldsymbol{0}$ 的解空间的一个标准正交基.

小 结

对于向量空间的考题，只要数学一的考生复习了其中的基本概念，一般就能较理想地完成.

第四章　矩阵的特征值和特征向量

§4.1　矩阵的特征值和特征向量

十年真题
2015—2024

答案 P341

考点　矩阵的特征值和特征向量

1.（24-1） 设 $\boldsymbol{A}$ 是秩为 2 的 3 阶矩阵，$\boldsymbol{\alpha}$ 是满足 $\boldsymbol{A\alpha}=\boldsymbol{0}$ 的非零列向量．若对满足 $\boldsymbol{\beta}^{\mathrm{T}}\boldsymbol{\alpha}=0$ 的 3 维列向量 $\boldsymbol{\beta}$，均有 $\boldsymbol{A\beta}=\boldsymbol{\beta}$，则（　　）

(A) $\boldsymbol{A}^3$ 的迹为 2.　　(B) $\boldsymbol{A}^3$ 的迹为 5.

(C) $\boldsymbol{A}^2$ 的迹为 8.　　(D) $\boldsymbol{A}^2$ 的迹为 9.

2.（17-1,3） 设 $\boldsymbol{\alpha}$ 为 n 维单位列向量，$\boldsymbol{E}$ 为 n 阶单位矩阵，则（　　）

(A) $\boldsymbol{E}-\boldsymbol{\alpha\alpha}^{\mathrm{T}}$ 不可逆.　　(B) $\boldsymbol{E}+\boldsymbol{\alpha\alpha}^{\mathrm{T}}$ 不可逆.

(C) $\boldsymbol{E}+2\boldsymbol{\alpha\alpha}^{\mathrm{T}}$ 不可逆.　　(D) $\boldsymbol{E}-2\boldsymbol{\alpha\alpha}^{\mathrm{T}}$ 不可逆.

3.（24-3） 设 $\boldsymbol{A}$ 为 3 阶矩阵，$\boldsymbol{A}^*$ 为 $\boldsymbol{A}$ 的伴随矩阵，$\boldsymbol{E}$ 为 3 阶单位矩阵．若 $r(2\boldsymbol{E}-\boldsymbol{A})=1$，$r(\boldsymbol{E}+\boldsymbol{A})=2$，则 $|\boldsymbol{A}^*|=$________.

4.（21-1） 设 $\boldsymbol{A}=(a_{ij})$ 为 3 阶矩阵，A_{ij} 为元素 a_{ij} 的代数余子式．若 $\boldsymbol{A}$ 的每行元素之和均为 2，且 $|\boldsymbol{A}|=3$，则 $A_{11}+A_{21}+A_{31}=$________.

5.（18-1） 设 2 阶矩阵 $\boldsymbol{A}$ 有两个不同特征值，$\boldsymbol{\alpha}_1,\boldsymbol{\alpha}_2$ 是 $\boldsymbol{A}$ 的线性无关的特征向量，且满足

$$\boldsymbol{A}^2(\boldsymbol{\alpha}_1+\boldsymbol{\alpha}_2)=\boldsymbol{\alpha}_1+\boldsymbol{\alpha}_2,$$

则 $|\boldsymbol{A}|=$________.

6.（17-2） 设矩阵 $\boldsymbol{A}=\begin{pmatrix}4&1&-2\\1&2&a\\3&1&-1\end{pmatrix}$ 的一个特征向量为 $\begin{pmatrix}1\\1\\2\end{pmatrix}$，则 $a=$________.

7.（15-2,3） 设 3 阶矩阵 $\boldsymbol{A}$ 的特征值为 $2,-2,1$，$\boldsymbol{B}=\boldsymbol{A}^2-\boldsymbol{A}+\boldsymbol{E}$，其中 $\boldsymbol{E}$ 为 3 阶单位矩阵，则行列式 $|\boldsymbol{B}|=$________.

8.（17-1,2,3） 设 3 阶矩阵 $\boldsymbol{A}=(\boldsymbol{\alpha}_1,\boldsymbol{\alpha}_2,\boldsymbol{\alpha}_3)$ 有 3 个不同的特征值，且 $\boldsymbol{\alpha}_3=\boldsymbol{\alpha}_1+2\boldsymbol{\alpha}_2$.

(1) 证明 $r(\boldsymbol{A})=2$；

(2) 如果 $\boldsymbol{\beta}=\boldsymbol{\alpha}_1+\boldsymbol{\alpha}_2+\boldsymbol{\alpha}_3$，求方程组 $\boldsymbol{Ax}=\boldsymbol{\beta}$ 的通解.

考点分析

考　　点	大 纲 要 求	命 题 特 点
矩阵的特征值和特征向量	1. 理解矩阵的特征值和特征向量的概念及性质，会求矩阵的特征值和特征向量. 2. 掌握实对称矩阵的特征值和特征向量的性质.	**1. 考试频率：**★★★☆☆ **2. 常考题型：**选择题、填空题、解答题 **3. 命题趋势：**矩阵的特征值和特征向量既能单独考查，又经常在相似矩阵、二次型等问题中有所涉及.

知识梳理

考点　矩阵的特征值和特征向量

1. 特征值和特征向量的概念

若方阵 $\boldsymbol{A}$，数 λ 和非零列向量 $\boldsymbol{x}$ 满足①________，则称 λ 为 $\boldsymbol{A}$ 的特征值，$\boldsymbol{x}$ 为 $\boldsymbol{A}$ 对应于 λ 的特征向量.

【注】(i) $|\boldsymbol{A}-\lambda\boldsymbol{E}|=0$ 和 $|\boldsymbol{A}-\lambda\boldsymbol{E}|$ 分别称为 $\boldsymbol{A}$ 的特征方程和特征多项式.

(ii) 若 $\boldsymbol{\alpha}_1,\boldsymbol{\alpha}_2,\cdots,\boldsymbol{\alpha}_r$ 都为 $\boldsymbol{A}$ 对应于特征值 λ 的特征向量，则当 $k_1\boldsymbol{\alpha}_1+k_2\boldsymbol{\alpha}_2+\cdots+k_r\boldsymbol{\alpha}_r\neq\boldsymbol{0}$ 时，$k_1\boldsymbol{\alpha}_1+k_2\boldsymbol{\alpha}_2+\cdots+k_r\boldsymbol{\alpha}_r$ 仍为 $\boldsymbol{A}$ 对应于 λ 的特征向量．但 $\boldsymbol{A}$ 的不同特征值对应的特征向量的线性组合不再是 $\boldsymbol{A}$ 的特征向量.

2. 特殊矩阵的特征值

(1) n 阶方阵 $\boldsymbol{\alpha\beta}^{\mathrm{T}}$ $(\boldsymbol{\alpha}\neq\boldsymbol{0},\boldsymbol{\beta}\neq\boldsymbol{0})$ 的非零特征值为②________，其余 $n-1$ 个特征值全为零.

(2) $\begin{pmatrix}a_{11}&a_{12}&\cdots&a_{1n}\\&a_{22}&\cdots&a_{2n}\\&&\ddots&\vdots\\&&&a_{nn}\end{pmatrix}$ 或 $\begin{pmatrix}a_{11}&&&\\a_{21}&a_{22}&&\\\vdots&\vdots&\ddots&\\a_{n1}&a_{n2}&\cdots&a_{nn}\end{pmatrix}$ 的特征值为③________.

3. 特征值的性质

设 n 阶方阵 $\boldsymbol{A}=(a_{ij})$ 的特征值为 $\lambda_1,\lambda_2,\cdots,\lambda_n$，则

(1) $\lambda_1+\lambda_2+\cdots+\lambda_n=a_{11}+a_{22}+\cdots+a_{nn}$；

(2) $\lambda_1\lambda_2\cdots\lambda_n=$④________.

【注】$|\boldsymbol{A}|=0\Leftrightarrow 0$ 是 $\boldsymbol{A}$ 的特征值

$\Leftrightarrow \boldsymbol{Ax}=\boldsymbol{0}$ 有非零解

$\Leftrightarrow \boldsymbol{A}$ 的列向量组线性相关

$\Leftrightarrow r(\boldsymbol{A})<n$

$\Leftrightarrow \boldsymbol{A}$ 不可逆.

4. 逆矩阵、伴随矩阵等的特征值

矩阵	$\boldsymbol{A}$	$k\boldsymbol{A}$	$\boldsymbol{A}+k\boldsymbol{E}$	$\boldsymbol{A}^n$	$\boldsymbol{A}^{-1}$	$\boldsymbol{A}^*$
特征值	λ	$k\lambda$	⑤____	λ^n	$\frac{1}{\lambda}$	⑥____
对应的特征向量	$\boldsymbol{x}$	$\boldsymbol{x}$	$\boldsymbol{x}$	$\boldsymbol{x}$	$\boldsymbol{x}$	$\boldsymbol{x}$

【注】$\boldsymbol{A}^{\mathrm{T}}$ 与 $\boldsymbol{A}$ 有相同的特征值，但其所对应的特征向量不确定.

5. 实对称矩阵的特征值和特征向量的性质

	n 阶普通方阵	n 阶实对称矩阵
特征值	n 个复数	n 个实数
不同特征值对应的特征向量	线性无关	⑦________
相同特征值对应的特征向量	k 重特征值至多对应着 k 个线性无关的特征向量$(2\leqslant k\leqslant n)$	k 重特征值恰好对应着 k 个线性无关的特征向量$(2\leqslant k\leqslant n)$

知识梳理·答案

①$\boldsymbol{Ax}=\lambda\boldsymbol{x}$ ② $\boldsymbol{\alpha}^{\mathrm{T}}\boldsymbol{\beta}$ ③ $a_{11},a_{22},\cdots,a_{nn}$ ④ $|\boldsymbol{A}|$ ⑤ $\lambda+k$ ⑥ $\frac{|\boldsymbol{A}|}{\lambda}$ ⑦ 两两正交

方法探究

答案 P342

考点 矩阵的特征值和特征向量

1. 求矩阵的特征值和特征向量

求矩阵的特征值、特征向量主要有以下几个方法：

(1) 通过解特征方程 $|\boldsymbol{A}-\lambda\boldsymbol{E}|=$ 得到 n 阶矩阵 $\boldsymbol{A}$ 特征值 $\lambda=\lambda_i$，并通过解方程组 $(\boldsymbol{A}-\lambda_i\boldsymbol{E})\boldsymbol{x}=\boldsymbol{0}$ 得到 $\boldsymbol{A}$ 对应于特征值 λ_i 的特征向量$(i=1,2,\cdots,n)$；

(2) 若已知 $\boldsymbol{A}$ 的特征值和特征向量，则可根据逆矩阵、伴随矩阵等的特征值和特征向量，得到与 $\boldsymbol{A}$ 有关的矩阵的特征值和特征向量；

(3) 若 $\boldsymbol{P}^{-1}\boldsymbol{AP}=\boldsymbol{B}$，则 $\boldsymbol{A},\boldsymbol{B}$ 的特征值相同，并且当 $\boldsymbol{A}$ 对应于特征值 λ 的特征向量为 $\boldsymbol{x}$ 时，$\boldsymbol{B}$ 对应于 λ 的特征向量为 $\boldsymbol{P}^{-1}\boldsymbol{x}$；当 $\boldsymbol{B}$ 对应于特征值 λ 的特征向量为 $\boldsymbol{x}$ 时，$\boldsymbol{A}$ 对应于 λ 的特征向量为 $\boldsymbol{Px}$；

(4) 若已知实对称矩阵对应于某一特征值的特征向量，则可根据其不同特征值对应的特征向量两两正交，得到其对应于其他特征值的特征向量(如变式 1.2)；

(5) 利用特征值和特征向量的定义.

【例 1】(03-1) 设矩阵 $\boldsymbol{A}=\begin{pmatrix}3&2&2\\2&3&2\\2&2&3\end{pmatrix}$，$\boldsymbol{P}=\begin{pmatrix}0&1&0\\1&0&1\\0&0&1\end{pmatrix}$，$\boldsymbol{B}=\boldsymbol{P}^{-1}\boldsymbol{A}^*\boldsymbol{P}$，求 $\boldsymbol{B}+2\boldsymbol{E}$ 的特征值与特征向量，其中 $\boldsymbol{A}^*$ 为 $\boldsymbol{A}$ 的伴随矩阵，$\boldsymbol{E}$ 为 3 阶单位矩阵.

【解】 $|\boldsymbol{A}-\lambda\boldsymbol{E}|=\begin{vmatrix}3-\lambda&2&2\\2&3-\lambda&2\\2&2&3-\lambda\end{vmatrix}$

$=(7-\lambda)\begin{vmatrix}1&1&1\\2&3-\lambda&2\\2&2&3-\lambda\end{vmatrix}$

$=(7-\lambda)\begin{vmatrix}1&1&1\\0&1-\lambda&0\\0&0&1-\lambda\end{vmatrix}$

$=(7-\lambda)(\lambda-1)^2$.

由 $|\boldsymbol{A}-\lambda\boldsymbol{E}|=0$ 得 $\boldsymbol{A}$ 的特征值为 $\lambda_1=\lambda_2=1,\lambda_3=7$.

当 $\lambda_1=\lambda_2=1$ 时，解方程组 $(\boldsymbol{A}-\boldsymbol{E})\boldsymbol{x}=\boldsymbol{0}$. 由

$$\boldsymbol{A}-\boldsymbol{E}=\begin{pmatrix}2&2&2\\2&2&2\\2&2&2\end{pmatrix}\to\begin{pmatrix}1&1&1\\0&0&0\\0&0&0\end{pmatrix}$$

得 $\boldsymbol{A}$ 对应于 $\lambda_1=\lambda_2=1$ 的线性无关的特征向量 $\boldsymbol{\alpha}_1=(-1,1,0)^{\mathrm{T}}$，$\boldsymbol{\alpha}_2=(-1,0,1)^{\mathrm{T}}$.

当 $\lambda_3=7$ 时，解方程组 $(\boldsymbol{A}-7\boldsymbol{E})\boldsymbol{x}=\boldsymbol{0}$. 由

$$\boldsymbol{A}-7\boldsymbol{E}=\begin{pmatrix}-4&2&2\\2&-4&2\\2&2&-4\end{pmatrix}\to\begin{pmatrix}1&0&-1\\0&1&-1\\0&0&0\end{pmatrix}$$

得 $\boldsymbol{A}$ 对应于 $\lambda_3=7$ 的特征向量 $\boldsymbol{\alpha}_3=(1,1,1)^{\mathrm{T}}$.

若 $\boldsymbol{A}$ 有一个特征值 λ，且 $\boldsymbol{x}$ 为其对应的一个特征向量，则 $\boldsymbol{B}+2\boldsymbol{E}$ 有一个特征值 $\frac{|\boldsymbol{A}|}{\lambda}+2$，且 $\boldsymbol{P}^{-1}\boldsymbol{x}$ 为其对应的一个特征向量.

由于 $|\boldsymbol{A}|=7$，$\boldsymbol{P}^{-1}=\begin{pmatrix}0&1&-1\\1&0&0\\0&0&1\end{pmatrix}$，故 $\boldsymbol{B}+2\boldsymbol{E}$ 的特征值为 $9,9,3$，且其对应于特征值 9 的全部特征向量为 $k_1\boldsymbol{P}^{-1}\boldsymbol{\alpha}_1+k_2\boldsymbol{P}^{-1}\boldsymbol{\alpha}_2=k_1(1,-1,0)^{\mathrm{T}}+k_2(-1,-1,1)^{\mathrm{T}}$($k_1,k_2$ 不同时为零)，对应于特征值 3 的全部特征向量为 $k\boldsymbol{P}^{-1}\boldsymbol{\alpha}_3=k(0,1,1)^{\mathrm{T}}(k\neq 0)$.

变式 1.1(08-3) 设 3 阶矩阵 $\boldsymbol{A}$ 的特征值为 $1,2,2$，$\boldsymbol{E}$ 为 3 阶单位矩阵，则 $|4\boldsymbol{A}^{-1}-\boldsymbol{E}|=$________.

变式 1.2 设 3 阶实对称矩阵 $\boldsymbol{A}$ 的秩为 2，$\boldsymbol{A}^2=\boldsymbol{A}$，且 $\boldsymbol{A}(1,-1,1)^{\mathrm{T}}=\boldsymbol{0}$，求 $\boldsymbol{A}$ 的特征值与特征向量.

2. 已知特征值、特征向量求参数的值

若已知特征值，则可利用特征值的性质或特征方程来求参数的值(一般与矩阵的相似相结合进行考查，详见 §4.2)；若已知特征向量，则可利用特征值和特征向量的定义来求参数的值.

【例 2】(99-1,3) 设矩阵 $\boldsymbol{A}=\begin{pmatrix} a & -1 & c \\ 5 & b & 3 \\ 1-c & 0 & -a \end{pmatrix}$，且 $|\boldsymbol{A}|=-1$. 又设 $\boldsymbol{A}$ 的伴随矩阵 $\boldsymbol{A}^*$ 有特征值 λ_0，属于 λ_0 的特征向量为 $\boldsymbol{\alpha}=(-1,-1,1)^{\mathrm{T}}$，求 a,b,c 及 λ_0 的值.

【解】 由题意，$\boldsymbol{A}$ 有一个特征值 $\dfrac{|\boldsymbol{A}|}{\lambda_0}=-\dfrac{1}{\lambda_0}$，且 $\boldsymbol{\alpha}$ 为其对应的一个特征向量.

于是，

$$\boldsymbol{A\alpha}=\begin{pmatrix} a & -1 & c \\ 5 & b & 3 \\ 1-c & 0 & -a \end{pmatrix}\begin{pmatrix} -1 \\ -1 \\ 1 \end{pmatrix}=-\frac{1}{\lambda_0}\begin{pmatrix} -1 \\ -1 \\ 1 \end{pmatrix}=-\frac{1}{\lambda_0}\boldsymbol{\alpha},$$

即 $\begin{pmatrix} -a+1+c \\ -5-b+3 \\ c-1-a \end{pmatrix}=\dfrac{1}{\lambda_0}\begin{pmatrix} 1 \\ 1 \\ -1 \end{pmatrix}$. 由 $\begin{cases} -a+1+c=\dfrac{1}{\lambda_0}, \\ -5-b+3=\dfrac{1}{\lambda_0}, \\ c-1-a=-\dfrac{1}{\lambda_0} \end{cases}$，得 $\begin{cases} a=c, \\ b=-3. \\ \lambda_0=1 \end{cases}$

又由 $|\boldsymbol{A}|=\begin{vmatrix} a & -1 & a \\ 5 & -3 & 3 \\ 1-a & 0 & -a \end{vmatrix}=a-3=-1$ 知 $a=c=2$.

因此，$a=2,b=-3,c=2,\lambda_0=1$.

真题精选
1987—2014

答案 P342

考点 矩阵的特征值和特征向量

1. **(08-1,2,3)** 设 $\boldsymbol{A}$ 为 n 阶非零矩阵，$\boldsymbol{E}$ 为 n 阶单位矩阵. 若 $\boldsymbol{A}^3=\boldsymbol{O}$，则(　　)
   (A) $\boldsymbol{E}-\boldsymbol{A}$ 不可逆，$\boldsymbol{E}+\boldsymbol{A}$ 不可逆.
   (B) $\boldsymbol{E}-\boldsymbol{A}$ 不可逆，$\boldsymbol{E}+\boldsymbol{A}$ 可逆.
   (C) $\boldsymbol{E}-\boldsymbol{A}$ 可逆，$\boldsymbol{E}+\boldsymbol{A}$ 可逆.
   (D) $\boldsymbol{E}-\boldsymbol{A}$ 可逆，$\boldsymbol{E}+\boldsymbol{A}$ 不可逆.
2. **(05-1,2,3)** 设 λ_1,λ_2 是矩阵 $\boldsymbol{A}$ 的两个不同的特征值，对应的特征向量分别为 $\boldsymbol{\alpha}_1,\boldsymbol{\alpha}_2$，则 $\boldsymbol{\alpha}_1,\boldsymbol{A}(\boldsymbol{\alpha}_1+\boldsymbol{\alpha}_2)$ 线性无关的充分必要条件是(　　)
   (A) $\lambda_1\neq 0$.　(B) $\lambda_2\neq 0$.　(C) $\lambda_1=0$.　(D) $\lambda_2=0$.
3. **(02-3)** 设 $\boldsymbol{A}$ 是 n 阶实对称矩阵，$\boldsymbol{P}$ 是 n 阶可逆矩阵，已知 n 维列向量 $\boldsymbol{\alpha}$ 是 $\boldsymbol{A}$ 的属于特征值 λ 的特征向量，则矩阵 $(\boldsymbol{P}^{-1}\boldsymbol{AP})^{\mathrm{T}}$ 属于特征值 λ 的特征向量是(　　)
   (A) $\boldsymbol{P}^{-1}\boldsymbol{\alpha}$.　(B) $\boldsymbol{P}^{\mathrm{T}}\boldsymbol{\alpha}$.　(C) $\boldsymbol{P\alpha}$.　(D) $(\boldsymbol{P}^{-1})^{\mathrm{T}}\boldsymbol{\alpha}$.
4. **(08-2)** 设 3 阶矩阵 $\boldsymbol{A}$ 的特征值为 $2,3,\lambda$，若行列式 $|2\boldsymbol{A}|=-48$，则 $\lambda=$________.
5. **(96-5)** 设 4 阶方阵 $\boldsymbol{A}$ 满足条件 $|3\boldsymbol{E}+\boldsymbol{A}|=0,\boldsymbol{AA}^{\mathrm{T}}=2\boldsymbol{E}$，$|\boldsymbol{A}|<0$，其中 $\boldsymbol{E}$ 是 4 阶单位阵，则 $\boldsymbol{A}$ 的伴随矩阵 $\boldsymbol{A}^*$ 有一个特征值________.
6. **(96-1)** 设 $\boldsymbol{A}=\boldsymbol{E}-\boldsymbol{\xi\xi}^{\mathrm{T}}$，其中 $\boldsymbol{E}$ 是 n 阶单位矩阵，$\boldsymbol{\xi}$ 是 n 维非零列向量，$\boldsymbol{\xi}^{\mathrm{T}}$ 是 $\boldsymbol{\xi}$ 的转置. 证明：
   (1) $\boldsymbol{A}^2=\boldsymbol{A}$ 的充分条件是 $\boldsymbol{\xi}^{\mathrm{T}}\boldsymbol{\xi}=1$；
   (2) 当 $\boldsymbol{\xi}^{\mathrm{T}}\boldsymbol{\xi}=1$ 时，$\boldsymbol{A}$ 是不可逆矩阵.

小　结

考生不但要会分别通过解特征方程和解齐次线性方程组来求具体矩阵的特征值和特征向量，而且要会根据逆矩阵、伴随矩阵等的特征值(比如 2015 年数学二、三的填空题)、相似矩阵(比如例 1)，尤其是特征值和特征向量的定义(比如 2024 年数学一的选择题，以及 2021 年和 2018 年数学一的填空题)来解决抽象矩阵的特征值和特征向量问题.

秩为 1 或形如 $\boldsymbol{\alpha\beta}^{\mathrm{T}}(\boldsymbol{\alpha}\neq\boldsymbol{0},\boldsymbol{\beta}\neq\boldsymbol{0})$ 的矩阵的特征值是考研中经常被考查的，比如 2017 年数学一、三的选择题，以及 §4.2 中 2009 年数学二的填空题和第五章中 2011 年数学三的填空题.

矩阵的特征值和特征向量经常与抽象行列式的计算(比如2024年数学三、2018年数学一和2015年数学二、三的填空题)、向量组的线性相关性[比如2005年数学一、二、三的选择题,以及§4.2中2020年数学一、二、三和2008年数学二、三的解答题的第(1)问]、矩阵的秩[比如2017年数学一、二、三的解答题的第(1)问],以及判断矩阵是否可逆(比如2017年数学一、三和2008年数学一、二、三的选择题)等相结合进行考查.

§4.2 矩阵的相似和相似对角化

十年真题 2015—2024

答案P342

考点 矩阵的相似和相似对角化

1. **(24-2)** 设 $\boldsymbol{A},\boldsymbol{B}$ 为2阶矩阵,且 $\boldsymbol{AB}=\boldsymbol{BA}$,则"$\boldsymbol{A}$ 有两个不相等的特征值"是"$\boldsymbol{B}$ 可对角化"的( )

(A) 充分必要条件.

(B) 充分不必要条件.

(C) 必要不充分条件.

(D) 既不充分也不必要条件.

2. **(23-1)** 下列矩阵中不能相似于对角矩阵的是( )

(A) $\begin{pmatrix}1&1&a\\0&2&2\\0&0&3\end{pmatrix}$. (B) $\begin{pmatrix}1&1&a\\1&2&0\\a&0&3\end{pmatrix}$.

(C) $\begin{pmatrix}1&1&a\\0&2&0\\0&0&2\end{pmatrix}$. (D) $\begin{pmatrix}1&1&a\\0&2&2\\0&0&2\end{pmatrix}$.

3. **(22-1)** 下述四个条件中,3阶矩阵 $\boldsymbol{A}$ 可对角化的一个充分但不必要条件是( )

(A) $\boldsymbol{A}$ 有3个互不相等的特征值.

(B) $\boldsymbol{A}$ 有3个线性无关的特征向量.

(C) $\boldsymbol{A}$ 有3个两两线性无关的特征向量.

(D) $\boldsymbol{A}$ 的属于不同特征值的特征向量正交.

4. **(22-2,3)** 设 $\boldsymbol{A}$ 为3阶矩阵,$\boldsymbol{\Lambda}=\begin{pmatrix}1&0&0\\0&-1&0\\0&0&0\end{pmatrix}$,则 $\boldsymbol{A}$ 的特征值为 $1,-1,0$ 的充分必要条件是( )

(A) 存在可逆矩阵 $\boldsymbol{P},\boldsymbol{Q}$,使得 $\boldsymbol{A}=\boldsymbol{P\Lambda Q}$.

(B) 存在可逆矩阵 $\boldsymbol{P}$,使得 $\boldsymbol{A}=\boldsymbol{P\Lambda P}^{-1}$.

(C) 存在正交矩阵 $\boldsymbol{Q}$,使得 $\boldsymbol{A}=\boldsymbol{Q\Lambda Q}^{-1}$.

(D) 存在可逆矩阵 $\boldsymbol{P}$,使得 $\boldsymbol{A}=\boldsymbol{P\Lambda P}^{\mathrm{T}}$.

5. **(20-2,3)** 设 $\boldsymbol{A}$ 为3阶矩阵,$\boldsymbol{\alpha}_1,\boldsymbol{\alpha}_2$ 为 $\boldsymbol{A}$ 的属于特征值1的线性无关的特征向量,$\boldsymbol{\alpha}_3$ 为 $\boldsymbol{A}$ 的属于特征值 -1 的特征向量,则满足

$$\boldsymbol{P}^{-1}\boldsymbol{AP}=\begin{pmatrix}1&0&0\\0&-1&0\\0&0&1\end{pmatrix}$$

的可逆矩阵 $\boldsymbol{P}$ 为( )

(A) $(\boldsymbol{\alpha}_1+\boldsymbol{\alpha}_3,\boldsymbol{\alpha}_2,-\boldsymbol{\alpha}_3)$. (B) $(\boldsymbol{\alpha}_1+\boldsymbol{\alpha}_2,\boldsymbol{\alpha}_2,-\boldsymbol{\alpha}_3)$.

(C) $(\boldsymbol{\alpha}_1+\boldsymbol{\alpha}_3,-\boldsymbol{\alpha}_3,\boldsymbol{\alpha}_2)$. (D) $(\boldsymbol{\alpha}_1+\boldsymbol{\alpha}_2,-\boldsymbol{\alpha}_3,\boldsymbol{\alpha}_2)$.

6. **(18-1,2,3)** 下列矩阵中,与矩阵 $\begin{pmatrix}1&1&0\\0&1&1\\0&0&1\end{pmatrix}$ 相似的为( )

(A) $\begin{pmatrix}1&1&-1\\0&1&1\\0&0&1\end{pmatrix}$. (B) $\begin{pmatrix}1&0&-1\\0&1&1\\0&0&1\end{pmatrix}$.

(C) $\begin{pmatrix}1&1&-1\\0&1&0\\0&0&1\end{pmatrix}$. (D) $\begin{pmatrix}1&0&-1\\0&1&0\\0&0&1\end{pmatrix}$.

7. **(17-1,2,3)** 已知矩阵 $\boldsymbol{A}=\begin{pmatrix}2&0&0\\0&2&1\\0&0&1\end{pmatrix}$,$\boldsymbol{B}=\begin{pmatrix}2&1&0\\0&2&0\\0&0&1\end{pmatrix}$,$\boldsymbol{C}=\begin{pmatrix}1&0&0\\0&2&0\\0&0&2\end{pmatrix}$,则( )

(A) $\boldsymbol{A}$ 与 $\boldsymbol{C}$ 相似,$\boldsymbol{B}$ 与 $\boldsymbol{C}$ 相似.

(B) $\boldsymbol{A}$ 与 $\boldsymbol{C}$ 相似,$\boldsymbol{B}$ 与 $\boldsymbol{C}$ 不相似.

(C) $\boldsymbol{A}$ 与 $\boldsymbol{C}$ 不相似,$\boldsymbol{B}$ 与 $\boldsymbol{C}$ 相似.

(D) $\boldsymbol{A}$ 与 $\boldsymbol{C}$ 不相似,$\boldsymbol{B}$ 与 $\boldsymbol{C}$ 不相似.

8. **(17-2)** 设 $\boldsymbol{A}$ 为3阶矩阵,$\boldsymbol{P}=(\boldsymbol{\alpha}_1,\boldsymbol{\alpha}_2,\boldsymbol{\alpha}_3)$ 为可逆矩阵,使得

$$\boldsymbol{P}^{-1}\boldsymbol{AP}=\begin{pmatrix}0&0&0\\0&1&0\\0&0&2\end{pmatrix},$$

则 $\boldsymbol{A}(\boldsymbol{\alpha}_1+\boldsymbol{\alpha}_2+\boldsymbol{\alpha}_3)=$( )

(A) $\boldsymbol{\alpha}_1+\boldsymbol{\alpha}_2$. (B) $\boldsymbol{\alpha}_2+2\boldsymbol{\alpha}_3$.

(C) $\boldsymbol{\alpha}_2+\boldsymbol{\alpha}_3$. (D) $\boldsymbol{\alpha}_1+2\boldsymbol{\alpha}_2$.

9. **(16-1,2,3)** 设 $\boldsymbol{A},\boldsymbol{B}$ 是可逆矩阵,且 $\boldsymbol{A}$ 与 $\boldsymbol{B}$ 相似,则下列结论错误的是( )

(A) $\boldsymbol{A}^{\mathrm{T}}$ 与 $\boldsymbol{B}^{\mathrm{T}}$ 相似.

(B) $\boldsymbol{A}^{-1}$ 与 $\boldsymbol{B}^{-1}$ 相似.

(C) $\boldsymbol{A}+\boldsymbol{A}^{\mathrm{T}}$ 与 $\boldsymbol{B}+\boldsymbol{B}^{\mathrm{T}}$ 相似.

(D) $\boldsymbol{A}+\boldsymbol{A}^{-1}$ 与 $\boldsymbol{B}+\boldsymbol{B}^{-1}$ 相似.

10. **(18-2)** 设 $\boldsymbol{A}$ 为3阶矩阵,$\boldsymbol{\alpha}_1,\boldsymbol{\alpha}_2,\boldsymbol{\alpha}_3$ 为线性无关的向量组.若 $\boldsymbol{A\alpha}_1=2\boldsymbol{\alpha}_1+\boldsymbol{\alpha}_2+\boldsymbol{\alpha}_3$,$\boldsymbol{A\alpha}_2=\boldsymbol{\alpha}_2+2\boldsymbol{\alpha}_3$,$\boldsymbol{A\alpha}_3=-\boldsymbol{\alpha}_2+\boldsymbol{\alpha}_3$,则 $\boldsymbol{A}$ 的实特征值为________.

11. （**24-1**）已知数列$\{x_n\}$，$\{y_n\}$，$\{z_n\}$满足$x_0=-1$，$y_0=0$，$z_0=2$，且

$$\begin{cases} x_n=-2x_{n-1}+2z_{n-1}, \\ y_n=-2y_{n-1}-2z_{n-1}, \\ z_n=-6x_{n-1}-3y_{n-1}+3z_{n-1}. \end{cases}$$

记$\boldsymbol{\alpha}_n=\begin{pmatrix} x_n \\ y_n \\ z_n \end{pmatrix}$，写出满足$\boldsymbol{\alpha}_n=\boldsymbol{A}\boldsymbol{\alpha}_{n-1}$的矩阵$\boldsymbol{A}$，并求$\boldsymbol{A}^n$及$x_n$，$y_n$，$z_n(n=1,2,\cdots)$.

12. （**23-2,3**）设矩阵$\boldsymbol{A}$满足：对任意x_1，x_2，x_3均有

$$\boldsymbol{A}\begin{pmatrix} x_1 \\ x_2 \\ x_3 \end{pmatrix}=\begin{pmatrix} x_1+x_2+x_3 \\ 2x_1-x_2+x_3 \\ x_2-x_3 \end{pmatrix}.$$

（1）求$\boldsymbol{A}$；

（2）求可逆矩阵$\boldsymbol{P}$与对角矩阵$\boldsymbol{\Lambda}$，使得$\boldsymbol{P}^{-1}\boldsymbol{A}\boldsymbol{P}=\boldsymbol{\Lambda}$.

13. （**21-2,3**）设矩阵$\boldsymbol{A}=\begin{pmatrix} 2 & 1 & 0 \\ 1 & 2 & 0 \\ 1 & a & b \end{pmatrix}$仅有两个不同的特征值. 若$\boldsymbol{A}$相似于对角矩阵，求$a$，$b$的值，并求可逆矩阵$\boldsymbol{P}$，使$\boldsymbol{P}^{-1}\boldsymbol{A}\boldsymbol{P}$为对角矩阵.

14. （**20-1,2,3**）设$\boldsymbol{A}$为2阶矩阵，$\boldsymbol{P}=(\boldsymbol{\alpha},\boldsymbol{A}\boldsymbol{\alpha})$，其中$\boldsymbol{\alpha}$是非零向量且不是$\boldsymbol{A}$的特征向量.

（1）证明$\boldsymbol{P}$为可逆矩阵；

（2）若$\boldsymbol{A}^2\boldsymbol{\alpha}+\boldsymbol{A}\boldsymbol{\alpha}-6\boldsymbol{\alpha}=\boldsymbol{0}$，求$\boldsymbol{P}^{-1}\boldsymbol{A}\boldsymbol{P}$，并判断$\boldsymbol{A}$是否相似于对角矩阵.

15. （**19-1,2,3**）已知矩阵$\boldsymbol{A}=\begin{pmatrix} -2 & -2 & 1 \\ 2 & x & -2 \\ 0 & 0 & -2 \end{pmatrix}$与$\boldsymbol{B}=\begin{pmatrix} 2 & 1 & 0 \\ 0 & -1 & 0 \\ 0 & 0 & y \end{pmatrix}$相似.

（1）求x，y；

（2）求可逆矩阵$\boldsymbol{P}$使得$\boldsymbol{P}^{-1}\boldsymbol{A}\boldsymbol{P}=\boldsymbol{B}$.

16. (16-1,2,3) 已知矩阵 $\boldsymbol{A}=\begin{pmatrix}0&-1&1\\2&-3&0\\0&0&0\end{pmatrix}$.

(1) 求 $\boldsymbol{A}^{99}$;

(2) 设3阶矩阵 $\boldsymbol{B}=(\boldsymbol{\alpha}_1,\boldsymbol{\alpha}_2,\boldsymbol{\alpha}_3)$ 满足 $\boldsymbol{B}^2=\boldsymbol{BA}$. 记 $\boldsymbol{B}^{100}=(\boldsymbol{\beta}_1,\boldsymbol{\beta}_2,\boldsymbol{\beta}_3)$,将 $\boldsymbol{\beta}_1,\boldsymbol{\beta}_2,\boldsymbol{\beta}_3$ 分别表示为 $\boldsymbol{\alpha}_1,\boldsymbol{\alpha}_2,\boldsymbol{\alpha}_3$ 的线性组合.

17. (15-1,2,3) 设矩阵 $\boldsymbol{A}=\begin{pmatrix}0&2&-3\\-1&3&-3\\1&-2&a\end{pmatrix}$ 相似于矩阵 $\boldsymbol{B}=\begin{pmatrix}1&-2&0\\0&b&0\\0&3&1\end{pmatrix}$.

(1) 求 a,b 的值;

(2) 求可逆矩阵 $\boldsymbol{P}$,使 $\boldsymbol{P}^{-1}\boldsymbol{AP}$ 为对角矩阵.

考点分析

考　　点	大纲要求	命题特点
矩阵的相似和相似对角化	理解相似矩阵的概念、性质及矩阵可相似对角化的充分必要条件,掌握将矩阵化为相似对角矩阵的方法.	**1. 考试频率**:★★★★★ **2. 常考题型**:选择题、填空题、解答题 **3. 命题趋势**:矩阵的相似和相似对角化是考研几乎每年都要考查的,而且经常以解答题的形式进行考查.

知识梳理

考点　矩阵的相似和相似对角化

1. 相似矩阵的概念

对于方阵 $\boldsymbol{A},\boldsymbol{B}$,若存在可逆矩阵 $\boldsymbol{P}$,使①________,则 $\boldsymbol{B}$ 称为 $\boldsymbol{A}$ 的相似矩阵.

2. 相似矩阵的性质

(1) 若 $\boldsymbol{A},\boldsymbol{B}$ 相似,则 $\boldsymbol{A},\boldsymbol{B}$ 的特征值相同、主对角线元素之和相同,且 $|\boldsymbol{A}|=|\boldsymbol{B}|$,$r(\boldsymbol{A})=r(\boldsymbol{B})$.

【注】 $\boldsymbol{A},\boldsymbol{B}$ 的特征值相同是 $\boldsymbol{A},\boldsymbol{B}$ 相似的必要非充分条件.

(2) 若 $\boldsymbol{A}$ 对应于特征值 λ 的特征向量为 $\boldsymbol{x}$,则 $\boldsymbol{B}=\boldsymbol{P}^{-1}\boldsymbol{AP}$ 对应于 λ 的特征向量为②________.

(3) 若 $\boldsymbol{A}$ 与 $\boldsymbol{B}$ 相似,则 $\boldsymbol{A}^{\mathrm{T}}$ 与 $\boldsymbol{B}^{\mathrm{T}}$、$k\boldsymbol{A}$ 与 $k\boldsymbol{B}$、$\boldsymbol{A}+k\boldsymbol{E}$ 与 $\boldsymbol{B}+k\boldsymbol{E}$、$\boldsymbol{A}^n$ 与 $\boldsymbol{B}^n$、$\boldsymbol{A}^{-1}$ 与 $\boldsymbol{B}^{-1}$($\boldsymbol{A},\boldsymbol{B}$ 可逆),以及 $\boldsymbol{A}^*$ 与 $\boldsymbol{B}^*$ 都相似(k 为常数,n 为正整数).

【注】 当 $\boldsymbol{A}$ 与 $\boldsymbol{B}$ 相似时,除了转置矩阵与伴随矩阵,各与 $\boldsymbol{A}$ 有关的矩阵的和仍然与相应的与 $\boldsymbol{B}$ 有关的矩阵的和相似.

(4) 若 $\boldsymbol{A}$ 与 $\boldsymbol{B}$ 相似,$\boldsymbol{B}$ 与 $\boldsymbol{C}$ 相似,则 $\boldsymbol{A}$ 与 $\boldsymbol{C}$ 相似.

3. 矩阵的相似对角化

(1) 对于 n 阶普通方阵 $\boldsymbol{A}$,若 $\boldsymbol{A}$ 能相似对角化,则能找到可逆矩阵 $\boldsymbol{P}$ 与对角矩阵 $\boldsymbol{\Lambda}$,使 $\boldsymbol{P}^{-1}\boldsymbol{AP}=\boldsymbol{\Lambda}$,其中

$$\boldsymbol{\Lambda}=\begin{pmatrix}\lambda_1&&&\\&\lambda_2&&\\&&\ddots&\\&&&\lambda_n\end{pmatrix},\quad \boldsymbol{P}=(\boldsymbol{\alpha}_1,\boldsymbol{\alpha}_2,\cdots,\boldsymbol{\alpha}_n),$$

且 $\lambda_1,\lambda_2,\cdots,\lambda_n$ 为 $\boldsymbol{A}$ 的特征值,$\boldsymbol{\alpha}_1,\boldsymbol{\alpha}_2,\cdots,\boldsymbol{\alpha}_n$ 依次为 $\lambda_1,\lambda_2,\cdots,\lambda_n$ 所对应的③________的特征向量.

(2) 对于 n 阶实对称矩阵 $\boldsymbol{A}$,必能找到正交矩阵 $\boldsymbol{Q}$ 与对角矩阵 $\boldsymbol{\Lambda}$,使 $\boldsymbol{Q}^{\mathrm{T}}\boldsymbol{AQ}=\boldsymbol{\Lambda}$,其中

$$\boldsymbol{\Lambda}=\begin{pmatrix}\lambda_1&&&\\&\lambda_2&&\\&&\ddots&\\&&&\lambda_n\end{pmatrix},\quad \boldsymbol{Q}=(\boldsymbol{\gamma}_1,\boldsymbol{\gamma}_2,\cdots,\boldsymbol{\gamma}_n),$$

且 $\lambda_1,\lambda_2,\cdots,\lambda_n$ 为 $\boldsymbol{A}$ 的特征值，$\boldsymbol{\gamma}_1,\boldsymbol{\gamma}_2,\cdots,\boldsymbol{\gamma}_n$ 依次为 $\lambda_1,\lambda_2,\cdots,\lambda_n$ 所对应的④________的⑤________特征向量.

4. 矩阵能相似对角化的条件

(1) 实对称矩阵必能相似对角化.

(2) 特征值全不同的方阵必能相似对角化.

(3) n 阶方阵 $\boldsymbol{A}$ 能相似对角化的充分必要条件是 $\boldsymbol{A}$ 有⑥________个线性无关的特征向量.

(4) 设 n 阶方阵 $\boldsymbol{A}$ 的相同特征值 λ 的重数为 $k(2\leqslant k\leqslant n)$，则 $\boldsymbol{A}$ 能相似对角化的充分必要条件是 $r(\boldsymbol{A}-\lambda\boldsymbol{E})=$ ⑦________.

知识梳理·答案

① $\boldsymbol{P}^{-1}\boldsymbol{AP}=\boldsymbol{B}$ ② $\boldsymbol{P}^{-1}\boldsymbol{x}$ ③ 线性无关 ④ 两两正交 ⑤ 单位 ⑥ n ⑦ $n-k$

方法探究

答案 P345

考点 矩阵的相似和相似对角化

1. 矩阵的相似对角化

(1) n 阶普通方阵 $\boldsymbol{A}$ 的相似对角化可遵循如下步骤：

1) 求 $\boldsymbol{A}$ 的特征值 $\lambda_1,\lambda_2,\cdots,\lambda_n$；

2) 求 $\boldsymbol{A}$ 分别对应于 $\lambda_1,\lambda_2,\cdots,\lambda_n$ 的线性无关的特征向量 $\boldsymbol{\alpha}_1,\boldsymbol{\alpha}_2,\cdots,\boldsymbol{\alpha}_n$；

3) 令 $\boldsymbol{\Lambda}=\begin{pmatrix}\lambda_1&&&\\&\lambda_2&&\\&&\ddots&\\&&&\lambda_n\end{pmatrix}$，$\boldsymbol{P}=(\boldsymbol{\alpha}_1,\boldsymbol{\alpha}_2,\cdots,\boldsymbol{\alpha}_n)$，则 $\boldsymbol{P}^{-1}\boldsymbol{AP}=\boldsymbol{\Lambda}$.

(2) 3 阶实对称矩阵 $\boldsymbol{A}$ 的相似对角化可遵循如下步骤：

1) 求 $\boldsymbol{A}$ 的特征值 $\lambda_1,\lambda_2,\lambda_3$；

2) 求 $\boldsymbol{A}$ 分别对应于 $\lambda_1,\lambda_2,\lambda_3$ 的线性无关的特征向量 $\boldsymbol{\alpha}_1,\boldsymbol{\alpha}_2,\boldsymbol{\alpha}_3$；

3) 若 $\boldsymbol{A}$ 的特征值全不同，则直接进行 4)(此时 $\boldsymbol{\beta}_2=\boldsymbol{\alpha}_2$，$\boldsymbol{\beta}_3=\boldsymbol{\alpha}_3$)；

若 $\boldsymbol{A}$ 有相同的特征值，则不妨设 $\lambda_1\neq\lambda_2,\lambda_2=\lambda_3$. 当 $\boldsymbol{A}$ 对应于相同特征值 λ_2,λ_3 的特征向量 $\boldsymbol{\alpha}_2,\boldsymbol{\alpha}_3$ 恰好正交时，依然直接进行 4)(此时 $\boldsymbol{\beta}_2=\boldsymbol{\alpha}_2,\boldsymbol{\beta}_3=\boldsymbol{\alpha}_3$). 而当 $\boldsymbol{\alpha}_2,\boldsymbol{\alpha}_3$ 不正交时，将其正交化：取

$$\boldsymbol{\beta}_2=\boldsymbol{\alpha}_2,\quad \boldsymbol{\beta}_3=\boldsymbol{\alpha}_3-\frac{(\boldsymbol{\beta}_2,\boldsymbol{\alpha}_3)}{(\boldsymbol{\beta}_2,\boldsymbol{\beta}_2)}\boldsymbol{\beta}_2;$$

4) 将 $\boldsymbol{\alpha}_1,\boldsymbol{\beta}_2,\boldsymbol{\beta}_3$ 单位化：取

$$\boldsymbol{\gamma}_1=\frac{\boldsymbol{\alpha}_1}{\|\boldsymbol{\alpha}_1\|},\quad \boldsymbol{\gamma}_2=\frac{\boldsymbol{\beta}_2}{\|\boldsymbol{\beta}_2\|},\quad \boldsymbol{\gamma}_3=\frac{\boldsymbol{\beta}_3}{\|\boldsymbol{\beta}_3\|};$$

5) 令 $\boldsymbol{\Lambda}=\begin{pmatrix}\lambda_1&0&0\\0&\lambda_2&0\\0&0&\lambda_3\end{pmatrix}$，$\boldsymbol{Q}=(\boldsymbol{\gamma}_1,\boldsymbol{\gamma}_2,\boldsymbol{\gamma}_3)$，则 $\boldsymbol{Q}^{\mathrm{T}}\boldsymbol{AQ}=\boldsymbol{\Lambda}$.

【例 1】(03-2) 若矩阵 $\boldsymbol{A}=\begin{pmatrix}2&2&0\\8&2&a\\0&0&6\end{pmatrix}$ 相似于对角矩阵 $\boldsymbol{\Lambda}$，试确定常数 a 的值；并求可逆矩阵 $\boldsymbol{P}$ 使 $\boldsymbol{P}^{-1}\boldsymbol{AP}=\boldsymbol{\Lambda}$.

【解】 $|\boldsymbol{A}-\lambda\boldsymbol{E}|=\begin{vmatrix}2-\lambda&2&0\\8&2-\lambda&a\\0&0&6-\lambda\end{vmatrix}$

$$=-(\lambda-6)^2(\lambda+2).$$

由 $|\boldsymbol{A}-\lambda\boldsymbol{E}|=0$ 得 $\boldsymbol{A}$ 的特征值为 $\lambda_1=\lambda_2=6,\lambda_3=-2$.

当 $\lambda_1=\lambda_2=6$ 时，由于 $\boldsymbol{A}$ 能相似对角化，故 $r(\boldsymbol{A}-6\boldsymbol{E})=3-2=1$，从而由

$$\boldsymbol{A}-6\boldsymbol{E}=\begin{pmatrix}-4&2&0\\8&-4&a\\0&0&0\end{pmatrix}\to\begin{pmatrix}2&-1&0\\0&0&a\\0&0&0\end{pmatrix}$$

知 $a=0$.

解方程组 $(\boldsymbol{A}-6\boldsymbol{E})\boldsymbol{x}=\boldsymbol{0}$，得 $\boldsymbol{A}$ 对应于 $\lambda_1=\lambda_2=6$ 的线性无关的特征向量 $\boldsymbol{\alpha}_1=(0,0,1)^{\mathrm{T}},\boldsymbol{\alpha}_2=(1,2,0)^{\mathrm{T}}$.

当 $\lambda_3=-2$ 时，解方程组 $(\boldsymbol{A}+2\boldsymbol{E})\boldsymbol{x}=\boldsymbol{0}$. 由

$$\boldsymbol{A}+2\boldsymbol{E}=\begin{pmatrix}4&2&0\\8&4&0\\0&0&8\end{pmatrix}\to\begin{pmatrix}2&1&0\\0&0&1\\0&0&0\end{pmatrix}$$

得 $\boldsymbol{A}$ 对应于 $\lambda_3=-2$ 的特征向量 $\boldsymbol{\alpha}_3=(1,-2,0)^{\mathrm{T}}$.

故令

$$\boldsymbol{\Lambda}=\begin{pmatrix}6&0&0\\0&6&0\\0&0&-2\end{pmatrix},\quad \boldsymbol{P}=(\boldsymbol{\alpha}_1,\boldsymbol{\alpha}_2,\boldsymbol{\alpha}_3)=\begin{pmatrix}0&1&1\\0&2&-2\\1&0&0\end{pmatrix},$$

则 $\boldsymbol{P}^{-1}\boldsymbol{AP}=\boldsymbol{\Lambda}$.

变式 1(10-2,3) 设 $\boldsymbol{A}=\begin{pmatrix}0&-1&4\\-1&3&a\\4&a&0\end{pmatrix}$，正交矩阵 $\boldsymbol{Q}$ 使 $\boldsymbol{Q}^{\mathrm{T}}\boldsymbol{AQ}$ 为对角矩阵，若 $\boldsymbol{Q}$ 的第 1 列为 $\frac{1}{\sqrt{6}}(1,2,1)^{\mathrm{T}}$，求 $a,\boldsymbol{Q}$.

2. 已知特征值、特征向量反求矩阵及其幂

若能得到 3 阶矩阵 $\boldsymbol{A}$ 的特征值 $\lambda_1,\lambda_2,\lambda_3$ 及其对应的线性无关的特征向量 $\boldsymbol{\alpha}_1,\boldsymbol{\alpha}_2,\boldsymbol{\alpha}_3$，令

$$\boldsymbol{\Lambda}=\begin{pmatrix}\lambda_1&0&0\\0&\lambda_2&0\\0&0&\lambda_3\end{pmatrix},\quad \boldsymbol{P}=(\boldsymbol{\alpha}_1,\boldsymbol{\alpha}_2,\boldsymbol{\alpha}_3),$$

则

$$A = P\Lambda P^{-1},$$
$$A^n = P\Lambda^n P^{-1},$$
$$(A+kE)^n = P(\Lambda+kE)^n P^{-1}.$$

【例 2】(06-3) 设3阶实对称矩阵A的各行元素之和均为3,向量$\alpha_1=(-1,2,-1)^T$,$\alpha_2=(0,-1,1)^T$是线性方程组$Ax=0$的两个解.

(1) 求A的特征值与特征向量;

(2) 求正交矩阵Q和对角矩阵Λ,使得$Q^TAQ=\Lambda$;

(3) 求A及$\left(A-\frac{3}{2}E\right)^6$,其中$E$为3阶单位矩阵.

【解】(1) 由于$A\alpha_1=0, A\alpha_2=0$,故$\lambda_1=\lambda_2=0$是A的特征值,且A对应于它的全部特征向量为$k_1\alpha_1+k_2\alpha_2$(k_1,k_2不同时为零).

又由于A的各行元素之和均为3,故

$$A(1,1,1)^T=(3,3,3)^T=3(1,1,1)^T,$$

从而$\lambda_3=3$是A的特征值,且A对应于它的全部特征向量为$k\alpha_3=k(1,1,1)^T(k\neq0)$.

(2) 将α_1,α_2正交化:取

$$\beta_1=\alpha_1=(-1,2,-1)^T,$$

$$\beta_2=\alpha_2-\frac{(\beta_1,\alpha_2)}{(\beta_1,\beta_1)}\beta_1=\frac{1}{2}(-1,0,1)^T.$$

再将β_1,β_2,α_3单位化:取

$$\gamma_1=\frac{\beta_1}{\|\beta_1\|}=\frac{1}{\sqrt{6}}(-1,2,-1)^T,$$

$$\gamma_2=\frac{\beta_2}{\|\beta_2\|}=\frac{1}{\sqrt{2}}(-1,0,1)^T,$$

$$\gamma_3=\frac{\alpha_3}{\|\alpha_3\|}=\frac{1}{\sqrt{3}}(1,1,1)^T.$$

故令

$$Q=(\gamma_1,\gamma_2,\gamma_3)=\begin{pmatrix}-\frac{1}{\sqrt6} & -\frac{1}{\sqrt2} & \frac{1}{\sqrt3}\\ \frac{2}{\sqrt6} & 0 & \frac{1}{\sqrt3}\\ -\frac{1}{\sqrt6} & \frac{1}{\sqrt2} & \frac{1}{\sqrt3}\end{pmatrix},\quad \Lambda=\begin{pmatrix}0&0&0\\0&0&0\\0&0&3\end{pmatrix},$$

则$Q^TAQ=\Lambda$.

(3) $A=Q\Lambda Q^{-1}=Q\Lambda Q^T=\begin{pmatrix}1&1&1\\1&1&1\\1&1&1\end{pmatrix}$.

$$\left(A-\frac{3}{2}E\right)^6=Q\left(\Lambda-\frac{3}{2}E\right)^6Q^{-1}$$

$$=Q\begin{pmatrix}-\frac{3}{2}&0&0\\0&-\frac{3}{2}&0\\0&0&\frac{3}{2}\end{pmatrix}^6Q^{-1}$$

$$=Q\left(\frac{3}{2}\right)^6EQ^{-1}=\left(\frac{3}{2}\right)^6E.$$

变式 2(11-1,2,3) 设A为3阶实对称矩阵,A的秩为2,且

$$A\begin{pmatrix}1&1\\0&0\\-1&1\end{pmatrix}=\begin{pmatrix}-1&1\\0&0\\1&1\end{pmatrix}.$$

(1) 求A的所有特征值与特征向量;

(2) 求矩阵A.

真题精选 1987—2014

答案 P345

考点 矩阵的相似和相似对角化

1. (12-1,2,3) 设A为3阶矩阵,P为3阶可逆矩阵,且$P^{-1}AP=\begin{pmatrix}1&0&0\\0&1&0\\0&0&2\end{pmatrix}$,若$P=(\alpha_1,\alpha_2,\alpha_3)$,$Q=(\alpha_1+\alpha_2,\alpha_2,\alpha_3)$,则$Q^{-1}AQ=$( )

(A) $\begin{pmatrix}1&0&0\\0&2&0\\0&0&1\end{pmatrix}$. (B) $\begin{pmatrix}1&0&0\\0&1&0\\0&0&2\end{pmatrix}$.

(C) $\begin{pmatrix}2&0&0\\0&1&0\\0&0&2\end{pmatrix}$. (D) $\begin{pmatrix}2&0&0\\0&2&0\\0&0&1\end{pmatrix}$.

2. (10-1,2,3) 设A为4阶实对称矩阵,且$A^2+A=O$.若A的秩为3,则A相似于( )

(A) $\begin{pmatrix}1&&&\\&1&&\\&&1&\\&&&0\end{pmatrix}$. (B) $\begin{pmatrix}1&&&\\&1&&\\&&-1&\\&&&0\end{pmatrix}$.

(C) $\begin{pmatrix}1&&&\\&-1&&\\&&-1&\\&&&0\end{pmatrix}$. (D) $\begin{pmatrix}-1&&&\\&-1&&\\&&-1&\\&&&0\end{pmatrix}$.

3. (03-4) 设矩阵$B=\begin{pmatrix}0&0&1\\0&1&0\\1&0&0\end{pmatrix}$,已知矩阵$A$相似于$B$,则

$r(\boldsymbol{A}-2\boldsymbol{E})$与$r(\boldsymbol{A}-\boldsymbol{E})$之和等于(　　)

(A) 2.　　(B) 3.　　(C) 4.　　(D) 5.

4. **(09-2)** 设$\boldsymbol{\alpha},\boldsymbol{\beta}$为3维列向量,$\boldsymbol{\beta}^{\mathrm{T}}$为$\boldsymbol{\beta}$的转置,若矩阵$\boldsymbol{\alpha}\boldsymbol{\beta}^{\mathrm{T}}$相似于$\begin{pmatrix}2&0&0\\0&0&0\\0&0&0\end{pmatrix}$,则$\boldsymbol{\beta}^{\mathrm{T}}\boldsymbol{\alpha}=$________.

5. **(14-1,2,3)** 证明n阶矩阵$\begin{pmatrix}1&1&\cdots&1\\1&1&\cdots&1\\\vdots&\vdots&&\vdots\\1&1&\cdots&1\end{pmatrix}$与$\begin{pmatrix}0&\cdots&0&1\\0&\cdots&0&2\\\vdots&&\vdots&\vdots\\0&\cdots&0&n\end{pmatrix}$相似.

6. **(08-2,3)** 设$\boldsymbol{A}$为3阶矩阵,$\boldsymbol{\alpha}_1,\boldsymbol{\alpha}_2$为$\boldsymbol{A}$的分别属于特征值$-1,1$的特征向量,向量$\boldsymbol{\alpha}_3$满足$\boldsymbol{A}\boldsymbol{\alpha}_3=\boldsymbol{\alpha}_2+\boldsymbol{\alpha}_3$.

(1) 证明$\boldsymbol{\alpha}_1,\boldsymbol{\alpha}_2,\boldsymbol{\alpha}_3$线性无关;

(2) 令$\boldsymbol{P}=(\boldsymbol{\alpha}_1,\boldsymbol{\alpha}_2,\boldsymbol{\alpha}_3)$,求$\boldsymbol{P}^{-1}\boldsymbol{A}\boldsymbol{P}$.

7. **(07-1,2,3)** 设3阶实对称矩阵$\boldsymbol{A}$的特征值$\lambda_1=1,\lambda_2=2,\lambda_3=-2$,且$\boldsymbol{\alpha}_1=(1,-1,1)^{\mathrm{T}}$是$\boldsymbol{A}$的属于$\lambda_1$的一个特征向量. 记$\boldsymbol{B}=\boldsymbol{A}^5-4\boldsymbol{A}^3+\boldsymbol{E}$,其中$\boldsymbol{E}$为3阶单位矩阵.

(1) 验证$\boldsymbol{\alpha}_1$是矩阵$\boldsymbol{B}$的特征向量,并求$\boldsymbol{B}$的全部特征值与特征向量;

(2) 求矩阵$\boldsymbol{B}$.

8. **(05-4)** 设A为三阶矩阵,$\boldsymbol{\alpha}_1,\boldsymbol{\alpha}_2,\boldsymbol{\alpha}_3$是线性无关的三维列向量,且满足

$$\boldsymbol{A}\boldsymbol{\alpha}_1=\boldsymbol{\alpha}_1+\boldsymbol{\alpha}_2+\boldsymbol{\alpha}_3,\quad \boldsymbol{A}\boldsymbol{\alpha}_2=2\boldsymbol{\alpha}_2+\boldsymbol{\alpha}_3,\quad \boldsymbol{A}\boldsymbol{\alpha}_3=2\boldsymbol{\alpha}_2+3\boldsymbol{\alpha}_3.$$

(1) 求矩阵$\boldsymbol{B}$,使得$\boldsymbol{A}(\boldsymbol{\alpha}_1,\boldsymbol{\alpha}_2,\boldsymbol{\alpha}_3)=(\boldsymbol{\alpha}_1,\boldsymbol{\alpha}_2,\boldsymbol{\alpha}_3)\boldsymbol{B}$;

(2) 求矩阵$\boldsymbol{A}$的特征值;

(3) 求出可逆矩阵$\boldsymbol{P}$,使得$\boldsymbol{P}^{-1}\boldsymbol{A}\boldsymbol{P}$为对角矩阵.

9. **(04-1,2)** 设矩阵$\boldsymbol{A}=\begin{pmatrix}1&2&-3\\-1&4&-3\\1&a&5\end{pmatrix}$的特征方程有一个二重根,求$a$的值,并讨论$\boldsymbol{A}$是否可相似对角化.

10. **(02-1)** 设 $\boldsymbol{A},\boldsymbol{B}$ 为同阶方阵.

(1) 如果 $\boldsymbol{A},\boldsymbol{B}$ 相似,试证 $\boldsymbol{A},\boldsymbol{B}$ 的特征多项式相等;

(2) 举一个 2 阶方阵的例子说明(1)的逆命题不成立;

(3) 当 $\boldsymbol{A},\boldsymbol{B}$ 均为实对称矩阵时,试证(1)的逆命题成立.

11. **(01-1)** 已知 3 阶矩阵 $\boldsymbol{A}$ 与三维向量 $\boldsymbol{x}$,使得向量组 $\boldsymbol{x}$,$\boldsymbol{Ax}$,$\boldsymbol{A}^2\boldsymbol{x}$ 线性无关,且满足 $\boldsymbol{A}^3\boldsymbol{x}=3\boldsymbol{Ax}-2\boldsymbol{A}^2\boldsymbol{x}$.

(1) 记 $\boldsymbol{P}=(\boldsymbol{x},\boldsymbol{Ax},\boldsymbol{A}^2\boldsymbol{x})$,求 3 阶矩阵 $\boldsymbol{B}$,使 $\boldsymbol{A}=\boldsymbol{PBP}^{-1}$;

(2) 计算行列式 $|\boldsymbol{A}+\boldsymbol{E}|$.

12. **(00-1)** 某试验性生产线每年一月份进行熟练工与非熟练工的人数统计,然后将 $\frac{1}{6}$ 熟练工支援其他生产部门,其缺额由招收新的非熟练工补齐. 新、老非熟练工经过培训及实践至年终考核有 $\frac{2}{5}$ 成为熟练工. 设第 n 年一月份统计的熟练工和非熟练工所占百分比分别为 x_n 和 y_n,记成向量 $\begin{pmatrix} x_n \\ y_n \end{pmatrix}$.

(1) 求 $\begin{pmatrix} x_{n+1} \\ y_{n+1} \end{pmatrix}$ 与 $\begin{pmatrix} x_n \\ y_n \end{pmatrix}$ 的关系式并写成矩阵形式:

$$\begin{pmatrix} x_{n+1} \\ y_{n+1} \end{pmatrix}=\boldsymbol{A}\begin{pmatrix} x_n \\ y_n \end{pmatrix};$$

(2) 验证 $\boldsymbol{\eta}_1=\begin{pmatrix} 4 \\ 1 \end{pmatrix}$,$\boldsymbol{\eta}_2=\begin{pmatrix} -1 \\ 1 \end{pmatrix}$ 是 $\boldsymbol{A}$ 的两个线性无关的特征向量,并求出相应的特征值;

(3) 当 $\begin{pmatrix} x_1 \\ y_1 \end{pmatrix}=\begin{bmatrix} \frac{1}{2} \\ \frac{1}{2} \end{bmatrix}$ 时,求 $\begin{pmatrix} x_{n+1} \\ y_{n+1} \end{pmatrix}$.

13. **(96-4)** 已知矩阵 $\boldsymbol{A}=\begin{pmatrix} 0 & 1 & 0 & 0 \\ 1 & 0 & 0 & 0 \\ 0 & 0 & y & 1 \\ 0 & 0 & 1 & 2 \end{pmatrix}$ 的一个特征值为 3.

(1) 求 y;

(2) 求矩阵 $\boldsymbol{P}$,使 $(\boldsymbol{AP})^{\mathrm{T}}(\boldsymbol{AP})$ 为对角矩阵.

14. **(92-1)** 设 3 阶矩阵 $\boldsymbol{A}$ 的特征值为 $\lambda_1=1,\lambda_2=2,\lambda_3=3$,对应的特征向量依次为 $\boldsymbol{\xi}_1=\begin{pmatrix} 1 \\ 1 \\ 1 \end{pmatrix}$,$\boldsymbol{\xi}_2=\begin{pmatrix} 1 \\ 2 \\ 4 \end{pmatrix}$,$\boldsymbol{\xi}_3=\begin{pmatrix} 1 \\ 3 \\ 9 \end{pmatrix}$,又向量 $\boldsymbol{\beta}=\begin{pmatrix} 1 \\ 1 \\ 3 \end{pmatrix}$.

(1) 将 $\boldsymbol{\beta}$ 用 $\boldsymbol{\xi}_1,\boldsymbol{\xi}_2,\boldsymbol{\xi}_3$ 线性表出;

(2) 求 $\boldsymbol{A}^n\boldsymbol{\beta}$ (n 为自然数).

15. (92-4) 设矩阵 $\boldsymbol{A}$,$\boldsymbol{B}$ 相似,其中 $\boldsymbol{A}=\begin{pmatrix}-2&0&0\\2&x&2\\3&1&1\end{pmatrix}$,$\boldsymbol{B}=\begin{pmatrix}-1&0&0\\0&2&0\\0&0&y\end{pmatrix}$.

(1) 求 x,y 的值;

(2) 求可逆矩阵 $\boldsymbol{P}$,使 $\boldsymbol{P}^{-1}\boldsymbol{AP}=\boldsymbol{B}$.

小　结

关于相似矩阵,近几年的考查频率有所上升.考生应注意以下三点:

第一,$\boldsymbol{A}$,$\boldsymbol{B}$ 的特征值相同是 $\boldsymbol{A}$,$\boldsymbol{B}$ 相似的必要非充分条件.要能判断特征值相同的矩阵是否相似(比如 2018 年和 2017 年数学一、二、三的选择题),并证明其相似(比如 2014 年数学一、二、三的解答题).

第二,若 $\boldsymbol{A}$ 与 $\boldsymbol{B}$ 相似,则 $\boldsymbol{A}+k\boldsymbol{E}$ 与 $\boldsymbol{B}+k\boldsymbol{E}$ 相似,从而 $r(\boldsymbol{A}+k\boldsymbol{E})=r(\boldsymbol{B}+k\boldsymbol{E})$,$|\boldsymbol{A}+k\boldsymbol{E}|=|\boldsymbol{B}+k\boldsymbol{E}|$.这是考研经常考查的,比如 2018 年数学一、二、三和 2003 年数学四的选择题,以及 2001 年数学一的解答题的第(2)问.

第三,要能由向量的关系得到两个矩阵相似,比如 2018 年数学二的填空题和 2005 年数学四的解答题的第(1)问,以及 2020 年数学一、二、三的解答题的第(2)问、2008 年数学二、三的解答题的第(2)问和 2001 年数学一的解答题的第(1)问.

关于矩阵的相似对角化,其解答题有以下两种常见形式:

第一,已知两个矩阵相似(比如 2019 年和 2015 年数学一、二、三的解答题以及 1992 年数学四的解答题)、矩阵能相似对角化(比如 2021 年数学二、三的解答题),或矩阵的某一特征值(比如 1996 年数学四的解答题)、特征向量(比如 2010 年数学二、三的解答题)等,先求出参数的值,再将矩阵相似对角化.

第二,先根据已知条件求出矩阵的全部特征值和特征向量,再求矩阵.此时,利用定义来求特征值、特征向量往往是一个难点(比如 2011 年数学一、二、三和 2006 年数学三的解答题).而对于实对称矩阵,若得到了其对应于某一特征值的特征向量,则常根据其不同特征值对应的特征向量两两正交,来求其对应于其他特征值的特征向量(比如 2011 年和 2007 年数学一、二、三的解答题).

此外,对于一般的方阵,往往通过相似对角化来求它的幂,比如 2024 年数学一的解答题和 2016 年数学一、二、三的解答题的第(1)问.而关于矩阵能否相似对角化,近几年频繁地考查,比如 2024 年数学二,以及 2023 年和 2024 年数学一的选择题.

第五章　二　次　型

十年真题
2015—2024

答案 P348

考点一　化二次型为标准形

1. **(24-3)** 设二次型 $f(x_1,x_2,x_3)=\boldsymbol{x}^{\mathrm{T}}\boldsymbol{A}\boldsymbol{x}$ 在正交变换下可化为 $y_1^2-2y_2^2+3y_3^2$，则二次型 f 的矩阵 $\boldsymbol{A}$ 的行列式与迹分别为(　　)

(A) $-6,-2$.　　(B) $6,-2$.

(C) $-6,2$.　　(D) $6,2$.

2. **(23-2,3)** 二次型

$f(x_1,x_2,x_3)=(x_1+x_2)^2+(x_1+x_3)^2-4(x_2-x_3)^2$

的规范形为(　　)

(A) $y_1^2+y_2^2$.　　(B) $y_1^2-y_2^2$.

(C) $y_1^2+y_2^2-4y_3^2$.　　(D) $y_1^2+y_2^2-y_3^2$.

3. **(21-1,2,3)** 二次型

$f(x_1,x_2,x_3)=(x_1+x_2)^2+(x_2+x_3)^2-(x_3-x_1)^2$

的正惯性指数与负惯性指数依次为(　　)

(A) 2,0.　(B) 1,1.　(C) 2,1.　(D) 1,2.

4. **(19-1,2,3)** 设 $\boldsymbol{A}$ 是 3 阶实对称矩阵，$\boldsymbol{E}$ 是 3 阶单位矩阵. 若 $\boldsymbol{A}^2+\boldsymbol{A}=2\boldsymbol{E}$，且 $|\boldsymbol{A}|=4$，则二次型 $\boldsymbol{x}^{\mathrm{T}}\boldsymbol{A}\boldsymbol{x}$ 的规范形为(　　)

(A) $y_1^2+y_2^2+y_3^2$.　　(B) $y_1^2+y_2^2-y_3^2$.

(C) $y_1^2-y_2^2-y_3^2$.　　(D) $-y_1^2-y_2^2-y_3^2$.

5. **(16-1-仅数学一)** 设二次型

$f(x_1,x_2,x_3)=x_1^2+x_2^2+x_3^2+4x_1x_2+4x_1x_3+4x_2x_3$，

则 $f(x_1,x_2,x_3)=2$ 在空间直角坐标下表示的二次曲面为(　　)

(A) 单叶双曲面.　　(B) 双叶双曲面.

(C) 椭球面.　　(D) 柱面.

6. **(16-2,3)** 设二次型

$f(x_1,x_2,x_3)=a(x_1^2+x_2^2+x_3^2)+2x_1x_2+2x_2x_3+2x_1x_3$

的正、负惯性指数分别为 1,2，则(　　)

(A) $a>1$.　　(B) $a<-2$.

(C) $-2<a<1$.　　(D) $a=1$ 或 $a=-2$.

7. **(15-1,2,3)** 设二次型 $f(x_1,x_2,x_3)$ 在正交变换 $\boldsymbol{x}=\boldsymbol{P}\boldsymbol{y}$ 下的标准形为 $2y_1^2+y_2^2-y_3^2$，其中 $\boldsymbol{P}=(\boldsymbol{e}_1,\boldsymbol{e}_2,\boldsymbol{e}_3)$，若 $\boldsymbol{Q}=(\boldsymbol{e}_1,-\boldsymbol{e}_3,\boldsymbol{e}_2)$，则 $f(x_1,x_2,x_3)$ 在 $\boldsymbol{x}=\boldsymbol{Q}\boldsymbol{y}$ 下的标准形为(　　)

(A) $2y_1^2-y_2^2+y_3^2$.　　(B) $2y_1^2+y_2^2-y_3^2$.

(C) $2y_1^2-y_2^2-y_3^2$.　　(D) $2y_1^2+y_2^2+y_3^2$.

8. **(24-2)** 设矩阵 $\boldsymbol{A}=\begin{pmatrix}0&1&a\\1&0&1\end{pmatrix}$，$\boldsymbol{B}=\begin{pmatrix}1&1\\1&1\\b&2\end{pmatrix}$，二次型 $f(x_1,x_2,x_3)=\boldsymbol{x}^{\mathrm{T}}\boldsymbol{B}\boldsymbol{A}\boldsymbol{x}$. 已知方程组 $\boldsymbol{A}\boldsymbol{x}=\boldsymbol{0}$ 的解均是 $\boldsymbol{B}^{\mathrm{T}}\boldsymbol{x}=\boldsymbol{0}$ 的解，但这两个方程组不同解.

(1) 求 a,b 的值；

(2) 求正交变换 $\boldsymbol{x}=\boldsymbol{Q}\boldsymbol{y}$ 将 $f(x_1,x_2,x_3)$ 化为标准形.

9. **(22-1)** 设二次型 $f(x_1,x_2,x_3)=\sum\limits_{i=1}^{3}\sum\limits_{j=1}^{3}ijx_ix_j$.

(1) 求 $f(x_1,x_2,x_3)$ 的矩阵；

(2) 求正交变换 $\boldsymbol{x}=\boldsymbol{Q}\boldsymbol{y}$ 将 $f(x_1,x_2,x_3)$ 化成标准形；

(3) 求 $f(x_1,x_2,x_3)=0$ 的解.

10. **(22-2,3)** 已知二次型

$$f(x_1,x_2,x_3)=3x_1^2+4x_2^2+3x_3^2+2x_1x_3.$$

(1) 求正交变换 $\boldsymbol{x}=\boldsymbol{Q}\boldsymbol{y}$ 将 $f(x_1,x_2,x_3)$ 化为标准形；

(2) 证明 $\min\limits_{\boldsymbol{x}\neq\boldsymbol{0}}\dfrac{f(\boldsymbol{x})}{\boldsymbol{x}^{\mathrm{T}}\boldsymbol{x}}=2$.

11.（20-1,3） 设二次型

$$f(x_1,x_2)=x_1^2-4x_1x_2+4x_2^2$$

经正交变换$\begin{pmatrix}x_1\\x_2\end{pmatrix}=\boldsymbol{Q}\begin{pmatrix}y_1\\y_2\end{pmatrix}$化为二次型

$$g(y_1,y_2)=ay_1^2+4y_1y_2+by_2^2,$$

其中 $a\geqslant b$.

(1) 求 a,b 的值;

(2) 求正交矩阵 $\boldsymbol{Q}$.

12.（18-1,2,3） 设实二次型

$$f(x_1,x_2,x_3)=(x_1-x_2+x_3)^2+(x_2+x_3)^2+(x_1+ax_3)^2,$$

其中 a 为参数.

(1) 求 $f(x_1,x_2,x_3)=0$ 的解;

(2) 求 $f(x_1,x_2,x_3)$的规范形.

13.（17-1,2,3） 设

$$f(x_1,x_2,x_3)=2x_1^2-x_2^2+ax_3^2+2x_1x_2-8x_1x_3+2x_2x_3$$

在正交变换 $\boldsymbol{x}=\boldsymbol{Q}\boldsymbol{y}$ 下的标准形为$\lambda_1y_1^2+\lambda_2y_2^2$. 求 a 的值及一个正交矩阵$\boldsymbol{Q}$.

考点二　矩阵的合同

1.（23-1） 已知二次型

$$f(x_1,x_2,x_3)=x_1^2+2x_2^2+2x_3^2+2x_1x_2-2x_1x_3,$$

$$g(y_1,y_2,y_3)=y_1^2+y_2^2+y_3^2+2y_2y_3.$$

(1) 求可逆变换 $\boldsymbol{x}=\boldsymbol{P}\boldsymbol{y}$ 将 $f(x_1,x_2,x_3)$化为 $g(y_1,y_2,y_3)$;

(2) 是否存在正交变换 $\boldsymbol{x}=\boldsymbol{Q}\boldsymbol{y}$ 将 $f(x_1,x_2,x_3)$化为 $g(y_1,y_2,y_3)$?

2.（20-2） 设二次型

$$f(x_1,x_2,x_3)=x_1^2+x_2^2+x_3^2+2ax_1x_2+2ax_1x_3+2ax_2x_3$$

经可逆线性变换$\begin{pmatrix}x_1\\x_2\\x_3\end{pmatrix}=\boldsymbol{P}\begin{pmatrix}y_1\\y_2\\y_3\end{pmatrix}$化为二次型

$$g(y_1,y_2,y_3)=y_1^2+y_2^2+4y_3^2+2y_1y_2.$$

(1) 求 a 的值;

(2) 求可逆矩阵 $\boldsymbol{P}$.

考点三 正定二次型与正定矩阵

(21-1) 设矩阵 $A=\begin{pmatrix} a & 1 & -1 \\ 1 & a & -1 \\ -1 & -1 & a \end{pmatrix}$.

(1) 求正交矩阵 $\boldsymbol{P}$,使 $\boldsymbol{P}^{\mathrm{T}}\boldsymbol{AP}$ 为对角矩阵;

(2) 求正定矩阵 $\boldsymbol{C}$,使 $\boldsymbol{C}^2=(a+3)\boldsymbol{E}-\boldsymbol{A}$,其中 $\boldsymbol{E}$ 为 3 阶单位矩阵.

考点分析

考　点	大纲要求	命题特点
一、化二次型为标准形	1. 掌握二次型及其矩阵表示,了解二次型秩的概念,了解二次型的标准形、规范形的概念以及惯性定理. 2. 掌握用正交变换化二次型为标准形的方法,会用配方法化二次型为标准形.	**1. 考试频率**:★★★★★ **2. 常考题型**:选择题、填空题、解答题 **3. 命题趋势**:考点一在考研中几乎是必考的,并且经常考查解答题. 考点二和考点三虽然考查频率不高,但有的考题难度却不低.
二、矩阵的合同	了解合同变换与合同矩阵的概念.	
三、正定二次型与正定矩阵	理解正定二次型、正定矩阵的概念,并掌握其判别法.	

知识梳理

考点一 化二次型为标准形

1. 二次型及其矩阵表示

含有 n 个变量 $x_1,x_2,\cdots,x_n$ 的二次齐次函数

$$f(x_1,x_2,\cdots,x_n)=a_{11}x_1^2+a_{22}x_2^2+\cdots+a_{nn}x_n^2+2a_{12}x_1x_2+2a_{13}x_1x_3+\cdots+2a_{n-1,n}x_{n-1}x_n \quad (5\text{-}1)$$

称为 n 元二次型.

取 $a_{ji}=a_{ij}$,则二次型(5-1)可以写成如下形式:

$$f=(x_1,x_2,\cdots,x_n)\begin{pmatrix} a_{11} & a_{12} & \cdots & a_{1n} \\ a_{21} & a_{22} & \cdots & a_{2n} \\ \vdots & \vdots & & \vdots \\ a_{n1} & a_{n2} & \cdots & a_{nn} \end{pmatrix}\begin{pmatrix} x_1 \\ x_2 \\ \vdots \\ x_n \end{pmatrix}=\boldsymbol{x}^{\mathrm{T}}\boldsymbol{Ax},$$

其中对称矩阵 $\boldsymbol{A}$ 称为 f 的矩阵,与 f 一一对应,且 f 的秩为①________.

2. 二次型的标准形与规范形

只含有变量的平方项,所有混合项的系数全为零的二次型 $f=k_1y_1^2+k_2y_2^2+\cdots+k_ny_n^2$ 称为标准形. 若 $k_1,k_2,\cdots,k_n$ 只在 $1,-1,0$ 中取值,则该标准形称为规范形. 二次型的标准形中正系数的个数称为正惯性指数,负系数的个数称为负惯性指数.

【注】二次型的标准形不唯一,但其正、负惯性指数唯一.

3. 用正交变换化二次型为标准形

对于二次型 $f=\boldsymbol{x}^{\mathrm{T}}\boldsymbol{Ax}$(其中 $\boldsymbol{A}$ 为 n 阶实对称矩阵),必能找到正交变换 $\boldsymbol{x}=\boldsymbol{Qy}$(其中 $\boldsymbol{Q}$ 为正交矩阵)与对角矩阵$\boldsymbol{\Lambda}$,使 $f=\boldsymbol{y}^{\mathrm{T}}\boldsymbol{\Lambda y}$,其中

$$\boldsymbol{\Lambda}=\begin{pmatrix} \lambda_1 & & & \\ & \lambda_2 & & \\ & & \ddots & \\ & & & \lambda_n \end{pmatrix},\quad \boldsymbol{Q}=(\boldsymbol{\gamma}_1,\boldsymbol{\gamma}_2,\cdots,\boldsymbol{\gamma}_n),$$

且 $\lambda_1,\lambda_2,\cdots,\lambda_n$ 为 $\boldsymbol{A}$ 的特征值,$\boldsymbol{\gamma}_1,\boldsymbol{\gamma}_2,\cdots,\boldsymbol{\gamma}_n$ 依次为 $\lambda_1,\lambda_2,\cdots,\lambda_n$所对应的②________的③________特征向量.

【注】找正交变换 $\boldsymbol{x}=\boldsymbol{Qy}$ 和标准形 $\boldsymbol{y}^{\mathrm{T}}\boldsymbol{\Lambda y}$,使 $\boldsymbol{x}^{\mathrm{T}}\boldsymbol{Ax}=\boldsymbol{y}^{\mathrm{T}}\boldsymbol{\Lambda y}$,无异于找正交矩阵 $\boldsymbol{Q}$ 和对角矩阵$\boldsymbol{\Lambda}$,使 $\boldsymbol{Q}^{\mathrm{T}}\boldsymbol{AQ}=\boldsymbol{\Lambda}$.

考点二 矩阵的合同

(1) 对于方阵 $\boldsymbol{A},\boldsymbol{B}$,若存在可逆矩阵 $\boldsymbol{C}$,使④________,则 $\boldsymbol{B}$ 称为 $\boldsymbol{A}$ 的合同矩阵.

【注】 若 $\boldsymbol{x}^{\mathrm{T}}\boldsymbol{A}\boldsymbol{x}$ 经可逆变换 $\boldsymbol{x}=\boldsymbol{C}\boldsymbol{y}$ 变成 $\boldsymbol{y}^{\mathrm{T}}\boldsymbol{B}\boldsymbol{y}$,则 $\boldsymbol{C}^{\mathrm{T}}\boldsymbol{A}\boldsymbol{C}=\boldsymbol{B}$.

(2) 实对称矩阵 $\boldsymbol{A},\boldsymbol{B}$ 合同 $\Leftrightarrow \boldsymbol{A},\boldsymbol{B}$ 的正、负特征值的个数相同.

(3) 若 $\boldsymbol{A},\boldsymbol{B}$ 为实对称矩阵,则

$\boldsymbol{A},\boldsymbol{B}$ 相似 ⑤ ________ $\boldsymbol{A},\boldsymbol{B}$ 合同

$\overset{\Rightarrow}{\not\Leftarrow}$ $\boldsymbol{A},\boldsymbol{B}$ 等价.

(填"$\overset{\Rightarrow}{\not\Leftarrow}$"、"$\overset{\not\Rightarrow}{\Leftarrow}$"、"$\Leftrightarrow$"或"$\overset{\not\Rightarrow}{\not\Leftarrow}$")

考点三 正定二次型与正定矩阵

n 阶对称矩阵 $\boldsymbol{A}$ 为正定矩阵($\boldsymbol{x}^{\mathrm{T}}\boldsymbol{A}\boldsymbol{x}$ 为正定二次型)

$\Leftrightarrow$任取 $\boldsymbol{x}\neq\boldsymbol{0}$,恒有 $\boldsymbol{x}^{\mathrm{T}}\boldsymbol{A}\boldsymbol{x}$⑥________

$\Leftrightarrow\boldsymbol{x}^{\mathrm{T}}\boldsymbol{A}\boldsymbol{x}$ 的标准形的系数全为正数,规范形的系数全为 1,正惯性指数为 n

$\Leftrightarrow\boldsymbol{A}$ 与 $\boldsymbol{E}$ 合同,即存在 $\boldsymbol{C}$ 可逆,使 $\boldsymbol{A}=$⑦________

$\Leftrightarrow\boldsymbol{A}$ 的特征值全为正数

$\Leftrightarrow\boldsymbol{A}$ 的各阶顺序主子式全大于零,即

$$a_{11}>0,\quad \begin{vmatrix} a_{11} & a_{12} \\ a_{21} & a_{22} \end{vmatrix}>0,\cdots,\quad \begin{vmatrix} a_{11} & \cdots & a_{1n} \\ \vdots & & \vdots \\ a_{n1} & \cdots & a_{nn} \end{vmatrix}>0.$$

知识梳理 · 答案

① $r(\boldsymbol{A})$ ② 两两正交 ③ 单位 ④ $\boldsymbol{C}^{\mathrm{T}}\boldsymbol{A}\boldsymbol{C}=\boldsymbol{B}$ ⑤ $\overset{\Rightarrow}{\not\Leftarrow}$ ⑥ >0 ⑦ $\boldsymbol{C}^{\mathrm{T}}\boldsymbol{C}$

方法探究

答案 P351

考点一 化二次型为标准形

1. 用正交变换化二次型为标准形

用正交变换化三元二次型 f 为标准形可遵循如下步骤:

(1) 写出 f 的矩阵 $\boldsymbol{A}$(3 阶实对称矩阵);

(2) 遵循"3 阶实对称矩阵 $\boldsymbol{A}$ 的相似对角化"的步骤,得到 A 的特征值 $\lambda_1,\lambda_2,\lambda_3$ 及其对应的两两正交的单位特征向量 $\boldsymbol{\gamma}_1,\boldsymbol{\gamma}_2,\boldsymbol{\gamma}_3$;

(3) 令 $\boldsymbol{Q}=(\boldsymbol{\gamma}_1,\boldsymbol{\gamma}_2,\boldsymbol{\gamma}_3)$,则 f 在正交变换 $\boldsymbol{x}=\boldsymbol{Q}\boldsymbol{y}$ 下的标准形为 $f=\lambda_1y_1^2+\lambda_2y_2^2+\lambda_3y_3^2$.

【例 1】(93-1) 已知二次型

$$f(x_1,x_2,x_3)=2x_1^2+3x_2^2+3x_3^2+2ax_2x_3\ (a>0),$$

通过正交变换化成标准形 $f=y_1^2+2y_2^2+5y_3^2$,求参数 a 及所用的正交变换矩阵.

【解】 二次型 f 的矩阵为 $\boldsymbol{A}=\begin{pmatrix} 2 & 0 & 0 \\ 0 & 3 & a \\ 0 & a & 3 \end{pmatrix}$.

由于 f 通过正交变换化为标准形 $f=y_1^2+2y_2^2+5y_3^2$,故 $\boldsymbol{A}$ 的特征值为 1,2,5.

由 $|\boldsymbol{A}|=\begin{vmatrix} 2 & 0 & 0 \\ 0 & 3 & a \\ 0 & a & 3 \end{vmatrix}=2(9-a^2)=10$ 知 $a=2$.

解方程组 $(\boldsymbol{A}-\boldsymbol{E})\boldsymbol{x}=\boldsymbol{0}$,得 $\boldsymbol{A}$ 对应于特征值 1 的特征向量 $\boldsymbol{\alpha}_1=(0,1,-1)^{\mathrm{T}}$.

解方程组 $(\boldsymbol{A}-2\boldsymbol{E})\boldsymbol{x}=\boldsymbol{0}$,得 $\boldsymbol{A}$ 对应于特征值 2 的特征向量 $\boldsymbol{\alpha}_2=(1,0,0)^{\mathrm{T}}$.

解方程组 $(\boldsymbol{A}-5\boldsymbol{E})\boldsymbol{x}=\boldsymbol{0}$,得 $\boldsymbol{A}$ 对应于特征值 5 的特征向量 $\boldsymbol{\alpha}_3=(0,1,1)^{\mathrm{T}}$.

将 $\boldsymbol{\alpha}_1,\boldsymbol{\alpha}_2,\boldsymbol{\alpha}_3$ 单位化:取

$$\boldsymbol{\gamma}_1=\frac{1}{\sqrt{2}}(0,1,-1)^{\mathrm{T}},\quad \boldsymbol{\gamma}_2=(1,0,0)^{\mathrm{T}},\quad \boldsymbol{\gamma}_3=\frac{1}{\sqrt{2}}(0,1,1)^{\mathrm{T}}.$$

故所求正交变换矩阵为

$$\boldsymbol{Q}=(\boldsymbol{\gamma}_1,\boldsymbol{\gamma}_2,\boldsymbol{\gamma}_3)=\begin{pmatrix} 0 & 1 & 0 \\ \frac{1}{\sqrt{2}} & 0 & \frac{1}{\sqrt{2}} \\ -\frac{1}{\sqrt{2}} & 0 & \frac{1}{\sqrt{2}} \end{pmatrix}.$$

2. 用配方法化二次型为标准形

用配方法化 n 元二次型 $f=\boldsymbol{x}^{\mathrm{T}}(a_{ij})\boldsymbol{x}$ 为标准形有以下两种情形:

(1) 若 f 中至少有一个平方项,不妨设 $a_{11}\neq0$,则先对全部含 x_1 的项配完全平方,使第一个完全平方配成后,所余各项中不再含有 x_1.然后再依次分别对全部含 $x_2,x_3,\cdots,x_{n-1}$ 的项配完全平方,使所配完全平方的总个数小于变量的总个数.

(2) 若 f 中没有平方项,不妨设 $a_{12}\neq0$,则可先令 $x_1=y_1+y_2,x_2=y_1-y_2,x_3=y_3,\cdots,x_n=y_n$,再按(1)进行配方.

【例 2】 设二次型

$$f(x_1,x_2,x_3)=x_1^2-x_2^2-2x_1x_3+2ax_2x_3$$

的规范形为 $y_1^2-y_2^2-y_3^2$,则 a 的取值范围是________.

【解】
$$\begin{aligned} f&=x_1^2-2x_1x_3-x_2^2+2ax_2x_3 \\ &=(x_1^2-2x_1x_3+x_3^2)-x_3^2-x_2^2+2ax_2x_3 \\ &=(x_1-x_3)^2-x_2^2+2ax_2x_3-x_3^2 \\ &=(x_1-x_3)^2-(x_2^2-2ax_2x_3+a^2x_3^2)+a^2x_3^2-x_3^2 \\ &=(x_1-x_3)^2-(x_2-ax_3)^2+(a^2-1)x_3^2. \end{aligned}$$

由 $a^2-1<0$ 知 $-1<a<1$.

考点二 矩阵的合同

判断两个实对称矩阵是否合同,主要通过判断其正、负特征值的个数是否相同.

【例】(07-1,2,3) 设矩阵

$$A=\begin{pmatrix}2&-1&-1\\-1&2&-1\\-1&-1&2\end{pmatrix},\quad B=\begin{pmatrix}1&0&0\\0&1&0\\0&0&0\end{pmatrix},$$

则 A 与 B(　　)

(A) 合同且相似.

(B) 合同,但不相似.

(C) 不合同,但相似.

(D) 既不合同,也不相似.

【解】由

$$|A-\lambda E|=\begin{vmatrix}2-\lambda&-1&-1\\-1&2-\lambda&-1\\-1&-1&2-\lambda\end{vmatrix}=-\lambda\begin{vmatrix}1&1&1\\-1&2-\lambda&-1\\-1&-1&2-\lambda\end{vmatrix}$$

$$=-\lambda\begin{vmatrix}1&1&1\\0&3-\lambda&0\\0&0&3-\lambda\end{vmatrix}=-\lambda(\lambda-3)^2$$

知 A 的特征值为 3,3,0.

显然,B 的特征值为 1,1,0.

由于 A,B 正、负特征值的个数相同,故 A 与 B 合同. 又由于 A,B 特征值不同,故 A 与 B 不相似,选(B).

考点三　正定二次型与正定矩阵

解决正定矩阵 A 或正定二次型 x^TAx 的相关问题,主要有以下三个思路:

(1) 任取 $x\neq 0$,恒有 $x^TAx>0$;

(2) A 的特征值全为正数(如变式 1);

(3) A 的各阶顺序主子式全大于零(如变式 2).

【例】(99-3) 设 A 为 $m\times n$ 实矩阵,E 为 n 阶单位矩阵,已知矩阵 $B=\lambda E+A^TA$,试证:当 $\lambda>0$ 时,矩阵 B 为正定矩阵.

【证】由 $B^T=(\lambda E+A^TA)^T=\lambda E+A^TA=B$ 知 B 为对称矩阵.

$$x^TBx=x^T(\lambda E+A^TA)x$$
$$=x^T\lambda x+x^TA^TAx=\lambda x^Tx+(Ax)^T(Ax).$$

任取 $x\neq 0$,由于

$$x^Tx=\|x\|^2>0,\quad (Ax)^T(Ax)=\|Ax\|^2\geqslant 0,$$

故恒有 $x^TBx>0$,即 B 为正定矩阵.

【注】在证明 A 为正定矩阵之前,必须先证明 A 为对称矩阵.

变式 1(02-3) 设 A 为三阶实对称矩阵,且满足条件 $A^2+2A=O$,已知 $r(A)=2$.

(1) 求 A 的全部特征值;

(2) 当 k 为何值时,矩阵 $A+kE$ 为正定矩阵,其中 E 为三阶单位矩阵.

变式 2(97-3) 若二次型

$$f(x_1,x_2,x_3)=2x_1^2+x_2^2+x_3^2+2x_1x_2+tx_2x_3$$

是正定的,则 t 的取值范围是________.

真题精选 1987—2014

答案 P352

考点一　化二次型为标准形

1. (08-1-仅数学一) 设 A 为 3 阶实对称矩阵,如果二次曲面方程 $(x,y,z)A\begin{pmatrix}x\\y\\z\end{pmatrix}=1$ 在正交变换下的标准方程的图形如下图所示,则 A 的正特征值的个数为(　　)

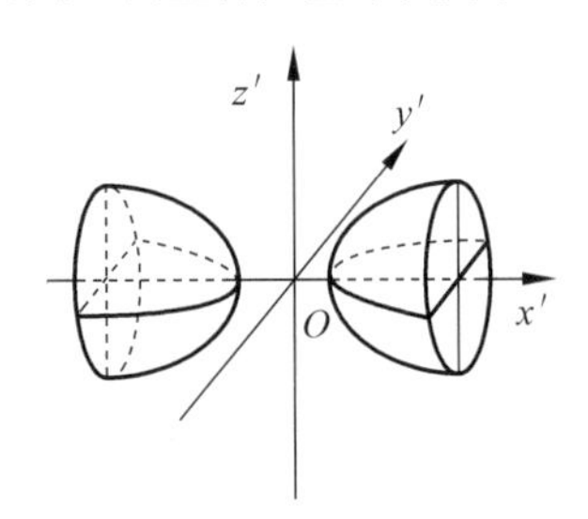

(A) 0.　　(B) 1.　　(C) 2.　　(D) 3.

2. (14-1,2,3) 设二次型

$$f(x_1,x_2,x_3)=x_1^2-x_2^2+2ax_1x_3+4x_2x_3$$

的负惯性指数是 1,则 a 的取值范围是________.

3. (11-1-仅数学一) 若二次曲面的方程 $x^2+3y^2+z^2+2axy+2xz+2yz=4$ 经正交变换化为 $y_1^2+4z_1^2=4$,则 $a=$________.

4. (11-3) 设二次型 $f(x_1,x_2,x_3)=x^TAx$ 的秩为 1,A 的各行元素之和为 3,则 f 在正交变换 $x=Qy$ 下的标准形为________.

5. (04-3) 二次型

$$f(x_1,x_2,x_3)=(x_1+x_2)^2+(x_2-x_3)^2+(x_3+x_1)^2$$

的秩为________.

6. (02-1) 已知实二次型

$$f(x_1,x_2,x_3)$$
$$=a(x_1^2+x_2^2+x_3^2)+4x_1x_2+4x_1x_3+4x_2x_3$$

经正交变换 $x=Py$ 可化成标准形 $f=6y_1^2$，则 $a=$ ________.

7.（13-1,2,3） 设二次型

$$f(x_1,x_2,x_3)=2(a_1x_1+a_2x_2+a_3x_3)^2+(b_1x_1+b_2x_2+b_3x_3)^2,$$

记 $\boldsymbol{\alpha}=\begin{pmatrix}a_1\\a_2\\a_3\end{pmatrix},\boldsymbol{\beta}=\begin{pmatrix}b_1\\b_2\\b_3\end{pmatrix}$.

（1）证明二次型 f 对应的矩阵为 $2\boldsymbol{\alpha}\boldsymbol{\alpha}^{\mathrm{T}}+\boldsymbol{\beta}\boldsymbol{\beta}^{\mathrm{T}}$；

（2）若 $\boldsymbol{\alpha},\boldsymbol{\beta}$ 正交且均为单位向量，证明二次型 f 在正交变化下的标准形为 $2y_1^2+y_2^2$.

8.（09-1,2,3） 设二次型

$$f(x_1,x_2,x_3)=ax_1^2+ax_2^2+(a-1)x_3^2+2x_1x_3-2x_2x_3.$$

（1）求二次型 f 的矩阵的所有特征值；

（2）若二次型 f 的规范形为 $y_1^2+y_2^2$，求 a 的值.

9.（05-1） 已知二次型

$$f(x_1,x_2,x_3)=(1-a)x_1^2+(1-a)x_2^2+2x_3^2+2(1+a)x_1x_2$$

的秩为 2.

（1）求 a 的值；

（2）求正交变换 $x=Qy$，把 $f(x_1,x_2,x_3)$ 化成标准形；

（3）求方程 $f(x_1,x_2,x_3)=0$ 的解.

考点二　矩阵的合同

（01-3） 设 $\boldsymbol{A}$ 为 n 阶实对称矩阵，$r(\boldsymbol{A})=n$，A_{ij} 是 $\boldsymbol{A}=(a_{ij})_{n\times n}$ 中元素 a_{ij} 的代数余子式（$i,j=1,2,\cdots,n$），二次型 $f(x_1,x_2,\cdots,x_n)=\sum_{i=1}^{n}\sum_{j=1}^{n}\frac{A_{ij}}{|\boldsymbol{A}|}x_ix_j$.

（1）记 $\boldsymbol{x}=(x_1,x_2,\cdots,x_n)^{\mathrm{T}}$，把 $f(x_1,x_2,\cdots,x_n)$ 写成矩阵形式，并证明二次型 $f(\boldsymbol{x})$ 的矩阵为 $\boldsymbol{A}^{-1}$；

（2）二次型 $g(\boldsymbol{x})=\boldsymbol{x}^{\mathrm{T}}\boldsymbol{A}\boldsymbol{x}$ 与 $f(\boldsymbol{x})$ 的规范形是否相同？说明理由.

考点三　正定二次型与正定矩阵

1.（05-3） 设 $\boldsymbol{D}=\begin{pmatrix}\boldsymbol{A}&\boldsymbol{C}\\\boldsymbol{C}^{\mathrm{T}}&\boldsymbol{B}\end{pmatrix}$ 为正定矩阵，其中 $\boldsymbol{A},\boldsymbol{B}$ 为 m 阶，n 阶对称矩阵，$\boldsymbol{C}$ 为 $m\times n$ 矩阵.

（1）计算 $\boldsymbol{P}^{\mathrm{T}}\boldsymbol{D}\boldsymbol{P}$，其中 $\boldsymbol{P}=\begin{pmatrix}\boldsymbol{E}_m&-\boldsymbol{A}^{-1}\boldsymbol{C}\\\boldsymbol{O}&\boldsymbol{E}_n\end{pmatrix}$；

（2）利用(1)的结果判断矩阵 $\boldsymbol{B}-\boldsymbol{C}^{\mathrm{T}}\boldsymbol{A}^{-1}\boldsymbol{C}$ 是否为正定矩阵，并证明你的结论.

2.（00-3） 设有 n 元实二次型

$$f(x_1,x_2,\cdots,x_n)=(x_1+a_1x_2)^2+(x_2+a_2x_3)^2+\cdots+(x_{n-1}+a_{n-1}x_n)^2+(x_n+a_nx_1)^2,$$

其中 $a_i(i=1,2,\cdots,n)$ 为实数. 试问：当 $a_1,a_2,\cdots,a_n$ 满足何种条件时，二次型 $f(x_1,x_2,\cdots,x_n)$ 为正定二次型.

小　结

关于用正交变换化二次型为标准形，类似于矩阵的相似对角化，其解答题的常见形式为已知二次型的标准形(比如2017年数学一、二、三的解答题和例1)、秩(比如2005年数学一的解答题)，或正交变换前后的两个二次型(比如2020年数学一、三的解答题)等，先求出参数的值，再将二次型标准化.

关于用配方法化二次型为标准形，考生应注意配方后所作的线性变换必须为可逆变换，比如2023年数学二、三和2021年数学一、二、三的选择题、2018年数学一、二、三的解答题的第(2)问和2004年数学三的填空题. 此外，有的考题无法用正交变换，而只能用配方法，比如2014年数学一、二、三的填空题(这道题只有25.7%的考生做对)、2020年数学二的解答题的第(2)问和2023年数学一的解答题的第(1)问.

关于矩阵的合同，不但要会判断两个矩阵是否合同，而且还应理解可逆变换前后的两个二次型的矩阵是合同的，以及实对称矩阵的合同与相似之间的关系.

关于正定矩阵，有时会考查一些具有一定综合性的解答题[比如2021年数学一的解答题的第(2)问，以及2005年和2000年数学三的解答题].

此外，二次型还能与线性方程组相结合进行考查，比如2024年数学二、2018年数学一、二、三和2000年数学三的解答题.

在数学一中，有时会出现二次型与二次曲面相结合的考题(比如2016年和2008年数学一的选择题)，数学一的考生切莫遗漏复习常用二次曲面的方程及图形(可参看本书高等数学部分 §5.5).

第三部分　概率论与数理统计

（仅数学一、三）

第一章　随机事件和概率

十年真题 2015—2024

答案 P354

考点一　概率的五大公式

1. (**21-1,3**) 设 A,B 为随机事件，且 $0<P(B)<1$. 下列命题中为假命题的是(　　)

(A) 若 $P(A|B)=P(A)$，则 $P(A|\overline{B})=P(A)$.

(B) 若 $P(A|B)>P(A)$，则 $P(\overline{A}|\overline{B})>P(\overline{A})$.

(C) 若 $P(A|B)>P(A|\overline{B})$，则 $P(A|B)>P(A)$.

(D) 若 $P(A|A\cup B)>P(\overline{A}|A\cup B)$，则 $P(A)>P(B)$.

2. (**20-1,3**) 设 A,B,C 为三个随机事件，且 $P(A)=P(B)=P(C)=\frac{1}{4}$，$P(AB)=0$，$P(AC)=P(BC)=\frac{1}{12}$，则 A,B,C 中恰有一个事件发生的概率为(　　)

(A) $\frac{3}{4}$.　(B) $\frac{2}{3}$.　(C) $\frac{1}{2}$.　(D) $\frac{5}{12}$.

3. (**19-1,3**) 设 A,B 为随机事件，则 $P(A)=P(B)$ 的充分必要条件是(　　)

(A) $P(A\cup B)=P(A)+P(B)$.

(B) $P(AB)=P(A)P(B)$.

(C) $P(A\overline{B})=P(B\overline{A})$.

(D) $P(AB)=P(\overline{A}\,\overline{B})$.

4. (**17-1**) 设 A,B 为随机事件，若 $0<P(A)<1$，$0<P(B)<1$，则 $P(A|B)>P(A|\overline{B})$ 的充分必要条件是(　　)

(A) $P(B|A)>P(B|\overline{A})$.

(B) $P(B|A)<P(B|\overline{A})$.

(C) $P(\overline{B}|A)>P(B|\overline{A})$.

(D) $P(\overline{B}|A)<P(B|\overline{A})$.

5. (**17-3**) 设 A,B,C 为三个随机事件，且 A 与 C 相互独立，B 与 C 相互独立，则 $A\cup B$ 与 C 相互独立的充分必要条件是(　　)

(A) A 与 B 相互独立.　(B) A 与 B 互不相容.

(C) AB 与 C 相互独立.　(D) AB 与 C 互不相容.

6. (**16-3**) 设 A,B 为两个随机事件，且 $0<P(A)<1$，$0<P(B)<1$，如果 $P(A|B)=1$，则(　　)

(A) $P(\overline{B}|\overline{A})=1$.

(B) $P(A|\overline{B})=0$.

(C) $P(A\cup B)=1$.

(D) $P(B|A)=1$.

7. (**15-1,3**) 若 A,B 为任意两个随机事件，则(　　)

(A) $P(AB)\leqslant P(A)P(B)$.

(B) $P(AB)\geqslant P(A)P(B)$.

(C) $P(AB)\leqslant\frac{P(A)+P(B)}{2}$.

(D) $P(AB)\geqslant\frac{P(A)+P(B)}{2}$.

8. (**22-1,3**) 设 A,B,C 为随机事件，且 A 与 B 互不相容，A 与 C 互不相容，B 与 C 相互独立. 若

$$P(A)=P(B)=P(C)=\frac{1}{3},$$

则 $P(B\cup C|A\cup B\cup C)=$________.

9. (**18-1**) 设随机事件 A 与 B 相互独立，A 与 C 相互独立，$BC=\varnothing$. 若

$$P(A)=P(B)=\frac{1}{2},\quad P(AC\mid AB\cup C)=\frac{1}{4},$$

则 $P(C)=$________.

10. (**18-3**) 设随机事件 A,B,C 相互独立，且

$$P(A)=P(B)=P(C)=\frac{1}{2},$$

则 $P(AC|A\cup B)=$________.

考点二　古典概型与几何概型

(**16-3**) 设袋中有红、白、黑球各 1 个，从中有放回地取球，每次取 1 个，直到三种颜色的球都取到时停止，则取球次数恰好为 4 的概率为________.

考点分析

考　　点	大 纲 要 求	命 题 特 点
一、概率的五大公式	1. 了解样本空间的概念，理解随机事件的概念，掌握事件的关系及运算. 2. 理解概率、条件概率的概念，掌握概率的基本性质. 3. 掌握概率的加法公式、减法公式、乘法公式、全概率公式以及贝叶斯公式. 4. 理解事件独立性的概念，掌握用事件独立性进行概率计算.	**1. 考试频率**：★★★★☆ **2. 常考题型**：选择题、填空题 **3. 命题趋势**：本章经常以选择题或填空题的形式进行考查. 其中，大多考题都以考查五大公式为主，偶尔出现考查古典概型或几何概型的考题.
二、古典概型与几何概型	会计算古典型概率和几何型概率.	

知识梳理

考点一　概率的五大公式

1. 随机事件

(1) 某随机试验的所有可能结果组成的集合称为该随机试验的样本空间，记作 Ω. 样本空间的元素称为样本点. 样本空间的子集称为随机事件，常用字母 A,B,C 等表示.

【注】若试验具有以下特点：

(i) 能在相同的条件下重复进行；

(ii) 每次试验的可能结果不止一个，并且能事先明确试验的所有可能结果；

(iii) 进行一次试验之前不能确定哪一个结果会出现，则称该试验为随机试验.

(2) 随机事件的运算：

1) $A\cup B=\{x\mid x\in A \text{ 或 } x\in B\}$；

2) $A-B=\{x\mid x\in A \text{ 且 } x\notin B\}$；

3) $AB=\{x\mid x\in A \text{ 且 } x\in B\}$.

(3) 随机事件之间的关系：

1) 若事件 A 发生必导致事件 B 发生，则称 B 包含 A，记作 $A\subset B$；

2) 若 $AB=$①_______，则称事件 A 与 B 互斥（或互不相容）；

3) 若 $AB=\varnothing$ 且 $A\cup B=$②_______，则称事件 A 与 B 互为逆事件（或对立事件），记作 $B=\overline{A}$.

【注】$\overline{A\cup B}=\overline{A}\,\overline{B}$，$\overline{AB}=\overline{A}\cup\overline{B}$.

2. 概率与条件概率

(1) 概率的公理化定义：设某随机试验的样本空间为 Ω，对于每一事件 $A\subset\Omega$ 赋予一个实数，记为 $P(A)$. 若

1) 对于每一事件 A，有 $P(A)\geqslant 0$；

2) 对于必然事件 Ω，有 $P(\Omega)=1$；

3) 设 $A_1,A_2,\cdots$ 是两两互斥的事件，有 $P(A_1\cup A_2\cup\cdots)=P(A_1)+P(A_2)+\cdots$，

则称 $P(A)$ 为 A 的概率.

(2) 概率的性质：

1) $0\leqslant P(A)\leqslant 1$，且 $P(\varnothing)=0$，$P(\Omega)=1$；

2) $P(\overline{A})=1-P(A)$；

3) 若 $A\subset B$，则 $P(A)$③_______ $P(B)$.

(3) 当 $P(A)>0$ 时，称 $P(B\mid A)=$④_______为在事件 A 发生的条件下事件 B 发生的条件概率.

3. 概率的五大公式

(1) 加法公式：

$$P(A\cup B)=P(A)+P(B)-P(AB).$$

【注】$P(A\cup B\cup C)=P(A)+P(B)+P(C)-P(AB)-P(AC)-P(BC)+P(ABC)$.

(2) 减法公式：

$P(A-B)=P(A\overline{B})=$⑤______________.

(3) 乘法公式：设 $P(A)>0$，则

$$P(AB)=P(B\mid A)P(A).$$

(4) 全概率公式与贝叶斯公式：设 Ω 为某随机试验的样本空间，A 为该随机试验的事件，$B_1,B_2,\cdots,B_n$ 为 Ω 的一个划分，且 $P(A)>0$，$P(B_i)>0(i=1,2,\cdots,n)$，则

$P(A)=$⑥________________

$$P(B_i\mid A)=\frac{P(A\mid B_i)P(B_i)}{\sum_{j=1}^{n}P(A\mid B_j)P(B_j)}.$$

【注】若 $B_1,B_2,\cdots,B_n$ 两两互斥，且 $B_1\cup B_2\cup\cdots\cup B_n=\Omega$，则称 $B_1,B_2,\cdots,B_n$ 为样本空间 Ω 的一个划分.

4. 随机事件的独立性

若⑦____________，则称随机事件 A,B 相互独立.

【注】(i) 在四对事件 A 与 B、$\overline{A}$ 与 B、A 与 $\overline{B}$、$\overline{A}$ 与 $\overline{B}$ 中，若其中任一对独立，则其余三对都独立.

(ii) 若 $P(AB)=P(A)P(B)$，$P(AC)=P(A)P(C)$，$P(BC)=P(B)P(C)$，且 $P(ABC)=P(A)P(B)P(C)$，则称事件 A,B,C 相互独立.

考点二　古典概型与几何概型

1. 古典概型

若随机试验 E 共有 n 个等可能的结果，且事件 A 恰好包含其中的 k 个结果，则 $P(A)=\dfrac{k}{n}$.

2. 几何概型

设平面有界区域 Ω 的面积为 S，包含于 Ω 的区域 A 的面积为 S_1，且点落在 Ω 内任何区域的概率与该区域的面积成正比，则在 Ω 内随机地取一点，该点落在 A 内的概率为⑧_______.

知识梳理·答案

① $\varnothing$　② Ω　③ $\leqslant$　④ $\dfrac{P(AB)}{P(A)}$　⑤ $P(A)-P(AB)$

⑥ $\sum_{i=1}^{n}P(A\mid B_i)P(B_i)$　⑦ $P(AB)=P(A)P(B)$

⑧ $\dfrac{S_1}{S}$

方法探究

考点一　概率的五大公式

关于随机事件的概率的考题，主要围绕着五大公式的运用，有时也会涉及概率的性质、随机事件之间的关系及独立性.

【例 1】设 A,B,C 是随机事件，且 $P(\overline{A}\,\overline{B})-P(AB)=1$，则 $P(A-C)=$_______.

【解】由 $P(\overline{A}\,\overline{B})-P(AB)=1$ 知 $-P(AB)=1-$

$P(\overline{A}\,\overline{B})=P(A\cup B)=P(A)+P(B)-P(AB)$，即 $P(A)+P(B)=0$.

由于 $P(A)\geqslant 0, P(B)\geqslant 0$，故 $P(A)=P(B)=0$.

又由于 $AC\subset A$，故由 $0\leqslant P(AC)\leqslant P(A)=0$ 知 $P(AC)=0$.

于是，$P(A-C)=P(A)-P(AC)=0$.

【例 2】(05-1,3) 从数 1,2,3,4 中任取一个数，记为 X，再从 $1,\cdots,X$ 中任取一个数，记为 Y，则 $P\{Y=2\}=$________.

【解】
$$P\{Y=2\}=\sum_{i=2}^{4}P\{X=i\}P\{Y=2\mid X=i\}=\sum_{i=2}^{4}\frac{1}{4}\cdot\frac{1}{i}=\frac{13}{48}.$$

考点二 古典概型与几何概型

对于古典概型与几何概型，主要考查一些简单的应用性问题.

【例】(1) 袋中装有 2 个红球，3 个黄球，1 个蓝球. 现有放回地从袋中取 3 次球，每次取 1 个球，则恰有 1 次取到蓝球的概率为________.

(2) **(07-1,3)** 在区间 $(0,1)$ 中随机地取两个数，则这两个数之差的绝对值小于 $\frac{1}{2}$ 的概率为________.

【解】(1) 所求概率为 $\frac{3\times5\times5}{6^3}=\frac{25}{72}$.

(2) 如下图所示，由于区域
$$\Omega=\{(x,y)\mid 0<x<1, 0<y<1\}$$
的面积为 1，又区域
$$A=\left\{(x,y)\mid 0<x<1, 0<y<1, |x-y|<\frac{1}{2}\right\}$$
(图中阴影部分)的面积为 $1-2\times\left(\frac{1}{2}\right)^3=\frac{3}{4}$，故所求概率为 $\frac{3}{4}$.

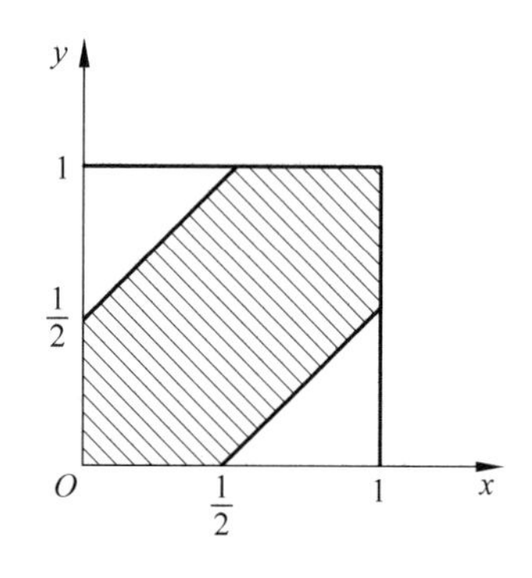

真题精选 1987—2014

答案 P355

考点一 概率的五大公式

1. **(06-1)** 设 A,B 为随机事件，且 $P(B)>0, P(A|B)=1$，则必有(　　)
(A) $P(A\cup B)>P(A)$. (B) $P(A\cup B)>P(B)$.
(C) $P(A\cup B)=P(A)$. (D) $P(A\cup B)=P(B)$.

2. **(03-3)** 将一枚硬币独立地郑两次，引进事件：$A_1=\{$掷第一次出现正面$\}$，$A_2=\{$掷第二次出现正面$\}$，$A_3=\{$正、反面各出现一次$\}$，$A_4=\{$正面出现两次$\}$，则事件(　　)
(A) A_1,A_2,A_3 相互独立. (B) A_2,A_3,A_4 相互独立.
(C) A_1,A_2,A_3 两两独立. (D) A_2,A_3,A_4 两两独立.

3. **(00-4)** 设 A,B,C 三个事件两两独立，则 A,B,C 相互独立的充分必要条件是(　　)
(A) A 与 BC 独立. (B) AB 与 $A\cup C$ 独立.
(C) AB 与 AC 独立. (D) $A\cup B$ 与 $A\cup C$ 独立.

4. **(98-1)** 设 A,B 是两个随机事件，且 $0<P(A)<1, P(B)>0, P(B|A)=P(B|\overline{A})$ 则必有(　　)
(A) $P(A|B)=P(\overline{A}|B)$.
(B) $P(A|B)\neq P(\overline{A}|B)$.
(C) $P(AB)=P(A)P(B)$.
(D) $P(AB)\neq P(A)P(B)$.

5. **(96-3)** 设 A,B 为任意两个事件，且 $A\subset B, P(B)>0$，则下列选项必然成立的是(　　)
(A) $P(A)<P(A|B)$ (B) $P(A)\leqslant P(A|B)$.
(C) $P(A)>P(A|B)$. (D) $P(A)\geqslant P(A|B)$.

6. **(96-4)** 已知 $0<P(B)<1$，且 $P[(A_1\cup A_2)|B]=P(A_1|B)+P(A_2|B)$，则下列选项成立的是(　　)
(A) $P[(A_1\cup A_2)|\overline{B}]=P(A_1|\overline{B})+P(A_2|\overline{B})$.
(B) $P(A_1B\cup A_2B)=P(A_1B)+P(A_2B)$.
(C) $P(A_1\cup A_2)=P(A_1|B)+P(A_2|B)$.
(D) $P(B)=P(A_1)P(B|A_1)+P(A_2)P(B|A_2)$.

7. **(92-3)** 设当事件 A 与 B 同时发生时，事件 C 必发生，则(　　)
(A) $P(C)\leqslant P(A)+P(B)-1$.
(B) $P(C)\geqslant P(A)+P(B)-1$.
(C) $P(C)=P(AB)$.
(D) $P(C)=P(A\cup B)$.

8. **(12-1,3)** 设 A,B,C 是随机事件，A 与 C 互不相容，$P(AB)=\frac{1}{2}, P(C)=\frac{1}{3}$，则 $P(AB|\overline{C})=$________.

9. **(00-1)** 设两个相互独立的事件 A 和 B 都不发生的概率为 $\frac{1}{9}$，A 发生 B 不发生的概率与 B 发生 A 不发生的概率相等，则 $P(A)$________.

10. **(97-1)** 袋中有 50 个乒乓球，其中 20 个是黄球，30 个是白球，今有两人依次随机地从袋中各取一球，取后不放回，则第二个人取得黄球的概率是________.

11. **(96-5)** 一实习生用同一台机器接连独立地制造 3 个同种零件，第 i 个零件是不合格品的概率 $P_i=\frac{1}{i+1}(i=1,2,3)$，以 X 表示 3 个零件中合格品的个数，则 $P\{X=2\}=$________.

12. **(94-1)** 已知 A,B 两个事件满足条件 $P(AB)=P(\overline{A}\,\overline{B})$，

且 $P(A)=p$,则 $P(B)=$________.

13. **(94-5)** 假设一批产品中一、二、三等品各占 60%、30%、10%,从中随意取出一件,结果不是三等品,则取到的是一等品的概率为________.

14. **(92-1)** 已知 $P(A)=P(B)=P(C)=\frac{1}{4}$,$P(AB)=0$,$P(AC)=P(BC)=\frac{1}{6}$,则事件 A,B,C 全不发生的概率为________.

15. **(89-1)** 甲、乙两人独立地对同一目标射击一次,其命中率分别为 0.6 和 0.5,现已知目标被命中,则它是甲射中的概率为________.

16. **(87-4)** 假设有两箱同种零件:第一箱内装 50 件,其中 10 件一等品;第二箱内装 30 件,其中 18 件一等品. 现从两箱中随意挑出一箱,然后从该箱中先后随机取两个零件(取出的零件均不放回). 试求:

(1) 先取出的零件是一等品的概率 p;

(2) 在先取的零件是一等品的条件下,第二次取出的零件仍然是一等品的条件概率 q.

考点二　古典概型与几何概型

(91-1) 随机地向半圆 $0<y<\sqrt{2ax-x^2}$(a 为正常数)内掷一点,点落在半圆内任何区域的概率与该区域的面积成正比,则原点和该点的连线与 x 轴的夹角小于 $\frac{\pi}{4}$ 的概率为________.

小　结

随机事件的概率近几年以考查抽象性问题为主,主要有两种考查方式:一是概率等式或不等式的判断(比如 2021 年数学一、三,2017 年数学一,2016 年数学三和 2015 年数学一、三的选择题),二是求概率(比如 2020 年数学一、三的选择题以及 2022 年数学一、三,2018 年数学一和 2018 年数学三的填空题).

古典概型单独考查得较少,更多的是与其他问题相结合进行考查(比如第三章中 2009 年数学一、三的解答题以及第四章中 2021 年数学一、三的填空题). 几何概型虽然考查得不多,但是切莫遗漏复习.

第二章　随机变量及其分布

十年真题 2015—2024

答案 P356

考点一　随机变量的分布

1.（18-1,3） 设随机变量 X 的概率密度函数 $f(x)$ 满足 $f(1+x)=f(1-x)$，且 $\int_0^2 f(x)\mathrm{d}x=0.6$，则 $P\{X<0\}=$（　　）

(A) 0.2.　(B) 0.3.　(C) 0.4.　(D) 0.5.

2.（16-1） 设随机变量 $X\sim N(\mu,\sigma^2)(\sigma>0)$，记 $p=P\{X\leqslant\mu+\sigma^2\}$，则（　　）

(A) p 随着 μ 的增加而增加.

(B) p 随着 σ 的增加而增加.

(C) p 随着 μ 的增加而减少.

(D) p 随着 σ 的增加而减少.

3.（24-1,3） 设事件 A 每次成功的概率为 p，在三次独立重复试验中，在事件 A 至少成功一次的条件下，三次试验全部成功的概率为 $\frac{4}{13}$，则 $p=$________.

4.（15-1,3-局部） 设随机变量 X 的概率密度为 $f(x)=\begin{cases}2^{-x}\ln 2, & x>0,\\ 0, & x\leqslant 0.\end{cases}$ 对 X 进行独立重复的观测，直到第 2 个大于 3 的观测值出现时停止，记 Y 为观测次数. 求 Y 的概率分布.

考点二　随机变量的函数的分布

1.（23-3-局部） 设随机变量 X 的概率密度为 $f(x)=\frac{\mathrm{e}^x}{(1+\mathrm{e}^x)^2}$，$-\infty<x<+\infty$，令 $Y=\mathrm{e}^X$.

(1) 求 X 的分布函数；

(2) 求 Y 的概率密度.

2.（21-1,3-局部） 在区间 $(0,2)$ 上随机取一点，将该区间分成两段，较短一段的长度记为 X，较长一段的长度记为 Y. 令 $Z=\frac{Y}{X}$.

(1) 求 X 的概率密度；

(2) 求 Z 的概率密度.

考点分析

考　　点	大纲要求	命题特点
一、随机变量的分布	1. 理解随机变量的概念，理解分布函数的概念及性质，会计算与随机变量相联系的事件的概率. 2. 理解离散型随机变量及其概率分布的概念，掌握 0-1 分布、二项分布、几何分布、超几何分布、泊松分布及其应用. 3. 理解连续型随机变量及其概率密度的概念，掌握均匀分布、正态分布、指数分布及其应用.	**1. 考试频率：**★★★☆☆ **2. 常考题型：**选择题、解答题 **3. 命题趋势：**本章虽然考查频率并不高，但却是第三、四章的基础. 其中，随机变量的函数的分布是一个难点，有时会在解答题中进行考查.
二、随机变量的函数的分布	会求随机变量函数的分布.	

知识梳理

考点一　随机变量的分布

1. 随机变量

设随机试验的样本空间为 $\Omega=\{\omega\}$，则定义在 Ω 上的实值单值函数 $X=X(\omega)$ 称为随机变量.

2. 随机变量的分布函数

（1）设 X 是一个随机变量，x 是任意实数，则称函数 $F(x)=P\{X\leqslant x\}(-\infty<x<+\infty)$ 为 X 的分布函数.

（2）分布函数的性质：

1）$0\leqslant F(x)\leqslant 1$，且 $\lim\limits_{x\to-\infty}F(x)=0$，$\lim\limits_{x\to+\infty}F(x)=$ ①_______；

2）单调不减；

3）右连续，即对于任一点 x_0，有

$$\lim_{x\to x_0^+}F(x)=F(x_0);$$

4）$P\{a<X\leqslant b\}=$ ②_______.

【注】$P\{X=a\}=F(a)-\lim\limits_{x\to a^-}F(x)$.

3. 离散型随机变量及其分布律

（1）若随机变量 X 全部可能取到的值是有限个或可列无限多个，则称 X 为离散型随机变量. 设离散型随机变量 X 所有可能取的值为 $x_1,x_2,\cdots,x_n,\cdots$，则称

$$P\{X=x_i\}=p_i,\quad i=1,2,\cdots$$

为 X 的分布律（或概率分布），也可用表格的形式

X	x_1	x_2	$\cdots$	x_n	$\cdots$
P	p_1	p_2	$\cdots$	p_n	$\cdots$

或矩阵的形式

$$X\sim\begin{pmatrix}x_1 & x_2 & \cdots & x_n & \cdots\\ p_1 & p_2 & \cdots & p_n & \cdots\end{pmatrix}$$

来表示.

（2）分布律的性质：

1）$P\{X=x_i\}\geqslant 0$；

2）$\sum\limits_{i=1}^{+\infty}P\{X=x_i\}=$ ③_______.

（3）离散型随机变量的常用分布：

1）只有事件 A 发生和事件 $\overline{A}$ 发生两个可能结果的随机试验称为伯努利试验，设某伯努利试验成功的概率为 $p(0<p<1)$.

若做 1 次该伯努利试验，随机变量 X 表示试验成功的次数，则 X 的分布律为

X	0	1
P	$1-p$	p

并称 X 服从参数为 p 的 0-1 分布.

若独立重复地做 n 次该伯努利试验，随机变量 X 表示试验成功的次数，则 X 的分布律为

$$P\{X=k\}=④\_\_\_\_\_\_\_,\quad k=0,1,2,\cdots,n,$$

并称 X 服从参数为 n,p 的二项分布，记作 $X\sim B(n,p)$.

若独立重复地做该伯努利试验至首次成功为止，随机变量 X 表示试验的次数，则 X 的分布律为

$$P\{X=k\}=(1-p)^{k-1}p,\quad k=1,2,\cdots,$$

并称 X 服从参数为 p 的几何分布，记作 $X\sim G(p)$.

【注】服从几何分布的随机变量 X 具有“无记忆性”：对于任意正整数 m,n，有

$$P\{X=m+n\mid X>m\}=P\{X=n\},$$
$$P\{X>m+n\mid X>m\}=P\{X>n\}.$$

2）设有 N 件产品，其中 $M(M\leqslant N)$ 件次品，随机地从 N 件产品中抽取 $n(n\leqslant N)$ 件，随机变量 X 表示抽取次品的件数，则 X 的分布律为

$$P\{X=k\}=\frac{C_M^kC_{N-M}^{n-k}}{C_N^n},$$

其中 k 为整数，$\max\{0,n-N+M\}\leqslant k\leqslant\min\{n,M\}$，并称 X 服从参数为 N,M,n 的超几何分布.

3）若随机变量 X 的分布律为

$$P\{X=k\}=⑤\_\_\_\_\_\_\_,\quad k=0,1,\cdots,$$

其中 $\lambda>0$，则称 X 服从参数为 λ 的泊松分布，记作 $X\sim P(\lambda)$.

【注】设 $\lambda>0$，n 为任意正整数，且 $p_n=\dfrac{\lambda}{n}$，则 $\lim\limits_{n\to\infty}C_n^kp_n^k(1-p_n)^{n-k}=\dfrac{\lambda^k e^{-\lambda}}{k!}$，$k=0,1,\cdots$.

4. 连续型随机变量及其概率密度

（1）若对于随机变量 X 的分布函数 $F(x)$，存在非负可积函数 $f(x)$，使对于任意实数 x 有 $F(x)=$ ⑥_______，则称 X 为连续型随机变量，$f(x)$ 称为 X 的概率密度.

（2）概率密度的性质：

1）$f(x)\geqslant 0$

2）$\int_{-\infty}^{+\infty}f(x)\mathrm{d}x=1$；

3）若 $f(x)$ 在点 x 处连续，则 $F'(x)=f(x)$；

4）$P\{a\leqslant X\leqslant b\}=$ ⑦_______.

【注】(i) 连续型随机变量 X 取任一指定值 a 的概率均为零.

(ii) 连续型随机变量的分布函数处处连续.

（3）连续型随机变量的常用分布：

1）若随机变量 X 的概率密度为

$$f(x)=\begin{cases}\dfrac{1}{b-a}, & a<x<b,\\ 0, & \text{其他},\end{cases}$$

则称 X 在区间 (a,b) 上服从均匀分布，记作 $X\sim U(a,b)$.

若 $X\sim U(a,b)$，且 $a<x_1<x_2<b$，则 $P\{x_1<X<x_2\}=$ ⑧_______.

2）若随机变量 X 的概率密度为

$$f(x)=\begin{cases}\lambda e^{-\lambda x}, & x>0,\\ 0, & x\leqslant 0,\end{cases}$$

其中 $\lambda>0$，则称 X 服从参数为 λ 的指数分布，记作 $X\sim E(\lambda)$.

【注】服从指数分布的随机变量 X 具有“无记忆性”：对

于任意 $s,t>0$，有

$$P\{X>s+t \mid X>s\}=P\{X>t\}.$$

3) 若随机变量 X 的概率密度为

$f(x)=$ ⑨ ________，$-\infty<x<+\infty$，

其中 $\sigma>0$，则称 X 服从参数为 μ,σ 的正态分布，记作 $X\sim N(\mu,\sigma^2)$.

若 $X\sim N(\mu,\sigma^2)$，则 $Y=\dfrac{X-\mu}{\sigma}\sim N(0,1)$，并称 Y 服从标准正态分布.

设 $\Phi(x)$ 为标准正态分布函数，则

$P\{a<X<b\}=\Phi\left(\dfrac{b-\mu}{\sigma}\right)-$ ⑩ ________.

$\Phi(x)$ 单调递增，且 $\Phi(-x)=$ ⑪ ________，$\Phi(0)=$ ⑫ ________.

标准正态概率密度 $\varphi(x)$ 为偶函数，其图形如下图所示.

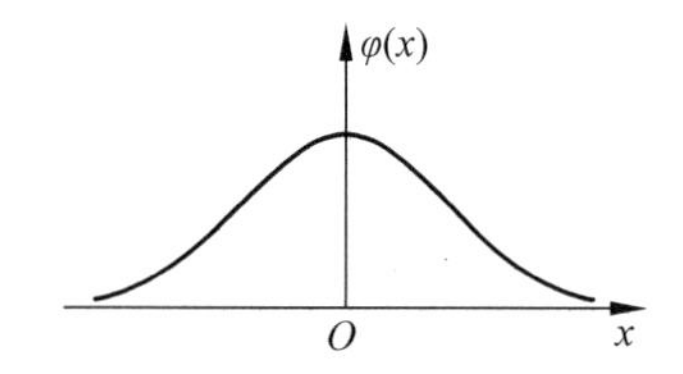

考点二 随机变量的函数的分布

(1) 设随机变量 X 的概率密度为 $f_X(x)$，且函数 $g(x)$ 在 $f_X(x)$ 函数值非零的区间 I 上处处可导且严格单调，$h(y)$ 是 $g(x)$ 的反函数，则 $Y=g(X)$ 的概率密度为

$$f_Y(y)=\begin{cases} f_X[h(y)]\,|h'(y)|, & y\in I', \\ 0, & \text{其他}, \end{cases} \tag{2-1}$$

其中区间 I' 为函数 $g(x)$ 在 I 上的值域.

(2) 若连续型随机变量 X 有严格单调递增的分布函数 $F(x)$，则 $Y=F(X)\sim$ ⑬ ________.

知识梳理·答案

① 1 ② $F(b)-F(a)$ ③ 1 ④ $C_n^k p^k(1-p)^{n-k}$

⑤ $\dfrac{\lambda^k e^{-\lambda}}{k!}$ ⑥ $\int_{-\infty}^{x} f(t)\mathrm{d}t$ ⑦ $\int_a^b f(x)\mathrm{d}x$ ⑧ $\dfrac{x_2-x_1}{b-a}$

⑨ $\dfrac{1}{\sqrt{2\pi}\sigma}e^{-\frac{(x-\mu)^2}{2\sigma^2}}$ ⑩ $\Phi\left(\dfrac{a-\mu}{\sigma}\right)$ ⑪ $1-\Phi(x)$ ⑫ $\dfrac{1}{2}$

⑬ $U(0,1)$

方法探究

答案 P357

考点一 随机变量的分布

1. 分布函数与概率密度的判断

(1) 判断 $F(x)$ 是否为分布函数，应判断其是否同时满足 $0\leqslant F(x)\leqslant 1$、单调不减和右连续.

(2) 判断 $f(x)$ 是否为概率密度，应判断其是否同时满足 $f(x)\geqslant 0$ 和 $\int_{-\infty}^{+\infty} f(x)\mathrm{d}x=1$.

【例 1】(11-1,3) 设 $F_1(x),F_2(x)$ 为两个分布函数，其相应概率密度 $f_1(x),f_2(x)$ 是连续函数，则必为概率密度的是 ( )

(A) $f_1(x)f_2(x)$.

(B) $2f_2(x)F_1(x)$.

(C) $f_1(x)F_2(x)$.

(D) $f_1(x)F_2(x)+f_2(x)F_1(x)$.

【解】 由于 $0\leqslant F_1(x)\leqslant 1, 0\leqslant F_2(x)\leqslant 1$，且 $f_1(x)\geqslant 0$，$f_2(x)\geqslant 0$，故 $f_1(x)F_2(x)+f_2(x)F_1(x)\geqslant 0$.

又由于

$$\lim_{x\to-\infty} F_1(x)=\lim_{x\to-\infty} F_2(x)=0,$$

$$\lim_{x\to+\infty} F_1(x)=\lim_{x\to+\infty} F_2(x)=1,$$

且 $f_1(x)=F_1'(x), f_2(x)=F_2'(x)$，故

$$\begin{aligned}&\int_{-\infty}^{+\infty}[f_1(x)F_2(x)+f_2(x)F_1(x)]\mathrm{d}x\\ =&\int_{-\infty}^{+\infty}[F_1'(x)F_2(x)+F_2'(x)F_1(x)]\mathrm{d}x\\ =&\int_{-\infty}^{+\infty}[F_1(x)F_2(x)]'\mathrm{d}x=1,\end{aligned}$$

从而选(D).

2. 确定分布律、概率密度与分布函数中的参数

(1) 分布律 $P\{X=x_i\}$ 中的参数可通过 $\sum\limits_{i=1}^{+\infty} P\{X=x_i\}=1$ 来确定.

(2) 概率密度 $f(x)$ 中的参数可通过 $\int_{-\infty}^{+\infty} f(x)\mathrm{d}x=1$ 来确定.

(3) 分布函数 $F(x)$ 中的参数可通过 $\lim\limits_{x\to-\infty} F(x)=0$、$\lim\limits_{x\to+\infty} F(x)=1$ 和 $\lim\limits_{x\to x_0^+} F(x)=F(x_0)$（$x_0$ 为分段点）来确定.

【例 2】(10-1,3) 设 $f_1(x)$ 为标准正态分布的概率密度，$f_2(x)$ 为 $[-1,3]$ 上的均匀分布的概率密度，若 $f(x)=\begin{cases} af_1(x), & x\leqslant 0, \\ bf_2(x), & x>0 \end{cases}$ $(a>0,b>0)$ 为概率密度，则 a,b 应满足 ( )

(A) $2a+3b=4$. (B) $3a+2b=4$.

(C) $a+b=1$. (D) $a+b=2$.

【解】 由题意，$f_2(x)=\begin{cases} \dfrac{1}{4}, & -1\leqslant x\leqslant 3, \\ 0, & \text{其他}. \end{cases}$

$$\begin{aligned}\int_{-\infty}^{+\infty} f(x)\mathrm{d}x&=\int_{-\infty}^{0} af_1(x)\mathrm{d}x+\int_0^{+\infty} bf_2(x)\mathrm{d}x\\ &=a\Phi(0)+b\int_0^3 \frac{1}{4}\mathrm{d}x=\frac{1}{2}a+\frac{3}{4}b.\end{aligned}$$

由 $\int_{-\infty}^{+\infty} f(x)\mathrm{d}x=1$ 知 $2a+3b=4$，选(A).

3. 分布律、概率密度与分布函数的互求

（1）若离散型随机变量 X 的分布律为 $P\{X=x_i\}$，则其分布函数 $F(x)=\sum\limits_{x_i\leqslant x}P\{X=x_i\}$.

（2）若连续型随机变量 X 的概率密度为 $f(x)$，则其分布函数 $F(x)=\int_{-\infty}^{x}f(t)\mathrm{d}t$，且 $f(x)=F'(x)$.

【例 3】(90-1) 已知随机变量 X 的概率密度函数 $f(x)=\frac{1}{2}\mathrm{e}^{-|x|}$，$-\infty<x<+\infty$，则 X 的分布函数 $F(x)=$________.

【解】 当 $x<0$ 时，

$$F(x)=\int_{-\infty}^{x}f(t)\mathrm{d}t=\int_{-\infty}^{x}\frac{1}{2}\mathrm{e}^{t}\mathrm{d}t=\frac{1}{2}\mathrm{e}^{x};$$

当 $x\geqslant0$ 时，

$$F(x)=\int_{-\infty}^{x}f(t)\mathrm{d}t=\int_{-\infty}^{0}\frac{1}{2}\mathrm{e}^{t}\mathrm{d}t+\int_{0}^{x}\frac{1}{2}\mathrm{e}^{-t}\mathrm{d}t$$
$$=1-\frac{1}{2}\mathrm{e}^{-x}.$$

故 $F(x)=\begin{cases}\frac{1}{2}\mathrm{e}^{x}, & x<0,\\ 1-\frac{1}{2}\mathrm{e}^{-x}, & x\geqslant0.\end{cases}$

4. 随机变量的概率问题

离散型随机变量的概率问题主要利用其分布律来解决，连续型随机变量的概率问题主要利用其概率密度来解决. 解决随机变量的概率问题，有时也可利用其分布函数，尤其正态随机变量的概率问题，一般都利用标准正态分布函数 $\Phi(x)$ 来解决.

【例 4】(94-4) 设随机变量 X 的概率密度为

$$f(x)=\begin{cases}2x, & 0<x<1,\\ 0, & \text{其他}.\end{cases}$$

以 Y 表示对 X 的三次独立重复观察中事件 $\left\{X\leqslant\frac{1}{2}\right\}$ 出现的次数，则 $P\{Y=2\}=$________.

【解】 由于 $P\left\{X\leqslant\frac{1}{2}\right\}=\int_{0}^{\frac{1}{2}}2x\mathrm{d}x=\frac{1}{4}$，故 $Y\sim B\left(3,\frac{1}{4}\right)$.

于是 $P\{Y=2\}=\mathrm{C}_3^2\left(\frac{1}{4}\right)^2\frac{3}{4}=\frac{9}{64}$.

【例 5】(02-1) 设随机变量 X 服从正态分布 $N(\mu,\sigma^2)$ $(\sigma>0)$，且二次方程 $y^2+4y+X=0$ 无实根的概率为 $\frac{1}{2}$，则 $\mu=$________.

【解】 $P\{16-4X<0\}=P\{X>4\}$
$$=1-P\{X\leqslant4\}$$
$$=1-P\left\{\frac{X-\mu}{\sigma}\leqslant\frac{4-\mu}{\sigma}\right\}$$
$$=1-\Phi\left(\frac{4-\mu}{\sigma}\right).$$

由 $P\{16-4X<0\}=0.5$ 知 $\Phi\left(\frac{4-\mu}{\sigma}\right)=0.5$，故 $\mu=4$.

变式(06-1,3) 设随机变量 X 服从正态分布 $N(\mu_1,\sigma_1^2)$，Y 服从正态分布 $N(\mu_2,\sigma_2^2)$，且 $P\{|X-\mu_1|<1\}>P\{|Y-\mu_2|<1\}$，则(　　)

(A) $\sigma_1<\sigma_2$.　　(B) $\sigma_1>\sigma_2$.

(C) $\mu_1<\mu_2$.　　(D) $\mu_1>\mu_2$.

考点二　随机变量的函数的分布

（1）设离散型随机变量 X 的分布律为 $P\{X=x_i\}=p_i$，$i=1,2,\cdots$，则 $Y=g(X)$ 的分布律为 $P\{Y=g(x_i)\}=p_i$，$i=1,2,\cdots$. 若 $g(x_i)$ 中出现了相同的值，则可将其相应概率之和作为 Y 取该值的概率.

（2）设连续型随机变量 X 的概率密度为 $f_X(x)$，则求 $Y=g(X)$ 的概率密度 $f_Y(y)$ 主要有以下两个方法：

1）分布函数法. 先利用分布函数的定义求出 Y 的分布函数 $F_Y(y)$，而 $f_Y(y)=F'_Y(y)$；

2）公式法. 利用式(2-1).

【例】(93-1) 设随机变量 X 服从(0,2)上的均匀分布，则随机变量 $Y=X^2$ 在(0,4)内的概率密度 $f_Y(y)=$________.

【解】 X 的概率密度为 $f_X(x)=\begin{cases}\frac{1}{2}, & 0<x<2,\\ 0, & \text{其他}.\end{cases}$

法一(分布函数法)：Y 的分布函数

$$F_Y(y)=P\{Y\leqslant y\}=P\{X^2\leqslant y\}$$
$$=\begin{cases}P\{-\sqrt{y}\leqslant X\leqslant\sqrt{y}\}, & y\geqslant0,\\ 0, & y<0.\end{cases}$$

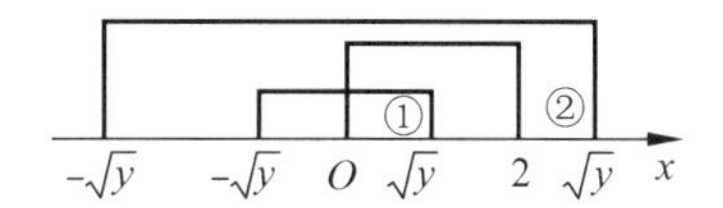

如上图所示，

① 当 $0\leqslant y<4$（即 $\sqrt{y}<2$）时，

$$F_Y(y)=\int_{0}^{\sqrt{y}}\frac{1}{2}\mathrm{d}x=\frac{\sqrt{y}}{2};$$

② 当 $y\geqslant4$（即 $\sqrt{y}\geqslant2$）时，$F_Y(y)=\int_{0}^{2}\frac{1}{2}\mathrm{d}x=1$.

故 $F_Y(y)=\begin{cases}0, & y<0,\\ \frac{\sqrt{y}}{2}, & 0\leqslant y<4,\\ 1, & y\geqslant4,\end{cases}$ 从而在(0,4)内 $f_Y(y)=\frac{1}{4\sqrt{y}}$.

法二(公式法)：由于 $g(x)=x^2$ 在(0,2)内处处可导且严格单调，且其反函数 $h(y)=\sqrt{y}$，故 $g(x)$ 在(0,2)内的值域为(0,4)，且在(0,4)内

$$f_Y(y)=f_X[h(y)]\,|h'(y)|=\frac{1}{2}\left|\frac{1}{2\sqrt{y}}\right|=\frac{1}{4\sqrt{y}}.$$

真题精选
1987—2014

答案P357

考点一 随机变量的分布

1.（13-1,3） 设 X_1,X_2,X_3 是随机变量，且 $X_1\sim N(0,1)$，$X_2\sim N(0,2^2)$，$X_3\sim N(5,3^2)$，$p_i=P\{-2\leqslant X_i\leqslant 2\}(i=1,2,3)$，则（　）

(A) $p_1>p_2>p_3$.　　(B) $p_2>p_1>p_3$.

(C) $p_3>p_1>p_2$.　　(D) $p_1>p_3>p_2$.

2.（10-3） 设随机变量 X 的分布函数

$$F(x)=\begin{cases}0, & x<0,\\ \dfrac{1}{2}, & 0\leqslant x<1,\\ 1-\mathrm{e}^{-x}, & x\geqslant 1,\end{cases}$$

则 $P\{X=1\}=$（　）

(A) 0.　　(B) $\dfrac{1}{2}$.

(C) $\dfrac{1}{2}-\mathrm{e}^{-1}$.　　(D) $1-\mathrm{e}^{-1}$.

3.（07-1,3） 某人向同一目标独立重复射击，每次射击命中目标的概率为 $p(0<p<1)$，则此人第4次射击恰好第2次命中目标的概率为（　）

(A) $3p(1-p)^2$.　　(B) $6p(1-p)^2$.

(C) $3p^2(1-p)^2$.　　(D) $6p^2(1-p)^2$.

4.（02-1） 设 X_1 和 X_2 是相互独立的连续型随机变量，它们的密度函数分别为 $f_1(x)$ 和 $f_2(x)$，分布函数分别为 $F_1(x)$ 和 $F_2(x)$，则（　）

(A) $f_1(x)+f_2(x)$ 必为某一随机变量的概率密度.

(B) $f_1(x)f_2(x)$ 必为某一随机变量的概率密度.

(C) $F_1(x)+F_2(x)$ 必为某一随机变量的分布函数.

(D) $F_1(x)F_2(x)$ 必为某一随机变量的分布函数.

5.（98-3） 设 $F_1(x)$ 与 $F_2(x)$ 分别为随机变量 X_1 与 X_2 的分布函数. 为使 $F(x)=aF_1(x)-bF_2(x)$ 是某一随机变量的分布函数，在下列给定的各组数值中应取（　）

(A) $a=\dfrac{3}{5},b=-\dfrac{2}{5}$.　　(B) $a=\dfrac{2}{3},b=\dfrac{2}{3}$.

(C) $a=-\dfrac{1}{2},b=\dfrac{3}{2}$.　　(D) $a=\dfrac{1}{2},b=-\dfrac{3}{2}$.

6.（95-4） 设随机变量 $X\sim N(\mu,\sigma^2)$，则随着 σ 的增大，概率 $P\{|X-\mu|<\sigma\}$（　）

(A) 单调增大.　　(B) 单调减小.

(C) 保持不变.　　(D) 增减不定.

7.（93-3） 设随机变量 X 的概率密度为 $\varphi(x)$，且 $\varphi(-x)=\varphi(x)$. $F(x)$ 为 X 的分布函数，则对任意实数 a，有（　）

(A) $F(-a)=1-\int_0^a\varphi(x)\mathrm{d}x$.

(B) $F(-a)=\dfrac{1}{2}-\int_0^a\varphi(x)\mathrm{d}x$.

(C) $F(-a)=F(a)$.

(D) $F(-a)=2F(a)-1$.

8.（13-1） 设随机变量 Y 服从参数为1的指数分布，a 为常数且大于零，则 $P\{Y\leqslant a+1|Y>a\}=$________.

9.（00-3） 设随机变量 X 的概率密度为

$$f(x)=\begin{cases}\dfrac{1}{3}, & x\in[0,1],\\ \dfrac{2}{9}, & x\in[3,6],\\ 0, & 其他.\end{cases}$$

若 k 使得 $P\{X\geqslant k\}=\dfrac{2}{3}$，则 k 的取值范围是________.

10.（91-4） 设随机变量 X 的分布函数为

$$F(x)=\begin{cases}0, & x<-1,\\ 0.4, & -1\leqslant x<1,\\ 0.8, & 1\leqslant x<3,\\ 1, & x\geqslant 3,\end{cases}$$

则 X 的概率分布为________.

11.（90-4） 一射手对同一目标独立地进行4次射击，若至少命中一次的概率为 $\dfrac{80}{81}$，则该射手的命中率为________.

12.（89-4） 设随机变量 X 的分布函数为

$$F(x)=\begin{cases}0, & x<0,\\ A\sin x, & 0\leqslant x\leqslant\dfrac{\pi}{2},\\ 1, & x>\dfrac{\pi}{2},\end{cases}$$

则 $P\left\{|X|<\dfrac{\pi}{6}\right\}=$________.

13.（14-1,3-局部） 设随机变量 X 的概率分布为 $P\{X=1\}=P\{X=2\}=\dfrac{1}{2}$. 在给定 $X=i$ 的条件下，随机变量 Y 服从均匀分布 $U(0,i)(i=1,2)$. 求 Y 的分布函数 $F_Y(y)$.

14.（97-3） 假设随机变量 X 的绝对值不大于 1，$P\{X=-1\}=\frac{1}{8}$，$P\{X=1\}=\frac{1}{4}$，在事件 $\{-1<X<1\}$ 出现的条件下，X 在 $(-1,1)$ 内的任一子区间上取值的条件概率与该子区间长度成正比．试求 X 的分布函数．

考点二 随机变量的函数的分布

1.（99-4） 设 X 服从指数分布，则 $Y=\min\{X,2\}$ 的分布函数（　　）

(A) 是连续函数．　　(B) 至少有两个间断点．

(C) 是阶梯函数．　　(D) 恰有一个间断点．

2.（03-3） 设随机变量 X 的概率密度为 $f(x)=\begin{cases}\frac{1}{3\sqrt[3]{x^2}}, & x\in[1,8],\\ 0, & \text{其他},\end{cases}$ $F(x)$ 是 X 的分布函数，则随机变量 $Y=F(X)$ 的分布函数为________．

3.（13-1） 设随机变量 X 的概率密度为 $f(x)=\begin{cases}\frac{1}{9}x^2, & 0<x<3,\\ 0, & \text{其他}.\end{cases}$ 令随机变量 $Y=\begin{cases}2, & X\leqslant 1,\\ X, & 1<X<2,\\ 1, & X\geqslant 2.\end{cases}$

(1) 求 Y 的分布函数；

(2) 求概率 $P\{X\leqslant Y\}$．

4.（95-1） 设 X 的概率密度为 $f_X(x)=\begin{cases}e^{-x}, & x\geqslant 0,\\ 0, & x<0,\end{cases}$ 求 $Y=e^X$ 的概率密度 $f_Y(y)$．

小　结

关于随机变量的分布，近几年重在考查利用分布来解决概率问题．考生应注意以下三个方面：

第一，离散型随机变量的分布能在伯努利试验背景下与连续型随机变量的分布相结合进行考查，比如 2015 年数学一、三的解答题和 1994 年数学四的填空题．

第二，正态随机变量的概率问题是考研经常考查的，要会将正态随机变量的概率转化为标准正态分布函数 $\Phi(x)$ 的函数值，比如 2016 年数学一和 2013 年数学一、三的选择题．

第三，要会利用定义来求随机变量的分布函数，有的考题难度较高，还会涉及乘法公式（比如 1997 年数学三的解答题）及全概率公式（比如 2014 年数学一、三的解答题）的使用．

解决连续型随机变量 X 的函数 $Y=g(X)$ 的分布问题，有分布函数法和公式法这两种方法．而使用公式法的前提是：$g(x)$ 在 X 的概率密度函数值非零的区间上处处可导且严格单调，否则只能使用分布函数法，尤其当 $Y=g(X)$ 为一些分段函数时，比如 2013 年数学一的解答题（这道题平均分仅为 2.85 分）和 1999 年数学四的选择题．

第三章　多维随机变量及其分布

十年真题 2015—2024　　答案 P359

考点一　二维随机变量的分布

1.（**24-1**）设随机变量 X,Y 相互独立，且 $X\sim N(0,2),Y\sim N(-2,2)$. 若

$$P\{2X+Y<a\}=P\{X>Y\},$$

则 $a=$（　）

(A) $-2-\sqrt{10}$.　　(B) $-2+\sqrt{10}$.

(C) $-2-\sqrt{6}$.　　(D) $-2+\sqrt{6}$.

2.（**24-3**）设随机变量 X,Y 相互独立，且 $X\sim N(0,2),Y\sim N(-1,1)$. 记

$$p_1=P\{2X>Y\},\quad p_2=P\{X-2Y>1\},$$

则（　）

(A) $p_1>p_2>\frac{1}{2}$.　　(B) $p_2>p_1>\frac{1}{2}$.

(C) $p_1<p_2<\frac{1}{2}$.　　(D) $p_2<p_1<\frac{1}{2}$.

3.（**19-1,3**）设随机变量 X 与 Y 相互独立，且都服从正态分布 $N(\mu,\sigma^2)$，则 $P\{|X-Y|<1\}$（　）

(A) 与 μ 无关，而与 σ^2 有关.

(B) 与 μ 有关，而与 σ^2 无关.

(C) 与 μ,σ^2 都有关.

(D) 与 μ,σ^2 都无关.

4.（**23-1**）设随机变量 X 与 Y 相互独立，且 $X\sim B\left(1,\frac{1}{3}\right),Y\sim B\left(2,\frac{1}{2}\right)$，则 $P\{X=Y\}=$_______.

5.（**15-1,3**）设二维随机变量 (X,Y) 服从正态分布 $N(1,0;1,1;0)$，则 $P\{XY-Y<0\}=$_______.

考点二　两个随机变量的函数的分布

1.（**24-1,3**）设随机变量 X,Y 相互独立，且均服从参数为 λ 的指数分布. 令 $Z=|X-Y|$，则下列随机变量与 Z 同分布的是（　）

(A) $X+Y$.　(B) $\frac{X+Y}{2}$.　(C) $2X$.　(D) X.

2.（**23-1-局部**）设二维随机变量 (X,Y) 的概率密度为

$$f(x,y)=\begin{cases}\frac{2}{\pi}(x^2+y^2), & x^2+y^2\leqslant 1,\\ 0, & \text{其他}.\end{cases}$$

(1) X 与 Y 是否相互独立？

(2) 求 $Z=X^2+Y^2$ 的概率密度.

3.（**20-1**）设随机变量 X_1,X_2,X_3 相互独立，其中 X_1 与 X_2 均服从标准正态分布，X_3 的概率分布为 $P\{X_3=0\}=P\{X_3=1\}=\frac{1}{2}$. $Y=X_3X_1+(1-X_3)X_2$.

(1) 求二维随机变量 (X_1,Y) 的分布函数，结果用标准正态分布函数 $\Phi(x)$ 表示；

(2) 证明随机变量 Y 服从标准正态分布.

4.（**17-1,3**）设随机变量 X,Y 相互独立，且 X 的概率分布为 $P\{X=0\}=P\{X=2\}=\frac{1}{2}$，$Y$ 的概率密度为 $f(y)=\begin{cases}2y, & 0<y<1,\\ 0, & \text{其他}.\end{cases}$

(1) 求 $P\{Y\leqslant EY\}$；

(2) 求 $Z=X+Y$ 的概率密度.

5. **(16-1,3)** 设二维随机变量(X,Y)在区域

$$D=\{(x,y)\mid 0<x<1,x^2<y<\sqrt{x}\}$$

上服从均匀分布，令$U=\begin{cases}1, & X\leqslant Y,\\ 0, & X>Y.\end{cases}$

(1) 写出(X,Y)的概率密度；

(2) 问U与X是否相互独立？并说明理由；

(3) 求$Z=U+X$的分布函数$F(z)$.

考点分析

考　　点	大纲要求	命题特点
一、二维随机变量的分布	1. 理解多维随机变量的分布函数的概念和基本性质，理解二维离散型随机变量的概率分布和二维连续型随机变量的概率密度，掌握二维随机变量的边缘分布和条件分布，会求与二维随机变量相关事件的概率. 2. 理解随机变量的独立性的概念，掌握随机变量相互独立的条件. 3. 掌握二维均匀分布和二维正态分布.	**1. 考试频率：**★★★★☆ **2. 常考题型：**选择题、填空题、解答题 **3. 命题趋势：**本章是考研数学的重点，也是难点，尤其两个随机变量的函数的分布，近年来频繁地考查.
二、两个随机变量的函数的分布	会求两个随机变量函数的分布，会求多个相互独立随机变量简单函数的分布.	

知识梳理

考点一　二维随机变量的分布

1. 二维随机变量的分布函数

(1) 设(X,Y)是二维随机变量，x,y是任意实数，则称二元函数$F(x,y)=$①__________为(X,Y)的分布函数，也称为X和Y的联合分布函数.

(2) 边缘分布函数：$F_X(x)=$②________，$F_Y(y)=$③________.

(3) 若$F(x,y)=F_X(x)F_Y(y)$，则称X,Y相互独立.

2. 二维离散型随机变量及其分布律

(1) 若二维随机变量(X,Y)全部可能取到的值是有限对或可列无限多对，则称(X,Y)为离散型随机变量. 设二维离散型随机变量(X,Y)所有可能取的值为(x_i,y_j)，$i,j=1,2,\cdots$，则称

$$P\{X=x_i,Y=y_j\}=p_{ij}$$

为(X,Y)的分布律(或概率分布)，也可称为X和Y的联合分布律，并且也可用表格的形式来表示.

X \ Y	y_1	y_2	$\cdots$	y_j	$\cdots$
x_1	p_{11}	p_{12}	$\cdots$	p_{1j}	$\cdots$
x_2	p_{21}	p_{22}	$\cdots$	p_{2j}	$\cdots$
$\vdots$	$\vdots$	$\vdots$		$\vdots$	
x_i	p_{i1}	p_{i2}	$\cdots$	p_{ij}	$\cdots$
$\vdots$	$\vdots$	$\vdots$		$\vdots$	

(2) 二维随机变量的分布律的性质：

1) $P\{X=x_i,Y=y_j\}\geqslant 0$；

2) $\sum\limits_{i=1}^{+\infty}\sum\limits_{j=1}^{+\infty}P\{X=x_i,Y=y_j\}=1$.

(3) 边缘分布律：$P\{X=x_i\}=\sum\limits_{j=1}^{+\infty}P\{X=x_i,Y=y_j\}$，$P\{Y=y_j\}=\sum\limits_{i=1}^{+\infty}P\{X=x_i,Y=y_j\}$.

(4) 条件分布律：当$P\{Y=y_j\}\neq 0$时，$P\{X=x_i\mid Y=y_j\}=$④________；当$P\{X=x_i\}\neq 0$时，$P\{Y=y_j\mid X=x_i\}=$⑤________.

(5) $P\{X=x_i,Y=y_j\}=P\{X=x_i\}P\{Y=y_j\}\Leftrightarrow$离散型随机变量$X,Y$相互独立.

【注】离散型随机变量X,Y独立的充分必要条件是其联合分布律各行(列)成比例.

3. 二维连续型随机变量及其概率密度

(1) 若对于二维随机变量(X,Y)的分布函数$F(x,y)$，存在非负可积函数$f(x,y)$，使对于任意实数x,y有$F(x,y)=\int_{-\infty}^{x}\mathrm{d}u\int_{-\infty}^{y}f(u,v)\mathrm{d}v$，则称$(X,Y)$为连续型随机变量，$f(x,y)$称为$(X,Y)$的概率密度，也可称为$X$和$Y$的联合概率密度.

(2) 二维随机变量的概率密度的性质：

1) $f(x,y)\geqslant 0$；

2) $\int_{-\infty}^{+\infty}\mathrm{d}x\int_{-\infty}^{+\infty}f(x,y)\mathrm{d}y=1$；

3) $P\{(X,Y)\in D\}=$⑥________.

(3) 边缘概率密度：$f_X(x)=$⑦________，$f_Y(y)=$⑧________.

(4)条件概率密度：当 $f_Y(y)\neq0$ 时，$f_{X|Y}(x|y)=\dfrac{f(x,y)}{f_Y(y)}$；当 $f_X(x)\neq0$ 时，$f_{Y|X}(y|x)=\dfrac{f(x,y)}{f_X(x)}$.

(5) $f(x,y)=$⑨________$\Leftrightarrow$ 连续型随机变量 X,Y 相互独立.

(6) 二维连续型随机变量的常用分布：

1) 若二维随机变量(X,Y)的概率密度为 $f(x,y)=$⑩________，其中 S_G 为有界区域 G 的面积，则称(X,Y)在区域 G 上服从均匀分布.

若(X,Y)在 G 上服从均匀分布，则 $P\{(X,Y)\in D\}=\dfrac{S_{D\cap G}}{S_G}$，其中 S_G 和 $S_{D\cap G}$ 分别为区域 G 和区域 $D\cap G$ 的面积.

2) 设二维随机变量(X,Y)服从正态分布 $N(\mu_1,\mu_2;\sigma_1^2,\sigma_2^2;\rho)$，其中 $\sigma_1,\sigma_2>0$，且$|\rho|<1$，则 $X\sim N(\mu_1,\sigma_1^2)$，$Y\sim N(\mu_2,\sigma_2^2)$，$aX\pm bY\sim N(a\mu_1\pm b\mu_2,a^2\sigma_1^2+b^2\sigma_2^2\pm2ab\sigma_1\sigma_2\rho)$，且 X,Y 独立 $\Leftrightarrow\rho=$⑪________.

【注】 若 $X\sim N(\mu_1,\sigma_1^2)$，$Y\sim N(\mu_2,\sigma_2^2)$，且 X,Y 独立，则 $aX\pm bY\sim N(a\mu_1\pm b\mu_2,a^2\sigma_1^2+b^2\sigma_2^2)$.

考点二 两个随机变量的函数的分布

(1) 设随机变量 $X_1,X_2,\cdots,X_n$ 相互独立，且其分布函数分别为 $F_{X_1}(x_1),F_{X_2}(x_2),\cdots,F_{X_n}(x_n)$，则 $Z=\max\{X_1,X_2,\cdots,X_n\}$的分布函数 $F_Z(z)=$⑫________________，且 $Z=\min\{X_1,X_2,\cdots,X_n\}$的分布函数

$F_Z(z)=1-[1-F_{X_1}(z)][1-F_{X_2}(z)]\cdots[1-F_{X_n}(z)]$.

(2) 设随机变量 X 和 Y 的联合概率密度为$f(x,y)$，且二元函数 $z=g(x,y)$具有一阶连续的偏导数，$z=g(x,y)$可唯一地表示为 $y=h(x,z)$，则 $Z=g(X,Y)$的概率密度为

$$f_Z(z)=\int_{-\infty}^{+\infty}f[x,h(x,z)]\left|\frac{\partial h(x,z)}{\partial z}\right|\mathrm{d}x.\quad(3\text{-}1)$$

知识梳理·答案

① $P\{X\leqslant x,Y\leqslant y\}$ ② $\lim\limits_{y\to+\infty}F(x,y)$ ③ $\lim\limits_{x\to+\infty}F(x,y)$

④ $\dfrac{P\{X=x_i,Y=y_j\}}{P\{Y=y_j\}}$ ⑤ $\dfrac{P\{X=x_i,Y=y_j\}}{P\{X=X_i\}}$

⑥ $\iint\limits_D f(x,y)\mathrm{d}x\mathrm{d}y$ ⑦ $\int_{-\infty}^{+\infty}f(x,y)\mathrm{d}y$ ⑧ $\int_{-\infty}^{+\infty}f(x,y)\mathrm{d}x$

⑨ $f_X(x)f_Y(y)$ ⑩ $f(x,y)=\begin{cases}\dfrac{1}{S_G}, & (x,y)\in G,\\ 0, & \text{其他}\end{cases}$

⑪ 0 ⑫ $F_{X_1}(z)F_{X_2}(z)\cdots F_{X_n}(z)$

方法探究

答案 P361

考点一 二维随机变量的分布

关于二维随机变量的分布，重点考查以下两个问题：

(1) 联合分布、边缘分布和条件分布的互求；

(2) 利用二维离散型随机变量的分布律、二维连续型随机变量的概率密度，以及随机变量的独立性来解决二维随机变量的概率问题.

1. 二维离散型随机变量的分布

【例 1】(99-3) 设 $X_i\sim\begin{pmatrix}-1 & 0 & 1\\ \frac{1}{4} & \frac{1}{2} & \frac{1}{4}\end{pmatrix}(i=1,2)$，且 $P\{X_1X_2=0\}=1$，则 $P\{X_1=X_2\}=($ $)$

(A) 0. (B) $\dfrac{1}{4}$. (C) $\dfrac{1}{2}$. (D) 1.

【解】 设 X_1 和 X_2 的联合分布律为

X_1 \ X_2	-1	0	1
-1	a	b	c
0	d	e	f
1	g	h	i

由于 $P\{X_1X_2=0\}=1$，故 $P\{X_1X_2\neq0\}=0$，从而 $a=c=g=i=0$.

由 $a+b+c=g+h+i=a+d+g=c+f+i=\dfrac{1}{4}$ 知 $b=h=d=f=\dfrac{1}{4}$. 又由 $b+e+h=\dfrac{1}{2}$ 知 $e=0$.

故 X_1 和 X_2 的联合分布律为

X_1 \ X_2	-1	0	1
-1	0	$\frac{1}{4}$	0
0	$\frac{1}{4}$	0	$\frac{1}{4}$
1	0	$\frac{1}{4}$	0

于是，$P\{X_1=X_2\}=P\{X_1=-1,X_2=-1\}+P\{X_1=0,X_2=0\}+P\{X_1=1,X_2=1\}=0$，选(A).

2. 二维连续型随机变量的分布

【例 2】(09-3) 设二维随机变量(X,Y)的概率密度为

$$f(x,y)=\begin{cases}\mathrm{e}^{-x}, & 0<y<x,\\ 0, & \text{其他}.\end{cases}$$

(1) 求条件概率密度 $f_{Y|X}(y|x)$；

(2) 求条件概率 $P\{X\leqslant1|Y\leqslant1\}$.

【解】 (1) 当 $x>0$ 时，

$$f_X(x)=\int_0^x\mathrm{e}^{-x}\mathrm{d}y=x\mathrm{e}^{-x}.$$

故 $f_X(x)=\begin{cases}x\mathrm{e}^{-x}, & x>0,\\ 0, & \text{其他}.\end{cases}$

当 $x>0$ 时，

$$f_{Y|X}(y\mid x)=\frac{f(x,y)}{f_X(x)}=\begin{cases}\frac{1}{x}, & 0<y<x,\\ 0, & \text{其他}.\end{cases}$$

(2) $P\{X\leqslant 1|Y\leqslant 1\}=\dfrac{P\{X\leqslant 1,Y\leqslant 1\}}{P\{Y\leqslant 1\}}$

$$=\frac{\int_0^1 dx\int_0^x e^{-x}dy}{\int_0^1 dx\int_0^x e^{-x}dy+\int_1^{+\infty}dx\int_0^1 e^{-x}dy}$$

$$=\frac{\int_0^1 x e^{-x}dx}{\int_0^1 x e^{-x}dx+\int_1^{+\infty}e^{-x}dx}$$

$$=\frac{1-2e^{-1}}{1-e^{-1}}=\frac{e-2}{e-1}.$$

变式 2.1(98-1) 设平面区域 D 由曲线 $y=\dfrac{1}{x}$ 及直线 $y=0,x=1,x=e^2$ 所围成，二维随机变量(X,Y)在区域 D 上服从均匀分布，则(X,Y)关于 X 的边缘概率密度在 $x=2$ 处的值为________.

变式 2.2(99-1) 设两个相互独立的随机变量 X 和 Y 分别服从正态分布 $N(0,1)$和 $N(1,1)$，则(　　)

(A) $P\{X+Y\leqslant 0\}=\dfrac{1}{2}$.　　(B) $P\{X+Y\leqslant 1\}=\dfrac{1}{2}$.

(C) $P\{X-Y\leqslant 0\}=\dfrac{1}{2}$.　　(D) $P\{X-Y\leqslant 1\}=\dfrac{1}{2}$.

考点二　两个随机变量的函数的分布

1. 两个离散型随机变量的函数的分布

当 X,Y 都为离散型随机变量时，求 $Z=g(X,Y)$的分布律有以下两种情形：

(1) 若已知 X 和 Y 的联合分布律 $P\{X=x_i,Y=y_j\}=p_{ij}(i,j=1,2,\cdots)$，则 Z 的分布律为$P\{Z=g(x_i,y_j)\}=p_{ij}$. 如果 $g(x_i,y_j)$中出现了相同的值，那么可将其相应概率之和作为 Z 取该值的概率.

(2) 若已知 X 和 Y 的分布律 $P\{X=x_i\}$和 $P\{Y=y_j\}(i,j=1,2,\cdots)$，且 X,Y 独立，则 Z 的分布律为

$$P\{Z=g(x_i,y_j)\}=P\{X=x_i,Y=y_j\}=P\{X=x_i\}P\{Y=y_j\}.$$

【例 1】(94-1) 设相互独立的两个随机变量 X,Y 具有同一分布律，且 X 的分布律为

X	0	1
P	$\frac{1}{2}$	$\frac{1}{2}$

则随机变量 $Z=\max\{X,Y\}$的分布律为________.

【解】 Z 所有可能取的值为 0,1.

由于 $P\{Z=0\}=P\{\max\{X,Y\}=0\}=P\{X=0,Y=0\}=P\{X=0\}P\{Y=0\}=\dfrac{1}{4}$，$P\{Z=1\}=1-P\{Z=0\}=\dfrac{3}{4}$，故 Z 的分布律为

Z	0	1
P	$\frac{1}{4}$	$\frac{3}{4}$

2. 两个连续型随机变量的函数的分布

设连续型随机变量 X 和 Y 的联合概率密度为 $f(x,y)$，则求 $Z=g(X,Y)$的概率密度 $f_Z(z)$主要有以下两个方法：

(1) 分布函数法. 先利用分布函数的定义求出 Z 的分布函数$F_Z(z)$，而 $f_Z(z)=F'_Z(z)$；

(2) 公式法. 利用式(3-1).

【例 2】(87-1) 设随机变量 X,Y 相互独立，其概率密度分别为

$$f_X(x)=\begin{cases}1, & 0\leqslant x\leqslant 1,\\ 0, & \text{其他},\end{cases}\qquad f_Y(y)=\begin{cases}e^{-y}, & y>0,\\ 0, & y\leqslant 0.\end{cases}$$

求随机变量 $Z=2X+Y$ 的概率密度.

【解】 由于 X,Y 独立，故 X 和 Y 的联合概率密度为

$$f(x,y)=f_X(x)f_Y(y)=\begin{cases}e^{-y}, & 0\leqslant x\leqslant 1,y>0,\\ 0, & \text{其他}.\end{cases}$$

法一(分布函数法)：Z 的分布函数

$$F_Z(z)=P\{2X+Y\leqslant z\}=P\{Y\leqslant z-2X\}.$$

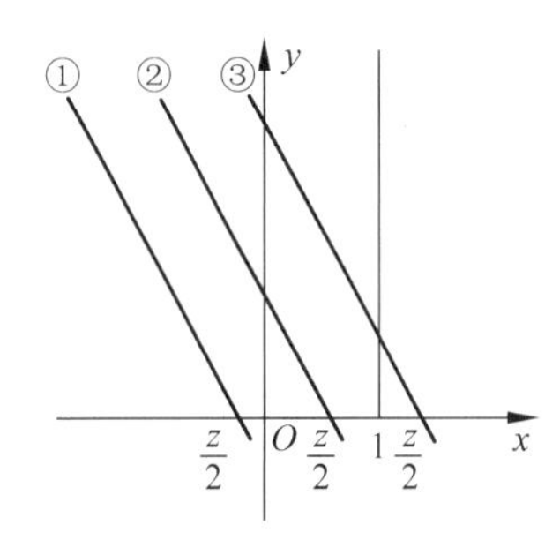

如上图所示，

① 当 $z<0\left(\text{即 }\dfrac{z}{2}<0\right)$时，$F_Z(z)=0$；

② 当 $0\leqslant z<2\left(\text{即 }0\leqslant\dfrac{z}{2}<1\right)$时，

$$F_Z(z)=\int_0^{\frac{z}{2}}dx\int_0^{z-2x}e^{-y}dy=\int_0^{\frac{z}{2}}(1-e^{2x-z})dx=\frac{1}{2}(z+e^{-z}-1)；$$

③ 当 $z\geqslant 2\left(\text{即 }\dfrac{z}{2}\geqslant 1\right)$时，

$$F_Z(z)=\int_0^1 dx\int_0^{z-2x}e^{-y}dy=\int_0^1(1-e^{2x-z})dx=1-\frac{1}{2}(e^2-1)e^{-z}.$$

故 $F_Z(z)=\begin{cases}0, & z<0,\\ \frac{1}{2}(z+e^{-z}-1), & 0\leqslant z<2,\\ 1-\frac{1}{2}(e^2-1)e^{-z}, & z\geqslant 2,\end{cases}$从而 Z 的概率密度为 $f_Z(z)=\begin{cases}\frac{1}{2}(1-e^{-z}), & 0\leqslant z<2,\\ \frac{1}{2}(e^2-1)e^{-z}, & z\geqslant 2,\\ 0, & \text{其他}.\end{cases}$

法二(公式法)：由于 $z=2x+y$ 可表示为 $y=h(x,z)=z-2x$，故

$$\begin{aligned}&f[x,h(x,z)]\left|\frac{\partial h(x,z)}{\partial z}\right|\\&=f(x,z-2x)\\&=\begin{cases}e^{2x-z}, & 0\leqslant x\leqslant 1,z-2x>0,\\0, & 其他.\end{cases}\end{aligned}$$

由 $\begin{cases}0\leqslant x\leqslant 1,\\z-2x>0\end{cases}$ 知 $\begin{cases}0\leqslant x\leqslant 1,\\x<\dfrac{z}{2},\end{cases}$ 故只有当对于 x 的区间 $[0,1]$ 和 $\left(-\infty,\dfrac{z}{2}\right)$ 的交集不为 $\varnothing$ 时，Z 的概率密度 $f_Z(z)$ 才不为零.

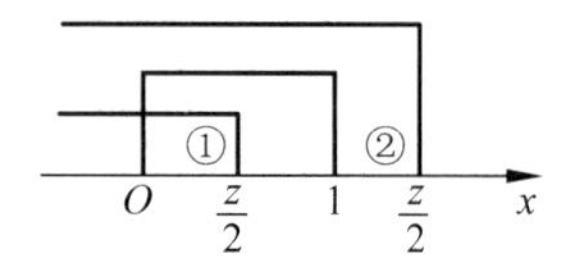

如上图所示，

① 当 $0<z<2\left(即\ 0<\dfrac{z}{2}<1\right)$ 时，

$$f_Z(z)=\int_{-\infty}^{+\infty}f(x,z-2x)\mathrm{d}x=\int_0^{\frac{z}{2}}e^{2x-z}\mathrm{d}x=\frac{1}{2}(1-e^{-z});$$

② 当 $z\geqslant 2\left(即\ \dfrac{z}{2}\geqslant 1\right)$ 时，

$$f_Z(z)=\int_{-\infty}^{+\infty}f(x,z-2x)\mathrm{d}x=\int_0^1 e^{2x-z}\mathrm{d}x=\frac{1}{2}(e^2-1)e^{-z}.$$

故 $f_Z(z)=\begin{cases}\dfrac{1}{2}(1-e^{-z}), & 0<z<2,\\\dfrac{1}{2}(e^2-1)e^{-z}, & z\geqslant 2,\\0, & 其他.\end{cases}$

3. 一个离散型和一个连续型随机变量的函数的分布

设离散型随机变量 X 的分布律为

$$P\{X=a\}=p,\quad P\{X=b\}=1-p$$

$(0<p<1)$，连续型随机变量 Y 的概率密度为 $f_Y(y)$，则 $Z=g(X,Y)$ 的分布函数

$$\begin{aligned}F_Z(z)&=P\{Z\leqslant z\}=P\{g(X,Y)\leqslant z\}\\&=P\{g(X,Y)\leqslant z,X=a\}+P\{g(X,Y)\leqslant z,X=b\}\\&=P\{g(a,Y)\leqslant z,X=a\}+P\{g(b,Y)\leqslant z,X=b\}\\&\xlongequal{当X,Y独立时}P\{g(a,Y)\leqslant z\}P\{X=a\}+P\{g(b,Y)\leqslant z\}P\{X=b\}\\&=pP\{g(a,Y)\leqslant z\}+(1-p)P\{g(b,Y)\leqslant z\},\end{aligned}$$

而 Z 的概率密度 $f_Z(z)=F'_Z(z)$.

【例3】(08-1) 设随机变量 X 与 Y 相互独立，X 的概率分布为 $P\{X=i\}=\dfrac{1}{3}(i=-1,0,1)$，$Y$ 的概率密度为 $f_Y(y)=\begin{cases}1, & 0\leqslant y<1,\\0, & 其他,\end{cases}$ 求 $Z=X+Y$ 的概率密度 $f_Z(z)$.

【解】 Z 的分布函数

$$\begin{aligned}F_Z(z)&=P\{Z\leqslant z\}=P\{X+Y\leqslant z\}\\&=P\{X+Y\leqslant z,X=-1\}+P\{X+Y\leqslant z,X=0\}+P\{X+Y\leqslant z,X=1\}\\&=P\{Y\leqslant z+1,X=-1\}+P\{Y\leqslant z,X=0\}+P\{Y\leqslant z-1,X=1\}\\&=P\{Y\leqslant z+1\}P\{X=-1\}+P\{Y\leqslant z\}P\{X=0\}+P\{Y\leqslant z-1\}P\{X=1\}\\&=\frac{1}{3}[F_Y(z+1)+F_Y(z)+F_Y(z-1)].\end{aligned}$$

故

$$f_Z(z)=\frac{1}{3}[f_Y(z+1)+f_Y(z)+f_Y(z-1)]=\begin{cases}\dfrac{1}{3}, & -1\leqslant z<2,\\0, & 其他.\end{cases}$$

真题精选
1987—2014

答案 P361

考点一 二维随机变量的分布

1. (13-3) 设随机变量 X 和 Y 相互独立，且 X 和 Y 的概率分布分别为

X	0	1	2	3
P	$\frac{1}{2}$	$\frac{1}{4}$	$\frac{1}{8}$	$\frac{1}{8}$

Y	-1	0	1
P	$\frac{1}{3}$	$\frac{1}{3}$	$\frac{1}{3}$

则 $P\{X+Y=2\}=($ $)$

(A) $\dfrac{1}{12}$.　(B) $\dfrac{1}{8}$.　(C) $\dfrac{1}{6}$.　(D) $\dfrac{1}{2}$.

2. (12-1) 设随机变量 X 与 Y 相互独立，且分别服从参数为1与参数为4的指数分布，则 $P\{X<Y\}=($ $)$

(A) $\dfrac{1}{5}$.　(B) $\dfrac{1}{3}$.　(C) $\dfrac{2}{5}$.　(D) $\dfrac{4}{5}$.

3. (05-1) 设二维随机变量 (X,Y) 的概率分布为

X \ Y	0	1
0	0.4	a
1	b	0.1

已知随机事件 $\{X=0\}$ 与 $\{X+Y=1\}$ 相互独立，则 $($ $)$

(A) $a=0.2,b=0.3$.　(B) $a=0.4,b=0.1$.

(C) $a=0.3,b=0.2$.　(D) $a=0.1,b=0.4$.

4.（13-3） 设(X,Y)是二维随机变量，X的边缘概率密度为$f_X(x)=\begin{cases}3x^2, & 0<x<1\\ 0, & 其他.\end{cases}$在给定$X=x(0<x<1)$的条件下$Y$的条件概率密度为$f_{Y|X}(y|x)=\begin{cases}\dfrac{3y^2}{x^3}, & 0<y<x,\\ 0, & 其他.\end{cases}$

(1) 求(X,Y)的概率密度$f(x,y)$；

(2) 求Y的边缘密度$f_Y(y)$；

(3) 求$P\{X>2Y\}$.

5.（10-1,3） 设二维随机变量(X,Y)的概率密度为$f(x,y)=Ae^{-2x^2+2xy-y^2}$，$-\infty<x<+\infty$，$-\infty<y<+\infty$，求常数$A$及条件概率密度$f_{Y|X}(y|x)$.

6.（09-1,3） 袋中有1个红球，2个黑球与3个白球，现有放回地从袋中取两次，每次取一个球. 以X,Y,Z分别表示两次取球所取得的红球、黑球与白球的个数.

(1) 求$P\{X=1|Z=0\}$；

(2) 求二维随机变量(X,Y)的概率分布.

7.（04-4） 设随机变量X在区间$(0,1)$上服从均匀分布，在$X=x(0<x<1)$的条件下，随机变量Y在区间$(0,x)$上服从均匀分布，求：

(1) X和Y的联合概率密度；

(2) Y的概率密度；

(3) $P\{X+Y>1\}$.

8.（01-1） 设某班车起点站上车人数X服从参数为$\lambda(\lambda>0)$的泊松分布，每位乘客在中途下车的概率为$p(0<p<1)$，且中途下车与否相互独立. 以Y表示在中途下车的人数，求：

(1) 在发车时有n个乘客的条件下，中途有m人下车的概率.

(2) 二维随机变量(X,Y)的概率分布.

9. (99-1) 设随机变量 X 与 Y 相互独立,下表列出了二维随机变量(X,Y)联合分布律及关于 X 和关于 Y 的边缘分布律中的部分数值,试将其余数值填入表中的空白处.

$X \backslash Y$	y_1	y_2	y_3	$P\{X=x_i\}=p_{i\cdot}$
x_1		$\frac{1}{8}$		
x_2	$\frac{1}{8}$			
$P\{Y=y_j\}=p_{\cdot j}$	$\frac{1}{6}$			1

10. (95-3) 已知随机变量 X 和 Y 的联合概率密度为

$$\varphi(x,y)=\begin{cases}4xy, & 0\leqslant x\leqslant 1,0\leqslant y\leqslant 1,\\ 0, & \text{其他},\end{cases}$$

求 X 和 Y 联合分布函数 $F(x,y)$.

11. (90-3) 一电子仪器由两个部件构成,以 X 和 Y 分别表示两个部件的寿命(单位:千小时),已知 X 和 Y 的联合分布函数为

$$F(x,y)=\begin{cases}1-\mathrm{e}^{-0.5x}-\mathrm{e}^{-0.5y}+\mathrm{e}^{-0.5(x+y)}, & x\geqslant 0,y\geqslant 0,\\ 0, & \text{其他}.\end{cases}$$

(1) 问 X 和 Y 是否独立?

(2) 求两个部件的寿命都超过 100 小时的概率 α.

考点二 两个随机变量的函数的分布

1. (09-1,3) 设随机变量 X 与 Y 相互独立,且 X 服从标准正态分布 $N(0,1)$,Y 的概率分布为 $P\{Y=0\}=P\{Y=1\}=\frac{1}{2}$,记 $F_Z(z)$ 为随机变量 $Z=XY$ 的分布函数,则函数 $F_Z(z)$的间断点个数为( )

(A) 0. (B) 1. (C) 2. (D) 3.

2. (06-1,3) 设随机变量 X 与 Y 相互独立,且均服从区间$[0,3]$上的均匀分布,则 $P\{\max\{X,Y\}\leqslant 1\}=$________.

3. (07-1,3) 设二维随机变量(X,Y)的概率密度为

$$f(x,y)=\begin{cases}2-x-y, & 0<x<1,0<y<1,\\ 0, & \text{其他}.\end{cases}$$

(1) 求 $P\{X>2Y\}$;

(2) 求 $Z=X+Y$ 的概率密度 $f_Z(z)$.

4. (05-3) 设二维随机变量(X,Y)的概率密度为 $f(x,y)=\begin{cases}1, & 0<x<1,0<y<2x,\\ 0, & \text{其他}.\end{cases}$ 求:

(1) (X,Y)的边缘概率密度 $f_X(x),f_Y(y)$;

(2) $Z=2X-Y$ 的概率密度 $f_Z(z)$;

(3) $P\left\{Y\leqslant\frac{1}{2}\,\middle|\,X\leqslant\frac{1}{2}\right\}$.

5.（01-3） 设随机变量 X 和 Y 的联合分布是正方形 $G=\{(x,y)|1\leqslant x\leqslant 3,1\leqslant y\leqslant 3\}$ 上的均匀分布，试求随机变量 $U=|X-Y|$ 的概率密度 $p(u)$.

6.（94-4） 假设随机变量 X_1,X_2,X_3,X_4 相互独立，且同分布，$P\{X_i=0\}=0.6$，$P\{X_i=1\}=0.4(i=1,2,3,4)$. 求行列式 $X=\begin{vmatrix} X_1 & X_2 \\ X_3 & X_4 \end{vmatrix}$ 的概率分布.

小　结

关于二维随机变量的分布的考题，主要围绕着二维随机变量的分布律、概率密度和分布函数：对于分布律，要能根据已知条件求出联合分布律[比如 2009 年数学一、三的解答题的第(2)问，以及第四章中 2020 年、2004 年和 2002 年数学三的解答题的第(1)问]，并能利用联合分布律(比如 1999 年数学三的选择题)或随机变量的独立性(比如 2023 年数学一和 2013 年数学三的选择题)来求概率；对于概率密度，既要能根据联合概率密度求出边缘和条件概率密度(比如 2010 年数学一、三的解答题)，又要能根据边缘和条件概率密度求出联合概率密度(比如 2013 年数学三和 2004 年数学四的解答题的第(1)问)，并且要会利用联合概率密度来求概率[比如 2012 年数学一的选择题和 2013 年数学三的解答题的第(3)问]；对于分布函数，虽然考查得较少，但是切莫遗漏对它的复习[可参看 2020 年数学一的解答题的第(1)问、1995 年和 1990 年数学三的解答题，以及第四章中 2006 年数学三的解答题的第(3)问].

两个随机变量 X,Y 的函数 $Z=g(X,Y)$ 的分布问题经常在解答题中进行考查. 当 X,Y 都为离散型随机变量时，可利用联合分布律[比如第四章中 2011 年数学一、三的解答题的第(2)问和 2004 年数学三的解答题的第(3)问]或随机变量的独立性[比如 1994 年数学四的解答题和第四章中 2018 年数学一、三的解答题的第(2)问]. X,Y 都为连续型随机变量的情形是一直以来的重点，既要掌握分布函数法，又要掌握公式法，这是因为有的考题若用分布函数法，则计算量过大[比如 2007 年数学一、三的解答题的第(2)问]，而有的考题却又无法使用公式法(比如 2024 年数学一、三的选择题，以及 2023 年数学一和 2001 年数学三的解答题). X,Y 中一个为离散型随机变量、另一个为连续型随机变量的情形也是经常考查的，其中大部分考题都有 X,Y 独立的条件[比如 2017 年数学一、三的解答题的第(2)问、2009 年数学一、三的选择题，以及第四章中 2019 年数学一、三的解答题的第(1)问]，而 X,Y 不独立的情形也是值得注意的(比如 2016 年数学一、三的解答题，这道题平均分仅为 2.88 分).

此外，二维正态分布(比如 2015 年数学一、三的填空题)和二维均匀分布是考研的重点，尤其在求概率时，若相应的二维随机变量服从均匀分布，则能用求面积来代替求二重积分[可参看 2016 年数学一、三的解答题的第(2)、(3)问、2005 年数学三的解答题的第(2)、(3)问和 2001 年数学三的解答题].

第四章　随机变量的数字特征

十年真题
2015—2024

答案 P363

考点一　随机变量的数学期望与方差

1. (**24-3**) 设随机变量 X 的概率密度为 $f(x)=\begin{cases}6x(1-x), & 0<x<1,\\ 0, & \text{其他},\end{cases}$ 则 X 的三阶中心矩 $E[(X-EX)^3]=$（　　）

(A) $-\frac{1}{32}$.　(B) 0.　(C) $\frac{1}{16}$.　(D) $\frac{1}{2}$.

2. (**23-1,3**) 设随机变量 X 服从参数为 1 的泊松分布，则 $E(|X-EX|)=$（　　）

(A) $\frac{1}{e}$.　(B) $\frac{1}{2}$.　(C) $\frac{2}{e}$.　(D) 1.

3. (**16-3**) 设随机变量 X 与 Y 相互独立，且 $X\sim N(1,2)$，$Y\sim N(1,4)$，则 $D(XY)=$（　　）

(A) 6.　(B) 8.　(C) 14.　(D) 15.

4. (**20-3**) 设随机变量 X 的概率分布为 $P\{X=k\}=\frac{1}{2^k}$，$k=1,2,3,\cdots$，Y 表示 X 被 3 整除的余数，则 $E(Y)=$________.

5. (**19-1,3**) 设随机变量 X 的概率密度为 $f(x)=\begin{cases}\frac{x}{2}, & 0<x<2,\\ 0, & \text{其他},\end{cases}$ $F(x)$ 为 X 的分布函数，EX 为 X 的数学期望，则 $P\{F(X)>EX-1\}=$________.

6. (**17-3**) 设随机变量 X 的概率分布为 $P\{X=-2\}=\frac{1}{2}$，$P\{X=1\}=a$，$P\{X=3\}=b$. 若 $EX=0$，则 $DX=$________.

7. (**17-1**) 设随机变量 X 的分布函数为 $F(x)=0.5\Phi(x)+0.5\Phi\left(\frac{x-4}{2}\right)$，其中 $\Phi(x)$ 为标准正态分布函数，则 $EX=$________.

8. (**23-3**) 设随机变量 X 的概率密度为 $f(x)=\frac{e^x}{(1+e^x)^2}$，$-\infty<x<+\infty$，令 $Y=e^X$.

(1) 求 X 的分布函数；

(2) 求 Y 的概率密度；

(3) Y 的数学期望是否存在？

9. (**21-1,3**) 在区间 $(0,2)$ 上随机取一点，将该区间分成两段，较短一段的长度记为 X，较长一段的长度记为 Y. 令 $Z=\frac{Y}{X}$.

(1) 求 X 的概率密度；

(2) 求 Z 的概率密度；

(3) 求 $E\left(\frac{X}{Y}\right)$.

10. (**15-1,3**) 设随机变量 X 的概率密度为

$$f(x)=\begin{cases}2^{-x}\ln 2, & x>0,\\ 0, & x\leqslant 0.\end{cases}$$

对 X 进行独立重复的观测，直到第 2 个大于 3 的观测值出现时停止，记 Y 为观测次数.

(1) 求 Y 的概率分布；

(2) 求 EY.

考点二　随机变量的协方差与相关系数

1. (**24-1**) 设随机变量 X 的概率密度为 $f(x)=\begin{cases}2(1-x), & 0<x<1,\\ 0, & \text{其他}.\end{cases}$ 在 $X=x(0<x<1)$ 的条件下，随机

变量 Y 服从区间 $(x,1)$ 上的均匀分布，则 $\mathrm{Cov}(X,Y)=$（　　）

(A) $-\frac{1}{36}$.　(B) $-\frac{1}{72}$.　(C) $\frac{1}{72}$.　(D) $\frac{1}{36}$.

2. **(22-1)** 设随机变量 $X\sim U(0,3)$，随机变量 Y 服从参数为 2 的泊松分布，且 X 与 Y 的协方差为 -1，则 $D(2X-Y+1)=$（　　）

(A) 1.　(B) 5.　(C) 9.　(D) 12.

3. **(22-1)** 设随机变量 $X\sim N(0,1)$，在 $X=x$ 的条件下随机变量 $Y\sim N(x,1)$，则 X 与 Y 的相关系数为（　　）

(A) $\frac{1}{4}$.　(B) $\frac{1}{2}$.　(C) $\frac{\sqrt{3}}{3}$.　(D) $\frac{\sqrt{2}}{2}$.

4. **(22-3)** 设随机变量 $X\sim N(0,4)$，随机变量 $Y\sim B\left(3,\frac{1}{3}\right)$，且 X 与 Y 不相关，则 $D(X-3Y+1)=$（　　）

(A) 2.　(B) 4.　(C) 6.　(D) 10.

5. **(22-3)** 设二维随机变量 (X,Y) 的概率分布为

X \ Y	0	1	2
-1	0.1	0.1	b
1	a	0.1	0.1

若事件 $\{\max\{X,Y\}=2\}$ 与 $\{\min\{X,Y\}=1\}$ 相互独立，则 $\mathrm{Cov}(X,Y)=$（　　）

(A) -0.6　(B) -0.36.　(C) 0.　(D) 0.48.

6. **(20-3)** 设随机变量 (X,Y) 服从二维正态分布 $N\left(0,0;1,4;-\frac{1}{2}\right)$，则下列随机变量中服从标准正态分布且与 X 独立的是（　　）

(A) $\frac{\sqrt{5}}{5}(X+Y)$.　(B) $\frac{\sqrt{5}}{5}(X-Y)$.

(C) $\frac{\sqrt{3}}{3}(X+Y)$.　(D) $\frac{\sqrt{3}}{3}(X-Y)$.

7. **(16-1)** 随机试验 E 有三种两两不相容的结果 A_1,A_2,A_3，且三种结果发生的概率均为 $\frac{1}{3}$，将试验 E 独立重复做 2 次，X 表示 2 次试验中结果 A_1 发生的次数，Y 表示 2 次试验中结果 A_2 发生的次数，则 X 与 Y 的相关系数为（　　）

(A) $-\frac{1}{2}$.　(B) $-\frac{1}{3}$.　(C) $\frac{1}{3}$.　(D) $\frac{1}{2}$.

8. **(15-1)** 设随机变量 X,Y 不相关，且 $EX=2,EY=1,DX=3$，则 $E[X(X+Y-2)]=$（　　）

(A) -3.　(B) 3.　(C) -5.　(D) 5.

9. **(23-3)** 设随机变量 X 与 Y 相互独立，且 $X\sim B(1,p)$，$Y\sim B(2,p)$，$p\in(0,1)$，则 $X+Y$ 与 $X-Y$ 的相关系数为________.

10. **(21-1,3)** 甲、乙两个盒子中各装有 2 个红球和 2 个白球，先从甲盒中任取一球，观察颜色后放入乙盒中，再从乙盒中任取一球. 令 X,Y 分别表示从甲盒和从乙盒中取到的红球个数，则 X 与 Y 的相关系数为________.

11. **(20-1)** 设 X 服从区间 $\left(-\frac{\pi}{2},\frac{\pi}{2}\right)$ 上的均匀分布，$Y=\sin X$，则 $\mathrm{Cov}(X,Y)=$________.

12. **(23-1)** 设二维随机变量 (X,Y) 的概率密度为

$$f(x,y)=\begin{cases}\frac{2}{\pi}(x^2+y^2), & x^2+y^2\leqslant 1,\\ 0, & \text{其他}.\end{cases}$$

(1) 求 X 与 Y 的协方差；

(2) X 与 Y 是否相互独立？

(3) 求 $Z=X^2+Y^2$ 的概率密度.

13. **(20-3)** 设二维随机变量 (X,Y) 在区域 $D=\{(x,y)\mid 0<y<\sqrt{1-x^2}\}$ 上服从均匀分布，令

$$Z_1=\begin{cases}1, & X-Y>0,\\ 0, & X-Y>0,\end{cases}\quad Z_2=\begin{cases}1, & X+Y>0,\\ 0, & X+Y\leqslant 0\end{cases}$$

(1) 求二维随机变量 (Z_1,Z_2) 的概率分布；

(2) 求 Z_1 与 Z_2 的相关系数.

14. **(19-1,3)** 设随机变量 X 与 Y 相互独立，X 服从参数为 1 的指数分布，Y 的概率分布为

$$P\{Y=-1\}=p,\quad P\{Y=1\}=1-p\quad(0<p<1).$$

令 $Z=XY$.

(1) 求 Z 的概率密度；

(2) p 为何值时，X 与 Z 不相关？

(3) X 与 Z 是否相互独立？

(2) 求 Z 的概率分布.

15. (18-1,3) 设随机变量 X 与 Y 相互独立,X 的概率分布为 $P\{X=1\}=P\{X=-1\}=\frac{1}{2}$,$Y$ 服从参数为 λ 的泊松分布.令 $Z=XY$.

(1) 求 $\mathrm{Cov}(X,Z)$;

考点分析

考 点	大 纲 要 求	命 题 特 点
一、随机变量的数学期望与方差	1. 理解随机变量的数学期望与方差的概念,会运用其基本性质,并掌握常用分布的数学期望与方差. 2. 会求随机变量函数的数学期望.	**1. 考试频率**:★★★★★ **2. 常考题型**:选择题、填空题、解答题 **3. 命题趋势**:本章几乎每年都会考查,并且经常与第二、三章相结合考查具有综合性的解答题.
二、随机变量的协方差与相关系数	1. 理解随机变量的协方差与相关系数的概念,会运用其基本性质. 2. 理解随机变量的不相关性的概念,以及随机变量的不相关性与独立性的关系.	

知识梳理

考点一 随机变量的数学期望与方差

1. 数学期望的计算公式

	离散型随机变量	连续型随机变量
EX	$\sum\limits_{i=1}^{+\infty}x_iP\{X=x_i\}$	$\int_{-\infty}^{+\infty}xf(x)\mathrm{d}x$
$E[g(X)]$	$\sum\limits_{i=1}^{+\infty}g(x_i)P\{X=x_i\}$	①______
$E[g(X,Y)]$	$\sum\limits_{i=1}^{+\infty}\sum\limits_{j=1}^{+\infty}g(x_i,y_j)P\{X=x_i,Y=y_j\}$	$\int_{-\infty}^{+\infty}\mathrm{d}x\int_{-\infty}^{+\infty}g(x,y)f(x,y)\mathrm{d}y$

2. 方差的计算公式

$DX=$②______.

【注】$\sqrt{DX}$ 称为 X 的标准差(或均方差).

3. 数学期望与方差的性质

数 学 期 望	方 差
$E(C)=C$	$D(C)=0$
$E(CX)=CEX$	$D(CX)=$③______
$E(X\pm Y)=EX\pm EY$	$D(X\pm Y)=$④______ (X,Y 独立)
$E(XY)=EX\cdot EY$ (X,Y 独立)	—

4. 常用分布的数学期望与方差

常 用 分 布	数 学 期 望	方 差
二项分布 $B(n,p)$	np	$np(1-p)$
泊松分布 $P(\lambda)$	λ	λ
几何分布 $G(p)$	⑤______	$\frac{1-p}{p^2}$
均匀分布 $U(a,b)$	$\frac{a+b}{2}$	⑥______
指数分布 $E(\lambda)$	⑦______	$\frac{1}{\lambda^2}$
正态分布 $N(\mu,\sigma^2)$	μ	σ^2

考点二 随机变量的协方差与相关系数

1. 协方差

(1) 协方差的计算公式:

$$\mathrm{Cov}(X,Y)=E(XY)-EX\cdot EY.$$

【注】$E(X^k)(k=1,2,\cdots)$ 和 $E[(X-EX)^k](k=2,3,\cdots)$ 分别称为随机变量的 k 阶(原点)矩和 k 阶中心矩,$E(X^kY^l)(k,l=1,2,\cdots)$ 和 $E[(X-EX)^k(Y-EY)^l](k,l=1,2,\cdots)$ 分别称为随机变量 X 与 Y 的 $k+l$ 阶混合矩和 $k+l$ 阶混合中心矩.

(2) 协方差的性质:

1) $\mathrm{Cov}(X,Y)=\mathrm{Cov}(Y,X)$;

2) $\mathrm{Cov}(a,X)=\mathrm{Cov}(X,a)=0$；

3) $\mathrm{Cov}(aX,bY)=ab\mathrm{Cov}(X,Y)$；

4) $\mathrm{Cov}(X_1+X_2,Y)=\mathrm{Cov}(X_1,Y)+$⑧________；

5) $D(X\pm Y)=DX+DY\pm$⑨________.

2. 相关系数

(1) 相关系数的计算公式：$\rho_{XY}=$⑩________.

(2) 相关系数的性质：

1) $|\rho_{XY}|\leqslant 1$；

2) $|\rho_{XY}|=1$ 的充分必要条件是存在常数 $a,b(a\neq 0)$，使得 $P\{Y=aX+b\}=1$，并且当 $a>0$ 时，$\rho_{XY}=1$；当 $a<0$ 时，$\rho_{XY}=-1$.

3. 随机变量的不相关性

(1) X,Y 不相关 $\Leftrightarrow \rho_{XY}=0$

$\Leftrightarrow \mathrm{Cov}(X,Y)=$⑪________

$\Leftrightarrow E(XY)=EX\cdot EY$

$\Leftrightarrow D(X\pm Y)=DX+DY$.

(2) X,Y 不相关⑫________ X,Y 相互独立.（填“$\overset{\Rightarrow}{\nLeftarrow}$”、“$\overset{\nRightarrow}{\Leftarrow}$”、“$\Leftrightarrow$”或“$\overset{\nRightarrow}{\nLeftarrow}$”）

【注】若 (X,Y) 服从二维正态分布，则 X,Y 不相关是 X,Y 独立的充分必要条件.

知识梳理 · 答案

① $\int_{-\infty}^{+\infty}g(x)f(x)\mathrm{d}x$　② $E(X^2)-(EX)^2$　③ C^2DX

④ $DX+DY$　⑤ $\frac{1}{p}$　⑥ $\frac{(b-a)^2}{12}$　⑦ $\frac{1}{\lambda}$　⑧ $\mathrm{Cov}(X_2,Y)$

⑨ $2\mathrm{Cov}(X,Y)$　⑩ $\frac{\mathrm{Cov}(X,Y)}{\sqrt{DX}\cdot\sqrt{DY}}$　⑪ 0　⑫ $\overset{\nRightarrow}{\Leftarrow}$

方法探究

答案 P367

考点一　随机变量的数学期望与方差

计算随机变量的数学期望与方差主要有以下两个方法：

(1) 利用数学期望与方差的计算公式和性质；

(2) 利用常用分布的数学期望与方差.

【例 1】(**02-3**) 假设随机变量 U 在区间 $[-2,2]$ 上服从均匀分布，随机变量

$$X=\begin{cases}-1, & U\leqslant -1,\\ 1, & U>-1,\end{cases}\quad Y=\begin{cases}-1, & U\leqslant 1,\\ 1, & U>1.\end{cases}$$

试求(1) X 和 Y 的联合概率分布；(2) $D(X+Y)$.

【解】(1) 由于

$$P\{X=-1,Y=-1\}=P\{U\leqslant -1\}=\frac{1}{4},$$

$$P\{X=-1,Y=1\}=P\{U\leqslant -1,U>1\}=0,$$

$$P\{X=1,Y=-1\}=P\{-1<U\leqslant 1\}=\frac{1}{2},$$

$$P\{X=1,Y=1\}=P\{U>1\}=\frac{1}{4},$$

故 X 和 Y 的联合概率分布为

X \ Y	-1	1
-1	$\frac{1}{4}$	0
1	$\frac{1}{2}$	$\frac{1}{4}$

(2) 由于 $X+Y$ 的概率分布为

$X+Y$	-2	0	2
P	$\frac{1}{4}$	$\frac{1}{2}$	$\frac{1}{4}$

故

$$E(X+Y)=(-2)\times\frac{1}{4}+0\times\frac{1}{2}+2\times\frac{1}{4}=0,$$

$$E[(X+Y)^2]=(-2)^2\times\frac{1}{4}+0^2\times\frac{1}{2}+2^2\times\frac{1}{4}=2,$$

从而 $D(X+Y)=E[(X+Y)^2]-E^2(X+Y)=2$.

【注】本题中 $D(X+Y)\neq DX+DY$.

【例 2】(1) (**11-1,3**) 设二维随机变量 (X,Y) 服从正态分布 $N(\mu,\mu;\sigma^2,\sigma^2;0)$，则 $E(XY^2)=$________.

(2) (**98-1**) 设随机变量 X 和 Y 相互独立，且都服从正态分布 $N\left(0,\frac{1}{2}\right)$，则 $D(|X-Y|)=$________.

【解】(1) 由于 $(X,Y)\sim N(\mu,\mu;\sigma^2,\sigma^2;0)$，故 $X\sim N(\mu,\sigma^2)$，$Y\sim N(\mu,\sigma^2)$，且 X 和 Y 独立.

于是，

$$E(XY^2)=EX\cdot E(Y^2)=EX[DY+(EY)^2]=\mu(\sigma^2+\mu^2).$$

(2) 由题意知 $Z=X-Y\sim N(0,1)$.

$$E(|Z|^2)=E(Z^2)=DZ+(EZ)^2=1+0^2=1.$$

$$E(|Z|)=\int_{-\infty}^{+\infty}|z|\frac{1}{\sqrt{2\pi}}e^{-\frac{z^2}{2}}\mathrm{d}z=2\int_0^{+\infty}z\frac{1}{\sqrt{2\pi}}e^{-\frac{z^2}{2}}\mathrm{d}z$$

$$=-2\int_0^{+\infty}\frac{1}{\sqrt{2\pi}}e^{-\frac{z^2}{2}}\mathrm{d}\left(-\frac{z^2}{2}\right)=\sqrt{\frac{2}{\pi}}.$$

故 $D(|X-Y|)=D(|Z|)=E(|Z|^2)-E^2(|Z|)=1-\frac{2}{\pi}$.

考点二　随机变量的协方差与相关系数

1. 协方差与相关系数的计算

计算随机变量的协方差与相关系数主要利用其计算公式.

此外，还应注意考查相关系数的性质的考题(如变式).

【例 1】(**04-3**) 设 A,B 为两个随机事件，且

$$P(A)=\frac{1}{4},\quad P(B\mid A)=\frac{1}{3},\quad P(A\mid B)=\frac{1}{2},$$

令随机变量

$$X=\begin{cases}1, & A\text{ 发生},\\ 0, & A\text{ 不发生},\end{cases}\quad Y=\begin{cases}1, & B\text{ 发生},\\ 0, & B\text{ 不发生}.\end{cases}$$

(1) 求二维随机变量(X,Y)的概率分布；

(2) 求X和Y的相关系数ρ_{XY}；

(3) 求$Z=X^2+Y^2$的概率分布.

【解】(1) 由于

$$P\{X=1,Y=1\}=P(AB)=P(B\mid A)P(A)=\frac{1}{12},$$

$$P\{X=1,Y=0\}=P(A\overline{B})=P(A)-P(AB)=\frac{1}{6},$$

$$P\{X=0,Y=1\}=P(\overline{A}B)=P(B)-P(AB)=\frac{P(AB)}{P(A\mid B)}-P(AB)=\frac{1}{12},$$

$$P\{X=0,Y=0\}=P(\overline{A}\,\overline{B})=1-P(A\cup B)=1-[P(A)+P(B)-P(AB)]=\frac{2}{3},$$

故(X,Y)的概率分布为

$X \backslash Y$	0	1
0	$\frac{2}{3}$	$\frac{1}{12}$
1	$\frac{1}{6}$	$\frac{1}{12}$

(2) X,Y的概率分布分别为

X	0	1
P	$\frac{3}{4}$	$\frac{1}{4}$

Y	0	1
P	$\frac{5}{6}$	$\frac{1}{6}$

由$EX=0\times\frac{3}{4}+1\times\frac{1}{4}=\frac{1}{4}$，$EY=0\times\frac{5}{6}+1\times\frac{1}{6}=\frac{1}{6}$及$E(X^2)=0^2\times\frac{3}{4}+1^2\times\frac{1}{4}=\frac{1}{4}$，$E(Y^2)=0^2\times\frac{5}{6}+1^2\times\frac{1}{6}=\frac{1}{6}$得

$$DX=E(X^2)-(EX)^2=\frac{3}{16},DY=E(Y^2)-(EY)^2=\frac{5}{36}.$$

由于XY的概率分布为

XY	0	1
P	$\frac{11}{12}$	$\frac{1}{12}$

故$E(XY)=0\times\frac{11}{12}+1\times\frac{1}{12}=\frac{1}{12}$，从而

$$\mathrm{Cov}(X,Y)=E(XY)-EX\cdot EY=\frac{1}{24}.$$

于是，$\rho_{XY}=\frac{\mathrm{Cov}(X,Y)}{\sqrt{DX}\cdot\sqrt{DY}}=\frac{\sqrt{15}}{15}$.

(3) $Z=X^2+Y^2$所有可能取的值为0，1，2.

由于

$$P\{Z=0\}=P\{X=0,Y=0\}=\frac{2}{3},$$

$$P\{Z=1\}=P\{X=0,Y=1\}+P\{X=1,Y=0\}=\frac{1}{12}+\frac{1}{6}=\frac{1}{4},$$

$$P\{Z=2\}=P\{X=1,Y=1\}=\frac{1}{12},$$

故Z的概率分布为

Z	0	1	2
P	$\frac{2}{3}$	$\frac{1}{4}$	$\frac{1}{12}$

变式(08-1,3) 设随机变量$X\sim N(0,1)$，$Y\sim N(1,4)$，且相关系数$\rho_{XY}=1$，则(　　)

(A) $P\{Y=-2X-1\}=1$.　(B) $P\{Y=2X-1\}=1$.

(C) $P\{Y=-2X+1\}=1$.　(D) $P\{Y=2X+1\}=1$.

2. 随机变量的不相关性问题

两个随机变量的不相关性问题主要通过其协方差是否为零来解决.

【例2】设随机变量$X\sim N(0,1)$，$Y\sim N(1,4)$，且$U=aX+Y$，$V=aX-Y(a>0)$. 若U,V不相关，则$a=$________.

【解】由

$$\begin{aligned}\mathrm{Cov}(U,V)&=\mathrm{Cov}(aX+Y,aX-Y)\\&=E(a^2X^2-Y^2)-E(aX+Y)E(aX-Y)\\&=a^2E(X^2)-E(Y^2)-(aEX+EY)(aEX-EY)\\&=a^2E(X^2)-E(Y^2)-[a^2(EX)^2-(EY)^2]\\&=a^2DX-DY=a^2-4=0\end{aligned}$$

知$a=2$.

真题精选 1987—2014

答案 P367

考点一　随机变量的数学期望与方差

1. (11-1) 设随机变量X,Y相互独立，且EX,EY都存在，记$U=\max\{X,Y\}$，$V=\min\{X,Y\}$，则$E(UV)=$.(　　)

(A) $EU\cdot EV$.　　(B) $EX\cdot EY$.

(C) $EU\cdot EY$.　　(D) $EX\cdot EV$.

2. (09-1) 设随机变量X的分布函数为$F(x)=0.3\Phi(x)+0.7\Phi\left(\frac{x-1}{2}\right)$，其中$\Phi(x)$为标准正态分布函数，则$EX=$(　　)

(A) 0.　　(B) 0.3.　　(C) 0.7.　　(D) 1.

3. (13-3) 设随机变量X服从标准正态分布$N(0,1)$，则$E(Xe^{2X})=$________.

4. (10-1) 设随机变量X的概率分布为$P\{X=k\}=\frac{C}{k!}$，$k=0$，

$1,2,\cdots$，则 $E(X^2)=$________.

5. **(08-1,3)** 设随机变量 X 服从参数为 1 的泊松分布，则 $P\{X=E(X^2)\}=$________.

6. **(04-1,3)** 设随机变量 X 服从参数为 λ 的指数分布，则 $P\{X>\sqrt{DX}\}=$________.

7. **(02-1)** 设随机变量 X 的概率密度为

$$f(x)=\begin{cases}\dfrac{1}{2}\cos\dfrac{x}{2}, & 0\leqslant x\leqslant \pi,\\ 0, & 其他,\end{cases}$$

对 X 独立地重复观察 4 次，用 Y 表示观察值大于 $\dfrac{\pi}{3}$ 的次数，则 $E(Y^2)=$________.

8. **(00-3)** 设随机变量 X 在区间 $[-1,2]$ 上服从均匀分布，随机变量 $Y=\begin{cases}1, & X>0,\\ 0, & X=0,\\ -1, & X<0,\end{cases}$ 则方差 $DY=$________.

9. **(99-3)** 设随机变量 $X_{ij}(i,j=1,2,\cdots,n;\ n\geqslant 2)$ 独立同分布，$EX_{ij}=2$，则行列式

$$Y=\begin{vmatrix}X_{11} & X_{12} & \cdots & X_{1n}\\ X_{21} & X_{22} & \cdots & X_{2n}\\ \vdots & \vdots & & \vdots\\ X_{n1} & X_{n2} & \cdots & X_{nn}\end{vmatrix}$$

的数学期望 $EY=$________.

10. **(95-5)** 设 X 是一个随机变量，其概率密度 $f(x)=\begin{cases}1+x, & -1\leqslant x\leqslant 0,\\ 1-x, & 0<x\leqslant 1,\\ 0, & 其他,\end{cases}$ 则方差 $DX=$________.

11. **(92-1)** 设随机变量 X 服从参数为 1 的指数分布，则 $E(X+e^{-2X})=$________.

12. **(89-5)** 设随机变量 X_1,X_2,X_3 相互独立，且 X_1 在 $[0,6]$ 上服从均匀分布，X_2 服从正态分布 $N(0,2^2)$，X_3 服从参数为 3 的泊松分布. 记 $Y=X_1-2X_2+3X_3$，则 $DY=$________.

13. **(12-3)** 设随机变量 X 与 Y 相互独立，且都服从参数为 1 的指数分布. 记

$$U=\max\{X,Y\},\quad V=\min\{X,Y\}.$$

(1) 求 V 的概率密度 $f_V(v)$；

(2) 求 $E(U+V)$.

14. **(03-1)** 已知甲、乙两箱中装有同种产品，其中甲箱中装有 3 件合格品和 3 件次品，乙箱中仅装有 3 件合格品. 从甲箱中任取 3 件产品放入乙箱后，求：

(1) 乙箱中次品件数 X 的数学期望；

(2) 从乙箱中任取一件产品是次品的概率.

15. **(93-3)** 设随机变量 X 和 Y 同分布，X 的概率密度为

$$f(x)=\begin{cases}\dfrac{3}{8}x^2, & 0<x<2,\\ 0, & 其他.\end{cases}$$

(1) 已知事件 $A=\{X>a\}$ 和 $B=\{Y>a\}$ 独立，且 $P(A\cup B)=\dfrac{3}{4}$. 求常数 a.

(2) 求 $\dfrac{1}{X^2}$ 的数学期望.

16.（96-1）设ξ,η是两个相互独立且服从同一分布的两个随机变量，已知ξ的分布律为

$$P\{\xi=i\}=\frac{1}{3},\quad i=1,2,3.$$

又设$X=\max\{\xi,\eta\}$，$Y=\min\{\xi,\eta\}$.

(1) 求二维随机变量(X,Y)的分布律；

(2) 求随机变量X的数学期望EX.

17.（89-4）已知随机变量X和Y的联合概率密度为

$$f(x,y)=\begin{cases}e^{-(x+y)}, & 0<x<+\infty,0<y<+\infty,\\0, & \text{其他}.\end{cases}$$

试求：(1)$P\{X<Y\}$；(2)$E(XY)$.

考点二　随机变量的协方差与相关系数

1.（12-1）将长度为1m的木棒随机地截成两段，则两段长度的相关系数为(　　)

(A) 1.　(B) $\frac{1}{2}$.　(C) $-\frac{1}{2}$.　(D) -1.

2.（03-3）设随机变量X和Y的相关系数为0.9，若$Z=X-0.4$，则Y与Z的相关系数为________.

3.（02-3）设随机变量X和Y的联合概率分布为

X \ Y	−1	0	1
0	0.07	0.18	0.15
1	0.08	0.32	0.20

则X^2和Y^2的协方差$\mathrm{Cov}(X^2,Y^2)=$________.

4.（11-1,3）设随机变量X,Y的概率分布分别为

X	0	1
P	$\frac{1}{3}$	$\frac{2}{3}$

Y	−1	0	1
P	$\frac{1}{3}$	$\frac{1}{3}$	$\frac{1}{3}$

且$P\{X^2=Y^2\}=1$.

(1) 求二维随机变量(X,Y)的概率分布；

(2) 求$Z=XY$的概率分布；

(3) 求X与Y的相关系数ρ_{XY}.

5.（06-3）设随机变量X的概率密度为

$$f_X(x)=\begin{cases}\frac{1}{2}, & -1<x<0,\\\frac{1}{4}, & 0<x<2,\\0, & \text{其他}.\end{cases}$$

令$Y=X^2$，$F(x,y)$为二维随机变量(X,Y)的分布函数.求：

(1) Y的概率密度$f_Y(y)$；

(2) $\mathrm{Cov}(X,Y)$；

(3) $F\left(-\frac{1}{2},4\right)$.

6.（**00-3**）设 A，B 是两个随机事件，随机变量

$$X=\begin{cases}1, & A\text{ 出现},\\ -1, & A\text{ 不出现},\end{cases}\qquad Y=\begin{cases}1, & B\text{ 出现},\\ -1, & B\text{ 不出现}.\end{cases}$$

证明随机变量 X 和 Y 不相关的充分必要条件是 A 与 B 相互独立.

7.（**93-1**）设随机变量 X 的概率分布密度为

$$f(x)=\frac{1}{2}e^{-|x|},\quad -\infty<x<+\infty.$$

(1) 求 X 的数学期望 EX 和方差 DX；

(2) 求 X 与 $|X|$ 的协方差，并问 X 与 $|X|$ 是否不相关？

(3) 问 X 与 $|X|$ 是否相互独立？为什么？

小　结

在考研中，随机变量的数字特征经常与一维随机变量及其函数的分布（比如 2023 年数学三，以及 2021 年和 2015 年数学一、三的解答题），或二维随机变量及两个随机变量的函数的分布（比如 2023 年数学一，2018 年数学一、三，2012 年数学三和 2011 年数学一、三的解答题）相结合考查具有综合性的解答题. 为了加强考题的综合性，经常以连续型随机变量的函数（比如 2002 年数学三的解答题），或两个连续型随机变量的函数（比如 2020 年数学三的解答题）的形式，来给出只有两个可能取值的离散型随机变量，有时也会通过随机事件 A 是否发生来设定这种随机变量（比如 2004 年和 2000 年数学三的解答题）. 此外，2021 年数学一、三和 2020 年数学三的填空题都需要先求概率分布再求数字特征，而不少考生做错的原因是无法正确地求出概率分布.

常用分布的数学期望和方差是考研的重点. 考生应注意两类考题：一是可通过 $E(X^2)=DX+(EX)^2$ 来求 $E(X^2)$，比如 2016 年数学三的选择题和 2010 年数学一的填空题，而这在求统计量的数字特征时也会经常涉及（详见第六章）；二是对于与正态分布有关的数学期望或方差，虽然有时能直接利用正态随机变量的数学期望和方差来求，但有时却需要通过求积分来求，比如 2013 年数学三的填空题（这道题只有 13.9%的考生做对）、1998 年数学一的考题，以及第六章中 2023 年数学三和第七章中 2023 年数学一的选择题.

另外，要会判断两个随机变量的独立性和不相关性，并且要会说明两个随机变量不独立，比如 2019 年数学一、三和 1993 年数学一的解答题的第(3)问，以及第三章中 2016 年数学一、三的解答题的第(2)问.

第五章 大数定律和中心极限定理

十年真题 2015—2024

答案 P369

考点 大数定律、中心极限定理与切比雪夫不等式

1.（**22-1**）设随机变量 $X_1,X_2,\cdots,X_n$ 独立同分布，且 X_1 的 4 阶矩存在. 记 $\mu_k=E(X_1^k)(k=1,2,3,4)$，则根据切比雪夫不等式，对任意 $\varepsilon>0$，有

$$P\left\{\left|\frac{1}{n}\sum_{i=1}^{n}X_i^2-\mu_2\right|\geqslant\varepsilon\right\}\leqslant(\quad)$$

(A) $\frac{\mu_4-\mu_2^2}{n\varepsilon^2}$. (B) $\frac{\mu_4-\mu_2^2}{\sqrt{n}\varepsilon^2}$.

(C) $\frac{\mu_2-\mu_1^2}{n\varepsilon^2}$. (D) $\frac{\mu_2-\mu_1^2}{\sqrt{n}\varepsilon^2}$.

2.（**22-3**）设随机变量序列 $X_1,X_2,\cdots,X_n,\cdots$ 独立同分布，且 X_1 的概率密度为 $f(x)=\begin{cases}1-|x|, & |x|<1,\\ 0, & \text{其他},\end{cases}$ 则当 $n\to\infty$ 时，$\frac{1}{n}\sum_{i=1}^{n}X_i^2$ 依概率收敛于（　　）

(A) $\frac{1}{8}$. (B) $\frac{1}{6}$. (C) $\frac{1}{3}$. (D) $\frac{1}{2}$.

3.（**20-1**）设 $X_1,X_2,\cdots,X_{100}$ 为来自总体 X 的简单随机样本，其中 $P\{X=0\}=P\{X=1\}=\frac{1}{2}$，$\Phi(x)$ 表示标准正态分布函数，则利用中心极限定理可得 $P\left\{\sum_{i=1}^{100}X_i\leqslant 55\right\}$ 的近似值为（　　）

(A) $1-\Phi(1)$. (B) $\Phi(1)$.

(C) $1-\Phi(0.2)$. (D) $\Phi(0.2)$.

考点分析

考　　点	大 纲 要 求	命 题 特 点
大数定律、中心极限定理与切比雪夫不等式	1. 了解切比雪夫不等式. 2. 了解切比雪夫大数定律、伯努利大数定律和辛钦大数定律. 3. 了解中心极限定理，并会用其近似计算有关事件的概率.	**1. 考试频率**：★★☆☆☆ **2. 常考题型**：选择题、填空题 **3. 命题趋势**：本章在考研中考查得较少，考题难度一般也不高.

知识梳理

考点 大数定律、中心极限定理与切比雪夫不等式

1. 切比雪夫不等式

设随机变量 X 的数学期望 EX 和方差 DX 都存在，则任取 $\varepsilon>0$，有 $P\{|X-EX|\geqslant\varepsilon\}\leqslant\frac{DX}{\varepsilon^2}$.

2. 大数定律

(1) 设 $X_1,X_2,\cdots,X_n,\cdots$ 是一个随机变量序列，a 为常数，若任取 $\varepsilon>0$，有

$$\lim_{n\to\infty}P\{|X_n-a|<\varepsilon\}=1,$$

则称 $X_1,X_2,\cdots,X_n,\cdots$ 依概率收敛于 a，记作 $X_n\xrightarrow{P}a$.

(2) 切比雪夫大数定律：设 $X_1,X_2,\cdots,X_n,\cdots$ 是一个两两不相关的随机变量序列，若存在常数 C，使 $D(X_i)\leqslant C$，$i=1,2,\cdots$，则 $\frac{1}{n}\sum_{i=1}^{n}X_i\xrightarrow{P}\frac{1}{n}\sum_{i=1}^{n}E(X_i)$.

(3) 辛钦大数定律：设 $X_1,X_2,\cdots,X_n,\cdots$ 是一个独立同分布的随机变量序列，若 $E(X_i)$ 存在 $(i=1,2,\cdots)$，则

$$\frac{1}{n}\sum_{i=1}^{n}X_i\xrightarrow{P}①\_\_\_\_\_\_\_\_.$$

(4) 伯努利大数定律：设 f_A 为 n 次独立重复伯努利试验中事件 A 发生的次数，p 为每次试验中 A 发生的概率，则

$$\frac{f_A}{n}\xrightarrow{P}p.$$

3. 中心极限定理

设 $X_1,X_2,\cdots,X_n,\cdots$ 是一个独立同分布的随机变量序列，若 $E(X_i)$ 和 $D(X_i)$ 都存在且 $D(X_i)>0(i=1,2,\cdots)$，则对于任意实数 x，有

$$\lim_{n\to\infty}P\left\{\frac{\sum_{i=1}^{n}X_i-nE(X_i)}{\sqrt{nD(X_i)}}\leqslant x\right\}=\Phi(x),$$

其中 $\Phi(x)$ 是标准正态分布函数.

特别地，若随机变量 $Y\sim B(n,p)$，则

$$\lim_{n\to\infty} P\left\{\frac{Y-np}{\sqrt{np(1-p)}} \leqslant x\right\} = ② \_\_\_\_\_\_.$$

【注】 中心极限定理表明，当 n 充分大时，独立同分布的随机变量 $X_1, X_2, \cdots, X_n$ 之和 $\sum_{i=1}^{n} X_i$ 近似地服从正态分布 $N(nE(X_i), nD(X_i))$.

知识梳理 · 答案

① $E(X_i)$ ② $\Phi(x)$

方法探究

答案 P370

考点 大数定律、中心极限定理与切比雪夫不等式

中心极限定理的相关问题一般都转化为正态随机变量的概率问题来解决.

对于考查大数定律和切比雪夫不等式的考题，往往直接利用其结论就能完成.

【例】 设随机变量 X 服从二项分布 $B(100, 0.2)$，则利用中心极限定理可得 $P\{X \geqslant 12\}$ 的近似值为（　　）

(A) $\Phi(2)$. (B) $1-\Phi(2)$.

(C) $\Phi(0.5)$ (D) $1-\Phi(0.5)$.

【解】 由于 $EX=20, DX=16$，故根据中心极限定理，X 近似地服从正态分布 $N(20, 4^2)$.

于是，

$$\begin{aligned} P\{X \geqslant 12\} &= 1 - P\{X \leqslant 12\} \\ &= 1 - P\left\{\frac{X-20}{4} \leqslant \frac{12-20}{4}\right\} \\ &\approx 1 - \Phi(-2) = \Phi(2), \end{aligned}$$

选(A).

变式 1(03-3) 设总体 X 服从参数为 2 的指数分布，$X_1, X_2, \cdots, X_n$ 为来自总体 X 的简单随机样本，则当 $n \to \infty$ 时，$Y_n = \frac{1}{n}\sum_{i=1}^{n} X_i^2$ 依概率收敛于______.

变式 2(01-1) 设 $D(X)=2$，则根据切比雪夫不等式有估计 $P\{|X-E(X)| \geqslant 2\} \leqslant$ ______.

真题精选

1987 — 2014

答案 P370

考点 大数定律、中心极限定理与切比雪夫不等式

1. **(01-3)** 设随机变量 X 和 Y 的数学期望都是 2，方差分别为 1 和 4，而相关系数为 0.5，则根据切比雪夫不等式 $P\{|X-Y| \geqslant 6\} \leqslant$ ______.
2. **(01-3)** 生产线生产的产品成箱包装，每箱的重量是随机的，假设每箱平均重 50 千克，标准差为 5 千克. 若用最大载重量为 5 吨的汽车承运，试利用中心极限定理说明每辆车最多可以装多少箱，才能保障不超载的概率大于 0.977.（$\Phi(2)=0.977$，其中 $\Phi(x)$ 是标准正态分布函数）

小　结

大数定律、中心极限定理与切比雪夫不等式并非考研的重点，只要考生复习了相应的结论，一般就能将其考题做对.

第六章　数理统计的基本概念

十年真题 2015—2024

答案 P370

考点一　抽样分布

1.（23-1,3） 设 $X_1,X_2,\cdots,X_n$ 为来自总体 $N(\mu_1,\sigma^2)$ 的简单随机样本，$Y_1,Y_2,\cdots,Y_m$ 为来自总体 $N(\mu_2,2\sigma^2)$ 的简单随机样本，且两样本相互独立. 记 $\overline{X}=\frac{1}{n}\sum_{i=1}^{n}X_i$，$\overline{Y}=\frac{1}{m}\sum_{i=1}^{m}Y_i$，$S_1^2=\frac{1}{n-1}\sum_{i=1}^{n}(X_i-\overline{X})^2$，$S_2^2=\frac{1}{m-1}\sum_{i=1}^{m}(Y_i-\overline{Y})^2$，则（　）

(A) $\frac{S_1^2}{S_2^2}\sim F(n,m)$.　　(B) $\frac{S_1^2}{S_2^2}\sim F(n-1,m-1)$.

(C) $\frac{2S_1^2}{S_2^2}\sim F(n,m)$.　　(D) $\frac{2S_1^2}{S_2^2}\sim F(n-1,m-1)$.

2.（18-3） 设 $X_1,X_2,\cdots,X_n(n\geqslant 2)$ 为来自总体 $N(\mu,\sigma^2)$ $(\sigma>0)$ 的简单随机样本. 令 $\overline{X}=\frac{1}{n}\sum_{i=1}^{n}X_i$，$S=\sqrt{\frac{1}{n-1}\sum_{i=1}^{n}(X_i-\overline{X})^2}$，$S^*=\sqrt{\frac{1}{n}\sum_{i=1}^{n}(X_i-\mu)^2}$，则（　）

(A) $\frac{\sqrt{n}(\overline{X}-\mu)}{S}\sim t(n)$.　　(B) $\frac{\sqrt{n}(\overline{X}-\mu)}{S}\sim t(n-1)$.

(C) $\frac{\sqrt{n}(\overline{X}-\mu)}{S^*}\sim t(n)$.　　(D) $\frac{\sqrt{n}(\overline{X}-\mu)}{S^*}\sim t(n-1)$.

3.（17-1,3） 设 $X_1,X_2,\cdots,X_n(n\geqslant 2)$ 为来自总体 $N(\mu,1)$ 的简单随机样本，记 $\overline{X}=\frac{1}{n}\sum_{i=1}^{n}X_i$，则下列结论中不正确的是（　）

(A) $\sum_{i=1}^{n}(X_i-\mu)^2$ 服从 χ^2 分布.

(B) $2(X_n-X_1)^2$ 服从 χ^2 分布.

(C) $\sum_{i=1}^{n}(X_i-\overline{X})^2$ 服从 χ^2 分布.

(D) $n(\overline{X}-\mu)^2$ 服从 χ^2 分布.

考点二　统计量的数字特征

1.（23-3-仅数学三） 设 X_1,X_2 为来自总体 $N(\mu,\sigma^2)$ 的简单随机样本，其中 $\sigma(\sigma>0)$ 是未知参数. 记 $\hat{\sigma}=a|X_1-X_2|$，若 $E(\hat{\sigma})=\sigma$，则 $a=$（　）

(A) $\frac{\sqrt{\pi}}{2}$.　(B) $\frac{\sqrt{2\pi}}{2}$.　(C) $\sqrt{\pi}$.　(D) $\sqrt{2\pi}$.

2.（21-3-仅数学三） 设 $(X_1,Y_1),(X_2,Y_2),\cdots,(X_n,Y_n)$ 为来自总体 $N(\mu_1,\mu_2;\sigma_1^2,\sigma_2^2;\rho)$ 的简单随机样本. 令 $\theta=\mu_1-\mu_2$，$\overline{X}=\frac{1}{n}\sum_{i=1}^{n}X_i$，$\overline{Y}=\frac{1}{n}\sum_{i=1}^{n}Y_i$，$\hat{\theta}=\overline{X}-\overline{Y}$，则（　）

(A) $E(\hat{\theta})=\theta,D(\hat{\theta})=\frac{\sigma_1^2+\sigma_2^2}{n}$.

(B) $E(\hat{\theta})=\theta,D(\hat{\theta})=\frac{\sigma_1^2+\sigma_2^2-2\rho\sigma_1\sigma_2}{n}$.

(C) $E(\hat{\theta})\neq\theta,D(\hat{\theta})=\frac{\sigma_1^2+\sigma_2^2}{n}$.

(D) $E(\hat{\theta})\neq\theta,D(\hat{\theta})=\frac{\sigma_1^2+\sigma_2^2-2\rho\sigma_1\sigma_2}{n}$.

3.（15-3） 设总体 $X\sim B(m,\theta)$，$X_1,X_2,\cdots,X_n$ 为来自该总体的简单随机样本，$\overline{X}$ 为样本均值，则 $E\left[\sum_{i=1}^{n}(X_i-\overline{X})^2\right]=$（　）

(A) $(m-1)n\theta(1-\theta)$.　　(B) $m(n-1)\theta(1-\theta)$.

(C) $(m-1)(n-1)\theta(1-\theta)$.　(D) $mn\theta(1-\theta)$.

4.（24-3-仅数学三） 设总体 X 服从 $[0,\theta]$ 上的均匀分布，其中 $\theta\in(0,+\infty)$ 为未知参数，$X_1,X_2,\cdots,X_n$ 为来自总体 X 的简单随机样本. 记 $X_{(n)}=\max\{X_1,X_2,\cdots,X_n\}$，$T_c=cX_{(n)}$.

(1) 求 c，使得 $E(T_c)=\theta$；

(2) 记 $h(c)=E[(T_c-\theta)^2]$，求 c 使得 $h(c)$ 最小.

5.（16-3-仅数学三）设总体 X 的概率密度为

$$f(x;\theta)=\begin{cases}\dfrac{3x^2}{\theta^3}, & 0<x<\theta,\\ 0, & \text{其他},\end{cases}$$

其中 $\theta\in(0,+\infty)$ 为未知参数，X_1,X_2,X_3 为来自总体 X 的简单随机样本，令 $T=\max\{X_1,X_2,X_3\}$.

(1) 求 T 的概率密度；

(2) 确定 a，使得 $E(aT)=\theta$.

考点分析

考　　点	大 纲 要 求	命 题 特 点
一、抽样分布	1. 理解总体、简单随机样本、统计量、样本均值、样本方差及样本矩的概念. 2. 了解 χ^2 分布、t 分布和 F 分布的概念，了解上侧 α 分位数的概念并会查表计算.	**1. 考试频率**：★★★★☆ **2. 常考题型**：选择题 **3. 命题趋势**：近年来，本章经常以选择题的形式进行考查，有时会出现难度偏高的考题，尤其关于统计量的数字特征.
二、统计量的数字特征	3. 了解正态总体的常用抽样分布. 4.（仅数学三）了解经验分布函数的概念和性质.	

知识梳理

考点一　抽样分布

1. 数理统计的基本概念

(1) 数理统计中所研究对象的某项数量指标 X 的全体称为总体. 若随机变量 $X_1,X_2,\cdots,X_n$ 相互独立且与总体 X 同分布，则称 $X_1,X_2,\cdots,X_n$ 为来自总体 X 的简单随机样本，n 称为样本容量. 样本 $X_1,X_2,\cdots,X_n$ 的具体观察值 $x_1,x_2,\cdots,x_n$ 称为样本值.

(2) 样本 $X_1,X_2,\cdots,X_n$ 的不含未知参数的函数 $g(X_1,X_2,\cdots,X_n)$ 称为统计量. 统计量的分布称为抽样分布.

(3) 常用统计量：

1) 样本均值 $\overline{X}=\dfrac{1}{n}\sum\limits_{i=1}^{n}X_i$；

2) 样本方差 $S^2=$①________________；

3) 样本标准差 $S=\sqrt{S^2}$；

4) 样本 k 阶(原点)矩 $A_k=\dfrac{1}{n}\sum\limits_{i=1}^{n}X_i^k\ (k=1,2,\cdots)$；

5) 样本 k 阶中心矩 $B_k=\dfrac{1}{n}\sum\limits_{i=1}^{n}(X_i-\overline{X})^k\ (k=2,3,\cdots)$.

2. 常用抽样分布

(1) 设随机变量 $X_1,X_2,\cdots,X_n$ 相互独立且均服从标准正态分布 $N(0,1)$，则称随机变量

$$\chi^2=X_1^2+X_2^2+\cdots+X_n^2$$

服从自由度为 n 的 χ^2 分布，记作 $\chi^2\sim\chi^2(n)$.

【注】若 $X\sim\chi^2(n_1)$，$Y\sim\chi^2(n_2)$，且 X,Y 独立，则 $X+Y\sim\chi^2(n_1+n_2)$.

(2) 设随机变量 X,Y 相互独立，且 $X\sim N(0,1)$，$Y\sim\chi^2(n)$，则称随机变量

$$t=\text{②}\_\_\_\_\_\_\_\_$$

服从自由度为 n 的 t 分布，记作 $t\sim t(n)$.

(3) 设随机变量 U,V 相互独立，且 $U\sim\chi^2(n_1)$，$V\sim\chi^2(n_2)$，则称随机变量

$$F=\frac{U/n_1}{V/n_2}$$

服从自由度为 (n_1,n_2) 的 F 分布，记作 $F\sim F(n_1,n_2)$.

【注】(i) 若 $F\sim F(n_1,n_2)$，则 $\dfrac{1}{F}\sim F(n_2,n_1)$.

(ii) 若 $t\sim t(n)$，则 $t^2\sim F(1,n)$.

3. 正态总体的样本均值与样本方差的分布

设 $X_1,X_2,\cdots,X_n$ 是来自总体 $N(\mu,\sigma^2)$ 的样本，则

(1) $\overline{X}\sim N(\mu,\sigma^2/n)$；

(2) $\dfrac{(n-1)S^2}{\sigma^2}\sim$③________，且 $\overline{X}$ 与 S^2 相互独立；

(3) $\dfrac{\overline{X}-\mu}{S/\sqrt{n}}\sim t(n-1)$.

4. 常用分布的上分位点

分布	定　义	概率密度图形
标准正态分布	设 $X\sim N(0,1)$，若 $P\{X>u_\alpha\}=\alpha$，则称 u_α 为标准正态分布的上 α 分位点.	

续表

分布	定 义	概率密度图形
χ^2 分布	设 $\chi^2 \sim \chi^2(n)$，若④_______$=\alpha$，则称 $\chi^2_\alpha(n)$ 为 $\chi^2(n)$ 分布的上 α 分位点.	y O α $\chi^2_\alpha(n)$ x
t 分布	设 $t \sim t(n)$，若 $P\{t>t_\alpha(n)\}=\alpha$，则称 $t_\alpha(n)$ 为 $t(n)$ 分布的上 α 分位点.	y O α $t_\alpha(n)$ x

【注】 $u_{1-\alpha}=-u_\alpha$，$t_{1-\alpha}(n)=-t_\alpha(n)$.

5. 经验分布函数(仅数学三)

设 $X_1,X_2,\cdots,X_n$ 为来自总体 X 的样本，将其样本值 $x_1,x_2,\cdots,x_n$ 按从小到大的次序排列为 $x_{(1)},x_{(2)},\cdots,x_{(n)}$，则称

$$F_n(x)=\begin{cases}0, & x<x_{(1)},\\ \dfrac{k}{n}, & x_{(k)}\leqslant x<x_{(k+1)}, \quad k=1,2,\cdots,n-1,\\ 1, & x\geqslant x_{(n)}\end{cases}$$

为经验分布函数.

【注】 当 n 充分大时，$F_n(x)$ 与总体 X 的分布函数之间只有微小差别.

考点二 统计量的数字特征

(1) 设 $X_1,X_2,\cdots,X_n$ 是来自总体 X 的样本，则 $E(\overline{X})=EX$，$D(\overline{X})=$⑤_______，$E(S^2)=DX$.

(2) 设 $\chi^2\sim\chi^2(n)$，则 $E(\chi^2)=n$，$D(\chi^2)=$⑥_______.

知识梳理·答案

① $\dfrac{1}{n-1}\sum\limits_{i=1}^{n}(X-\overline{X})^2$ ② $\dfrac{X}{\sqrt{Y/n}}$ ③ $\chi^2(n-1)$

④ $P\{\chi^2>\chi^2_\alpha(n)\}$ ⑤ $\dfrac{1}{n}DX$ ⑥ $2n$

方法探究

答案 P371

考点一 抽样分布

关于抽样分布，主要考查 χ^2 分布、t 分布和 F 分布的判断，一般都利用其定义，有时也可利用正态总体的样本均值与样本方差的分布(如2018年数学三的选择题).

【例】(01-3) 设总体 X 服从正态分布 $N(0,2^2)$，而 $X_1,X_2,\cdots,X_{15}$ 是来自总体 X 的简单随机样本，则随机变量 $Y=\dfrac{X_1^2+\cdots+X_{10}^2}{2(X_{11}^2+\cdots+X_{15}^2)}$ 服从_______分布，参数为_______.

【解】 由于 $X_1,X_2,\cdots,X_{15}$ 均服从 $N(0,2^2)$，故 $\dfrac{X_1}{2},\dfrac{X_2}{2},\cdots,\dfrac{X_{15}}{2}$ 均服从 $N(0,1)$，从而

$$U=\left(\frac{X_1}{2}\right)^2+\cdots+\left(\frac{X_{10}}{2}\right)^2\sim\chi^2(10),$$

$$V=\left(\frac{X_{11}}{2}\right)^2+\cdots+\left(\frac{X_{15}}{2}\right)^2\sim\chi^2(5).$$

因为 U,V 独立，所以

$$\frac{U/10}{V/5}=\frac{\left[\left(\frac{X_1}{2}\right)^2+\cdots+\left(\frac{X_{10}}{2}\right)^2\right]/10}{\left[\left(\frac{X_{11}}{2}\right)^2+\cdots+\left(\frac{X_{15}}{2}\right)^2\right]/5}=Y$$

服从 F 分布，参数为 $(10,5)$.

考点二 统计量的数字特征

求统计量的数字特征主要有以下两个方法：

(1) 转化为总体的数字特征；

(2) 利用常用统计量的数字特征(见“知识梳理”).

【例1】(10-3) 设 $X_1,X_2,\cdots,X_n$ 是来自总体 $N(\mu,\sigma^2)$ $(\sigma>0)$ 的简单随机样本. 记统计量 $T=\dfrac{1}{n}\sum\limits_{i=1}^{n}X_i^2$，则 $ET=$_______.

【解】 $ET=\dfrac{1}{n}\sum\limits_{i=1}^{n}E(X_i^2)=E(X_i^2)$

$=D(X_i)+[E(X_i)]^2=\sigma^2+\mu^2$.

变式(04-1) 设随机变量 $X_1,X_2,\cdots,X_n(n>1)$ 独立同分布，且其方差为 $\sigma^2>0$. 令 $Y=\dfrac{1}{n}\sum\limits_{i=1}^{n}X_i$，则( )

(A) $\mathrm{Cov}(X_1,Y)=\dfrac{\sigma^2}{n}$. (B) $\mathrm{Cov}(X_1,Y)=\sigma^2$.

(C) $D(X_1+Y)=\dfrac{n+2}{n}\sigma^2$. (D) $D(X_1-Y)=\dfrac{n+1}{n}\sigma^2$.

【例2】(09-3) 设 $X_1,X_2,\cdots,X_m$ 为来自二项分布总体 $B(n,p)$ 的简单随机样本，$\overline{X}$ 和 S^2 分别为样本均值和样本方差. 记统计量 $T=\overline{X}-S^2$，则 $ET=$_______.

【解】 $ET=E(\overline{X})-E(S^2)=np-np(1-p)=np^2$.

真题精选 1987—2014

答案 P371

考点一 抽样分布

1. (13-1)设随机变量 $X\sim t(n)$，$Y\sim F(1,n)$，给定 $\alpha(0<\alpha<0.5)$，常数 c 满足 $P\{X>c\}=\alpha$，则 $P\{Y>c^2\}=$( )

(A) α. (B) $1-\alpha$. (C) 2α. (D) $1-2\alpha$.

2. (12-3) 设 X_1,X_2,X_3,X_4 为来自总体 $N(1,\sigma^2)(\sigma>0)$ 的简单随机样本，则统计量 $\dfrac{X_1-X_2}{|X_3+X_4-2|}$ 的分布为( )

(A) $N(0,1)$. (B) $t(1)$.

(C) $\chi^2(1)$. (D) $F(1,1)$.

3. **(05-1)** 设 $X_1,X_2,\cdots,X_n(n\geqslant 2)$ 为来自总体 $N(0,1)$ 的简单随机样本，$\overline{X}$ 为样本均值，S^2 为样本方差，则(　　)

(A) $n\overline{X}\sim N(0,1)$. (B) $nS^2\sim X^2(n)$.

(C) $\dfrac{(n-1)\overline{X}}{S}\sim t(n-1)$. (D) $\dfrac{(n-1)X_1^2}{\sum\limits_{i=2}^{n}X_i^2}\sim F(1,n-1)$.

4. **(04-1,3)** 设随机变量 X 服从正态分布 $N(0,1)$，对给定的 $\alpha(0<\alpha<1)$，数 u_α 满足 $P\{X>u_\alpha\}=\alpha$. 若 $P\{|X|<x\}=\alpha$，则 x 等于(　　)

(A) $u_{\frac{\alpha}{2}}$. (B) $u_{1-\frac{\alpha}{2}}$.

(C) $u_{\frac{1-\alpha}{2}}$. (D) $u_{1-\alpha}$.

5. **(03-1)** 设随机变量 $X\sim t(n)(n>1)$，$Y=\dfrac{1}{X^2}$，则(　　)

(A) $Y\sim\chi^2(n)$. (B) $Y\sim\chi^2(n-1)$.

(C) $Y\sim F(n,1)$. (D) $Y\sim F(1,n)$.

6. **(02-3)** 设随机变量 X 和 Y 都服从标准正态分布，则(　　)

(A) $X+Y$ 服从正态分布.

(B) X^2+Y^2 服从 χ^2 分布.

(C) X^2 和 Y^2 都服从 χ^2 分布.

(D) X^2/Y^2 服从 F 分布.

7. **(99-3)** 在天平上重复称量一重为 a 的物品，假设各次称量结果相互独立且都服从正态分布 $N(a,0.2^2)$. 若以 $\overline{X}_n$ 表示 n 次称量结果的算术平均值，则为使 $P\{|\overline{X}_n-a|<0.1\}\geqslant 0.95$，$n$ 的最小值应不小于自然数________.

(注：标准正态分布函数值 $\Phi(1.96)=0.975$)

8. **(98-3)** 设 X_1,X_2,X_3,X_4 为来自正态总体 $N(0,2^2)$ 的简单随机样本，

$$X=a(X_1-2X_2)^2+b(3X_3-4X_4)^2,$$

其中 $a,b\neq 0$. 则当 $a=$________，$b=$________时，统计量 X 服从 χ^2 分布，其自由度为________.

考点二　统计量的数字特征

1. **(11-3)** 设总体 X 服从参数为 $\lambda(\lambda>0)$ 的泊松分布，$X_1,X_2,\cdots,X_n(n\geqslant 2)$ 为来自总体 X 的简单随机样本，则对应的统计量 $T_1=\dfrac{1}{n}\sum\limits_{i=1}^{n}X_i$，$T_2=\dfrac{1}{n-1}\sum\limits_{i=1}^{n-1}X_i+\dfrac{1}{n}X_n$，有(　　)

(A) $ET_1>ET_2,DT_1>DT_2$.

(B) $ET_1>ET_2,DT_1<DT_2$.

(C) $ET_1<ET_2,DT_1>DT_2$.

(D) $ET_1<ET_2,DT_1<DT_2$.

2. **(14-3)** 设总体 X 的概率密度为

$$f(x;\theta)=\begin{cases}\dfrac{2x}{3\theta^2}, & \theta<x<2\theta,\\ 0, & \text{其他},\end{cases}$$

其中 θ 是未知参数，$X_1,X_2,\cdots,X_n$ 为来自总体 X 的简单随机样本. 若 $E\left(c\sum\limits_{i=1}^{n}X_i^2\right)=\theta^2$，则 $c=$________.

3. **(04-3)** 设总体 X 服从正态分布 $N(\mu_1,\sigma^2)$，总体 Y 服从正态分布 $N(\mu_2,\sigma^2)$，$X_1,X_2,\cdots,X_{n_1}$ 和 $Y_1,Y_2,\cdots,Y_{n_2}$ 分别是来自总体 X 和 Y 的简单随机样本，则

$$E\left[\frac{\sum\limits_{i=1}^{n_1}(X_i-\overline{X})^2+\sum\limits_{j=1}^{n_2}(Y_j-\overline{Y})^2}{n_1+n_2-2}\right]=\_\_\_\_\_\_\_\_.$$

4. **(08-1,3)** 设 $X_1,X_2,\cdots,X_n$ 是总体 $N(\mu,\sigma^2)$ 的简单随机样本. 记 $\overline{X}=\dfrac{1}{n}\sum\limits_{i=1}^{n}X_i$，$S^2=\dfrac{1}{n-1}\sum\limits_{i=1}^{n}(X_i-\overline{X})^2$，$T=\overline{X}^2-\dfrac{1}{n}S^2$.

(1) 证明 $ET=\mu^2$；

(2) 当 $\mu=0,\sigma=1$ 时，求 DT.

5. **(05-3)** 设 $X_1,X_2,\cdots,X_n(n>2)$ 为来自总体 $N(0,\sigma^2)$ 的简单随机样本，$\overline{X}$ 为样本均值. 记 $Y_i=X_i-\overline{X}$，$i=1,2,\cdots,n$.

(1) 求 Y_i 的方差 DY_i，$i=1,2,\cdots,n$；

(2) 求 Y_1 与 Y_n 的协方差 $\mathrm{Cov}(Y_1,Y_n)$；

(3) 若 $E[C(Y_1+Y_n)^2]=\sigma^2$，求常数 C.

6. **(01-1)** 设总体 X 服从正态分布 $N(\mu,\sigma^2)(\sigma>0)$，从该总体中抽取简单随机样本 $X_1,X_2,\cdots,X_{2n}(n\geqslant 2)$，其样本均值为 $\overline{X}=\frac{1}{2n}\sum_{i=1}^{2n}X_i$，求统计量 $Y=\sum_{i=1}^{n}(X_i+X_{n+i}-2\overline{X})^2$ 的数学期望 EY.

小结

对于抽样分布，要熟悉 χ^2 分布、t 分布和 F 分布的典型模式，并会判断它们. 此外，要会解决统计量的概率问题，比如2013年数学一的选择题（这道题有一半以上的考生做错）和1999年数学三的填空题，而2021年数学一关于假设检验的选择题（见第八章）也涉及了正态总体的样本均值的概率问题.

求统计量的数字特征是考研的难点. 由于样本是与总体同分布的随机变量，故它们与总体有相同的数字特征还有以下两个方面值得注意：

第一，要会将所求数字特征转化为样本均值的数学期望和方差、样本方差的数学期望（比如2004年数学三的填空题和2001年数学一的解答题），以及服从 χ^2 分布的统计量的数学期望和方差[比如2008年数学一、三和第七章中2011年数学一的解答题的第(2)问]等常用统计量的数字特征.

第二，由于当 X,Y 独立时，$D(X\pm Y)=DX+DY$，$\mathrm{Cov}(X,Y)=0$，故要会利用样本的独立性来将统计量的方差和协方差进行变形，比如2005年数学三的解答题的第(1)和第(2)问，以及2004年数学一的选择题.

第七章　参数估计

十年真题 2015—2024

答案 P372

考点一　矩估计与最大似然估计

1.（21-3） 设总体 X 的概率分布为 $P\{X=1\}=\frac{1-\theta}{2}$，$P\{X=2\}=P\{X=3\}=\frac{1+\theta}{4}$. 利用来自总体 X 的样本值 1,3,2,2,1,3,1,2,可得 θ 的最大似然估计值为(　　)

(A) $\frac{1}{4}$.　　(B) $\frac{3}{8}$.　　(C) $\frac{1}{2}$.　　(D) $\frac{5}{8}$.

2.（22-1,3） 设 $X_1,X_2,\cdots,X_n$ 为来自均值为 θ 的指数分布总体的简单随机样本，$Y_1,Y_2,\cdots,Y_m$ 为来自均值为 2θ 的指数分布总体的简单随机样本，且两样本相互独立，其中 θ $(\theta>0)$ 为未知参数. 利用样本 $X_1,X_2,\cdots,X_n,Y_1,Y_2,\cdots,Y_m$，求 θ 的最大似然估计量 $\hat{\theta}$，并求 $D(\hat{\theta})$.

3.（20-1,3） 设某种元件的使用寿命 T 的分布函数为 $F(t)=\begin{cases}1-e^{-\left(\frac{t}{\theta}\right)^m}, & t\geqslant 0,\\ 0, & 其他,\end{cases}$ 其中 θ,m 为参数且大于零.

(1) 求概率 $P\{T>t\}$ 与 $P\{T>t+s\mid T>s\}$，其中 $s>0,t>0$；

(2) 任取 n 个这种元件做寿命试验，测得它们的寿命分别为 $t_1,t_2,\cdots,t_n$. 若 m 已知，求 θ 的最大似然估计值 $\hat{\theta}$.

4.（19-1,3） 设总体 X 的概率密度为

$$f(x;\sigma^2)=\begin{cases}\frac{A}{\sigma}e^{-\frac{(x-\mu)^2}{2\sigma^2}}, & x\geqslant\mu,\\ 0, & x<\mu,\end{cases}$$

其中 μ 是已知参数，$\sigma>0$ 是未知参数，A 是常数，$X_1,X_2,\cdots,X_n$ 是来自总体 X 的简单随机样本.

(1) 求 A；

(2) 求 σ^2 的最大似然估计量.

5.（18-1,3） 设总体 X 的概率密度为

$$f(x;\sigma)=\frac{1}{2\sigma}e^{-\frac{|x|}{\sigma}},\quad -\infty<x<+\infty,$$

其中 $\sigma\in(0,+\infty)$ 为未知参数，$X_1,X_2,\cdots,X_n$ 为来自总体 X 的简单随机样本. 记 σ 的最大似然估计量为 $\hat{\sigma}$.

(1) 求 $\hat{\sigma}$；

(2) 求 $E\hat{\sigma}$ 和 $D\hat{\sigma}$.

6. **(17-1,3)** 某工程师为了解一台天平的精度,用该天平对一物体的质量做 n 次测量,该物体的质量 μ 是已知的,设 n 次测量结果 $X_1,X_2,\cdots,X_n$ 相互独立,且均服从正态分布 $N(\mu,\sigma^2)$,该工程师记录的是 n 次测量的绝对误差 $Z_i=|X_i-\mu|(i=1,2,\cdots,n)$,利用 $Z_1,Z_2,\cdots,Z_n$ 估计 σ.

(1) 求 Z_i 的概率密度;

(2) 利用一阶矩求 σ 的矩估计量;

(3) 求 σ 的最大似然估计量.

7. **(15-1,3)** 设总体 X 的概率密度为

$$f(x;\theta)=\begin{cases}\dfrac{1}{1-\theta}, & \theta\leqslant x\leqslant 1,\\ 0, & \text{其他},\end{cases}$$

其中 θ 为未知参数. $X_1,X_2,\cdots,X_n$ 为来自该总体的简单随机样本.

(1) 求 θ 的矩估计量;

(2) 求 θ 的最大似然估计量.

考点二　估计量的评选标准(仅数学一)

1. **(23-1)** 设 X_1,X_2 为来自总体 $N(\mu,\sigma^2)$ 的简单随机样本,其中 $\sigma(\sigma>0)$ 是未知参数. 若 $\hat{\sigma}=a|X_1-X_2|$ 为 σ 的无偏估计,则 $a=($　　$)$

(A) $\dfrac{\sqrt{\pi}}{2}$.　(B) $\dfrac{\sqrt{2\pi}}{2}$.　(C) $\sqrt{\pi}$.　(D) $\sqrt{2\pi}$.

2. **(21-1)** 设 $(X_1,Y_1),(X_2,Y_2),\cdots,(X_n,Y_n)$ 为来自总体 $N(\mu_1,\mu_2;\sigma_1^2,\sigma_2^2;\rho)$ 的简单随机样本,令

$$\theta=\mu_1-\mu_2,\quad \overline{X}=\frac{1}{n}\sum_{i=1}^{n}X_i,$$

$$\overline{Y}=\frac{1}{n}\sum_{i=1}^{n}Y_i,\quad \hat{\theta}=\overline{X}-\overline{Y},$$

则(　　)

(A) $\hat{\theta}$ 是 θ 的无偏估计,$D(\hat{\theta})=\dfrac{\sigma_1^2+\sigma_2^2}{n}$.

(B) $\hat{\theta}$ 不是 θ 的无偏估计,$D(\hat{\theta})=\dfrac{\sigma_1^2+\sigma_2^2}{n}$.

(C) $\hat{\theta}$ 是 θ 的无偏估计,$D(\hat{\theta})=\dfrac{\sigma_1^2+\sigma_2^2-2\rho\sigma_1\sigma_2}{n}$.

(D) $\hat{\theta}$ 不是 θ 的无偏估计,$D(\hat{\theta})=\dfrac{\sigma_1^2+\sigma_2^2-2\rho\sigma_1\sigma_2}{n}$.

3. **(24-1)** 设总体 X 服从 $[0,\theta]$ 上的均匀分布,其中 $\theta\in(0,+\infty)$ 为未知参数,$X_1,X_2,\cdots,X_n$ 为来自总体 X 的简单随机样本. 记 $X_{(n)}=\max\{X_1,X_2,\cdots,X_n\}$,$T_c=cX_{(n)}$.

(1) 求 c,使得 T_c 是 θ 的无偏估计;

(2) 记 $h(c)=E[(T_c-\theta)^2]$,求 c 使得 $h(c)$ 最小.

4. **(16-1)** 设总体 X 的概率密度为

$$f(x;\theta)=\begin{cases}\dfrac{3x^2}{\theta^3}, & 0<x<\theta,\\ 0, & \text{其他},\end{cases}$$

其中 $\theta\in(0,+\infty)$ 为未知参数,X_1,X_2,X_3 为来自总体 X 的简单随机样本,令 $T=\max\{X_1,X_2,X_3\}$.

(1) 求 T 的概率密度;
(2) 确定 a,使得 aT 为 θ 的无偏估计.

考点三 置信区间(仅数学一)

(16-1) 设 $x_1,x_2,\cdots,x_n$ 为来自总体 $N(\mu,\sigma^2)$ 的简单随机样本,样本均值 $\bar{x}=9.5$,参数 μ 的置信度为 0.95 的双侧置信区间的置信上限为 10.8,则 μ 的置信度为 0.95 的双侧置信区间为_______.

考点分析

考　　点	大 纲 要 求	命 题 特 点
一、矩估计与最大似然估计	1. 理解估计量与估计值的概念. 2. 掌握矩估计法和最大似然估计法.	**1. 考试频率:**★★★★★ **2. 常考题型:**选择题、填空题、解答题 **3. 命题趋势:**矩估计与最大似然估计是考研一直以来的重点.在数学一中,估计量无偏性的考查频率并不低,而置信区间相对考查得较少.
二、估计量的评选标准(仅数学一)	了解估计量的无偏性、有效性(最小方差性)和一致性(相合性)的概念,并会验证估计量的无偏性.	
三、置信区间(仅数学一)	理解区间估计的概念,会求正态总体的均值和方差的置信区间.	

知识梳理

考点一 矩估计与最大似然估计

1. 估计量与估计值

设 $X_1,X_2,\cdots,X_n$ 是来自总体的一个样本,则用于估计未知参数 θ 的统计量 $\hat{\theta}=\hat{\theta}(X_1,X_2,\cdots,X_n)$ 称为 θ 的估计量,它的观察值 $\hat{\theta}=\hat{\theta}(x_1,x_2,\cdots,x_n)$ 称为 θ 的估计值,估计量和估计值统称为估计.

2. 矩估计与最大似然估计

设 $X_1,X_2,\cdots,X_n$ 是来自总体 X 的样本,其相应的样本值为 $x_1,x_2,\cdots,x_n$,且 θ 为待估参数.

(1) 由 $EX=$①_______得到的 θ 的估计值是 θ 的矩估计值;

(2) 由似然函数 $L(\theta)$ 取得最大值得到的 θ 的估计值是 θ 的最大似然估计值,并且当 X 为离散总体时,$L(\theta)=\prod_{i=1}^{n}P\{X=x_i;\theta\}$;当 X 为连续总体时,若其概率密度为 $f(x;\theta)$,则 $L(\theta)=$② _______.

考点二 估计量的评选标准(仅数学一)

(1) 无偏性:设 $\hat{\theta}=\hat{\theta}(X_1,X_2,\cdots,X_n)$ 是未知参数 θ 的估计量,若③_______,则称 $\hat{\theta}$ 是 θ 的无偏估计量.

(2) 有效性:设 $\hat{\theta}_1=\hat{\theta}_1(X_1,X_2,\cdots,X_n)$ 和 $\hat{\theta}_2=\hat{\theta}_2(X_1,X_2,\cdots,X_n)$ 都是未知参数 θ 的无偏估计量,若 $D(\hat{\theta}_1)\leqslant D(\hat{\theta}_2)$,则 $\hat{\theta}_1$ 称 $\hat{\theta}_2$ 较有效.

(3) 相合性:设 $\hat{\theta}=\hat{\theta}(X_1,X_2,\cdots,X_n)$ 是未知参数 θ 的估计量,若任取 $\varepsilon>0$,有 $\lim\limits_{n\to\infty}P\{|\hat{\theta}-\theta|<\varepsilon\}=1$,即 $\hat{\theta}$ 依概率收敛于 θ,则称 $\hat{\theta}$ 是 θ 的相合估计量(或一致估计量).

考点三 置信区间(仅数学一)

设 $X_1,X_2,\cdots,X_n$ 是来自正态总体 $N(\mu,\sigma^2)$ 的样本,置信水平为 $1-\alpha(0<\alpha<1)$.

待估参数	其 他 参 数	置 信 区 间
μ	σ^2 已知	$\left(\bar{X}-\frac{\sigma}{\sqrt{n}}z_{\frac{\alpha}{2}},\bar{X}+\frac{\sigma}{\sqrt{n}}z_{\frac{\alpha}{2}}\right)$
	σ^2 未知	④________________
σ^2	μ 未知	$\left(\frac{(n-1)S^2}{\chi^2_{\frac{\alpha}{2}}(n-1)},\frac{(n-1)S^2}{\chi^2_{1-\frac{\alpha}{2}}(n-1)}\right)$

知识梳理·答案

①$\bar{x}$　② $\prod_{i=1}^{n}f(x_i;\theta)$　③ $E(\hat{\theta})=\theta$

④ $\left(\bar{X}-\frac{S}{\sqrt{n}}t_{\frac{\alpha}{2}}(n-1),\bar{X}+\frac{S}{\sqrt{n}}t_{\frac{\alpha}{2}}(n-1)\right)$

方法探究

答案 P374

考点一 矩估计与最大似然估计

(1) 求未知参数 θ 的矩估计可遵循如下步骤：

1) 求总体 X 的数学期望 EX；

2) 求 $EX=\bar{x}$ 时的 θ 值，从而得到 θ 的矩估计.

(2) 求未知参数 θ 的最大似然估计可遵循如下步骤：

1) 写出似然函数 $L(\theta)$，并化简；

2) 写出 $\ln L(\theta)$，并化简；

3) 求 $\dfrac{\mathrm{d}[\ln L(\theta)]}{\mathrm{d}\theta}$；

4) 求 $\ln L(\theta)$ 取得最大值时的 θ 值，从而得到 θ 的最大似然估计.

【例】(04-3) 设随机变量 X 的分布函数为

$$F(x;\alpha,\beta)=\begin{cases}1-\left(\dfrac{\alpha}{x}\right)^{\beta}, & x>\alpha,\\ 0, & x\leqslant\alpha,\end{cases}$$

其中参数 $\alpha>0,\beta>1$. 设 $X_1,X_2,\cdots,X_n$ 为来自总体 X 的简单随机样本.

(1) 当 $\alpha=1$ 时，求未知参数 β 的矩估计量；

(2) 当 $\alpha=1$ 时，求未知参数 β 的最大似然估计量；

(3) 当 $\beta=2$ 时，求未知参数 α 的最大似然估计量.

【解】(1) 当 $\alpha=1$ 时，X 的概率密度为

$$f(x;\beta)=\begin{cases}\dfrac{\beta}{x^{\beta+1}}, & x>1,\\ 0, & x\leqslant 1.\end{cases}$$

$$EX=\int_1^{+\infty}x\cdot\frac{\beta}{x^{\beta+1}}\mathrm{d}x=\frac{\beta}{\beta-1}.$$

由 $EX=\overline{X}$ 知 β 的矩估计量为 $\hat{\beta}=\dfrac{\overline{X}}{\overline{X}-1}$.

(2) 设样本 $X_1,X_2,\cdots,X_n$ 的观察值为 $x_1,x_2,\cdots,x_n$，则似然函数为

$$L(\beta)=\begin{cases}\prod\limits_{i=1}^{n}\dfrac{\beta}{x_i^{\beta+1}}, & x_i>1(i=1,2,\cdots,n),\\ 0, & \text{其他}\end{cases}$$

$$=\begin{cases}\beta^n\prod\limits_{i=1}^{n}\dfrac{1}{x_i^{\beta+1}}, & x_i>1,\\ 0, & \text{其他}.\end{cases}$$

当 $x_i>1$ 时，

$$\ln L(\beta)=n\ln\beta-(\beta+1)\sum_{i=1}^{n}\ln x_i,$$

$$\frac{\mathrm{d}[\ln L(\beta)]}{\mathrm{d}\beta}=\frac{n}{\beta}-\sum_{i=1}^{n}\ln x_i.$$

由 $\dfrac{\mathrm{d}[\ln L(\beta)]}{\mathrm{d}\beta}=0$ 知 β 的最大似然估计量为 $\hat{\beta}=\dfrac{n}{\sum\limits_{i=1}^{n}\ln X_i}$.

(3) 当 $\beta=2$ 时，X 的概率密度为

$$f(x;\alpha)=\begin{cases}\dfrac{2\alpha^2}{x^3}, & x>\alpha,\\ 0, & x\leqslant\alpha.\end{cases}$$

对于 X 的样本值 $x_1,x_2,\cdots,x_n$，似然函数为

$$L(\alpha)=\begin{cases}\prod\limits_{i=1}^{n}\dfrac{2\alpha^2}{x_i^3}, & x_i>\alpha(i=1,2,\cdots,n),\\ 0, & \text{其他}\end{cases}$$

$$=\begin{cases}2^n\alpha^{2n}\prod\limits_{i=1}^{n}\dfrac{1}{x_i^3}, & \alpha<\min\{x_1,x_2,\cdots,x_n\},\\ 0, & \text{其他}.\end{cases}$$

当 $\alpha<\min\{x_1,x_2,\cdots,x_n\}$ 时，

$$\ln L(\alpha)=n\ln 2+2n\ln\alpha-3\sum_{i=1}^{n}\ln x_i,$$

$$\frac{\mathrm{d}[\ln L(\alpha)]}{\mathrm{d}\alpha}=\frac{2n}{\alpha}>0.$$

由于 $L(\alpha)$ 单调递增，故 α 的最大似然估计量为 $\hat{\alpha}=\min\{X_1,X_2,\cdots,X_n\}$.

变式(02-1) 设总体 X 的概率分布为

X	0	1	2	3
P	θ^2	$2\theta(1-\theta)$	θ^2	$1-2\theta$

其中 $\theta\left(0<\theta<\dfrac{1}{2}\right)$ 是未知参数，利用总体 X 的如下样本值

$$3,1,3,0,3,1,2,3,$$

求 θ 的矩估计值和最大似然估计值.

考点二 估计量的评选标准(仅数学一)

关于估计量的评选标准，主要考查无偏估计量的概念.

【例】 设总体 X 的概率密度为

$$f(x)=\begin{cases}\dfrac{2x}{\theta^2}, & 0<x<\theta,\\ 0, & \text{其他},\end{cases}$$

其中 $\theta(\theta>0)$ 是未知参数，$X_1,X_2,\cdots,X_n$ 为来自总体 X 的样本，$\overline{X}$ 为样本均值. 若 $c\overline{X}$ 是 θ 的无偏估计，则 $c=$________.

【解】 $E(c\overline{X})=cEX=c\displaystyle\int_0^{\theta}\frac{2x^2}{\theta^2}\mathrm{d}x=\frac{2}{3}c\theta.$

由 $E(c\overline{X})=\theta$ 知 $c=\dfrac{3}{2}$.

考点三 置信区间(仅数学一)

【例】(03-1) 已知一批零件的长度 X(单位：cm)服从正态分布 $N(\mu,1)$，从中随机地抽取 16 个零件，得到长度的平均值为 40cm，则 μ 的置信度为 0.95 的置信区间是________.

(注：标准正态分布函数值 $\Phi(1.96)=0.975,\Phi(1.645)=0.95$)

【解】 由于 $n=16,\bar{x}=40,\alpha=0.05,\sigma=1,u_{0.025}=1.96$，故所求置信区间为

$$\left(\bar{x}-\frac{\sigma}{\sqrt{n}}z_{\frac{\alpha}{2}},\bar{x}+\frac{\sigma}{\sqrt{n}}z_{\frac{\alpha}{2}}\right)$$

$$=\left(40-\frac{1}{\sqrt{16}}\times 1.96,40+\frac{1}{\sqrt{16}}\times 1.96\right)$$

$$=(39.51,40.49).$$

真题精选
1987 — 2014

答案 P374

考点一　矩估计与最大似然估计

1.（14-1） 设总体 X 的分布函数为

$$F(x;\theta)=\begin{cases}1-\mathrm{e}^{-\frac{x^2}{\theta}}, & x\geqslant 0\\ 0, & x<0,\end{cases}$$

其中 θ 是未知参数且大于零. $X_1,X_2,\cdots,X_n$ 为来自总体 X 的简单随机样本.

(1) 求 EX 与 EX^2；

(2) 求 θ 的最大似然估计量 $\hat{\theta}_n$；

(3) 是否存在实数 a，使得对任何 $\varepsilon>0$，都有

$$\lim_{n\to\infty}P\{|\hat{\theta}_n-a|\geqslant\varepsilon\}=0?$$

2.（11-1） 设 $X_1,X_2,\cdots,X_n$ 为来自正态总体 $N(\mu_0,\sigma^2)$ 的简单随机样本，其中 μ_0 已知，$\sigma^2>0$ 未知，$\overline{X}$，S^2 为样本均值和样本方差.

(1) 求参数 σ^2 的最大似然估计 $\hat{\sigma}^2$；

(2) 计算 $E(\hat{\sigma}^2)$ 和 $D(\hat{\sigma}^2)$.

3.（06-1） 设总体 X 的概率密度为

$$f(x;\theta)=\begin{cases}\theta, & 0<x<1,\\ 1-\theta, & 1\leqslant x<2,\\ 0, & 其他,\end{cases}$$

其中 θ 是未知参数 $(0<\theta<1)$，$X_1,X_2,\cdots,X_n$ 为来自总体 X 的简单随机样本，记 N 为样本值 $x_1,x_2,\cdots,x_n$ 中小于 1 的个数. 求 θ 的最大似然估计.

4.（00-1） 设某种元件的使用寿命 X 的概率密度为

$$f(x;\theta)=\begin{cases}2\mathrm{e}^{-2(x-\theta)}, & x\geqslant\theta,\\ 0, & x<\theta.\end{cases}$$

其中 $\theta>0$ 为未知参数. 又设 $x_1,x_2,\cdots,x_n$ 是 X 的一组样本观测值，求参数 θ 的最大似然估计值.

5.（99-1） 设总体 X 的概率密度为

$$f(x)=\begin{cases}\dfrac{6x}{\theta^3}(\theta-x), & 0<x<\theta,\\ 0, & 其他,\end{cases}$$

$X_1,X_2,\cdots,X_n$ 是取自总体 X 的简单随机样本.

(1) 求 θ 的矩估计量 $\hat{\theta}$；

(2) 求 $\hat{\theta}$ 的方差 $D\hat{\theta}$.

考点二　估计量的评选标准(仅数学一)

1. **(12-1)** 设随机变量 X 与 Y 相互独立且分别服从正态分布 $N(\mu,\sigma^2)$ 与 $N(\mu,2\sigma^2)$，其中 σ 是未知参数且 $\sigma>0$. 记 $Z=X-Y$.

(1) 求 Z 的概率密度 $f(z;\sigma^2)$；

(2) 设 $Z_1,Z_2,\cdots,Z_n$ 为来自总体 Z 的简单随机样本，求 σ^2 的最大似然估计量 $\hat{\sigma}^2$；

(3) 证明 $\hat{\sigma}^2$ 为 σ^2 的无偏估计量.

2. **(07-1)** 设总体 X 的概率密度为

$$f(x;\theta)=\begin{cases}\dfrac{1}{2\theta}, & 0<x<\theta,\\ \dfrac{1}{2(1-\theta)}, & \theta\leqslant x<1,\\ 0, & \text{其他},\end{cases}$$

其中参数 $\theta(0<\theta<1)$ 未知，$X_1,X_2,\cdots,X_n$ 是来自总体 X 的简单随机样本，$\overline{X}$ 是样本均值.

(1) 求参数 θ 的矩估计量 $\hat{\theta}$.

(2) 判断 $4\overline{X}^2$ 是否为 θ^2 的无偏估计量，并说明理由.

考点三　置信区间(仅数学一)

(05-3) 设一批零件的长度服从正态分布 $N(\mu,\sigma^2)$，其中 μ,σ^2 均未知. 现从中随机抽取 16 个零件，测得样本均值 $\bar{x}=20\text{cm}$，样本标准差 $s=1\text{cm}$，则 μ 的置信度为 0.90 的置信区间是(　　)

(A) $\left(20-\dfrac{1}{4}t_{0.05}(16),20+\dfrac{1}{4}t_{0.05}(16)\right)$.

(B) $\left(20-\dfrac{1}{4}t_{0.1}(16),20+\dfrac{1}{4}t_{0.1}(16)\right)$.

(C) $\left(20-\dfrac{1}{4}t_{0.05}(15),20+\dfrac{1}{4}t_{0.05}(15)\right)$.

(D) $\left(20-\dfrac{1}{4}t_{0.1}(15),20+\dfrac{1}{4}t_{0.1}(15)\right)$.

小　结

矩估计与最大似然估计是考研的重点. 关于求最大似然估计，应注意两种特殊的情形；一是在离散总体下似然函数的写法(比如2021年数学三的选择题和2002年数学一的解答题)，二是当似然函数单调时最大似然估计的求法(比如2015年数学一、三和2000年数学一的解答题). 此外，矩估计与最大似然估计还能与一个或两个随机变量的函数的分布(比如2017年数学一、三和2012年数学一的解答题)，以及统计量的数字特征(比如2022年和2018年数学一、三，以及2011年和1999年数学一的解答题)相结合进行考查.

就数学一的考生而言，关于估计量的评选标准，以考查估计量的无偏性为主，而它其实是统计量的数字特征仅针对数学一的另一种考查形式. 而对于置信区间的考题，只要复习了正态总体的均值和方差的置信区间，一般就能做对.

第八章 假设检验(仅数学一)

十年真题 2015—2024

答案 P376

考点 假设检验

1. **(21-1)** 设 $X_1,X_2,\cdots,X_{16}$ 是来自总体 $N(\mu,4)$ 的简单随机样本,考虑假设检验问题:$H_0:\mu\leqslant 10,H_1:\mu>10$. $\Phi(x)$ 表示标准正态分布函数. 若该检验问题的拒绝域为 $W=\{\overline{X}>11\}$,其中 $\overline{X}=\frac{1}{16}\sum_{i=1}^{16}X_i$,则 $\mu=11.5$ 时,该检验犯第二类错误的概率为( )

(A) $1-\Phi(0.5)$.　　(B) $1-\Phi(1)$.

(C) $1-\Phi(1.5)$.　　(D) $1-\Phi(2)$.

2. **(18-1)** 设总体 X 服从正态分布 $N(\mu,\sigma^2)$,$X_1,X_2,\cdots,X_n$ 是来自总体 X 的简单随机样本,据此样本检验假设:$H_0:\mu=\mu_0$,$H_1:\mu\neq\mu_0$,则( )

(A) 如果在检验水平 $\alpha=0.05$ 下拒绝 H_0,那么在检验水平 $\alpha=0.01$ 下必拒绝 H_0.

(B) 如果在检验水平 $\alpha=0.05$ 下拒绝 H_0,那么在检验水平 $\alpha=0.01$ 下必接受 H_0.

(C) 如果在检验水平 $\alpha=0.05$ 下接受 H_0,那么在检验水平 $\alpha=0.01$ 下必拒绝 H_0.

(D) 如果在检验水平 $\alpha=0.05$ 下接受 H_0,那么在检验水平 $\alpha=0.01$ 下必接受 H_0.

考点分析

考　点	大 纲 要 求	命 题 特 点
假设检验	1. 理解显著性检验的基本思想,掌握假设检验的基本步骤,了解假设检验可能产生的两类错误. 2. 掌握正态总体的均值和方差的假设检验.	**1. 考试频率:**★★☆☆☆ **2. 常考题型:**选择题 **3. 命题趋势:**近几年,假设检验在数学一中考查了两次,且考题难度并不低.

知识梳理

考点 假设检验

1. 正态总体的均值与方差的假设检验

设 $X_1,X_2,\cdots,X_n$ 是来自正态总体 $N(\mu,\sigma^2)$ 的样本,显著性水平为 $\alpha(0<\alpha<1)$.

检验参数	其他参数	检验统计量	H_0	H_1	拒绝域
μ	σ^2 已知	$U=$ ①______	$\mu\leqslant\mu_0$	$\mu>\mu_0$	$u\geqslant u_\alpha$
			$\mu\geqslant\mu_0$	$\mu<\mu_0$	$u\leqslant -u_\alpha$
			$\mu=\mu_0$	$\mu\neq\mu_0$	$\vert u\vert\geqslant u_{\frac{\alpha}{2}}$
	σ^2 未知	$t=\frac{\overline{X}-\mu_0}{S/\sqrt{n}}$	$\mu\leqslant\mu_0$	$\mu>\mu_0$	$t\geqslant t_\alpha(n-1)$
			$\mu\geqslant\mu_0$	$\mu<\mu_0$	$t\leqslant -t_\alpha(n-1)$
			$\mu=\mu_0$	$\mu\neq\mu_0$	②______

续表

检验参数	其他参数	检验统计量	H_0	H_1	拒绝域
σ^2	μ 未知	$\chi^2=\frac{(n-1)S^2}{\sigma_0^2}$	$\sigma^2\leqslant\sigma_0^2$	$\sigma^2>\sigma_0^2$	$\chi^2\geqslant\chi_\alpha^2(n-1)$
			$\sigma^2\geqslant\sigma_0^2$	$\sigma^2<\sigma_0^2$	$\chi^2\leqslant\chi_{1-\alpha}^2(n-1)$
			$\sigma^2=\sigma_0^2$	$\sigma^2\neq\sigma_0^2$	$\chi^2\geqslant\chi_{\frac{\alpha}{2}}^2(n-1)$ 或 $\chi^2\leqslant\chi_{1-\frac{\alpha}{2}}^2(n-1)$

【注】拒绝域是选择拒绝 H_0,接受 H_1 时检验统计量的范围.

2. 假设检验的两类错误

若当 H_0 为真时拒绝了 H_0,则称该检验犯了第一类错误;若当 H_0 不真时接受了 H_0,则称该检验犯了第二类错误.

知识梳理·答案

① $\frac{\overline{X}-\mu_0}{\sigma/\sqrt{n}}$　② $\vert t\vert\geqslant t_{\frac{\alpha}{2}}(n-1)$

方法探究

考点 假设检验

假设检验问题主要利用检验统计量及拒绝域来解决.

【例】 设 $X_1, X_2, \cdots, X_n$ 是来自总体 $N(\mu,1)$ 的简单随机样本,样本均值为10. 据此样本检验假设: $H_0: \mu=11, H_1: \mu\neq 11$. 若在检验水平 $\alpha=0.05$ 下拒绝 H_0,且 $\Phi(1.96)=0.975, \Phi(1.645)=0.95$ ($\Phi(x)$表示标准正态分布函数),则样本容量 n 至少为________.

【解】 拒绝域为 $|z|=\left|\dfrac{\bar{x}-\mu_0}{\sigma/\sqrt{n}}\right|\geqslant u_{0.025}$.

由于拒绝 H_0,且 $\bar{x}=10, \mu_0=11, \sigma=1, u_{0.025}=1.96$,故由 $|z|=\left|\dfrac{10-11}{1/\sqrt{n}}\right|\geqslant 1.96$ 知 $n\geqslant 1.96^2\approx 3.84$,即 n 至少为4.

真题精选

1987—2014

答案 P376

考点 假设检验

(98-1) 设某次考试的学生成绩服从正态分布,从中随机地抽取36位考生的成绩,算得平均成绩为66.5分,标准差为15分. 问在显著性水平0.05下,是否可以认为这次考试全体考生的平均成绩为70分? 并给出检验过程.

附表: t 分布表

$$P\{t(n)\leqslant t_p(n)\}=p$$

n \ $t_p(n)$ \ p	0.95	0.975
35	1.6896	2.0301
36	1.6883	2.0281

小 结

虽然在过去的考研中极少考查假设检验,但是近几年却以选择题的形式考查了两次. 因此,数学一的考生切莫忽视该考点,并且要能理解拒绝域的概念以及假设检验的两类错误.